建筑结构施工图设计文件审查
常见问题分析

（第二版）

姜学诗　编著

中国建筑工业出版社

图书在版编目（CIP）数据

建筑结构施工图设计文件审查常见问题分析/姜学诗
编著.—2版.—北京：中国建筑工业出版社，2018.2
ISBN 978-7-112-21524-9

Ⅰ.①建… Ⅱ.①姜… Ⅲ.①建筑制图-文件-审查
Ⅳ.①TU204

中国版本图书馆 CIP 数据核字(2017)第 284902 号

　　本书以建筑结构施工图设计文件审查为主导，分析了建筑结构施工图设计文件审查中的常见问题和应当注意的事项。具体内容包括：结构设计总说明的审查及编写中应当注意的问题；结构设计计算书的审查及结构整体计算时设计参数的合理选取；混凝土结构、钢结构、砌体结构和地基与基础施工图设计审查中常见问题的分析。本书具有针对性和实用性，且简明易懂。本书可供结构设计工程师、施工图审查人员、监理工程师、施工技术人员、建设项目管理人员等参考使用，也可供相关大专院校师生参考。

　　本书配有讲解视频，共 7 讲，请扫封面二维码购买观看。

＊　　　＊　　　＊

责任编辑：刘瑞霞
责任校对：王雪竹

建筑结构施工图设计文件审查常见问题分析（第二版）
姜学诗　编著
＊
中国建筑工业出版社出版、发行（北京海淀三里河路 9 号）
各地新华书店、建筑书店经销
北京红光制版公司制版
天津安泰印刷有限公司印刷
＊
开本：787×1092 毫米　1/16　印张：27¼　字数：682 千字
2018 年 3 月第二版　　2018 年 11 月第八次印刷
定价：**78.00** 元
ISBN 978-7-112-21524-9
(31188)

前　言

　　建筑工程施工图设计文件审查是国际上的通行做法。目前国际上许多国家如美国、德国、日本等，都实行建筑工程施工图设计文件审查制度。

　　在我国，2000 年建设部以国务院 279 号令《建设工程质量管理条例》和 293 号令《建设工程勘察设计管理条例》的法律形式，强制规定了我国所有建筑工程的施工图必须经过审图后方可用于施工。2013 年 4 月 27 日住房和城乡建设部以第 13 号部长令颁发的《房屋建筑和市政基础设施工程施工图设计文件审查管理办法》（以下简称《审查管理办法》）明确规定，国家实施施工图设计文件（含勘察设计文件，以下简称施工图）审查制度，建设主管部门认定的施工图审查机构（以下简称审查机构）按照有关法律、法规，对施工图涉及公共利益、公众安全和工程建设强制性标准的内容进行审查。

　　《审查管理办法》还规定，施工图设计文件审查机构应对施工图审查下列内容：

　　1. 是否符合工程建设强制性标准；

　　2. 地基基础和主体结构的安全性；

　　3. 是否符合民用建筑节能强制性标准，对执行绿色建筑标准的项目，还应当审查是否符合绿色建筑标准；

　　4. 勘察设计企业和注册执业人员以及相关人员是否按规定在施工图上加盖相应的图章和签字；

　　5. 法律、法规、规章规定必须审查的其他内容。

　　结构专业施工图设计文件主要包括结构设计总说明、结构施工详图（基础施工详图和上部结构施工详图）和结构设计计算书三大部分。因此，为了准备施工图审查，结构设计工程师应按照《建筑工程设计文件编制深度规定》（2016 年版）的要求编写好结构设计总说明，按照国家的有关法规和结构设计规范绘制出满足施工要求的施工详图，并提供施工图审查所必须的结构设计计算书。

　　编者从事结构设计工作三十多年，自 2001 年 10 月起，一直在中国建筑设计院有限公司所属的中设建科（北京）建筑工程咨询有限公司（公司前身为中国建筑设计研究院建筑设计审查咨询所）从事建筑工程施工图设计文件审查工作。在本书中，编者对结构工程师如何编写好结构设计总说明提出了建议；对施工详图设计中的常见问题，特别是违反规范强制性条文的问题，进行了认真的分析和讨论，提出了改进意见和应当注意的事项；对结构整体电算时如何合理选取相关设计参数也进行了深入讨论。

　　本书还以附录的形式编入了住房和城乡建设部 2015 年 5 月颁发的《超限高层建筑工程抗震设防专项审查技术要点》等文件供读者参考。

　　本书具有针对性和实用性，可供结构设计工程师、施工图审查人员、监理工程师、施工技术人员、建设项目管理工作者等参考使用，也可供大专院校师生参考。

　　本书在编写过程中参考了有关国家标准和规范，参考了有关文献和资料，在此向编者和作者一并致谢。限于知识和经验，书中难免有错、漏或不当之处，敬请指正。

目　　录

第1篇　结构设计总说明的审查及编写中应当注意的问题

第1章　概述 ··· 2

1.1　结构设计总说明的编写要求 ·· 2

1.2　结构设计总说明的内容 ·· 2

第2章　结构设计总说明的审查及编写中应当注意的问题 ··············· 6

2.1　工程概况 ··· 6

2.1.1　房屋建筑的名称和使用功能 ··································· 6

2.1.2　房屋建筑拟建场地所在地区或位置 ··························· 7

2.1.3　房屋建筑的高度、层数、结构类型及抗震等级 ················· 7

2.1.4　房屋建筑的平面尺寸（长度、宽度）、建筑面积（或规模）伸缩缝或防震缝及适用的

　　　　最大高宽比 ·· 12

2.2　结构设计的主要依据及基本条件 ···································· 17

2.2.1　结构设计的主要依据 ·· 17

2.2.2　结构设计的基本条件 ·· 18

2.3　设计荷载 ··· 25

2.3.1　楼面和屋面均布活荷载 ······································ 26

2.3.2　地下室顶板均布活荷载 ······································ 26

2.3.3　吊车荷载 ·· 26

2.3.4　雪荷载及风荷载 ·· 26

2.3.5　地下水压力 ·· 26

2.3.6　土压力 ·· 26

2.3.7　地下室室外地面活荷载 ······································ 27

2.3.8　地面堆载荷载 ·· 27

2.3.9　自动扶梯荷载 ·· 27

2.3.10　医院建筑中布置有医疗设备房间的楼（地）面均布活荷载 ······· 28

2.3.11　电信建筑中楼面等效均布活荷载 ····························· 28

2.3.12　某些有专门用途的建筑物楼面均布活荷载 ····················· 30

2.3.13　仓库类建筑楼（地）面均布活荷载 ··························· 30

2.3.14　邮件处理中心楼板和主、次梁等效均布活荷载 ················· 32

2.3.15　轻质墙体材料自重标准值 ··································· 33

2.3.16　应在结构设计总说明中注明的其他荷载 ······················ 33

　　2.3.17　专业性很强的工业建筑楼面安装、检修荷载 ……………………………… 34
　　2.3.18　地震作用 ………………………………………………………………… 34
2.4　主要结构材料（含钢结构的材料）………………………………………………… 35
　　2.4.1　混凝土 ……………………………………………………………………… 35
　　2.4.2　钢筋 ………………………………………………………………………… 37
　　2.4.3　钢结构的钢材、连接材料及防护材料 …………………………………… 41
2.5　钢筋的锚固和连接 …………………………………………………………………… 63
　　2.5.1　钢筋的锚固 ………………………………………………………………… 63
　　2.5.2　钢筋的连接 ………………………………………………………………… 67
　　2.5.3　预应力筋的锚具、构件预留孔道做法、施工要求及锚具防腐蚀 ……… 77
2.6　设计采用的标准图集及通用做法 …………………………………………………… 80
　　2.6.1　设计采用的标准图集 ……………………………………………………… 80
　　2.6.2　设计采用的通用做法 ……………………………………………………… 81
2.7　施工中应遵守的现行国家标准及注意事项 ………………………………………… 99
　　2.7.1　施工中应遵守的现行国家标准 …………………………………………… 99
　　2.7.2　施工中应注意的事项 ……………………………………………………… 100

第 2 篇　结构设计计算书的审查及结构整体
计算时设计参数的合理选取

第 3 章　结构设计计算书的审查 …………………………………………………………… 102
3.1　手算计算书的审查 …………………………………………………………………… 102
　　3.1.1　永久荷载计算 ……………………………………………………………… 102
　　3.1.2　构件计算 …………………………………………………………………… 104
　　3.1.3　对标准图中构件的复核计算 ……………………………………………… 104
3.2　结构整体电算文件的审查 …………………………………………………………… 104
　　3.2.1　结构整体电算时需要输入的文件 ………………………………………… 104
　　3.2.2　结构整体电算后应当输出的文件 ………………………………………… 105
3.3　采用计算机进行结构计算的要求 …………………………………………………… 106
3.4　对计算书的要求 ……………………………………………………………………… 106
第 4 章　结构整体计算时设计参数的合理选取（以 SATWE 软件为例）……………… 107
4.1　总信息 ………………………………………………………………………………… 107
　　4.1.1　结构材料信息 ……………………………………………………………… 107
　　4.1.2　水平力的夹角和斜交抗侧力构件方向的附加地震数 …………………… 107
　　4.1.3　地下室层数与上部结构的嵌固部位 ……………………………………… 109
　　4.1.4　特殊荷载计算信息 ………………………………………………………… 113
　　4.1.5　结构类别（或结构类型）………………………………………………… 113
　　4.1.6　裙房层数和转换层所在层号 ……………………………………………… 113
　　4.1.7　墙元细分最大控制长度（m）和墙元网格 ……………………………… 115

4.1.8 是否对全楼强制采用刚性楼板假定 ……………………………………… 116

4.1.9 采用的楼层刚度算法 ………………………………………………………… 118

4.2 荷载信息和荷载组合信息 …………………………………………………………… 120

4.2.1 活荷载信息 …………………………………………………………………… 120

4.2.2 竖向荷载计算信息（恒活荷载计算信息） ………………………………… 122

4.2.3 风荷载信息 …………………………………………………………………… 124

4.2.4 荷载组合信息 ………………………………………………………………… 125

4.3 地震信息 ……………………………………………………………………………… 126

4.3.1 地震作用计算信息 …………………………………………………………… 126

4.3.2 振型组合方法（CQC 耦联；SRSS 非耦联） ……………………………… 129

4.3.3 计算振型数 …………………………………………………………………… 129

4.3.4 地震烈度（抗震设防烈度） ………………………………………………… 130

4.3.5 场地类别 ……………………………………………………………………… 130

4.3.6 设计地震分组及特征周期值 ………………………………………………… 131

4.3.7 地震影响系数最大值 ………………………………………………………… 132

4.3.8 结构的抗震等级 ……………………………………………………………… 133

4.3.9 周期折减系数 ………………………………………………………………… 135

4.3.10 结构的阻尼比 ………………………………………………………………… 136

4.3.11 建筑结构的弹性时程分析 …………………………………………………… 137

4.3.12 罕遇地震作用下结构的变形验算 …………………………………………… 139

4.3.13 应用静力弹塑性分析方法（Pushover 法）来计算结构在罕遇地震作用下的

弹塑性变形 …………………………………………………………………… 140

4.4 调整信息 ……………………………………………………………………………… 141

4.4.1 梁刚度放大系数 B_k 及梁刚度放大系数是否按 2010 规范取值 ………… 141

4.4.2 梁端负弯矩调幅系数 B_t、梁活荷载内力放大系数 B_m ………………… 142

4.4.3 连梁刚度折减系数、梁扭矩折减系数 ……………………………………… 143

4.4.4 $0.2V_0$ 调整及调整分段数 …………………………………………………… 144

4.4.5 全楼地震力（地震作用）放大系数和顶层小塔楼内力放大系数 ………… 145

4.4.6 是否按《抗震规范》第 5.2.5 条调整楼层地震剪力 ……………………… 145

4.4.7 剪力墙加强区的起算层号 …………………………………………………… 147

4.4.8 强制指定的薄弱层个数和强制指定的加强层个数 ………………………… 148

4.5 配筋信息 ……………………………………………………………………………… 148

4.5.1 钢筋的强度等级及间距 ……………………………………………………… 148

4.5.2 墙体竖向分布筋的最小配筋率 ……………………………………………… 149

4.5.3 剪力墙连梁箍筋与对角斜筋的配筋强度比 ………………………………… 150

4.6 设计信息 ……………………………………………………………………………… 150

4.6.1 结构重要性系数 ……………………………………………………………… 150

4.6.2 柱计算长度计算原则 ………………………………………………………… 151

4.6.3 梁端在梁柱重叠部分简化和柱端在梁柱重叠部分简化 …………………… 152

4.6.4　是否考虑 P-Δ 效应 ······················ 152

4.6.5　柱配筋计算原则 ···························· 153

4.7　地下室信息及其他信息 ·························· 154

4.7.1　地基土的水平抗力系数的比例系数 m 值（MN/m⁴）······· 154

4.7.2　回填土侧压力系数 ·························· 154

4.7.3　室外地面附加荷载 ·························· 154

第3篇　建筑结构施工图设计常见问题分析

第5章　混凝土结构 ······························· 156

5.1　框架结构 ································· 156

5.1.1　框架结构为什么应设计成双向梁柱抗侧力体系？如何理解主体结构除个别部位外，

不应采用铰接？ ···························· 156

5.1.2　为什么抗震设计的框架结构不应采用单跨框架？ ········ 156

5.1.3　框架梁、柱中心线为什么宜重合？当框架梁、柱中心线之间偏心距较大时，框架

梁设置水平加腋有哪些具体要求？ ·················· 157

5.1.4　抗震设计时，框架结构如采用砌体填充墙，其布置应符合哪些要求？ ··· 158

5.1.5　抗震设计的框架结构，为什么不应采用部分由砌体墙承重的混合形式？ ··· 159

5.1.6　抗震设计时，为什么要对框架梁纵向受拉钢筋的最大最小配筋率、梁端截面的底

面与顶面纵向钢筋配筋量的比值及箍筋配置等提出要求？ ········ 160

5.1.7　抗震设计时，为什么要在框架梁顶面和底面沿梁全长配置一定数量的纵向钢筋？ ··· 163

5.1.8　框架梁箍筋的设置应符合哪些规定？ ·············· 164

5.1.9　框架梁受扭配筋构造设计应当注意什么问题？ ········· 166

5.1.10　框架柱的截面尺寸应当如何确定？ ·············· 169

5.1.11　抗震设计时，为了提高框架柱的延性，应当注意什么问题？ ···· 170

5.1.12　抗震设计时，为什么要限制框架柱的轴压比？当框架柱的轴压比不满足国家标准

要求时，可采取哪些措施？ ······················ 174

5.1.13　框架柱纵向钢筋的配置有哪些规定？ ············· 175

5.1.14　框架柱箍筋的配置有哪些规定？ ··············· 176

5.1.15　什么叫短柱？什么叫超短柱？在设计中无法避免短柱时，应采取什么措施？ ··· 178

5.1.16　连梁或框架梁上开洞有哪些规定？当开洞尺寸较大时，如何对被开洞削弱的

截面进行验算？ ··························· 179

5.1.17　在框架结构楼层的个别梁上立柱子时，结构设计中应当注意什么问题？ ··· 182

5.1.18　如何合理配置楼板的构造钢筋和分布钢筋？ ·········· 185

5.1.19　板式楼梯设计中应当注意什么问题？ ············· 186

5.1.20　框架柱的配筋计算如何进行较为合理？ ············ 188

5.2　剪力墙结构 ································ 189

5.2.1　剪力墙的布置有哪些基本规定？ ··············· 189

5.2.2　剪力墙洞口的布置应注意哪些问题？ ·············· 190

5.2.3 当剪力墙或核心筒墙肢与其平面外相交的楼面梁刚接时，应采取什么措施来增大
墙肢抵抗平面外弯矩的能力？ ·· 191

5.2.4 为什么不宜将楼面主梁支承在剪力墙连梁上？ ·························· 192

5.2.5 剪力墙根据什么原则进行分类？ ·· 193

5.2.6 什么是短肢剪力墙？什么是短肢剪力墙较多的剪力墙结构？具有较多短肢剪力墙
的剪力墙结构和短肢剪力墙设计时应符合哪些规定？ ····················· 193

5.2.7 确定剪力墙底部加强部位的高度时应当注意什么问题？ ··············· 196

5.2.8 剪力墙厚度不满足规范或规程要求时应当如何处理？ ················· 196

5.2.9 剪力墙的轴压比如何计算？有何限制？ ······························ 199

5.2.10 剪力墙在什么情况下设置约束边缘构件？在什么情况下设置构造边缘构件？ 200

5.2.11 剪力墙约束边缘构件的设计应符合哪些规定？ ······················· 200

5.2.12 剪力墙构造边缘构件的设计宜符合哪些规定？ ······················· 203

5.2.13 剪力墙水平分布钢筋和竖向分布钢筋的配置应符合哪些规定？ ········ 204

5.2.14 在剪力墙结构外墙角部开设角窗时，应当采取哪些加强措施？ ········ 205

5.2.15 剪力墙连梁的截面设计和配筋构造有哪些基本要求？ ················· 206

5.2.16 剪力墙连梁剪力超限时可采取哪些措施？ ··························· 211

5.3 框架-剪力墙结构 ··· 213

5.3.1 框架-剪力墙结构的组成形式有哪几种？ ····························· 213

5.3.2 框架-剪力墙结构的布置有哪些基本规定？ ··························· 214

5.3.3 框架-剪力墙结构的剪力墙和边框梁、柱的截面设计和构造应符合哪些要求？ 216

5.3.4 框架-剪力墙结构中，剪力墙为什么要设计成带边框的剪力墙？ ········ 217

5.3.5 在剪力墙平面内一端与框架柱刚接另一端与剪力墙连接的梁是否是连梁？ 218

5.3.6 抗震设计的框架-剪力墙结构，其框架部分的总剪力在调整时应当注意哪些问题？ ··· 218

5.3.7 抗震设计的框架-剪力墙结构，在规定的水平力作用下结构底层框架部分承受的
地震倾覆力矩与结构总地震倾覆力矩的比值不大于10％和大于50％时，结构设
计应当注意什么问题？ ··· 219

5.3.8 框架-剪力墙结构中剪力墙约束边缘构件和构造边缘构件应当如何配筋？ ··· 220

5.4 筒体结构 ··· 221

5.4.1 筒体结构主要有多少种类型？常用的是哪几种？ ····················· 221

5.4.2 框架-核心筒结构设计时结构布置有哪些基本要求？ ·················· 222

5.4.3 筒中筒结构设计时结构布置有哪些基本要求？ ······················· 224

5.4.4 筒体结构楼盖角区楼面梁的布置主要有几种形式？布置时应注意什么问题？ 226

5.4.5 筒体结构的边缘构件、外框筒梁或内筒连梁、扶壁柱或暗柱及外框架柱等构件的
设计有什么特点？ ··· 226

5.4.6 框架-核心筒结构设置加强层时，设计中应当注意什么问题？ ·········· 228

5.4.7 筒中筒结构带托柱转换层时，设计中应当注意什么问题？ ············· 230

5.5 带转换层的高层建筑结构 ·· 233

5.5.1 底部带转换层的高层建筑结构，转换层的设置位置有何规定？ ········· 233

5.5.2 部分框支剪力墙结构的布置有哪些要求？ ···························· 233

5.5.3　部分框支剪力墙结构，在设计计算时应当注意什么问题？ ················· 236

5.5.4　底部带转换层的高层建筑结构，转换结构构件的设计有哪些要求？ ········ 238

5.5.5　转换柱（框支柱）的设计有哪些要求？ ··········· 241

5.5.6　部分框支剪力墙结构的落地剪力墙（含钢筋混凝土筒体）设计有哪些要求？ ··· 242

5.6　混合结构 ········· 243

5.6.1　混合结构设计时，结构布置有哪些基本要求？ ········· 243

5.6.2　混合结构的设计有什么特点？ ········· 247

5.6.3　型钢混凝土构件有哪些构造要求？ ········· 249

5.6.4　混合结构设计时可采取哪些措施来提高钢筋混凝土筒体的延性？ ········· 257

第6章　钢结构 ········· 260

6.1　钢结构设计施工图与钢结构制作详图有什么区别？ ········· 260

6.2　钢结构施工图设计总说明应包括哪些基本内容？ ········· 260

6.3　钢结构施工图设计计算书主要应包括哪些内容？ ········· 261

6.4　钢框架结构在什么情况下应进行二阶弹性分析？ ········· 263

6.5　承重钢结构的钢材其基本性能应如何理解？ ········· 265

6.6　如何合理选用承重钢结构的钢材？ ········· 266

6.7　钢结构常用的连接方法有哪几种？ ········· 267

6.8　在什么情况下钢结构的构件或连接，其钢材或连接的强度设计值应乘以折减系数？ ········· 269

6.9　在什么情况下可以不计算钢梁的整体稳定性？ ········· 270

6.10　如何保证组合钢梁翼缘和腹板的局部稳定？组合梁加劲肋的设置有哪些基本规定？ ········· 274

6.11　设计组合钢吊车梁时，应注意哪些问题？ ········· 277

6.12　受压构件板件的局部稳定应符合哪些规定？ ········· 279

6.13　轴心受压构件的稳定系数 φ 主要根据哪些条件来确定？ ········· 281

6.14　用填板连接而成的双角钢或双槽钢构件，可按实腹式构件进行计算的条件是什么？ ········· 282

6.15　用作减小轴心受压构件（柱）自由长度的支撑，其支撑力应当如何计算？ ········· 283

6.16　钢框架柱的计算长度系数如何确定？ ········· 283

6.17　钢结构采用螺栓连接时，设计计算中有哪些基本规定？ ········· 285

6.18　钢梁和钢柱的刚性连接节点有哪些基本构造要求？ ········· 294

6.19　钢结构的柱脚有几种类型？设计时应当注意什么问题？ ········· 295

6.20　多高层钢结构房屋的框架柱、框架梁、次梁和抗侧力支撑各自可采用的截面类型主要有哪几种？ ········· 299

6.21　多高层钢结构房屋平面布置和竖向布置有哪些基本要求？ ········· 300

6.22　高层钢结构房屋在确定柱距及布置内筒、外筒、楼电梯间和主次梁时应考虑哪些因素？ ········· 302

6.23　多高层钢结构房屋通常采用哪几种类型的结构？ ········· 306

6.24　多高层钢结构房屋常用结构体系（结构类型）如何构成，有什么特点？ ········· 307

6.25 抗震设计时，钢框架结构、钢框架-中心支撑结构和钢框架-偏心支撑结构，
其抗震构造措施分别应符合哪些规定？ ……………………………………………… 326

第7章 砌体结构 …………………………………………………………………………… 331

7.1 砌体结构常用的块体材料（砖、砌块、石材等）有哪些种类？ ………………… 331

7.2 砌体结构常用的砂浆有哪些种类？ ……………………………………………… 331

7.3 砌体结构设计时，如何合理选择块体材料和砂浆？ …………………………… 332

7.4 砌体抗压强度主要受哪些因素的影响？ ………………………………………… 334

7.5 砌体的强度设计值在哪些情况下应乘以调整系数 γ_a？ ……………………… 336

7.6 如何确定砌体结构的安全等级和设计使用年限？ ……………………………… 336

7.7 砌体结构房屋的砌体地下室外墙应如何进行设计计算？ ……………………… 337

7.8 影响砌体结构墙、柱高厚比的因素主要有哪些？ ……………………………… 339

7.9 砌体结构的墙、柱高厚比如何进行验算？ ……………………………………… 340

7.10 梁与砌体墙或柱的连接与支承应符合哪些规定？梁端有效支承长度应如何
计算？ …………………………………………………………………………… 343

7.11 梁端支承处砌体的局部受压承载力如何进行计算？ …………………………… 346

7.12 在砌体中留设槽洞及埋设管道时，应当注意什么问题？ ……………………… 348

7.13 防止或减轻砌体墙开裂主要有哪些措施？ ……………………………………… 349

7.14 墙梁设计有哪些基本要求？ ……………………………………………………… 353

7.15 挑梁设计时应当注意什么问题？ ………………………………………………… 355

7.16 抗震设计时，多层砌体结构房屋的总高度和总层数有何规定？ ……………… 358

7.17 抗震设计时，多层砌体结构房屋的布置和结构体系有哪些基本要求？ ……… 360

7.18 有抗震设防要求的多层砌体结构房屋，其局部尺寸如何进行控制和设计？ …… 361

7.19 抗震设计时，多层砌体结构房屋的墙体截面不满足抗震受剪承载力验算时，
应当采取哪些措施？ …………………………………………………………… 362

7.20 抗震设防地区，砌体结构房屋楼梯间的设计有哪些基本要求？ ……………… 363

7.21 抗震设计的多层砖砌体结构房屋，设置构造柱时应当注意什么问题？ ……… 364

7.22 抗震设计的多层砖砌体结构房屋，设置钢筋混凝土圈梁时应当注意什么
问题？ …………………………………………………………………………… 366

7.23 抗震设防地区，底部框架-抗震墙砌体房屋设计有哪些基本要求？ ………… 368

7.24 抗震设防地区，底部框架-抗震墙砌体房屋设计应采取哪些抗震构造措施？ …… 369

第8章 地基与基础 ………………………………………………………………………… 371

8.1 岩土工程勘察报告的内容和深度应符合哪些要求？ …………………………… 371

8.2 地基基础的设计等级如何划分？哪些建筑物应按地基变形设计或变形验算？ …… 372

8.3 计算地基变形时，应注意哪些问题？ …………………………………………… 375

8.4 在确定基础埋置深度时，应考虑哪些问题？ …………………………………… 376

8.5 人工处理的地基，如复合地基，其承载力特征值如何确定？地基承载力特征值
是否可以进行基础宽度和埋深修正？ ………………………………………… 378

8.6 高层建筑与裙房之间的基础不设沉降缝时，可采取哪些措施来减少差异沉降
及其影响？ ……………………………………………………………………… 379

8.7　钢筋混凝土柱和墙纵向受力钢筋在基础内的锚固长度如何确定？ ·············· 381

8.8　钢筋混凝土柱下独立基础设计时应当注意什么问题？ ·············· 385

8.9　高层建筑筏形基础设计时应当注意什么问题？ ·············· 388

8.10　地下室采用独立基础加防水板的做法时，应当注意什么问题？ ·············· 390

8.11　桩基础设计时应当注意什么问题？ ·············· 392

8.12　地下室外墙采用实用设计法设计时，如何进行设计计算？ ·············· 397

附　　录

附录 1　实施工程建设强制性标准监督规定 ·············· 401

附录 2　房屋建筑和市政基础设施工程施工图设计文件审查管理办法 ·············· 404

附录 3　超限高层建筑工程抗震设防管理规定 ·············· 409

附录 4　超限高层建筑工程抗震设防专项审查技术要点 ·············· 412

参　考　文　献

第 1 篇

结构设计总说明的审查及
编写中应当注意的问题

第1章 概　述

1.1　结构设计总说明的编写要求

根据住房和城乡建设部 2017 年 1 月 1 日起施行的《建筑工程设计文件编制深度规定》（2016 年版）（以下简称《设计文件深度规定》）的要求，建筑结构专业施工图设计文件应包括图纸目录、结构设计总说明、设计图纸及结构设计计算书。因此，建筑结构专业施工图设计文件审查主要应审查结构设计总说明、设计图纸和结构设计计算书。其中，结构设计计算书又包括采用手算的结构计算书和采用电子计算机用设计软件计算的结构计算书，两者均应进行审查。

结构设计总说明是建筑结构专业施工图设计文件中最重要的文件之一，对建筑结构专业施工图设计起着纲领性指导作用。认真编写好结构设计总说明，是结构设计工程师在施工图开展时的首要任务。

每一个单项工程应编写一份结构设计总说明；多子项工程应编写统一的结构施工图设计总说明，当工程以钢结构为主或包括较多的钢结构时，还应编写钢结构设计总说明；当工程为简单的小型工程时，既可以单独编写结构设计总说明，也可以将结构设计总说明中的内容分别写入相关部分的图纸中。

对于装配式混凝土结构，应编写专用的结构设计总说明。

装配式混凝土结构的设计总说明，应说明结构类型和采用的预制构件类型，应对预制构件的设计、制作、检验、吊装、运输、堆放、施工安装提出明确要求，也应对连接节点（接缝）的连接材料、材料性能、施工及质量检测和工程验收等提出明确的要求。

1.2　结构设计总说明的内容

根据住房和城乡建设部 2016 年版的《设计文件深度规定》第 4.4.3 条的要求，在施工图设计阶段，在结构设计总说明中主要应说明以下内容：

1. 工程概况

应明确工程地点、结构的类型、主要功能和建筑物的长、宽、高等内容。

2. 结构设计的主要依据

（1）结构设计所采用的主要现行国家标准（包括标准的名称、编号、年号和版本号）[注]；

注：本书在文中各处，除第 2 章 "结构设计总说明" 的 2.2.1 条和 2.7.1 条完整列出国家标准的名称、标准代号、年号及版本号外，所引用的国家标准（包括建筑工程以外的其他行业的国家标准），均为现行国家标准，仅列出标准的简称，不再列出标准的全称、标准代号、年号和版本号，也不再在国家标准前写明为 "现行国家标准"。

（2）建筑物所在场地的岩土工程勘察报告；

（3）场地地震安全性评价报告及风洞试验报告（必要时提供）；

（4）相关节点和构件试验报告（必要时提供）；

（5）振动台试验报告（必要时提供）；

（6）建设单位提出的与结构有关的符合有关标准、法规的书面要求；

（7）初步设计的审查、批复文件；

（8）对于超限高层建筑工程，应有超限高层建筑工程超限设计可行性论证报告的批复文件及抗震设防专项审查意见。

3. 图纸说明

（1）图纸中标高、尺寸的单位；

（2）设计±0.000 标高所对应的绝对标高（应明确具体的绝对标高值）；

（3）当图纸按工程分区编号时，应有图纸编号说明。

4. 建筑的分类等级

（1）建筑结构的安全等级和设计使用年限；混凝土结构构件的环境类别和耐久性要求；砌体结构的施工质量控制等级；

（2）抗震设计时，建筑的抗震设防类别、抗震设防烈度（设计基本地震加速度）、设计地震分组、场地类别、结构阻尼比、钢筋混凝土结构和钢结构的结构类型和抗震等级；

（3）地下室的防水等级，地下室及水池等防水混凝土的抗渗等级；

（4）人防地下室的设计类别（甲类或乙类）及抗力级别；

（5）建筑的耐火等级和构件的耐火极限。

5. 设计采用的荷载（作用）

（1）楼（屋）面均布荷载标准值（面层荷载、活荷载、吊挂荷载等）及墙体荷载、特殊荷载（如设备荷载）、栏杆荷载等；

（2）风荷载（基本风压及地面粗糙度、体型系数、风振系数等）；雪荷载（基本雪压及积雪分布系数等）；

（3）地震作用、温度作用、地下水浮力及人防地下室结构各部位的等效静荷载标准值等。

6. 主要结构材料

（1）结构所采用的材料，如混凝土、钢筋（包括预应力钢筋）、砌体的块材和砌筑砂浆等结构材料，应说明其种类、规格、强度等级、特殊性能要求、自重及相应的产品标准；

（2）成品拉索、预应力结构构件的锚具、成品支座（如各类橡胶支座、钢支座、隔震支座等）、阻尼器等特殊产品的参考型号、主要性能参数及相应的产品标准；

（3）装配式混凝土结构连接材料的种类、性能和要求；

（4）钢结构所用材料（包括连接材料）详见本说明 9。

7. 地基与基础

（1）工程地质及水文地质概况，各主要土层的压缩模量及承载力特征值；对不良地基的处理措施及技术要求，抗液化措施及要求，地基土的冰冻深度等；

(2) 地基基础的设计等级、基础形式及基础持力层；当采用桩基础时，应简述桩型、桩长、桩径、桩端持力层及桩进入持力层的深度，设计所采用的单桩承载力特征值（必要时尚应包括桩的竖向抗拔承载力和水平承载力特征值）等；当采用桩基础时，还应有试桩报告或深层平板载荷试验报告或基岩载荷板试验报告；

(3) 地下室防水设计水位、抗浮设计水位及抗浮措施，施工期间的降水要求及终止降水的条件等；

(4) 基础大体积混凝土的施工要求及基坑、承台坑回填土的回填要求；

(5) 当有人防地下室时，应图示人防部分及非人防部分的分界范围。

8. 钢筋混凝土结构

(1) 最外层钢筋的混凝土保护层最小厚度；钢筋的锚固长度、搭接长度、连接方式及要求；各类构件受力钢筋的锚固构造要求；

(2) 预应力构件采用后张法时的孔道做法及布置要求、灌浆要求等；预应力构件张拉端、固定端的构造做法及要求，锚具防护要求等；预应力结构的张拉控制应力、张拉顺序、张拉条件（如张拉时的混凝土强度等）、必要的张拉测试要求等；

(3) 后浇带的施工要求（包括补浇时间及补浇混凝土的性能和强度等级等），特殊构件施工缝的位置及处理要求；

(4) 梁、板、墙预留孔洞的统一要求及加固补强要求；各类预埋件的统一要求；梁、板的起拱要求及拆模条件。

9. 钢结构

(1) 钢材牌号和质量等级及所对应的产品标准；必要时对钢材应提出物理力学性能和化学成分要求及其他要求，例如屈强比、伸长率、焊接性、冲击韧性、Z向性能、碳当量、耐候性能及交货状态等要求；

(2) 连接方法及连接材料：

1) 焊接连接及焊接材料：各类钢材的焊接方法及对焊接材料型号的要求；焊缝形式、焊缝质量等级及焊缝质量检测要求；

2) 螺栓连接：注明螺栓种类、性能等级、规格，高强度螺栓摩擦面的处理方法、摩擦面的抗滑移系数，以及各类螺栓所对应的产品标准；

3) 焊钉种类、性能等级、规格及对应的产品标准；

(3) 钢构件的制作（包括钢构件的成形方式）及钢结构的安装要求；

(4) 钢结构构件的防护：

1) 钢柱脚的防护要求；

2) 钢构件的除锈方法、除锈等级及防腐蚀涂料的类型、性能和涂层厚度；防腐蚀年限及定期维护要求；

3) 各类钢构件的耐火极限、耐火涂料的类型、厚度及产品要求。

10. 围护墙、填充墙和隔墙

(1) 墙体材料的种类、厚度、强度等级和材料重量限制；

(2) 墙体与梁、柱、剪力墙等主体结构（包括钢结构）构件的连接做法和要求；构造柱、圈梁、拉筋和钢筋混凝土水平系梁等的设置要求，墙顶的拉结要求。

11. 检测或观测要求

（1）沉降观测要求及高层、超高层建筑必要时的日照变形等观测要求；

（2）大跨度结构和特殊结构必要时的试验、检测及要求。

12. 列出所采用的标准图集的名称和图集号；所采用的通用构造做法应绘制详图。

13. 施工应遵守的现行国家标准及施工中需特别注意的问题。

14. 结构整体计算及其他计算所采用的软件名称、版本号和编制单位，计算软件必须经过鉴定。

第 2 章 结构设计总说明的审查及编写中应当注意的问题

2.1 工 程 概 况

结构设计总说明中工程概况部分应介绍以下内容。

2.1.1 房屋建筑的名称和使用功能

1. 不同使用功能的房屋建筑有不同的设计要求。对结构专业而言，不同使用功能的房屋建筑，除楼面均布活荷载标准值及楼面建筑装修荷载等可能不同外，其抗震设防类别和抗震设防标准也可能不同。

根据《建筑工程抗震设防分类标准》GB 50223—2008（以下简称《抗震分类标准》）的规定，建筑物的抗震设防类别应根据建筑物使用功能的重要性、规模和地震破坏的后果及影响大小来划分，共分为四类：

（1）特殊设防类：指使用上有特殊设施，涉及国家公共安全的重大建筑工程和地震时可能发生严重次生灾害等特别重大灾害后果，需要进行特殊设防的建筑。简称甲类。

（2）重点设防类：指地震时使用功能不能中断或需尽快恢复的生命线相关建筑，以及地震时可能导致大量人员伤亡等重大灾害后果，需要提高设防标准的建筑。简称乙类。

（3）标准设防类：指大量的除（1）、（2）、（4）款以外按标准要求进行设防的建筑。简称丙类。

（4）适度设防类：指使用上人员稀少且震损不致产生次生灾害，允许在一定条件下适度降低要求的建筑。简称丁类。

2. 不同抗震设防类别的建筑，其抗震设防标准不同，应分别符合下列要求：

（1）标准设防类，应按本地区抗震设防烈度确定其抗震措施和地震作用，达到在遭遇高于当地抗震设防烈度的预估罕遇地震影响时不致倒塌或发生危及生命安全的严重破坏的抗震设防目标。

（2）重点设防类，应按高于本地区抗震设防烈度一度的要求加强其抗震措施；但抗震设防烈度为9度时应按比9度更高的要求采取抗震措施；地基基础的抗震措施，应符合有关规定。同时，应按本地区抗震设防烈度确定其地震作用。

（3）特殊设防类，应按高于本地区抗震设防烈度提高一度的要求加强其抗震措施；但抗震设防烈度为9度时应按比9度更高的要求采取抗震措施。同时，应按批准的地震安全性评价的结果且高于本地区抗震设防烈度的要求确定其地震作用。

（4）适度设防类，允许比本地区抗震设防烈度的要求适当降低其抗震措施，但抗震设防烈度为6度时不应降低。一般情况下，仍应按本地区抗震设防烈度确定其地震作用。

注：对于划为重点设防类而规模很小的工业建筑，当改用抗震性能较好的材料且符合抗震设计规范对结构体系的要求时，允许按标准设防类设防。

3. 建筑工程抗震设防分类标准仅列出主要行业的抗震设防类别的建筑示例；使用功能、规模与示例类似或相近的建筑，可按该示例划分其抗震设防类别。建筑工程抗震设防分类标准未列出的建筑宜划为标准设防类。

2.1.2　房屋建筑拟建场地所在地区或位置

在结构设计总说明中说明建筑物将建造在什么地方，可以清楚了解建筑物建造场地大致的工程地质情况；也可以很方便地查找到当地的抗震设防烈度；同时也可以大致知道建筑场地所处的工程地质环境和条件。

我国主要城镇的抗震设防烈度、设计基本地震加速度和设计地震分组，详见《建筑抗震设计规范》GB 50011—2010（2016 年版）（以下简称《抗震规范》）附录 A。

2.1.3　房屋建筑的高度、层数、结构类型及抗震等级

按照《抗震规范》的规定，房屋建筑的高度指室外地面到主要屋面板板顶的高度（不包括局部突出屋顶的部分）；房屋建筑的层数分地上部分的层数和地下部分（如果有地下室的话）的层数，应分别说明各层的层高和用途。明确房屋建筑的高度后，可以判定该建筑是否属于高层建筑；如果是高层建筑，还可以判定该高层建筑是 A 级高度的高层建筑还是 B 级高度的高层建筑，以及其高度是否超限。

如果房屋建筑的高度超过了规定，包括超过《抗震规范》第 6 章现浇钢筋混凝土房屋和第 8 章钢结构房屋适用的最大高度、超过《高层建筑混凝土结构技术规程》JGJ 3—2010（以下简称《高层建筑规程》）第 7 章有较多短肢剪力墙的剪力墙结构、第 10 章错层结构和第 11 章混合结构最大的适用高度的高层建筑结构工程，应按建质〔2015〕67 号《超限高层建筑工程抗震设防专项审查技术要点》的要求，进行超限高层建筑工程的抗震设防专项审查。

《超限高层建筑工程抗震设防专项审查技术要点》（建质〔2015〕67 号）详见本书附录 4。

A 级高度和 B 级高度钢筋混凝土建筑的最大适用高度分别见表 2.1-1、表 2.1-2；钢结构房屋适用的最大高度见表 2.1-3；混合结构高层建筑适用的最大高度见表 2.1-4。高度超限的高层建筑结构的界限高度见表 2.1-5。

A 级高度钢筋混凝土高层建筑的最大适用高度（m）　　　　表 2.1-1

结 构 类 型		抗震设防烈度				
		6 度	7 度	8 度		9 度
				0.20g	0.30g	
框架		60	50	40	35	24
框架-剪力墙		130	120	100	80	50
剪力墙	全部落地剪力墙	140	120	100	80	60
	部分框支剪力墙	120	100	80	50	不应采用

续表

结构类型		抗震设防烈度				
		6 度	7 度	8 度		9 度
				0.20g	0.30g	
筒体	框架-核心筒	150	130	100	90	70
	筒中筒	180	150	120	100	80
板柱-剪力墙		80	70	55	40	不应采用

注：1. 房屋高度指室外地面到主要屋面板板顶的高度（不包括局部突出屋顶部分）；
2. 框架-核心筒结构指周边稀柱框架与核心筒组成的结构；
3. 板柱-剪力墙结构指板柱、框架和剪力墙组成抗侧力体系的结构；
4. 部分框支剪力墙结构指地面以上有部分框支剪力墙的剪力墙结构，不包括仅有个别框支墙的情况；
5. 表中框架，不包括异形柱框架；
6. 甲类建筑，6、7、8 度时宜按本地区抗震设防烈度提高一度后符合本表的要求，9 度时应专门研究；
7. 乙类建筑可按本地区抗震设防烈度确定其适用的最大高度；
8. 超过表内高度的房屋，应进行专门研究和论证，采取有效的加强措施；
9. 本表已包括《抗震规范》表 6.1.1 的全部内容。

B 级高度钢筋混凝土高层建筑的最大适用高度（m）   表 2.1-2

结构类型		抗震设防烈度			
		6 度	7 度	8 度	
				0.20g	0.30g
框架-剪力墙		160	140	120	100
剪力墙	全部落地剪力墙	170	150	130	110
	部分框支剪力墙	140	120	100	80
筒体	框架-核心筒	210	180	140	120
	筒中筒	280	230	170	150

注：1. 部分框支剪力墙结构指地面以上有部分框支剪力墙的剪力墙结构；
2. 甲类建筑，6、7 度时宜按本地区设防烈度提高一度后符合本表的要求，8 度时应专门研究；
3. 当房屋高度超过表中数值时，结构设计应有可靠依据，并采取有效的加强措施。

钢结构房屋适用的最大高度（m）   表 2.1-3

结构类型	6、7 度 (0.10g)	7 度 (0.15g)	8 度		9 度 (0.40g)
			(0.20g)	(0.30g)	
框架	110	90	90	70	50
框架-中心支撑	220	200	180	150	120
框架-偏心支撑，框架-屈曲约束支撑，框架-延性墙板	240	220	200	180	160
筒体（框筒，筒中筒，桁架筒，束筒）和巨型框架	300	280	260	240	180

注：1. 房屋高度指室外地面到主要屋面板板顶的高度（不包括局部突出屋顶部分）；
2. 超过表内高度的房屋，应进行专门研究和论证，采取有效的加强措施；
3. 表内的筒体不包括混凝土筒；
4. 框架柱包括全钢柱和钢管混凝土柱；
5. 甲类建筑，6、7、8 度时宜按本地区抗震设防烈度提高 1 度后符合本表要求，9 度时应专门研究。

混合结构高层建筑适用的最大高度（m）　　表 2.1-4

结　构　类　型		抗震设防烈度				
		6 度	7 度	8 度		9 度
				0.2g	0.3g	
框架-核心筒	钢框架-钢筋混凝土核心筒	200	160	120	100	70
	型钢（钢管）混凝土框架-钢筋混凝土核心筒	220	190	150	130	70
筒中筒	钢外筒-钢筋混凝土核心筒	260	210	160	140	80
	型钢（钢管）混凝土外筒-钢筋混凝土核心筒	280	230	170	150	90

注：平面和竖向均不规则的结构，最大适用高度应适当降低。

高度超限的高层建筑结构的界限高度（m）　　表 2.1-5

结　构　类　型		6 度	7 度 (0.1g)	7 度 (0.15g)	8 度 (0.20g)	8 度 (0.30g)	9 度
混凝土结构	框架	60	50	50	40	35	24
	框架-抗震墙	130	120	120	100	80	50
	抗震墙	140	120	120	100	80	60
	部分框支抗震墙	120	100	100	80	50	不应采用
	框架-核心筒	150	130	130	100	90	70
	筒中筒	180	150	150	120	100	80
	板柱-抗震墙	80	70	70	55	40	不应采用
	较多短肢墙	140	100	100	80	60	不应采用
	错层的抗震墙	140	80	80	60	60	不应采用
	错层的框架-抗震墙	130	80	80	60	60	不应采用
混合结构	钢框架-钢筋混凝土筒	200	160	160	120	100	70
	型钢（钢管）混凝土框架-钢筋混凝土筒	220	190	190	150	130	70
	钢外筒-钢筋混凝土内筒	260	210	210	160	140	80
	型钢（钢管）混凝土外筒-钢筋混凝土内筒	280	230	230	170	150	90
钢结构	框架	110	110	110	90	70	50
	框架-中心支撑	220	220	200	180	150	120
	框架-偏心支撑（延性墙板）	240	240	220	200	180	160
	各类筒体和巨型结构	300	300	280	260	240	180

注：平面和竖向均不规则（部分框支结构指框支层以上的楼层不规则），其高度应比表内数值降低至少 10%。

根据房屋建筑的使用功能、高度和所在地区的抗震设防烈度，通过优化比较计算，可以较合理地选定房屋结构的体系（结构类型）。

明确钢筋混凝土结构房屋地上部分的高度和层数后，还可以正确确定钢筋混凝土剪力墙结构、框架-剪力墙结构、框架-核心筒结构、部分框支剪力墙结构等类结构剪力墙底部加强部位的高度和层数。

抗震设防烈度确定后，结构类型和房屋建筑的高度就成为确定钢筋混凝土结构抗震等级的主要因素（影响钢筋混凝土结构抗震等级的其他因素详见表2.1-6的注1、注2和注4）。

丙类建筑的钢筋混凝土结构房屋的抗震等级应按表2.1-6、表2.1-7确定，丙类钢-混凝土混合结构房屋的抗震等级应按表2.1-8确定。丙类多层和高层钢结构房屋的抗震等级应按表2.1-9确定。

A级高度的钢筋混凝土多高层建筑结构的抗震等级　　　　表 2.1-6

结构类型		设防烈度									
		6		7			8			9	
框架结构	高度（m）	≤24	>24	≤24	>24		≤24	>24		≤24	
	框架	四	三	三	二		二	一		一	
	大跨度框架	三		二			一				
框架-剪力墙结构	高度（m）	≤60	>60	≤24	25～60	>60	≤24	25～60	>60	≤24	25～50
	框架	四	三	四	三	二	三	二	一	二	一
	剪力墙	三		三		二	二		一	二	一
剪力墙结构	高度（m）	≤80	>80	≤24	25～80	>80	≤24	25～80	80>	≤24	25～60
	剪力墙	四	三	四	三	二	三	二	一	二	一
部分框支剪力墙结构	高度（m）	≤80	>80	≤24	25～80	>80	≤24	25～80			
	剪力墙 一般部位	四	三	四	三	二	三	二			
	剪力墙 加强部位	三	二	三	二	一	二	一			
	框支层框架	二		二			一				
框架-核心筒结构	框架	三		二			一			一	
	核心筒	二		二			一			一	
筒中筒结构	外筒	三		二			一			一	
	内筒	三		二			一			一	
板柱-剪力墙结构	高度（m）	≤35	>35	≤35	>35		≤35	>35			
	框架、板柱的柱	三	二	二	二		一	一			
	剪力墙	二	二	二	一		二	一			

注：1. 建筑场地为Ⅰ类时，除6度外应允许按表内降低一度所对应的抗震等级采取抗震构造措施，但相应的计算要求不应降低；

　　2. 接近或等于高度分界时，应允许结合房屋不规则程度及场地、地基条件确定抗震等级；

　　3. 大跨度框架指跨度不小于18m的框架；

　　4. 高度不超过60m的框架-核心筒结构按框架-剪力墙的要求设计时，应按表中框架-剪力墙结构的规定确定其抗震等级；

　　5. 底部带转换层的筒体结构，其转换框架的抗震等级应按表中部分框支剪力墙结构的规定采用；

　　6. 表中已包括《抗震规范》表6.1.2的全部内容。

B 级高度的钢筋混凝土高层建筑结构的抗震等级　　表 2.1-7

结 构 类 型		设 防 烈 度		
		6 度	7 度	8 度
框架-剪力墙	框架	二	一	一
	剪力墙	二	一	特一
剪力墙	剪力墙	二	一	特一
部分框支剪力墙	非底部加强部位剪力墙	二	一	一
	底部加强部位剪力墙	一	一	特一
	框支框架	一	特一	特一
框架-核心筒	框架	二	一	一
	筒体	二	一	特一
筒中筒	外筒	二	一	特一
	内筒	二	一	特一

注：底部带转换层的筒体结构，其转换框架和底部加强部位筒体的抗震等级应按表中部分框支剪力墙结构的规定采用。

钢-混凝土混合结构抗震等级　　表 2.1-8

结 构 类 型		抗震设防烈度						
		6 度		7 度		8 度		9 度
房屋高度（m）		≤150	>150	≤130	>130	≤100	>100	≤70
钢框架-钢筋混凝土核心筒	钢筋混凝土核心筒	二	一	一	特一	一	特一	特一
型钢（钢管）混凝土框架-钢筋混凝土核心筒	钢筋混凝土核心筒	二	二	二	一	一	特一	特一
	型钢（钢管）混凝土框架	三	二	二	二	一	一	一
房屋高度（m）		≤180	>180	≤150	>150	≤120	>120	≤90
钢外筒-钢筋混凝土核心筒	钢筋混凝土核心筒	二	一	一	特一	一	特一	特一
型钢(钢管)混凝土外筒-钢筋混凝土核心筒	钢筋混凝土核心筒	二	一	一	一	一	特一	特一
	型钢（钢管）混凝土外筒	三	二	二	一	一	一	一

注：钢结构构件抗震等级，抗震设防烈度为 6、7、8、9 度时应分别取四、三、二、一级。

多层和高层钢结构房屋的抗震等级　　表 2.1-9

房屋高度	烈 度			
	6	7	8	9
≤50m		四	三	二
>50m	四	三	二	一

注：1. 高度接近或等于高度分界时，应允许结合房屋不规则程度和场地、地基条件确定抗震等级；
　　2. 一般情况，构件的抗震等级应与结构相同；当某个部位各构件的承载力均满足 2 倍地震作用组合下的内力要求时，7～9 度的构件抗震等级应允许按降低一度确定。

关于砌体结构，按照《抗震规范》的规定，砌体结构房屋不划分抗震等级。多层砌体结构房屋和底部框架-抗震墙砌体结构房屋的层数和总高度受到严格限制，不允许超过规范允许的层数和总高度。

多层砌体房屋和底部框架、砌体房屋的层数和总高度限值如表 2.1-10 所示。

多层砌体房屋和底部框架-抗震墙砌体房屋的层数和总高度限值（m）　　表 2.1-10

房屋类别		最小抗震墙厚度（mm）	烈度和设计基本地震加速度											
			6		7				8				9	
			0.05g		0.10g		0.15g		0.20g		0.30g		0.40g	
			高度	层数	高度	层数	高度	层数	高度	层数	高度	层数	高度	层数
多层砌体房屋	普通砖	240	21	7	21	7	21	7	18	6	15	5	12	4
	多孔砖	240	21	7	21	7	18	6	18	6	15	5	9	3
	多孔砖	190	21	7	18	6	15	5	15	5	12	4	—	—
	小砌块	190	21	7	21	7	18	6	18	6	15	5	9	3
底部框架-抗震墙砌体房屋	普通砖多孔砖	240	22	7	22	7	19	6	16	5	—	—	—	—
	多孔砖	190	22	7	19	6	16	5	13	4	—	—	—	—
	小砌块	190	22	7	22	7	19	6	16	5	—	—	—	—

注：1. 房屋的总高度指室外地面到主要屋面板板顶或檐口的高度，半地下室从地下室室内地面算起，全地下室和嵌固条件好的半地下室应允许从室外地面算起；对带阁楼的坡屋面应算到山尖墙的 1/2 高度处；

2. 室内外高差大于 0.6m 时，房屋总高度应允许比表中的数据适当增加，但增加量应少于 1.0m；

3. 乙类的多层砌体房屋仍按本地区设防烈度查表，其层数应减少一层且总高度应降低 3m；不应采用底部框架-抗震墙砌体房屋；

4. 本表小砌块砌体房屋不包括配筋混凝土小型空心砌块砌体房屋。

对横墙较少的多层砌体房屋，总高度应比表 2.1-10 的规定降低 3m，层数相应减少一层；各层横墙很少的多层砌体房屋，还应再减少一层。

在查表 2.1-10 时应注意，该表通过表注 3 补充了横墙数量正常的属于乙类建筑的多层砌体结构房屋的高度和层数的控制要求。

6、7 度时横墙较少的丙类多层砌体房屋，当按规定采取加强措施并满足抗震承载力要求时，其高度和层数应允许仍按表 2.1-10 的规定采用。

采用蒸压灰砂砖和蒸压粉煤灰砖的砌体房屋，其层数和总高度控制详见《抗震规范》第 7.1.2 条第 4 款。

所谓横墙较少是指同一楼层内开间大于 4.2m 的房间占该层总面积的 40% 以上；其中，开间不大于 4.2m 的房间占该层总面积不到 20% 且开间大于 4.8m 的房间占该层总面积的 50% 以上为横墙很少。

2.1.4　房屋建筑的平面尺寸（长度、宽度）、建筑面积（或规模）伸缩缝或防震缝及适用的最大高宽比

钢筋混凝土房屋建筑的平面尺寸超过了《混凝土结构设计规范》GB 50010—2010（2015 年版）（以下简称《混凝土规范》）第 8.1.1 条关于伸缩缝最大间距的规定时，宜设置伸缩缝；如果伸缩缝同时也是钢筋混凝土房屋建筑的防震缝时，伸缩缝的宽度还应满足防震缝的宽度要求。

钢筋混凝土结构伸缩缝的最大间距如表 2.1-11 所示。

钢筋混凝土结构伸缩缝的最大间距（m）　　　　表 2. 1-11

结　构　类　别		室内或土中	露　　天
排架结构	装配式	100	70
框架结构	装配式	75	50
	现浇式	55	35
剪力墙结构	装配式	65	40
	现浇式	45	30
挡土墙、地下室 墙壁等类结构	装配式	40	30
	现浇式	30	20

注：1. 装配整体式结构房屋的伸缩缝间距，可根据结构的具体情况取表中装配式结构与现浇式结构之间的数值；

　2. 框架-剪力墙结构或框架-核心筒结构房屋的伸缩缝间距，可根据结构的具体情况取表中框架结构与剪力墙结构之间的数值；

　3. 当屋面无保温或隔热措施时，框架结构、剪力墙结构的伸缩缝间距宜按表中露天栏的数值取用；

　4. 现浇挑檐、雨罩等外露结构的局部伸缩缝间距不宜大于 12m。

钢筋混凝土房屋防震缝的最小宽度应符合下列要求：

1. 框架结构（包括设置少量剪力墙的框架结构）房屋，当高度不超过 15m 时，不应小于 100mm；超过 15m 时，6 度、7 度、8 度和 9 度分别每增加高度 5m、4m、3m 和 2m，宜加宽 20mm；

2. 框架-剪力墙结构房屋防震缝的宽度不应小于第 1 项规定数值的 70%；剪力墙结构房屋防震缝的宽度不应小于第 1 项规定数值的 50%，且二者均不宜小于 100mm；

3. 防震缝两侧结构类型（结构体系）不同时，防震缝的宽度应按不利的结构类型确定；防震缝两侧的房屋高度不同时，防震缝宽度宜按较低的房屋高度确定；

4. 当相邻结构的基础存在较大差异沉降时，宜增加防震缝的宽度；

5. 防震缝宜沿房屋全高设置；地下室、基础可不设防震缝，但在与上部防震缝对应处应加强构造和连接；

6. 结构单元之间或主楼与裙房之间如无可靠措施，不宜采用牛腿托梁的做法设置防震缝，否则应采取可靠措施；

7. 8、9 度框架结构房屋防震缝两侧结构层高相差较大时，防震缝两侧框架柱的箍筋应沿房屋全高加密，并可根据需要在缝两侧沿房屋全高各设置不少于两道垂直于防震缝的抗撞墙。抗撞墙的布置宜避免加大扭转效应，其长度可不大于 1/2 层高，抗震等级可同框架结构；框架构件的内力应按设置和不设置抗撞墙两种计算模型的不利情况取值。

《混凝土规范》第 8.1.3 条规定，如有充分依据和可靠措施，在某些情况下伸缩缝的最大间距可以适当增加。这就是说，当钢筋混凝土结构的平面尺寸比伸缩缝最大间距大得不多时，只要有充分依据和可靠措施，也可以不留伸缩缝。

钢筋混凝土结构房屋增大伸缩缝最大间距的主要措施是：

1. 混凝土浇筑时采用后浇带分段施工；

2. 采用专门的预加应力或增配构造钢筋的措施；

3. 采取减小混凝土收缩和温度变化的措施；在受温度及收缩影响较大的部位加强配筋；

4. 加强屋面和外墙面的保温隔热措施；

5. 采用低收缩混凝土材料，采取跳仓灌筑、设置控制缝等施工方法，并加强施工养护。

应当指出，增大伸缩缝间距的措施远不止上述5条，而且每种措施都有一定作用，也有一定局限性，如何综合应用这些措施，以及应用这些措施后对增大伸缩缝间距起多大作用，都应经过仔细分析计算，并通过设计实践不断积累经验，不能盲目照抄照搬已有的工程做法。

应当特别注意的是：

1. 不能将施工后浇带等同于伸缩缝，因为两者的作用完全不同；不能简单地用后浇带代替伸缩缝，或将设置了后浇带的现浇混凝土结构按装配式结构来考虑。设置后浇带仅仅是为了减少混凝土的早期收缩，而设置伸缩缝的目的是要控制受约束的混凝土结构，在温度变化或混凝土收缩引起混凝土胀缩的作用下，不致由于结构变形过大或胀缩变形累积过多，而导致结构发生设计功能改变或耐久性恶化。

2. 也不能仅重视减少温度变化或混凝土收缩在混凝土中引起的裂缝，还应重视由此而产生的对结构的不利影响，结构内力的变化对结构安全的影响有时会比局部裂缝的影响要大得多。

3. 《混凝土规范》第8.1.2条也指出，在某些情况下，钢筋混凝土结构伸缩缝的最大间距宜适当减少，详见规范条文及条文说明。

混凝土结构的后浇带通常在结构混凝土浇筑两个月后再行浇灌，后浇混凝土的强度等级应提高一级，并应采用无收缩混凝土。

当后浇带同时还是结构的沉降后浇带时，后浇带宜在主体结构封顶后浇筑，也可根据基础实测沉降值并计算后期沉降差能满足设计要求后进行浇筑。

其他种类房屋结构伸缩缝的最大间距是：

砌体结构房屋伸缩缝的最大间距见表2.1-12；

钢结构温度区段长度值如表2.1-13所示；

素混凝土结构伸缩缝的最大间距如表2.1-14所示。

砌体结构房屋伸缩缝的最大间距（m）　　　　　表2.1-12

屋盖或楼盖类别		间　距
整体式或装配整体式钢筋混凝土结构	有保温层或隔热层的屋盖、楼盖	50
	无保温层或隔热层的屋盖	40
装配式无檩体系钢筋混凝土结构	有保温层或隔热层的屋盖、楼盖	60
	无保温层或隔热层的屋盖	50
装配式有檩体系钢筋混凝土结构	有保温层或隔热层的屋盖	75
	无保温层或隔热层的屋盖	60

续表

屋盖或楼盖类别	间　距
瓦材屋盖、木屋盖或楼盖、轻钢屋盖	100

注：1. 对烧结普通砖、烧结多孔砖、配筋砌块砌体房屋，取表中数值；对石砌体、蒸压灰砂普通砖、蒸压粉煤灰普通砖、混凝土砌块、混凝土普通砖和混凝土多孔砖房屋，取表中数值乘以 0.8 的系数，当墙体有可靠外保温措施时，其间距可取表中数值；

　　2. 在钢筋混凝土屋面上挂瓦的屋盖应按钢筋混凝土屋盖采用；

　　3. 层高大于 5m 的烧结普通砖、烧结多孔砖、配筋砌块砌体结构单层房屋，其伸缩缝间距可按表中数值乘以 1.3；

　　4. 温差较大且变化频繁地区和严寒地区不采暖的房屋及构筑物墙体的伸缩缝的最大间距，应按表中数值予以适当减小；

　　5. 墙体的伸缩缝应与结构的其他变形缝相重合，缝宽度应满足各种变形缝的变形要求；在进行立面处理时，必须保证缝隙的变形作用。

钢结构温度区段长度值（m）　　　　　　　　　　表 2.1-13

结构情况	纵向温度区段（垂直屋架或构架跨度方向）	横向温度区段（沿屋架或构架跨度方向）	
		柱顶为刚接	柱顶为铰接
采暖房屋和非采暖地区的房屋	220	120	150
热车间和采暖地区的非采暖房屋	180	100	125
露天结构	120	—	—
围护构件为金属压型钢板的房屋	300	150	

注：1. 厂房柱为非钢结构材料时，应按相应规范的规定设置伸缩缝。围护结构可根据具体情况参照有关规范单独设置伸缩缝；

　　2. 无桥式起重机房屋的柱间支撑和有桥式起重机房屋吊车梁或吊车桁架以下的柱间支撑，宜对称布置于温度区段中部。当不对称布置时，上述柱间支撑的中点（两道柱间支撑时为两柱间支撑的中点）至温度区段端部的距离不宜大于表 2.1-13 纵向温度区段长度的 60%；

　　3. 当横向为多跨高低屋面时，纵向温度区段数据可适当增加；

　　4. 当有充分依据或可靠措施时，表中数值可予以增减。

素混凝土结构伸缩缝的最大间距（m）　　　　　　表 2.1-14

结构类别	室内或土中	露　天
装配式结构	40	30
现浇结构（配有构造钢筋）	30	20
现浇结构（未配构造钢筋）	20	10

其他种类房屋结构防震缝的最小宽度是：

砌体结构房屋防震缝的最小宽度应根据抗震设防烈度和房屋高度确定，可采用 70~100mm；

钢结构房屋防震缝的最小宽度不应小于相应钢筋混凝土结构房屋防震缝最小宽度的 1.5 倍。

房屋建筑的平面尺寸不仅与结构的伸缩缝最大间距和防震缝的最小宽度有关，而且涉及房屋结构的高宽比。房屋结构的高宽比虽然不作为房屋结构设计的一项限制指标，但它仍是房屋结构设计的一项重要指标。《抗震规范》和《高层建筑规程》关于高层建筑结构高宽比的规定，是对结构整体刚度、抗倾覆能力、整体稳定、承载能力和经济合理性的宏观控制指标，是工程经验的总结，应当引起结构工程师足够的重视，且宜遵照执行。

因为，在结构设计满足国家标准规定的承载力、稳定、抗倾覆、变形和舒适度等基本要求后，仅从结构安全角度来讲，高宽比限值不是必须满足的，高宽比超限主要影响结构设计的经济性。

各类房屋结构适用的最大高宽比如表 2.1-15 所示。

建筑结构适用的最大高宽比　　　　　　　　　　　　表 2.1-15

结 构 体 系		抗震设防烈度		
		6度、7度	8度	9度
钢筋混凝土结构	框　　架	4	3	—
	板柱-剪力墙	5	4	—
	框架-剪力墙、剪力墙	6	5	4
	框架-核心筒	7	6	4
	筒中筒	8	7	5
多层砌体房屋		2.5	2.0	1.5
钢结构民用房屋		6.5	6.0	5.5
钢-混凝土混合结构	框架-核心筒	7	6	4
	筒中筒	8	7	5

当高层建筑结构的高宽比不得不超过表 2.1-15 中相应限值时，设计人员应采取必要的加强措施，比如对结构的侧向位移值从严控制等，以保证结构的安全；必要时应进行结构的整体稳定验算和抗倾覆验算。

关于房屋建筑的高宽比，通常情况下，可按建筑物在所考虑方向的最小投影宽度来计算，但对突出建筑物平面很小的局部结构（如楼梯间、电梯间等），一般不应包含在计算宽度内；对于带裙房的高层建筑结构，当裙房的面积和刚度相对于其上部的塔楼的面积和刚度较大，计算高宽比时，房屋的高度和宽度可按裙房以上塔楼部分考虑。

对于平面复杂的高层房屋建筑，由于不容易确定建筑物的最小投影宽度，使高宽比的计算难以进行，为此，SATWE 软件建议采用等效宽度来代替建筑物的最小水平投影宽度，从而近似地计算建筑物的高宽比。建筑物平面的等效宽度可近似取建筑物平面回转半径的 3.5 倍。

建筑物平面等效宽度的近似计算方法借用了结构力学中压杆长细比计算时回转半径计算的概念。如图 2.1-1 所示的建筑物平面，其回转半径 i_x 和 i_y 分别为：

$$i_x = \sqrt{\frac{I_x}{A}}$$

$$i_y = \sqrt{\frac{I_y}{A}}$$

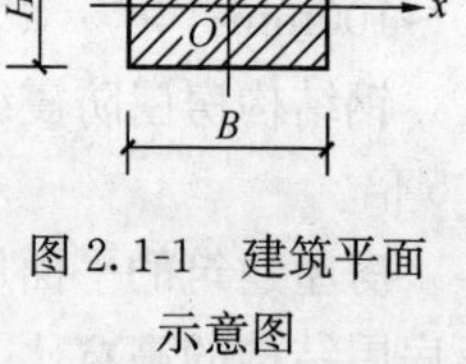

图 2.1-1　建筑平面示意图

式中　I_x、I_y——分别为建筑物平面绕 x 轴和 y 轴的惯性矩；

A——建筑物平面面积。

由于 $I_x = \dfrac{1}{12}BH^3$，$I_y = \dfrac{1}{12}HB^3$，$A = BH$，故

$$i_x = \sqrt{\dfrac{\dfrac{1}{12}BH^3}{BH}} = \sqrt{\dfrac{1}{12}H^2} = \dfrac{1}{3.464}H$$

$$i_y = \sqrt{\dfrac{1}{12}B^2} = \dfrac{1}{3.464}B$$

所以，$H = 3.464i_x \approx 3.5i_x$

$B = 3.464i_y \approx 3.5i_y$

对于非矩形的不规则建筑平面，采用这种方法除可以算出该平面的等效长度和等效宽度外，还可以算出该平面的最小回转半径 i_{min} 和最小等效宽度 B_{min}。$B_{min} = 3.5i_{min}$。

这就是 SATWE 软件取建筑物平面的等效宽度等于建筑物平面回转半径的 3.5 倍的原因。

关于房屋建筑的面积或规模，它与某些类别房屋建筑的抗震设防分类有关。比如，多层商业建筑，在一个区段内建筑面积 17000m^2 或营业面积 7000m^2 以上者，应划分为乙类建筑；商业建筑要划分为乙类建筑，一般需同时满足人员密集、建筑面积或营业面积符合大型规定且为多层建筑等条件；所有仓储式、单层大商场不包括在内。又如影剧院建筑，大型影剧院是指座位不少于 1200 者，这样的影剧院应划分为乙类建筑。再比如体育场馆建筑，大型体育场是指观众座位容量不少于 30000 人的体育场；大型体育馆是指观众座位容量不少于 4500 人的体育馆，这样的体育场馆应划分为乙类建筑。体育场馆在划分为乙类建筑时，应同时满足规模分级（特大型体育场或大中型体育场馆）和人员密集的要求。

综上所述，可以看出，在结构设计总说明中，首先介绍工程概况，把房屋建筑的使用功能、高度、层数、层高、面积或规模和结构类型及所在场地等情况介绍出来，对设计、施工、监理和建设单位的工程管理都是非常有用的。

2.2　结构设计的主要依据及基本条件

2.2.1　结构设计的主要依据

1. 在结构设计总说明中，应分别列出结构设计所依据的主要现行国家标准的名称、标准代号和版本号、年号，如《建筑结构可靠度设计统一标准》GB 50068—2001、《工程结构可靠性设计统一标准》GB 50153—2008、《建筑工程抗震设防分类标准》GB 50223—2008、《建筑结构荷载规范》GB 50009—2012、《建筑地基基础设计规范》GB 50007—2011、《混凝土结构设计规范》GB 50010—2010（2015 年版）、《砌体结构设计规范》GB 50003—2011、《钢结构设计规范》GB 50017—2003、《建筑抗震设计规范》GB 50011—2010（2016 年版）、《高层建筑混凝土结构技术规程》JGJ 3—2010 等；当结构设计还采用了地方标准或规范时，也应将该标准或规范列出，例如北京地区的工程，应当列出《北京地区建筑地基基础勘察设计规范》DBJ 11—501—2009（2016 年版）等。

不应在结构设计总说明中将设计所依据的国家标准简单化地表述为"本工程按现行国

家标准进行设计"。因为，这样简单化的表述会导致以下不良后果：

（1）现行国家标准有的正在进行修订，有的将要进行修订，简单化的表述不能保证设计者正确采用了现行国家标准，也不能保证设计者采用的国家标准均为现行的有效版本。

依据现行国家标准进行工程设计，是设计人员的职责，也是设计人员对业主、对社会应尽的义务。

（2）现行的国家标准有很多种，对于一项具体的工程，设计人员不可能按照所有的现行国家标准进行结构设计，只能是根据工程的具体情况，执行其中的某几种。如果工程中出现这样或那样的问题需要处理时，用简单化的方式来表述结构设计所依据的国家标准，会使设计人员难以说清楚问题，也不便于分清责任。

2. 在结构设计总说明中列出岩土工程勘察报告时，不仅要写出岩土工程勘察报告的全称，也要写出勘察单位的名称和勘察的时间。

3. 对于设计所依据的其他文件，亦应写明文件全名及编写单位和时间。

2.2.2　结构设计的基本条件

1. 在结构设计总说明中应说明建筑结构的安全等级和设计使用年限

建筑结构设计时，应根据结构破坏可能产生的后果（危及人的生命、造成经济损失、产生社会影响等）的严重性，采用不同的安全等级。根据《建筑结构可靠度设计统一标准》GB 50068（以下简称《结构可靠度标准》），建筑结构的安全等级如表2.2-1所示。

建筑结构的安全等级

表 2.2-1

安全等级	破坏后果	建筑物类型	安全等级	破坏后果	建筑物类型
一　级	很严重	重要的房屋	三　级	不严重	次要的房屋
二　级	严　重	一般的房屋			

注：1. 对特殊的建筑物，其安全等级应根据具体情况另行确定；

　　2. 地基基础设计安全等级及按抗震要求设计时建筑结构的安全等级，尚应符合国家现行有关规范的规定。

建筑物中各类结构构件的安全等级，一般情况下均与整个结构的安全等级相同。

建筑结构的三个安全等级中，安全等级二级属于大量的一般性建筑物，例如普通的办公楼建筑和住宅建筑等；为数不多的重要建筑物的安全等级为一级，例如2008年奥运会国家体育场馆建筑等；少数次要的建筑物的安全等级为三级。

2. 房屋建筑作为最重要的耐用商品之一，应在结构设计总说明中明确其设计使用年限。根据《结构可靠度标准》，建筑结构的设计使用年限如表2.2-2所示。

设计使用年限分类

表 2.2-2

类别	设计使用年限（年）	示　　例	类别	设计使用年限（年）	示　　例
1	5	临时性结构	3	50	普通房屋和构筑物
2	25	易于替换的结构构件	4	100	标志性建筑和特别重要的建筑结构

建筑结构在设计使用年限内应具有足够的安全性、适用性和耐久性，其具体体现是：（1）结构在正常设计、正常施工和正常使用条件下，能够承受可能出现的各种作用（永久荷载、可变荷载、外加变形、约束变形、结构材料的收缩及徐变、温度变化等）；在偶然荷载作用下，或偶然事件（罕遇地震、火灾、爆炸等）发生时和发生后，结构能保持必要的整体稳定性，不致因局部损坏或失效而发生倒塌；（2）结构在正常使用时具有良好的工作性能，能满足预期的使用要求，其变形、裂缝和振动不超过规范的规定；（3）结构在正常使用和正常维护条件下，具有足够的耐久性，即在规定的使用环境下和预定的使用年限内，结构材料性能的恶化不导致结构出现不可能接受的失效概率；例如钢筋混凝土构件，不能因保护层厚度过薄或裂缝开展过宽而引起钢筋锈蚀，混凝土也不能因强度等级过低而发生严重碳化、风化和腐蚀而影响耐久性。

3. 结构安全等级和设计使用年限与结构重要性系数

建筑结构不同的安全等级和不同的设计使用年限，在结构构件承载能力极限状态设计表达式中，用不同的结构重要性系数 γ_0 来表达。在不同的情况下，γ_0 的不同取值，承载能力极限状态设计表达式中各项系数的不同取值，可以使所设计的结构构件具有比较一致的可靠度。

对持久设计状况和短暂设计状况，结构重要性系数 γ_0 应按下列规定采用：

（1）对安全等级为一级或设计使用年限为 50 年以上的结构构件，不应小于 1.1；

（2）对安全等级为二级或设计使用年限为 50 年的结构构件，不应小于 1.0；

（3）对安全等级为三级或设计使用年限为 1~5 年的结构构件，不应小于 0.9。

对于设计使用年限为 25 年的结构构件，《混凝土结构设计规范》、《砌体结构设计规范》和《建筑地基基础设计规范》均没有就结构重要性系数作出规定；《钢结构设计规范》和《木结构设计规范》规定，设计使用年限为 25 年的结构构件，γ_0 不应小于 0.95。

在结构设计总说明中，应根据结构安全等级和设计使用年限说明结构重要性系数 γ_0 的取值。

对偶然设计状况和地震设计状况，结构的重要性系数采取 1.0，详见《工程结构可靠性设计统一标准》GB 50153—2008 第 A.1.7 条，即抗震设计的结构的抗侧力构件可不考虑结构构件的重要性系数 γ_0，但非抗侧力构件均应考虑结构构件重要性系数 γ_0 的影响。

抗震设防类别为甲类和乙类的房屋建筑，其安全等级宜规定为一级；丙类建筑，其安全等级宜规定为二级；丁类建筑，其安全等级宜规定为三级。

4. 混凝土结构的耐久性

影响混凝土结构耐久性的最重要因素是环境，所以应在结构设计总说明中，根据房屋建筑的使用功能和有关情况，明确说明各结构构件所处的环境类别，并对不同设计使用年限的混凝土结构在不同类别环境中的耐久性提出最基本的要求。

《混凝土结构设计规范》GB 50010—2010（2015 年版）（以下简称《混凝土规范》）规定，混凝土结构暴露的环境类别应按表 2.2-3 划分，设计使用年限为 50 年的结构其混凝土材料的耐久性宜符合表 2.2-4 的规定。

除结构混凝土材料的耐久性宜符合表 2.2-4 的规定外，对混凝土结构及构件尚应采取下列耐久性技术措施：

（1）预应力混凝土结构中的预应力筋应根据具体情况采取表面防护、孔道灌浆、加大混凝土保护层厚度等措施，外露的锚固端应采取封锚和混凝土表面处理等有效措施；

（2）有抗渗要求的混凝土结构，混凝土的抗渗等级应符合有关标准的要求；

（3）严寒及寒冷地区的潮湿环境中，结构混凝土应满足抗冻要求，混凝土抗冻等级应符合有关标准的要求；

（4）处于二、三类环境中的悬臂构件宜采用悬臂梁-板的结构形式，或在其上表面增设防护层；

（5）处于二、三类环境中的结构构件，其表面的预埋件、吊钩、连接件等金属部件应采取可靠的防锈措施；对于后张预应力混凝土外露金属锚具，其防护要求见《混凝土规范》第10.3.13条；

（6）处在三类环境中的混凝土结构构件，可采用阻锈剂、环氧树脂涂层钢筋或其他具有耐腐蚀性能的钢筋、采取阴极保护措施或采用可更换的构件等措施。

一类环境中，设计使用年限为100年的结构混凝土的耐久性，《混凝土规范》第3.5.5条有更高的要求；二类和三类环境中，设计使用年限为100年的结构混凝土，应采取专门的有效措施；其他类环境中的结构混凝土的耐久性，应符合有关标准的要求，应采取专门的防护措施。

混凝土结构的环境类别　　　　　　　　　　　　　　　　表2.2-3

环境类别	条　件
一	室内干燥环境； 无侵蚀性静水浸没环境
二 a	室内潮湿环境； 非严寒和非寒冷地区的露天环境； 非严寒和非寒冷地区与无侵蚀性的水或土壤直接接触的环境； 严寒和寒冷地区的冰冻线以下与无侵蚀性的水或土壤直接接触的环境
二 b	干湿交替环境； 水位频繁变动环境； 严寒和寒冷地区的露天环境； 严寒和寒冷地区冰冻线以上与无侵蚀性的水或土壤直接接触的环境
三 a	严寒和寒冷地区冬季水位变动区环境； 受除冰盐影响环境； 海风环境
三 b	盐渍土环境； 受除冰盐作用环境； 海岸环境
四	海水环境
五	受人为或自然的侵蚀性物质影响的环境

注：1. 室内潮湿环境是指构件表面经常处于结露或湿润状态的环境；

2. 严寒和寒冷地区的划分应符合现行国家标准《民用建筑热工设计规范》GB 50176的有关规定；

3. 海岸环境和海风环境宜根据当地情况，考虑主导风向及结构所处迎风、背风部位等因素的影响，由调查研究和工程经验确定；

4. 受除冰盐影响环境是指受到除冰盐盐雾影响的环境；受除冰盐作用环境是指被除冰盐溶液溅射的环境以及使用除冰盐地区的洗车房、停车楼等建筑；

5. 暴露的环境是指混凝土结构表面所处的环境。

混凝土结构在设计使用年限内尚应遵守诸如建立定期检测、定期维修的制度等,详见《混凝土规范》第 3.5.8 条。

结构混凝土材料的耐久性基本要求　　　　　　　　　　表 2.2-4

环境等级	最大水胶比	最低强度等级	最大氯离子含量（%）	最大碱含量（kg/m³）
一	0.60	C20	0.30	不限制
二 a	0.55	C25	0.20	
二 b	0.50（0.55）	C30（C25）	0.15	3.0
三 a	0.45（0.50）	C35（C30）	0.15	
三 b	0.40	C40	0.10	

注: 1. 氯离子含量系指其占胶凝材料总量的百分比;
　　2. 预应力构件混凝土中的最大氯离子含量为 0.06%;其最低混凝土强度等级宜按表中的规定提高两个等级;
　　3. 素混凝土构件的水胶比及最低强度等级的要求可适当放松;
　　4. 有可靠工程经验时,二类环境中的最低混凝土强度等级可降低一个等级;
　　5. 处于严寒和寒冷地区二 b、三 a 类环境中的混凝土应使用引气剂,并可采用括号中的有关参数;
　　6. 当使用非碱活性骨料时,对混凝土中的碱含量可不作限制。

钢筋混凝土结构构件其混凝土的耐久性除应符合表 2.2-4 的规定外,设计使用年限为 50 年的混凝土结构,还应保证构件最外层钢筋具有表 2.2-5 所列出的最小保护层厚度,并保证构件中受力钢筋的保护层厚度不应小于钢筋的公称直径 d。

混凝土保护层的最小厚度 c（mm）　　　　　　　　表 2.2-5

环境类别	板、墙、壳	梁、柱、杆
一	15	20
二 a	20	25
二 b	25	35
三 a	30	40
三 b	40	50

注: 1. 混凝土强度等级不大于 C25 时,表中保护层厚度数值应增加 5mm;
　　2. 钢筋混凝土基础宜设置混凝土垫层,基础中钢筋的混凝土保护层厚度应从垫层顶面算起,且不应小于 40mm。

钢筋混凝土结构构件所处的环境类别、结构混凝土材料的耐久性要求、钢筋混凝土构件最外层钢筋的混凝土保护层最小厚度和构件中受力钢筋的保护层厚度也应在结构设计总说明中注明。

对于设计使用年限高于 50 年的建筑,比如要求设计使用年限为 100 年的建筑,除了结构重要性系数 γ_0 应采用 1.1,耐久性要求更高,最外层钢筋的混凝土保护层厚度不应小于表 2.2-5 中数值的 1.4 倍外,其根本的问题主要还在于:

(1) 结构设计时,楼面均布活荷载标准值,根据现行的国家标准《建筑结构荷载规范》GB 50009—2011(以下简称《荷载规范》)第 3.2.5 条的规定,应按设计使用年限为 50 年的建筑的楼面均布活荷载标准值的 1.1 倍采用。

(2) 结构设计时，结构材料性能取值，如混凝土的抗压强度设计值和抗拉强度设计值及钢筋的抗拉强度设计值等，会低于现行国家标准的强度设计值，低多少应经专门的统计分析后确定。

(3) 结构抗震设计的地震动参数（包括反应谱及特征周期值、设计基本地震加速度最大值和地震影响系数最大值等），也要经专门研究才能确定。

这是因为，我国的建筑设计规范所采用的设计基准期为50年，设计时所考虑的荷载、作用（包括地震作用）、材料强度等的统计参数均是按照此基准期确定的。

所以，除了极少数特别重要的建筑物外，对一般的建筑物不必要求其设计使用年限高于50年。

就抗震设计而言，我国《抗震规范》采用的三水准设防目标，即多遇地震、设防烈度地震（基本烈度地震）和罕遇地震，通常也称为"小震"、"中震"和"大震"，在设计使用年限为50年时，相应的超越概率分别为63％、10％和2％～3％。如果用地震重现期来表示，则三水准抗震设防对应的重现期分别为50年、475年和2400年～1600年。

根据有关文献的计算分析，对应于不同设计使用年限的建筑抗震设防烈度如表2.2-6所示。

不同设计使用年限的抗震设防烈度　　　　　　　　　　表 2.2-6

设计使用年限		1	5	10	15	20	25	30	50	100	150	200
烈度	7	4.33	5.42	5.88	6.10	6.37	6.52	6.65	7.00	7.49	7.78	8.01
	8	5.33	6.42	6.88	7.10	7.37	7.49	7.59	8.00	8.49	8.78	9.01
	9	5.72	7.41	7.95	8.29	8.48	8.62	8.73	9.00	9.29	9.43	9.51

当设计使用年限为100年时，6、7（7.5）、8（8.5）、9度地震区所采用的多遇地震（小震）、设防烈度地震（中震）和罕遇地震（大震）对应的加速度峰值如表2.2-7所示，可供设计参考。

设计使用年限 100 年的地震加速度峰值（cm/s²）　　　　　　表 2.2-7

设防烈度	6	7 度（7.5 度）	8 度（8.5 度）	9 度
多遇地震	25	49（77）	98（154）	189
设防烈度地震	70	140（210）	280（420）	540
罕遇地震	155	308（434）	560（714）	837

2010年版的《高层建筑混凝土结构技术规程》JGJ 3—2010（以下简称《高层建筑规程》）第5.6.1条明确规定，在持久设计状况和短暂设计状况下，进行荷载基本组合的效应设计值计算时，楼面活荷载效应标准值应乘以考虑结构设计使用年限的荷载调整系数：设计使用年限为50年时，楼面活荷载调整系数取1.0；设计使用年限为100年时，楼面活荷载调整系数取1.1。

《高层建筑规程》第5.6.1条条文说明还指出，结构设计使用年限为100年时，风荷载效应应按现行国家标准《建筑结构荷载规范》GB 50009规定的100年重现期的风压值

计算；当高层建筑对风荷载比较敏感时，风荷载效应计算尚应符合《高层建筑规程》第
4.2.2 条的规定，即对风荷载比较敏感的高层建筑，承载力设计时风荷载应按基本风压的
1.1 倍采用。

这里所谓设计基准期，是指为确定可变作用及与时间有关的材料性能取值而选用的时
间参数。它不等同于建筑结构的设计使用年限，也不等同于建筑寿命，一般情况下不能随
意改变。

所谓设计使用年限，又称为服役期或服务期，是设计时选定的一个时期。在这个给定
的时期内，正常设计、正常施工和正常使用的房屋建筑，只需要进行正常的维护而不需要
进行大修，就能按预期的目的使用，完成预定的功能。当房屋建筑达到设计使用年限后，
经过鉴定和维修，仍可继续使用。

所谓建筑寿命，是指从建造到投入使用的总时间，即从建造开始直到建筑毁坏或丧失
使用功能为止的全部时间。

5. 在结构设计总说明中应说明建筑场地类别、地基的液化等级（当地基存在液化土
层时）、建筑抗震设防类别、抗震设防烈度、设计基本地震加速度及设计地震分组、结构
的阻尼比、钢筋混凝土结构和钢结构的抗震等级等内容。

建筑场地类别和地基的液化等级应根据岩土工程勘察报告确定。房屋建筑的抗震设防
类别，应根据《建筑工程抗震设防分类标准》确定。房屋建筑的抗震设防烈度、设计基本
地震加速度及设计地震分组，可根据《抗震规范》附录 A 确定。结构的阻尼比，应根据
结构组成材料按相关规范、规程确定。

在多遇地震作用下，钢筋混凝土结构的阻尼比应取 0.05；高度不大于 50m 的钢结构
房屋的阻尼比可采用 0.04；高度大于 50m 且小于 200m 时，钢结构房屋的阻尼比可采用
0.03；高度不小于 200m 时钢结构房屋的阻尼比可采用 0.02；混合结构在多遇地震作用下
的阻尼比可取为 0.04；混合结构在风荷载作用下楼层位移验算和构件设计时，阻尼比可
取为 0.02~0.04。

钢筋混凝土结构的抗震等级详见表 2.1-6、表 2.1-7，钢-混凝土混合结构的抗震等级
详见表 2.1-8，钢结构房屋的抗震等级详见表 2.1-9。

砌体结构房屋不区分抗震等级，但底部框架-抗震墙砌体房屋的钢筋混凝土框架和抗
震墙应按《抗震规范》第 7.1.9 条划分抗震等级。底部混凝土框架的抗震等级，6、7、8
度时应分别按三、二、一级采用；混凝土抗震墙的抗震等级，6、7、8 度时应分别按三、
三、二级采用。

6. 在结构设计总说明中应说明人防地下室的类别（甲类还是乙类）和抗力级别；人
防地下室是按甲类修建还是按乙类修建应由当地人防主管部门根据国家的有关规定，并结
合该地区的具体情况确定。人防地下室结构各部位、各构件的等效静荷载标准值和特有的
构造措施也应写入结构设计总说明中。

7. 关于地基基础，应在结构设计总说明中介绍以下内容：

（1）基础的类型及基础埋深（从±0.000 地面算起）、室内外地面高差及地基土的冰
冻深度（从室外地面算起）；

（2）地基土层概况及持力层层号和名称，持力层的承载力特征值；当存在软弱下卧层
时，应说明软弱下卧层的层号、名称、厚度和物理力学特征；当为桩基础时，应说明桩的

类型、桩径、桩长、桩端持力层名称和厚度、桩进入持力层的深度、施工方法及单桩竖向承载力特征值等;

(3) 当地基软弱需采用人工地基时,应说明对软弱地基的处理措施及技术要求,也应说明经处理后的地基应达到的承载力和变形要求;经处理后的地基承载力特征值应通过现场载荷试验确定;当存在液化土层时,应提出抗液化措施及要求;

(4) 地下水的埋藏情况(包括历年最高水位、近 3~5 年最高水位等),地下水的类型及对建筑材料的腐蚀性,地下室的防水设计水位、抗浮设计水位及地下室(包括人防地下室)的防水要求和抗渗等级;

(5) 地基基础的设计等级及设计计算要求。地基基础设计等级可按表 2.2-8 划分。

地基基础设计等级　　　　　　　　　　　　表 2.2-8

设计等级	建筑和地基类型
甲级	重要的工业与民用建筑物 30 层以上的高层建筑 体型复杂,层数相差超过 10 层的高低层连成一体建筑物 大面积的多层地下建筑物(如地下车库、商场、运动场等) 对地基变形有特殊要求的建筑物 复杂地质条件下的坡上建筑物(包括高边坡) 对原有工程影响较大的新建建筑物 场地和地基条件复杂的一般建筑物 位于复杂地质条件及软土地区的二层及二层以上地下室的基坑工程 开挖深度大于 15m 的基坑工程 周边环境条件复杂、环境保护要求高的基坑工程
乙级	除甲级、丙级以外的工业与民用建筑物 除甲级、丙级以外的基坑工程
丙级	场地和地基条件简单、荷载分布均匀的七层及七层以下民用建筑及一般工业建筑;次要的轻型建筑物 非软土地区且场地地质条件简单、基坑周边环境条件简单、环境保护要求不高且开挖深度小于 5.0m 的基坑工程

所有建筑物的地基计算均应满足承载力计算的有关规定:

地基基础设计等级为甲级、乙级的建筑物,均应按地基变形设计;表 2.2-9 所列范围内设计等级为丙级的建筑物可不作变形验算,但如有下列情况之一时,仍应作变形验算:

1) 地基承载力特征值小于 130kPa,且体型复杂的建筑;

2) 在基础上及其附近有地面堆载或相邻基础荷载差异较大,可能引起地基产生过大的不均匀沉降时;

3) 软弱土地基上的建筑物存在偏心荷载时;

4) 相邻建筑距离过近,可能发生倾斜时;

5) 地基内有厚度较大或厚薄不均的填土，其自重固结未完成时。

对经常受水平荷载作用的高层建筑、高耸结构和挡土墙等，以及建造在斜坡上或边坡附近的建筑物和构筑物，尚应验算其稳定性；

基坑工程应进行稳定性验算；

建筑地下室或地下构筑物存在上浮问题时，尚应进行抗浮验算。

可不作地基变形计算设计等级为丙级的建筑物范围　　　　　表 2.2-9

地基主要受力层情况		地基承载力特征值 f_{ak} (kPa)	$80 \leqslant f_{ak}$ <100	$100 \leqslant f_{ak}$ <130	$130 \leqslant f_{ak}$ <160	$160 \leqslant f_{ak}$ <200	$200 \leqslant f_{ak}$ <300
		各土层坡度（%）	$\leqslant 5$	$\leqslant 10$	$\leqslant 10$	$\leqslant 10$	$\leqslant 10$
建筑类型	砌体承重结构、框架结构（层数）		$\leqslant 5$	$\leqslant 5$	$\leqslant 6$	$\leqslant 6$	$\leqslant 7$
	单层排架结构（6m柱距）	单跨 吊车额定起重量（t）	$10 \sim 15$	$15 \sim 20$	$20 \sim 30$	$30 \sim 50$	$50 \sim 100$
		单跨 厂房跨度（m）	$\leqslant 18$	$\leqslant 24$	$\leqslant 30$	$\leqslant 30$	$\leqslant 30$
		多跨 吊车额定起重量（t）	$5 \sim 10$	$10 \sim 15$	$15 \sim 20$	$20 \sim 30$	$30 \sim 75$
		多跨 厂房跨度（m）	$\leqslant 18$	$\leqslant 24$	$\leqslant 30$	$\leqslant 30$	$\leqslant 30$
地基主要受力层情况		地基承载力特征值 f_{ak} (kPa)	$80 \leqslant f_{ak}$ <100	$100 \leqslant f_{ak}$ <130	$130 \leqslant f_{ak}$ <160	$160 \leqslant f_{ak}$ <200	$200 \leqslant f_{ak}$ <300
		各土层坡度（%）	$\leqslant 5$	$\leqslant 10$	$\leqslant 10$	$\leqslant 10$	$\leqslant 10$
建筑类型	烟囱	高度（m）	$\leqslant 40$	$\leqslant 50$	$\leqslant 75$		$\leqslant 100$
	水塔	高度（m）	$\leqslant 20$	$\leqslant 30$	$\leqslant 30$		$\leqslant 30$
		容积（m³）	$50 \sim 100$	$100 \sim 200$	$200 \sim 300$	$300 \sim 500$	$500 \sim 1000$

注：1. 地基主要受力层系指条形基础底面下深度为 3b（b 为基础底面宽度），独立基础下为 1.5b，且厚度均不小于 5m 的范围（二层以下一般的民用建筑除外）；

　2. 地基主要受力层中如有承载力特征值小于 130kPa 的土层，表中砌体承重结构的设计，应符合本规范第 7 章的有关要求；

　3. 表中砌体承重结构和框架结构均指民用建筑，对于工业建筑可按厂房高度、荷载情况折合成与其相当的民用建筑层数；

　4. 表中吊车额定起重量、烟囱高度和水塔容积的数值系指最大值。

2.3　设计荷载

作用在结构上的荷载可分为永久荷载、可变荷载和偶然荷载三大类。永久荷载包括结构自重、土压力、预应力等；可变荷载包括楼面活荷载、屋面活荷载和积灰荷载、吊车荷载、风荷载、雪荷载、温度作用等；偶然荷载包括爆炸力、撞击力等。

地震作用通常也可以看作是可变荷载。

在结构设计总说明中应分别注明作用在结构楼屋面各个部位或各个构件上的活荷载标准值。

2.3.1 楼面和屋面均布活荷载

1. 民用建筑楼面均布活荷载标准值详见《荷载规范》表 5.1.1。

2. 房屋建筑的屋面，其水平投影面上的均布活荷载标准值详见《荷载规范》表 5.3.1。

工业建筑楼面等效均布活荷载标准值、屋面直升飞机停机坪等效均布活荷载标准值、屋面积灰荷载标准值、施工和检修荷载及栏杆荷载标准值、搬运和装卸重物以及车辆启动和刹车的动力系数、直升飞机起降的动力系数等，详见《荷载规范》有关章节：

屋面直升机停机坪局部荷载标准值及作用面积详见《荷载规范》第 5.3.2 条及《高层建筑规程》第 4.1.5 条。

国内外部分民用直升机技术资料可参见《建筑结构荷载设计手册》（第三版）附录六。

2.3.2 地下室顶板均布活荷载

一般民用建筑的非人防地下室顶板（标高±0.000 处），宜考虑施工时堆放材料或作临时工场的荷载，该荷载标准值宜取不小于 $4kN/m^2$。

2.3.3 吊车荷载

吊车的竖向荷载和水平荷载、多台吊车参与组合的吊车台数、吊车荷载的动力系数以及吊车荷载的组合值系数、频遇值系数和准永久值系数详见《荷载规范》有关章节；国内吊车的技术资料，可参见《建筑结构荷载设计手册》（第二版）附录五。

2.3.4 雪荷载及风荷载

作用在屋面水平投影面上的雪荷载标准值和基本雪压及屋面积雪分布系数，作用于建筑物表面上的风荷载标准值和基本风压及有关系数，详见《荷载规范》有关章节及其附录 E 的附表 E.5。

2.3.5 地下水压力

设计地下室等地下防水结构时，地下水的压力应根据岩土工程勘察报告所提供的防水设计水位和抗浮设计水位确定。当岩土工程勘察报告未明确提供设计水位及水压分布情况时，宜通过采取以下措施确定：

1. 对重要的工程应进行水文试验，并经专家论证后确定。

2. 对一般的工程应取建筑物设计使用年限内可能发生的最高水位和最大水压力。

水位不变化的水压力按永久荷载考虑，水位变化的水压力按可变荷载考虑。

2.3.6 土压力

计算钢筋混凝土或砌体结构地下室外墙受弯及受剪承载力时，土压力引起的效应为永久荷载效应，当考虑由可变荷载效应控制的组合时，土压力的荷载分项系数取 1.2；当考虑由永久荷载效应控制的组合时，其荷载分项系数取 1.35。

地下室外墙承受的土压力宜取静止土压力，静止土压力系数一般情况下可取 0.5。

地下水位以下土的浮重度可近似取 $11kN/m^3$。

2.3.7　地下室室外地面活荷载

计算地下室外墙时，其室外地面活荷载标准值不应低于 $5kN/m^2$；如室外地面为行车道（包括消防车道）则应考虑行车荷载，如室外地面系由地下室顶板和其上的覆土构成，则行车荷载传至地下室顶板上的荷载应考虑覆土厚度的影响。

2.3.8　地面堆载荷载

当地面有大面积堆载荷载时，除应满足地基承载力外，还应考虑堆载荷载对地基不均匀变形、稳定及其对上部结构的不利影响。详见《建筑地基基础设计规范》GB 50007—2011 第 2.5 节及条文说明。

2.3.9　自动扶梯荷载

自动扶梯支承处的集中荷载 R 值应根据厂家的产品规格取用。当不能确定产品规格时，可选用图 2.3-1 中的最大值（标准值）。自动扶梯支承处的集中荷载 R，上下各两个，同楼层两个 R 间的距离，当扶梯净宽 $W = 600mm$、$800mm$、$1000mm$ 时，分别为 $800mm$、$1000mm$、$1200mm$。在荷载 R 中已包括活荷载［其值等于扶梯净宽（以 m 计）×自动扶梯水平投影长度的一半（以 m 计）× $4kN/m^2$］。

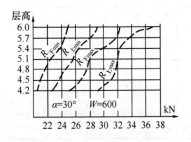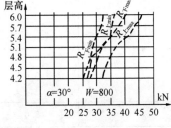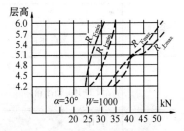
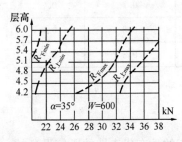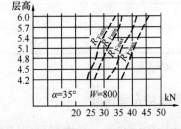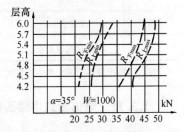

图 2.3-1　自动扶梯支承处的集中荷载

各种品牌中各种型号自动扶梯的规格尺寸及荷载参数可参见《建筑结构荷载设计手册》（第二版）附录一。

2.3.10 医院建筑中布置有医疗设备房间的楼（地）面均布活荷载

医院建筑中布置有医疗设备房间的楼（地）面均布活荷载标准值，在《荷载规范》中未列入，现予补充供参考选用，详见表 2.3-1。

有医疗设备的楼（地）面均布活荷载   表 2.3-1

项次	类　　　别	标准值 （kN/m²）	准永久值系数 ψ_q	组合值系数 ψ_c
1	X光室： (1) 30MA 移动式 X 光机 (2) 200MA 诊断 X 光机 (3) 200kW 治疗机 (4) X 光存片室	2.5 4.0 3.0 5.0	0.5 0.5 0.5 0.8	0.7
2	口腔科： (1) 201 型治疗台及电动脚踏升降椅 (2) 205 型、206 型治疗台及 3704 型椅 (3) 2616 型治疗台及 3704 型椅	3.0 4.0 5.0	0.5 0.5 0.8	0.7
3	消毒室： 1602 型消毒柜	6.0	0.8	0.7
4	手术室： 3000 型、3008 型万能手术床及 3001 型骨科手术台	3.0	0.5	0.7
5	产房： 设 3009 型产床	2.5	0.5	0.7
6	血库： 设 D-101 型冰箱	5.0	0.8	0.7
7	药库	5.0	0.8	0.7
8	生化实验室	5.0	0.7	0.7
9	CT 检查室	6.0	0.8	0.7
10	核磁共振检查室	6.0	0.8	0.7

注：当医疗设备型号与表中不符时，应按实际情况采用。

2.3.11 电信建筑中楼面等效均布活荷载

电信建筑中楼面等效均布活荷载标准值，系根据目前已有的具有代表性的通信设备的重量、排列方式及建筑结构不同梁板布置，按内力（弯矩、剪力）等值的原则计算确定的，在《荷载规范》中未列入，现予补充，详见表 2.3-2。表中的移动通信机房等效均布活荷载标准值也适用于无线寻呼机房。

电信建筑楼面等效均布活荷载　　　　　　　　　　　　表 2.3-2

序号	房间名称		标准值（kN/m²）							准永久值系数 ψ_q	组合值系数 ψ_c
			板			次梁			主梁		
			板跨≥1.9m	板跨≥2.5m	板跨≥3.0m	次梁间距≥1.9m	次梁间距≥2.5m	次梁间距≥3.0m			
1	电力室	有不间断电源开间	16.00	15.00	13.00	11.00	9.00	8.00	6.00		
		无不间断电源开间（单机重量大于10kN时）	13.00	11.00	9.00	8.00	7.00	7.00	6.00		
		无不间断电源开间（单机重量小于10kN时）	9.00	7.00	6.00	5.00	4.00	4.00	4.00		
2	蓄电池室	一般电池（48V电池组单层双列摆放 GFD-3000）	13.00	12.00	11.00	11.00	10.00	9.00	7.00		
		阀控式密闭电池（48V电池组四层单列摆放 GM-3045）	10.00	8.00	8.00	8.00	8.00	8.00	7.00		
		阀控式密闭电池（48V电池组四层双列摆放 GM-3045）	16.00	14.00	13.00	13.00	13.00	13.00	10.00		
3		高压配电室	7.00	7.00	6.00	5.00	5.00	5.00	4.00		
4		低压配电室	8.00	7.00	6.00	6.00	6.00	6.00	4.00		
5		载波机室	10.00	8.00	7.00	7.00	7.00	7.00	6.00		
6	数字传输设备室	单面排列	10.00	9.00	8.00	8.00	7.00	7.00	6.00		
		背靠背排列	13.00	12.00	10.00	9.00	9.00	9.00	7.00		
7		数字微波室	10.00	8.00	7.00	7.00	7.00	7.00	6.00	0.8	0.7
8		模拟微波机房	4.00	4.00	4.00	4.00	4.00	4.00	4.00		
9		自动转报室	4.00	4.00	4.00	3.00	3.00	3.00	3.00		
10		载波电报机室	5.00	4.00	4.00	4.00	4.00	4.00	4.00		
11		模拟半自动交换台室，人工有绳台室，电传报房	3.00	3.00	3.00	3.00	3.00	3.00	3.00		
12	程控机房	程控交换机室　机架高度2.4m以下	6.00								
		计算机室，话务员坐席室，半自动业务监控室	4.50								
13	测量室	303总配线架室	7.00	6.00	5.00	5.00	4.00	4.00	4.00		
		202总配线架室	5.00	4.50	4.50	4.00	4.00	4.00	4.00		
		6000回线总配线架室	9.00	8.00	7.00	6.00	5.00	4.00	4.00		
		4000回线总配线架室	7.00	6.00	5.00	5.00	4.00	4.00	4.00		
14	地球站机房	GCE室	13.00	13.00	13.00	10.00	10.00	10.00	6.00		
		HPA室（高功放室）	13.00	12.00	10.00	6.00	6.00	6.00	6.00		
15	移动通信机房	有阀控式密闭电池时	10.00	8.00	8.00	8.00	8.00	8.00	4.00		
		无阀控式密闭电池时	5.00	4.00	4.00	4.00	4.00	4.00	4.00		
16		楼梯	3.50							0.40	0.7

注：1. 表列荷载适用于按单向板配筋的现浇板及板跨方向与机架排列方向（荷载作用面的长边）相垂直的预制板等楼面结构，按双向板配筋的现浇板亦可参照使用；

2. 表列荷载不包括隔墙、吊顶荷载；

3. 由于不间断电源设备的重量较重，设计时也可按照电源设备的重量、底面尺寸、排列方式等对设备作用处的楼面进行结构处理；

4. 搬运单件重量较重的机器时，应验算沿途的楼板结构强度；

5. 设计墙、柱、基础时，表列楼面活荷载可采用与设计主梁相同的荷载；

6. 本表内容摘自《电信专用房屋设计规范》YD 5003。

2.3.12　某些有专门用途的建筑物楼面均布活荷载

某些有专门用途的建筑物楼面均布活荷载标准值在《荷载规范》中未列入，现予补充供参考选用，详见表 2.3-3。

<table>
<tr><td colspan="7" style="text-align:left">某些有专门用途的建筑物楼面均布活荷载　　　　　　　　　　　　表 2.3-3</td></tr>
<tr>
<td>序号</td>
<td colspan="2">楼　面　用　途</td>
<td>标准值
（kN/m²）</td>
<td>准永久值
系数 ψ_q</td>
<td>组合值系数
ψ_c</td>
</tr>
<tr><td>1</td><td colspan="2">阶梯教室</td><td>3</td><td>0.6</td><td>0.7</td></tr>
<tr><td>2</td><td colspan="2">微机电子计算机房</td><td>3</td><td>0.5</td><td>0.7</td></tr>
<tr><td>3</td><td colspan="2">大中型电子计算机房</td><td>≥5，或按实际</td><td>0.7</td><td>0.7</td></tr>
<tr><td>4</td><td colspan="2">银行金库及票据仓库</td><td>10</td><td>0.9</td><td>0.9</td></tr>
<tr><td>5</td><td colspan="2">制冷机房</td><td>8</td><td>0.9</td><td>0.7</td></tr>
<tr><td>6</td><td colspan="2">水泵房</td><td>≥5，或按实际</td><td>0.9</td><td>0.7</td></tr>
<tr><td>7</td><td colspan="2">变配电房</td><td>10</td><td>0.9</td><td>0.7</td></tr>
<tr><td>8</td><td colspan="2">发电机房</td><td>10</td><td>0.9</td><td>0.7</td></tr>
<tr><td>9</td><td colspan="2">设浴缸、坐厕的卫生间</td><td>4</td><td>0.5</td><td>0.7</td></tr>
<tr><td>10</td><td colspan="2">有分隔的蹲厕公共卫生间（包括填料、隔墙）</td><td>8，或按实际</td><td>0.6</td><td>0.7</td></tr>
<tr><td>11</td><td colspan="2">管道转换层</td><td>4</td><td>0.6</td><td>0.7</td></tr>
<tr><td>12</td><td colspan="2">电梯井道下有人到达房间的顶板</td><td>≥5</td><td>0.5</td><td>0.7</td></tr>
<tr><td rowspan="2">13</td><td rowspan="2">通风机平台</td><td>≤5 号通风机</td><td>6</td><td rowspan="2">0.85</td><td rowspan="2">0.7</td></tr>
<tr><td>8 号通风机</td><td>8</td></tr>
</table>

2.3.13　仓库类建筑楼（地）面均布活荷载

1. 商业仓库库房楼（地）面均布活荷载（参见《商业仓库设计规范》SBJ 01）。

（1）库房楼（地）面的荷载应根据储存商品的容重及堆码高度等因素确定；

（2）储存商品的商品包装容重可按以下分类：

①笨重商品（大于 1000kg/m³）：如五金原材料、工具、圆钉、铁丝等；

②容重较大商品（500～1000kg/m³）：如小五金、纸张、包装食糖、肥皂、食品罐头、电线、电工器材等；

③容重较轻商品（200～500kg/m³）：如针棉织品、纺织品、文化用品、搪瓷玻璃制品、塑料制品等；

④轻泡商品（小于 200kg/m³）：如胶鞋、铝制品、灯泡、电视机、洗衣机、电冰箱等；

⑤综合仓库储存商品的包装容重一般可采用 400～500kg/m³。

（3）一般情况下，商业仓库库房楼（地）面均布活荷载可按表 2.3-4 取用。

商业仓库库房楼（地）面均布活荷载　　表 2.3-4

项次	类　别	标准值 （kN/m²）	准永久值 系数 ψ_q	组合值系数 ψ_c	备　注
1	储存容重较大商品的楼面	20	0.8		考虑起重量 1000kg 以内的叉车作业
2	储存容重较轻商品的楼面	15	0.8		
3	储存轻泡商品的楼面	8～10	0.8		—
4	综合商品仓库的楼面	15	0.8	0.9	考虑起重量 1000kg 以内的叉车作业
5	各类库房的底层地面	20～30	0.8		
6	单层五金原材料库的库房地面	60～80	0.8		考虑载货汽车入库
7	单层包装糖库的库房地面	40～45	0.8		
8	穿堂、走道、收发整理间楼面	10	0.5		—
		15	0.5	0.7	考虑起重量 1000kg 以内的叉车作业
9	楼梯	3.5	0.5	0.7	

2. 物资仓库库房楼（地）面均布活荷载（摘自《物资仓库设计规范》SBJ 09）。

物资仓库库房楼（地）面等效均布活荷载标准值详见表 2.3-5。

物资仓库库房楼（地）面等效均布活荷载　　表 2.3-5

库　　房 名　称	物资类别	楼面 地面	标准值 （kN/m²）	准永久值 系数 ψ_q	组合值系数 ψ_c	备　注
金属库	—	地　面	120.0	—		
机电产品库	一、二类机电产品	地　面	35.0	—		
	三类机电产品	楼　面	9.0/5.0	0.85	0.9	堆码、货架
	车　库	楼/地面	4.0	0.80		—
化工、轻工物资库	一、二类化工轻工物资	地　面	35.0	—		
	三类化工轻工物资	楼、地面	18.0/30.0	0.85		
建筑材料库	—	楼/地面	20.0/30.0	0.85		
楼　梯	—	—	4.0	0.50	0.7	

注：1. 物资类别参见表 2.3-6；
　　2. 设计仓库的楼面梁、柱、墙及基础时，楼面等效均布活荷载标准值不折减。

常见物资分类表　　表 2.3-6

物资类别		示　　例
金属物资	黑色金属	型材、异型材、板材、管材、线材、丝材、钢轨及配件车轮、钢带、钢锭、钢坯、生铁、铸铁管、金属锰
	有色金属	型材、板材、管材、丝材、带材、金属锭、汞
机电产品	一类	锅炉、破碎机、推土机、挖土机、汽车、拖拉机、起重机、锻压设备、汽轮机、发电机、卷扬机、空气压缩机、木工机床、金属切削机床
	二类	水泵、风机、乙炔发生器、阀门、风动工具、电动葫芦、台钻、砂轮机、电动机、电焊机、手提式电钻、材料试验机、钢瓶、变压器、电缆、高压电器、低压电器
	三类	机床附件、磨具、磨料、量具、刃具、轴承、成分分析仪器、医疗器械、电工仪表、工业自动化仪表、光学仪器、实验室仪器

续表

物资类别		示　　例
化工、轻工物资	一类	一级易燃液体、压缩气体及液化气体、腐蚀性液体、自燃物品 一级易燃固体、遇水燃烧物、一般氧化剂、剧毒品、腐蚀性固体
	二类	二级氧化剂、二级易燃固体、二级易燃液体、化肥、纯碱、油漆
	三类	橡胶原料及制品、人造橡胶、塑料原料及制品、纸浆及纸张
建筑材料		水泥、油毡、玻璃、沥青、卫生陶瓷、生石灰、大理石、砖、瓦、砂、碎石
木　材		原木、板、枋、枕木、胶合板
煤　炭		煤、泥炭、焦炭

2.3.14　邮件处理中心楼板和主、次梁等效均布活荷载

邮件处理中心楼板和主、次梁等效均布活荷载标准值应按表2.3-7采用。

邮件处理中心楼板和主次梁等效均布活荷载标准值（kN/m²）　　表 2.3-7

车间名称	楼　　板				主次梁	
	多孔预制板（板跨 7.2～2.7m）			单向配筋现浇板	梁上	梁下
	板宽（m）			板跨（m）		
	0.75	1.00	1.20	3.6～2.3		
信函	6.00	6.00	6.00	6.00	4.00	—
包裹印刷品报纸	9.00	7.00	7.00	6.00	5.00	—
期刊及转运	11.00	9.00	8.00	7.00	6.00	—
各车间梁下吊挂设备	推式悬挂输送机滑轨贮存系统				—	2.50
	带式输送机出袋系统				—	2.00
	程控开拆电葫芦普式悬挂输送机				—	1.00

邮件处理中心的邮件堆积重度可按表2.3-8确定。

邮件堆积重度（kN/m³）　　表 2.3-8

邮件种类	信函	普通包裹	商业包裹	印刷品	报纸	期刊	空袋
堆积重度	2.80	2.00	3.00	3.30	4.80	4.50	3.60

注：1. 表中数值是各类邮件装入邮袋后所测定的值；

　　2. 有大宗印刷品（如新华书店或印刷厂交寄的书刊）时，则应按期刊的堆积重度计算；

　　3. 普通包裹、商业包裹的物质内容比较复杂。各地差别较大，在使用本表数值时，应按各地实际情况修正。

邮件处理中心未装入邮袋、码放整齐的书刊杂志和画报的堆积重度应按表2.3-9确定。

书刊杂志画报的堆积重度（kN/m³）　　表 2.3-9

类　别	书　刊　杂　志			画报
纸质	新闻纸	新闻纸	道林纸	画报纸
装订方式	骑马钉装订	线装或平钉装订	线装或平钉装订	骑马钉装订
重度	5.70	6.40	9.40	10.00

2.3.15　轻质墙体材料自重标准值

1. 混凝土小型空心砌块墙体自重标准值，根据砌块尺寸的不同可取 $10\sim15kN/m^3$；

2. 加气混凝土砌块的干体积密度分为 $300kg/m^3$、$400kg/m^3$、$500kg/m^3$、$600kg/m^3$、$700kg/m^3$、$800kg/m^3$ 六个等级，其自重标准值可根据设计选用的级别确定；

3. 轻骨料混凝土及配筋轻骨料混凝土的自重标准值见表 2.3-10 确定；

轻骨料混凝土及配筋轻骨料混凝土的自重标准值　　表 2.3-10

密度等级	轻骨料混凝土表观密度的变化范围（kg/m³）	轻骨料混凝土自重标准值（kN/m³）	配筋轻骨料混凝土自重标准值（kN/m³）
1200	1100～1250	12.5	13.5
1300	1260～1350	13.5	14.5
1400	1360～1450	14.5	15.5
1500	1460～1550	15.5	16.5
1600	1560～1650	16.5	17.5
1700	1660～1750	17.5	18.5
1800	1760～1850	18.5	19.5
1900	1860～1950	19.5	20.5

注：1. 配筋轻骨料混凝土的自重标准值也可根据实际情况确定。

　　2. 对蒸养后即行起吊的预制构件，吊装验算时，其自重标准值应增加 $1kN/m^3$。

4. 轻骨料小型空心砌块自重标准值，按密度等级分为八级，见表 2.3-11。

轻骨料小型空心砌块自重标准值　　表 2.3-11

密 度 等 级	轻骨料混凝土表观密度的变化范围（kg/m³）	轻骨料混凝土自重标准值（kN/m³）
500	≤500	5
600	510～600	6
700	610～700	8
800	710～800	8
900	810～900	9
1000	910～1000	10
1200	1010～1200	12
1400	1210～1400	14

2.3.16　应在结构设计总说明中注明的其他荷载

1. 房屋建筑屋面防水层做法简单或自防水屋面应考虑翻修时可能增加的荷载。

2. 国内重大工程、中外合资工程或国外工程，应充分考虑楼面使用功能的改变，宜适当增加（预留）活荷载，并在施工图上注明。

3. 屋面天沟应考虑充满水时的荷载；当天沟深度超过 500mm 时，宜在天沟侧壁适当位置增设溢水孔，此时水荷重可计至溢水孔底面；天沟设计时尚应考虑找坡荷载。

带檐板的雨篷，应考虑因排水管堵塞而产生的积水荷载；积水荷载按雨篷板板顶以上的檐板高度计算，但计算的积水深度不宜大于350mm，积水荷载不与板面活荷载同时考虑。

4. 高低层相邻的屋面，在设计低层屋面时应适当考虑施工时的临时荷载，该荷载宜取4kN/m²；荷载分布范围应在施工图上注明。

2.3.17 专业性很强的工业建筑楼面安装、检修荷载

专业性很强的工业建筑楼面安装、检修等效均布活荷载标准值，通常由行业的工艺工程师或（和）设备工程师提供。工艺工程师或（和）设备工程师应当以书面文件形式提供楼面安装、检修荷载。在文件上除应有荷载提供者签字外，还应有具有相应资质的校、审工程师签字，并作为设计文件的一部分归档保存。

2.3.18 地震作用

1. 计算地震作用时，建筑的重力荷载代表值应取结构和构配件自重标准值和各可变荷载组合值之和。各可变荷载的组合值系数，应按表2.3-12采用。

组　合　值　系　数　　　　　　　　　　　　　　　　表2.3-12

可变荷载种类	组合值系数	可变荷载种类		组合值系数
雪荷载	0.5	按等效均布荷载计算的楼面活荷载	藏书库、档案库	0.8
屋面积灰荷载	0.5		其他民用建筑	0.5
屋面活荷载	不计入	起重机悬吊物重力	硬钩吊车	0.3
按实际情况计算的楼面活荷载	1.0		软钩吊车	不计入

注：硬钩吊车的吊重较大时，组合值系数应按实际情况采用。

2. 建筑结构的地震影响系数应根据烈度、场地类别、设计地震分组和结构自振周期以及阻尼比确定。其水平地震影响系数最大值应按表2.3-13采用；特征周期应根据场地类别和设计地震分组按表2.3-14采用，计算罕遇地震作用时，特征周期应增加0.05s。

注：周期大于6.0s的建筑结构所采用的地震影响系数应专门研究。

水平地震影响系数最大值 α_{max}　　　　　　　　　　表2.3-13

地震影响	6度	7度	8度	9度
多遇地震	0.04	0.08（0.12）	0.16（0.24）	0.32
设防地震	0.12	0.23（0.34）	0.45（0.68）	0.90
罕遇地震	0.28	0.50（0.72）	0.90（1.20）	1.40

注：7、8度时括号中数值分别用于设计基本地震加速度为0.15g和0.30g的地区。

特征周期值 T_g（s）　　　　　　　　　　　　　　表2.3-14

设计地震分组	场　地　类　别				
	I_0	I_1	II	III	IV
第一组	0.20	0.25	0.35	0.45	0.65
第二组	0.25	0.30	0.40	0.55	0.75
第三组	0.30	0.35	0.45	0.65	0.90

建筑结构地震影响系数曲线如图2.3-2所示。

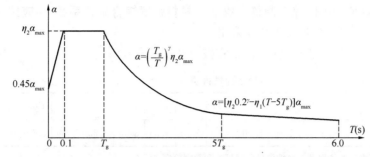

α—地震影响系数；α_{max}—地震影响系数最大值；η_1—直线下降段的下降斜率调整系数；

γ—衰减指数；T_g—特征周期；η_2—阻尼调整系数；T—结构自振周期

图 2.3-2　地震影响系数曲线

2.4　主要结构材料（含钢结构的材料）

房屋建筑工程通常采用钢筋混凝土结构、砌体结构和钢结构三大类结构。这些结构涉及的结构材料主要有混凝土、钢筋、钢材和砌体材料等。在结构设计总说明中，应分别说明所选用的结构材料的种类、规格、质量、性能等级及相应的产品标准。

2.4.1　混凝土

混凝土强度等级应按立方体抗压强度标准值确定。素混凝土结构的混凝土强度等级不应低于 C15；钢筋混凝土结构的混凝土强度等级不应低于 C20；采用强度等级 400MPa 及以上的钢筋时，混凝土强度等级不得低于 C25。基础垫层的混凝土强度等级一般可采用 C10。《混凝土规范》允许采用的混凝土强度等级范围为 C15～C80。

预应力混凝土结构的混凝土强度等级不宜低于 C40，且不应低于 C30。

承受重复荷载的钢筋混凝土构件，混凝土强度等级不应低于 C30。

混凝土轴心抗压强度标准值 f_{ck}、轴心抗拉强度标准值 f_{tk} 应按表 2.4-1 采用。

混凝土强度标准值（N/mm²）　　　　表 2.4-1

强度种类	混凝土强度等级													
	C15	C20	C25	C30	C35	C40	C45	C50	C55	C60	C65	C70	C75	C80
f_{ck}	10.0	13.4	16.7	20.1	23.4	26.8	29.6	32.4	35.5	38.5	41.5	44.5	47.4	50.2
f_{tk}	1.27	1.54	1.78	2.01	2.20	2.39	2.51	2.64	2.74	2.85	2.93	2.99	3.05	3.11

混凝土轴心抗压强度设计值 f_c、轴心抗拉强度设计值 f_t 应按表 2.4-2 采用。

混凝土强度设计值（N/mm²）　　　　表 2.4-2

强度种类	混凝土强度等级													
	C15	C20	C25	C30	C35	C40	C45	C50	C55	C60	C65	C70	C75	C80
f_c	7.2	9.6	11.9	14.3	16.7	19.1	21.1	23.1	25.3	27.5	29.7	31.8	33.8	35.9
f_t	0.91	1.10	1.27	1.43	1.57	1.71	1.80	1.89	1.96	2.04	2.09	2.14	2.18	2.22

人防地下室设计时，在爆炸动荷载和静荷载同时作用下或爆炸动荷载单独作用下，混

凝土的强度设计值应乘以综合调整系数 γ_d。材料强度综合调整系数 γ_d 应按《人民防空地下室设计规范》GB 50038 表 4.2.3 采用。

混凝土受压和受拉的弹性模量 E_c 宜按表 2.4-3 采用。

混凝土弹性模量（$\times 10^4 \text{N}/\text{mm}^2$） 表 2.4-3

混凝土强度等级	C15	C20	C25	C30	C35	C40	C45	C50	C55	C60	C65	C70	C75	C80
E_c	2.20	2.55	2.80	3.00	3.15	3.25	3.35	3.45	3.55	3.60	3.65	3.70	3.75	3.80

注：1. 当有可靠试验依据时，弹性模量可根据实测数据确定；
　　2. 当混凝土中掺有大量矿物掺合料时，弹性模量可按规定龄期根据实测数据确定。

混凝土的剪切变形模量 G_c 可按相应弹性模量值的 40% 采用。混凝土的泊松比 ν_c 值可按 0.2 采用。

当温度在 0~100℃ 范围内时，混凝土的热工参数可按下列规定取值：线膨胀系数 α_c：$1 \times 10^{-5}/℃$；导热系数 λ：10.6kJ/（m·h·℃）；比热容 C：0.96kJ/（kg·℃）。

1. 基础混凝土的强度等级

基础混凝土的强度等级应根据基础所处环境类别、耐久性要求、受力要求（受弯、受剪、受冲切及局部受压）和抗渗等级（有防水要求时）等条件综合考虑确定。混凝土强度等级越高，其密实性越好，抗渗能力也越强，因而构件的承载能力和耐久性也越好。各类基础混凝土的最低强度等级应符合下列要求：

（1）在一、二类环境条件下，无筋扩展基础的混凝土强度等级不应低于 C15；

（2）钢筋混凝土柱下独立基础、柱下条形基础、墙下条形基础、多层建筑筏形基础、多层建筑桩基承台：当设计使用年限为 50 年，环境类别为二 a 类时，混凝土强度等级不应低于 C25，当有可靠经验时，可采用 C20；当设计使用年限为 50 年，环境类别为二 b 类时，混凝土强度等级不应低于 C30，当有可靠经验时，可采用 C25；当设计使用年限为 50 年，环境类别为三 a 类时，混凝土强度等级不应低于 C35；环境类别为三 b 类时，混凝土强度等级不应低于 C40；防水混凝土的强度等级不应低于 C30；

（3）在二类环境条件下高层建筑基础（含桩基承台）的混凝土强度等级不应低于 C30；

（4）设计使用年限不少于 50 年时，非腐蚀环境条件下桩基础中桩的混凝土强度等级应符合下列规定：

1）预制桩的混凝土强度等级不应低于 C30；

2）预应力桩的混凝土强度等级不应低于 C40；

3）灌注桩的混凝土强度等级不应低于 C25，二 b 类环境时应提高到 C30。

钢筋混凝土基础设垫层时，垫层的混凝土强度等级不应低于 C10。采用防水混凝土的基础底板，其垫层混凝土强度等级不应低于 C15。

高层建筑筏板类基础混凝土强度等级通常选用 C30~C40，不宜用得过高。混凝土强度等级过高，水泥用量大，容易产生收缩裂缝，地下室外墙尤为敏感。

筏板基础的伸缩后浇带或沉降后浇带，其后浇混凝土的强度等级应比基础提高一级，并应采用不收缩混凝土。

人防地下室钢筋混凝土结构构件的混凝土强度等级不应低于 C25；当有防水要求时，

其混凝土强度等级不应低于 C30，并应同时满足环境类别对混凝土强度等级的要求。

2. 上部结构构件混凝土的强度等级

钢筋混凝土结构的上部结构构件，通常宜选用较高的混凝土强度等级，特别是以受压为主的墙和柱及预应力构件，选用较高的混凝土强度等级可以获得较好的强度价格比，具有较显著的经济效益。墙、柱等构件选用较高的混凝土强度等级不仅抗压和抗剪承载能力提高，而且会降低构件的轴压比，改善构件的延性性能，这对结构抗震是非常有利的。

钢筋混凝土结构的上部结构构件，在满足耐久性要求的条件下，其混凝土强度等级一般宜这样选取：受弯构件 C20～C35（板类受弯构件混凝土强度等级如用得过高，不仅使板面容易产生收缩裂缝，也会提高板的最小配筋率，经济上不合理）；受压为主的构件 C30～C40；预应力构件 C30～C50（当采用钢绞线或钢丝作预应力钢筋时，混凝土强度等级不宜低于 C40）；框支梁、框支柱以及一级抗震等级的框架梁、柱、节点核心区，混凝土强度等级不应低于 C30；高层建筑底部加强部位的墙、柱，混凝土强度等级不宜低于 C40。

板类受弯构件受拉钢筋的最小配筋率见表 2.4-4。

板类受弯构件受拉钢筋的最小配筋率（％）　　　表 2.4-4

混凝土	强度等级		C20	C25	C30	C35
	f_t（N/mm^2）		1.10	1.27	1.43	1.57
钢筋 f_y（N/mm^2）	HPB300 级	270	0.20	0.21	0.24	0.26
	HRB335 级	300	0.20	0.20	0.21	0.24
	HRB400 级	360	0.15	0.16	0.18	0.20
	HRB500 级	435	0.15	0.15	0.15	0.16

注：一般情况下，板类受弯构件受拉钢筋的最小配筋百分率不应小于 0.20 和 $45f_t/f_y$ 中的较大值；板类受弯构件（不包括悬臂板）的受拉钢筋，当采用强度等级为 400MPa、500MPa 的钢筋时，其最小配筋百分率应允许采用 0.15 和 $45f_t/f_y$ 中的较大值。

对于抗震的钢筋混凝土结构，混凝土强度等级并不是越高越好，其混凝土的最高强度等级应加以限制。因为高强混凝土具有脆性性质，延性差，且其脆性随强度等级提高而增加。故《抗震规范》规定，抗震墙的混凝土强度等级不宜超过 C60，其他构件混凝土强度等级在抗震设防烈度为 9 度时不宜超过 C60；8 度时不宜超过 C70。

结构混凝土材料的耐久性基本要求详见表 2.2-4。

2.4.2　钢筋

钢筋混凝土结构中的普通钢筋，宜优先采用强度高、延性、韧性及焊接性好的钢筋，即宜优先采用 HRB400 级、HRB500 级、HRBF400 级和 HRBF500 级钢筋，在某些情况下也可采用 HRB335 级、HPB300 级钢筋；箍筋宜采用 HRB400、HRBF400、HRB500、HRBF500 级钢筋，也可采用 HRB335、HPB300 级钢筋。

钢筋混凝土结构中梁、柱纵向受力普通钢筋采用 HRB400 级、HRB500 级、HRBF400 级及 HRBF500 级钢筋作为主导钢筋，是因为它们不仅强度高、延性好，且具有较好的锚固性能和较高的强度价格比，经济性好。不建议推广使用光圆的 HPB300 级钢筋，是因为这种钢筋强度低，锚固性能差，强度价格比也低，不经济。即便是在板类等受弯构件中，也不宜选用 HPB300 级钢筋作为受力钢筋，宜采用 HRB335 级钢筋或 HRB400 级钢筋作为受力钢筋，后者除强度高以外，强度价格比也高，不仅可减少配筋率，从而减少配筋量，而且还减少了钢筋在加工、运输和施工等方面的各项附加费用。HRB335 级、HRB400 级和 HRB500 级钢筋锚固时也不必像 HPB300 级钢筋那样在末端还要加弯钩，使施工更加方便。HPB300 级钢筋目前在工程中主要用作板类构件的分布钢筋、受力较小的梁、柱构件的箍筋等。

预应力混凝土结构通常采用预应力钢丝、钢绞线和预应力螺纹钢筋为主导的钢筋。

普通钢筋的强度标准值和设计值，分别如表 2.4-5 和表 2.4-6 所示。

普通钢筋强度标准值（N/mm²）　　　　　　　　　　　　　　　表 2.4-5

牌　号	符　号	公称直径 d（mm）	屈服强度标准值 f_{yk}	极限强度标准值 f_{stk}
HPB300	ϕ	6～14	300	420
HRB335	Φ	6～14	335	455
HRB400 HRBF400	Φ Φ^F	6～50	400	540
HRB500 HRBF500	Φ Φ^F	6～50	500	630

普通钢筋强度设计值（N/mm²）　　　　　　　　　　　　　　　表 2.4-6

牌　号	抗拉强度设计值 f_y	抗压强度设计值 f'_y
HPB300	270	270
HRB335	300	300
HRB400、HRBF400	360	360
HRB500、HRBF500	435	410

预应力筋的强度标准值和设计值分别如表 2.4-7 和表 2.4-8 所示。

预应力筋强度标准值（N/mm²）　　　　　　　　　　　　　　　表 2.4-7

种　类		符　号	公称直径 d（mm）	屈服强度标准值 f_{pyk}	极限强度标准值 f_{ptk}
中强度预应力钢丝	光面	ϕ^{PM}	5、7、9	620	800
	螺旋肋	ϕ^{HM}		780	970
				980	1270
预应力螺纹钢筋	螺纹	ϕ^T	18、25、32、40、50	785	980
				930	1080
				1080	1230
消除应力钢丝	光面	ϕ^P	5	—	1570
				—	1860
	螺旋肋	ϕ^H	7	—	1570
			9	—	1470
				—	1570

续表

种　类		符号	公称直径 d（mm）	屈服强度标准值 f_{pyk}	极限强度标准值 f_{ptk}
钢绞线	1×3 （三股）	φS	8.6、10.8、 12.9	—	1570
				—	1860
				—	1960
	1×7 （七股）		9.5、12.7、 15.2、17.8	—	1720
				—	1860
				—	1960
			21.6	—	1860

注：极限强度标准值为 1960N/mm² 的钢绞线作后张预应力配筋时，应有可靠的工程经验。

预应力筋强度设计值（N/mm²）　　　　　　　　　　表 2.4-8

种　类	极限强度标准值 f_{ptk}	抗拉强度设计值 f_{py}	抗压强度设计值 f'_{py}
中强度预应力钢丝	800	510	410
	970	650	
	1270	810	
消除应力钢丝	1470	1040	410
	1570	1110	
	1860	1320	
钢绞线	1570	1110	390
	1720	1220	
	1860	1320	
	1960	1390	
预应力螺纹钢筋	980	650	410
	1080	770	
	1230	900	

注：当预应力筋的强度标准值不符合表 2.4-8 的规定时，其强度设计值应进行相应的比例换算。

普通钢筋及预应力筋在最大力下的总伸长率 δ_{gt} 不应小于表 2.4-9 规定的数值。

普通钢筋及预应力筋在最大力下的总伸长率限值　　　　表 2.4-9

钢筋品种	普　通　钢　筋		预应力筋
	HPB300	HRB335、HRB400、HRBF400、 HRB500、HRBF500	
δ_{gt}（%）	10.0	7.5	3.5

普通钢筋和预应力筋的弹性模量如表 2.4-10 所示。

各种普通钢筋的强度价格比可参见表 2.4-11。

钢筋的弹性模量（$\times 10^5 \mathrm{N/mm^2}$）　　　　　　　　　表 2.4-10

牌号或种类	弹性模量 E_s
HPB300 钢筋	2.10
HRB335、HRB400、HRB500 钢筋 HRBF400、HRBF500 钢筋 预应力螺纹钢筋	2.00
消除应力钢丝、中强度预应力钢丝	2.05
钢绞线	1.95

注：必要时可采用实测的弹性模量。

各种普通钢筋的强度价格比　　　　　　　　　表 2.4-11

钢筋种类		强度标准值（MPa）	强度设计值（MPa）	钢筋价格	设计强度价格比（MPakg/元）
热轧钢筋	HRB335 级（Φ）	335	300	2980 元/t（Φ 12、14）	101
	HRB400 级（Φ）	400	360	3100 元/t（Φ 12、14）	116

注：钢筋价格系根据 2005 年 11 月 24 日北京市的市场价格。

钢筋混凝土结构中的普通钢筋，在选用时除应对其强度、延性、韧性和焊接性及锚固性能等提出要求外，在抗震等级为一、二、三级的框架和斜撑构件（含梯段），《抗震规范》还对其纵向受力钢筋的强屈比、超强比、总伸长率等物理力学性能提出了进一步的要求。

抗震设计时，当施工中需要以强度等级较高的钢筋代替原设计中的纵向受力钢筋时，应按照钢筋承载力设计值相等的原则换算，并应满足最小配筋率、抗裂验算和抗震构造措施等的要求。这样做的目的是要避免结构中薄弱部位的转移，并防止构件在有影响的部位发生混凝土的脆性破坏（混凝土压碎或剪切破坏）。

抗震等级为一、二、三级的各类框架和斜撑构件（含梯段）中的纵向受力钢筋，《抗震规范》规定其抗拉强度实测值与屈服强度实测值的比值通称强屈比不应小于 1.25，是为了保证当结构构件某个部位由于钢筋屈服出现塑性铰后，塑性铰处有足够的转动能力和耗能能力；《抗震规范》同时还规定，纵向受力钢筋屈服强度实测值与强度标准值的比值通称超强比不应大于 1.3，则是为了避免钢筋超强过多，以保证实现强柱弱梁、梁剪弱弯所规定的内力调整系数得以实现，防止塑性铰转移或构件破坏形态由延性的弯曲破坏变为混凝土压碎的脆性破坏。

要求钢筋在最大拉力下的总伸长率实测值不应小于 9%，则是为了保证钢筋有必要的抗震延性，在地震力作用下不致发生脆断。

2.4.3　钢结构的钢材、连接材料及防护材料

1. 钢材

为了保证承重钢结构的承载能力和防止在一定条件下出现脆性破坏，应根据结构的重要性、荷载特征（是否直接承受动力荷载）、结构形式、应力状态、连接方法（是否焊接）、钢材厚度、工作环境（是否低温、是否有腐蚀）和价格等因素综合考虑，选用合适的钢材牌号和材性。

承重钢结构的钢材宜采用 Q235 钢、Q345 钢、Q390 钢和 Q420 钢、Q460 钢、Q345GJ 钢，其质量应分别符合现行国家标准《碳素结构钢》GB/T 700 和《低合金高强度结构钢》GB/T 1591 和《建筑结构用钢板》GB/T 19879 的规定。

承重钢结构采用的钢材应具有抗拉强度、伸长率、屈服强度、冷弯试验和硫、磷含量的合格保证，对焊接结构尚应具有碳含量的合格保证。

对于直接承受动力荷载或需要验算疲劳的钢结构的钢材，应具有冲击韧性的合格保证；当结构工作温度不高于 0℃ 时，钢材应具有不同负温度下的冲击韧性的合格保证。

为了防止焊接承重钢结构钢材的层状撕裂，当钢板厚度不小于 40mm 且承受沿板厚方向的拉力时，应采用具有 Z 向性的钢材，其材质应符合现行国家标准《厚度方向性能钢板》GB/T 5313 的规定，即受拉试件板厚方向的截面收缩率不应小于 Z15 级规定的容许值。

对处于外露环境，且对耐腐蚀性有特殊要求或在腐蚀性气体和固态介质作用下的承重结构，宜采用 Q235NH、Q355NH、Q415NH 牌号的耐候结构钢，其性能和技术条件应符合现行国家标准《耐候结构钢》GB/T 4171 的规定。选用时宜附加要求保证钢材晶粒度不小于 7 级，耐腐蚀指数不小于 6.0。

抗震设计的承重钢结构，由于延性要求，《抗震规范》还规定，其钢材还应符合下列规定：

(1) 钢材的屈服强度实测值与抗拉强度实测值的比值不应大于 0.85；

(2) 钢材应有明显的屈服台阶，且伸长率不应小于 20%；

(3) 钢材应具有良好的焊接性和合格的冲击韧性。

Q235 级钢的力学性能、冷弯性能和化学成分分别见表 2.4-12～表 2.4-14；Q345 级钢、Q390 级钢和 Q420 级钢的力学性能和化学成分分别见表 2.4-15、表 2.4-16。

适用于高层建筑结构、大跨度结构和其他重要建筑结构的高性能《建筑结构用钢板》GB/T 19879，其力学性能、厚度方向性能、化学成分和碳当量及焊接裂纹敏感性指数分别见表 2.4-17～表 2.4-20；

对于大型民用建筑工程，如体育场馆、展厅等造型特殊、节点构造复杂的结构，因不便于焊接，常用铸钢节点代替焊接连接节点。非焊接结构用铸钢件的材质与性能应符合现行国家标准《一般工程用铸造碳钢件》GB/T 11352 或《一般工程与结构用低合金铸钢件》GB/T 14408 的规定。焊接结构用铸钢件的材质与性能应符合现行国家标准《焊接结构用碳素钢铸件》GB/T 7659 的规定。铸钢件的力学性能和化学成分分别见表 2.4-21～表 2.4-25。

Q235 钢的力学性能 表 2.4-12

牌号	等级	拉 伸 试 验													冲击试验	
		屈服点 σ_s（N/mm²）						抗拉强度 σ_b（N/mm²）	伸长率 δ_5（%）						温度（℃）	V形冲击功（纵向）（J）
		钢材厚度（直径）（mm）							钢材厚度（直径）（mm）							
		≤16	17~40	41~60	61~100	101~150	>150		≤16	17~40	41~60	61~100	101~150	>150		不小于
		不 小 于							不 小 于							
Q235	A	235	225	215	205	195	185	375~500	26	25	24	23	22	21	—	
	B														20	
	C														0	27
	D														−20	

Q235 钢的冷弯性能 表 2.4-13

牌 号	试样方向	冷弯试验 $B=2a$ 180°		
		钢材厚度（直径）（mm）		
		≤60	>60~100	>100~200
		弯 心 直 径 d		
Q235	纵	a	$2a$	$2.5a$
	横	$1.5a$	$2.5a$	$3a$

注：B 为试样宽度；a 为钢材厚度（直径）。

Q235 钢的化学成分 表 2.4-14

牌号	等级	化 学 成 分（%）					脱氧方法
		C	Mn	Si	S	P	
				不 大 于			
Q235	A	0.14~0.22	0.30~0.65	0.30	0.050	0.045	F—沸腾钢 b—半镇静钢
	B	0.12~0.20	0.30~0.70		0.045		Z—镇静钢
	C	≤0.18	0.35~0.80		0.040	0.040	Z—镇静钢
	D	≤0.17			0.035	0.035	TZ—特种镇静钢

注：A级钢含碳量、含锰量及B、C、D级钢碳、锰含量下限，在保证力学性能条件下可不作交货条件。

Q345、Q390、Q420 钢的力学性能 表 2.4-15

牌号	质量等级	屈服点 σ_s（MPa）				抗拉强度 σ_b（MPa）	伸长率 δ_5（%）	冲击功（纵向）A_{kv}（J）				180°弯曲试验 $d=$弯心直径 $a=$试样厚度（直径）	
		厚度（直径、边长）（mm）						+20℃	0℃	−20℃	−40℃	钢材厚度（直径）（mm）	
		≤16	17~35	36~50	51~100							≤16	16~100
		不 小 于						不 小 于					
Q345	A	345	325	295	275	470~630	21					$d=2a$	$d=3a$
	B						21	34					
	C						22		34				
	D						22			34			
	E						22				27		

续表

牌号	质量等级	屈服点 σs（MPa） 厚度（直径、边长）(mm)				抗拉强度 σb（MPa）	伸长率 δ5（%）	冲击功（纵向）Akv（J）				180°弯曲试验 d＝弯心直径 a＝试样厚度（直径） 钢材厚度（直径）(mm)	
		≤16	17～35	36～50	51～100			+20℃	0℃	-20℃	-40℃	≤16	16～100
		不　小　于						不　小　于					
Q390	A B C D E	390	370	350	330	490 ～ 650	19 19 20 20 20	34	34	34	27	d＝2a	d＝3a
Q420	A B C D E	420	400	380	360	520 ～ 680	18 18 19 19 19	34	34	34	27	d＝2a	d＝3a

Q345、Q390、Q420 钢的化学成分　　　表 2.4-16

牌号	质量等级	化 学 成 分 （%）										
		C≤	Mn	Si≤	P≤	S≤	V	Nb	Ti	Al≥	Cr≤	Ni≤
Q345	A B C D E	0.20 0.20 0.20 0.18 0.18	1.00～ 1.60	0.55	0.045 0.040 0.035 0.030 0.025	0.045 0.040 0.035 0.030 0.025	0.02～ 0.15	0.015～ 0.060	0.02～ 0.20	— — 0.015 0.015 0.015	—	—
Q390	A B C D E	0.20	1.00 ～ 1.60	0.55	0.045 0.040 0.035 0.030 0.025	0.045 0.040 0.035 0.030 0.025	0.02 ～ 0.20	0.015 ～ 0.060	0.02 ～ 0.20	— — 0.015 0.015 0.015	0.30	0.70
Q420	A B C D E	0.20	1.00 ～ 1.70	0.55	0.045 0.040 0.035 0.030 0.025	0.045 0.040 0.035 0.030 0.025	0.02 ～ 0.20	0.015 ～ 0.060	0.02 ～ 0.20	— — 0.015 0.015 0.015	0.40	0.70

建筑结构用钢板的力学性能　　　表 2.4-17

牌号	质量等级	屈服强度 ReH（N/mm²） 钢板厚度（mm）				抗拉强度 Rm（N/mm²）	伸长率 A（%）	冲击功（纵向）Akv（J） 温度 ℃	不小于	180°弯曲试验 d＝弯心直径 a＝试样厚度 钢板厚度（mm）		屈强比，不大于
		6～16	＞16～35	＞35～50	＞50～100					≤16	＞16	
Q235GJ	B C D E	≥235	235～ 355	225～ 345	215～ 335	400～ 510	≥23	20 0 -20 -40	34	d＝2a	d＝3a	0.80

续表

牌号	质量等级	屈服强度 R_{eH}（N/mm²） 钢板厚度（mm）				抗拉强度 R_m（N/mm²）	伸长率 A（%）	冲击功（纵向）A_{kv}（J）		180°弯曲试验 d＝弯心直径 a＝试样厚度 钢板厚度（mm）		屈强比，不大于
		6～16	＞16～35	＞35～50	＞50～100			温度℃	不小于	≤16	＞16	
Q345GJ	B	≥345	345～465	335～455	325～445	490～610	≥22	20	34	$d=2a$	$d=3a$	0.83
	C							0				
	D							−20				
	E							−40				
Q390GJ	C	≥390	390～510	380～500	370～490	490～650	≥20	0	34	$d=2a$	$d=3a$	0.85
	D							−20				
	E							−40				
Q420GJ	C	≥420	420～550	410～540	400～530	520～680	≥19	0	34	$d=2a$	$d=3a$	0.85
	D							−20				
	E							−40				
Q460GJ	C	≥460	460～600	450～590	440～580	550～720	≥17	0	34	$d=2a$	$d=3a$	0.85
	D							−20				
	E							−40				

注：1. 1N/mm²＝1MPa；

2. 拉伸试样采用系数为5.65的比例试样；

3. 伸长率按有关标准进行换算时，表中伸长率 A＝17%与 A_{50mm}＝20%相当。

厚度方向性能 表 2.4-18

厚度方向性能级别	断面收缩率 Z（%）		硫含量（质量分数）（%）
	单个试样值	三个试样平均值	
Z15	≥10	≥15	≤0.010
Z25	≥15	≥25	≤0.007
Z35	≥25	≥35	≤0.005

建筑结构用钢板的化学成分　　　　　　　　　　　　　　　　表 2.4-19

牌号	质量等级	厚度(mm)	化学成分（质量分数）（%）											
			C	Si	Mn	P	S	V	Nb	Ti	Al	Cr	Cu	Ni
Q235GJ	B C D E	6~100	≤0.20 / ≤0.18	≤0.35	0.60~1.20	≤0.025 / ≤0.020	≤0.015	—	—	—	≥0.015	≤0.30	≤0.30	≤0.30
Q345GJ	B C D E	6~100	≤0.20 / ≤0.18	≤0.55	≤1.60	≤0.025 / ≤0.020	≤0.015	0.020~0.150	0.015~0.060	0.010~0.030	≥0.015	≤0.30	≤0.30	≤0.30
Q390GJ	C D E	6~100	≤0.20 / ≤0.18	≤0.55	≤1.60	≤0.025 / ≤0.020	≤0.015	0.020~0.200	0.015~0.060	0.010~0.030	≥0.015	≤0.30	≤0.30	≤0.70
Q420GJ	C D E	6~100	≤0.20 / ≤0.18	≤0.55	≤1.60	≤0.025 / ≤0.020	≤0.015	0.020~0.200	0.015~0.060	0.010~0.030	≥0.015	≤0.40	≤0.30	≤0.70
Q460GJ	C D E	6~100	≤0.20 / ≤0.18	≤0.55	≤1.60	≤0.025 / ≤0.020	≤0.015	0.020~0.200	0.015~0.060	0.010~0.030	≥0.015	≤0.70	≤0.30	≤0.70

碳当量及焊接裂纹敏感性指数　　　　　　　　　　　　　　表 2.4-20

牌号	交货状态	规定厚度下的碳当量 C_{eq}（%）		规定厚度下的焊接裂纹敏感性指数 P_{cm}（%）	
		≤50mm	>50~100mm	≤50mm	>50~100mm
Q235GJ	AR、N、NR	≤0.36	≤0.36	≤0.26	≤0.26
Q345GJ	AR、N、NR、N+T	≤0.42	≤0.44	≤0.29	≤0.29
	TMCP	≤0.38	≤0.40	≤0.24	≤0.26
Q390GJ	AR、N、NR、N+T	≤0.45	≤0.47	≤0.29	≤0.30
	TMCP	≤0.40	≤0.43	≤0.26	≤0.27
Q420GJ	AR、N、NR、N+T	≤0.48	≤0.50	≤0.31	≤0.33
	TMCP	≤0.43	供需双方协商	≤0.29	供需双方协商
Q460GJ	AR、N、NR、N+T、Q+T、TMCP	供需双方协商			

注：1. AR：热轧；N：正火；NR：正火轧制；T：回火；Q：淬火；TMCP：温度—形变控轧控冷；

2. C_{eq}（%）＝C＋Mn/6＋(Cr＋Mo＋V)/5＋(Ni＋Cu)/15；

3. P_{cm}（%）＝C＋Si/30＋Mn/20＋Cu/20＋Ni/60＋Cr/20＋Mo/15＋V/10＋5B。

一般工程用铸造碳钢件的力学性能　　表 2.4-21

牌　号	屈服强度 R_{eH} ($R_{p0.2}$) (MPa)	抗拉强度 R_m (MPa)	伸长率 A_s (%)	根据合同选择		
				断面收缩率 Z (%)	冲击吸收功 A_{KV} (J)	冲击吸收功 A_{KU} (J)
ZG 200-400	200	400	25	40	30	47
ZG 230-450	230	450	22	32	25	35
ZG 270-500	270	500	18	25	22	27
ZG 310-570	310	570	15	21	15	24
ZG 340-640	340	640	10	18	10	16

注：1. 表中所列的各牌号性能，适应于厚度为 100mm 以下的铸件。当铸件厚度超过 100mm 时，表中规定的 R_{eH}（$R_{p0.2}$）屈服强度仅供设计使用；

　　2. 表中冲击吸收功 A_{KU} 的试样缺口为 2mm。

一般工程用铸造碳钢件的化学成分的上限值（质量分数）（%）　　表 2.4-22

牌　号	C	Si	Mn	S	P	残余元素					残余元素总量
						Ni	Cr	Cu	Mo	V	
ZG 200-400	0.20		0.80								
ZG 230-450	0.30										
ZG 270-500	0.40	0.60		0.035	0.035	0.40	0.35	0.40	0.20	0.05	1.00
ZG 310-570	0.50		0.90								
ZG 340-640	0.60										

注：1. 对上限减少 0.01% 的碳，允许增加 0.04% 的锰，对 ZG 200-400 的锰最高至 1.00%，其余四个牌号锰最高至 1.20%；

　　2. 除另有规定外，残余元素不作为验收依据。

一般工程与结构用低合金铸钢件力学性能及硫、磷含量　　表 2.4-23

牌　号	最　小　值				最高含量（%）	
	屈服强度 σ_s 或 $\sigma_{0.2}$ (MPa)	抗拉强度 σ_b (MPa)	延伸率 δ_5 (%)	收缩率 ψ (%)	硫 (S)	磷 (P)
ZGD 270-480	270	480	18	35		
ZGD 290-510	290	510	16	35		
ZGD 345-570	345	570	14	35	0.040	0.040
ZGD 410-620	410	620	13	35		

注：表中力学性能值取自 28mm 厚标准试块。

焊接结构用碳素钢铸件的力学性能　　表 2.4-24

牌　号	拉伸性能			根据合同选择	
	上屈服强度 R_{eH} (MPa) (min)	抗拉强度 R_m (MPa) (min)	断后伸长率 A (%) (min)	断面收缩率 Z (%) ≥ (min)	冲击吸收功 A_{KYz} (J) (min)
ZG 200-400H	200	400	25	40	45

牌　号	拉伸性能			根据合同选择	
	上屈服强度 R_{eH} (MPa)（min）	抗拉强度 R_m (MPa)（min）	断后伸长率 A （%）（min）	断面收缩率 Z （%）≥（min）	冲击吸收功 A_{KYz} （J）（min）
ZG 230-450H	230	450	22	35	45
ZG 270-480H	270	480	20	35	40
ZG 300-500H	300	500	20	21	40
ZG 340-550H	340	550	15	21	35

注：当无明显屈服时，测定规定非比例延伸强度 $R_{p0.2}$。

焊接结构用碳素钢铸件的化学成分（质量分数）（%）　　　　表 2.4-25

牌号	主要元素					残余元素					
	C	Si	Mn	P	S	Ni	Cr	Cu	Mo	V	总和
ZG 200-400H	≤0.20	≤0.60	≤0.80	≤0.025	≤0.025						
ZG 230-450H	≤0.20	≤0.60	≤1.20	≤0.025	≤0.025						
ZG 270-480H	0.17～0.25	≤0.60	0.80～1.20	≤0.025	≤0.025	≤0.40	≤0.35	≤0.40	≤0.15	≤0.05	≤1.0
ZG 300-500H	0.17～0.25	≤0.60	1.00～1.60	≤0.025	≤0.025						
ZG 340-550H	0.17～0.25	≤0.80	1.00～1.60	≤0.025	≤0.025						

注：1. 实际碳含量比表中碳上限每减少 0.01%，允许实际锰含量超出表中锰上限 0.04%，但总超出量不得大于 0.2%；

　　2. 残余元素一般不做分析，如需方有要求时，可做残余元素的分析。

不同质量等级的钢材与冲击韧性的关系如表 2.4-26 所示。

结构钢材质量等级与冲击韧性的关系　　　　表 2.4-26

质量等级	冲击试验温度及要求	结构工作温度（T）	备　注
A	不保证冲击韧性		设计中不宜使用
B	具有常温冲击韧性的合格保证	$T>0℃$	用于室内环境
C	具有 0℃ 冲击韧性的合格保证	0℃≥T>-20℃	用于寒冷环境
D	具有-20℃ 冲击韧性的合格保证	20℃≥T>-40℃	用于严寒环境
E	具有-40℃ 冲击韧性的合格保证	T≤-40℃	用于极端低温环境

　　从上述各表中可知，相同牌号不同质量等级的钢材，其主要区别在于化学成分、伸长率以及保证与不保证不同温度下的冲击功。

　　因此，选用结构钢材时，除注明钢材的牌号（强度等级）外，还应注明其质量等级。Q235 级钢共分 A、B、C、D 四个质量等级。Q345、Q390 和 Q420 级钢均分为 A、B、C、D、E 五个质量等级。

　　钢材牌号中的字母"Q"是钢材屈服点汉语拼音的第一个字母，Q 后面的数字代表厚度 t≤16mm 时钢材的屈服点值（N/mm²）。质量等级符号 A、B、C、D、E 分别表示钢材不要求冲击试验、冲击试验温度为+20℃、0℃、-20℃、-40℃。如 Q345-B，表示屈服点为 345N/mm²，要求做+20℃ 冲击试验的钢材。钢材的质量等级 A 级最低，E 级最高。

　　碳素结构钢常用牌号示例：

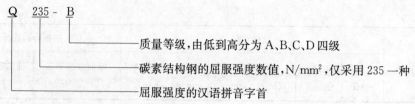

碳素结构钢常用牌号示例说明：

- 质量等级，由低到高分为 A、B、C、D 四级
- 碳素结构钢的屈服强度数值，N/mm²，仅采用 235 一种
- 屈服强度的汉语拼音字首

低合金高强度结构钢常用牌号示例：

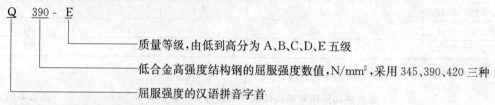

- 质量等级，由低到高分为 A、B、C、D、E 五级
- 低合金高强度结构钢的屈服强度数值，N/mm²，采用 345、390、420 三种
- 屈服强度的汉语拼音字首

建筑结构用钢板常用牌号示例：

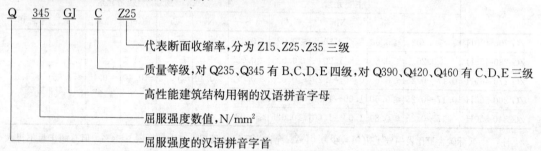

- 代表断面收缩率，分为 Z15、Z25、Z35 三级
- 质量等级，对 Q235、Q345 有 B、C、D、E 四级，对 Q390、Q420、Q460 有 C、D、E 三级
- 高性能建筑结构用钢的汉语拼音字母
- 屈服强度数值，N/mm²
- 屈服强度的汉语拼音字首

钢结构工程中常用铸钢牌号示例：

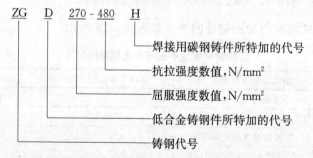

- 焊接用碳钢铸件所特加的代号
- 抗拉强度数值，N/mm²
- 屈服强度数值，N/mm²
- 低合金铸钢件所特加的代号
- 铸钢代号

2. 钢材牌号及质量等级的选用，应符合下列要求：

（1）A 级钢仅可用于结构工作温度高于 0℃ 的不需要验算疲劳的结构，且 Q235A 钢不宜用于焊接结构。

（2）需验算疲劳的焊接结构用钢材，应符合下列要求：

1）当工作环境温度高于 0℃ 时其质量等级不应低于 B 级；

2）当工作环境温度不高于 0℃ 但高于 −20℃ 时，Q235、Q345 钢不应低于 C 级，Q390、Q420 及 Q460 钢不应低于 D 级；

3）当工作环境温度不高于 −20℃ 时，Q235 钢和 Q345 钢不应低于 D 级 ，Q390 钢、Q420 钢、Q460 钢应选用 E 级。

（3）需验算疲劳的非焊接结构，其钢材质量等级要求可较上述焊接结构降低一级但不应低于 B 级。

注：吊车起重量不小于 50t 的中级工作制吊车梁，其质量等级要求应与需要验算疲劳的构件相同。

（4）工作环境温度不高于－20℃的受拉承重构件，其钢材选用及质量等级应符合下列要求：

1）所用钢材厚度或直径不宜大于 40mm，质量等级不宜低于 C 级；

2）当钢材厚度或直径大于 40mm 时，其质量等级不宜低于 D 级；

3）重要承重结构的受拉板材宜选《建筑结构用钢板》GB/T 19879。

（5）抗震设计的钢结构，钢材的质量等级应符合下列规定：

1）当工作环境温度高于 0℃时其质量等级不应低于 B 级；

2）当工作环境温度不高于 0℃但高于－20℃时，Q235、Q345 钢不应低于 B 级，Q390、Q420 及 Q460 钢不应低于 C 级；

3）当工作环境温度不高于－20℃时，Q235、Q345 钢不应低于 C 级，Q390、Q420 及 Q460 钢不应低于 D 级。

4）高层民用建筑钢结构工程，其钢材牌号和质量等级尚应符合下列要求：

① 主要承重构件所用钢材的牌号宜选用 Q345 钢、Q390 钢，一般构件宜选用 Q235 钢，其材质和材料性能应分别符合现行国家标准《低合金高强度结构钢》GB/T 1591 或《碳素结构钢》GB/T 700 的规定。有依据时可选用更高强度级别的钢材。

② 主要承重构件所用较厚的板材宜选用高性能建筑用 GJ 钢板，其材质和材料性能应符合现行国家标准《建筑结构用钢板》GB/T 19879 的规定。

③ 外露承重钢结构可选用 Q235NH、Q355NH 或 Q415NH 等牌号的焊接耐候钢，其材质和材料性能要求应符合现行国家标准《耐候结构钢》GB/T 4171 的规定。选用时宜附加要求保证晶粒度不小于 7 级，耐腐蚀指数不小于 6.0。

④ 承重构件所用钢材的质量等级不宜低于 B 级；抗震等级为二级及以上的高层民用建筑钢结构，其框架梁、柱和抗侧力支撑等主要抗侧力构件钢材的质量等级不宜低于 C 级。

⑤ 承重构件中厚度不小于 40mm 的受拉板件，当其工作温度低于－20℃时，宜适当提高其所用钢材的质量等级。

⑥ 选用 Q235A 或 Q235B 级钢时应选用镇静钢。

（6）在 T 形、十字形和角形焊接接头的连接节点中，当其板件厚度不小于 40mm，且沿板厚方向有较高撕裂拉力作用时（含较高约束拉应力作用），该部位板件钢材宜具有厚度方向抗撕裂性能（Z 向性能）的合格保证，其沿板厚方向断面收缩率不小于按现行国家标准《厚度方向性能钢板》GB/T 5313 规定的 Z15 级允许限值。钢板厚度方向性能等级应根据节点形式、板厚、熔深或焊高、焊接时节点拘束度以及预热后热情况综合确定。

（7）抗震设计的钢结构、采用塑性设计的结构及进行弯矩调幅的构件，所采用的钢材应符合下列要求：

1）屈强比不应大于 0.85；

2）钢材应有明显的屈服台阶，且伸长率不应小于 20%；

3）钢材应有良好的焊接性和合格的冲击韧性。

（8）非加劲的直接焊接节点，钢管管材的屈强比不宜大于 0.8；与受拉构件焊接连接的钢管，当管壁厚度大于 25mm 且沿厚度方向受较大拉应力作用时，应采取措施防止层状撕裂。

关于钢材强度级别的选用，一般说来，内力较大由强度控制设计的受拉和受弯构件、内力很大的粗短柱，采用强度等级高的钢材较为经济。反之，细长压杆以及由整体稳定、疲劳强度或刚度控制设计的构件，以采用 Q235 级钢为宜。

高烈度（8 度及 8 度以上）抗震设防地区的主要承重钢结构，以及高层、大跨度等建筑的主要承重钢结、安全等级为一级的工业与民用建筑钢结构、抗震设防类别为甲类和乙类的建筑钢结构，其主要承重结构（框架、大梁、主桁架等）钢材的质量等级不宜低于 C 级，必要时还可要求碳当量（Ceg）的附加保证。

钢材的设计用强度指标，应根据钢材厚度或直径按表 2.4-27 采用。

钢材的设计用强度指标（N/mm²） 表 2.4-27

钢材牌号		钢材厚度或直径（mm）	强度设计值			钢材强度	
			抗拉、抗压、抗弯 f	抗剪 f_v	端面承压（刨平顶紧）f_{ce}	屈服强度 f_y	抗拉强度最小值 f_u
碳素结构钢	Q235	≤16	215	125	320	235	370
		>16~40	205	120		225	
		>40~100	200	115		215	
低合金高强度结构钢	Q345	≤16	300	175	400	345	470
		>16~40	295	170		335	
		>40~63	290	165		325	
		>63~80	280	160		315	
		>80~100	270	155		305	
	Q390	≤16	345	200	415	390	490
		>16~40	330	190		370	
		>40~63	310	180		350	
		>63~100	295	170		330	
	Q420	≤16	375	215	440	420	520
		>16~40	355	205		400	
		>40~63	320	185		380	
		>63~100	305	175		360	
	Q460	≤16	410	235	470	460	550
		>16~40	390	225		440	
		>40~63	355	205		420	
		>63~100	340	195		400	
建筑结构用钢板	Q345 GJ	>16~35	310	180	415	345	490
		>35~50	290	170		335	
		>50~100	285	165		325	

注：1. 表中厚度系指计算点的钢材厚度，对轴心受拉和轴心受拉构件系指截面中较厚板件的厚度；

2. 壁厚不大于 6mm 的冷弯型材和冷弯钢管，其强度设计值应按国家现行规范《冷弯型钢结构技术规范》GB 50018 的规定采用。

结构设计用无缝钢管的强度指标按表 2.4-28 采用。

结构设计用无缝钢管的强度指标（N/mm)²　　　　表 2.4-28

钢管钢材牌号	壁 厚	强度设计值			钢管强度	
		抗拉、抗压和抗弯 f	抗剪 f_v	端面承压（刨平顶紧）f_{ce}	钢材屈服强度 f_y	抗拉强度最小值 f_u
Q235	≤16	215	125	320	235	375
	>16~30	205	120		225	
	>30	195	115		215	
Q345	≤16	305	175	400	345	470
	>16~30	290	170		325	
	>30	260	150		295	
Q390	≤16	345	200	415	390	490
	>16~30	330	190		370	
	>30	310	180		350	
Q420	≤16	375	220	445	420	520
	>16~30	355	205		400	
	>30	340	195		380	
Q460	≤16	410	240	470	460	550
	>16~30	390	225		440	
	>30	360	210		420	

铸钢件的强度设计值按表 2.4-29 采用。

铸钢件的强度设计值（N/mm²）　　　　表 2.4-29

类 别	钢 号	铸件厚度（mm）	抗拉、抗压和抗弯 f	抗剪 f_v	端面承压（刨平顶紧）f_{ce}
非焊接结构用铸钢件	ZG 230-450	≤100	180	105	290
	ZG 270-500		210	120	325
	ZG 310-570		240	140	370
焊接结构用铸钢件	ZG 230-450H	≤100	180	105	290
	ZG 270-480H		210	120	310
	ZG 300-500H		235	135	325
	ZG 340-550H		265	150	355

注：表中强度设计值仅适用于本表规定的厚度。

钢材和铸钢件的物理性能指标应按表 2.4-30 采用。

钢材和铸钢件的物理性能指标　　　　表 2.4-30

钢材种类	弹性模量 E（N/mm²）	剪切模量 G（N/mm²）	线膨胀系数 α（以每℃计）	质量密度 ρ（kg/m³）
钢材和铸钢件	$206×10^3$	$79×10^3$	$12×10^{-6}$	7850

3. 连接材料

钢结构的连接材料应符合下列要求：

（1）手工焊接采用的焊条，应符合现行国家标准《非合金钢及细晶粒钢焊条》GB/T 5117 或《热强钢焊条》GB/T 5118 的规定。选择的焊条型号应与主体金属力学性能相适应，其熔敷金属的力学性能不应低于相应母材标准的下限值以及设计规定。对直接承受动力荷载或振动荷载且需要验算疲劳的结构，为了减少焊缝金属中的含氢量，防止冷裂纹，并使焊缝金属脱硫，减少形成热裂纹的倾向，以综合提高焊缝的质量，应采用低氢型碱性焊条；抗震设计的框架梁、柱节点和抗侧力支撑连接节点等重要连接或拼接节点的焊缝宜采用低氢型焊条；对于其他结构，可采用普通焊条。

（2）自动焊或半自动焊（包括埋弧焊和气体保护焊等）采用的焊丝和相应的焊剂应与主体金属力学性能相适应，并应符合现行国家标准《熔化焊用钢丝》GB/T 14957、《气体保护电弧焊用碳钢、低合金钢焊丝》GB/T 8110、《碳钢药芯焊丝》GB/T 10045、《低合金钢药芯焊丝》GB/T 17493、《埋弧焊用碳钢焊丝和焊剂》GB/T 5293、《埋弧焊用低合金钢焊丝和焊剂》GB/T 12470 等的规定。

采用手工电弧焊焊接时，为了经济合理，焊接 Q235 级钢的构件，应选用 E43 系列焊条；焊接 Q390 级钢和 Q420 级钢的构件，应选用 E55 系列焊条；焊接 Q345 级钢的构件，可选用 E50 系列的焊条。一般来说，焊接 Q345 级钢的构件常采用焊条 E50 系列，重要结构宜采用 E5015、E5016 和铁粉低氢型 E5018、E5028 焊条。直接承受动力荷载或需要验算疲劳的结构，以及处于低温环境下工作的结构，宜采用低氢型焊条；对厚板、约束度大及冷裂倾向大的焊接结构，亦应采用低氢型或高韧性超低氢型焊条。

关于型号 E43、E50 系列焊条的示例，字母"E"表示焊条，E 后面前两位数字表示熔敷金属抗拉强度等级，第三位数字表示焊条的焊接位置，其中"0"和"1"表示适用于全位置焊接（平焊、横焊、立焊、仰焊），"2"表示适用于平焊及平角焊，"4"表示适用于向下立焊；第三位和第四位数组合时表示焊接电源种类及药皮类型。在第四位数字后附加"R"表示耐吸潮焊条；附加"M"表示耐吸潮和力学性能有特殊规定的焊条；附加"−1"表示冲击性能有特殊规定的焊条。

非合金钢及细晶粒钢焊条型号示例如下：

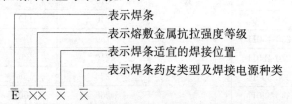

热强钢焊条型号 E50、E55 系列，前面的字母和数字与碳钢焊条的含义相同，加后缀字母表示熔敷金属的化学成分分类代号及附加化学成分。

低合金钢焊条型号示例如下：

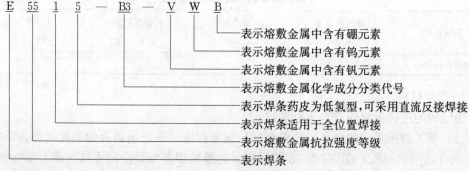

注：熔敷金属化学成分分类代号参见 GB/T 5118 中表2。

碳钢焊剂、焊丝型号示例如下：

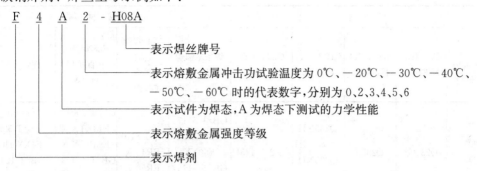

低合金钢焊剂、焊丝型号示例如下：

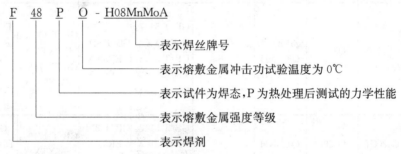

焊丝型号示例如下：

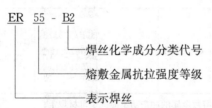

根据《钢结构规范》第 3.3.8 条的规定，建筑钢结构焊接材料的型号应与主体结构钢材的力学性能相适应。所谓焊接材料的型号应与主体结构钢材的力学性能相适应，主要是要求焊接材料熔敷金属的力学性能应略高于主体结构钢材的力学性能。按照这项要求，在确定了建筑钢结构钢材的牌号和质量等级以后，可按表 2.4-31 选配相适应的焊接材料。

常用钢材的焊接材料推荐表　　　　　　　　　　表 2.4-31

母　材					焊　接　材　料			
GB/T 700 和 GB/T 1591 标准钢材	GB/T 19879 标准钢材	GB/T 714 标准钢材	GB/T 4171 标准钢材	GB/T 7659 标准钢材	焊条电弧焊 SMAW	实心焊丝 气体保 护焊 GMAW	药芯焊丝气 体保护焊 FCAW	埋弧焊 SAW
Q215	—	—	—	ZG 200-400H ZG 230-450H	GB/T 5117： E43XX	GB/T 8110： ER49-X	GB/T 10045： E43XTX-X GB/T 17493： E43XTX-X	GB/T 5293： F4XX-H08A

续表

母　材					焊 接 材 料			
GB/T 700 和 GB/T 1591 标准钢材	GB/T 19879 标准钢材	GB/T 714 标准钢材	GB/T 4171 标准钢材	GB/T 7659 标准钢材	焊条电弧焊 SMAW	实心焊丝气体保护焊 GMAW	药芯焊丝气体保护焊 FCAW	埋弧焊 SAW
Q235 Q275	Q235GJ	Q235q	Q235NH Q265GNH Q295NH Q295GNH	ZG 275-485H	GB/T 5117: E43XX E50XX GB/T 5118: E50XX-X	GB/T 8110: ER49-X ER50-X	GB/T 10045: E43XTX-X E50XTX-X GB/T 17493: E43XTX-X E49XTX-X	GB/T 5293: F4XX-H08A GB/T 12470: F48XX-H08MnA
Q345 Q390	Q345GJ Q390GJ	Q345q Q370q	Q310GNH Q355NH Q355GNH	—	GB/T 5117: E50XX GB/T 5118: E5015、16-X E5515、16-X[a]	GB/T 8110: ER50-X ER55-X	GB/T 10045: E50XTX-X GB/T 17493: E50XTX-X	GB/T 5293: F5XX-H08MnA F5XX-H10Mn2 GB/T 12470: E48XX-H08MnA F48XX-H10Mn2 F48XX-H10Mn2A
Q420	Q420GJ	Q420q	Q415NH	—	GB/T 5118: E515、16-X E6015、16-X[b]	GB/T 8110 ER55-X ER62-X[b]	GB/T 17493: E55XTX-X	GB/T 12470: F55XX-H10Mn2A F55XX-H08MnMoA
Q460	Q460GJ	—	Q460NH	—	GB/T 5118: E5515、16-X E6015、16-X	GB/T 8110 ER55-X	GB/T 17493: E55XTX-X E60XTX-X	GB/T 12470: F55XX- H08MnMoA F55XX- H08Mn2MoVA

注:1. 被焊母材有冲击要求时,熔敷金属的冲击功不应低于母材规定;

　　2. 焊接接头板厚不小于 25mm 时,宜采用低氢型焊接材料;

　　3. 表中 X 对应焊材标准中的相应规定;

　　a. 仅适用于厚度不大于 35mm 的 Q3459q 钢及厚度不大于 16mm 的 Q3709q 钢;

　　b. 仅适用于厚度不大于 16mm 的 Q4209q 钢。

建筑钢结构手工电弧焊焊条、自动或半自动埋弧焊、气体保护焊焊丝熔敷金属力学性能分别详见表 2.4-32～表 2.4-34。

建筑结构钢材手工电弧焊焊条熔敷金属的力学性能　　　　表 2.4-32

钢　材						手工电弧焊焊条				
牌号	等级	抗拉强度[③] σ_b(MPa)	屈服强度[③] σ_s(MPa)		冲击功[③]		型号示例	熔敷金属力学性能[③]			
			$\delta\leqslant16$ (mm)	$\delta>50\sim100$ (mm)	T (℃)	A_{kv} (J)		抗拉强度 σ_b (MPa)	屈服强度 σ_s (MPa)	延伸率 δ_5 (%)	冲击功 ≥27J 时试验温度(℃)
Q235	A	375～500	235	205[④]	—	—	E4303[①]	420	330	22	0
	B				20	27	E4303[①]				0
	C				0	27	E4328、E4315、				—20
	D				—20	27	E4316				—30

续表

牌号	等级	钢材 抗拉强度③ σb(MPa)	屈服强度③ σs(MPa) δ≤16(mm)	σs δ>50~100(mm)	冲击功③ T(℃)	Akv(J)	型号示例	手工电弧焊焊条 熔敷金属力学性能③ 抗拉强度 σb(MPa)	屈服强度 σs(MPa)	延伸率 δ5(%)	冲击功≥27J时试验温度(℃)
Q345	A	470~630	345	275			E5003①			20	0
	B				20	34	E5003①、E5015、E5016、E5018	490	390	22	-30
	C				0	34	E5015、E5016、E5018				
	D				-20	34					
	E				-40	27	②				②
Q390	A	490~650	390	330	—		E5515、E5516、E5515-D3、—G、E5516-D3、—G	540	440	17	-30
	B				20	34					
	C				θ	34					
	D				-20	34					
	E				-40	27	②				②
Q420	A	520~680	420	360	—		E5515-D3、-G E5516-D3、-G	540	440	17	-30
	B				20	34					
	C				0	34					
	D				-20	34					
	E				-40	27	②				②

①用于一般结构；②由供需双方协议；③表中钢材及焊接材料熔敷金属力学性能的单值均为最小值；④为板厚 t >60~100mm 时的 σ_s 值。

埋弧焊熔敷金属力学性能　　　　　　　　　表 2.4-33

型　　号		抗拉强度 σb(MPa)	屈服强度 σs(MPa)	延伸率 δ5(%)	冲击功(J)的试验温度(℃) 0	-20	-30	-40
低碳钢焊剂焊丝	F4××-H×××	415~550	≥330	≥22				
	F5××-H×××	480~650	≥400		≥27			
低合金钢焊剂焊丝	F48××-H×××	480~660	≥400	≥22				
	F55××-H×××	550~700	≥470	≥20				

气体保护焊熔敷金属力学性能　　　　　　　　　　表 2.4-34

焊丝型号	保护气体	抗拉强度 σ_b (MPa)	屈服强度 $\sigma_{0.2}$ (MPa)	伸长率 σ_5（%）	V 形冲击功（J）		
					室温	−18℃	−29℃
ER49-1		≥490	≥372	≥20	≥47		
ER50-2							≥27
ER50-3	CO_2	≥500	≥420	≥22		≥27	
ER50-6							≥27
ER55-D2		≥550	≥470	≥17			

建筑钢结构设计用焊缝的强度值，应根据钢材厚度或直径按表 2.4-35 采用。

设计用焊缝强度值（N/mm²）　　　　　　　　　　表 2.4-35

焊接方法和焊条型号	构件钢材		对接焊缝强度设计值				对接焊缝极限抗拉强度最小值 f_u^w	角焊缝强度设计值
	牌号	厚度或直径 (mm)	抗压 f_c^w	焊缝质量为下列等级时，抗拉 f_t^w		抗剪 f_v^w		抗拉、抗压和抗剪 f_f^w
				一级、二级	三级			
自动焊、半自动焊和 E43 型焊条手工焊	Q235	≤16	215	215	185	125	370	160
		>16~40	205	205	175	120		
		>40~60	200	200	170	115		
		>60~100	200	200	170	115		
自动焊、半自动焊和 E50、E55 型焊条手工焊	Q345	≤16	305	305	260	175	470	200
		>16~40	295	295	250	170		
		>40~63	290	290	245	165		
		>63~80	280	280	240	160		
		>80~100	270	270	230	155		
	Q390	≤16	345	345	295	200	490	200（E50）220（E55）
		>16~40	330	330	280	190		
		>40~63	310	310	265	180		
		>63~80	295	295	250	170		
		>80~100	295	295	250	170		
自动焊、半自动焊和 E55 型焊条手工焊	Q420	≤16	375	375	320	215	520	220（E55）240（E60）
		>16~40	355	355	300	205		
		>40~63	320	320	270	185		
		>63~80	305	305	260	175		
		>80~100	305	305	260	175		

续表

焊接方法和焊条型号	构件钢材		对接焊缝强度设计值				对接焊缝极限抗拉强度最小值 f_u^w	角焊缝强度设计值
	牌号	厚度或直径（mm）	抗压 f_c^w	焊缝质量为下列等级时，抗拉 f_t^w		抗剪 f_v^w		抗拉、抗压和抗剪 f_f^w
				一级、二级	三级			
自动焊、半自动焊和 E55 型焊条手工焊	Q460	≤16	410	410	350	235	550	220（E55）240（E60）
		>16～40	390	390	330	225		
		>40～63	355	355	300	205		
		>63～80	340	340	290	195		
		>80～100	340	340	290	195		
自动焊、半自动焊和 E50 型焊条手工焊	Q345GJ	>16～35	310	310	265	180	470	200
		>35～50	290	290	245	170		
		>50～100	285	285	240	165		

注：1. 手工焊用焊条、自动焊和半自动焊所采用的焊丝和焊剂，应保证其熔敷金属的力学性能不低于母材的性能。

2. 焊缝质量等级应符合国家现行标准《钢结构焊接规范》GB 50661 的规定，其检验方法应符合国家现行标准《钢结构工程施工质量验收规范》GB 50205 的规定。其中厚度小于 3.5mm 钢材的对接焊缝，不应采用超声波探伤确定焊缝质量等级。

3. 对接焊缝在受压区的抗弯强度设计值取 f_c^w，在受拉区的抗弯强度设计值取 f_t^w。

4. 表中厚度系指计算点的钢材厚度，对轴心受拉和轴心受压构件系指截面中较厚板件的厚度。

5. 计算下列情况的连接时，上表规定的强度设计值应乘以相应的折减系数，几种情况同时存在时，其折减系数应连乘。

1）施工条件较差的高空安装焊缝乘以系数 0.9；

2）进行无垫板的单面施焊对接焊缝的连接计算应乘折减系数 0.85。

建筑钢结构焊缝的质量等级要求详见表 2.4-36。

焊缝的质量等级要求　　　　　　　　　　表 2.4-36

序号	焊缝类别	焊接要求	质量等级
1	需进行疲劳计算的构件，其对接焊缝均应焊透，其中：（1）作用力垂直于焊缝长度方向的横向对接焊缝或 T 形对接与角接组合焊缝，受拉时	焊透	应为一级
	（2）作用力垂直于焊缝长度方向的横向对接焊缝或 T 形对接与角接组合焊缝，受压时	焊透	应为二级
	（3）作用力平行于焊缝长度方向的纵向对接焊缝	焊透	应为二级
2	不需计算疲劳的构件中与母材等强的对接焊接，受拉时	焊透	不应低于二级
	不需计算疲劳的构件中与母材等强的对接焊接，受压时	焊透	宜为二级
3	重级工作制及起重量 Q≥50t 中级工作制吊车梁的腹板与上翼缘之间的 T 形接头焊缝，其形式一般为对接与角接的组合焊缝	焊透	不应低于二级

续表

序号	焊　缝　类　别	焊接要求	质量等级
4	不要求焊透的T形接头采用的角焊缝或部分焊透的对接与角接组合焊缝，以及搭接连接采用的角焊缝： （1）对直接承受动力荷载且需要验算疲劳的结构和吊车起重量等于或大于50t的中级工作制吊车梁的焊缝		外观质量标准应符合二级
	（2）对其他结构的焊缝		外观质量标准可为三级

（3）C级螺栓和A级、B级螺栓的规格和尺寸应分别符合现行国家标准《六角头螺栓C级》GB/T 5780和《六角头螺栓》GB/T 5782的规定。

普通螺栓通常采用4.6级或4.8级的C级普通螺栓。在房屋建筑工程中几乎不采用5.6级或8.8级的A、B级螺栓（"精制"螺栓）。其原因是这种螺栓的螺栓杆和螺栓孔加工及安装精度要求高，费时费工，很不经济。

C级普通螺栓宜用于沿其杆轴方向受拉的连接，在下列情况下，可用于受剪连接：

1）承受静力荷载或间接承受动力荷载结构中的次要连接；

2）承受静力荷载的可拆卸结构的连接；

3）临时固定构件用的安装连接。

（4）高强度螺栓应符合现行国家标准《钢结构用高强度大六角头螺栓》GB/T 1228、《钢结构用高强度大六角螺母》GB/T 1229、《钢结构用高强度垫圈》GB/T 1230、《钢结构用高强度大六角头螺栓、大六角螺母、垫圈技术条件》GB/T 1231或《钢结构用扭剪型高强度螺栓连接副》GB/T 3632的规定。

螺栓球节点用高强度螺栓的材质和性能应符合国家现行标准《钢网架螺栓球节点用高强度螺栓》GB/T 16939的规定。

高强度螺栓分大六角头螺栓和扭剪型螺栓。大六角头螺栓的性能等级有8.8级和10.9级两种；扭剪型螺栓的性能等级只有10.9级一种。

高强度螺栓连接分摩擦型连接和承压型连接两种。前者是以被连接板叠间的摩擦阻力刚被克服作为连接承载力的极限状态，而后者则是以连接滑移后，螺栓杆被剪断或螺栓孔壁被挤压破坏作为连接承载力的极限状态。

高强度螺栓的摩擦型连接，由于受力状态好、不松动、耐疲劳、适合用于直接承受动力荷载结构的连接，也适合用于高层建筑钢结构、大跨度建筑钢结构、高烈度（8度及8度以上）抗震设防地区钢结构构件的连接或拼接；高强度螺栓的承压型连接，则宜用于承受静力荷载或间接承受动力荷载结构的连接，以发挥其承载能力较高的优点，但在实际的建筑钢结构中很少采用高强度螺栓承压型连接。高强度螺栓连接除上述特点外，还有可缩小连接节点节约钢材、施工方便、施工进度和施工质量容易保证、不需要高级技工操作、维护和拆换方便等优点，是目前钢结构工程中仅次于焊接连接的结构构件连接方法。

关于螺栓的性能等级，例如4.6级普通C级螺栓，小数点前的数字表示螺栓的公称抗拉强度为$400N/mm^2$，小数点及小数点后的数字表示其屈服强度与抗拉强度之比，即螺栓的屈服强度为$0.6 \times 400N/mm^2 = 240N/mm^2$；又如10.9级高强度螺栓，表示其公称抗拉强度为$1000N/mm^2$，屈服强度为$900N/mm^2$。

设计用螺栓连接的强度值按表 2.4-37 采用。

设计用螺栓连接的强度值（N/mm²）　　表 2.4-37

螺栓的性能等级、锚栓和构件钢材的牌号		普通螺栓						锚栓	承压型连接或网架用高强度螺栓			高强度螺栓钢材的抗拉强度最小值
		C 级螺栓			A 级、B 级螺栓							
		抗拉 f_t^b	抗剪 f_v^b	承压 f_c^b	抗拉 f_t^b	抗剪 f_v^b	承压 f_c^b	抗拉 f_t^a	抗拉 f_t^b	抗剪 f_v^b	承压 f_c^b	f_u^b
普通螺栓	4.6 级、4.8 级	170	140	—	—	—	—	—	—	—	—	—
	5.6 级	—	—	—	210	190	—	—	—	—	—	—
	8.8 级	—	—	—	400	320	—	—	—	—	—	—
锚栓	Q235	—	—	—	—	—	—	140	—	—	—	—
	Q345	—	—	—	—	—	—	180	—	—	—	—
	Q390	—	—	—	—	—	—	185	—	—	—	—
承压型连接高强度螺栓	8.8 级	—	—	—	—	—	—	—	400	250	—	830
	10.9 级	—	—	—	—	—	—	—	500	310	—	1040
螺栓球网架用高强度螺栓	9.8 级	—	—	—	—	—	—	—	385			
	10.9 级	—	—	—	—	—	—	—	430			
构件钢材牌号	Q235	—	—	305	—	—	405	—	—	—	470	—
	Q345	—	—	485	—	—	510	—	—	—	590	—
	Q390	—	—	400	—	—	530	—	—	—	615	—
	Q420	—	—	425	—	—	560	—	—	—	655	—
	Q460	—	—	450	—	—	595	—	—	—	695	—
	Q345GJ	—	—	400	—	—	530	—	—	—	615	—

注：1. A 级螺栓用于 $d \leqslant 24mm$ 和 $L \leqslant 10d$ 或 $L \leqslant 150mm$（按较小值）的螺栓；B 级螺栓用于 $d > 24mm$ 和 $L > 10d$ 或 $L > 150mm$（按较小值）的螺栓；d 为公称直径，L 为螺栓公称长度；

2. A、B 级螺栓孔的精度和孔壁表面粗糙度，C 级螺栓孔的允许偏差和孔壁表面粗糙度，均应符合国家现行标准《钢结构工程施工质量验收规范》GB 50205 的要求；

3. 用于螺栓球节点网架的高强度螺栓，M12～M36 为 10.9 级，M39～M64 为 9.8 级。

高强度螺栓摩擦型连接摩擦面的抗滑移系数 μ，应按表 2.4-38 采用。

一个高强度螺栓的预拉力，应按表 2.4-39 采用。

摩擦面的抗滑移系数 μ　　表 2.4-38

在连接处构件接触面的处理方法	构件的钢号		
	Q235 钢	Q345 钢、Q390 钢	Q420 钢
喷砂（丸）	0.45	0.50	0.50
喷砂（丸）后涂无机富锌漆	0.35	0.40	0.40
喷砂（丸）后生赤锈	0.45	0.50	0.50
钢丝刷清除浮锈或未经处理的干净轧制表面	0.30	0.35	0.40

一个高强度螺栓的预拉力 P（kN）　　　表 2.4-39

螺栓的性能等级	螺栓公称直径（mm）						
	M12	M16	M20	M22	M24	M27	M30
8.8 级	45	80	125	150	175	230	280
10.9 级	55	100	155	190	225	290	355

（5）铆钉连接的强度设计值按表 2.4-40。

铆钉连接的强度设计值（N/mm²）　　　表 2.4-40

铆钉钢号和构件钢材牌号		抗拉（钉头拉脱）f_t^r	抗剪 f_v^r		承压 f_c^r	
			Ⅰ类孔	Ⅱ类孔	Ⅰ类孔	Ⅱ类孔
铆钉	BL2 或 BL3	120	185	155	—	—
构件钢材牌号	Q235	—	—	—	450	365
	Q345	—	—	—	565	460
	Q390	—	—	—	590	480

注：1. 属于下列情况者为Ⅰ类孔：

　1）在装配好的构件上按设计孔径钻成的孔；

　2）在单个零件和构件上按设计孔径分别用钻模钻成的孔；

　3）在单个零件上先钻成或冲成较小的孔径，然后在装配好的构件上再扩钻至设计孔径的孔。

2. 在单个零件上一次冲成或不用钻模钻成设计孔径的孔属于Ⅱ类孔。

3. 计算下列情况的连接时，上表规定的强度设计值应乘以相应的折减系数；几种情况同时存在时，其折减系数应连乘。

　1）施工条件较差的铆钉连接乘以系数 0.9；

　2）沉头和半径头铆钉连接乘以系数 0.8。

（6）锚栓可采用现行国家标准《碳素结构钢》GB/T 700 中规定的 Q235 钢或《低合金高强度结构钢》GB/T 1591 中规定的 Q345 钢制成。

锚栓是指一端锚固于混凝土基础内，另一端与钢柱柱脚连接的螺栓。锚栓仅承受拉力，不承受剪力。施工时应将锚栓预先埋入基础内并保证必要的锚固长度。当柱脚底板与基础混凝土之间的摩擦力不足以承受柱脚底部的剪力时，柱脚底板下应设置抗剪键。

锚栓的直径和数量除按计算确定外，尚应满足构造要求。锚栓的直径不宜小于24mm。锚栓端部应按规定设置弯钩或锚板。为防止螺母松动，柱脚锚栓应采用双螺母紧固。

柱脚锚栓应根据柱脚与混凝土基础是刚接还是铰接而采用不同的布置方式，典型的外露式柱脚锚栓可参见本书第 3 篇第 6 章第 6.19 题图 6.19-1。

（7）圆柱头焊钉（栓钉）连接件的材料应符合现行国家标准《电弧螺柱焊用圆柱头焊钉》GB/T 10433 的规定。

圆柱头焊钉（栓钉）主要用于钢构件和现浇钢筋混凝土组成的混合结构构件中，如钢梁与现浇钢筋混凝土板通过在钢梁上焊接焊钉（栓钉）而构成组合梁；埋置于钢筋混凝土柱内的型钢构件通过在型钢构件上焊接焊钉（栓钉）而成为型钢混凝土柱等。

在型钢与钢筋混凝土组合的构件中，焊钉（栓钉）的作用一是承受剪力，二是将二者连成整体共同工作，防止二者因掀起而分离。

组合受力梁等构件中，焊钉（栓钉）的直径、间距和数量由计算确定，并应满足有关规范和标准的构造要求。非组合受力构件中，焊钉（栓钉）的直径、间距和数量按构造要求设置。

圆柱头焊钉（栓钉）的直径有 8mm、10mm、13mm、16mm、19mm、22mm 和 25mm 七种。建筑钢结构中常用的直径为 16mm、19mm、22mm 三种。

圆柱头焊钉（栓钉）应采用专用焊接机焊接。焊接时还应配用耐热稳弧焊接瓷环等配件。

4. 防护材料

钢结构必须采取防锈和防腐蚀措施。钢结构防锈和防腐蚀采用的涂料、钢材表面的除锈等级以及防腐蚀对钢结构的构造要求等，应符合现行国家标准《工业建筑防腐蚀设计规范》GB 50046—2008 和《涂覆涂料前钢材表面处理　表面清洁度的目视评定　第 1 部分：未涂覆过的钢材表面和全面清除原有涂层后的钢材表面的锈蚀等级和处理等级》GB/T 8923.1—2011 的规定。所以，在钢结构设计总说明中，也应注明所要求的钢材除锈方法、除锈等级和所要用的涂料（或镀层）及涂（镀）层厚度。

钢结构构件除锈方法与等级见表 2.4-41。

各类钢结构构件的除锈方法与等级　　　　　　　　　　表 2.4-41

构 件 种 类	除 锈 方 法	除 锈 等 级
无侵蚀作用的一般构件	手工及动力工具除锈	St2（彻底）级或 St3 级（非常彻底）
弱侵蚀作用的承重构件	喷射（丸、砂）除锈	Sa2（彻底）级或 Sa2 $\frac{1}{2}$ 级（非常彻底）
中等侵蚀作用的承重构件	喷射（丸、砂）除锈	Sa2 $\frac{1}{2}$ 级（非常彻底）

注：1. 对使用期内很难维修的承重构件，其除锈等级宜适当提高（最高不超过 Sa2 $\frac{1}{2}$ 级）；

　　2. 除锈前后应仔细消除油垢、毛刺、药皮、飞溅物及氧化铁皮等；

　　3. 除锈及涂装工程的质量验收应符合《钢结构工程施工质量验收规范》GB 50205 的规定。

钢结构构件的钢材表面经除锈并检查合格后，应在规定的时间内进行防锈和防腐蚀涂装。防锈及防腐蚀涂层一般由底漆、中间漆和面漆组成，选择涂料时应考虑底漆与除锈等级的匹配，以及底漆与面漆的匹配组合。钢结构构件所用防锈底漆、中间漆和面漆的配套组合可参见表 2.4-42。

对一般涂装要求的构件，采用手工及动力工具除锈时，可采用 2 遍底漆和 2 遍面漆的做法。对涂装要求较高的构件，并采用喷射除锈时，宜采用 2 遍底漆、1～2 遍中间漆及 2 遍面漆的做法。漆膜总厚度不宜小于 120mm（弱侵蚀）、150mm（中等侵蚀）及 200mm（较强侵蚀的重要构件）。需要加强防腐的部位，可适当增加涂层厚度 20～60mm。

不同底涂料要求的钢材表面最低除锈等级亦可参见《建筑钢结构防腐蚀技术规程》JGJ/T 251—2011 的规定，详见表 2.4-43。

钢结构用底漆、中间漆与面漆的配套组合　　　　表2.4-42

序号	底漆与中间漆	面　漆	最低除锈等级	适用环境构件
1	红丹系列（油性防锈漆、醇酸或酚醛防锈漆）底漆2遍 铁红系列（油性防锈漆、醇酸底漆、酚醛防锈漆）底漆2遍 云铁醇酸防锈漆底漆2遍	各色醇酸磁漆2～3遍	St2	无侵蚀作用构件
2	氯化橡胶底漆1遍	氯化橡胶面漆2～4遍	Sa2	1. 室内、外弱侵蚀作用的重要构件； 2. 中等侵蚀环境的各类承重结构
3	氯磺化聚乙烯底漆2遍＋氯磺化聚乙烯中间漆1～2遍	氯磺化聚乙烯面漆2～3遍		
4	铁红环氧酯底漆1遍＋环氧防腐漆2～3遍	环氧清（彩）漆1～2遍		
5	铁红环氧底漆1遍＋环氧云铁中间漆1～2遍	氯化橡胶漆2遍		
6	聚氨酯底漆1遍＋聚氨酯磁漆2～3遍	聚氨酯清漆1～3遍		
7	环氧富锌底漆1遍＋环氧云铁中间漆2遍	氯化橡胶面漆2遍		
8	无机富锌底漆1遍＋环氧云铁中间漆1遍	氯化橡胶面漆2遍	Sa2 $\frac{1}{2}$	需特别加强防锈蚀的重要结构
9	无机富锌底漆2遍＋环氧中间漆2～3遍（75～100μm）＋（75～125μm）	脂肪族聚氨酯面漆2遍（50μm）		

注：1. 第4项匹配组合（环氧清漆面漆）不适用于室外曝晒环境；

　　2. 当要求较厚的涂层厚度（总厚度>150μm）时，第2、5及6项组合的中间漆或面漆宜采用厚浆型涂料；

　　3. 第8、9项无机富锌底漆要求除锈等级及施工条件更为严格，一般较少采用。

不同涂料表面最低除锈等级　　　　表2.4-43

项　　目	最低除锈等级
富锌底涂料	Sa2 $\frac{1}{2}$
乙烯磷化底涂料	
环氧或乙烯基酯玻璃鳞片底涂料	Sa2
氯化橡胶、聚氨酯、环氧、聚氯乙烯萤丹、高氯化聚乙烯、氯磺化聚乙烯、醇酸、丙烯酸环氧、丙烯酸聚氨酯等底涂料	Sa2 或 St3
环氧沥青、聚氨酯沥青底涂料	St2
喷铝及其合金	Sa3
喷锌及其合金	Sa2 $\frac{1}{2}$

注：1. 新建工程重要构件的除锈等级不应低于 Sa2 $\frac{1}{2}$；

　　2. 喷射或抛射除锈后的表面粗糙度宜为40～75μm，且不应大于涂层厚度的1/3。

　　有防火要求的钢结构，在结构设计总说明中，还应说明建筑物的耐火等级及构件的耐火极限，防火涂层的性能、涂层厚度及质量要求。

　　防火涂料的性能、涂层厚度及质量要求应符合现行国家标准《钢结构防火涂料》GB 14907和《钢结构防火涂料应用技术规范》CECS24 的规定。

　　对于需作防火涂层的钢材表面，在除锈后只涂底漆。当要求底漆为耐高温漆（400℃）

时，宜选用有机硅富锌底漆或溶剂型无机富锌底漆。底漆的成分、性能不应与防火涂料产生化学反应。当防火涂料同时有防锈功能时，可采用喷射除锈后直接喷涂防火涂料，涂料不应对钢材有腐蚀作用。

选用防火涂料时，宜优先选用薄涂型防火涂料；选用厚涂型防火涂料时，涂层面需做装饰面层保护。装饰要求较高的部位可选用超薄型防火涂料。

各类防火涂料的特性和适用范围见表 2.4-44。

防火涂料的特性及适用范围　　　　　　　　　　　　　　　表 2.4-44

类　　别	特　　　性	厚度（mm）	耐火时限（h）	适　用　范　围
薄涂型防火涂料	附着力强，可以配色，一般不需外保护层	2~7	1.5	工业与民用建筑楼盖与屋盖钢结构，如 LB 型、SG-1 型、SS-1 型
超薄型防火涂料	附着力强，干燥快，可配色，有装饰效果，不需外保护层	3~5	2.0~2.5	工业与民用建筑梁、柱等钢结构，如 SB-2 型、BTCB-1 型、ST1-A 型
厚涂型防火涂料	喷涂施工，密度小，物理强度及附着力低，需装饰面层隔护	8~50	1.5~3.0	有装饰面层的民用建筑钢结构柱、梁，如 LG 型、ST-1 型、SG-2 型
露天用防火涂料	喷涂施工，有良好的耐候性	薄涂 3~10 厚涂 25~40	0.5~2.0 3.0	露天环境中的框架、构架等钢结构，如 ST1-B 型、SWH 型、SWB 型（薄涂）

2.5　钢筋的锚固和连接

2.5.1　钢筋的锚固

混凝土结构中钢筋能够受力是由于它与混凝土之间的粘结锚固作用，因此钢筋锚固是混凝土结构受力的基础。如果钢筋的锚固失效，则结构可能丧失承载力并由此引发结构垮塌等灾难性后果。所以保证钢筋的锚固是混凝土结构设计的重要内容之一。

钢筋与混凝土之间的粘结锚固作用由胶结力、摩擦力、咬合力及机械锚固等构成。胶结力是界面的化学吸附作用，在发生滑移后即消失，且不能再恢复；摩擦力与界面粗糙度有关，且随滑移发展，随颗粒磨细而逐渐衰减；咬合力表现为钢筋对混凝土咬合齿的挤压力，是锚固作用的主要部分；而钢筋弯钩、焊锚筋、焊锚板或锚夹具等则借助于机械作用维持锚固力。

试验研究表明，影响钢筋与混凝土之间的粘结锚固作用的因素很多，其中主要的有以下几种：

1. 混凝土强度的影响

混凝土强度越高，则伸入锚固钢筋横肋间的混凝土咬合齿越强；握裹层混凝土的劈裂就越不容易发生，故粘结锚固作用越强。

2. 混凝土保护层的厚度

混凝土保护层越厚，则混凝土对锚固钢筋的约束越大，咬合力对握裹层混凝土的劈裂越难发生，故粘结锚固作用越强。当混凝土保护层厚度大到一定程度后，锚固强度增加的趋势减缓。此时混凝土不会劈裂而会发生咬合齿挤压破碎引起的刮犁拔出破坏。

3. 钢筋外形的影响

钢筋外形决定了混凝土咬合齿的形状，因而对锚固强度影响很大。钢筋主要的外形参数为相对肋高和肋面积比，以及横肋的对称性和连续性。光面钢筋及刻痕钢丝的锚固性能最差；旋扭状的钢绞线次之；间断型月牙肋变形钢筋较好；连续的螺旋肋变形钢筋锚固性能最好。

4. 钢筋锚固区域配箍

在钢筋锚固长度范围内配箍对锚固强度影响很大。不配箍筋的锚筋在握裹层混凝土劈裂后随即丧失锚固力；而配置较多箍筋时，即便混凝土发生劈裂，粘结锚固强度也还会有一定程度的增长。

自 20 世纪 80 年代以来，我国有关部门对国产钢筋进行了系统的锚固试验研究，并在此基础上用可靠度校准的方法确定了我国混凝土结构中钢筋的锚固长度。这些成果已反映在我国现行的《混凝土结构设计规范》GB 50010—2010（2015 年版）（以下简称《混凝土规范》）中。

根据《混凝土规范》的规定，混凝土结构中纵向受拉钢筋的基本锚固长度 l_{ab} 按下式计算：

$$l_{ab} = \alpha \frac{f_y}{f_t} d \tag{2.5-1}$$

式中　α——锚固钢筋的外形系数，按表 2.5-1 取用；

　　　f_y——普通纵向受拉钢筋抗拉强度设计值；

　　　f_t——混凝土轴心抗拉强度设计值；当混凝土强度等级高于 C60 时，f_t 仍按 C60 取值；

　　　d——锚固钢筋的直径。

锚固钢筋的外形系数 α　　　　　　　　　　　　　　　　　　表 2.5-1

钢筋类型	光圆钢筋	带肋钢筋	螺旋肋钢丝	三股钢绞线	七股钢绞线
α	0.16	0.14	0.13	0.16	0.17

注：光圆钢筋末端应做 180°弯钩，弯后平直段长度不应小于 $3d$，但作受压钢筋时可不做弯钩。

受拉钢筋的锚固长度应根据锚固条件按下列公式计算，且不应小于 200mm：

$$l_a = \zeta_a l_{ab} \tag{2.5-2}$$

式中　l_a——受拉钢筋的锚固长度；

　　　ζ_a——锚固长度修正系数，对普通钢筋按《混凝土规范》第 8.3.2 条的规定取用，当多于一项时，可按连乘计算，但不应小于 0.6；对预应力筋，可取 1.0。

当纵向受拉普通钢筋末端采用弯钩或机械锚固措施时，包括弯钩或锚固端头在内的锚固长度（投影长度）可取为基本锚固长度 l_{ab} 的 60%。弯钩和机械锚固的形式（图 2.5-1）和技术要求应符合表 2.5-2 的规定。

钢筋弯钩和机械锚固的形式和技术要求　　　　　　　　　表 2.5-2

锚固形式	技术要求
90°弯钩	末端 90°弯钩，弯钩内径 $4d$，弯后直段长度 $12d$
135°弯钩	末端 135°弯钩，弯钩内径 $4d$，弯后直段长度 $5d$
一侧贴焊锚筋	末端一侧贴焊长 $5d$ 同直径钢筋
两侧贴焊锚筋	末端两侧贴焊长 $3d$ 同直径钢筋
焊端锚板	末端与厚度 d 的锚板穿孔塞焊
螺栓锚头	末端旋入螺栓锚头

注：1. 焊缝和螺纹长度应满足承载力要求；

2. 螺栓锚头和焊接锚板的承压净面积不应小于锚固钢筋截面积的 4 倍；

3. 螺栓锚头的规格应符合相关标准的要求；

4. 螺栓锚头和焊接锚板的钢筋净间距不宜小于 $4d$，否则应考虑群锚效应的不利影响；

5. 截面角部的弯钩和一侧贴焊锚筋的布筋方向宜向截面内侧偏置。

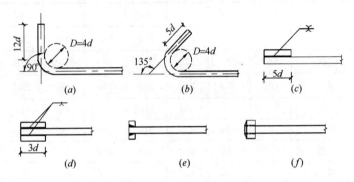

图 2.5-1　弯钩和机械锚固的形式和技术要求

(a) 90°弯钩；(b) 135°弯钩；(c) 一侧贴焊锚筋；(d) 两侧贴焊锚筋；

(e) 穿孔塞焊锚板；(f) 螺栓锚头

　　抗震设计的结构中，纵向受力钢筋在混凝中的锚固机理与非抗震的混凝土结构相同。不同之处在于地震作用使钢筋受拉受压交替变化，会使混凝土与钢筋间的粘结锚固作用逐渐退化。因此抗震设计的结构中受拉钢筋的锚固长度应适当增加。

　　抗震设计的纵向受拉钢筋的基本锚固长度 l_{abE} 应按下式计算：

$$l_{abE} = \xi_{aE} l_{ab} \tag{2.5-3}$$

式中　ξ_{aE}——抗震设计的纵向受拉钢筋锚固长度修正系数，按表 2.5-3 取用。

抗震设计的纵向受拉钢筋锚固长度修正系数　　　　　　表 2.5-3

抗震等级	一、二级	三级	四级	备注
修正系数 ξ_{aE}	1.15	1.05	1.0	

　　纵向受拉钢筋的抗震锚固长度 l_{aE} 应按下式计算：

$$l_{aE} = \xi_{aE} l_a \tag{2.5-4}$$

式中　ξ_{aE}——抗震设计的纵向受拉钢筋锚固长度修正系数，按表 2.5-3 确定；

　　　　l_a——纵向受拉钢筋的锚固长度，按公式（2.5-2）计算。

受拉钢筋的基本锚固长度 l_{ab} 如表 2.5-4 所示。抗震设计的受拉钢筋的基本锚固长度 l_{abE} 如表 2.5-5 所示。

受拉钢筋基本锚固长度 l_{ab} 表 2.5-4

钢筋种类	混凝土强度等级								
	C20	C25	C30	C35	C40	C45	C50	C55	≥C60
HPB300	39d	34d	30d	28d	25d	24d	23d	22d	21d
HRB335、HRBF335	38d	33d	29d	27d	25d	23d	22d	21d	21d
HRB400、HRBF400	—	40d	35d	32d	29d	28d	27d	26d	25d
HRB500、HRBF500	—	48d	43d	39d	36d	34d	32d	31d	30d

抗震设计的受拉钢筋基本锚固长度 l_{abE} 表 2.5-5

钢筋种类		混凝土强度等级								
		C20	C25	C30	C35	C40	C45	C50	C55	≥C60
HPB300	一、二级	45d	39d	35d	32d	29d	28d	26d	25d	24d
	三级	41d	36d	32d	29d	26d	25d	24d	23d	22d
HRB335 HRBF335	一、二级	44d	38d	33d	31d	29d	26d	25d	24d	24d
	三级	40d	35d	31d	28d	26d	24d	23d	22d	22d
HRB400 HRBF400	一、二级	—	46d	40d	37d	33d	32d	31d	30d	29d
	三级	—	42d	37d	34d	30d	29d	28d	27d	26d
HRB500 HRBF500	一、二级	—	55d	49d	45d	41d	39d	37d	36d	35d
	三级	—	50d	45d	41d	38d	36d	34d	33d	32d

注：1. 四级抗震时，$l_{baE}=l_{ab}$；

2. 当锚固钢筋的保护层厚度不大于 $5d$ 时，锚固钢筋长度范围内应设置横向构造钢筋，其直径不应小于 $d/4$（d 为锚固钢筋的最大直径）；对梁、柱斜撑等构件间距不应大于 $5d$，对板、墙等构件间距不应大于 $10d$，且均不应大于 100（d 为锚固钢筋的最小直径）。

受拉钢筋的锚固长度 l_a 如表 2.5-6 所示。抗震设计的受拉钢筋的锚固长度 l_{aE} 如表 2.5-7 所示。

受拉钢筋锚固长度 l_a 表 2.5-6

钢筋种类	混凝土强度等级																
	C20	C25		C30		C35		C40		C45		C50		C55		≥C60	
	d≤25	d≤25	d>25	d≤25	d>25	d≤25	d>25	d≤25	d>25	d≤25	d>25	d≤25	d>25	d≤25	d>25	d≤25	d>25
HRB300	39d	34d	—	30d	—	28d	—	25d	—	24d	—	23d	—	22d	—	21d	—
HRB335、HRBF335	38d	33d	—	29d	—	27d	—	25d	—	23d	—	22d	—	21d	—	21d	—
HRB400、HRBF400	—	40d	44d	35d	39d	32d	35d	29d	32d	28d	31d	27d	30d	26d	29d	25d	28d
HRB500、HRBF500	—	48d	53d	43d	47d	39d	43d	36d	40d	34d	37d	32d	35d	31d	34d	30d	33d

抗震设计的受拉钢筋锚固长度 l_{aE}　　　　　　　　　　表 2.5-7

钢筋种类及抗震等级		C20	C25		C30		C35		C40		C45		C50		C55		≥C60	
（混凝土强度等级）		d≤25	d≤25	d>25	d≤25	d>25	d≤25	d>25	d≤25	d>25	d≤25	d>25	d≤25	d>25	d≤25	d>25	d≤25	d>25
HPB300	一、二级	45d	39d	—	35d	—	32d	—	29d	—	28d	—	26d	—	25d	—	24d	—
	三级	41d	36d	—	32d	—	29d	—	26d	—	25d	—	24d	—	23d	—	22d	—
HRB335 HRBF335	一、二级	44d	38d	—	33d	—	31d	—	29d	—	26d	—	25d	—	24d	—	24d	—
	三级	40d	35d	—	30d	—	28d	—	26d	—	24d	—	23d	—	22d	—	22d	—
HRB400 HRBF400	一、二级	—	46d	51d	40d	45d	37d	40d	33d	37d	32d	36d	31d	35d	30d	33d	29d	32d
	三级	—	42d	46d	37d	41d	34d	37d	30d	34d	29d	33d	28d	32d	27d	30d	26d	29d
HRB500 HRBF500	一、二级	—	55d	61d	49d	54d	45d	49d	41d	46d	39d	43d	37d	40d	36d	39d	35d	38d
	三级	—	50d	56d	45d	49d	41d	45d	38d	42d	36d	39d	34d	37d	33d	36d	32d	35d

注：1. 当为环氧树脂涂层带肋钢筋时，表中数据尚应乘以 1.25；

　　2. 当纵向受拉钢筋在施工过程中易受扰动时，表中数据尚应乘以 1.1；

　　3. 当锚固长度范围内纵向受力钢筋周边保护层厚度为 3d、5d（d 为锚固钢筋的直径）时，表中数据可分别乘以 0.8、0.7；中间时接内插值；

　　4. 当纵向受拉普通钢筋锚固长度修正系数（注 1～注 3）多于一项时，可按连乘计算；

　　5. 受拉钢筋的锚固长度 l_a、l_{aE} 计算值不应小于 200；

　　6. 四级抗震时，$l_{aE} = l_a$；

　　7. 当锚固钢筋的保护层厚度不大于 5d 时，锚固钢筋长度范围内应设置横向构造钢筋，其直径不应小于 d/4（d 为锚固钢筋的最大直径）；对梁、柱、斜撑等构件间距不应大于 5d，对板、墙等构件间距不应大于 10d，且均不应大于 100（d 为锚固钢筋的最小直径）。

2.5.2　钢筋的连接

1. 受力钢筋除少量以盘圆条形式供货外，大多数以一定长度（如 9～12m）的直条方式供货。在按设计长度定尺切断钢筋后，就有将加工余料连接起来再利用的问题。当结构尺度很大超过钢筋供货长度时，也必然存在将钢筋接长使用的问题。为了保证结构受力的整体效果，这些钢筋必须连接起来实现内力的过渡。钢筋连接的基本问题是确保连接区域的承载力、刚度、延性、恢复性能和疲劳性能。

（1）钢筋连接的承载力，要求被连接钢筋能完成力的可靠传递，即一端钢筋的承载力能 100% 地通过连接区段传递到另一端钢筋上。等强传力是所有钢筋连接的最起码要求。

（2）钢筋连接的刚度，是指将钢筋的连接区域视为特殊的钢筋段，其抵抗变形的能力应接近被连接的钢筋。否则，接头区域较大的伸长，会导致构件出现明显的裂缝。钢筋连接的刚度降低还会造成与同一区段内未被连接的钢筋之间力的分配差异。受力钢筋之间受力不均，将会导致构件截面承载力削弱。

（3）钢筋连接的延性，要求被连接钢筋具有10%以上的均匀伸长率，且在发生颈缩变形后才可能被拉断。如连接方法（焊接、挤压、冷镦等）引起钢材性能的变化，则可能在连接区段发生无预兆的脆性破坏，影响钢筋连接的质量。

（4）钢筋连接的恢复性能，是指偶然发生超载导致结构构件产生较大的裂缝及较大的变形时，只要钢筋未屈服，超载消失后，钢筋的弹性回缩可以基本上闭合裂缝并使过大的变形回复。

（5）钢筋连接的疲劳，是指在高周交变荷载作用下，钢筋的连接区段具有必要的抵抗疲劳的能力。

2. 钢筋连接的设计应遵守以下原则：

（1）钢筋连接的接头应尽量设置在构件受力较小处；如受弯构件，宜设置在弯矩较小处。

轴心受拉及小偏心受拉杆件（如桁架下弦、拱的拉杆等）不得采用绑扎搭接接头。

（2）在同一根受力钢筋上宜少设连接接头，避免过多的接头使钢筋传力性能削弱过多。

（3）接头位置应错开，即在同一连接区段内，接头钢筋面积百分率应加以限制。

（4）在钢筋连接区域内应采取必要的构造措施，如适当增加混凝土保护层厚度，增大钢筋间距，保证必要的配箍率，含箍筋加密以确保对被连接钢筋的约束。

3. 钢筋连接主要有以下几种类型：

（1）钢筋的搭接连接

钢筋一般采用绑扎搭接，因其比较可靠且施工简单而得到较广泛的应用。但直径较粗的钢筋绑扎搭接施工不便，且容易发生过宽的裂缝，因此《混凝土规范》规定，直径大于25mm的受拉钢筋和直径大于28mm的受压钢筋不宜采用绑扎搭接连接。实际工程中直径不小于20mm的受力钢筋已多采用机械连接。轴心受拉和小偏心受拉的构件，因钢筋受力相对较大，为防止连接失效，规范不允许采用绑扎搭接连接。

钢筋搭接传力的本质是锚固，但比锚固相对较弱，故钢筋搭接长度 l_l 要比锚固长度 l_a 要长。由于搭接的钢筋在受力后的分离趋势及搭接区域混凝土的纵向劈裂，要求对搭接区域的混凝土应有强力的约束。故《混凝土规范》规定，在钢筋的搭接长度范围内应配置横向构造钢筋，其直径不应小于搭接钢筋直径 d 的 $\frac{1}{4}$；其间距，对梁、柱、斜撑等构件不应大于 $5d$，对板、墙等平面构件不应大于 $10d$，且均不应大于 $100mm$，此处 d 为钢筋直径。当受压钢筋直径大于25m时，为了避免受压端面压碎混凝土，尚应在钢筋搭接接头两个端面外 $100mm$ 范围内各设置两个钢箍，对承压混凝土加强约束。

钢筋搭接传力的机理如图 2.5-2 所示。

钢筋搭接时，如在同一区域中搭接钢筋占有较大的比例，则尽管其传力性能有保证，但搭接钢筋之间的相对滑移将大大超过整根钢筋的弹性变形，不仅裂缝相对集中，内力和应变也相对集中，形成很大的端头横向裂缝及沿搭接钢筋之间的纵向劈裂裂缝。这些裂缝在破坏前会发展成整个接头区域的龟裂鼓出。

钢筋搭接区域的裂缝状态如图 2.5-3 所示。

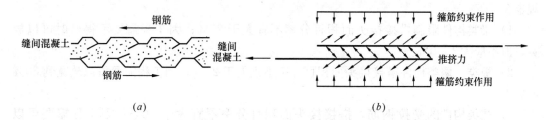

图 2.5-2 钢筋搭接传力的机理

（a）搭接传力的微观机理；（b）搭接钢筋的劈裂及分离趋势

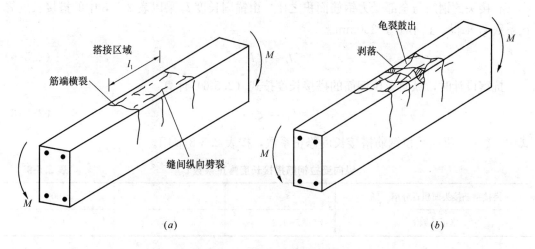

图 2.5-3 搭接区域的裂缝状态

（a）接头横裂和纵向劈裂；（b）搭接破坏和龟裂鼓出

为了避免应力集中，不应采用顺次搭接，应采用错开的搭接方式。《混凝土规范》规定，绑扎搭接接头的连接区段是以搭接长度中点为中心的 1.3 倍搭接长度的范围，即相邻两个搭接接头中心的间距不应小于 $1.3l_l$ 或钢筋端头相距不小于 $0.3l_l$。

钢筋搭接连接接头的布置如图 2.5-4 所示。

对同一搭接连接区段内钢筋接头面积百分率，《混凝土规范》为方便施工作出了如下

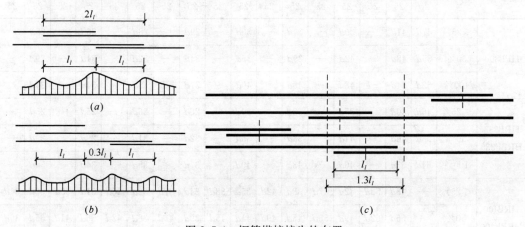

图 2.5-4 钢筋搭接接头的布置

（a）顺次搭接；（b）错开搭接；（c）同一搭接连接区段内的接头面积百分率为 50%

规定：

1）梁类构件限制搭接接头面积百分率不宜大于 25%；因工程需要不得已时可以放宽，但不应大于 50%。

2）板类、墙类构件搭接接头面积百分率不宜大于 25%；因工程需要可以放宽到 50% 或更大。

3）柱类构件的受拉钢筋，搭接接头面积百分率不宜大于 50%；因工程需要可以放宽。

受拉钢筋绑扎搭接接头的搭接长度 l_l，应根据位于同一连接区段内搭接接头面积百分率（有接头的钢筋与全部受力钢筋面积之比）由锚固长度 l_a 乘以表 2.5-8 中的搭接长度修正系数 ζ_l 求得，且不小于 300mm。

$$l_l = \zeta_l l_a \tag{2.5-5}$$

抗震设计时，纵向受拉钢筋的搭接长度按式（2.5-6）计算：

$$l_{lE} = \zeta_l l_{aE} \tag{2.5-6}$$

式中　ζ_l——纵向受拉钢筋搭接长度修正系数，按表 2.5-8 取用。

纵向受拉钢筋搭接长度修正系数 ζ_l　　　　　表 2.5-8

搭接钢筋接头面积百分率（%）	≤25	50	100
修正系数 ζ_l	1.2	1.4	1.6

不同混凝土强度等级、不同搭接接头面积百分率与不同钢筋种类和直径的纵向受拉钢筋的搭接长度 l_l 如表 2.5-9 所示。

纵向受拉钢筋的搭接长度 l_l（mm）　　　　　表 2.5-9

钢筋种类及同一区段内搭接钢筋面积百分率		混凝土强度等级																	
		C20		C25		C30		C35		C40		C45		C50		C55		C60	
		d≤25	d>25	d≤25	d>25	d≤25	d>25	d≤25	d>25	d≤25	d>25	d≤25	d>25	d≤25	d>25	d≤25	d>25	d≤25	d>25
HPB300	≤25%	47d	—	41d	—	36d	—	34d	—	30d	—	29d	—	28d	—	26d	—	25d	—
HPB300	50%	55d	—	48d	—	42d	—	39d	—	35d	—	34d	—	32d	—	31d	—	29d	—
HPB300	100%	62d	—	54d	—	48d	—	45d	—	40d	—	37d	—	35d	—	34d	—	34d	—
HRB335 HRBF335	≤25%	46d	—	40d	—	35d	—	32d	—	30d	—	28d	—	26d	—	25d	—	25d	—
HRB335 HRBF335	50%	53d	—	46d	—	41d	—	38d	—	35d	—	32d	—	31d	—	29d	—	29d	—
HRB335 HRBF335	100%	61d	—	53d	—	46d	—	43d	—	40d	—	37d	—	35d	—	34d	—	34d	—
HRB400 HRBF400	≤25%	—	—	48d	53d	42d	47d	38d	42d	35d	38d	34d	37d	32d	36d	31d	35d	30d	34d
HRB400 HRBF400	50%	—	—	56d	62d	49d	55d	45d	49d	41d	45d	39d	43d	38d	42d	36d	41d	35d	39d
HRB400 HRBF400	100%	—	—	64d	70d	56d	62d	51d	56d	46d	51d	43d	50d	43d	48d	42d	46d	40d	45d

续表

钢筋种类及同一区段内搭接钢筋面积百分率		C20 d≤25	C20 d>25	C25 d≤25	C25 d>25	C30 d≤25	C30 d>25	C35 d≤25	C35 d>25	C40 d≤25	C40 d>25	C45 d≤25	C45 d>25	C50 d≤25	C50 d>25	C55 d≤25	C55 d>25	C60 d≤25	C60 d>25
HRB500 HRBF500	≤25%	—		58d	64d	52d	56d	47d	52d	43d	48d	41d	44d	38d	42d	37d	41d	36d	40d
	50%	—		67d	74d	60d	66d	55d	60d	50d	56d	48d	52d	45d	49d	43d	48d	42d	46d
	100%	—		77d	85d	69d	75d	62d	69d	58d	64d	54d	59d	51d	56d	50d	54d	48d	53d

注：1. 表中数值为纵向受拉钢筋绑扎搭接接头的搭接长度；

2. 两根不同直径钢筋搭接时，表中 d 取较细钢筋直径；

3. 当为环氧树脂涂层带肋钢筋时，表中数据尚应乘以 1.25；

4. 当纵向受拉钢筋在施工过程中易受扰动时，表中数据尚应乘以 1.1；

5. 当搭接长度范围内纵向受力钢筋周边保护层厚度为 3d、5d（d 为搭接钢筋的直径）时，表中数据尚可分别乘以 0.8、0.7；中间时按内插值；

6. 当上述修正系数（注 3~注 5）多于一项时，可按连乘计算；

7. 任何情况下，搭接长度不应小于 300。

不同混凝土强度等级、不同抗震等级、不同搭接接头面积百分率和不同钢筋种类及直径的纵向受拉钢筋抗震搭接长度 l_{lE} 如表 2.5-10 所示。

抗震设计的纵向受拉钢筋的搭接长度 l_{lE}（mm）　　　　表 2.5-10

抗震等级	钢筋种类	百分率	C20 d≤25	C20 d>25	C25 d≤25	C25 d>25	C30 d≤25	C30 d>25	C35 d≤25	C35 d>25	C40 d≤25	C40 d>25	C45 d≤25	C45 d>25	C50 d≤25	C50 d>25	C55 d≤25	C55 d>25	C60 d≤25	C60 d>25
一、二级抗震等级	HPB300	≤25%	54d		47d	—	42d	—	38d	—	35d	—	34d	—	31d	—	30d	—	29d	—
		50%	63d		55d	—	49d	—	45d	—	41d	—	39d	—	36d	—	35d	—	34d	—
	HRB335 HRBF335	≤25%	53d		46d	—	40d	—	37d	—	35d	—	31d	—	30d	—	29d	—	29d	—
		50%	62d		53d	—	46d	—	43d	—	41d	—	36d	—	35d	—	34d	—	34d	—
	HRB400 HRBF400	≤25%	—		55d	61d	48d	54d	44d	48d	40d	44d	38d	43d	37d	42d	36d	40d	35d	38d
		50%	—		64d	71d	56d	63d	52d	56d	46d	52d	45d	50d	43d	49d	42d	46d	41d	45d
	HRB500 HRBF500	≤25%	—		66d	73d	59d	65d	54d	59d	49d	55d	47d	52d	44d	48d	43d	47d	42d	46d
		50%	—		77d	85d	69d	76d	63d	69d	57d	64d	55d	60d	52d	56d	50d	55d	49d	53d
三级抗震等级	HPB300	≤25%	49d		43d	—	38d	—	35d	—	31d	—	30d	—	29d	—	28d	—	26d	—
		50%	57d		50d	—	45d	—	41d	—	36d	—	35d	—	34d	—	32d	—	31d	—
	HRB335 HRBF335	≤25%	48d		42d	—	36d	—	34d	—	31d	—	29d	—	28d	—	26d	—	26d	—
		50%	56d		49d	—	42d	—	39d	—	36d	—	34d	—	32d	—	31d	—	31d	—

续表

钢筋种类及同一区段内搭接钢筋面积百分率			混凝土强度等级															
			C20	C25		C30		C35		C40		C45		C50		C55		C60
			$d{\leqslant}25$	$d{\leqslant}25$	$d{>}25$	$d{\leqslant}25$	$d{>}25$	$d{\leqslant}25$	$d{>}25$	$d{\leqslant}25$	$d{>}25$	$d{\leqslant}25$	$d{>}25$	$d{\leqslant}25$	$d{>}25$	$d{\leqslant}25$	$d{>}25$	$d{\leqslant}25$
三级抗震等级	HRB400 HRBF400	≤25%	—	$50d$	$55d$	$44d$	$49d$	$41d$	$44d$	$36d$	$41d$	$35d$	$40d$	$34d$	$38d$	$32d$	$36d$	$31d$ $35d$
		50%	—	$59d$	$64d$	$52d$	$57d$	$48d$	$52d$	$42d$	$48d$	$41d$	$46d$	$39d$	$45d$	$38d$	$42d$	$36d$ $41d$
	HRB500 HRBF500	≤25%	—	$60d$	$67d$	$54d$	$59d$	$49d$	$54d$	$46d$	$51d$	$43d$	$47d$	$41d$	$44d$	$40d$	$43d$	$38d$ $42d$
		50%	—	$70d$	$78d$	$63d$	$69d$	$57d$	$63d$	$53d$	$59d$	$50d$	$55d$	$48d$	$52d$	$46d$	$50d$	$45d$ $49d$

注：1. 表中数值为纵向受拉钢筋绑扎搭接接头的搭接长度；

2. 两根不同直径钢筋搭接时，表中 d 取较细钢筋直径；

3. 当为环氧树脂涂层带肋钢筋时，表中数据尚应乘以 1.25；

4. 当纵向受拉钢筋在施工过程中易受扰动时，表中数据尚应乘以 1.1；

5. 当搭接长度范围内纵向受力钢筋周边保护层厚度为 $3d$、$5d$（d 为搭接钢筋的直径）时，表中数据尚可分别乘以 0.8、0.7；中间时按内插值；

6. 当上述修正系数（注 3～注 5）多于一项时，可按连乘计算；

7. 任何情况下，搭接长度不应小于 300；

8. 四级抗震等级时，$l_{lE}=l_l$。详见表 2.5-9。

（2）钢筋的机械连接

钢筋的机械连接是通过钢筋与连接件的机械咬合作用或钢筋端面的承压作用，将一根钢筋中的力传递至另一根钢筋的连接方法。

钢筋的机械连接具有下述特点，在工程中得到较广泛的应用：

1）所需设备功率小，一般不大于 3kW，在一个工地上可以多台设备同时作业；

2）设备采用三相电源，作业时对电网干扰少；

3）不同强度等级、不同直径的钢筋连接方便、快捷；

4）不受天气影响，可以全天候作业；

5）作业时无明火，无火灾隐患，工人的劳动条件得到改善；

6）部分作业可以在加工区完成，不占用现场施工时间，有利于缩短工期；

7）人为影响质量的因素少，作业效率高，接头质量好，品质稳定；

8）施工操作较简单，工人经过短期培训便可上岗操作。

钢筋的机械连接接头有如下几种类型：

1）挤压套筒钢筋接头，通过挤压力使连接件钢套筒塑性变形与带肋钢筋紧密咬合形成的接头。见图 2.5-5。

2）锥螺纹套筒钢筋接头，通过钢筋端头特制的锥形螺纹与连接件锥螺纹咬合形成的接头。见图 2.5-6。

3）镦粗直螺纹套筒钢筋接头，通过钢筋端头镦粗后制作的直螺纹和连接件螺纹咬合形成的接头。见图 2.5-7。

4）滚轧直螺纹套筒钢筋接头，通过钢筋端头直接滚轧或剥肋后滚轧制作的直螺纹和连接件螺纹咬合形成的接头。见图 2.5-8。

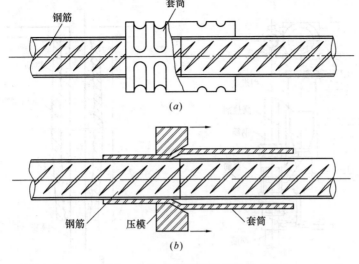

图 2.5-5　挤压套筒钢筋接头

(a) 径向挤压接头；(b) 轴向挤压接头

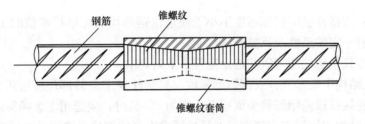

图 2.5-6　锥螺纹套筒钢筋接头

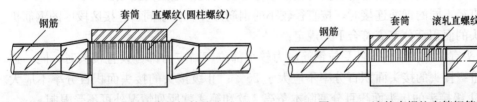

图 2.5-7　镦粗直螺纹套筒钢筋接头　　　图 2.5-8　滚轧直螺纹套筒钢筋接头

5）熔融金属充填套筒钢筋接头，由高热剂反应产生熔融金属充填在钢筋与连接件套筒间形成的接头。见图 2.5-9。

6）水泥灌浆充填套筒钢筋接头，用特制水泥浆充填在钢筋与连接件套筒间硬化后形成的接头。见图 2.5-10。

工程中常用的钢筋机械连接接头是直螺纹接头、锥螺纹接头和挤压套筒接头。

接头应根据极限抗拉强度、残余变形、最大力下总伸长率以及高应力和大变形条件下反复拉压性能，分为Ⅰ级、Ⅱ级、Ⅲ级三个性能等级。

Ⅰ级接头：连接件极限抗拉强度大于或等于被连接钢筋抗拉强度标准值的 1.1 倍，残余变形小并具有高延性及反复拉压性能。

Ⅱ级接头：连接件极限抗拉强度不小于被连接钢筋极限抗拉强度标准值，残余变形较小并具有高延性及反复拉压性能。

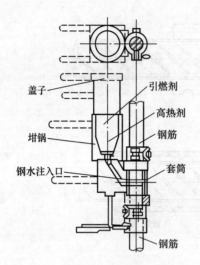

图 2.5-9 熔融金属充填套筒钢筋接头

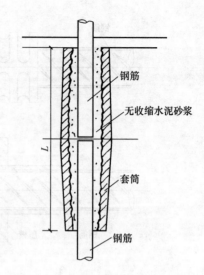

图 2.5-10 水泥灌浆充填套筒钢筋接头
L—套筒长度

Ⅲ级接头：连接件极限抗拉强度不小于被连接钢筋屈服强度标准值的 1.25 倍，残余变形较小并具有一定的延性及反复拉压性能。

钢筋机械连接接头性能等级的选定应符合下列要求：

1) 混凝土结构中要求充分发挥钢筋强度或对延性要求高的部位应选用Ⅱ级或Ⅰ级接头。当在同一连接区段内钢筋接头面积百分率为 100% 时，应选用Ⅰ级接头。

2) 混凝土结构中钢筋应力较高但对延性要求不高的部位可选用Ⅲ级接头。

结构构件中纵向受力钢筋的接头宜相互错开，钢筋机械连接的连接区段长度应按 35d 计算，当直径不同的钢筋连接时，按直径较小的钢筋计算。位于同一连接区段内的钢筋机械连接接头的面积百分率应符合下列规定：

1) 接头宜设置在结构构件受拉钢筋应力较小部位，高应力部位设置接头时，同一连接区段内Ⅲ级接头的接头面积百分率不应大于 25%；Ⅱ级接头的接头面积百分率不应大于 50%；Ⅰ级接头的接头面积百分率除本条第 2 款和第 4 款所列情况外可不受限制。

2) 接头宜避开有抗震设防要求的框架梁端、柱端箍筋加密区；当无法避开时，应采用Ⅱ级接头或Ⅰ级接头，且接头面积百分率不应大于 50%。

3) 受拉钢筋应力较小部位或纵向受压钢筋，接头面积百分率可不受限制。

4) 对直接承受重复荷载的结构构件，接头面积百分率不应大于 50%。

对于重要的房屋结构，如无特殊要求，只要控制接头的面积百分率不超过 50%，一般情况下，选用Ⅱ级接头就可以了；同样，只要接头面积百分率不大于 50%，Ⅱ级接头可以在抗震结构中的任何部位使用。接头性能等级的选用并非愈高愈好，Ⅰ级接头的强度指标很高，在现场大批量抽检时容易出现不合格接头，如无特殊需要，盲目提高接头性能等级容易给施工和检验带来不必要的麻烦，既不合理也不经济。

Ⅰ级接头通常用于特别重要的建筑，也适合用于需要在同一截面实施 100% 钢筋连接的某些特殊场合，如地下连续墙与水平钢筋的连接、滑模或提模施工中垂直构件与水平钢筋的连接、装配式结构接头处钢筋的连接、钢筋的对接、分段施工或新旧结构连接处钢筋的连接等。

钢筋采用机械连接时，连接件的混凝土保护层厚度宜符合《混凝土规范》中的规定，且不应小于 0.75 倍钢筋最小保护层厚度和 15mm 的较大值。必要时可对连接件采取防锈措施。

当采用机械连接时，在结构设计总说明中应写明接头的性能等级。

（3）钢筋的焊接连接

钢筋的焊接连接是利用电阻、电弧或燃烧的气体加热钢筋使之熔化，并通过加压或在钢筋间填充熔融金属焊接材料，使钢筋连成一体的连接形式。

除了被焊接的钢筋其力学性能和化学成分应符合现行国家有关标准的规定外，电弧焊所采用的焊条也应符合现行国家标准《非合金钢及细晶粒钢焊条》GB/T 5117 或《热强钢焊条》GB/T 5118 的规定，其型号应根据与主体金属力学性能相适应的原则由设计确定；设计无规定时，可按表 2.5-11 选用。

钢筋电弧焊所采用焊条、焊丝推荐表　　　　　　　表 2.5-11

钢筋牌号	电弧焊接头形式			
	帮条焊　搭接焊	坡口焊　熔槽帮条焊 预埋件穿孔塞焊	窄间隙焊	钢筋与钢板搭接焊 预埋件 T 形角焊
HPB300	E4303 ER50-X	E4303 ER50-X	E4316 E4315 ER50-X	E4303 ER50-X
HRB335 HRBF335	E5003 E4303 E5016 E5015 ER50-X	E5003 E5016 E5015 ER50-X	E5016 E5015 ER50-X	E5003 E4303 E5016 E5015 ER50-X
HRB400 HRBF400	E5003 E5516 E5515 ER50-X	E5503 E5516 E5515 ER55-X	E5516 E5515 ER55-X	E5003 E5516 E5515 ER50-X
HRB500 HRBF500	E5503 E6003 E6016 E6015 ER55-X	E6003 E6016 E6015	E6016 E6015	E5503 E6003 E6016 E6015 ER55-X

在电渣压力焊、预埋件钢筋埋弧压力焊和预埋件钢筋埋弧螺柱焊中，可采用熔炼型 HJ431 型焊剂。

钢筋的焊接连接有以下几种类型：

1）闪光接触对焊，是将两根钢筋安放成对接形式，利用电阻热使接触点金属熔化，产生强烈飞溅，形成闪光，迅速施加顶锻力完成的一种压焊方法。闪光接触对焊是在钢筋加工厂接长钢筋主要采用的方法。

2）电渣压力焊，是将两根钢筋安放成竖向对接形式，利用焊接电流通过两根钢筋端面间隙，在焊剂层下形成电弧过程和电渣过程，产生电弧热和电阻热，熔化钢筋，加压完成的一种压焊方法。电渣压力焊适用于柱、墙、构筑物等现浇混凝土结构中竖向或斜向（倾斜度在4：1范围内）受力钢筋的连接。钢筋在竖向焊接后，不得横置于梁、板等构件中作为水平钢筋使用。

3）气压焊，是采用氧乙炔火焰或其他火焰对两根钢筋对接处加热，使其达到塑性状态（固态）或熔化状态（熔态）后，加压完成的一种压焊方法。气压焊可用于钢筋在垂直位置、水平位置或倾斜位置的对接焊接。当两根钢筋直径不同时，其直径之差不得大于7mm。

4）电弧焊，是以焊条为一级，钢筋为另一级，利用焊接电流通过产生电弧热进行焊接的一种熔焊方法。钢筋的电弧焊包接帮条焊、搭接焊、坡口焊、窄间隙焊和熔槽帮条焊五种主要接头形式，以及钢筋与钢板搭接焊和预埋件电弧焊（角焊或穿孔塞焊）等形式。

5）电阻点焊，是将两根钢筋安放成交叉叠接形式，压紧于两电极间，利用电阻热熔化母材金属，加压形成焊点的一种压焊方法。混凝土结构中的钢筋焊接骨架和钢筋焊接网片，宜采用电阻点焊制作。

6）窄间隙电弧焊，是将两根钢筋安放成水平对接形式，并置于铜模中，中间留有少量间隙，用焊条从接头根部引弧，连续向上焊接完成的一种电弧焊方法。

7）预埋件钢筋埋弧压力焊，是将钢筋与钢板安放成T形接头形式，利用焊接电流通过，在焊剂层下产生电弧，形成熔池，加压完成的一种压焊方法。预埋件钢筋也可采用埋弧螺柱焊。

焊接用气体质量和钢筋焊接方法的适用范围，详见《钢筋焊接及验收规程》JGJ 18的相关规定。

钢筋采用焊接连接接头的最大优点是节省钢材、接头成本较低和接头尺寸小，基本上不影响钢筋间距和混凝土保护层厚度，施工操作也很方便。由于焊接连接是通过焊缝直接传力，也不存在刚度变化和恢复性能等问题。在焊接质量有保证的前提下，焊接连接是钢筋的一种很理想的连接方式。

钢筋在施工现场焊接连接存在的问题主要是：①影响焊接质量的因素很多，如焊工的技术水平、气温、环境及施工条件的不确定性，难以保证稳定的焊接质量；②我国目前施工队伍的素质和质量管理水平及现场焊接质量的检验手段有限等原因，很难做到确保钢筋焊接连接的质量；③焊接热影响引起钢筋性能改变，如金相组织变化、强度降低等；④某些焊接质量缺陷难以检查，如虚焊、夹渣、气泡、内裂缝等，会给钢筋焊接连接接头留下隐患。这些都是结构工程师在选择施工现场是否要采用焊接连接来接长钢筋时应当考虑的问题。

焊接连接是受力钢筋连接的一种方式，其接头位置仍应设置在构件受力较小的部位，同一根钢筋上宜少设接头。焊接接头应相互错开。焊接接头连接区段的长度是以焊接接头为中心的$35d$（d为较小的受力钢筋直径）且不小于500mm的范围。《混凝土规范》规定，位于同一连接区段内纵向受拉钢筋焊接接头面积百分率对受拉钢筋不应大于50%，对受压钢筋则不限制。需要验算疲劳的构件，如吊车梁，其受力钢筋需要采用焊接接头时，不宜采用一般的焊接接头，必须采用闪光接触对焊接头，并应去掉接头的毛刺和卷边；在同一连接区段长度为$45d$（d为纵向受力钢筋的较大直径）的范围内，纵向受拉钢筋的接头面积率不应大于25%。

4. 合理选用钢筋连接的类型

2010 年版本的《混凝土规范》第 8.4.1 条对钢筋连接的规定与过去的规定有较大的变化，钢筋连接类型的顺序为绑扎搭接、机械连接或焊接。2010 年版的《高层建筑规程》第 6.5.1 条规定的钢筋连接类型的顺序为机械连接、绑扎搭接或焊接。其共同点是将钢筋的焊接连接放到次要的位置上，这与过去对于结构的重要部位，钢筋的连接均要求焊接明显不同。主要是因为：

（1）施工现场的钢筋焊接，质量较难保证。各种人工焊接经常不能采取有效的检验方法，仅凭肉眼观察，对于焊缝的内在质量问题不能有效检出。当前焊工的技术水平、素质等，也往往不理想。

（2）日本阪神地震震害调查中发现，多处采用气压焊的柱纵筋在焊接处拉断。

（3）英国规范规定："如有可能，应避免在现场采用人工电弧焊。"

（4）美国"钢筋协会"认为："在现有的各种钢筋连接方法中，人工电弧焊可能是最不可靠和最贵的方法"。

所以，我国的《高层建筑规程》规定，在结构的重要部位，钢筋的连接宜首先选用机械连接。

目前在我国钢筋的机械连接技术已比较成熟，可供选择的品种较多，质量和性能比较稳定。钢筋机械连接接头的性能等级分为Ⅰ、Ⅱ、Ⅲ三个等级，设计中可根据《钢筋机械连接技术规程》JGJ 107 中的相关规定，选择与受力情况相适应的接头性能等级，并在施工图设计文件中注明。

除了结构重要部位的连接宜优先选用机械连接外，剪力墙的端柱及约束边缘构件中的纵筋，也宜优先选用机械连接，但直径小于 20mm 的纵筋，可选用搭接接头。

剪力墙的水平分布筋和竖向分布筋不宜采用机械连接接头，宜采用搭接接头。

钢筋的搭接连接接头，只要选在构件受力较小的部位，纵向钢筋有足够的搭接长度（按钢筋搭接接头面积百分率确定）搭接部位的箍筋按《混凝土规范》的要求加密，有足够的混凝土强度和足够的混凝土保护层厚度，其质量是可以保证的，即使是抗震设计的构件，也可以应用。而且，它一般不会出现焊接或机械连接那样的人为失误的可能。因此，它也是一种较好的钢筋连接方法，而且往往是最省工的方法。

钢筋的搭接连接接头的主要缺点是：

（1）抗震设计时，在构件内力较大部位，当构件承受反复荷载作用时，接头有滑动的可能；

（2）当构件钢筋较密集时，采用搭接连接将使混凝土的浇捣较为困难；

（3）大直径的钢筋搭接长度较大，用料较多，可能不经济。

2.5.3　预应力筋的锚具、构件预留孔道做法、施工要求及锚具防腐蚀

1. 预应力筋的锚具

预应力筋用锚具、夹具和连接器按锚固方式不同可分为夹片锚具（单孔和多孔夹片锚具）、镦头锚具、螺母锚具、锥塞式锚具、挤压锚具、压花锚具等多种。预应力筋用锚具应根据预应力筋的品种、锚固部位及要求、施工条件、产品技术性能和张拉工艺等选用。

对预应力钢绞线，宜采用夹片锚具，也可采用挤压锚具或压花锚具；对预应力钢丝

束，宜采用镦头锚具，也可采用夹片锚具或挤压锚具；对高强钢筋或钢棒，宜采用螺母锚具。

夹片锚具没有可靠措施时，不得用于预埋在混凝土中的固定端；压花锚具不得用于无粘结预应力钢绞线；承受低应力或动荷载的夹片锚具应有防松装置。

预应力筋的锚具可参照表 2.5-12 选用。

常用预应力筋锚具选用表　　　　　　　　　　表 2.5-12

预应力筋品种	张拉端	固定端	
		安装在结构外部	安装在结构内部
钢绞线及钢绞线束	夹片锚具 压接锚具	夹片锚具 挤压锚具 压接锚具	压花锚具 挤压锚具
单根钢丝	夹片锚具 镦头锚具	夹片锚具 镦头锚具	镦头锚具
高强钢丝束	夹片锚具 镦头锚具 冷（热）铸锚	夹片锚具 镦头锚具 冷（热）铸锚	挤压锚具 镦头锚具
预应力螺纹钢筋	螺母锚具	螺母锚具	螺母锚具

2. 预应力构件预留孔道做法

后张预应力构件中预埋制孔用管材有金属波纹管（螺旋管）、钢管和塑料波纹管等。梁类构件宜采用圆形金属波纹管，板类构件宜采用扁形金属波纹管，施工周期较长的应选用镀锌金属波纹管。塑料波纹管宜用于曲率半径小、密封性能好以及抗疲劳要求高的孔道。钢管宜用于竖向分段施工的孔道。抽芯制孔用管材可采用钢管或夹布胶管。

预应力筋孔道的内径宜比预应力筋和需穿过孔道的连接器外径大 10~15mm，孔道截面面积宜取预应力筋净面积的 3.5~4.0 倍。

预应力筋孔道的净间距和保护层厚度应符合下列规定：

（1）对预制构件，孔道的水平净距不宜小于 50mm，孔道至构件边缘的净距不宜小于 30mm，且不宜小于孔道直径的 $\frac{1}{2}$；

（2）在现浇框架梁中，预留孔道在竖直方向的净距不应小于孔道外径，水平方向的净距不宜小于孔道外径的 1.5 倍。从孔道壁算起的混凝土保护层厚度：梁底不应小于 50mm；梁侧不应小于 40mm；板底不应小于 30mm。

3. 施工要求

（1）预应力混凝土工程应由有预应力施工资质的组织承担施工任务。施工单位应定期组织施工人员进行技术培训。

（2）预应力筋用锚具、夹具和连接器在贮存运输及使用期间均应妥善保管维护，避免锈蚀、沾污、遭受机械损伤、混淆和散失。

（3）预应力筋用锚具、夹具和连接器安装前应擦拭干净。当按施工工艺规定需要在锚固零件上涂抹介质以改善锚固性能时，应在锚具安装时涂抹。

（4）钢绞线穿入孔道时，应保持外表面干净，不得拖带污物；穿束以后，应将其锚固夹持段及外端的浮锈和污物擦拭干净。

（5）锚具和连接器安装时应与孔道对中。锚垫板上设置对中止口时，则应防止锚具偏出止口以外，形成不平整支承状态。夹片式锚具安装时，各根预应力钢材应平顺，不得扭绞交叉；夹片应打紧，并外露一致。

（6）使用钢丝束镦头锚具前，首先应确认该批预应力钢丝的可镦性，即其物理力学性能应能满足镦头锚的全部要求。钢丝镦头尺寸不应小于规定值，头形应圆整端正。钢丝镦头的圆弧形周边出现纵向微小裂纹时，其裂纹长度不得延伸至钢丝母材，不得出现斜裂纹或水平裂纹。

（7）钢绞线挤压锚具挤压时，在挤压模内腔或挤压元件外表面应涂润滑油，压力表读数应符合操作说明书的规定。挤压后的钢绞线外端应露出挤压头 $2\sim5\text{mm}$。

（8）夹片式、锥塞式等形式的锚具，在预应力筋张拉和锚固过程中或锚固完成以后，均不得大力敲击或振动。

（9）利用螺母锚固的支承式锚具，安装前应逐个检查螺纹的配合情况。对于大直径螺纹的表面应涂润滑油脂，以确保张拉和锚固过程中顺利旋合和拧紧。

（10）钢绞线压花锚成型时，应将表面的污物或油脂擦拭干净，梨形头尺寸和直线段长度不应小于设计值，并应保证与混凝土有充分的粘结力。

（11）对于预应力筋，应采用形式和吨位与其相符的千斤顶整束张拉锚固。对直线形或平行排放的预应力钢绞线束，在确保各根预应力钢绞线不会叠压时，也可采用小型千斤顶逐根张拉工艺，但必须将"分批张拉预应力损失"计算在控制应力之内。

（12）千斤顶安装时，工具锚应与前端工作锚对正，使工具锚与工作锚之间的各根预应力钢材相互平行，不得扭绞错位。

工具锚夹片外表面和锚板锥孔内表面使用前宜涂润滑剂，并应经常将夹片表面清洗干净。当工具夹片开裂或牙面缺损较多，工具锚板出现明显变形或工作表面损伤显著时，均不得继续使用。

（13）对于一些有特殊要求的结构或张拉空间受到限制时，可配置专用的变角块，并应采用变角张拉法施工。设计和施工中应考虑因变角而产生的摩阻损失，但预应力筋在张拉千斤顶工具锚处的控制应力不得大于 $0.8f_{\text{ptk}}$。

（14）预应力筋锚固时的内缩值比现行国家标准《混凝土结构设计规范》GB 50010 确定的数值明显偏大时，应检查张拉设备状况及操作工艺，必要时加以调整；也可用少量增加张拉伸长值的办法解决。

（15）采用连接器接长预应力筋时，应全面检查连接器的所有零件，必须执行全部操作工艺，以确保连接器的可靠性。

（16）预应力筋锚固以后，因故必须放松时，对于支承式锚具可用张拉设备松开锚具，将预应力缓慢地卸除；对于夹片式、锥塞式等锚具，宜采用专门的放松装置将锚具松开。任何时候都不得在预应力筋存在拉力的状态下直接将锚具切去。

（17）预应力筋张拉锚固后，应对张拉记录和锚固状况进行复查，确认合格后，方可切割露于锚具之外的预应力筋多余部分。切割工作应使用砂轮锯；当使用砂轮锯有困难时也可使用氧乙炔焰，严禁使用电弧。当用氧乙炔焰切割时，火焰不得接触锚具；切割过程中还应用水冷却锚具。切割后预应力筋的外露长度不应小于 30mm。

（18）预应力筋张拉时，应有安全措施。预应力筋两端的正面严禁站人。

（19）后张法预应力混凝土构件或结构在张拉预应力筋后，宜及时向预应力筋孔道中压注水泥浆。先张法生产预应力混凝土构件时，张拉预应力筋后，宜及时浇筑构件混凝土。

（20）对暴露于结构外部的锚具应及时实施永久性防护措施，防止水分、氯离子及其他有腐蚀性的介质侵入。同时，还应采取适当的防火和避免意外撞击的措施。

封头混凝土应填塞密实并与周围混凝土粘结牢固。无粘结预应力筋的锚固穴槽中，可填堵微膨胀砂浆或环氧树脂砂浆。

锚固区预应力筋端头的混凝土保护层厚度不应小于 20mm；在易受腐蚀的环境中，保护层还宜适当加厚。对凸出式锚固端，锚具表面距混凝土边缘不应小于 50mm。封头混凝土内应配置 1～2 片钢筋网，并应与预留锚固筋绑扎牢固。

（21）在无粘结预应力筋的端部塑料护套断口处，应用塑料胶带严密包缠，防止水分进入护套。在张拉后的锚具夹片和无粘结筋端部，应涂满防腐油脂，并罩上塑料（PE）封端罩，并应达到完全密封的效果。也可采用涂刷环氧树脂达到全密封效果。

4. 预应力筋用锚具的防腐蚀

（1）对暴露于结构外部的锚具应及时实施永久性防护措施，防止水分、氯离子和其他有腐蚀性介质侵入。同时还应采取适当的防火和避免意外撞击的措施。

（2）预应力筋张拉端可采用凸出式或凸入式做法。采用凸出式做法时，锚具位于梁端面或柱表面，张拉后应用无收缩细石混凝土封裹。采用凹入式做法时，锚具位于梁（柱）凹槽内，张拉后应用无收缩细石混凝土填实。

封头细石混凝土应填塞密实并与周围混凝土粘结牢固，必要时应采取涂刷界面处理剂等措施。无粘结预应力筋的锚固穴槽中，可填堵无收缩砂浆或环氧树脂砂浆。

封头用无收缩细石混凝土的强度等级不应低于 C30。

（3）凸出式锚固端锚具的混凝土保护层厚度不应小于 50mm。外露的预应力筋的混凝土保护层厚度：处于一类环境时不应小于 25mm；处于二、三类环境时，不应小于 50mm。封头混凝土内应配置 1～2 片钢筋网，并应与预留锚固筋绑扎牢固。

（4）在无粘结预应力筋的端部塑料护套断口处，应用塑料胶带严密包缠，防止水分进入护套。在张拉后的锚具夹片和无粘结筋端部，应涂满防腐油脂，并罩上塑料（PE）封端罩，并应达到完全密封的效果。也可采用涂刷环氧树脂达到全密封效果。

2.6　设计采用的标准图集及通用做法

2.6.1　设计采用的标准图集

设计中采用的标准图集通常包括国家建筑标准设计图集、地方（地区）建筑标准设计图集和行业（企业）建筑标准设计图集。在结构设计总说明中应一一列出设计中所采用的标准图集名称、编号、年号和版本号，并注明其中哪些标准图集是地方（地区）标准图集、哪些是行业（企业）标准图集。

2.6.2　设计采用的通用做法

结构设计中采用的通用做法主要有：

1. 地下室底板门窗洞口处的基础暗梁横剖面详图。在详图中除说明梁的截面尺寸、纵向受力钢筋的根数和直径、箍筋直径、间距和肢数外，还应注明纵向受力钢筋的长度 L，通常 $L \geqslant$ 洞口净宽 $+2l_a$（对人防地下室，l_a 应改为 l_{af}），参见图 2.6-1。图中宜使 $b \geqslant (1.5 \sim 2.0)b_w$（$b_w$ 为剪力墙截面厚度）。

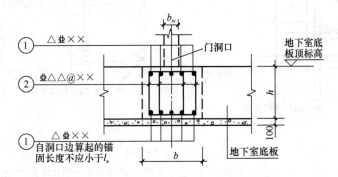

图 2.6-1　基础梁横剖面示意图

2. 地下室底板上的电梯机坑或积水坑等坑槽剖面详图。在详图中除注明坑底、坑壁板厚不应小于基础底板厚度且地坑处地基土坡度角宜取 45°或 60°外，还应注明交叉配置的受力钢筋的锚固长度不应小于 l_a，参见图 2.6-2。对于人防地下室，图中 l_a 应改为 l_{af}。

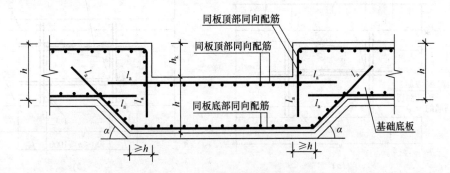

图 2.6-2　基坑配筋构造示意图

3. 钢筋混凝土楼板开洞配筋构造详图。当 300mm $< b(d) \leqslant$ 1000mm 时，参见图 2.6-3 和图 2.6-4。当板的开洞尺寸 $b(d) >$ 300mm，且孔边有集中荷载时，或当 $b(d) >$ 1000mm 时，应在洞边加设按计算配筋的边梁，配筋及构造要求参见图 2.6-5 和图 2.6-6。

当屋面板上开洞时，除应符合上述要求外，孔洞周边尚应采取如下构造措施：

（1）当 d（或 b）$<$ 500mm，且孔洞周边无固定的烟、气管等设备时，应按图 2.6-7 (a) 处理，可不另行配筋。

（2）当 500mm $\leqslant d$（或 b）$<$ 2000mm，或孔洞周边有固定较轻的烟、气管等设备时，应按图 2.6-7 (b) 处理。

（3）当 d（或 b）$\geqslant$ 2000mm，或孔洞周边有固定较重的烟、气管等设备时，应按图

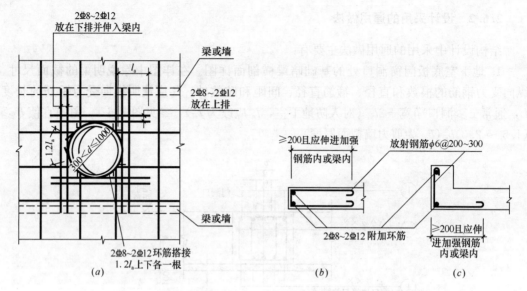

图 2.6-3　300mm<d≤1000mm 的圆形孔洞附加钢筋（单向板）

(a) 附加钢筋平行于受力钢筋放置；(b) 孔洞边的环形附加钢筋及放射形钢筋；

(c) 洞边有高度不大的翻边时

注：除附加环筋外，其余附加钢筋均不应小于被孔洞切断钢筋的一半。

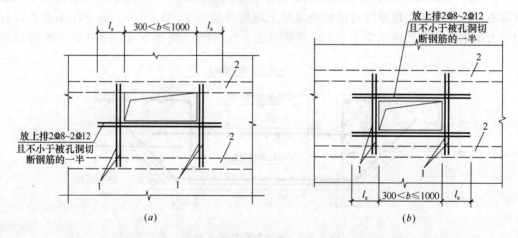

图 2.6-4　300mm<b≤1000mm 的矩形孔洞洞边不设边梁时的附加钢筋（单向板）

(a) 孔洞的一边与支承梁边齐平；(b) 孔洞边不设边梁

1—2Φ8～2Φ12且不小于孔洞宽度内被切断钢筋的一半；2—板的支承梁或墙

2.6-7（c）处理。

（4）孔洞周边突出屋面的翻边高度的最小尺寸 h 应满足建筑设计要求（屋面积雪厚度、屋面泛水要求的高度、屋面做法厚度等的要求）。

（5）当为双向板时，孔洞边两个方向的补强附加钢筋均应伸入支座内。洞口边被切断的钢筋构造做法可参见 16G101-1 第 110、111 页。

4. 钢筋混凝土板上小型设备基础布置及构造示意图。

钢筋混凝土板上设有集中荷载较大或振动较大的小型设备时，设备基础应布置在梁

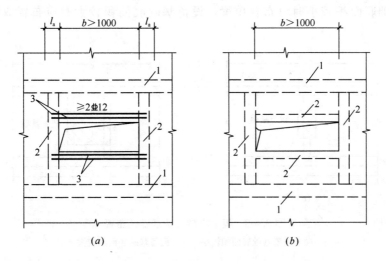

图 2.6-5　矩形孔洞边加设边梁或设加强筋

(*a*) 沿板跨度方向在孔洞边加设边梁；(*b*) 孔洞周边均加设边梁

1—板的支承梁；2—孔洞边梁；3—垂直于板跨度方向的附加钢筋

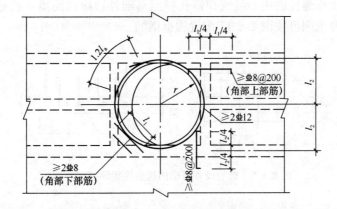

图 2.6-6　圆形孔洞边加设边梁时的配筋（角部下部筋按跨度
l_1 的简支板计算配筋，$l_1 = 0.83r$）

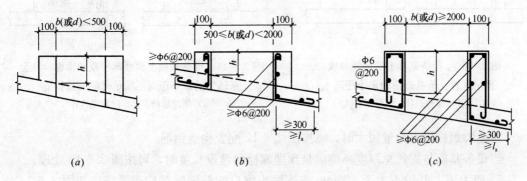

图 2.6-7　屋面孔洞口的加强筋

(*a*) b（或 d）<500mm；(*b*) 500mm$\leqslant b$（或 d）<2000mm；(*c*) b（或 d）$\geqslant 2000$mm

上；设备基础底面积较小时可布置单梁，设备基础底面积较大时应布置双梁，参见图2.6-8。

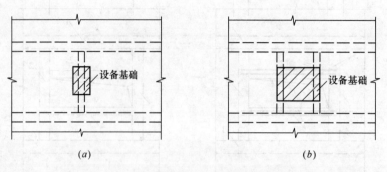

图 2.6-8　板上小型设备基础的布置

(a) 设备基础底面积较小；(b) 设备基础底面积较大

板上的小型设备基础宜与板同时浇灌混凝土。因施工条件限制允许作二次浇灌，但必须将设备基础处的板面凿成毛面，洗刷干净后再进行浇灌。当设备的振动较大时，需配置板与基础的连接钢筋，见图 2.6-9。

设备基础上预埋螺栓的中心线或预留孔壁至基础外边缘的距离宜满足图 2.6-10 的要求；若不能满足要求则可按图 2.6-11 配置构造钢筋。

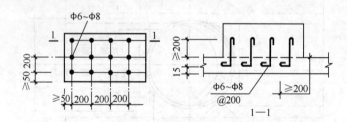

图 2.6-9　板与设备基础的构造连接钢筋布置图

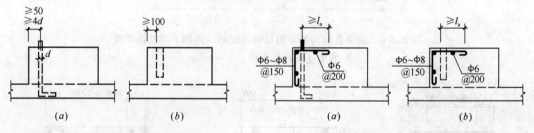

图 2.6-10　设备基础上预埋螺栓或
预留螺栓孔至基础边的最小距离
(a) 预埋螺栓；(b) 预留螺栓孔

图 2.6-11　设备基础上预埋螺栓或预留螺栓孔至
基础边的最小距离不满足时的配筋构造
(a) 预埋螺栓；(b) 预留螺栓孔

当地脚螺栓拔出力量较大时，需按图 2.6-12 配置构造钢筋。

当设备基础与板的总厚度不能满足预埋螺栓的埋设长度时，可按图 2.6-13 处理。

5. 剪力墙上开设不大于 800mm 非连续小洞口的补强配筋构造要求，如图 2.6-14 所示。在剪力墙上开设的这样的小洞口，在结构整体计算时，可不考虑其影响。

当剪力墙上开设大于 800mm 的洞口时，应按《抗震规范》第 6.4.5 条的要求，在洞

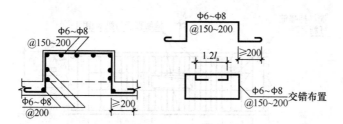

图 2.6-12　设备基础的构造钢筋配置

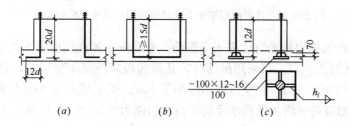

图 2.6-13　预埋螺栓的埋设长度

（a）弯钩预埋螺栓；（b）U 形预埋螺栓；（c）有锚板
的预埋螺栓（螺栓与锚板宜采用压力埋弧焊）

口左右两侧设置边缘构件，并在洞口处设置连梁；边缘构件和连梁的配筋按结构整体计算确定，并满足规范的配筋构造要求。

6. 钢筋混凝土框架梁或连梁上不宜开洞，当开洞不可避免时，宜在跨度中间 1/3 范围内开设圆洞，并在洞口内预埋钢套管，其构造要求及配筋示意图见图 2.6-15。被洞口削弱的截面应进行承载力验算。

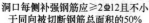

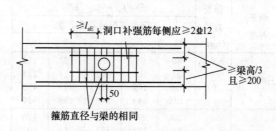

图 2.6-14　剪力墙上开设非连续　　　图 2.6-15　连梁或框架梁上开设圆形
小洞口及配筋要求　　　　　　　洞口尺寸及配筋要求

如需要在框架梁或连梁上开设矩形洞口，也宜在跨度中间 1/3 范围内开设。对于框架梁，应避免在梁的箍筋加密区范围内开设洞口，梁上开设矩形洞口的构造要求和配筋示意图见图 2.6-16。被洞口削弱的截面应进行承载力验算。对于连梁，当不满足上述要求时，连梁应按铰接杆设计。

7. 现浇框架主梁与次梁连接处，应按计算在次梁两侧的主梁上设置附加横向钢筋

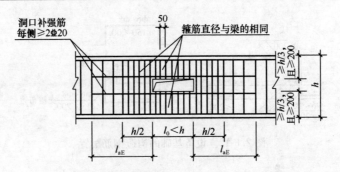

图 2.6-16　连梁或框架梁上开设矩形洞口尺寸及配筋要求

（箍筋、吊筋），附加横向钢筋宜优先采用箍筋。箍筋应布置在长度为 S 的范围内，此处 S $=2h_1+3b$。详见图 2.6-17。当采用吊筋时，其弯起段应伸至梁上边缘，且末端水平段长度，在受拉区不应小于 $20d$，在受压区不应小于 $10d$。框架梁吊筋末端水平段的长度建议均采用 $20d$。附加箍筋和附加吊筋承受集中荷载的能力见表 2.6-1 和表 2.6-2。

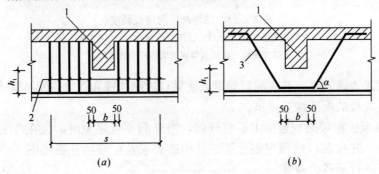

图 2.6-17　梁截面高度范围内有集中荷载作用时附加横向钢筋的布置

(a) 附加箍筋；(b) 附加吊筋

1—传递集中荷载的位置；2—附加箍筋；3—附加吊筋

附加箍筋承受集中荷载能力表　　　　　　　　　表 2.6-1

钢筋种类	箍筋直径 (mm)	$F=f_{yv} \cdot A_{sv}$ (kN)				
		两边双肢箍筋总个数				
		2	4	6	8	10
HPB300	6	30	61	91	122	152
	8	54	108	162	217	271
	10	84	169	254	339	423
	12	122	244	366	488	610
HRB335	6	34	68	102	136	170
	8	60	121	181	241	301
	10	94	188	283	377	471
	12	136	271	407	542	678
HRB400	6	41	82	122	163	204
	8	72	145	217	290	362
	10	113	226	339	452	565
	12	163	326	489	651	814
HRB500	6	49	98	147	196	245
	8	87	174	262	349	437
	10	136	273	409	546	682
	12	196	393	589	786	983

8. 当梁的内折角处于受拉区时，应增设箍筋，计算简图详见图 2.6-18，其配筋图详见图 2.6-19(a)。该箍筋应能承受未在受压区锚固的纵向受拉钢筋的合力，且在任何情况下不应小于全部纵向受拉钢筋合力的 35%。由箍筋承受的纵向受拉受拉钢筋的合力可按下列公式计算：

每根附加吊筋承受集中荷载能力表　　　　　表 2.6-2

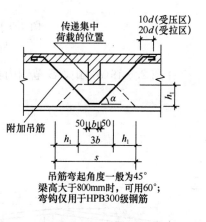

吊筋直径 (mm)	$F = f_{yv} \cdot A_{sv} \cdot \sin\alpha$ (kN)							
	HPB300		HRB335		HRB400		HRB500	
	$\alpha=45°$	$\alpha=60°$	$\alpha=45°$	$\alpha=60°$	$\alpha=45°$	$\alpha=60°$	$\alpha=45°$	$\alpha=60°$
10	29	36	33	41	40	49	48	59
12	43	52	48	59	58	71	69	85
14	58	72	65	80	78	96	94	116
16	76	93	85	104	102	125	123	151
18	96	118	108	132	130	159	156	191
20	119	146	133	163	160	196	193	236
22	145	177	161	198	194	237	233	286
25	187	229	208	255	250	306	302	369
28	234	287	261	320	313	384	378	463
32	306	375	341	418	409	501	494	605

吊筋弯起角度一般为45°；
梁高大于800mm时，可用60°；
弯钩仅用于HPB300级钢筋

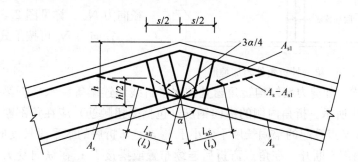

图 2.6-18　钢筋混凝土梁内折角处配筋计算简图
(括号内数值用于非框架梁)

(1) 未在受压区锚固的纵向受拉钢筋的合力为：

$$N_{s1} = 2f_y A_{s1} \cos\frac{\alpha}{2} \tag{2.6-1}$$

(2) 全部纵向受拉钢筋合力的 35% 为：

$$N_{s2} = 0.7 f_y A_s \cos\frac{\alpha}{2} \tag{2.6-2}$$

式中　A_s——全部纵向受拉钢筋的截面面积；

　　　A_{s1}——未在受压区锚固的纵向受拉钢筋的截面面积；

　　　α——梁的内折角；

　　　f_y——钢筋抗拉强度设计值。

按上述条件求得的箍筋应设置在长度 S 范围内，此处 $S = h\tan(3\alpha/8)$。

(3) 梁内折角处配筋方式详见图 2.6-19。

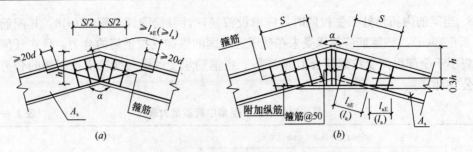

图 2.6-19 钢筋混凝土梁内折角处配筋

(括号内的数值用于非框架梁)

在图 2.6-19(b) 中，S 范围内箍筋应承受的纵向钢筋的拉力为：

$$N_s = f_y A_s \cos \frac{\alpha}{2} \qquad (2.6\text{-}3)$$

$$S = \frac{1}{2} h \tan \frac{3}{8} \alpha \qquad (2.6\text{-}4)$$

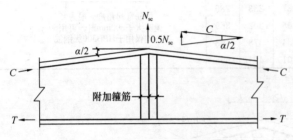

图 2.6-20 梁的外折角处附加箍筋

当梁的外折角处于受压区时，由混凝土压力 C 产生的径向力 N_{sc} 使外折角混凝土产生拉应力。若此拉应力过大，应考虑配置附加箍筋来承受此径向力 N_{sc}，详见图 2.6-20。

径向力 N_{sc} 可按下式计算：

$$N_{sc} = 2C \sin \frac{\alpha}{2} \qquad (2.6\text{-}5)$$

9. 水平折梁，如剪力墙结构转角窗处的水平折线形连梁等。水平折梁折角处的配筋构造如图 2.6-21 所示。折角内侧的纵向钢筋（包括受扭腰筋）应在角部断开，并在梁内交叉锚固，从交叉点算起的锚固长度不应小于 l_{aE}，且弯折后的水平段长度应 $\geqslant 12d$；外侧的纵向钢筋在角部不断开，在角点弯折后连续布置或搭接 l_{lE}；在纵向受力钢筋的锚固长度范围内，折梁的箍筋沿梁宽 b 中点连线的间距 a 不应大于钢筋较小直径的 5 倍且不应大于 100mm。

剪力墙结构转角窗处角窗折梁的构造做法详见国标图集 11G 329-1 的第 3-19 页。

10. 梁截面腹板的高度 $h_w \geqslant 450$mm 时，在梁的两个侧面应沿高度配置纵向构造钢筋，每侧纵向构造钢筋（不包括梁上、下部受力钢筋和架立筋）的截面面积不应小于腹板截面面积 bh_w 的 0.1%，且其间距不宜大于 200mm。

对于跨中部位支承有次梁的边框架梁，由于存在协调扭转问题，当假定次梁简支支承在边框架梁上，且结构整体计算

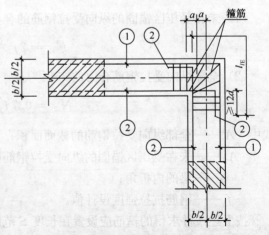

图 2.6-21 水平折梁配筋示意图

取框架梁的扭矩折减系数为 0.4 时，其腰筋仍可按构造要求设置。但这样的边框架梁，其腰筋的截面面积除不应小于 bh_w 的 0.1% 外，腰筋的配筋率 ρ_{tl} 还应满足 $\rho_{tl} \geqslant 0.85 f_t / f_y$ 的要求，而且这样的腰筋，应按受拉钢筋锚固在支座内（见《混凝土规范》第 9.2.5 条）；

同时，这样的边框架梁，其箍筋的配筋率（ρ_{sv}）应满足 $\rho_{sv} = \dfrac{A_{sv}}{bs} \geqslant 0.28 f_t / f_{yv}$ 的要求（见《混凝土规范》第 9.2.10 条）。此处，f_t—混凝土的抗拉强度设计值；f_y—钢筋的抗拉强度设计值；f_{yv}—箍筋的抗拉强度设计值；b—梁截面宽度；s—箍筋的间距（不宜大于 $0.75b$）；A_{sv}—同一截面内沿截面周边布置的封闭式箍筋截面面积，采用复合箍筋时，位于截面内部的箍筋不应计入受扭箍筋的面积。

非预应力的普通钢筋混凝土梁，其箍筋的最大间距应符合表 2.6-3 的规定；当 $V > 0.7 f_t b h_0$ 时，箍筋的配箍率 $\rho_{sv}[\rho_{sv} = A_{sv}/(bs)]$ 尚不应小于 $0.24 f_t / f_{yv}$。

梁中箍筋的最大间距 表 2.6-3

梁高 h	$V>0.7f_tbh_0$	$V\leqslant0.7f_tbh_0$	梁高 h	$V>0.7f_tbh_0$	$V\leqslant0.7f_tbh_0$
$150<h\leqslant300$	150	200	$500<h\leqslant800$	250	350
$300<h\leqslant500$	200	300	$h>800$	300	400

当施工图按国家标准图集 16G101-1 绘制时，梁的抗扭腰筋应标注为 N△⊈××；抗扭腰筋的间距不应大于 200mm，也不应大于梁截面短边尺寸。

11. 框架梁柱中心线宜重合。当梁柱中心线不能重合时，梁、柱中心线之间的偏心距，9 度抗震设计时不应大于柱截面在该方向宽度的 1/4；6～8 度抗震设计时不宜大于柱截面在该方向宽度的 1/4。在计算中应考虑偏心对梁柱节点核心区受力和构造的不利影响，以及梁荷载对柱子的偏心影响。

当梁柱中心线之间的偏心距大于该方向柱宽的 1/4 时，可采用增设梁的水平加腋等措施，如图 2.6-22 所示。梁设置水平加腋后，仍须考虑梁柱偏心的不利影响。

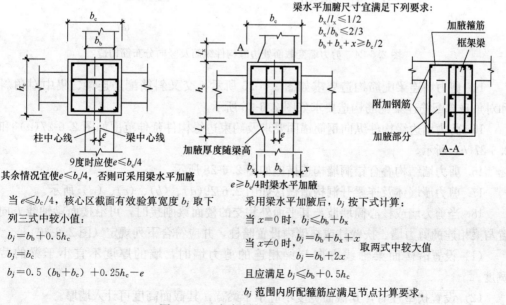

图 2.6-22 框架梁柱偏心构造要求

框架梁水平加腋构造做法可参见国家标准图集 11G329-1 第 2-17 页和 16G101-1 第 86 页，并取二者的较严者。

12. 框架柱变截面处纵向受力钢筋的构造要求如图 2.6-23 所示。

13. 剪力墙变截面处边缘构件纵向钢筋及竖向分布钢筋的构造如图 2.6-24 所示。

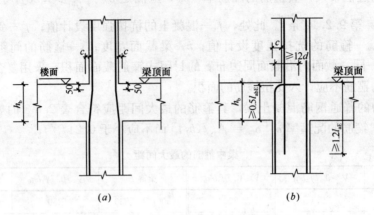

图 2.6-23   框架柱变截面处纵筋构造

(a) $c/h_b \leqslant 1/6$；(b) $c/h_b > 1/6$

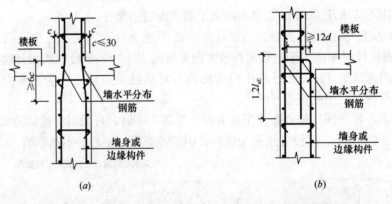

图 2.6-24   剪力墙变截面处边缘构件纵筋及竖向分布筋构造

14. 剪力墙连梁配筋构造要求如图 2.6-25 所示；交叉斜筋配筋连梁、集中对角斜筋和对角暗撑配筋连梁配筋构造要求如图 2.6-26 所示。

15. 剪力墙边缘构件纵向钢筋锚固要求及约束边缘构件延伸范围如图 2.6-27(a) 和图 2.6-27(b) 所示。

16. 剪力墙结构叠合错洞墙构造措施如图 2.6-28 所示。

17. 剪力墙墙体及连梁开洞构造做法如图 2.6-29(a)、(b)、(c)、(d) 所示。

18. 当剪力墙或核心筒墙肢与其平面外相交的楼面梁刚接时，可沿楼面梁轴线方向设置与梁相连的剪力墙、扶壁柱或在墙内设置暗柱，并应符合下列规定（图 2.6-30）：

(1) 设置沿楼面梁轴线方向与梁相连的剪力墙时，墙的厚度不宜小于梁的截面宽度。

(2) 设置扶壁柱时，其截面宽度不应小于梁宽，其截面高度可计入墙厚。

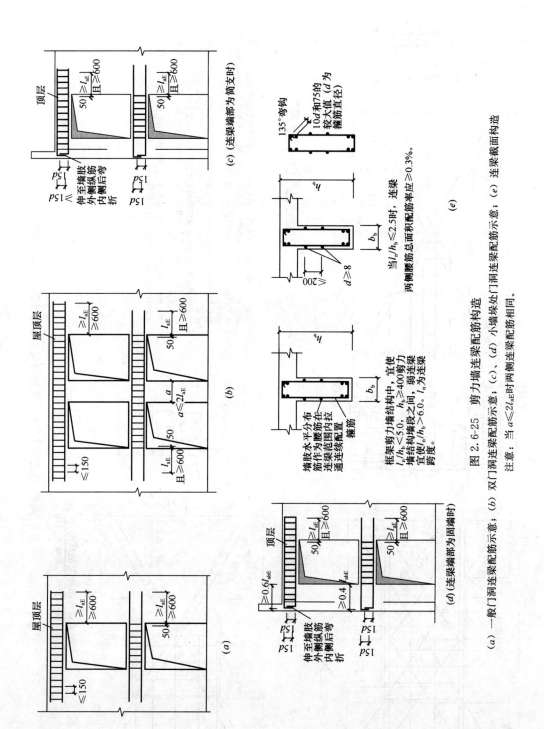

图 2.6-25　剪力墙连梁配筋构造

(a) 一般门洞连梁配筋示意; (b) 双门洞连梁配筋示意; (c)、(d) 小墙垛处门洞连梁配筋示意; (e) 连梁截面构造

注意: 当 $a \leqslant 2l_{aE}$ 时两侧连梁配筋相同。

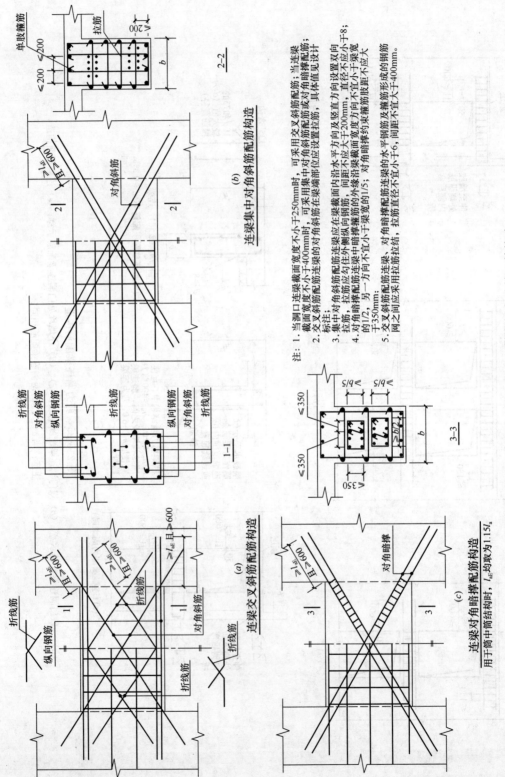

注：1. 当洞口连梁截面宽度不小于250mm时，可采用交叉斜筋配筋；当连梁
截面宽度不小于400mm时，可采用集中对角斜筋配筋或对角暗撑配筋；
2. 交叉斜筋配筋连梁的对角斜筋在梁端部位应设置拉筋，具体值见设计
3. 集中对角斜筋配筋连梁应在对角斜筋截面外侧设置拉筋，拉筋直径不应小于8；
拉筋，拉筋应勾住最外侧纵向钢筋，间距不应大于200mm，直径不应小于8；
4. 对角暗撑配筋连梁中暗撑箍筋沿梁截面宽度方向不宜小于梁宽
的1/2，另一方向不宜小于梁宽的1/5；对角暗撑约束箍筋形成的钢筋应不应大
于350mm；
5. 交叉斜筋配筋连梁、对角暗撑配筋连梁及对角暗撑配筋的水平钢筋及箍筋直径不宜小于6，拉筋直径不宜大于400mm。
网之间应采用拉筋拉结，拉筋直径不宜小于6，间距不宜大于400mm。

图 2.6-26　连梁交叉斜筋、集中对角斜筋和对角暗撑配筋构造

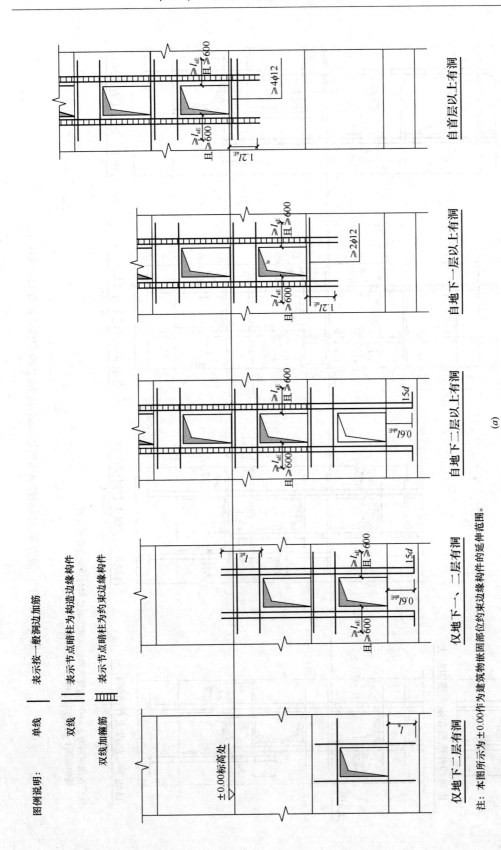

图 2.6-27（a）　剪力墙边缘构件纵向钢筋锚固及约束边缘构件延伸范围示意图（一）

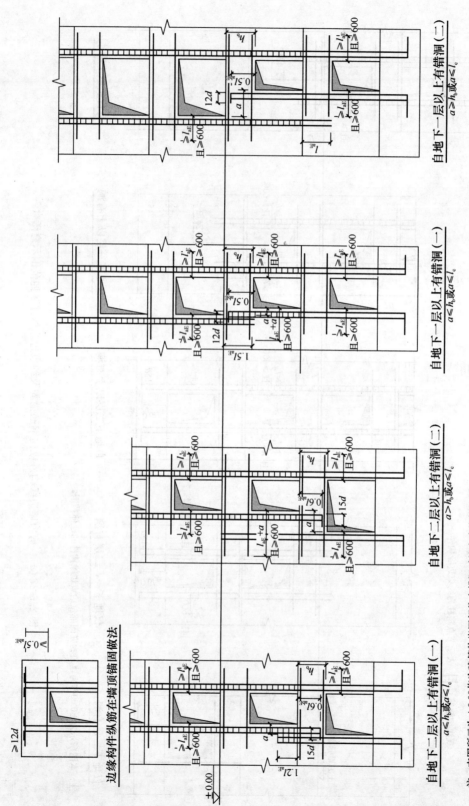

注：本图所示为±0.00件为建筑物嵌固部位有错洞时约束边缘构件的延伸范围；l_c为约束边缘构件的长度。

图 2.6-27 (b) 剪力墙边缘构件纵向钢筋锚固及约束边缘构件延伸范围示意图 (二)

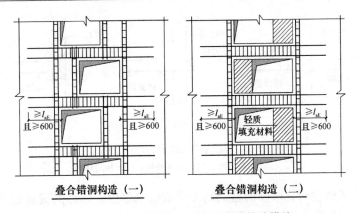

图 2.6-28 剪力墙结构叠合错洞墙构造措施

注：一、二、三级剪力墙的底部加强部位不宜采用错洞布置，如无法避免错洞，应控制错洞墙洞口间的水平距
离不小于 2m，并在设计时进行仔细计算分析，在洞口周边采取有效构造措施。此外，一、二、三级抗震设
计的剪力墙全高都不宜采用叠合错洞墙，当无法避免叠合错洞布置时，应按有限元方法仔细计算分析，并在
洞口周边采取加强措施，或在洞口不规则部位采用其他轻质材料填充，将叠合洞口转化为规则洞口。

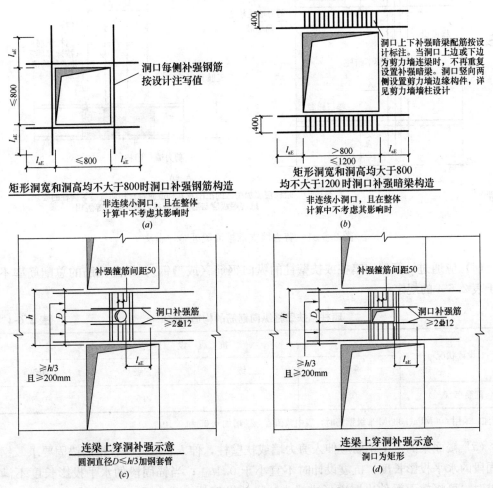

图 2.6-29 剪力墙墙体及连梁开洞构造做法

(a) 剪力墙洞口≤800；(b) 800<剪力墙洞口≤1200；(c) 连梁上开圆形洞口；(d) 连梁上开矩形洞口

注：主体结构的剪力墙，当洞口尺寸大于 800mm 时，宜参与结构整体计算。

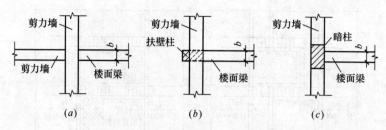

图 2.6-30   梁墙相交时剪力墙的加强措施

（a）加剪力墙；（b）加扶壁柱；（c）加暗柱

（3）墙内设置暗柱时，暗柱的截面高度可取墙的厚度，暗柱的截面宽度可取梁宽加 2 倍墙厚（图 2.6-31）。

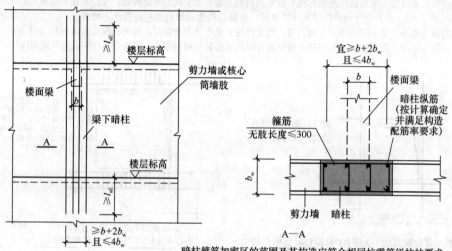

图 2.6-31   剪力墙支承楼面梁处暗柱做法

（4）应通过计算确定暗柱或扶壁柱的纵向钢筋（或型钢），纵向钢筋的总配筋率不宜小于表 2.6-4 的规定。

暗柱、扶壁柱纵向钢筋的构造配筋率   表 2.6-4

设计状况	抗 震 设 计			
	一级	二级	三级	四级
配筋率（%）	0.9	0.7	0.6	0.5

注：采用 400MPa、335MPa 级钢筋时，表中数值宜分别增加 0.05 和 0.10。

（5）楼面梁的水平钢筋应伸入剪力墙或扶壁柱，伸入长度应符合钢筋锚固要求。钢筋锚固段的水平投影长度，抗震设计时不宜小于 $0.4l_{abE}$；当锚固段的水平投影长度不满足要求时，可将楼面梁伸出墙面形成梁头，梁的纵筋伸入梁头后，弯折锚固（图 2.6-32），也可采取其他可靠的锚固措施。

（6）暗柱或扶壁柱应设置箍筋加密区，箍筋直径，一、二、三级时不应小于 8mm，四级时不应小于 6mm，且均不应小于纵向钢筋直径的 1/4；非加密区箍筋间距，一、二、三级时不应大于 150mm，四级时不应大于 200mm。

19. 框支剪力墙结构的框支梁端部构造做法和框支层楼板开洞限值及板边洞边配筋构造要求。

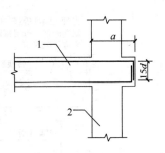

图 2.6-32　楼面梁伸出
墙面形成梁头
1—楼面梁；2—剪力墙；
a—楼面梁钢筋锚固水平
投影长度（a≥0.4l_{abE}）

部分框支剪力墙结构中，框支梁、框支柱及框支转换层楼板都是非常重要的受力和传力构件，除设计计算有更高的要求外，配筋构造要求也与普通的框架梁、框架柱及楼板（包括上部结构嵌固部位的楼板）也有重要的区别。

在用平面整体表示方法（简称《平法》）绘制施工图时，框支梁和框支柱一定要按照《平法》分别标示为 KZL 和 KZZ；框支梁 KZL 的腰筋不能标示为 G××Φ△△，应标示为 N××Φ△△；转换层楼板除板厚要求（≥180mm）和配筋率要求（双层双向 ρ_{min}≥0.25%）及板边钢筋锚固要求外，楼板边应设板边暗梁，较大洞口边也应设板边暗梁；框支柱在上层墙体范围内的纵向钢筋应伸入上部墙体内至少一层；框支柱在上部墙体范围外的纵筋应锚固于框支梁和转换层楼板内。在图纸的说明中，应强调框支梁、框支柱和转换层楼板的配筋构造做法要求参见国家标准图集 11G329-1 第 6-2 页～第 6-6 页（其中第 6-4 页和第 6-5 页还涉及框支梁开洞配筋构造做法和框支梁上部墙体开洞的配筋构造做法）和国家标准图集 16G101-1 第 96 页、97 页，如两者有不同要求之处，宜取较严者。

框支梁端部配筋构造要求如图 2.6-33 所示。转换层楼板受力钢筋在外墙或边梁内的锚固要求如图 2.6-34 所示。转换层楼板设置板边暗梁和较大洞口边暗梁做法如图 2.6-35 所示。

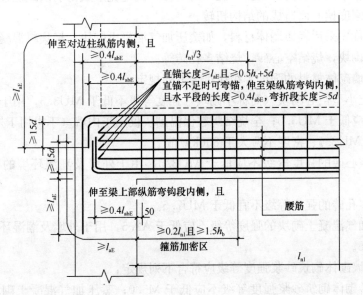

图 2.6-33　框支梁主筋、腰筋锚固构造

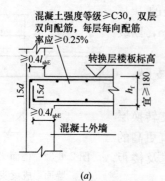

(a)

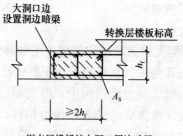

框支层楼板较大洞口周边暗梁

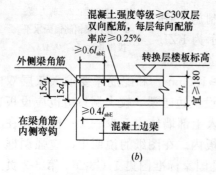

(b)

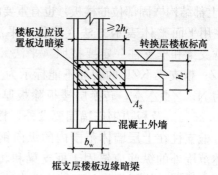

框支层楼板边缘暗梁

图 2.6-34 转换层楼板板边
钢筋锚固构造

图 2.6-35 转换层楼板设置板边暗梁构造
注：1. $A_s \geqslant A_c \times 1.0\%$，钢筋接头宜机械连接或焊接，
A_c 为图中暗梁阴影面积；
2. 落地剪力墙和筒体外围的楼板不宜开洞。

20. 多高层钢筋混凝土结构中填充墙及隔墙的做法和抗震构造措施

填充墙，在平面和竖向的布置，宜均匀对称，宜避免形成薄弱层或短柱，也宜尽量减少质量和抗侧刚度偏心而造成的结构扭转。

填充墙应优先采用轻质墙体材料，如蒸压加气混凝土砌块，轻集料混凝土小型空心砌块，烧结陶粒砌块，烧结空心砖，烧结多孔砖等。

（1）填充墙砌体材料的强度等级应符合下列规定：

1）混凝土小型空心砌块（简称小砌块）强度等级不低于 MU3.5，用于外墙及潮湿环境的内墙时不应低于 MU5.0；全烧结陶粒保温砌块仅用于内墙（不得用于外墙），其强度等级不应低于 MU2.5、密度不应大于 800kg/m³。

2）烧结空心砖的强度等级不应低于 MU3.5，用于外墙及潮湿环境的内墙时不应低于 MU5.0。

3）烧结多孔砖的强度等级不宜低于 MU7.5。

4）蒸压加气混凝土砌块的强度等级不应低于 A2.5，用于外墙及潮湿环境的内墙时不不应低于 A3.5。

（2）填充墙砌体砌筑砂浆强度等级应符合下列规定：

1）普通砖砌体砌筑砂浆强度等级不应低于 M5.0；蒸压加气混凝土砌块砂浆强度等级不应低于 Ma5.0；混凝土砌块砌筑砂浆强度等级不应低于 Mb5.0；蒸压普通砖砌筑砂浆强度等级不应低于 Ms5.0。其中 M ∗ △. △为专用砂浆。

2）室内地坪以下及潮湿环境应采用水泥砂浆。

填充墙应沿框架柱（或墙）全高每隔 500～600mm 设置 2Φ6 的拉结筋，拉结筋伸入墙内的长度，6、7 度抗震设防时宜沿墙全长贯通，8、9 度抗震设防时应沿墙全长贯通。

填充墙长度大于 5m 时，墙顶与梁或板宜有拉结；墙长超过 8m 或层高 2 倍时，宜设置钢筋混凝土构造柱，构造柱的间距宜不大于 4m；墙高超过 4m 时，墙体半高处宜设置与柱连接且沿墙全长贯通的钢筋混凝土水平系梁；在墙体门窗洞口顶标高处亦宜结合门窗过梁设置与柱连接且沿墙全长贯通的钢筋混凝土水平系梁。门窗洞口宽度较大时，宜设置包框加强。

隔墙也应优先采用轻质墙体材料。隔墙与主体结构应有可靠拉结。后砌的非承重隔墙应沿墙高每隔 500～600mm 配置 2Φ6 的拉结钢筋与承重墙或柱拉结，每边伸入墙内不应少于 500mm；7 度至 9 度时，长度大于 5m 的后砌隔墙，墙顶应与楼板或梁拉结。

非承重隔墙，除在墙的端部、转角部位、交叉部位及大门洞边等处设置构造柱外，尚宜沿墙全长设置间距不大于 4m 的构造柱。

砌体隔墙的其他构造做法和要求可参见砌体填充墙。

砌体填充墙和砌体隔墙的抗震构造措施和有关要求可参见国家标准图集《建筑物抗震构造详图》11G329-2 和《砌体填充墙结构构造》12G614-1 等。

钢结构房屋砌体填充墙及隔墙的做法和抗震构造措施可参考上述规定。

21. 钢筋混凝土过梁

钢筋混凝土过梁在结构设计总说明中可采用列表的形式表达，即从国家标准图集 G322-1～4 中选取过梁经归并和补充后制表。

22. 女儿墙的做法和抗震构造措施

多层钢筋混凝土结构房屋和砖砌体结构房屋砌体女儿墙的高度不应大于 1m。砌体女儿墙在人流出入口处和通道处应与主体结构可靠锚固；非出入口处无锚固的砌体女儿墙的高度，6～8 度时不宜超过 0.5m；9 度抗震设计时，女儿墙应采用现浇钢筋混凝土女儿墙，并与屋面钢筋混凝土构件可靠连接。防震缝处的女儿墙，应留有足够宽的防震缝，缝两侧的砌体自由端应设置构造柱予以加强。在 6～8 度地震区当女儿墙高不大于 600mm 时，应设置Φ10 间距为 400mm 的竖向拉结钢筋，拉结筋下端锚入钢筋混凝土梁（或板）内，上端锚入压顶圈梁内；在 6～8 度地震区，当女儿墙高大于 600mm 但不大于 1000mm 时，应设置间距不大于 2.0m 的构造柱，构造柱的纵筋不应小于 4Φ12。构造柱的间距和配筋宜计算复核。

设置构造柱的砌体女儿墙的其他抗震构造要求可参见标准图集 11G329-2 第 1-29 页。

当女儿墙为钢筋混凝土女儿墙时，应按照《混凝土规范》的要求，每隔 12m 左右留一道伸缩缝，或采取其他可靠措施。

2.7　施工中应遵守的现行国家标准及注意事项

2.7.1　施工中应遵守的现行国家标准

房屋建筑工程除应按照现行的国家有关结构设计标准进行设计外，还应按照现行的国家有关结构施工标准的规定和要求进行施工和质量验收。

在结构设计总说明中宜——列出施工中应遵守的国家现行的标准的名称、标准代号及版本年号。例如，《建筑地基基础工程施工质量验收规范》GB 50202—2002；《砌体结构工程施工质量验收规范》GB 50203—2015；《混凝土结构工程施工质量验收规范》GB 50204—2015；《钢结构工程施工质量验收规范》GB 50205—2001 等。当施工中涉及的标准过多时，也可以只列出涉及的主要标准的名称，并概括性地写明：除上述标准外施工中尚应遵守国家现行的有关标准。

2.7.2　施工中应注意的事项

房屋建筑工程应按照经过施工图审查机构审查过的施工图进行施工。房屋建筑工程施工中应注意的事项，在现行的国家有关设计、施工及验收规范中有明确的规定。除这些规定外，还有下列事项必须在结构设计总说明中说明：

1. 在基础施工时，如需要降低地下水位，应保证将地下水位降至基底以下至少 0.5m 处，并应提请施工单位注意："在降低地下水位时，应采取必要的措施，以避免因降低地下水位而影响邻近建筑物、构筑物和有关地下设施的正常使用和安全。"

为防止地下室上浮，停止降水的时机应经计算确定，并应征得设计部门的同意。

2. 基础施工开挖土方时，应采取严格措施保证边坡稳定；基坑施工采用机械挖土时，严禁扰动基础持力层；基底标高以上至少应保留 0.3m 的土层由人工开挖至基底标高。

3. 当高层建筑的主体结构和裙房之间设置沉降后浇带时，应提请施工单位注意："在施工期间，在沉降后浇带封闭浇灌之前，沉降后浇带两侧之构件应妥善支撑，并注意由于留后浇带可能引起各部分结构或构件的承载力问题和稳定问题。"

4. 高层建筑施工周期较长，后浇带的存留时间也较长，应提请施工单位注意："后浇带在封闭浇灌之前，应采取措施防止施工垃圾掉入带内；当施工垃圾掉入带内不可避免时，应采取便于清除施工垃圾的措施。"

5. 当采用大直径人工挖孔灌注桩基础时，应要求施工单位采取特别的防护措施："大直径人工挖孔桩必须按照施工图中的大样设置钢筋混凝土护圈，并有通风换气设备保证孔下施工操作人员的安全。"

6. 悬臂构件施工时，根部钢筋的直径、根数、位置、锚固长度和要求应严格按图施工；所设置的支撑应待混凝土强度达到 100% 时方可拆除。

第 2 篇

结构设计计算书的审查及结构整体计算时设计参数的合理选取

第3章　结构设计计算书的审查

随着计算机技术不断发展，建筑工程设计分析软件不断开发、改进和完善，在建筑工程施工图设计中，采用计算机程序进行结构设计计算，并完成施工图设计，已成为建筑工程界极为普通的事情。

结构工程师们除了采用计算机程序进行结构整体计算外，也越来越多地采用计算机程序进行结构构件计算。但毕竟采用计算机程序计算并不能完全代替结构设计中的全部计算，例如作用在建筑物楼屋面上的建筑装修等永久荷载的统计计算，隔墙和填充墙自重荷载计算等，有时还要靠手算来完成。

所以，结构设计计算书的审查，应包括手算计算书的审查、结构构件计算电算文件的审查和结构整体计算电算文件的审查。

结构计算是结构设计的基础，计算结果是设计的依据。结构工程师必须按照现行国家标准的规定认真进行结构设计计算。设计计算时，选择合理的计算假定、计算模型和计算简图，选择合适的计算软件和计算方法，并正确地输入设计荷载（荷载平面图）、构件平面简图及有关设计参数和数据，是保证获得正确计算结果的关键。

除非另有说明，本书所涉及的软件或程序均指中国建筑科学研究院建研科技股份有限公司设计软件事业部的《多层及高层建筑结构空间有限元分析与设计软件（墙元模型）SATWE（2010 版）》。

3.1　手算计算书的审查

正如本书第 1 篇第 2 章 2.3 节所介绍的，作用在结构上的荷载分为永久荷载、可变荷载和偶然荷载三大类。

手算计算书的主要计算内容之一是计算作用在建筑物楼（屋）面板上的永久荷载、框架梁上的填充墙自重荷载、楼板上的隔墙自重荷载、地下室外墙上的水平荷载等。正确的永久荷载计算和输入、正确的楼面均布活荷载（可变荷载）选用和输入，是结构或结构构件获得正确计算结果的前提条件。所以，结构工程师除了要正确采用楼面均布活荷载外，应当重视作用在建筑物上的永久荷载计算。

除了上述永久荷载计算可能由手算来完成外，某些结构或结构构件的内力和配筋，有时也可能由手算来完成，如楼梯、水池、车道、地下室外墙、人防地下室构件等；大跨度楼面梁、板的挠度和裂缝宽度，有时也由手算来完成验算复核。

3.1.1　永久荷载计算

1. 楼、屋面板上的永久荷载计算

（1）在计算书中应分别写明楼、屋面板上的建筑面层做法及建筑面层内各层材料的自重和厚度；当有板底抹灰或吊顶时，应写明抹灰做法或吊顶做法、抹灰材料自重及厚度或吊顶材料及自重；楼板的板厚及材料自重也应写入计算书中。当楼、屋面板上有设备及设备基础时，也应进行统计计算，必要时应换算为等效均布荷载作用在楼、屋面板上。

（2）在计算出作用在楼、屋面板上均布的永久荷载标准值（含楼板自重标准值）后，宜对标准值进行整化取值调整，以考虑建筑装修荷载的不利变化，例如，若标准值为 $5.32kN/m^2$，宜取为 $5.5kN/m^2$；若标准值为 $5.78kN/m^2$ 宜取为 $6.0kN/m^2$；其余类推。

2. 填充墙自重荷载计算

（1）在计算书中应写明墙体块材的类别、强度等级和自重，如强度等级为 Mu3.5 的陶粒混凝土空心砌块，砌块自重 $12kN/m^3$；同时也应写明砌筑砂浆的强度等级，例如，砌筑填充墙的砂浆强度等级不应低于 M5，砂浆自重 $20kN/m^3$，等等。而且应注意，所采用的砂浆应是与块体材料相适应的专用砂浆。

（2）在计算书中还应写明墙体的厚度和高度及墙体两面的建筑装修做法、材料种类和材料自重。

（3）先计算墙体自重标准值（kN/m^2，包括墙体自重和建筑装修自重标准值），然后再计算墙体的线荷载自重标准值；当墙体上开有洞口时，计算墙体的线荷载自重标准值时，宜考虑其影响。

（4）对计算出的墙体自重线荷载标准值宜进行整化取值调整，例如，若标准值为 $6.34kN/m$，宜取为 $6.5kN/m$；若标准值为 $6.79kN/m$，宜取为 $7.0kN/m$；其余类推。

3. 隔墙自重荷载计算

（1）按填充墙的计算原则和计算要求计算隔墙自重线荷载标准值。

（2）固定隔墙的自重应按永久荷载考虑；当墙下不布置梁时，固定隔墙的自重荷载可换算为等效均布荷载并计入楼面永久荷载标准值中。

楼板上作用有局部荷载时，其等效均布荷载的换算方法是：当楼板为单向板时，按《荷载规范》附录 C 规定的方法进行换算；当楼板为双向板时，等效均布荷载可按与单向板相同的原则，按四边简支板的绝对最大弯矩等值来确定。

如果楼板上均布的永久荷载标准值为 $6.5kN/m^2$，楼板上固定隔墙经换算后的等效均布永久荷载标准值为 $1.5kN/m^2$，则作用在楼板上的均布永久荷载标准值为：$6.5+1.5=8.0kN/m^2$。

（3）当隔墙位置可在楼板上灵活自由布置时，隔墙自重应按活荷载考虑；应将隔墙每延米长墙重（kN/m）的 $1/3$ 作为楼面均布活荷载的附加值（kN/m^2）计入，且此附加值不小于 $1.0kN/m^2$。

如果楼板上均布活荷载标准值为 $2.0kN/m^2$，非固定隔墙每延米长自重标准值为 $0.9kN/m$，则由隔墙产生的楼面附加活荷载标准值为 $\frac{1}{3} \times 0.9 = 0.3kN/m^2$，但其值不应小于 $1.0kN/m^2$，取等于 $1.0kN/m^2$，故楼面均布活荷载标准值为：$2.0+1.0=3.0kN/m^2$。

（4）《荷载规范》表 5.1.1 中的各项荷载，不仅不包括隔墙荷载，也不包括二次装修荷载。结构工程师必要时应与建筑师商定二次装修荷载的取值问题。

4. 楼梯间的荷载计算

当楼梯构件不参与结构整体电算时，楼梯间楼面荷载的输入方式通常有两种：（1）在楼梯间楼板厚度为零的条件下，按均布永久荷载标准值和均布活荷载标准值输入，并指定荷载传导方式；（2）在楼梯间楼板开洞条件下，按楼梯梯段及休息平台板的实际支承情况，将楼梯间的均布永久荷载和均布活荷载分别导算到相关支承梁上，按作用在楼面梁上的线荷载或集中荷载输入。

第二种楼梯间楼面荷载输入法较符合工程实际，应优先采用。

3.1.2　构件计算

1. 在计算书中应给出构件平面布置简图和计算简图；作用在构件上的荷载应有导算过程；计算书内容应完整（满足规范的计算要求）、清楚，计算步骤要条理分明，引用数据应有可靠依据，采用的图表及不常用的计算公式，应注明其来源出处，构件编号、计算结果应与施工图纸一致。

2. 对于钢筋混凝土构件，还应在计算书中写明所采用的混凝土强度等级、钢筋种类、构件重要性系数 γ_0 值、所处的环境类别、受力钢筋保护层厚度等内容。

3. 对于钢结构构件，还应在计算书中写明钢材牌号和质量等级、构件重要性系数 γ_0 值；并根据不同的钢材厚度或直径选取不同的钢材强度设计值（详见本书表 2.4-27）。

4. 对于砌体结构构件，还应在计算书中写明砌体块材类别、强度等级、砂浆强度等级、构件重要性系数 γ_0 值、砌体的施工质量控制等级；如砌体的强度设计值需要折减，应写明调整系数 γ_a 的取值。

3.1.3　对标准图中构件的复核计算

关于国家（或地方）标准图及重复使用图，如受到某种条件的限制，在设计中不能直接采用时，宜根据图集的编制条件和说明，结合工程的实际情况，对标准图中的构件进行必要的手算复核计算。必要时尚可对标准图中的构件作局部修改。复核计算成果也应作为计算书的一部分归档保存。

3.2　结构整体电算文件的审查

3.2.1　结构整体电算时需要输入的文件

采用计算机程序对大多数普通的多、高层建筑结构进行整体电算时，需要输入的数据文件和图形文件（以软件 SATWE 为例）主要有：

1. 结构的总体信息文件，包括总信息、风荷载信息、地震信息、活荷载信息、调整信息、配筋信息、设计信息、荷载组合信息、地下信息和剪力墙底部加强区的层和塔信息等共十大类信息；

2. 结构的几何平面简图：图上应标注梁、柱断面尺寸，当有剪力墙时，还应标注墙的厚度及洞口尺寸和位置；图上也应标注层高、标注梁、柱、墙各构件的编号和相应的混凝土强度等级；

3. 结构的荷载平面简图：图上应标注作用在楼、屋面上的均布永久荷载标准值和均布活荷载标准值（当有人防地下室时，地下室相关楼面还要标注武器爆炸的等效静荷载标准值），也应标注作用在梁上的填充墙等永久线荷载标准值；均布面荷载标准值和均布线荷载标准值通常分两个平面图标注，当荷载简单时，也可标注在同一个平面图上。

总体信息文件和"分析与设计参数补充定义"中相关的参数是 SATWE 程序对多、高层建筑结构进行整体分析计算时所必须的信息参数文件；而结构几何平面简图和结构荷载平面简图，则是 SATWE 程序自动读取经 PMCAD 主菜单 1、2、3 生成的几何数据和荷载数据，并自动将这些数据转换而生成的图形文件（也可生成文本文件）。几何数据文件和荷载数据文件都是 SATWE 程序进行建筑结构整体计算时必不可少的文件。

3.2.2　结构整体电算后应当输出的文件

对大多数普通的多、高层建筑结构，采用计算机程序计算后，应当输出的文件主要包括：

1. 结构计算用的总体信息文件、结构的几何平面简图和结构的荷载平面简图；输出这三个文件的目的是：

（1）为了审查结构整体计算时输入的设计参数和设计荷载是否符合现行国家有关标准的规定；

（2）为了审查施工图中结构平面布置图是否与结构几何平面简图相符，包括结构构件的布置、构件断面尺寸、构件的混凝土强度等级等；如果结构平面布置图中有剪力墙，还应核查剪力墙的截面尺寸、数量、位置、墙上开洞数量、开洞位置和洞口大小是否与结构几何平面简图相符；

2. 结构各楼层的质量、质心、刚心、偏心率、相邻层侧移刚度比、结构整体的抗倾覆验算和整体稳定验算（结构的刚重比计算）结果等信息文件；

3. 结构各楼层的层高、等效尺寸、单位面积质量分布、混凝土强度等级文件；

4. 结构各楼层的抗剪承载力和抗剪承载力比值文件；

5. 结构的周期、周期比、地震力与振型等信息文件（包括地震作用最大方向角）；

6. 结构各楼层的位移和位移比文件；

7. 结构各楼层的地震剪力、最小剪重比和有效质量系数文件；

8. 结构各楼层混凝土构件配筋及钢构件应力比简图；

9. 结构各楼层超筋超限信息文件；

10. 显示结构底层柱底、墙底组合内力的基础设计荷载简图；

11. 结构各楼层现浇楼板计算配筋简图；

12. 结构的柱、墙（肢）轴压比及柱计算长度系数简图；

13. 结构的弹塑性位移和位移角计算文件和必要时的时程分析计算文件；

14. 框架-剪力墙结构中的框架部分所承担的地震倾覆力矩百分比文件和框架总剪力调整文件（筒体类结构要求类同）。

地震区的建筑设计应符合抗震概念设计的要求，不规则的建筑应按规范和规程的规定采取加强措施；特别不规则的多层建筑应进行专门研究和论证，采取高于规范和规程规定的加强措施，对于特别不规则的高层建筑，应严格按照住建部令第 11 号进行抗震设防专项审查；不应采用严重不规则的建筑。

建筑及其抗侧力构件的平面布置宜规则、对称，并应具有良好的整体性；建筑的立面和竖向剖面宜规则，结构的侧向刚度宜均匀变化，竖向抗侧力构件的截面尺寸和材料强度宜自下而上逐渐减小，避免抗侧力结构的侧向刚度和承载力突变。

因此，地震区的建筑，尤其应特别注意结构整体电算时，计算机的计算结果文件反映出的结构平面不规则性和竖向不规则性。对于大多数普通的多、高层建筑结构而言，结构的不规则性主要是指：结构的扭转不规则、偏心布置、凹凸不规则、组合平面（细腰形平面或角部重叠形平面）、楼板局部不连续（含错层大于梁高）、侧向刚度突变、尺寸突变（竖向构件收进位置高于结构高度 20％且收进尺寸大于 25％或上部楼层外挑尺寸大于 10％和 4m，多塔）、竖向抗侧力构件不连续、楼层承载力突变和局部不规则（如局部的穿层柱、斜柱、夹层、个别构件错层或转换或个别楼层扭转位移比略大于 1.2 等）等 10 项。当结构属于特别不规则的结构时，除应计入双向水平地震作用下的扭转影响外，尚应通过研究和论证采取特别的抗震加强措施；当结构属于严重不规则的结构时，应调整结构的平面或立面布置，使结构不属于严重不规则结构；当结构属于超限高层建筑工程时，在初步设计阶段，应请建设单位申报抗震设防专项审查，并由建设行政主管部门委托"超限高层建筑工程抗震设防专家委员会"进行专项审查。超限高层建筑工程抗震设防专家委员会的专项审查意见应作为设计依据写入结构施工图设计文件中。

3.3　采用计算机进行结构计算的要求

采用计算机进行结构设计计算时，应符合下列要求：

1. 计算模型的建立，必要的简化计算与处理，应符合结构的实际工作状况和现行工程建设标准的规定；对于框架结构，当楼梯构件与主体结构整浇时，计算中应考虑楼梯构件的影响，并对楼梯构件进行抗震承载力验算。

2. 计算软件的技术条件应符合国家的结构设计规范及有关标准的规定，并应阐明其特殊处理的内容和依据。计算软件必须经过鉴定。

3. 复杂结构进行多遇地震作用下的内力分析和变形计算时，应采用不少于两个合适的不同力学模型的分析软件进行整体计算，并对其结果进行分析与比较；对受力复杂的结构构件，宜按应力分析结果校核配筋设计。

4. 计算机的所有计算结果，应经分析判断，确认其合理、有效后方可用于工程设计。施工图中表达的内容应与结构计算结果相符合。

3.4　对计算书的要求

计算书内容应当完整，所有计算书均应装订成册，并经过校审，由有关责任人（设计、校对、审核、必要时包括审定人，总计不少于三人）在计算书封面上签字，设计单位和注册结构工程师应在计算书封面上盖章。计算书应作为技术文件归档保存。

第4章 结构整体计算时设计参数的合理选取
（以 SATWE 软件为例）

4.1 总 信 息

4.1.1 结构材料信息

按照结构材料分类，常见的建筑结构分为钢筋混凝土结构、钢与混凝土的混合结构、有填充墙钢结构、无填充墙钢结构及砌体结构等 5 个选项。

"结构材料信息"影响到不同规范、规程的选择，例如：对于框架-剪力墙结构，当"结构材料信息"为"钢结构"时，程序按照钢框架-支撑结构的要求执行 $0.25V_0$ 调整；当"结构材料信息"为"混凝土结构"时，则执行混凝土结构的 $0.2V_0$ 调整。因此应正确填写该信息。

1. 钢筋混凝土结构材料的自重（SATWE 软件称其为"混凝土容重"）

对于钢筋混凝土结构，根据《荷载规范》的规定，其材料的自重一般取为 25kN/m³。材料的自重参数是用来计算结构中的梁、柱、墙等构件自重荷载用的。由于梁、柱、墙等构件通常都会做建筑装修，如抹灰等。为了在结构计算时考虑这部分装修荷载的影响，习惯的做法是采用加大钢筋混凝土结构材料自重的方法，以省去烦琐的装修荷载导算。在实际工程中，可根据建筑专业的装修做法和要求，将钢筋混凝土结构材料的自重 25kN/m³ 乘以 1.04~1.12 的放大系数，即取钢筋混凝土结构材料的自重为 26~28kN/m³，来近似考虑建筑装修荷载对结构计算的影响。

2. 钢结构材料的自重（SATWE 软件称其为"钢材容重"）

根据《荷载规范》的规定，钢结构钢材的自重为 78.5kN/m³。对于钢结构工程，在结构计算时，不仅要考虑防护层及建筑装修荷载的影响，更重要的是，还应考虑钢结构构件经常会设置的加劲肋等加强板件和连接节点附加的连接板件重量的影响，包括螺栓连接节点的连接板件和螺栓、螺母和垫圈等配件重量的影响。由于加劲肋类板件和连接节点附加板件产生的附加自重荷载较大，再加上建筑装修荷载的影响，在钢结构工程设计时，钢结构材料的自重通常要乘以 1.04~1.15 的放大系数，即取钢材自重为 82~90kN/m³。

4.1.2 水平力的夹角和斜交抗侧力构件方向的附加地震数

1. 水平力与整体坐标的夹角，在 SATWE 软件总信息中简称为"水平力的夹角"。

这个参数主要是针对风荷载计算而设置的，但它同样对地震计算起作用。抗震设计时，结构用 SATWE 软件进行整体电算后，在文本格式文件 WZQ. OUT（周期、地震力与振型输出等信息文件）中输出的水平地震作用方向与整体坐标的夹角则称为"地震作用最大的方向"（角）。

水平力的夹角为地震作用、风力作用方向与结构整体坐标系的夹角，逆时针方向为正，单位为度。改变此参数时，地震作用方向和风力作用方向将同时改变。因此，当建筑结构与整体坐标系不正交而有一个夹角时，应在该夹角方向补充地震作用和风力作用的计算，即在 SATWE 软件总信息的"水平力的夹角"参数项中应填写此夹角。

建议仅需改变风荷载作用方向时，才填写此夹角。如果仅需改变地震作用方向，可不必填此夹角。

结构工程师应当注意的是，程序不会自动对填写"水平力的夹角"和不填写"水平力的夹角"这样的两次计算结果做包络设计。

在地震区，在发生地震时，地震作用的最大特点是具有突发性、不确定性和不可预知性。地震的突发性、不确定性和不可预知性有多方面的含义。其一是指地震发生的时间、地点、强度是不确定的，随机的。地震是在毫无警告的情况下发生的。预期不会发生大地震的地方却发生毁灭性地震，如我国 1976 年的唐山大地震；预期在某个时段会发生地震的地方却没有发生地震也是有文献可查的。从某种意义上来讲，地球上的任何一个地方都有可能发生地震。地震不确定性的另一个含义是指没有两次地震的特性是相同的，不同地点同一地震的特性不同，同一地点不同地震的特性也不相同。地震不确定性的再一个含义是指对某一项具体的建筑工程而言，地震的作用方向也是不确定的。地震作用可能发生在结构的任何方向上。地震沿着结构不同的方向作用，结构地震反应的大小一般也是不同的。结构的地震反应是地震作用方向角的函数。因此，必然会存在某个角度，使得地震沿着该方向作用时，结构的地震反应最大。这个方向就是 SATWE 软件所说的最不利地震作用方向。

抗震设计时，原则上，结构工程师应将 SATWE 软件输出的"地震作用最大的方向"角作为地震作用方向角对结构进行补充计算，以体现最不利的地震作用的影响。但在工程实践中，通常是仅当地震作用最大的方向角大于 15°时，才要求补充地震作用最大方向角的结构整体电算。这个要求类同于《抗震规范》第 5.1.1 条关于"有斜交抗侧力构件的结构，当相交角度大于 15°时"，要求"分别计算各抗侧力构件方向的水平地震作用"的规定。

因为计算结构沿"地震作用最大的方向"角的效应时，不需要改变风力的作用方向，因此不需要改变"总信息"中的"水平力的夹角"，只需要在"地震信息"中"斜交抗侧力构件方向的附加地震数"参数项下增加"附加地震方向角"即可，即把 WZQ. OUT 文件输出的"地震作用最大的方向"角作为"斜交抗侧力构件方向"的角度来填写，体现最不利方向地震作用的影响。

2. 斜交抗侧力构件方向的附加地震数

《抗震规范》第 5.1.1 条规定："有斜交抗侧力构件的结构，当相交角度大于 15°时，应分别计算各抗侧力构件方向的水平地震作用。"

为了计算具有斜交抗侧力构件的结构，SATWE 软件在地震信息中设置了名为"斜交抗侧力构件方向的附加地震数"的参数。结构工程师可根据结构平面布置图上斜交抗侧力构件的方向数，在"参数"项中填入相应数目的附加水平地震作用方向数，并在地震信息中相应于"斜交抗侧力构件方向的附加地震方向角"参数项内填入对应的方向角。例如，在图 4.1-1 所示的结构平面布置示意图中，斜交抗侧力构件的方向数为 2，其与整体坐标

x 轴正方向的夹角分别为 29.5°和 45°（均大于 15°），则在 SATWE 软件地震信息中的相关参数项应这样填写：

斜交抗侧力构件方向的附加地震数＝2

斜交抗侧力构件方向的附加地震方向角（单位为度）＝29.5，45

在通常情况下考虑水平地震作用时，程序只输出一对正交的地震作用效应，即 S_x 和 S_y，

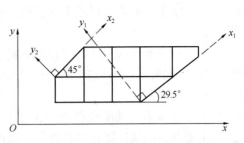

图 4.1-1　结构平面布置图

它们分别代表结构在整体坐标轴 x 方向和 y 方向的水平地震作用效应。当结构有斜交抗侧力构件且相交角度大于 15°，进行斜交抗侧力构件方向的水平地震作用计算时，程序会增加输出与"附加地震数"相对应的地震作用效应组数。例如，斜交抗侧力构件方向的附加地震数为 2，附加的地震方向角分别为 29.5°和 45°，程序除输出 S_x 和 S_y 外，还会增加输出 S_{x1}、S_{y1} 和 S_{x2}、S_{y2} 两组地震作用效应。其中，S_{x1} 和 S_{x2} 分别代表地震沿局部坐标轴 x_1 方向和 x_2 方向的地震作用效应，而 S_{y1} 和 S_{y2} 则分别代表地震沿局部坐标轴 y_1 方向和 y_2 方向的地震作用效应。S_{x1} 和 S_{x2} 及 S_{y1} 和 S_{y2} 是程序根据附加的地震方向角按正交的原则自动完成的地震作用效应计算。构件验算时，程序可以自动按上述"正交计算"和"斜交计算"所得到的最不利的工况进行验算。

3. 水平力的夹角与斜交抗侧力构件方向的附加地震方向角这两个设计参数的不同之处在于：

（1）水平力的夹角不仅改变地震作用的方向而且同时还改变风荷载作用的方向；斜交抗侧力构件方向的附加地震方向角仅改变地震作用的方向。

（2）侧向水平力（风力或地震作用与风力）沿结构两个主轴方向作用与沿某夹角（与结构两个主轴的夹角）方向作用的计算结果在一般情况下是不相同的。目前 SATWE 软件还不能自动取其最不利组合来进行构件的截面设计，必须由结构工程师在不同的工程目录下分别进行计算，然后对计算结果一一比较并取最不利者。

结构的两个主轴方向通常与整体坐标系的 x 轴和 y 轴的方向一致，一般情况下应沿着 x 轴和 y 轴方向计算地震作用。当程序在抗震计算后输出的最不利地震作用方向与 x 轴或 y 轴方向有夹角且夹角大于 15°时，结构工程师尚应把这个角度作为斜交抗侧力构件地震作用方向之一，补充进行结构整体分析，以提高结构的抗震安全性。

（3）抗震设计时，地震沿结构两个主轴方向作用与地震沿斜交抗侧力构件方向作用的计算结果在一般情况下也是不相同的。但 SATWE 软件可以自动考虑每一方向地震作用下的效应的最不利组合，直接完成构件截面设计，不需要结构工程师去比较和判断。

4.1.3　地下室层数与上部结构的嵌固部位

1. 地下室层数

大多数多高层建筑都设有地下室。地下室可能是一层、二层或三层，其实际层数应由建筑的使用功能确定。有的地下室或地下室的一部分，根据需要还要按《人民防空地下室设计规范》GB 50038 的要求设计成防空地下室。

带地下室的多高层建筑在进行结构计算时，上部结构和地下室应作为一个整体进行分

析和计算，地下部分有几层地下室在程序的"地下室层数"参数项中应真实填写。这样做的优点是：

(1) 可以真实反映上部结构和地下室是一个整体，两者相互作用共同工作，荷载作用和传递途径清楚；计算地基和基础的竖向荷载可以一次形成，方便地基和基础的设计和计算。

(2) 地下室不受风荷载作用，计算上部结构风荷载时，程序会自动扣除地下室的高度，使上部结构的风荷载计算符合实际情况。

(3) 抗震设计时，剪力墙底部加强部位的高度程序会自动从地下室顶板算起，程序输出的"剪力墙底部加强区层号"包括嵌固部位下一层的层号。

(4) 当地下室顶板符合作为上部结构嵌固部分的条件时，地下室顶板能将上部结构的地震剪力传递到全部地下室结构；地下室结构应能承受上部结构屈服超强及地下室本身的地震作用。

2. 上部结构的嵌固部位

住房和城乡建设部颁布的《建筑工程设计文件编制深度规定》（2016 年版）第 4.4.3 条规定，施工图的结构设计总说明应写明结构整体计算时的嵌固部位。

多高层建筑不设置地下室时，上部结构通常嵌固在基础顶面；多高层建筑当设置地下室时，上部结构是嵌固在地下室的地下一层顶板部位还是嵌固在地下室的地下二层顶板部位，亦或是嵌固在筏板基础顶面或箱形基础顶面，应由地下室结构的楼层侧向刚度与地上一层楼层侧向刚度之比等条件来确定。

(1) 地下室顶板作为上部结构嵌固部位时，应符合下列要求：

1) 地下室顶板应避免开设大洞口，地下室在地上结构相关范围的顶板应采用现浇梁板结构，相关范围以外的地下室顶板宜采用现浇梁板结构；其楼板厚度不宜小于 180mm，混凝土强度等级不宜小于 C30，应采用双层双向配筋，且每层每个方向的配筋率不宜小于 0.25%。

2) 结构地上一层的侧向刚度，不宜大于相关范围地下一层侧向刚度的 0.5 倍；地下室周边宜有与其顶板相连的抗震墙。

注："相关范围"一般可从地上结构（主楼、有裙房时含裙房）周边外延不大于 20m。

3) 地下室顶板对应于地上框架柱的梁柱节点除应满足抗震计算要求外，尚应符合下列规定之一：

① 地下一层柱截面每侧纵向钢筋不应小于地上一层柱对应纵向钢筋的 1.1 倍，且地下一层柱上端和节点左右梁端实配钢筋的抗震受弯承载力之和应大于地上一层柱下端实配的抗震受弯承载力的 1.3 倍。

② 地下一层梁刚度较大时，柱截面每侧的纵向钢筋面积应大于地上一层对应柱每侧纵向钢筋面积的 1.1 倍；同时梁端顶面和底面的纵向钢筋面积均应比计算增大 10% 以上。

4) 地下一层抗震墙墙肢端部边缘构件纵向钢筋的截面面积，不应少于地上一层对应墙肢端部边缘构件纵向钢筋的截面面积。

关于地下室的抗震等级，当地下室顶板作为上部结构的嵌固部位时，地下一层的抗震等级应与上部结构相同，地下一层以下抗震构造措施的抗震等级可逐层降低一级，但不应低于四级。地下室中无上部结构的部分，抗震构造措施的抗震等级可根据具体情况采用三级或四级。

　　裙房与主楼相连，除应按裙房本身确定抗震等级外，相关范围不应低于主楼的抗震等级；主楼结构在裙房顶板对应的相邻上下各一层应适当加强抗震构造措施。相关范围以外的裙房区域可按裙房自身的结构类型确定其抗震等级。裙房偏置时，其端部有较大扭转效应，也需要加强。裙房与主楼分离时，应按裙房本身确定抗震等级。

　　裙房和地下室的抗震等级如图 4.1-2 所示。

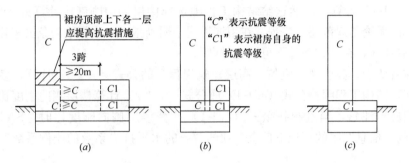

图 4.1-2　裙房和地下室的抗震等级

　　所谓"相关范围"，一般可认为是从主楼周边外延 3 跨且不小于 20m 的范围。

　　地下室顶板与室外地面的高差一般应小于地下室层高的 1/3，且不大于 1.0m；

　　地下室的埋深（由室外地面至基础底）应满足《建筑地基基础设计规范》GB 50007 第 5.1.4 条的规定，地下室外墙外侧基坑回填土回填质量应良好，压实系数应符合《建筑地基基础设计规范》第 6.3.7 条的要求。

　　《高层建筑规程》第 12.2.6 条还规定，高层建筑地下室外周回填土应采用级配砂石、砂土或灰土，并应分层夯实。

　　（2）当地下室顶板满足作为上部结构嵌固部位的条件时，地下室结构将具有足够的整体刚度和足够的承载力；在地震作用下，当上部结构进入弹塑性工作阶段，地上一层柱底或墙底出现塑性铰时，地下室结构仍可保持弹性工作状态。

　　（3）关于楼层侧向刚度的计算方法：

　　1）《抗震规范》和《高层建筑规程》在规范条文中均没有明确规定楼层侧向刚度比的计算方法。《抗震规范》在第 3.4.3 条和第 3.4.4 条的条文说明中指出，楼层的"侧向刚度可取地震作用下的层剪力与层间位移之比值计算"，即按下式进行计算：

$$\gamma = \frac{V_i \Delta_{i+1}}{V_{i+1} \Delta_i} \qquad (4.1\text{-}1)$$

式中　V_i、V_{i+1}——分别为第 i 层和第 $i+1$ 层剪力；

　　　　Δ_i、Δ_{i+1}——分别为第 i 层和第 $i+1$ 层在单位水平力作用下的侧向位移。

　　2）《高层建筑规程》则在第 5.3.7 条的条文说明中指出，计算地下室结构楼层侧向刚度时，可考虑地上结构以外的地下室相关部位的结构（"相关部位"一般指地上结构外扩不超过三跨的地下室范围）。楼层侧向刚度比可按《高层建筑规程》附录 E.0.1 条公式计算，即按等效剪切刚度比法公式（4.1-2）计算：

$$\gamma = \frac{G_i A_i h_{i+1}}{G_{i+1} A_{i+1} h_i} \qquad (4.1\text{-}2)$$

式中　G_i、G_{i+1}——分别为第 i 层和第 $i+1$ 层混凝土的剪变模量；

　　　A_i、A_{i+1}——分别为第 i 层和第 $i+1$ 层的折算抗剪截面积，折算抗剪截面面积可按《高层建筑规程》附录 E.0.1 条的相关公式计算；

　　　h_i、h_{i+1}——分别为第 i 层和第 $i+1$ 层的层高。

由于《高层建筑规程》和《抗震规范》对楼层侧向刚度比采用了不同的计算方法，而且在用语上，前者是可按公式（4.1-2）计算，后者是可取层剪力与层间位移之比值计算，即按公式（4.1-1）计算。显然这给结构工程师选择楼层侧向刚度比计算方法留了余地。因为国家标准无论是规范还是规程，在用词说明中明确指出，当标准的条文采用"可"字时，"表示有选择，在一定条件下可以这样做"。

因此编者认为，高层建筑宜按《高层建筑规程》的公式（4.1-2）计算，多层建筑在一定条件下，结构工程师按公式（4.1-1）或公式（4.1-2）计算楼层侧向刚度比都是可以接受的。但应当注意，当选择按公式（4.1-1）计算楼层侧向刚度比时，SATWE 软件"建筑结构的总信息"中的"地下信息"项的"土的水平抗力系数的比例系数"这个参数应取等于零。

当通过上述计算确认地下室顶板可作为上部结构嵌固部位后，在进行结构整体分析及配筋计算时，"土的水平抗力系数的比例系数"❶ 这个参数宜按工程场地"地基土类别"的实际数值填写，以便考虑地下室外墙外侧回填土对地下室结构的约束作用，这对上部结构是偏于安全的。

（4）结构设计时，应尽量创造条件，使地下室顶板满足作为上部结构嵌固部位的要求（例如，增大地下室结构楼层侧向刚度，或减小上部结构楼层侧向刚度）。当地下室顶板无法满足上部结构嵌固部位要求时，一般来说，地下二层顶板（地下一层底板）通常可满足上部结构嵌固部位的要求，其条件是：

1）地下一层楼层的侧向刚度应大于地上一层楼层的侧向刚度；地下二层楼层的侧向刚度应大于地下一层楼层的侧向刚度；地下二层的楼层侧向刚度不应小于地上一层楼层侧向刚度的 2 倍（可按有效数字控制）；

2）地下二层的抗震等级宜与地下一层相同（地下一层的抗震等级与上部结构相同）；

3）地下二层顶板的开洞限制、板厚、板的混凝土强度等级、板的配筋、柱的配筋、梁的配筋及剪力墙的配筋等，其要求与作为上部结构嵌固部位的地下室顶板相同。

震害调查表明，地表附近的结构部位震害较严重，地下室较轻。因此，当地下室顶板不能满足上部结构嵌固要求，而地下二层顶板可满足上部结构嵌固部位要求时，剪力墙底部加强部位的高度仍宜从地下室顶板算起，并且向下延伸至地下二层顶板；考虑到地下室顶板对上部结构实际存在的嵌固作用，除其板厚可略小（例如取板厚≥160mm）外，板的其他设计要求，与作为嵌固部位的地下二层顶板相同。

若上部结构嵌固在地下二层顶板部位，在进行结构整体分析和配筋计算时，"土的水平抗力系数的比例系数"这个参数仍应按工程场地地基土类别填写。

为了确保安全，结构设计时，宜取上部结构嵌固在地下二层顶板和上部结构嵌固在地

---

❶ "土的水平抗力系数的比例系数"详见现行的《建筑桩基技术规范》JGJ 94 表 5.7.5 中不同"地基土类别"的灌注桩的 m 值。

下一层顶板（地下室顶板）的计算结果的较大值。

4.1.4　特殊荷载计算信息

1. 特殊荷载通常是指温度荷载、吊车荷载、支座沉降、混凝土收缩和徐变及特殊风荷载等。

2. 吊车荷载在设计工业建筑中的厂房时经常会碰到。由于吊车荷载的移动性，使工业厂房结构的三维分析较为困难，所以对于比较规则的有吊车的工业厂房多采用平面杆系的分析方法计算，补充空间杆系分析方法复核。

特殊风荷载主要用于体型复杂的结构工程和钢结构工程，特别是大跨度钢结构和轻型钢结构工程，还要考虑正负风压的不利影响。特殊风荷载在"设缝多塔结构"设计中也经常采用。

SATWE 软件具有在梁上和节点上定义特殊荷载的功能。每组特殊风荷载作为一种独立的荷载工况，可与永久荷载、活荷载、地震作用等荷载进行组合。

吊车荷载的分项系数采用 1.4；工作级别不大于 A7 的软钩吊车的组合值系数采用 0.7，硬钩吊车和工作级别为 A8 的软钩吊车的组合值系数采用 0.95；悬挂吊车、电动葫芦和工作级别不大于 A5 的软钩吊车的动力系数采用 1.05，工作级别为 A6～A8 的软钩吊车、硬钩吊车、其他特种吊车（如冶金工业厂房的冶金专用吊车等）的动力系数采用 1.10。

特殊风荷载的分项系数采用 1.4，组合值系数采用 0.6。

3. 抗震设计时，硬钩吊车悬吊物重力的组合值系数采用 0.3，软钩吊车悬吊物重力的组合值系数取 0.0。

4. 其他特殊荷载的分项系数和组合值系数，可根据国家相关标准确定。

4.1.5　结构类别（或结构类型）

常用的结构类型分为框架结构、框架-剪力墙结构、框架-核心筒结构、筒中筒结构、剪力墙结构、异形柱框架结构、异形柱框架-剪力墙结构、板柱-剪力墙结构、部分框支剪力墙结构、砌体结构、底部框架-抗震墙砌体结构、配筋砌块砌体结构、钢框架结构、单层钢结构厂房、多层钢结构厂房等共 15 个选项。

结构工程师应正确填写结构类型。因为抗震设计时，结构类型和结构的抗震等级与《抗震规范》或《高层建筑规程》中相应的结构内力调整系数相对应。错填结构类型有可能使结构的内力调整出错，影响结构的安全。

4.1.6　裙房层数和转换层所在层号

1. 在结构分析与设计时，正确的做法是将上部结构与地下室作为一个整体统一考虑，即结构整体电算时，结构的整体计算模型应包括地下室各层。如果这样来进行结构的设计计算，裙房的层数就应当包括地下室各层。例如，建筑物在 ±0.000 以下有 2 层地下室，在 ±0.000 以上有 3 层裙房，则在总信息参数项内"裙房层数"应填 5。

2. 根据《抗震规范》和《高层建筑规程》的规定，在建筑结构的底部，当上部楼层的部分竖向构件（剪力墙、框架柱、支撑）不能直接连续贯通落地时，应设置结构转换层，在结构转换层布置转换结构构件。根据建筑功能的要求，转换层可以设置在地面（通常指室内±0.000地面）以上的首层、2层或3层等。《高层建筑规程》规定，对于部分框支剪力墙结构，8度时，转换层的设置位置不宜超过地面以上第3层，7度时不宜超过地面以上第5层，6度时其层数可适当增加。

带托柱转换层的筒体结构，其转换柱和转换梁的抗震等级宜按部分框支剪力墙结构中的框支框架采用。对部分框支剪力墙结构，当转换层的位置设置在3层及3层以上时，属于高位转换，其框支柱、剪力墙底部加强部位的抗震等级宜按《高层建筑规程》表3.9.3和表3.9.4的规定提高一级采用，已为特一级时可不提高。

对于托柱转换结构，因其受力情况和抗震性能比部分框支剪力墙结构有利，《高层建筑规程》对转换层设置的位置未作限制，也未要求当转换层设置的位置在3层及3层以上时采取更严格的抗震措施。

对于仅有个别框支墙的剪力墙结构，即不落地剪力墙的截面面积不大于剪力墙结构墙体总截面面积的10%的剪力墙结构，只要框支部分的设计合理且不致加大扭转不规则，仍可视为剪力墙结构，其适用最大高度和抗震等级仍可按全部落地的剪力墙结构确定。

3. 对于仅有个别框支墙的剪力墙结构，所谓"框支部分设计合理"，主要是指：

（1）个别剪力墙不落地而由框支框架承托时，不应使结构整体的扭转不规则程度加大超过10%；

（2）框支框架的抗震等级宜按相应抗震设防烈度和相应高度的部分框支剪力墙结构"底部加强部位的剪力墙"确定；结构整体计算时，可通过运行"特殊构件补充定义"菜单来单独定义框支梁、框支柱及其抗震等级；

（3）承托不落地剪力墙的框支框架，其内力增大系数和抗震构造措施与相应抗震等级的框支梁、框支柱相同。

当建筑物有地下室时，转换层所在层号应从地下室顶板算起。例如，建筑物有2层地下室，转换层位于地面以上第2层，则在总信息参数项内"转换层所在层号"应填4。

正确填写转换层所在层号，有助于程序按照规范的要求，对相关构件进行正确的内力调整和设计，合理判断底部加强部位的高度，正确输出转换层上、下层结构侧向刚度比等。

4. 在这里要提请结构工程师注意：

（1）只要结构工程师填写了"转换层所在层号"，程序即判断该结构为带转换层的结构，自动执行《高层建筑规程》第10.2节针对两种结构（托墙转换结构和托柱转换结构）的通用设计规定，如：根据第10.2.2条判断底部加强区高度、根据第10.2.3条输出刚度比等；

（2）如果结构工程师填写了"转换层所在层号"又同时选择了"部分框支剪力墙结构"，程序在上述基础上还将自动执行《高层建筑规程》第10.2节专门针对部分框支剪力墙结构的设计规定，包括：根据第10.2.6条，高位转换时（转换层的位置设置在地上3层及3层以上时属于高位转换），框支柱和剪力墙底部加强部位抗震等级自动提高一级；根据第10.2.16条输出框支框架的地震倾覆力矩；根据第10.2.17条对框支柱的地震内力进行调整；根据第10.2.18条对剪力墙底部加强部位的组合内力进行放大；根据第10.2.19条，提高剪力墙底部加强部位分布钢筋的最小配筋率等；

（3）如果结构工程师填写了"转换层所在层号"但选择了其他结构类型而没有选择"部分框支剪力墙结构"，程序将不执行上述仅针对部分框支剪力墙结构的设计规定。

对于水平转换构件和转换柱的设计要求，还需要结构工程师在"特殊构件补充定义"中对构件属性（包括抗震等级）进行指定，程序将自动执行相应的调整，如根据第 10.2.4 条对水平转换构件的地震内力进行放大，根据第 10.2.7 和第 10.2.10 执行转换梁、柱的设计要求等；

（4）对于仅有个别结构构件进行转换的结构（详见《抗震规范》第 6.1.1 条的条文说明），如剪力墙结构或框架—剪力墙结构中存在的个别墙或柱在底部进行转换的结构，可参照水平转换构件和转换柱的设计要求进行构件设计，此时只需对这部分构件指定其特殊构件属性（包括抗震等级）即可，不再填写"转换层所在层号"，也不再选择"部分框支剪力墙结构"，程序将仅执行对于转换构件的设计规定。

5. 对于高位转换的判断，转换层位置以地下室顶板起算，即以（转换层所在层号—地下室层数）进行判断，是否为 3 层或 3 层以上的转换，如果是则属于高位转换。

从这里也可以看出，对于抗震设计的部分框支剪力墙结构，设计时使上部结构嵌固在地下一层顶板的重要性、合理性和经济性。

4.1.7　墙元细分最大控制长度（m）和墙元网格

1. 剪力墙是高层建筑结构的主要抗侧力构件，既承受水平荷载的作用，又承受竖向荷载的作用。

2. 按照 2010 年版《抗震规范》和《高层建筑规程》的要求修订的 2010 年版 SATWE 软件（以下简称《2010 年版 SATWE 软件》）对剪力墙单元的自动划分采用了全新的方法，即采用通用软件（例如 ANSYS 软件）常用的网格算法——铺砌法，并结合几何拆分法，力求确保剪力墙网格大部分为均匀的四边形，较少出现三角形，以满足有限元计算的要求，极大地提高了网格划分的质量和协调性以及对复杂剪力墙结构模型的适应性，较好地解决了剪力墙结构的网格划分问题。

按照上述的铺砌法进行剪力墙网格划分，剪力墙与剪力墙之间的边界节点全部协调，剪力墙与边框架柱之间的节点全部协调，剪力墙与弹性楼板之间的节点全部协调。

3. 剪力墙与剪力墙之间的上下边界节点和侧向边界节点均作为出口节点，从而实现边界节点全部协调，保证了结构的连续性和计算结果的合理性。对墙元上端和下端出口节点的个数不作限制，适应长墙模型。取消了对洞口最小尺寸的限制；允许洞口靠近墙端点，不再像旧版 SATWE 软件那样增加 300mm 宽墙段，而是直接划分单元，与真实结构一致。对转角墙那种两片墙的洞口相交的情况也可以正确计算。不限制墙元形状，方便处理斜墙、坡屋顶、错层等情况。《2010 年版 SATWE 软件》推荐墙的单元控制长度为 1m，并改进了剪力墙单元划分方法，使单元的形状更加合理，多使用矩形单元，减少三角形单元，且单元大小分布更加均匀。剪力墙网格划分时对墙梁（连梁）自动加密，能更精确地计算墙梁（连梁）的内力，从而在一定程度上缓解了墙梁（连梁）超筋超限问题。同时，在作剪力墙网格划分时，节点归并距离从 300mm 调整为 180mm，从而增加了程序处理的稳定性和合理性。

4.1.8 是否对全楼强制采用刚性楼板假定

1. 根据《抗震规范》的规定，一般情况下仅在计算建筑结构的位移比、周期比和层刚度比时，应选择对全楼强制采用刚性楼板假定。

采用刚性楼板假定，即假定楼板在平面内无限刚，在平面外刚度为零。由于采用了楼板在平面内无限刚的假定，每块刚性楼板有三个公共自由度（u、v、θ_z），在刚性楼板内部每个节点的独立自由度只剩下 3 个（θ_x、θ_y、ω）。这就极大地减少了结构的整体自由度数，结构计算工作量大大减少，从而提高了工作效率。这一优点正是刚性楼板假定能够被广泛接受的重要原因，尤其是在过去计算机硬件条件有限的情况下，使得进行大型结构（高层、超高层）工程的设计计算成为可能。

在采用刚性楼板假定时，由于忽略了楼板平面外的刚度，使结构总刚度偏小。为此，规范建议用楼面梁刚度增大系数来近似考虑楼板的平面外刚度的影响。《高层建筑规程》第 5.2.2 条规定，在结构内力和位移计算时，现浇楼板和装配整体式楼板中梁的刚度可考虑翼缘的作用而予以增大。楼面梁刚度增大系数可根据翼缘情况取 1.3～2.0。对于无现浇面层的装配式结构，可不考虑楼板的作用。

《2010 年版 SATWE 软件》关于楼面梁刚度放大系数，还提供了按 2010 年版《混凝土规范》取值的选项，勾选此项后，程序将根据 2010 年版《混凝土规范》第 5.2.4 条的表格，自动计算每根梁的楼板有效翼缘宽度，按照 T 形梁截面与矩形梁截面的刚度比例，确定每根梁的刚度系数。

刚度放大系数计算结果可在"特殊构件补充定义"中查看，也可以在此基础上修改。如果不勾选，刚仍可按《高层建筑规程》第 5.2.2 条的规定，对全楼指定唯一的刚度放大系数。

对于楼板平面形状简单、规则、长宽比不大且楼板无局部不连续的普通建筑结构，除位移比、周期比及层刚度比应采用刚性楼板假定进行计算外，结构的内力分析和配筋计算也可采用刚性楼板假定。

在采用刚性楼板假定进行结构整体电算时，应采取必要的措施，如采用现浇钢筋混凝土楼板、局部削弱的楼板宜局部加厚并加大楼板配筋、楼板上较大的洞口边宜设置边梁等，以保证楼板在平面内有必要的整体刚度。

多、高层建筑的混凝土楼、屋盖宜优先采用现浇混凝土板。当采用混凝土预制装配式楼、屋盖时，应从楼、屋盖体系和构造上采取措施确保各预制板之间连接的整体性。

结构工程师在 PMCAD 建模时定义的水平放置的楼板，程序自动默认为刚性楼板。

对于《抗震规范》和《高层建筑规程》所列举的平面不规则结构，在结构整体电算计算内力位移时，应按《抗震规范》第 3.4.4 条、第 3.6.4 条和《高层建筑规程》第 5.1.5 条的要求，采用符合楼板平面内实际刚度变化的计算模型；高烈度地区或不规则程度较大时，宜计入楼板局部变形的影响；平面不对称且凹凸不规划或局部不连续，可根据实际情况分块计算扭转位移比，对扭转较大的部位应采用局部的内力增大系数；当平面不对称时尚应计及扭转的影响。

为此，SATWE 软件除刚性楼板假定外，还推出了名为弹性楼板 3、弹性楼板 6 和弹性膜的楼板计算假定，可供结构工程师根据工程实际情况灵活选用。对于同一项工程，可整体采用一种楼板假定，也可采用几种不同的楼板假定。例如，可以假定楼板整体平面内无限刚；也可以假定楼板分块平面内无限刚；还可以假定楼板分块平面内无限刚并带有弹性连接板带；以及假定楼板为弹性板。

2. 弹性楼板 6 是针对板柱结构和板柱—剪力墙结构提出的。弹性楼板 6 是假定楼板在平面内和平面外的刚度均为真实的有限刚度，程序采用壳单元来计算楼板的面内刚度和面外刚度。采用弹性楼板 6 假定虽然最符合楼板的真实情况，但由于部分楼面的竖向荷载会通过楼板的面外刚度直接传给结构的竖向构件而使梁弯矩减小，相应地也会使梁的配筋减小，不安全。所以不建议板柱结构以外的结构楼板采用弹性楼板 6 这种假定。

采用弹性楼板 6 来计算柱网比较规则的板柱结构或板柱—剪力墙结构时，在 PMCAD 交互式建模中，在假定的等代梁位置上应布置 100mm×100mm 的混凝土虚梁，并在"特殊构件补充定义"菜单中将楼板定义成"弹性楼板 6"。布置虚梁的目的，一是为了在接力 PMCAD 前处理过程中程序能够自动读到楼板的外边界信息，二是为了辅助弹性楼板单元的划分。在结构计算中，混凝土虚梁无自重、无刚度。

3. 弹性楼板 3 是针对厚板转换层结构的转换厚板提出的。弹性楼板 3 是假定楼板在平面内无限刚而在平面外的刚度是真实刚度。程序采用中厚板弯曲单元来计算楼板平面外的刚度。除了厚板转换层结构的转换厚板外，当板柱结构楼板的面内刚度足够大时，也可以采用弹性楼板 3 来计算。

采用 SATWE 软件进行厚板转换层结构计算时，在 PMCAD 的交互式建模中，与板柱结构的输入要求一样，也要布置 100mm×100mm 的虚梁，并在"特殊构件补充定义"菜单中把楼板定义为"弹性楼板 3"。

《2010 年版 SATWE 软件》由于采用了更先进的网格划分方法，采用弹性板 6 和弹性板 3 时，可无需再设置 100mm×100mm 的虚梁，程序可以自动划分出较高质量的网格。

4. 对于楼板形状复杂的建筑结构，如有效宽度较窄的环形楼板结构、楼板局部开大洞的结构、楼板平面狭长或楼板有较大凹入的结构、楼板平面弱连接的结构等，楼板平面内的刚度有较大削弱。对于这些形状复杂的楼板，由于楼板平面内刚度有较大削弱且不均匀，楼板平面内的变形会使楼层内抗侧力刚度较小的构件的位移和内力增大，采用刚性楼板假定就不能保证这些构件计算结果的可靠性。所以在对这类结构进行分析计算时，既不能简单地采用刚性楼板假定，也不能随意采用弹性楼板 6 和弹性楼板 3。为了真实地反映楼板平面内的刚度，同时又不影响梁的配筋，应当采用"弹性膜"假定。

采用弹性膜假定，即假定楼板在平面内的刚度为真实的刚度，而楼板平面外的刚度为零。楼板在平面内的刚度采用平面应力膜单元来计算。

弹性楼板 6、弹性楼板 3 和弹性膜均称为弹性楼板，在进行结构整体电算需要定义弹性楼板时，应通过点击"特殊构件补充定义"菜单来定义，而且一定不要选错弹性楼板的计算模型，并在计算书中注明所采用的弹性楼板是哪一种弹性楼板。

使用 SATWE 软件设置弹性楼板假定时，对于建筑工程结构，一般情况下应选用弹性膜。程序对弹性楼板的默认设置也是弹性膜。

在采用弹性楼板假定进行结构整体电算时，应当注意以下四点：

(1) 在 PMCAD 交互式建模时，一定要真实输入楼板厚度，对于没有楼板的房间，可以定义板厚为零或全房间开洞；没有楼板的房间，定义板厚为零或全房间开洞，对楼板平面内刚度的计算没有本质区别；但对楼面导荷计算则有不同，板厚为零时，房间内可以布置均布面荷载，而全房间开洞则认为房间内没有均布面荷载。

（2）弹性楼板可以定义在整层楼板上，也可以仅仅定义在需要的局部区域上，例如将某一个或两个房间的楼板定义为弹性楼板等；通过定义局部区域为弹性楼板可把整层楼板分隔成几块刚性楼板。后一种定义方式比前者分析效率高。弹性楼板定义时要注意，不应有与刚性楼板相互包含的情况。

（3）由于采用弹性楼板假定会使结构存在较多的弹性节点，在选用结构整体计算分析方法时，应选用"总刚分析法"，而不应选用"侧刚分析法"。因此在选用 PKPM 系列分析软件时，一定要选用具有总刚计算功能的分析软件；仅有侧刚计算功能的软件，是在刚性楼板假定基础上开发出的软件，不能识别弹性楼板。

（4）在采用弹性楼板假定并用总刚分析方法进行结构整体电算的同时，还应补充计算结构在刚性楼板假定下的位移比、周期比（扭转为主的第一自振周期与平动为主的第一自振周期之比）和楼层侧向刚度比。因为控制结构平面规则性、扭转特性和竖向刚度比的这些参数，规范要求在刚性楼板假定下进行计算。

4.1.9　采用的楼层刚度算法

1. 根据《抗震规范》和《高层建筑规程》的建议，建筑结构的楼层侧向刚度有三种计算方法：

（1）《高层建筑规程》附录 E.0.1 建议的"等效剪切刚度法"（简称剪切刚度法），$K_i = G_i A_i / h_i$；

（2）《高层建筑规程》附录 E.0.3 建议的"等效侧向刚度法"（简称剪弯刚度法），$K_i = \Delta_i / h_i$；

（3）《抗震规范》第 3.4.3 条和第 3.4.4 条条文说明建议的层剪力比层间位移算法及《高层建筑规程》第 3.5.2 条建议的"层剪力比层间位移"算法和"层剪力比层间位移角"算法；《高层建筑规程》第 3.5.2 条规定，前者适用于框架结构，后者适用于框架-剪力墙结构、板柱-剪力墙结构、剪力墙结构、框架-核心筒结构、筒中筒结构；《高层建筑规程》第 3.5.2 条的计算公式分别为 $\gamma_1 = \dfrac{V_i \Delta_{i+1}}{V_{i+1} \Delta_i}$ 和 $\gamma_2 = \dfrac{V_i \Delta_{i+1}}{V_{i+1} \Delta_i} \dfrac{h_i}{h_{i+1}}$。

SATWE 软件可以实现上述三种楼层侧向刚度计算方法，且可自动完成第一种和第三种楼层侧向刚度算法。

2. 建筑结构楼层侧向刚度及侧向刚度比的计算，是抗震设计时判断结构沿竖向是否发生刚度突变、是否存在软弱层的重要依据。

根据《抗震规范》第 3.4.3 条的规定，楼层的侧向刚度小于相邻上一层的 70%，或小于其上相邻三个楼层侧向刚度平均值的 80% 时，则结构属于竖向不规则结构。竖向不规则的建筑结构，应采用空间结构计算模型，刚度小的楼层的地震剪力应乘以不小于 1.15 的增大系数。

程序检查建筑结构的楼层侧向刚度比时，分别按结构的 x 轴和 y 轴进行，一旦发现任一方向为侧向刚度不规则，则该层为薄弱层，沿 x 轴方向和 y 轴方向的地震剪力均乘以不小于 1.15 的增大系数。

层刚度小的楼层称为薄弱层，该薄弱层应按抗震规范有关规定进行弹塑性变形分析，并应符合下列要求：

1）竖向抗侧力构件不连续时，该构件传递给水平转换构件的地震内力应根据烈度高低和水平转换构件的类型、受力情况、几何尺寸等，乘以 1.25～2.0 的增大系数；

2）侧向刚度不规则时，相邻层的侧向刚度比应依据其结构类型符合本规范相关章节的规定；

3）楼层承载力突变时，薄弱层抗侧力结构的受剪承载力不应小于相邻上一楼层的 65%。

平面不规则且竖向不规则的建筑，应根据不规则类型的数量和程度，有针对性地采取不低于《抗震规范》第 3.4.4 条 1、2 款要求的各项抗震措施。特别不规则的建筑，应经专门研究，采取更有效的加强措施或对薄弱部位采用相应的抗震性能化设计方法。

建筑结构楼层侧向刚度的三种计算方法与结构高度、楼层高度、结构类型和结构规则性有关，有时候计算结果相差较大，应综合分析。一般情况下，采用《抗震规范》建议的方法，即上述的第 3 种计算方法中的层剪力比层间位移算法可以得到较为合理的结果。除部分框支剪力墙结构要采用上述的"剪切刚度法"或"剪弯刚度法"做补充计算外，所有的建筑结构，通常情况下都采用"层剪力比层间位移"的方法来计算楼层侧向刚度及侧向刚度比。采用"层剪力比层间位移"的方法计算结构楼层侧向刚度比时，一般要采用"刚性楼板假定"。对于有弹性楼板或板厚为零的建筑结构，应计算两次。在刚性楼板假定条件下计算楼层刚度比并找出薄弱层；在弹性楼板假定条件下完成其余计算，并检查原找出的薄弱层是否得到确认。

3. 当部分框支剪力墙结构的转换层设置在地面以上第 1 层和第 2 层时，根据《高层建筑规程》的规定，可近似采用转换层与其相邻上层结构的等效剪切刚度比 γ_{e1} 表示转换层上、下层结构刚度的变化，γ_{e1} 宜接近 1，抗震设计时 γ_{e1} 不应小于 0.5。γ_{e1} 可按下列公式计算：

$$\gamma_{e1} = \frac{G_1 A_1}{G_2 A_2} \times \frac{h_2}{h_1} \tag{4.1-3}$$

式中各符号的意义见《高层建筑规程》附录 E.0.1。

4. 当部分框支剪力墙结构的转换层设置在地面以上第 3 层及第 3 层以上时，宜采用《高层建筑规程》附录 E 的公式（E.0.3）来计算转换层下部结构与上部结构的等效侧向刚度比 γ_{e2}。γ_{e2} 宜接近 1，抗震设计时 γ_{e2} 不应小于 0.8。γ_{e2} 按下式计算：

$$\gamma_{e2} = \frac{\Delta_2 H_1}{\Delta_1 H_2} \tag{4.1-4}$$

式中各符号的意义见《高层建筑规程》附录 E.0.3。

5. 当部分框支剪力墙结构的转换层设置在地面以上第 3 层或第 3 层以上时，按《高层建筑规程》式（3.5.2-1）计算的转换层与其相邻上层的侧向刚度比不应小于 0.6。

6. 根据《高层建筑规程》第 3.5.8 条的规定，转换层是竖向抗侧力构件不连续的楼层，不管程序判断转换层是否满足上述刚度比要求，都应将转换层设置为薄弱层并乘以 1.25 的地震剪力增大系数。侧向刚度变化和承载力变化不满足《高层建筑规程》第 3.5.2 条、第 3.5.3 条的楼层，其对应于地震作用标准值的剪力也应乘以 1.25 的增大系数。

SATWE 软件隐含的地震剪力增大系数为 1.25。

7. 部分框支剪力墙结构的转换层及其下部结构的高度 H_1 通常取地下室顶板至转换层结构顶板的高度。这就要求在设计部分框支剪力墙结构时，应设法使地下室顶板符合作为上部结构嵌固条件的要求。否则，将会使部分框支剪力墙结构转换层上、下部结构的侧向刚度比的计算变得复杂，如果处理不好还有可能影响结构的安全。

8. 部分框支剪力墙结构均要进行两次整体计算。第一次是按照《高层建筑规程》附录 E 的规定，进行转换层上、下层（部）结构的等效剪切刚度比或等效侧向刚度比计算，如果计算结果不满足规程的要求，则应对结构的平、立面布置进行调整，直到满足规程要求为止；第二次是采用层剪力比层间位移算法来完成楼层侧向刚度计算和内力、配筋等其余计算。

4.2　荷载信息和荷载组合信息

4.2.1　活荷载信息

1. 楼面活荷载不利布置

多高层建筑的楼面除梁板自重、隔墙荷载和建筑装修荷载等永久荷载外，还承受着竖向作用的均布活荷载。由于永久荷载和活荷载有不同的分项系数，活荷载还有不同的作用方式，为了求得对结构或构件最不利的荷载效应组合，正确的做法是将永久荷载和活荷载分开计算，在结构计算时将永久荷载和活荷载分开输入，并考虑活荷载不利布置的影响。

在进行人防地下室设计时，更应当将永久荷载和活荷载分开输入。因为人防地下室各构件的设计，当为武器爆炸等效静荷载参与的组合控制时，根据《人民防空地下室设计规范》GB 50038 的规定，仅考虑武器爆炸等效静荷载与静荷载同时作用的组合，活荷载不参与组合。

大家知道，对于连续的结构，如连续梁或连续板，活荷载在不同跨内的不同布置，对连续结构的支座弯矩和跨中弯矩的影响是不相同的，只有通过活荷载不利布置才可以得到支座截面和跨中截面的最不利设计弯矩和设计剪力。对多高层建筑结构而言，同样存在楼面活荷载不利布置的问题。由于多高层建筑结构系空间结构，活荷载不利布置方式比平面结构更为复杂，计算工作量也更加巨大。所以，一般情况下仅考虑活荷载在同一楼层内的不利布置，不考虑不同楼层间相互作用的影响。这种做法在国际上也是常用的，其精度可以满足实际工程设计的要求。

SATWE 软件在处理多高层建筑结构楼面活荷载不利布置时，也仅考虑活荷载在本楼层内的不利布置，不考虑楼层间的相互影响，而且仅对本楼层内的梁作活荷载不利布置计算，不考虑活荷载不利布置对竖向构件（柱、墙等）的不利影响。

结构计算时，应将永久荷载和活荷载作为两个独立的作用分别输入，并考虑活荷载不利布置的影响，其分析结果更符合《荷载规范》的要求。

2. 柱、墙及基础活荷载是否折减

作用在多高层建筑楼面上的均布活荷载，不可能以标准值的大小同时作用在所有的楼面上，因此，在设计梁、墙、柱和基础时，还要考虑实际荷载沿楼面分布的变异情况，也即在确定梁、墙、柱和基础的荷载标准值时，应将楼面活荷载标准值乘以折减系数。

对于楼面梁，SATWE 软件没有提供活荷载是否应折减的选项，所以程序不对传到梁上的楼面均布活荷载标准值进行折减。

设计楼面梁时，如果要对楼面活荷载进行折减，应在用 PKPM 系到软件中的 PM-CAD 建模时设置折减系数，其折减可在 PMCAD 的楼面导荷过程中完成。要注意的是：在用 PMCAD 建模和导荷过程中如果对楼面活荷载进行了折减，则后续的竖向荷载导算以及结构内力计算时的活荷载均为折减过的活荷载；在用 SATWE 软件接力 PMCAD 建模进行结构整体计算时，如又对柱、墙和基础设计进行活荷载折减，则会对已折减的活荷载进行再次折减；所以，结构工程师在进行建筑结构楼面活荷载折减时要慎重，必要的折减是国家标准许可的，但不要因重复折减而导致结构或构件的不安全。

由于大多数普通的多高层建筑楼面均布活荷载标准值均较小，仅占竖向荷载的15%～20%，楼面均布活荷载标准值折减与否，对柱、墙及基础等构件的荷载效应组合设计值的影响不大，特别是在高烈度地震区和高风压地区，其影响更小。因此编者建议：

（1）在高烈度地震区和高风压地区，结构计算时，对传到柱和墙上的楼面均布活荷载标准值可不予折减，仅对传到基础上的楼面均布活荷载标准值进行折减。对于重要的大中型公共建筑，为了使作为竖向抗侧力构件的墙和柱具有一定的安全裕度，楼面均布活荷载标准值也可以不折减。

（2）对于其他地区，当对传到柱、墙及基础的楼面均布活荷载标准值进行折减时，应当注意 SATWE 软件给出的折减系数隐含值，仅适用于《荷载规范》表 5.1.1 中第 1（1）项所属的各类建筑，对于该表中第 1（1）项以外的各类建筑，应按《荷载规范》第 5.1.2 条第 2 款第 1）项以外的各项所规定的折减系数进行折减，并相应修改 SATWE 软件给出的折减系数隐含值，也可以偏安全地不折减。

（3）《荷载规范》第 5.2 节的工业建筑、附录 D 的工业建筑及附录 D 以外的工业建筑，设计梁、柱、墙和基础时，楼面等效均布活荷载标准值是否要折减，如何折减，《荷载规范》没有作出规定。

一般来说，对于工艺性较强的工业建筑，当楼面等效均布活荷载标准值，并非按照楼面板、楼面次梁和主梁分别列出时，可按行业设计标准的规定，分别确定传到楼面次梁、主梁、柱、墙和基础的楼面等效均布活荷载标准值的折减系数。

例如，计算冶金行业冶炼车间和其他类似车间的工作平台结构时，由检修材料所产生的楼面等效均布活荷载，可乘以下列折减系数（《钢结构设计规范》GB 50017 第 3.2.4 条）：主梁：0.85；柱（包括基础）：0.75。

当工业建筑楼面等效均布活荷载标准值按楼面板、楼面次梁、楼面主梁分别列出时，传到楼面次梁和主梁的楼面等效均布活荷载标准值不应折减；传到柱、墙和基础的等效均布活荷载标准值，一般情况下，采用楼面主梁的楼面等效均布活荷载标准值，不再另乘折减系数。

（4）多层工业建筑传到柱、墙和基础的楼面等效均布活荷载标准值，一概不考虑按楼层数的折减。

3. 采用 JCCAD 软件接力 SATWE 软件进行地基基础设计时，应当注意：

（1）SATWE 软件在"活荷载信息"参数中对柱、墙和传到基础的活荷载是否折减，体现在输出的柱、墙和支撑（如果有支撑的话）最大组合内力文件（WDCNL＊.OUT）中，但是该输出文件只输出了柱、墙和支撑的内力基本组合值，未输出内力标准组合值和准永久组合值，不能直接用于地基基础设计。

（2）JCCAD软件在读取SATWE软件竖向构件（柱、墙和支撑）的内力时，读取的是输出文件WNL1.OUT输出的相应于各工况的内力标准值，而未考虑活荷载折减。

（3）在设计地基基础时，结构工程师如认为有必要对活荷载内力标准值进行折减，则可人为地输入活荷载折减系数。所以，在用JCCAD软件接力SATWE软件进行地基基础设计时，SATWE软件的"活荷载信息"参数项中，对"传到基础的活荷载"一般情况下可填写不折减。

4.2.2　竖向荷载计算信息（恒活荷载计算信息）

多高层建筑结构的竖向荷载通常由永久荷载和活荷载两部分组成。对于大多数普通的多高层建筑，楼面活荷载均较小，约占竖向荷载的15%～20%，大体上与施工荷载相当。所以，在这里所指的竖向荷载也可以理解为是指以结构自重为主的永久荷载和施工荷载。

1. 关于竖向荷载计算信息，SATWE软件在其《用户手册及技术条件》一书中，提供了五种选项：

（1）不计算恒活荷载，即不计算竖向力；（2）一次性加载，按一次性加载方式计算竖向力；（3）模拟施工加载1，按分层加载方式计算竖向力；（4）模拟施工加载2，按分层加载方式计算竖向力，但在分析过程中将竖向构件（柱、墙）的轴向刚度放大10倍；（5）模拟施工加载3，按指定的施工次序分层形成结构刚度，分层加载。

由于多高层建筑结构均要计算竖向力，所以，关于竖向荷载计算信息，SATWE软件实际上只有四种选项。因为，对于实际工程，总是要考虑恒活荷载，不允许选择不计算恒活荷载。

选择"模拟施工加载3"时，程序将强制采用VSS求解器，如果改用LDLT求解器，则应选择"模拟施工加载1"或"一次性加载"。选择"模拟施工加载3"时，必须正确指定"模拟施工次序信息"，否则会直接影响到计算结果的准确性。这一点结构工程师应特别注意。

选择"一次性加载"。一次性加载模型是假定结构已施工完成形成整体，结构的竖向荷载一次性地全部加到结构上，然后计算构件的变形和内力，结构各点的变形是协调的，各点的内力都能保持平衡。但由于整体结构下的一次性加载这种模型，没有考虑到结构的竖向刚度是在施工过程中逐层形成的、结构的竖向荷载是在施工过程中逐层施加的这一实际情况，过高地估计了竖向构件轴向变形的影响，容易导致有的构件的内力与实际受力状态相差较大。特别是框架-剪力墙和框架-核心筒等结构，由于墙体（剪力墙或核心筒）和框架的刚度相差悬殊，墙体承受的竖向荷载远大于框架，从而使二者产生较大的竖向变形差。这种竖向变形差异使框架柱产生拉力，导致某些框架梁端不出现负弯矩或负弯矩偏小，使框架梁的配筋不合理。

所以，结构计算时，通常情况下不选择"一次性加载"这种模型。

选择"模拟施工加载1"。"模拟施工加载1"也是假定结构已施工完成形成整体，采用整体结构下的分层加载模型。该模型假定，在结构的某一层加载时，该层及以下各层的变形受其上各层刚度的影响，但不影响其上各层的变形。"模拟施工加载 1"的施工加载过程如图 4.2-1 所示，其计算简图如图 4.2-2 所示。在线弹性有限元分析中，图 4.2-1 和图 4.2-2 是等价的，故"模拟施工加载 1"可以按图 4.2-2 所示的计算简图进行竖向荷载加载计算。

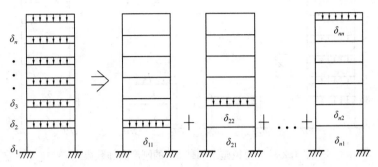

图 4.2-1 "模拟施工加载 1"加载过程示意图

由于采用了分层加载的方式，"模拟施工加载 1"避免了"一次性加载"带来的结构竖向构件轴向变形差异较大的缺点，但由于该模型采用的结构刚度矩阵是整体结构的刚度矩阵，加载层上部尚未形成的结构过早地进入工作，容易导致下部若干层某些构件的内力与实际受力情况有较大的差异，而且由于分层加载求解构件内力，算出来的各节点的弯矩无法满足平衡条件。

选择"模拟施工加载 2"。"模拟施工加载 2"与"模拟施工加载 1"一样，均采用整体结构下的分层加载模型，不同之处在于，"模拟施工加载 2"将结构竖向构件的轴向刚度放大了 10 倍。这样做的目的是为了削弱竖向荷载按刚度的重分配，使柱、墙分得的轴向力比较均匀，接近手算结果，使传给基础的荷载更为合理，使基础特别是框架-剪力墙和框架-筒体等结构基础的设计变得容易。

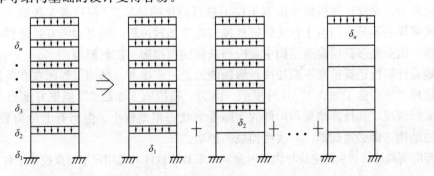

图 4.2-2 "模拟施工加载 1"的刚度和加载模式

"模拟施工加载 2"在理论上并不严密，只是一种经验性处理方法，工程经验不多，工程中较少采用。"模拟施工加载 2"不适合用于上部结构的设计。

2. 竖向荷载计算信息，除上述三种模型外，还有在上述三种模型的基础上增加了能更好地模拟施工加载过程的"模拟施工加载 3"。

多高层建筑在竖向荷载作用下，结构的竖向变形基本上是在施工过程中逐层形成的。在施工过程中，逐层形成结构的刚度、逐层找平、逐层施加竖向荷载；在结构的某一层施加竖向荷载时，该层及以下各层的变形不受该层以上各层的影响，而且也不影响上面各层。在不考虑基础不均匀沉降的条件下，结构在竖向荷载作用下的变形过程如图 4.2-3 所示。

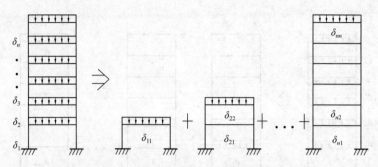

图 4.2-3 "模拟施工加载 3" 的刚度和加载模式

图中，$\delta_1 = \sum_{i=1}^{n}\delta_{i1}, \delta_2 = \sum_{i=2}^{n}\delta_{i2}, \cdots, \delta_n = \delta_{nn}$。

"模拟施工加载 3" 就是按照图 4.2-3 所示的方式模拟结构竖向荷载施工加载过程的。该方法采用的是分层计算各层的刚度、分层施加竖向荷载的模型，在每一层加载时，均要重新形成新的结构（该层及以下各层形成的子结构）刚度矩阵，然后在该层加载求解子结构各层的变形，各层的变形计算完成后，累加便可得到各层最终的变形。

由于 "模拟施工加载 3" 总共要形成 n（结构总层数）个不同的结构刚度矩阵，解 n 次方程，计算工作量要比 "一次性加载"、和 "模拟施工加载 1" 要大得多。"一次性加载" 只需一次就形成结构的整体刚度矩阵和综合结点荷载列阵，计算非常简便，计算工作量最小。"模拟施工加载 1" 只需在一次形成整体结构的刚度矩阵后，便可通过分层加载求解各层的变形，计算工作量不算大。事实上，"模拟施工加载 1" 是 "模拟施工加载 3" 的简化模型，是受计算机效率限制不得不进行简化的结果。"模拟施工加载 1" 尽管存在这样或那样的不足，但由于它能较好地模拟施工加载过程，同时也能有效地提高结构的分析效率，因此是多高层建筑结构主要应当选择的模拟施工加载模型。

随着计算机运算速度不断加快，解题能力进一步提高，结构工程师在有条件时，首先应当选择 "模拟施工加载 3" 这种模型。因为 "模拟施工加载 3" 能更好地模拟结构施工中的实际情况，其计算结果与构件的实际受力状态相差较小。但当有上传荷载等情况时，如吊柱结构，则必须选择 "一次性加载" 模型。

竖向荷载计算信息的更详尽内容可参考 SATWE 软件的《用户手册及技术条件》一书。

4.2.3　风荷载信息

1. 抗震设计时，无论是高层建筑还是单层或多层建筑，均应计算并输入风荷载。一般的单层或多层建筑，不能因为构件截面抗震验算时，风荷载组合值系数取 0.0（《抗震规范》第 5.4.1 条）而不输入风荷载。因为，并不是所有的结构构件的内力组合设计值都是由地震作用效应参与的基本组合控制。特别是房屋的地基和基础，当满足可不进行抗震承载力验算条件时（《抗震规范》第 4.2.1 条），地基和基础设计应考虑风荷载效应参与的组合。

2.《高层建筑规程》规定，特别重要的高层建筑，对风荷载比较敏感的高层建筑（包括房屋高度超过 60m 的高层建筑），承载力设计时风荷载应按基本风压的 1.1 倍采用。

3. SATWE 软件风荷载计算信息中的结构基本周期隐含值是根据《高层建筑规程》附录 C 建议的简化公式计算的，结构工程师宜根据结构分析时输出的基本周期值对其进行修改，以使风荷载的计算更为准确，在高风压地区尤其应这么做。因为结构的基本自振周期 T_1 与风荷载风压脉动增大系数有关，风压脉动增大系数又影响风振系数 β_z，从而影响基本风压。

4. 地面粗糙度类别对风压高度变化系数 μ_z 有直接的影响，从而影响风荷载标准值。因此应根据《荷载规范》第 8.2.1 条正确确定地面粗糙度类别。

5. 对于高度大于 30m 且高宽比大于 1.5 的房屋，以及基本自振周期 T_1 大于 0.25s 的各种高耸结构，应考虑顺风向风振的影响。

对于横风向风振作用效应明显的高层建筑以及细长圆形截面构筑物，宜考虑横风向风振的影响。

对于扭转风振作用效应明显的高层建筑及高耸结构，宜考虑扭转风振的影响。

4.2.4　荷载组合信息

关于荷载组合信息，应当注意以下几个问题：

1. 荷载分项系数：永久荷载的分项系数，一般情况下采用 1.2；楼屋面均布活荷载、雪荷载、屋面积灰荷载等可变荷载的分项系数，一般情况下采用 1.4；地震作用分项系数，当仅考虑水平地震作用时，γ_{Eh} 采用 1.3，当仅考虑竖向地震作用时，γ_{Ev} 采用 1.3，当同时考虑水平与竖向地震作用且水平地震作用为主时，γ_{Eh} 采用 1.3，γ_{Ev} 采用 0.5。

风荷载的分项系数采用 1.4。

在下列几种情况下，荷载分项系数应进行修改：

（1）当永久荷载效应对结构有利时，在一般情况下，永久荷载的分项系数采用 1.0，验算结构的倾覆、滑移和漂浮时，永久荷载的分项系数应按有关的结构设计规范的规定采用；

（2）当永久荷载效应对结构不利时，对由永久荷载效应控制的组合，永久荷载的分项系数采用 1.35；由于 SATWE 软件会自动考虑由永久荷载效应控制的组合，所以在这种情况下，结构工程师不必将永久荷载的分项系数 1.2 改为 1.35；

（3）抗震设计时，当大跨度结构或长悬臂结构的设计由竖向地震作用效应控制（即竖向地震为主）且同时计算水平与竖向地震作用时，水平地震作用分项系数 γ_{Eh} 应采用 0.5，竖向地震作用分项系数 γ_{Ev} 应采用 1.3；

（4）对于标准值大于 $4kN/m^2$ 的工业房屋楼面活荷载，分项系数采用 1.3。

2. "荷载组合信息"项中活荷载的组合值系数，并不总是取 SATWE 软件给定的隐含值 0.7。例如，建筑物内的书库、档案库、贮藏室、密集柜书库、通风机房、电梯机房等，其楼面均布活荷载标准值的组合值系数采用 0.9；屋面积灰荷载的组合值系数采用 0.9，靠近高炉的建筑物屋面积灰荷载的组合值系数采用 1.0；又例如，工业建筑楼面等效均布活荷载标准值的组合值系数采用 0.7～1.0。风荷载的组合值系数，根据《荷载规范》第 8.1.4 条的规定取 0.6。结构工程师应根据《荷载规范》或相关的行业标准采用相应的活荷载组合值系数。

3. 抗震设计时，根据《抗震规范》第5.4.1条规定，风荷载的组合值系数，对一般结构取0.0，对风荷载起控制作用的建筑应采用0.2。

4. 计算地震作用时，"地震信息"项中建筑物楼屋面上重力荷载代表值中的活荷载组合值系数（《抗震规范》第5.1.3条称为"可变荷载的组合值系数"）也并不总是取SAT-WE软件给定的隐含值0.5。例如，藏书库、档案库等，其楼面等效均布活荷载标准值的组合值系数为0.8；《高层建筑规程》第5.6.3条则规定，抗震设计时，风荷载的组合值系数应取0.2；当建筑物的楼面活荷载按实际情况计算时，其组合值系数为1.0。

重力荷载代表值中的活荷载组合值系数，其本质是在计算地震作用时，将楼、屋面的活荷载通过组合值系数进行质量折减。活荷载质量的这种折减，只改变楼层质量，影响地震作用，不改变荷载总量，对竖向荷载作用下的构件内力计算无任何影响。所以，抗震设计时，重力荷载代表值的活荷载组合值系数也应正确填写或修改。

在SATWE软件的WMASS. OUT文件中"各层的质量、质心坐标信息"项中输出的"活荷载产生的总质量"为组合值，即已乘上了"重力荷载代表值的活荷载组合值系数"的结果。

5. 重力荷载代表值效应的活荷载组合值系数

"荷载组合信息"项中的"重力荷载代表值效应的活荷载组合值系数"与"地震信息"项中的"重力荷载代表值的活荷载组合值系数"，按照《抗震规范》第5.4.1条及条文说明的要求，两者取值相同，以便简化抗震设计。其概念上的区别是，前者用于抗震验算，即用在结构构件的地震作用效应和其他荷载效应的基本组合计算中；后者则用于地震作用计算。

因此，结构工程师还应当注意，当"地震信息"中修改"重力荷载代表值的活荷载组合值系数"时，"荷载组合信息"中的"重力荷载代表值效应的活荷载组合值系数"应随之联动修改。

4.3　地　震　信　息

4.3.1　地震作用计算信息

1. 各类建筑结构，在一般情况下，应在结构的两主轴方向分别计算水平地震作用并进行抗震验算，各方向的水平地震作用应由该方向的抗侧力构件承担；有斜交抗侧力构件的结构，当相交角大于15°时，应分别计算各抗侧力构件方向的水平地震作用；质量和刚度分布明显不对称的结构，应计入双向水平地震作用下的扭转影响，其他情况应采用调整地震作用效应的方法计入扭转影响；7、8、9度时的大跨度和长悬臂结构及9度时的高层建筑，应计算竖向地震作用。大跨度和长悬臂结构的定义，详见《抗震规范》第5.1.1条的条文说明。

复杂的高层建筑结构中，下列构件（或结构）应考虑竖向地震作用：

(1) 带转换层的高层建筑结构的转换结构构件；

(2) 连体结构的连接体；

(3) 竖向体型收进、悬挑结构中的悬挑结构。

上述要求亦可供复杂的多层建筑结构参考。

2. 高层建筑结构，无论平面是否规则，按照《高层建筑规程》第 4.3.3 条的要求，在计算单向水平地震作用时均应考虑偶然偏心的影响。

对于多层建筑结构，在计算水平地震作用时，《抗震规范》没有明确规定要考虑偶然偏心的影响。《抗震规范》在第 5.2.3 条中指出，建筑结构在水平地震作用下其扭转耦联地震效应应符合下列要求：

（1）规则结构不进行扭转耦联计算时，平行于地震作用方向的两个边榀各构件，其地震作用效应应乘以增大系数。一般情况下，短边可按 1.15 采用，长边可按 1.05 采用；当扭转刚度较小时，周边各构件宜按不小于 1.3 采用。角部构件宜同时乘以两个方向各自的增大系数。

（2）按扭转耦联振型分解法计算时，各楼层可取两个正交的水平位移和一个转角共三个自由度，并应按下列公式计算结构的地震作用和作用效应。……

1）j 振型 i 层的水平地震作用标准值，应按下列公式确定：……

2）单向水平地震作用的扭转耦联效应，可按下列公式确定：

$$S_{Ek} = \sqrt{\sum_{j=1}^{m}\sum_{k=1}^{m}\rho_{jk}S_jS_k} \qquad (4.3\text{-}1)$$

……

3）双向水平地震作用的扭转耦联效应，可按下列公式中的较大值确定：

$$S_{Ek} = \sqrt{S_x^2 + (0.85S_y)^2} \qquad (4.3\text{-}2)$$

或
$$S_{Ek} = \sqrt{S_y^2 + (0.85S_x)^2} \qquad (4.3\text{-}3)$$

上列各式中　S_x、S_y 分别为 x 向、y 向单向水平地震作用按式（4.3-1）计算的扭转效应；

其余符号见《抗震规范》第 5.2.3 条。

由于 SATWE 软件在进行结构地震作用计算时，会自动按扭转耦联计算，所以对于平面规则的多层建筑结构，实际上可以不必另行计算水平地震作用的扭转影响。

显然，关于水平地震作用的扭转影响，《抗震规范》仅对规则结构如何考虑，作出了明确规定；对实际工程中大量存在的平面扭转不规则结构，如何考虑水平地震作用的扭转影响，并没有作出明确的规定。

目前，SATWE 软件还不具备将边榀框架乘以增大系数来考虑水平地震作用扭转影响的功能，所以，这种增大系数法在实际工程中应用起来也很不方便。

实际工程表明，即使是平面规则的结构，也会存在由于施工、使用等原因所产生的偶然偏心引起的地震扭转效应及地震地面运动扭转分量的影响。所以，实际工程中，很难找到平面完全规则的建筑结构。《抗震规范》第 3.4.3 条和第 3.4.4 条的条文说明明确指出，建筑结构在计算扭转位移比❶时，应考虑偶然偏心的影响。所以编者认为，多层建筑计算单向水平地震作用时同高层建筑一样亦宜考虑偶然偏心的影响。

---

❶　建筑结构在刚性楼板假定条件下，在具有偶然偏心的规定水平力作用下，楼层两端抗侧力构件弹性水平位移（或层间位移）的最大值与平均值的比值称为"扭转位移比"简称"位移比"。

3. 质量和刚度分布明显不对称、不均匀的结构，通常是指扭转位移比大于 1.2 的建筑结构。

质量和刚度分布明显不对称、不均匀的建筑结构，按照《抗震规范》第 5.1.1 条第 3 款的规定，应计入双向水平地震作用下的扭转影响。

因此，质量和刚度分布明显不对称、不均匀的多层建筑结构，同高层建筑一样也宜同时计算偶然偏心和双向水平地震作用下的扭转影响。因为，对比计算分析表明，两者的地震作用效应谁更为不利，会随具体工程不同而不同，同一工程的不同部位或不同的构件，一般也不会相同。安全而可靠的办法是取二者的不利计算结果来进行结构构件设计。

SATWE 软件可以完成单向地震作用计算、考虑偶然偏心的单向地震作用计算及双向地震作用计算。其中双向地震作用的计算是将不考虑偶然偏心的单向地震作用效应平方和开方，整个计算过程与质量的偶然偏心无关。当结构工程师同时勾选"考虑偶然偏心"和"考虑双向地震扭转效应"时，SATWE 软件可一次完成内力及内力组合的计算，并按最不利的结果对构件进行配筋（对钢结构构件，则按最不利的计算结果输出其应力比）。

4. 多层建筑结构和 A 级高度的高层建筑结构，当扭转位移比大于 1.5 时，一般判断为严重不规则的结构；B 级高度的高层建筑结构、超过 A 级高度的混合结构以及《高层建筑规程》第 10 章所指的复杂高层建筑结构，按照《高层建筑规程》第 3.4.5 条的规定，其扭转位移比不应大于 1.4，大于 1.4 时即属于严重不规则的结构。

《抗震规范》和《高层建筑规程》均指出，不应采用严重不规则的结构方案。

严重不规则的结构，应对结构方案进行调整，减少结构平面布置的不规则性，避免产生过大的偏心；必要时可设置防震缝，将不规则的平面划分为若干相对规则的平面。

5.《高层建筑规程》第 3.4.5 条指出，在刚性楼板假定条件下，当楼层的最大弹性层间位移角不大于规范限值的 40% 时，判断严重不规则的扭转位移比限值可以适当放松，即允许扭转位移比值大于 1.5，但不得大于 1.6。

但是，当框架-核心筒结构的核心筒较小或因开洞较大导致结构整体抗扭刚度偏低，使计算的扭转位移比不满足规范要求时，则应加强结构的抗扭刚度，而不应放松要求。

6. 各类高层建筑结构，为了减少扭转的影响，除了限制扭转位移比之外，还要限制其扭转周期比，即限制结构扭转为主的第一自振周期 T_t 与平动为主的第一自振周期 T_1 之比。根据《高层建筑规程》第 3.4.5 条的规定，A 级高度的高层建筑，扭转周期比不应大于 0.9，B 级高度的高层建筑、超过 A 级高度的混合结构及《高层建筑规程》第 10 章所指的复杂高层建筑，扭转周期比不应大于 0.85。

对高层建筑结构的扭转周期比不得放松要求。例如框架-核心筒结构，当扭转周期比不满足上述要求时，说明结构的抗扭刚度不足，可以通过加大核心筒的断面尺寸、加大墙厚或减小洞口尺寸等办法来加强结构的抗扭刚度。对于一般的高层建筑结构，当扭转周期比不满足上述要求时，可以通过采用"加-减法"来调整剪力墙的布置、调整剪力墙的数量、调整剪力墙的洞口位置、大小和洞口数量等办法来提高结构的整体刚度（包括抗扭刚度），从而减小结构的扭转位移和扭转周期比，提高结构的抗震性能。一般来说，调整剪力墙的厚度，改变剪力墙的混凝土强度等级对于改变结构的刚度效果不明显。

7. 根据建设部《超限高层建筑工程抗震设防专项审查技术要点》（建质 [2015] 67 号）（以下简称《超限高层审查要点》）的规定，《超限高层审查要点》所指的超限高层建筑工程包括：

（1）高度超限工程：指房屋高度超过规定，包括超过《抗震规范》第 6 章钢筋混凝土结构和第 8 章钢结构最大适用高度，超过《高层建筑规程》第 7 章中有较多短肢墙的剪力墙结构、第 10 章中错层结构和第 11 章混合结构最大适用高度的高层建筑工程。

（2）规则性超限工程：指房屋高度不超过规定，但建筑结构布置属于《抗震规范》、《高层建筑规程》规定的特别不规则的高层建筑工程。

（3）屋盖超限工程：指屋盖的跨度、长度或结构形式超出《抗震规范》第 10 章及《空间网格结构技术规程》、《索结构技术规程》等空间结构规程规定的大型公共建筑工程（不含骨架支承式膜结构和空气支承膜结构）。

超限高层建筑工程具体范围详见《超限高层审查要点》附件 1。

4.3.2　振型组合方法（CQC 耦联；SRSS 非耦联）

"振型组合方法"这个参数有两个选项。

1. 选"SRSS 非耦联"时，表示采用振型分解反应谱法时，不要求对结构进行扭转耦联计算，程序会按照《抗震规范》第 5.2.2 条第 2 款的要求采用"平方和开方法（SRSS法）"进行水平地震作用效应组合计算。由于地震作用与构件的地震作用效应不是线性关系，所以不可以先用平方和开方法求算最大地震作用，然后再求地震作用效应。

2. 选"CQC 耦联"时，表示要求按扭转耦联振型分解反应谱法计算结构的地震作用效应，程序会按照《抗震规范》第 5.2.3 条第 2 款的要求采用"完全二次型组合法（CQC法）"进行单向水平地震作用效应组合计算。

3. 平面规则的结构，由于施工、使用等原因，会使楼层平面的刚心和质心不重合，产生偶然偏心，在水平地震作用下，结构除发生平动外，还会引起扭转。这就是所谓的"平动-扭转耦联效应"，简称为"扭转耦联效应"。平面不规则的结构，在水平地震作用下，其平动-扭转耦联效应将更为显著。

应当注意的是，目前的 SATWE 软件只提供"CQC 耦联"选项。

采用振型分解反应谱法计算地震作用和作用效应时，考虑扭转耦联的 CQC 法计算的地震作用较为准确。

4.3.3　计算振型数

采用振型分解反应谱法进行结构地震作用计算时，计算振型数的选取直接影响到程序的计算效率和计算结果精确度。为了确保不丧失高振型的影响，程序要求结构工程师在进行结构计算时，应当输入必要数量的计算振型数，以保证结构抗震设计的安全。

1. 抗震设计时，结构宜采用考虑扭转耦联的振型分解反应谱法计算，振型数不应少于 9。由于程序按三个振型一组输出，振型数宜为 3 的倍数。对于多塔结构，振型数不应少于塔楼数的 9 倍。

振型数不能取得太少，也不能取得过多。振型数取得太少，不能正确反映计算模型应当考虑的地震作用振型数量，使地震作用偏小，不安全；振型数取得过多，不仅降低计算效率，还可能使计算结果发生畸变。根据《抗震规范》第 5.2.2 条条文说明，振型个数一般可以取振型参与质量达到总质量 90% 时所需要的振型数。振型数取值是否合理，可以查看程序的"周期、地震力与振型"输出文件（文件名为 WZQ. OUT）。如果输出的文件中 x 方向和 y 方向的有效质量系数（振型参与质量系数）均不小于 90％，则说明振型数取值得当；如果输出的文件中 x 方向和 y 方向的有效质量系数均小于 90％，或者其中一个方向的有效质量系数小于 90％，则说明振型数取得不够，应逐步加大振型数，直到两个方向的有效质量系数均不小于 90％为止。

2. 当结构层数较多，或结构层刚度突变较大时，振型数应取得多些，比如有弹性节点、有小塔楼、带转换层等，但所取振型数不得大于结构的自由度数。

3. 当结构计算采用刚性楼板假定时，振型数至少应取 3，但不得大于结构楼层层数的 3 倍。因为每一块刚性楼板具有两个独立的水平平动自由度和一个独立的转动自由度，即每一块刚性楼板只有 3 个独立的自由度数。

4. 选择振型分解反应谱法计算竖向地震作用时，如采用水平振型与竖向振型整体分析模型：为了满足竖向振动的有效质量系数，一般应适当增加振型数；如果采用独立求解方法，可以独立设置竖向振型数，使得其满足有效质量系数要求。

4.3.4　地震烈度（抗震设防烈度）

按照《抗震规范》的规定，抗震设防烈度分为 6 度、7 度、8 度和 9 度。一般情况下，抗震设防烈度可采用《中国地震动参数区划图》确定的地震基本烈度，即《抗震规范》设计基本地震加速度值所对应的烈度值。在一定条件下，也可按国家有关主管部门按规定权限批准的抗震设防烈度或设计地震动参数（如地面运动加速度峰值、反应谱值、地震影响系数曲线和地震加速度时程曲线）采用。

我国主要城镇抗震设防烈度、设计基本地震加速度和设计地震分组情况，详见《抗震规范》附录 A，可作为结构工程师复核拟建建筑工程场地抗震设防烈度的主要依据之一。

在填写抗震设防烈度数值时，应注意抗震设防烈度 7 度有 7 度 $0.10g$ 和 7 度 $0.15g$ 之分，抗震设防烈度 8 度有 8 度 $0.20g$ 和 8 度 $0.30g$ 之分，可分别填写为 7 度、7.5 度、8 度和 8.5 度。

4.3.5　场地类别

根据《抗震规范》第 4.1.6 条的规定，建筑工程场地类别应根据土层等效剪切波速或土的等效剪切波速和场地覆盖层厚度分为 I_0 类、I_1 类、Ⅱ 类、Ⅲ 类和 Ⅳ 类（表 4.3-1）。2010 年版《抗震规范》修订时，考虑到 f_{ak} ＜200 的黏性土和粉土的实测波速可能大于 250m/s，将 2001 规范的中硬土与中软土地基承载力的分界改为 f_{ak} ＞150。考虑到软弱土的指标 140m/s 与国际标准相比略偏低，将其改为 150m/s。场地类别的分界也改为 150m/s。

考虑到波速为 500～800m/s 的场地还不是很坚硬，将原场地类别 I 类场地（坚硬土或岩石场地）中的硬质岩石场地明确为 I_0 类场地。因此，土的类型划分也相应区分。

高层建筑的场地类别问题是工程界关心的问题。按理论及实测，一般土层中的地震加速度随距地面深度而渐减。我国亦有对高层建筑修正场地类别（由高层建筑基底起算）或折减地震力建议。因高层建筑埋深常达 10m 以上，与浅基础相比，有利之处是：基底地震输入小了；但深基础的地震动输入机制很复杂，涉及地基土和结构相互作用，目前尚无公认的理论分析模型更未能总结出实用规律，因此暂不列入《抗震规范》。深基础的高层建筑的场地类别仍按浅基础考虑。

《抗震规范》第 4.1.6 条规定的场地分类方法主要适用于剪切波速随深度呈递增趋势的一般场地，对于有较厚软夹层的场地，由于其对短周期地震动具有抑制作用，可以根据分析结果适当调整场地类别和设计地震动参数。

场地土的类型划分与土层剪切波速范围的关系，如表 4.3-2 所示。

各类建筑场地的覆盖层厚度（m）　　表 4.3-1

岩石的剪切波速或土的等效剪切波速（m/s）	场 地 类 别				
	I₀	I₁	II	III	IV
$v_s>800$	0				
$800{\geqslant}v_s>500$		0			
$500{\geqslant}v_{se}>250$		<5	≥5		
$250{\geqslant}v_{se}>150$		<3	3～50	>50	
$v_{se}{\leqslant}150$		<3	3～15	15～80	>80

注：表中 v_s 系岩石的剪切波速。

土的类型划分和剪切波速范围　　表 4.3-2

土的类型	岩土名称和性状	土层剪切波速范围（m/s）
岩石	坚硬、较硬且完整的岩石	$v_s>800$
坚硬土或软质岩石	破碎和较破碎的岩石或软和较软的岩石，密实的碎石土	$800{\geqslant}v_s>500$
中硬土	中密、稍密的碎石土，密实、中密的砾、粗、中砂，$f_{ak}>150$ 的黏性土和粉土，坚硬黄土	$500{\geqslant}v_s>250$
中软土	稍密的砾、粗、中砂，除松散外的细、粉砂，$f_{ak}{\leqslant}150$ 的黏性土和粉土，$f_{ak}>130$ 的填土，可塑新黄土	$250{\geqslant}v_s>150$
软弱土	淤泥和淤泥质土，松散的砂，新近沉积的黏性土和粉土，$f_{ak}{\leqslant}130$ 的填土，流塑黄土	$v_s{\leqslant}150$

注：f_{ak} 为由载荷试验等方法得到的地基承载力特征值（kPa）；v_s 为岩土剪切波速。

4.3.6　设计地震分组及特征周期值

1. 地震发生时，同样烈度、同样场地条件的设计反应谱形状，随着震源机制、震级大小、震中距远近等的变化，地震影响有较大差别。为了与我国地震动参数区划图衔接，2010 年版的《抗震规范》保留了 2008 年版《抗震规范》将 89 年版抗震规范的设计近震和设计远震改为设计地震分组共分为三组的做法，可更好地体现震级和震中距的影响。同时，以反应谱特征周期来反映不同场地条件对设计反应谱形状的影响。对标准场地（相当于 II 类场地）阻尼比为 0.05 的加速度反应谱的特征周期，分别取 0.35s（对应设计地震分组的第一组）、0.40s（对应设计地震分组的第二组）和 0.45s（对应设计地震分组的第三组），以大致反映近震、中震和远震的影响。

唯一不同的是，2010 年版的《抗震规范》增加了 I_0 类场地的特征周期。

我国主要城镇的设计地震分组详见《抗震规范》附录 A，结构工程师应当准确填写。

2. 不同设计地震分组和不同场地类别的反应谱特征周期值如表 4.3-3 所示。

表 4.3-3

特征周期值 T_g（s）

设计地震分组	场 地 类 别				
	I_0	I_1	II	III	IV
第一组	0.20	0.25	0.35	0.45	0.65
第二组	0.25	0.30	0.40	0.55	0.75
第三组	0.30	0.35	0.45	0.65	0.90

注：计算罕遇地震作用时，特征周期值应增加 0.05。

4.3.7 地震影响系数最大值

弹性反应谱理论仍然是现阶段抗震设计的最基本的理论，《抗震规范》所采用的设计反应谱以地震影响系数曲线的形式给出，如图 4.3-1 所示。

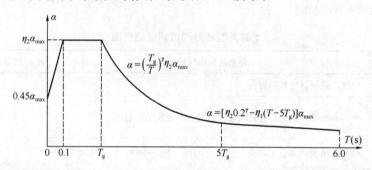

图 4.3-1 地震影响系数曲线

α—地震影响系数；α_{max}—地震影响系数最大值；η_1—直线下降段的下降斜率调整系数；γ—衰减指数；T_g—特征周期；η_2—阻尼调整系数；T—结构自振周期

建筑结构的地震影响系数应根据烈度、场地类别、设计地震分组和结构自振周期以及阻尼比确定。建筑结构在多遇地震、设防地震和罕遇地震作用下水平地震影响系数的最大值应按表 4.3-4 采用。

表 4.3-4

水平地震影响系数最大值 α_{max}

地震影响	6 度	7 度	8 度	9 度
多遇地震	0.04	0.08（0.12）	0.16（0.24）	0.32
设防地震	0.12	0.23（0.34）	0.45（0.68）	0.90
罕遇地震	0.28	0.50（0.72）	0.90（1.20）	1.40

注：1. 周期大于 6.0s 的建筑结构所采用的地震影响系数应专门研究；

2. 表中括号内的数值分别用于设计基本地震加速度为 0.15g 和 0.30g 的地区。

一旦结构阻尼比、结构自振周期、场地类别和设计地震分组确定，结构的水平地震影

响系数 α 主要取决于该场地地面运动最大加速度峰值 $a_{\max}$，且水平地震影响系数最大值 $\alpha_{\max} \propto a_{\max}$。《抗震规范》给出多遇地震、设防地震和罕遇地震作用下各抗震设防烈度对应的场地地面运动最大加速度值，如表 4.3-5 所示。

地面运动最大峰值加速度 $a_{\max}$　　　　　　　　　　　　　表 4.3-5

抗震设防烈度	6 度	7 度		8 度		9 度
多遇地震（小震）	0.018g	0.035g	0.055g	0.07g	0.11g	0.14g
设防地震（中震）	0.05g	0.1g	0.15g	0.2g	0.3g	0.4g
罕遇地震（大震）	0.125g	0.22g	0.31g	0.4g	0.51g	0.62g

注：表中 g 为重力加速度 $9.8\mathrm{m/s^2}$。

当建筑结构的阻尼比不等于 0.05 时，图 4.3-1 的地震影响系数曲线的阻尼调整系数和形状参数应按《抗震规范》第 5.1.5 条第 2 款的要求确定。

采用电算程序进行结构整体计算时，程序会自动按《抗震规范》第 5.1.5 条的要求，考虑不同阻尼比对地震影响系数进行调整。

4.3.8　结构的抗震等级

混凝土结构的抗震等级主要是指框架的抗震等级、剪力墙（《抗震规范》称为"抗震墙"）和钢筋混凝土筒体的抗震等级。

钢-混凝土混合结构的抗震等级主要是指钢筋混凝土核心筒的抗震等级、型钢（钢管）混凝土框架的抗震等级、型钢（钢管）混凝土外筒的抗震等级，以及钢结构构件的抗震等级。

多层和高层钢结构房屋划分抗震等级时与钢筋混凝土结构的主要区别在于，在相同抗震设防分类条件下，前者的抗震等级主要取决于设防烈度、房屋高度、房屋不规则程度和场地、地基条件，与结构类型无关；而且当某个部位各构件的承载力均满足 2 倍地震作用组合下的内力要求时，7～9 度的构件抗震等级应允许按降低一度确定。

钢结构房屋的抗震等级可按本书表 2.1-9 确定。

震害调查和结构抗震性能试验研究表明，房屋建筑的震害不仅与地震烈度有关，而且还与房屋结构的类型、高度、不规则程度和场地、地基条件有关。因此，在地震区，对于各类房层建筑结构，根据抗震设防烈度、房屋的结构类型和高度等，将其划分为不同的抗震等级来进行抗震设计，是比较经济合理的。

A 级高度的钢筋混凝土结构抗震等级可按本书表 2.1-6 确定；B 级高度的钢筋混凝土结构抗震等级可按本书表 2.1-7 确定；钢-混凝土混合结构房屋的抗震等级可按本书表 2.1-8 确定。

在确定结构的抗震等级时，应注意以下问题：

1. 特殊设防类建筑即甲类建筑，应按高于本地区抗震设防烈度提高一度的要求加强其抗震措施，也就是应按高于本地区抗震设防烈度一度确定抗震等级的基础上再采取更强的抗震措施，包括需要进行"场地地震安全性评价"等专门研究。

2. 重点设防类建筑即乙类建筑，应按高于本地区抗震设防烈度一度的要求加强其抗震措施，也就是应按高于本地的抗震设防烈度一度确定其抗震等级。

《抗震规范》所说的抗震措施，是指除结构地震作用计算和构件抗力计算以外的抗震设计内容，包括抗震构造措施和抗震计算措施以及基于抗震概念设计的一些基本要求。编者认为，抗震构造措施主要是指《抗震规范》有关章节中"抗震构造措施"部分所要求或规定的内容；抗震计算措施主要是指结构构件按照不同的抗震等级进行内力调整，详见《抗震规范》有关章节中"计算要点"的要求或规定；基于抗震概念设计的要求，详见《抗震规范》有关章节中"一般规定"。

3. 按照《抗震规范》第 6.1.3 条第 1 款的规定，设置少量剪力墙的框架结构，在规定的水平力作用下，底层框架部分所承担的地震倾覆力矩大于结构总地震倾覆力矩的50%时，其框架的抗震等级应按框架结构确定，剪力墙的抗震等级可以与其框架的抗震等级相同。因此，设计框架-剪力墙结构时，应输出文件名为 WVOZQ.OUT 的文本文件，该文件列出了各层框架柱地震倾覆弯矩百分比，可供结构工程师比较判断。

这里所谓"底层"，是指上部结构计算嵌固端所在的层。

当框架-剪力墙结构在规定的水平力作用下，底层框架部分所承担的地震倾覆力矩大于结构总地震倾覆力矩的 50%时，这样的框架-剪力墙结构称为设置少量剪力墙的框架结构。

设置少量剪力墙的框架结构，其框架部分的地震剪力值，宜采用框架结构模型和框架-剪力墙结构模型二者计算结果的较大值。

关于框架-剪力墙结构，《高层建筑规程》第 8.1.3 条根据框架部分在规定的水平力作用下底层框架承担的地震倾覆力矩与结构总地震倾覆力矩的比值，将框架-剪力墙结构分为四种类型，并分别规定了各类框架-剪力墙结构的设计原则和设计方法，包括各类框架-剪力墙结构相应的适用高度、抗震等级、侧向位移控制、轴压比控制等，都有具体规定；并且明确规定，这四类框架-剪力墙结构，均应按框架-剪力墙结构模型进行实际输入和计算分析，详见《高层建筑规程》第 8.1.3 条及条文说明。

4. 剪力墙结构中，连梁应与剪力墙取相同的抗震等级。所谓连梁是指其两端与剪力墙在平面内相连的梁。连梁的跨高比一般均较小。当连梁的跨高比大于等于 5 时，宜按框架梁设计，其抗震等级与所连接的剪力墙的抗震等级相同。

《高层建筑规程》所指的剪力墙结构是以剪力墙及因剪力墙开洞形成的连梁组成的结构，其变形特点为弯曲型变形。如果工程中采用了大部分由跨高比较大的框架梁联系的剪力墙形成的结构体系，这样的结构虽然剪力墙较多，但受力和变形特性接近框架结构，当层数较多时对抗震是不利的，宜避免。在设计剪力墙结构时，结构工程师应当特别注意这一点。

5. 部分框支剪力墙结构中，剪力墙的底部加强部位和非底部加强部位的抗震等级有可能不会相同，而程序地震信息中的"剪力墙的抗震等级"只有一个选项，不可能填写两个不同的抗震等级。为此，当部分框支剪力墙结构底部加强部位剪力墙的抗震等级比非底部加强部位剪力墙的抗震等级高一级时，结构工程师可以在"地震信息"项的"剪力墙抗震等级"参数中填入部分框支剪力墙结构中一般部位（非底部加强部位）剪力墙的抗震等级，并勾选 SATWE 软件新增的"框支剪力墙结构底部加强区剪力墙抗震等级自动提高一级"的参数，则程序将自动对底部加强部位的剪力墙抗震等级提高一级。

当部分框支剪力墙结构转换层的位置设置在地上三层或三层以上时，《高层建筑规程》

第 10.2.6 条要求其框支柱及剪力墙底部加强部位的抗震等级宜提高一级，一级提高至特一级，已为特一级时可不提高。要实现这种情况下相关构件抗震等级的提高，同样要通过"特殊构件补充定义"菜单中的"独立定义构件抗震等级"参数来实现。

设计部分框支剪力墙结构时，应在 SATWE 软件总信息的"结构类别"参数项内选择"部分框支剪力墙结构"；在"转换层所在层号"参数项内填入转换层所在的结构自然层号（有地下室时包括地下室层号在内）；并在"特殊构件补充定义"菜单中定义框支梁和框支柱及其抗震等级。只有通过这样的选择、填入和定义，SATWE 软件才能完整执行《高层建筑规程》第 10 章中有关"部分框支剪力墙结构"的各项设计规定。

转换层是薄弱层，SATWE 软件不会自动把转换层作为薄弱层对待，故应由结构工程师专门指定，并在"调整信息"的"指定薄弱层层号"项内填写转换层所在层号。

对于仅有个别结构构件进行转换的结构，如剪力墙结构或框架-剪力墙结构中存在的个别墙或柱在底部进行转换的结构，可参照上述水平转换构件和转换柱的设计要求进行构件设计，此时只需对这部分构件指定其特殊构件属性即可，不再填写"转换层所在层号"，软件将仅执行对于转换构件的设计规定。

对于高位转换的判断，转换层的位置从地下室顶板起算，即以（转换层所在层号-地下室层数）来判断部分框支剪力墙结构是否为 3 层或 3 层以上的高位转换。

6. 带加强层的高层建筑结构、错层结构、连体结构和竖向体型收进（含多塔楼结构）及悬挑结构，其某些部位的某些构件，《高层建筑规程》在第 10 章的有关条文中要求将它们的抗震等级提高一级采用，一级提高至特一级，抗震等级已为特一级时，允许不再提高。要提高这些构件的抗震等级，同样应通过"特殊构件补充定义"菜单中的"独立定义构件抗震等级"来实现，因为 SATWE 软件目前还没有自动处理的功能。

7. 按照 2010 年版规范修改的 SATWE 软件在"地震信息"项中增加了"按《抗震规范》降低嵌固端以下抗震构造措施的抗震等级"的参数。因为《抗震规范》第 6.1.3 条第 3 款规定，当地下室顶板作为上部结构的嵌固部位时，地下一层的抗震等级应与上部结构相同，地下一层以下抗震构造措施的抗震等级可逐层降低一级，但不应低于四级。地下室中无上部结构的部分，抗震构造措施的抗震等级可根据具体情况采用三级或四级。结构工程师应正确填写这个参数。

4.3.9　周期折减系数

建筑结构的内力和位移分析时，只考虑了主要结构构件（梁、柱、剪力墙和筒体等）的刚度，没有考虑非承重结构（如填充墙等）的刚度，因而计算的结构自振周期较实际的自振周期长，按这一周期计算的地震作用偏小，使结构设计偏于不安全。为此，《抗震规范》和《高层建筑规程》都规定，应考虑非承重墙体刚度的影响，对计算的结构自振周期进行折减。

大量的工程实测周期表明，实际建筑物的自振周期短于计算自振周期，尤其是有实心砖填充墙的框架结构，由于实心砖填充墙的刚度大于框架柱的刚度，其影响更为明显，实测周期约为计算周期的 0.5～0.6 倍。剪力墙结构中，由于砖墙数量少，其刚度又远小于钢筋混凝土剪力墙的刚度，实测周期与计算周期比较接近，所以其作用可以少考虑。

基于这种原因，《高层建筑规程》第 4.3.17 条对框架结构、剪力墙结构、框架-剪力墙结构和框架-核心筒结构等高层建筑的计算自振周期提出了如下的折减系数,以考虑填充墙刚度的影响。当非承重墙体为砌体墙时,折减系数 ψ_T 可按下列规定取值:

框架结构	$0.6\sim0.7$
框架-剪力墙结构	$0.7\sim0.8$
框架-核心筒结构	$0.8\sim0.9$
剪力墙结构	$0.8\sim1.0$

对于其他结构体系或采用其他非承重墙体材料时,可根据工程情况确定周期折减系数。

《建筑抗震设计手册》(第二版)建议,当采用多孔砖和小型砌块填充墙时,结构计算自振周期折减系数 ψ_T 可按表 4.3-6 采用;当为轻质墙体或外墙挂板时,结构计算自振周期折减系数 ψ_T 可取 $0.8\sim0.9$。

ψ_T 取 值　　　　　　　　　　　　　　　　　表 4.3-6

ψ_c		$0.8\sim1.0$	$0.6\sim0.7$	$0.4\sim0.5$	$0.2\sim0.3$
ψ_T	无门窗洞	0.5 (0.55)	0.55 (0.60)	0.60 (0.65)	0.70 (0.75)
	有门窗洞	0.65 (0.70)	0.70 (0.75)	0.75 (0.80)	0.85 (0.90)

注:1. ψ_c 为有砌体填充墙框架榀数与框架总榀数之比;

2. 无括号的数值用于一片填充墙长 6m 左右时,括号内数值用于一片填充墙长为 5m 左右时。

4.3.10　结构的阻尼比

不同的建筑结构类型具有不同的结构阻尼比,对于普通的钢筋混凝土结构和砌体结构,抗震设计时通常取结构阻尼比为 5%,钢结构和预应力钢筋混凝土结构的阻尼比要小些,一般取 3%~5%;采用隔震或消能减震技术的结构,其结构阻尼比则高于 5%,有的可达 10% 以上;其他构筑物如桥梁、工业设备、大型管线也具有不同的阻尼比。

考虑到不同结构类型建筑抗震设计的需要,《抗震规范》提供了不同阻尼比(阻尼比为 1%~20%)的地震影响系数曲线相比于标准地震影响系数曲线(阻尼比为 5%)的修正方法。

抗震设计时,常用的各类建筑结构的结构阻尼比 ζ 如表 4.3-7 所示。

结构阻尼比 ζ　　　　　　　　　　　　　　　　　表 4.3-7

设防水准	多层和高层钢结构房层			钢-混凝土混合结构房层	多层和高层钢筋混凝土结构房屋	单层钢筋混凝土柱厂房	单层钢结构厂房	门式刚架轻型房屋钢结构
	高度 $\leqslant50m$	$50m<$ 高度 $<200m$	高度 $\geqslant200m$					
多遇地震作用(小震作用)	0.04	0.03	0.02	0.045	0.05	0.05	$0.045\sim0.05$	0.05
罕遇地震作用(大震作用)	0.05			0.05	适当大	—	—	—

注:预应力混凝土框架结构的阻尼比应取 0.03,地震影响系数曲线的阻尼调整系数应按 1.18 采用,形状参数应符合《预应力混凝土结构抗震设计规程》JGJ 140—2004 第 3.1.2 条的要求。

地震影响系数随阻尼比减小而增大，其增大幅度随周期的增大而减小。对应于不同阻尼比的计算地震影响系数的调整系数如表 4.3-8 所示。结构工程师在结构整体计算时，应根据结构类型和设防水准正确选择和填写结构的阻尼比。

不同结构阻尼比的调整系数和衰减指数　　　　　　　　　　**表 4.3-8**

阻尼比 ζ	γ	η_1	η_2
0.01	1.01 (0.97)	0.029 (0.025)	1.42 (1.52)
0.02	0.97 (0.95)	0.026 (0.024)	1.27 (1.32)
0.035	0.93 (0.92)	0.023 (0.022)	1.11 (1.13)
0.04	0.92 (0.91)	0.022 (0.021)	1.07 (1.08)
0.05	0.90 (0.90)	0.020 (0.020)	1.00 (1.00)
0.10	0.84 (0.85)	0.013 (0.014)	0.79 (0.78)
0.20	0.80 (0.80)	0.006 (0.001)	0.63 (0.63)

注：表中括号内的数值系按 2001（2008 年版）《抗震规范》第 5.1.5 条公式（5.1.5-1）～（5.1.5-3）计算的数值，以供结构工程师比较参考。

4.3.11　建筑结构的弹性时程分析

《抗震规范》规定，特别不规则的建筑、甲类建筑和表 4.3-9 所列高度范围内的高层建筑，应采用弹性时程分析方法进行多遇地震作用下的补充计算，当取三组加速度时程曲线输入时，计算结果宜取时程法的包络值和振型分解反应谱法的较大值；当取七组及七组以上的时程曲线时，计算结果可取时程法的平均值和振型分解反应谱法的较大值。

采用时程分析的房屋高度范围　　　　　　　　　　**表 4.3-9**

烈度、场地类别	房屋高度范围（m）	烈度、场地类别	房屋高度范围（m）
8 度 Ⅰ、Ⅱ 类场地和 7 度	>100	9 度	>60
8 度 Ⅲ、Ⅳ 类场地	>80		

《高层建筑规程》则要求，除《抗震规范》所规定的上述建筑外，该规程第 10 章所属的复杂高层建筑，以及不满足该规程第 3.5.2～3.5.6 条规定的高层建筑结构，也应采用弹性时程分析方法进行补充计算。

对结构补充弹性时程分析的主要目的是要验算结构在输入多条加速度时程曲线条件下的承载力和变形是否满足规范的要求，特别是结构是否存在需要加强的薄弱部位。

《抗震规范》和《高层建筑规程》均规定，采用弹性时程分析法时，应按照建筑场地类别和设计地震分组选用实际强震记录和人工模拟的加速度时程曲线，其中实际强震记录的数量不应少于总数的 2/3，多组时程曲线的平均地震影响系数曲线应与振型分解反应谱法所采用的地震影响系数曲线在统计意义上相符，其加速度时程的最大值可按表 4.3-10 采用。弹性时程分析时，每条时程曲线计算所得结构底部剪力不应小于振型分解反应谱法计算结果的 65%，多条时程曲线计算所得结构底部剪力的平均值不应小于振型分解反应谱法计算结果的 80%。所谓在"统计意义上相符"指的是，多组时程波的平均地震影响系数曲线与振型分解反应谱法所用的地震影响系数曲线相比，在对应于结构主要振型的周期点上相差不大于 20%。

　　所谓"补充计算"在这里主要是指对计算结果的底部剪力、楼层剪力和层间位移进行比较，当时程分析法大于振型分解反应谱法时，相关部位的构件内力和配筋作相应的调整。

时程分析所用地震加速度时程曲线的最大值（cm/s²）　　　　表 4.3-10

地震影响	6 度	7 度	8 度	9 度
多遇地震	18	35（55）	70（110）	140
设防烈度地震	50	100（150）	200（300）	400
罕遇地震	125	220（310）	400（510）	620

　　注：括号内数值分别用于设计基本地震加速度为 0.15g 和 0.30g 的地区。

　　在对结构补充弹性时程分析时，正确选择输入的地震加速度时程曲线，要满足地震动三要素的要求，即频谱特性、有效峰值和持续时间均应符合规定。

　　频谱特性可用地震影响系数曲线表征，依据所处的场地类别和设计地震分组确定。加速度有效峰值可按《抗震规范》给出的地震加速度最大值采用（见表 4.3-10），即以地震影响系数最大值除以放大系数（约 2.25）得到。输入的地震加速度时程曲线的有效持续时间，不论是实际的强震记录还是人工模拟加速度时程曲线，持续时间一般从首次达到该时程曲线最大峰值的 10% 那一点算起，到最后一点达到最大峰值的 10% 为止；不论是实际的强震记录还是人工模拟波形，有效持续时间一般为结构基本周期的 5～10 倍，即结构顶点的位移可按基本周期往复 5～10 次。

　　当计算结果表明，每条时程曲线计算所得的结构底部剪力或多条时程曲线计算所得结构底部剪力的平均值不满足《抗震规范》的上述要求时，应重新选择地震波。每条时程曲线计算所得的结构底部剪力不应小于振型分解反应谱法计算结果的 65%，多条时程曲线计算所得结构底部剪力的平均值不应小于振型分解反应谱法计算结果的 80%，是进行结构弹性时程分析时，判断所选择的地震波是否正确的定量标准。

　　在对结构进行弹性时程分析时，应当注意：

　　1. 输入的地震波应使时程分析的结果既能反映结构最大可能遭受的地震作用，又能满足工程抗震设计基于安全和功能的要求。

　　2. 输入的实测强震记录不必要求是建筑物所在场地的实际地震记录或与建设场地类别相同场地上的地震记录。

　　3. 不能不加选择地对任意的实际地震加速度记录作简单的数值调整，使其满足不同烈度下的峰值加速度要求，就作为时程分析法的输入。正确的做法是，在地震加速度记录数据库内，根据上述地震动频谱特性和持续时间的要求，以及结构的基本自振周期，选择合适的地震加速度记录，并调整加速度值，使其峰值加速度满足《抗震规范》的要求（见表 4.3-10）。

　　4. 人工模拟加速度时程曲线可采用人工合成的方法，以得到符合目标反应谱的加速度值，即按设防烈度、场地类别、设计地震分组所确定的地震影响系数曲线的加速度值。最为一般而有效的方法是，运用带随机相角的有限项三角级数合成，并用一种时间包络函数描述人工合成加速度时间过程的衰减模式，所得到的人工合成加速度时程反应谱，与目标反应谱相比，在指定的一些周期点上的误差可被控制在要求的范围内。

弹性层间位移角限值	表 4.3-11
结构类型	$[\theta_e]$
钢筋混凝土框架	1/550
钢筋混凝土框架-剪力墙、板柱-剪力墙、框架-核心筒	1/800
钢筋混凝土剪力墙、筒中筒	1/1000
钢筋混凝土框支层	1/1000
多、高层钢结构	1/250

5. 地震加速度时程输入，当为双向（二个水平方向）输入时，其最大峰值加速度和最大地震影响系数应当按 1（水平 1）∶0.85（水平 2）的比例调整；当为三向（二个水平方向，一个竖向）输入时，其最大峰值加速度和最大地震影响系数应当按 1（水平 1）∶0.85（水平 2）∶0.65（竖向）的比例调整。

6. 常见各类建筑结构在多遇地震作用下（不考虑偶然偏心）的弹性层间位移角限值宜按表 4.3-11 采用。

4.3.12　罕遇地震作用下结构的变形验算

《抗震规范》第 5.5.2 条规定：

1. 下列结构应进行罕遇地震作用下的弹塑性变形验算：

（1）8 度 Ⅲ、Ⅳ 类场地和 9 度时，高大的单层钢筋混凝土柱厂房的横向排架；

（2）7～9 度时楼层屈服强度系数小于 0.5 的钢筋混凝土框架结构和框排架结构；

（3）高度大于 150m 的结构；

（4）甲类建筑和 9 度时乙类建筑中的钢筋混凝土结构和钢结构；

（5）采用隔震和消能减震设计的结构。

2. 下列结构宜进行罕遇地震作用下的弹塑性变形验算：

（1）表 4.3-9 所列高度范围且属于《抗震规范》表 3.4.3-2 所列的竖向不规则类型的高层建筑结构；

（2）7 度 Ⅲ、Ⅳ 类场地和 8 度时乙类建筑中的钢筋混凝土结构和钢结构；

（3）板柱-剪力墙结构和底部框架砌体房屋；

（4）高度不大于 150m 的其他高层钢结构；

（5）不规则的地下建筑结构及地下空间综合体。

注：楼层屈服强度系数为按构件实际配筋和材料强度标准值计算的楼层受剪承载力和按罕遇地震作用标准值计算的楼层弹性地震剪力的比值；对排架柱，指按实际配筋面积、材料强度标准值和轴向力计算的正截面受弯承载力与按罕遇地震作用标准值计算的弹性地震弯矩的比值。

3. 结构在罕遇地震作用下薄弱层（部位）弹塑性变形计算，可采用下列方法：

（1）不超过 12 层且层刚度无突变的钢筋混凝土框架结构和框排架结构、单层钢筋混凝土柱厂房可采用《抗震规范》第 5.5.4 条的简化计算法；

结构整体电算时，SATWE 软件会自动按《抗震规范》第 5.5.4 条的简化计算法，对符合本条要求的结构进行罕遇地震作用下的薄弱层（部位）弹塑性变形验算，结构工程师可通过打印名称为 SAT-K.OUT 的文本文件输出结构的薄弱层验算结果。

（2）除（1）以外的建筑结构，可采用静力弹塑性分析方法或弹塑性时程分析法等方法。

（3）规则结构可采用弯剪层间模型或平面杆系模型进行计算，属于《抗震规范》第 3.4 节规定的不规则结构应采用三维空间结构模型进行计算。

4. 高层建筑结构，特别是不规则的或复杂的高层建筑结构，在罕遇地震作用下，当要求采用较为精确的分析方法计算结构的弹塑性变形时，国内软件可采用中国建筑科学研究院北京构力科技有限公司推出的 EPDA&EPSA 软件，其基本功能和上机操作方法详见 EPDA&EPSA 用户手册。国外软件，可采用 ANSYS、MIDAS、ETABS、SAP2000、ABAQUS 等软件来进行结构在罕遇地震作用下的弹塑性变形计算。

5. 常见各类建筑结构在罕遇地震作用下的弹塑性层间位移角限值可按表 4.3-12 采用。

弹塑性层间位移角限值　表 4.3-12

结构类型	$[\theta_p]$
单层钢筋混凝土柱排架	1/30
钢筋混凝土框架	1/50
底部框架砌体房屋中的框架-剪力墙	1/100
钢筋混凝土框架-剪力墙、板柱-剪力墙、框架-核心筒	1/100
钢筋混凝土剪力墙、筒中筒	1/120
多、高层钢结构	1/50

4.3.13 应用静力弹塑性分析方法（Pushover 法）来计算结构在罕遇地震作用下的弹塑性变形

结构弹塑性变形分析方法有动力非线性分析（弹塑性时程分析）和静力非线性分析两大类。

弹塑性时程分析方法的理论基础严格，可以反映地震过程中每一时刻结构的受力和变形状况，从而可以直观有效地判断结构的屈服机制、薄弱部位，预测结构的破坏模式。但计算工作量大，所消耗的时间和资源巨大，所需的数值分析技术要求高；分析所需要的恢复力滞回模型还不十分成熟，而采用不同的恢复力滞回模型会得到差异较大的计算结果。一般只在设计重要结构或高层建筑结构时采用。

静力弹塑性分析方法是一种简化的弹塑性分析方法，不需要输入地震波和使用恢复力滞回模型，计算量小，操作简单。静力弹塑性分析方法又称为推覆分析（Pushover Analysis），从本质上说它是一种静力分析方法。具体地说，就是在结构计算模型上施加按某种规则分布的水平侧向力，单调加载并逐级加大；一旦有构件开裂（或屈服）即修改其刚度（或使其退出工作），进而修改结构总刚度矩阵，进行下一步计算，依次循环直到结构达到预定的状态（成为机构、位移超限或达到目标位移），从而判断是否满足相应的抗震能力要求。

静力弹塑性分析方法（Pushover 法）分为两个部分，首先建立结构荷载-位移曲线，然后评估结构的抗震能力，基本工作步骤为：

第一步：准备结构数据：包括建立能够反映所有重要的弹性和非弹性反应特征的结构弹塑性分析模型、构件的物理参数和恢复力模型。

第二步：计算结构在竖向荷载作用下的内力（将与水平力作用下的内力叠加，作为某一级水平力作用下构件的内力，以判断构件是否开裂或屈服）。

第三步：在结构每层的质心处，沿高度施加按某种规则分布的水平力（如：倒三角、矩形、第一振型或所谓自适应振型分布等），确定其大小的原则是：施加水平力所产生的结构内力与前一步计算的内力叠加后，恰好使一个或一批构件开裂或屈服。在加载中随结构动力特征的改变而不断调整的自适应加载模式是比较合理的，比较简单而且实用的加载模式是结构第一振型。

第四步：对于开裂或屈服的杆件，对其刚度进行修改，同时修改总刚度矩阵后，再增加一级荷载，又使得一个或一批构件开裂或屈服。

不断重复第二步～第四步，将每一步得到的构件内力和变形累加起来，得到结构构件在每一步的内力和变形，逐步跟踪截面或构件发生屈服的顺序，直到结构达到某一目标位移（当多自由度结构体系可以等效为单自由度体系时），或结构发生破坏（采用性能设计方法时，根据结构性能谱与需求谱相交确定结构性能点），这时方可停止施加水平荷载。

对于高度在 100m 以下、结构振动以第一振型为主、基本周期在 3s 以内且比较规则的结构，Pushover 方法能够很好地估计结构的整体和局部弹塑性变形，同时也能揭示弹性设计中存在的隐患（包括层屈服机制、过大变形以及强度、刚度突变等）。超出上述范围的建筑结构，Pushover 方法不再适用。

静力弹塑性分析方法的特点：

（1）由于在计算时考虑了构件的塑性，可以估计结构的非线性变形和出现塑性铰的部位；

（2）与弹塑性时程分析法比较，其输入数据简单，工作量较小，计算时间短。

在实际计算中必须注意以下几个问题：

（1）计算模型必须包括对结构重量、强度、刚度及稳定性有较大影响的所有结构部件。

（2）在对结构进行横向力增量加载之前，必须把所有重力荷载（恒载和参与组合的活荷载）施加在相应位置。

（3）结构的整体非线性性能及刚度是根据增量静力分析所求得的基底剪力-顶点位移的关系曲线确定的。

（4）在某些情况下，静力弹塑性分析不能准确反映可能出现的破坏模式，因此，一般必须采用两种横向力分布模式（比如倒三角形分布和均匀分布）。

（5）考虑到通过反应谱求得的目标位移只是代表设计地震下的平均位移，而实际的位移反应离散性很大。因此，建议把增量非线性分析一直进行到 1.5 倍的目标位移，以了解结构在超过设计值的极端荷载条件下的性能。

对于长周期结构、复杂的不规则结构和高柔的超高层建筑，Pushover 方法与弹塑性时程分析方法的计算结果可能差别很大，不宜采用。

静力弹塑性分析方法的详细介绍可参见《建筑抗震设计规范》GB 50011—2010 统一培训教材及有关资料。

4.4 调 整 信 息

4.4.1 梁刚度放大系数 B_k 及梁刚度放大系数是否按 2010 规范取值

在结构整体电算时，框架梁是按矩形截面尺寸输入并计算刚度的。对于现浇钢筋混凝土楼板，在采用刚性楼板假定时，楼板作为梁的翼缘，是梁的一部分，对梁的刚度有影响。因此，在对结构进行内力和位移计算时可用增大系数来考虑楼板对梁刚度的贡献，称为中梁刚度增大系数。中梁刚度增大系数 B_k 可根据楼板厚度变化在 1.3～2.0 范围内取值。程序会自动搜索框架中梁和边梁，两侧均与刚性楼板相连的中梁刚度增大系数为 B_k，仅一侧与刚性楼板相连的中梁或边梁，刚度增大系数为 $\left(1.0+\dfrac{B_k-1.0}{2}\right)$。

对预制楼板结构、板柱体系的等代梁结构，梁刚度增大系数应取 1.0；对不与楼板相连的独立梁和仅与弹性楼板相连的梁，中梁刚度增大系数不起作用。中梁刚度增大系数对连梁也不起作用。

在抗震设计时，对现浇钢筋混凝土楼面结构和装配整体式楼面结构，应对框架梁的刚度乘以增大系数，否则将使地震作用偏小。

考虑楼板作为梁翼缘对梁刚度的贡献时，对于每根梁，由于梁截面尺寸和楼板厚度的差异，其刚度放大系数可能各不相同，SATWE 软件新增了梁刚度放大系数是否按 2010 年版《混凝土规范》取值的选项，勾选此项后，程序将根据混凝土规范 5.2.4 条表格的规定，自动计算每根梁的楼板有效翼缘宽度，按照 T 形梁截面与矩形梁截面的刚度比例，确定每根梁的刚度系数。

如果不勾选，则仍按以上所述，对全楼指定唯一的刚度放大系数。

4.4.2 梁端负弯矩调幅系数 B_t、梁活荷载内力放大系数 B_m

1. 梁端负弯矩调幅系数 B_t

弯矩调幅法是钢筋混凝土结构考虑塑性内力重分布分析方法中的一种。梁端弯矩调幅系数仅对竖向荷载作用下的梁端弯矩进行调整，不对水平荷载或水平地震作用下的梁端弯矩进行调整。通过调整，适当减少梁端负弯矩，相应增大跨中弯矩，可使框架梁上下的配筋较为均匀，有利于改善混凝土的施工质量。

梁端弯矩调幅系数 B_t 的取值范围可为 B_t＝0.8～0.9，一般工程通常取 0.85。程序隐含规定钢梁为不调幅梁，如要对钢梁进行调幅，结构工程师可交互修改。

当梁端弯矩调幅系数控制在上述取值范围内时，梁端截面的裂缝开展宽度通常可保持在《混凝土规范》的最大裂缝宽度限值范围内。

2. 梁设计弯矩放大系数或梁活荷载内力放大系数 B_m

梁设计弯矩放大系数起因于梁的活荷载不利布置。当不考虑活荷载不利布置时，梁的活荷载弯矩偏小，程序通过此系数来增大梁的弯矩设计值，提高梁的安全性。通常情况下，梁设计弯矩放大系数 B_m 的取值范围为 B_m＝1.1～1.2。当考虑活荷载不利布置时，取 B_m＝1.0。

这里应提请结构工程师注意，在最新版本的 SATWE 软件中，调整信息项内的"梁设计弯矩增大系数"已取消，并改为"梁活荷载内力放大系数"。因为，梁设计弯矩增大系数乘的是梁组合后的弯矩设计值，相当于将永久荷载、活荷载、风荷载和地震作用下的弯矩设计值均放大了。所以将梁设计弯矩增大系数作为不考虑活荷载不利布置时的安全储备不尽合理。另一方面，活荷载不利布置不仅对梁的弯矩有影响，对梁的剪力也有影响，仅考虑弯矩放大是不完善的。

新版本的 SATWE 软件将梁设计弯矩增大系数改为"梁活荷载内力放大系数"，该系数只对梁在满布活荷载下的内力（包括弯矩、剪力、轴力）进行放大，然后再与其他荷载效应进行组合，不是再乘组合后的弯矩设计值。一般工程建议取内力放大系数为 1.1～1.2。如果已考虑活荷载不利布置，则梁活荷载内力放大系数应取 1.0。

结构整体计算时，建议考虑活荷载不利布置。

4.4.3　连梁刚度折减系数、梁扭矩折减系数

1. 连梁刚度折减系数 B_{lz}

连梁通常是指剪力墙结构或框架-剪力墙结构中，在剪力墙平面内两端与墙相连或一端与墙相连另一端与框架柱相连且跨高比 $l_n/h_b < 5$ 的梁。因跨高比较小，连梁在竖向荷载作用下产生的弯矩所占比例较小，水平荷载作用下产生的反弯矩则较大。连梁对剪切变形十分敏感，容易出现剪切裂缝而发生脆性破坏。为了提高连梁的延性，最常采取的办法之一是将连梁的刚度进行折减，使连梁的弯矩和剪力减小。当部分连梁降低弯矩设计值后，其余部位的连梁和墙肢的弯矩设计值应相应提高。

由于剪力墙的承载力往往很高，连梁先进入塑性状态后卸载给剪力墙是允许的。但连梁的刚度折减系数取值不能过小，不仅应保证连梁具有足够的承受竖向荷载的能力，也应保证连梁在正常使用条件下、在比设防烈度低一度的地震作用下出现的裂缝宽度符合《混凝土规范》的要求。

连梁的刚度折减系数 B_{lz} 通常取为 $B_{lz} = 0.5～1.0$；抗震设防烈度为 8 度和 9 度时，连梁刚度折减系数不宜小于 0.5，6、7 度时不宜小于 0.7。

《抗震规范》第 6.2.13 条的条文说明指出，计算地震内力时，剪力墙连梁的刚度可折减；计算位移时，连梁刚度可不折减。

《高层建筑规程》第 5.2.1 条及条文说明则指出，除地震作用效应计算时可对连梁刚度予以折减，折减系数不宜小于 0.5 外，对重力荷载、风荷载作用效应计算不宜考虑连梁刚度折减。

2. 梁扭矩折减系数 T_b

钢筋混凝土梁除承受弯矩、剪力和轴力外，还可能承受扭矩的作用。例如，现浇钢筋混凝土框架结构中的边榀框架梁（图 4.4-1），由于次梁梁端的弯曲转动使边榀框架梁产生扭转，截面承受扭矩。但在边榀框架梁受扭开裂后，其刚度迅速降低而产生内力重分布，从而使梁截面承受的扭矩随之减少。这就是所谓的梁的"协调扭转"。协调扭转的问题比较复杂，至今仍未有完善的设计方法。为了简化设计，《混凝土规范》对钢筋混凝土

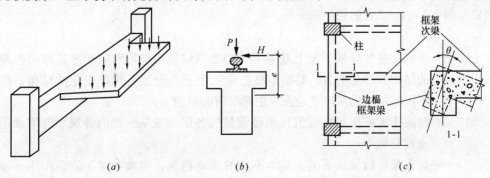

图 4.4-1　工程中常见的受扭构件

(a) 挑檐梁的平衡扭转；(b) 吊车梁的平衡扭转；(c) 现浇边榀框架梁的协调扭转

框架梁的协调扭转有两条规定：

（1）可将框架梁弹性分析得出的扭矩乘以适当的折减系数；这个折减系数程序命名为"梁扭矩折减系数 T_b"；

（2）经折减后的扭矩，按规范受扭承载力公式进行计算，确定所需要的抗扭钢筋（沿梁周边布置的纵筋和沿梁长度布置的箍筋），并满足有关配筋构造要求。

试验研究表明，符合上述两条规定的属于协调扭转的框架梁，当采用的折减系数不小于 0.4 时，其因扭转而产生的裂缝宽度可以满足规范的要求。

程序给定梁扭矩折减系数 T_b 的取值范围为 $T_b=0.4\sim1.0$，一般工程取 0.4。梁扭矩折减系数对不与刚性楼板相连的梁及弧形梁不起作用。若考虑楼板的弹性变形，梁的扭矩不应折减。

实际工程设计时，建议楼面次梁与边榀框架梁铰接。边榀框架梁的受扭纵向钢筋，应按最小配筋率配筋，即 $\rho_{tl}=\dfrac{A_{stl}}{bh}\geqslant0.85f_t/f_y$，梁侧面的受扭纵向钢筋的间距不应大于 200mm。边榀框架梁的受扭箍筋，应按最小配筋率配箍，即 $\rho_{sv}=\dfrac{A_{sv}}{bs}\geqslant0.28f_t/f_{yv}$。

在按国家标准图集 16G101-1 绘制结构配筋平面图时，边榀框架梁侧面的受扭纵向钢筋应以大写字母 N 字打头。梁箍筋当采用复合箍筋时，位于截面内部的箍筋不应计入受扭箍筋面积内。

4.4.4　$0.2V_0$ 调整及调整分段数

$0.2V_0$ 调整系数是针对框架-剪力墙结构和框架-核心筒结构而设置的系数。框架-剪力墙结构和框架-核心筒结构是抗震设计时具有两道抗震防线的结构，剪力墙（核心筒）是第一道防线，框架为第二道防线。框架-剪力墙结构和框架-核心筒结构中，柱与剪力墙（核心筒）相比，其抗剪刚度很小，在地震作用下，楼层地震总剪力主要由剪力墙（核心筒）来承担，框架柱只承担很小的一部分，就是说框架由地震作用引起的内力很小，但框架作为抗震的第二道防线，过于单薄是不利于抗震的，所以必须对其框架梁、柱的弯矩和剪力进行调整。

1. 为了保证框架部分有一定的抗震能力，《高层建筑规程》规定，满足下面式（4.4-1）要求的楼层，其框架总剪力不必调整；不满足式（4.4-1）要求的楼层，其框架总剪力应按 $0.2V_0$ 和 $1.5V_{f,max}$ 二者的较小值采用：

$$V_f\geqslant0.2V_0 \tag{4.4-1}$$

式中　V_0——对框架柱数量从下至上基本不变的规则建筑，应取对应于地震作用标准值的结构底部总剪力；对框架柱数量从下至上分段有规律变化的结构，应取每段底层结构对应于地震作用标准值的总剪力；

　　　　V_f——对应于地震作用标准值且未经调整的各层（或某一段内各层）框架承担的地震总剪力；

　　　　$V_{f,max}$——对框架柱数量从下至上基本不变的规则建筑，应取对应于地震作用标准值且未经调整的各层框架承担的地震总剪力中的最大值；对框架柱数量从下至上分段有规律变化的结构，应取每段中对应于地震作用标准值且未经调整的各层框架承担的地震总剪力中的最大值。

由于《高层建筑规程》规定了在框架柱数量从下至上分段有规律变化时，可分段调整框架部分承担的地震总剪力，因而更合理。分段调整框架部分承担的地震总剪力时，每段的层数不应少于 3 层，结构底部加强部位的楼层应在同一段内。

2. 按振型分解反应谱法计算地震作用时，上述第 1 款所规定的调整可在振型组合之后进行。

3. 框架剪力的调整应在楼层满足《高层建筑规程》第 4.3.12 条关于楼层最小地震剪力系数的前提下进行。

4. 各层框架所承担的地震总剪力按上述第 1 款调整后，应按调整前、后总剪力的比值调整每根框架柱和与之相连的框架梁的剪力及端部弯矩标准值，框架柱的轴力标准值可不予以调整。

5. $0.2V_0$ 调整的起始层号，当地下室顶板可作为上部结构嵌固部位时，取地下室顶板（± 0.000 楼板）以上的首层，终止层号为屋顶层或剪力墙到达的层号；地下室各层框架部分承担的地震总剪力一般不调整。

6. 关于 $0.2V_0$ 调整系数的上限，程序内定的上限值为 2.0。由于调整系数达到 2.0 时仍有可能使结构某些楼层框架柱的剪力调整达不到《高层建筑规程》第 8.1.4 条的调整要求。所以新版 SATWE 软件作了改进，可以放松调整系数的上限值，其操作方法是把"起始层号"填成负值，则程序将不控制调整系数的上限值，否则程序按上限值 2.0 控制调整系数。$0.2V_0$ 调整系数过大，说明框架-剪力墙结构中的框架部分相对较弱；在这种情况下，结构工程师应注意查看程序以文件名为 WGCPJ. OUT 输出的文本格式文件中的超筋超限信息，如果框架梁、柱截面超限，则必须对超限的梁柱截面进行调整；如果结构的侧向刚度过大，也可适当调整剪力墙的刚度。

新版 SATWE 软件可以修改 $0.2V_0$ 调整系数的上限值为任意数值。

4.4.5　全楼地震力（地震作用）放大系数和顶层小塔楼内力放大系数

这个系数是用来调整地震作用的，通过这个参数可放大地震作用，提高结构的抗震能力，其经验取值范围为 1.0～1.5，仅适用于某些特殊结构或特殊的结构构件，例如，当采用弹性动力时程分析计算出的结构楼层剪力，大于采用振型分解反应谱法计算出的楼层剪力时，可填写此参数将地震力放大。一般结构不必考虑地震力放大系数。

4.4.6　是否按《抗震规范》第 5.2.5 条调整楼层地震剪力

(1)《抗震规范》第 4.2.2 条和《高层建筑规程》第 4.3.12 条均对结构任一楼层在多遇地震水平地震作用下的楼层最小剪力提出了要求。

在水平地震作用下，结构任一楼层的水平地震剪力应符合下式要求：

$$V_{Eki} \geqslant \lambda \sum_{j=i}^{n} G_j \qquad (4.4-2)$$

式中　V_{Eki}——第 i 层对应于水平地震作用标准值的楼层剪力；

　　　λ——地震剪力系数，不应小于表 4.4-1 规定的楼层最小地震剪力系数值，对竖向不规则结构的薄弱层，尚应乘以 1.15 的增大系数；

G_j——第 j 层的重力荷载代表值；

n——结构计算总层数。

（2）采用振型分解反应谱法对建筑结构进行地震作用计算时，由于地震影响系数曲线在长周期段下降较快，对于基本周期大于 3.5s 的结构，由此计算所得的水平地震作用下的结构效应可能偏小。而对于长周期结构，地震动态作用中的地面运动速度和位移可能对结构的破坏具有更大的影响，但《抗震规范》所采用的振型分解反应谱法尚无法对此作出估计。出于结构抗震安全的考虑，抗震验算时《抗震规范》对结构总水平地震剪力和各楼层的水平地震剪力最小值提出了限制要求，规定了不同烈度下的最小地震剪力系数，当不满足时，需要改变结构布置或调整结构总剪力和各楼层的水平地震剪力使之满足要求。

1）当结构底部总地震剪力小得过多，地震剪力调整系数过大，例如，调整系数大于 1.2 时，说明该楼层结构刚度过小，应先调整结构布置和相关构件的截面尺寸，提高结构刚度，满足结构稳定和承载力要求，不宜采用地震剪力不足，就过多地增大地震剪力调整系数的做法。

2）只要底部总剪力不满足要求，则结构各楼层的剪力均需要调整，不能仅调整不满足的楼层。

3）满足最小地震剪力是结构后续抗震设计计算的前提，只有调整到符合最小剪力要求才能进行相应的地震倾覆力矩、构件内力、位移的计算分析，即意味着，当各层的地震剪力需要调整时，原先计算的倾覆力矩、构件内力和位移均需要相应调整。

4）采用时程分析法时，其计算的总剪力也需要符合最小地震剪力要求。

5）对于建筑结构的地下室，当上部结构嵌固在地下室顶板部位时，因为地下室的地震作用是明显衰减的，故一般不要求单独核算地下室部分的楼层的最小地震剪力系数。

（3）建筑结构任一楼层的地震剪力系数不应小于表 4.4-1 规定的楼层最小地震剪力系数 $\lambda_{\min}$。对于扭转效应明显或基本周期小于 3.5s 的结构，最小地震剪力系数取 $0.2\alpha_{\max}$，以保证足够的抗震安全度。$\alpha_{\max}$ 为水平地震影响系数最大值。

楼层最小地震剪力系数值 $\lambda_{\min}$　　　　　　　　　　　　表 4.4-1

类　别	6度	7度	8度	9度
扭转效应明显或基本周期小于 3.5s 的结构	0.008	0.016（0.024）	0.032（0.048）	0.064
基本周期大于 5.0s 的结构	0.006	0.012（0.018）	0.024（0.036）	0.048

注：1. 基本周期介于 3.5s 和 5s 之间的结构，应允许按线性插入法取值；

2. 括号内数值分别用于设计基本地震加速度为 0.15g 和 0.30g 的地区。

表 4.4-1 中的所谓"扭转效应明显"，可以从考虑扭转耦联的振型分解反应谱法的分析结果来判断。例如，如果在结构计算出的前三个振型中，两个水平方向的振型参与系数为同一量级，即可认为存在明显的扭转效应。这与《抗震规范》第 5.2.3 条第 1 款"扭转刚度较小"不是同一概念。

对于竖向不规则结构的薄弱层，表中的最小水平地震剪力系数尚应乘以 1.15 的增大系数，即薄弱层的楼层最小地震剪力系数不应小于 $1.15\lambda_{\min}$。

由于楼层最小地震剪力系数是《抗震规范》的最低要求，也没有考虑结构阻尼比的不同，各类结构（包括钢结构、隔震和消能减震的结构）均应遵守。

（4）还应当注意的是，当高层建筑结构的楼层地震剪力系数小于 0.02 时，结构的刚度虽然能满足按弹性方法计算的楼层水平位移限值的要求，但往往不能满足《高层建筑规程》第 5.4.4 条规定的稳定要求。因此，对于楼层地震剪力系数小于 0.02 的高层建筑结构，应注意按规程的要求验算稳定性。SATWE 软件具有自动验算框架结构、剪力墙结构、框架-剪力墙结构、框架-核心筒结构等结构稳定性的功能。

结构工程师应注意查看程序以文本格式输出的文件"结构整体稳定验算结果"（文件名为 Wmass. out）。

当结构整体稳定验算结果显示结构通不过整体稳定验算要求时，则应调整并增大结构的侧向刚度，使结构的刚重比（结构的侧向刚度与重力荷载之比）满足《高层建筑规程》公式（5.4.4-1）或公式（5.4.4-2）的规定。

同时，根据程序输出的结构在 x 方向和 y 方向的刚重比数值，结构工程师还可以判断该高层建筑结构是否有必要考虑重力二阶效应的不利影响。如果有必要考虑该高层建筑结构的重力二阶效应，可根据《高层建筑规程》第 5.4.3 条的规定，采用有限元方法进行计算，也可采用对未考虑重力二阶效应的计算结果乘以增大系数的方法近似考虑。

4.4.7　剪力墙加强区的起算层号

根据《抗震规范》第 6.1.10 条、《高层建筑规程》第 7.1.4 条和第 10.2.2 条的规定，一般剪力墙结构底部加强部位的高度从地下室顶板算起可取墙体总高度的 $\frac{1}{10}$ 和底部两层二者的较大值；部分框支剪力墙结构底部加强部位的高度从地下室顶板算起可取框支层加上框支层以上两层的高度及落地剪力墙总高度的 $\frac{1}{10}$ 二者的较大值。

设置剪力墙底部加强部位的目的是要适当提高该部位剪力墙的承载力，加强该部位剪力墙的抗震构造措施。弯曲型或弯剪型结构的剪力墙，地震发生时塑性铰一般出现在墙肢底部，将塑性铰及其以上一定高度范围内的剪力墙作为加强部位，在此范围内采取增加边缘构件箍筋和墙体水平钢筋等加强措施，避免墙肢剪切破坏，改善整个结构的抗震性能。

当地下室顶板作为上部结构的嵌固部位时，《抗震规范》第 6.1.14 条第 4 款规定，地下一层剪力墙墙肢端部边缘构件纵向钢筋的截面面积，不应少于地上一层对应墙肢端部边缘构件纵向钢筋的截面面积。

当地下室顶板作为上部结构的嵌固部位时，编者建议结构工程师宜把地下一层作为加强部位的加强层进行设计，地上一层剪力墙墙肢端部边缘构件的纵向钢筋和箍筋应延伸到地下一层，其配筋构造要求，可参见国家标准图集 11G 329-1 第 3-15、3-16 页。

当结构计算嵌固端位于地下一层底板或以下时，《抗震规范》第 6.1.10 条第 3 款规定，底部加强部位宜延伸到计算嵌固端。在这种情况下，编者建议结构工程师，将嵌固端以下一层剪力墙墙肢端部的边缘构件，按构造边缘构件底部加强部位的配筋要求进行设计。

在 SATWE 软件总信息中的"剪力墙底部加强区的层和塔信息"参数项内，程序输出的结果包括了塔号和全部加强层层号。

4.4.8 强制指定的薄弱层个数和强制指定的加强层个数

1. 强制指定的薄弱层个数

《抗震规范》第 3.4.4 条规定,对竖向不规则的建筑结构,应采用空间结构计算模型进行分析,其柔软层或薄弱层的地震剪力应乘以不小于 1.15 的增大系数。《高层建筑规程》第 3.5.8 条明确规定,结构的柔软层或薄弱层的地震剪力增大系数为 1.25,且不区分柔软层和薄弱层,通通简称为薄弱层。薄弱层的地震剪力增大系数工程师可以指定,程序缺省值为 1.25。

规范在这里所指的柔软层或薄弱层,包括:

(1) 楼层侧向刚度小于相邻上一层的 70%,或小于其上相邻三个楼层侧向刚度平均值的 80%;除屋顶层或出屋面小建筑外,局部收进的水平向尺寸大于相邻下一层的 25%;即为所谓的"侧向刚度不规则"的楼层,称为柔软层。

(2) 抗侧力结构的层间受剪承载力小于相邻上一楼层的 80%,即为所谓的"楼层承载力突变"的楼层,称为薄弱层。

(3) 竖向抗侧力构件(柱、剪力墙、抗震支撑)的内力由水平转换构件(梁、桁架等)向下传递,即为所谓的"竖向抗侧力构件不连续"的楼层。

对于以上三种情况的楼层,为了简单起见,在以下我们均称为薄弱层。

新规范版本的 SATWE 软件会自动对楼层"侧向刚度不规则"的薄弱层的地震剪力乘以 1.25 的增大系数。对于"楼层承载力突变"的楼层和"竖向抗侧力构件不连续"的部分框支剪力墙结构的转换层,软件还没有自动乘以 1.25 增大系数的功能,应由结构工程师将楼层承载力不满足要求的楼层层号和转换层层号强制指定为薄弱层,并将其地震剪力乘以 1.25 的增大系数,特别要指出,对于"转换层",结构工程师不要误认为只要楼层侧向刚度满足《高层建筑规程》附录 E 的要求,该楼层就不是薄弱层,转换层总是薄弱层。

2. 强制指定的加强层个数

强制指定的加强层个数是新规范版 SATWE 软件新增的参数,由结构工程师指定。程序可自动实现以下功能:

(1) 加强层及其相邻层的框架柱、剪力墙抗震等级自动提高一级,一级提高至特一级,特一级应允许不再提高;

(2) 加强层及其相邻层的框架柱轴压比限值减小 0.05,箍筋全柱段加密设置;

(3) 加强层及其相邻层剪力墙设置约束边缘构件。

多塔楼结构可以在"多塔结构补充定义"菜单中分塔指定薄弱层和加强层。

4.5 配 筋 信 息

SATWE 软件总信息中的配筋信息项内,共有 14 个参数。结构工程师在填写这些参数时应注意以下几个问题:

4.5.1 钢筋的强度等级及间距

建筑结构整体电算时,输入的梁、柱、墙主筋强度等级宜与结构施工详图中配置的钢筋强度等级一致，避免代换的麻烦。例如，在"梁主筋强度"参数栏内，填写 $360N/mm^2$ 时，则在结构施工详图中，梁应采用 HRB400 级钢筋（Φ）配筋。

输入的梁（柱）箍筋强度等级、墙水平分布筋强度等级，除宜与结构施工详图中配置的箍筋（或墙水平分布筋）的强度等级一致外，还宜注意使输入的箍筋（或墙水平分布筋）的最大间距与结构施工详图中梁（柱）的箍筋间距、墙水平分布筋间距保持一致，这不仅是为了避免代换的麻烦，还因为当梁（柱）箍筋、墙分布筋为构造配筋时，用低强度等级的钢筋代换较高强度等级的钢筋，可能还存在安全问题。

抗震设计时，框架梁（柱）箍筋有加密区和非加密区之分。程序在构件配筋平面简图中输出的框架梁（柱）箍筋面积是按结构工程师在"梁（柱）箍筋最大间距"参数栏内输入的箍筋间距计算出的，而且通常输入的箍筋间距为框架梁（柱）箍筋加密区的间距 100mm。特别要注意的是，梁、柱箍筋间距（单位 mm），程序强制为 100，不允许修改。当框架梁（柱）非加密区箍筋加大配箍间距时，应注意复核梁（柱）非加密区箍筋的配箍面积是否满足计算要求。例如，在"梁箍筋最大间距"为 100mm、"梁箍筋强度"为 $270N/mm^2$ 的条件下，如程序输出的框架梁箍筋加密区的箍筋面积为 $1.5cm^2$，非加密区的箍筋面积为 $0.9cm^2$，则梁的箍筋加密区配Φ10@100 的两肢箍可满足计算要求，非加密区的箍筋配Φ10@200 的两肢箍不满足计算要求，非加密区的箍筋应配Φ10@170 的两肢箍才能满足计算要求$\left(A_{sv实配}=2\times78.5=157mm^2,\ A_{sv计算}=\dfrac{0.9\times100}{100}\times170=153mm^2 \right)$。

4.5.2   墙体竖向分布筋的最小配筋率

1. 结构施工详图中剪力墙实际配置的竖向分布钢筋的配筋率，不应小于结构整体计算时输入的剪力墙竖向分布筋的最小配筋率。因为，剪力墙竖向分布钢筋的配筋率增加，会使剪力墙墙肢端部边缘构件的纵向受力钢筋的配筋减少。所以，剪力墙实际配置的竖向分布筋的配筋率小于结构整体计算时输入的配筋率时，将使结构偏于不安全。

2. "结构底部单独指定墙竖向分布筋配筋率的层数"和结构底部"NSW 层的墙竖向分布筋的配筋率"，这两个参数，主要是用来提高框架-核心筒等类结构的核心筒底部加强部位竖向分布筋的配筋率，从而提高钢筋混凝土核心筒底部加强部位的延性和抗震性能。

核心筒底部加强部位竖向分布筋和水平分布筋的配筋率不宜小于 0.3%。

在"结构底部单独指定墙竖向分布筋配筋率的层数"这个参数中，层数应包括全部地下室层数。

例如，某框架-核心筒结构，有两层地下室，地下一层顶板至主要屋面板板顶的总高度为 99m，上部结构嵌固在地下室顶板面上，除首层层高为 4.5m，其余各层层高均为 3.5m。

框架-核心筒结构底部加强部位的高度为 99/10＝9.9m，从地下一层顶板算起的地上第一层至第三层的高度为 4.5＋2×3.5＝11.5m＞9.9m，4.5＋3.5＝8m＜9.9m，故底部加强部位的层数应偏安全地取至地上第三层，底部加强部位的高度为 4.5＋2×3.5＝11.5m。

在这个例子中，可单独指定结构底部墙竖向分布筋的配筋率为 0.6%，单独指定结构底部墙竖向分布筋配筋率的层数为 5，其余墙竖向分布筋的最小配筋率为 0.3%。这样，包括二层地下室在内的底部加强部位的墙体，实际配置的竖向分布筋的配筋率应满足

0.6%的最小构造配筋率要求。地上第四层及其以上各层，墙的竖向配筋满足最小配筋率0.3%即可。

为了使地下一层以下地下室各层墙体的竖向分布钢筋的配筋更为合理和经济，可补充不单独指定结构底部墙体竖向分布筋配筋率而取一般配筋率的计算。

当框架-剪力墙结构底部加强部位边缘构件纵向受力钢筋配筋率过大时，亦可单独指定结构底部墙竖向分布筋配筋率的层数和墙竖向分布筋的配筋率，来改善剪力墙墙肢端部边缘构件的配筋。但剪力墙竖向分布筋的配筋率不宜过高，过高的配筋率，比如超过0.8%的配筋率，对改善剪力墙墙肢端部边缘构件的配筋并无大的帮助。

剪力墙结构在一般情况下，不必单独指定结构底部墙竖向分布筋配筋率的层数，也不必单独指定结构底部墙竖向分布筋的配筋率。

为了获得较好的强度价格比，也为了施工方便，钢筋混凝土梁、柱和墙的主筋（纵向受力钢筋）宜采用 HRB400（Φ）级或 HRB500（Φ）级钢筋，梁、柱的箍筋和墙的分布筋宜采用 HRB400（Φ）级钢筋，必要时也可采用 HPB300（ϕ）级钢筋。

4.5.3　剪力墙连梁箍筋与对角斜筋的配筋强度比

对于一、二级抗震等级的连梁，当跨高比不大于 2.5 且连梁截面宽度不小于 250mm 时，除普通箍筋外，宜另外配置斜向交叉钢筋，其截面限制条件和斜截面受剪承载力应符合《混凝土规范》第 11.7.10 条式(11.7.10-1)~式(11.7.10-3)的规定。箍筋与对角斜筋的配筋强度比 $\eta=(f_{yv}A_{sv}h_0)/(sf_{yd}A_{sd})$，当 η 小于 0.6 时取 $\eta=0.6$，当 η 大于 1.2 时取 $\eta=1.2$。

当连梁跨高比不大于 2.5 且连梁截面宽度不小于 400mm、采用集中对角斜筋或对角暗撑配筋，其截面限制条件和斜截面受剪承载力应分别符合《混凝土规范》第 11.7.10 条式（11.7.10-1）和式（11.7.10-4）的要求。

上述连梁，当同时配置箍筋和斜向交叉钢筋或集中对角斜筋、对角暗撑时，可提高连梁的抗震延性，使该类连梁发生剪切破坏时，其延性能够达到地震作用时剪力墙对连梁的延性要求。

4.6　设　计　信　息

4.6.1　结构重要性系数

1. 根据《工程结构可靠性设计统一标准》GB 50153（以下简称《结构可靠性标准》）第 A.1.7 条的规定，房屋建筑的结构重要性系数 γ_0 不应小于表 A.1.7（即本书的表 4.6-1）的规定。

房屋建筑的结构重要性系数 γ_0　　　　　　　　　　　表 4.6-1

结构重要性系数	对持久设计状况和短暂设计状况			对偶然设计状况和地震设计状况
	安全等级			
	一级	二级	三级	
γ_0	1.1	1.0	0.9	1.0

2. 房屋建筑的结构重要性系数不仅与结构的安全等级有关，也与结构的设计状况有关（详见表 4.6-1）。对于结构重要性系数与结构的设计使用年限的关系，《结构可靠性标准》没有做出明确的规定，《混凝土结构设计规范》GB 50010 第 3.3.2 条也没有做出明确的规定，但《砌体结构设计规范》GB 50003 第 4.1.5 条对结构重要性系数 γ_0 则明确规定为：1）对安全等级为一级或设计使用年限为 50 年以上的结构构件，不应小于 1.1；2）对安全等级为二级或设计使用年限为 50 年的结构构件，不应小于 1.0；3）对安全等级为三级或设计使用年限为 1~5 年的结构构件，不应小于 0.9。

编者认为，结构设计使用年限与结构重要性系数的关系，《砌体结构设计规范》的规定可供结构工程师设计时参考。

3. 根据《钢结构设计规范》GB 50017 第 3.2.1 条的规定，钢结构的重要性系数应按现行国家标准《建筑结构可靠度设计统一标准》GB 50068 的规定采用，其中对设计使用年限为 25 年的钢结构构件，结构重要性系数不应小于 0.95。

4. 无论是地震设计状况还是非地震设计状况，结构计算时均应按照现行国家标准的规定，在程序的结构重要性系数参数栏内正确填写结构的重要性系数。但是应当注意：1）抗震设计的结构，由于地震作用的随机性，结构重要性系数对抗侧力构件设计的实际意义不大，《抗震规范》对结构重要性的处理是采用改变结构的抗震措施来实现，地震作用效应参与组合时，不考虑结构的重要性系数。当结构的安全等级为一级或结构设计使用年限为 100 年时，进行抗震设计的结构，其非抗侧力构件，例如次梁和楼板，在进行荷载作用效应组合时，应考虑结构重要性系数 $\gamma_0 = 1.1$。2）非抗震设计的结构，无论是抗侧力构件还是非抗侧力构件，均应考虑结构的重要性系数。3）在低烈度地震区，当风荷载较大时，地震作用效应参与的组合不控制抗侧力构件设计时，抗侧力构件的设计也应考虑结构的重要性系数的影响。

这就是要求无论是地震设计状况还是非地震设计状况，均应正确填写结构重要性系数的原因。

4.6.2　柱计算长度计算原则

1. 对于钢结构，柱计算长度的计算原则，程序有"有侧移"和"无侧移"两个选项。根据《钢结构设计规范》GB 50017 第 5.3.3 条规定，除等截面的无支撑纯框架柱在框架平面内的计算长度系数按有侧移框架确定外，有支撑的框架分强支撑框架和弱支撑框架，只有强支撑框架的框架柱计算长度系数才可以按无侧移框架确定，所以，钢结构的有支撑框架是否无侧移应事先通过计算判断。

当选择"有侧移"时，程序按《钢结构设计规范》附录 D 中表 D-2 的公式计算钢柱的计算长度系数；当选择"无侧移"时，程序按《钢结构设计规范》附录 D 中表 D-1 的公式计算钢柱的计算长度系数。钢框架柱的计算长度等于钢柱所在楼层的层高（柱的高度）乘以钢柱计算长度系数。钢柱的计算长度系数与相交于钢柱上端、下端的钢横梁线刚度之和与柱线刚度之和的比值密切相关。

2. 关于钢筋混凝土柱，2010 版的《混凝土结构设计规范》对有侧移框架结构的 $P\text{-}\Delta$ 效应的简化计算，不再采用 $\eta\text{-}l_0$ 法，而采用层增大系数法。采用层增大系数法进行框架结构 $P\text{-}\Delta$ 效应计算时，不再需要计算框架柱的计算长度 l_0，因而 2010 版的《混凝土结构设计规范》取消了 2002 版《混凝土结构设计规范》第 7.3.11 条第 3 款中框架柱计算长度 l_0 的公式 (7.3.11-1) 和公式 (7.3.11-2)。

2010 版的《混凝土结构设计规范》第 6.2.20 条第 2 款对框架柱的计算长度的规定，同 2002 版的《混凝土结构设计规范》的规定完全一样，都是基于工程经验的总结，主要用于计算轴心受压框架柱的稳定系数 φ，以及计算偏心受压构件裂缝宽度的偏心距增大系数。

梁柱为刚接的混凝土框架结构，各层柱的计算长度 l_0 可按表 4.6-2 取用。

框架结构各层柱的计算长度　　　　　　表 4.6-2

楼盖类型	柱的类别	l_0
现浇楼盖	底层柱	$1.0H$
	其余各层柱	$1.25H$
装配式楼盖	底层柱	$1.25H$
	其余各层柱	$1.5H$

注：表中 H 为底层柱从基础顶面到一层楼盖顶面的高度；对其余各层柱为上下两层楼盖顶面之间的高度。

4.6.3 梁端在梁柱重叠部分简化和柱端在梁柱重叠部分简化

这两个参数有两个选项，当选取作为刚域时，程序将梁、柱重叠部分作为刚域计算，否则程序将梁、柱重叠部分作为梁或柱的一部分计算。工程习惯上，当柱截面尺寸较大，比如柱截面尺寸大于等于 1000mm 时，才选取此项由程序将梁、柱重叠部分作为刚域考虑。

为了实现抗震设计的强柱弱梁目标，框架梁设计时宜考虑梁柱节点刚域的影响。

4.6.4 是否考虑 P-Δ 效应

《高层建筑规程》第 5.4.1 条指出，在水平力作用下，当高层建筑结构满足下列规定时，可不考虑重力二阶效应的不利影响。

1. 剪力墙结构、框架-剪力墙结构、板柱剪力墙结构、筒体结构：

$$EJ_d \geqslant 2.7H^2 \sum_{i=1}^{n} G_i \qquad (4.6-1)$$

2. 框架结构：

$$D_i \geqslant 20 \sum_{j=i}^{n} G_j/h_i \quad (i=1,2,\cdots,n) \qquad (4.6-2)$$

式中　EJ_d——结构一个主轴方向的弹性等效侧向刚度，可按倒三角形分布荷载作用下结构顶点位移相等的原则，将结构的侧向刚度折算为竖向悬臂受弯构件的等效侧向刚度；

　　　H——房屋高度；

　　G_i、G_j——分别为第 i、j 楼层重力荷载设计值，取 1.2 倍的永久荷载标准值与 1.4 倍的楼面可变荷载标准值的组合值；

　　　h_i——第 i 楼层层高；

D_i——第 i 楼层的弹性等效侧向刚度，可取该层剪力与层间位移之比值；

n——结构的计算总层数。

所以，结构工程师在计算高层建筑结构时，应选择考虑 $P\text{-}\Delta$ 效应项，让程序来判断高层建筑结构是否满足《高层建筑规程》第 5.4.1 条的要求。

事实上，无论结构工程师是否选择考虑 $P\text{-}\Delta$ 效应项，SATWE 软件都会自动按上述公式（4.6-1）或公式（4.6-2）对结构进行判断计算。结构工程师可以查看以文件名为 Wmass. OUT 输出的文本格式文件中的"结构整体稳定验算结果"，如结构的刚重比（结构的侧向刚度与结构重力荷载之比）大于等于 2.7（对剪力墙结构、框架-剪力墙结构、板柱剪力墙结构、筒体结构）或大于等于 20（对框架结构），则结构可以不考虑重力二阶效应的不利影响，否则结构应按《高层建筑规程》第 5.4.3 条的要求计算结构的重力二阶效应。"结构整体稳定验算结果"文件中，还输出有结构的稳定性是否满足《高层建筑规程》第 5.4.4 条要求的判断计算结果，可供结构工程师参考。

3. 如果高层建筑结构不满足公式（4.6-1）或公式（4.6-2）的计算要求，或者不满足《高层建筑规程》第 5.4.4 条的整体稳定验算要求，则首选的办法是调整结构的刚重比，以避免复杂的重力二阶效应计算和整体稳定计算。当无法调整时，则宜按《高层建筑规程》第 5.4.3 条的规定，采用有限元方法进行计算，或采用对未考虑重力二阶效应的计算结果乘以增大系数的方法近似考虑。

4. 从结构的电算输出文件"结构整体稳定验算结果"中可以看出，当结构可以不考虑重力二阶效应时，结构的稳定自然满足规程的要求。

5. 根据《抗震规范》第 8.2.3 条的规定，钢结构应按《抗震规范》第 3.6.3 条的规定计入重力二阶效应的影响。

4.6.5　柱配筋计算原则

钢筋混凝土框架柱配筋计算原则有"按单偏压计算"和"按双偏压计算"两个选项，但《抗震规范》和《混凝土规范》都没有明确规定在什么情况下应按单偏压计算，在什么情况下又应按双偏压计算。《高层建筑规程》除了在第 6.2.4 条要求，"抗震设计时，框架角柱应按双向偏心受力构件进行正截面承载力设计"外，也没有明确的规定。

编者认为，规则的钢筋混凝土结构，当按平面结构设计计算时，其框架柱宜按单向偏心受压构件计算配筋；规则的或不规则的钢筋混凝土结构，当按空间结构计算时，其框架柱宜按双向偏心受压构件计算配筋。因为 SATWE 等空间结构分析与设计软件是将钢筋混凝土框架柱当成双向偏心受力的构件来计算的。双向偏心受力构件按双向偏心受压来计算配筋，与其空间分析模型更为协调，因而更为合理。

按照空间分析模型计算的钢筋混凝土框架柱，在按双向偏心受压计算配筋时，考虑到其配筋的多解性（不同的配筋方式可以得到不同的计算结果，但它们都满足承载力要求），编者建议采用下列方法进行钢筋混凝土框架柱的双向偏心受压承载力设计验算：

1. 第一步按单向偏心受压计算框架柱的配筋（在设计信息项内的"柱配筋计算原则"栏选"按单偏压计算"这个选项），并在配筋归并后形成施工图保存到 COLUMN. STL 文件中；

2. 第二步选择程序中的"钢筋验算"菜单，读取 COLUMN. STL 文件中框架柱的实配钢筋，并以此实配钢筋进行框架柱的双向偏心受压验算，如验算结果满足承载力要求，则不必修改 COLUMN. STL 文件中的框架柱施工图的实际配筋；如验算结果不满足承载力要求，则应启动修改钢筋菜单对钢筋直径和（或）数量进行修改，然后再点取钢筋验算菜单对修改后的钢筋进行框架柱的双向偏心受压承载力验算，直到验算结果满足承载力要求为止。

4.7　地下室信息及其他信息

4.7.1　地基土的水平抗力系数的比例系数 m 值（MN/m⁴）

这个参数可以参照《建筑桩基技术规范》JGJ 94—2008 的表 5.7.5 的灌注桩项来取值。m 的取值范围一般在 2.5～100 之间，在少数情况下中密、密实的砾砂、碎石类土取值可达 100～300。其计算方法即是桩基础设计中常用的 m 值法。

地下室的外周回填土对结构有一定的约束作用，但具体到约束作用规律怎样，还缺少深入的、定量的研究，参考工程应用经验，SATWE 提供了两种考虑基础回填土对结构约束作用的方法：

1. 指定土层水平抗力系数的比例系数 m，通过该系数程序自动计算每层地下室所受到的土层约束，该约束刚度只与埋深和土相关，而与结构的自身刚度无关，可以模拟随着埋深增加土的约束作用增强的效果。较原先的"回填土对地下室约束相对刚度比"方法更加合理。两者从效果上比较，前者对结构的约束作用更弱，且可以避免在地下一层出现内力较大突变的情况。

（1）当土的水平抗力系数的比例系数填 0 时，表示地下室侧向不受约束，对结构总的水平地震作用的计算没有影响，但地下室受到的地震作用最大。

（2）当土的水平抗力系数的比例系数填大于 0 的数 N 时，表示对地下室各层施加了各层原层刚度 N 倍的附加刚度，N 越大表示约束越强，反之亦然，约束越大，地下室受到的地震作用程序考虑越少，反之亦然；约束非常大时，相当于程序不考虑地下室的地震作用。

（3）所以，应正确填写这个系数。这个系数通常取《建筑桩基技术规范》JGJ 94 表 5.7.5 中灌注桩项各类土的 m 值的下限值。

2. 在特殊情况下，当有必要时，可指定地下室水平嵌固层数，即填一负数 m（m 小于或等于地下室层数 M），则认为有 m 层地下室无水平位移。一般不建议填负数 m。

4.7.2　回填土侧压力系数

地下室外墙回填土侧压力系数，宜取静止土压力系数，一般情况可取 0.5；当地下室施工采用护坡桩时，地下室外墙的土压力系数可近似取 0.33。

4.7.3　室外地面附加荷载

在计算地下室外墙时，一般民用建筑工程的室外地面活荷载不应小于 5kN/m²。

第3篇

建筑结构施工图
设计常见问题分析

第5章 混凝土结构

5.1 框架结构

5.1.1　框架结构为什么应设计成双向梁柱抗侧力体系？如何理解主体结构除个别部位外，不应采用铰接？

框架结构是由梁、柱和楼（屋）面板组成的空间结构，梁、柱刚接形成的刚架是结构的抗侧力体系。框架结构既要承受竖向荷载，又要承受水平风荷载，在地震区还要承受地震作用。由于水平风荷载和水平地震作用，除了沿结构两个主轴方向作用外，还可沿结构的任意方向作用，为了提高框架结构的侧向刚度，特别是要提高框架结构的抗扭刚度，以满足《抗震规范》和《高层建筑规程》所规定的弹性位移角限值、弹塑性位移角限值、扭转位移比限值和扭转周期比限值等的要求，必须将框架结构设计成双向梁柱刚接的抗侧力体系，而且设计时还应尽量使框架结构两个方向的抗震能力相接近。当框架结构一个方向的抗震能力较弱时，则会率先开裂和破坏，将导致结构丧失空间协同工作的能力，从而导致另一方向的结构破坏。

抗震设计时，提高框架结构的抗扭刚度，可以避免框架结构在地震发生时因扭转效应而导致结构严重破坏甚至倒塌。

由于建筑使用功能的需要或环境条件的限制，在框架结构设计时，有时会出现框架柱错位布置的情况，如图 5.1-1 所示。

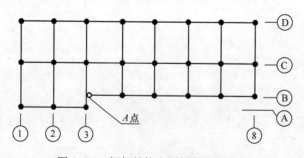

图 5.1-1　框架结构个别部位铰接示意

图中Ⓑ轴纵向框架梁与③轴横向框架梁在 A 点相交，交点处通常按铰接设计处理。这就是在框架结构的个别部位采用铰接的做法。在框架结构中，框架梁一端有柱，另一端无柱而与框架梁相交的铰接节点，应尽量少，宜控制在框架节点总数的 5% 左右。

存在错位柱的框架结构，错位柱部位传力不直接、不明确，且存在扭转效应，属于平面不规则的结构，地震时容易发生震害，故应根据《抗震规范》第 3.4.4 条的要求按照不规则结构进行设计计算，并采取必要的抗震加强措施。

5.1.2　为什么抗震设计的框架结构不应采用单跨框架？

《抗震规范》第 6.1.5 条规定，甲、乙类建筑以及高度大于 24m 的丙类建筑，不应采用单跨框架结构；高度不大于 24m 的丙类建筑不宜采用单跨框架结构。《高层建筑规程》第 6.1.2 条对抗震设计的框架结构亦提出了类似的要求，即抗震设计时高度大于 24m 的框架结构不应采用单跨框架。其主要原因是单跨框架结构系由两根柱子、一根或若干根横梁组成，超静定次数较少，耗能能力较弱，一旦柱子出现塑性铰（在强震作用下不可避免），发生连续倒塌的可能性很大。1999 年台湾的集集地震，就有不少单跨框架结构倒塌的震害实例，层数较多的高层单跨框架结构建筑破坏尤为严重。

对于抗震设防分类为丙类建筑的一、二层连廊，当采用单跨框架结构时，应注意加强抗震措施，例如，提高一级抗震等级进行设计等。抗震设防分类为乙类的建筑，当必须采用单跨框架结构时，应进行抗震性能设计，结构的抗震性能目标不应低于 C 级。

某些工业建筑输送原材料的栈桥或运输通廊不得不采用单跨框架结构时，也应有可靠的抗震加强措施。

框架-剪力墙结构的框架，可以是单跨框架，可以不受《高层建筑规程》第 6.1.2 条的限制，因为它有剪力墙作为第一道防线，但它的高度也不宜太高。而且当相邻两侧抗震墙间距较大时或顶层采用单跨框架结构时，均对抗震不利，应注意加强。

关于单跨框架结构的定义：①《抗震规范》认为，框架结构中某个主轴方向均为单跨的，属于单跨框架结构；某个主轴方向有局部单跨框架的，则不属于单跨框架结构。②《高层建筑规范》认为，单跨框架结构是指整栋建筑全部或绝大部分采用单跨框架的结构，不包括仅局部为单跨框架的框架结构。③2013 年版的《广东省高规》认为，一般情况下，某个主轴方向均为单跨框架时定义为单跨框架结构；当框架结构多跨部分的侧向刚度不小于结构总侧向刚度的 50% 时，不属于单跨框架结构。

5.1.3　框架梁、柱中心线为什么宜重合？当框架梁、柱中心线之间偏心距较大时，框架梁设置水平加腋有哪些具体要求？

(1)《抗震规范》第 6.1.5 条和《高层建筑规程》第 6.1.7 条均规定，框架梁、柱中心线宜重合。当梁柱中心线不重合时，在结构计算中应考虑偏心对梁柱节点核心区受力和构造的不利影响，以及梁荷载对柱子的偏心影响。

梁、柱中心线之间的偏心距，9 度抗震设计时不应大于柱截面在该方向宽度的 1/4，6～8 度抗震设计时不宜大于柱截面在该方向宽度的 1/4，如果偏心距大于该方向柱宽的 1/4 时，可采取增设梁的水平加腋（图 5.1-2）等措施。设置水平加腋后，仍须考虑梁柱偏心的不利影响。

试验研究结果表明，当框架梁、柱中心线的偏心距大于柱截面在该方向的宽度的 1/4 时，在模拟水平地震力作用试验中，节点核心区不仅出现斜裂缝，而且还出现竖向裂缝。因此，有抗震设防要求的框架梁、柱中心线的偏心距大于该方向柱宽的 1/4 时，应采用梁水平加腋等措施。

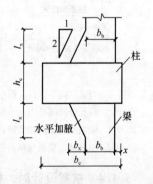

图 5.1-2　水平加腋梁

试验研究结果还表明，框架梁采用水平加腋的方法，能明显改善梁柱节点承受反复荷载的性能。

(2) 框架梁水平加腋的具体构造要求是：

1）梁的水平加腋厚度可取梁截面高度，其水平尺寸宜满足下列要求：

$$b_x/l_x \leqslant \frac{1}{2} \tag{5.1-1}$$

$$b_x/b_b \leqslant \frac{2}{3} \tag{5.1-2}$$

$$b_b + b_x + x \geqslant b_c/2 \tag{5.1-3}$$

式中 b_x——梁的水平加腋宽度（mm）；

l_x——梁的水平加腋长度（mm）；

b_b——梁截面宽度（mm）；

b_c——偏心方向上柱截面宽度（mm）；

x——非加腋侧梁边到柱边的距离（mm）。

2）梁采用水平加腋时，框架节点有效宽度 b_j 宜符合下列规定：

①当 $x=0$ 时，b_j 按下式计算：

$$b_j \leqslant b_b + b_x \tag{5.1-4}$$

②当 $x \neq 0$ 时，b_j 取下列二式计算的较大值：

$$b_j \leqslant b_b + b_x + x \tag{5.1-5}$$

$$b_j \leqslant b_b + 2x \tag{5.1-6}$$

且应满足 $b_j \leqslant b_b + 0.5h_c$ 的要求。

式中 h_c——柱截面高度。

3）梁采用水平加腋，在验算梁的剪压比和受剪承载力时，一般可偏于安全地不计加腋部分截面的有利影响。梁的水平加腋部分配筋构造要求参见（图5.1-3）。

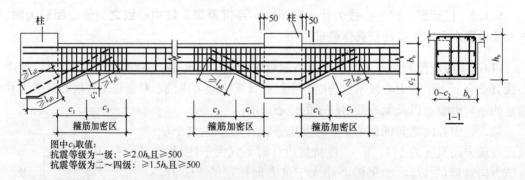

图 5.1-3 框架梁水平加腋构造

注：1. 当梁结构平法施工图中，水平加腋部位的配筋设计未给出时，其梁腋上下部斜纵筋（仅设置第一排）直径分别同梁内上下纵筋，水平间距不宜大于200；水平加腋部位侧面纵向构造筋的设置及构造要求同梁内侧面纵向构造筋，见国家标准图集 16G101-1 第90页。

2. 加腋部位箍筋规格及肢距与梁端部的箍筋相同。

5.1.4 抗震设计时，框架结构如采用砌体填充墙，其布置应符合哪些要求？

（1）框架结构的填充墙及隔墙宜选用轻质墙体材料。抗震设计的框架结构如采用砌体填充墙，其布置应符合下列要求：

1）避免形成上、下层刚度变化过大。

2）避免形成短柱。

3）减少因抗侧刚度偏心所造成的结构扭转。

（2）抗震设计的砌体填充墙及隔墙应具有自身稳定性，并符合下列要求：

1）砌体的砂浆宜采用与砌体材料相适应的专用砂浆，其强度等级不应低于 M5，当采用砖及混凝土砌块时，砌块强度等级不应低于 MU5；当采用轻质砌块时，砖块强度等级不应低于 MU2.5；当采用空心块体时，其强度等级不应低于 MU3.5。墙顶应与框架梁或楼板密切结合。

2）砌体填充墙应沿框架柱全高每隔 500mm 左右设置 2 根直径 6mm 的拉结筋，拉结筋伸入墙内的长度，6 度时宜沿墙全长贯通，7、8、9 度时应沿墙全长贯通。

3）墙长大于 5m 时，墙顶与梁（板）宜有钢筋拉结；墙长大于 8m 或层高的 2 倍时，宜设置间距不大于 4m 的钢筋混凝土构造柱；墙高超过 4m 时，墙体半高处（或门洞上皮）宜设置与柱连接且沿墙全长贯通的钢筋混凝土水平系梁。

4）楼梯间采用砌体填充墙时，应设置间距不大于层高且不大于 4m 的钢筋混凝土构造柱，并采用钢丝网砂浆面层加强。

（3）填充墙由建筑师布置并表示在建筑施工图上，结构施工图上不表示，容易被结构工程师忽视。结构工程师应重视并了解框架间砌体填充墙的布置情况；是否存在上部楼层砌体填充墙布置较多，而底部墙体较少的情况；是否有通长整开间的窗台墙嵌砌在柱子之间；砌体填充墙是否偏于结构平面一侧布置等等。如果砌体填充墙的布置存在上述不良情况，有条件时应建议建筑师作适当调整（例如，将一部分砌体填充墙改为轻钢龙骨石膏板墙；将空心砖填充墙改为石膏板空心墙等）。

（4）结构工程师应考虑填充墙及隔墙的设置对结构抗震的不利影响，避免不合理设置而导致主体结构的破坏。

5.1.5　抗震设计的框架结构，为什么不应采用部分由砌体墙承重的混合形式？

《高层建筑规程》第 6.1.6 条以强制性条文的形式规定，框架结构按抗震设计时，不应采用部分由砌体墙承重的混合形式；框架结构中的楼、电梯间及局部出屋顶的电梯机房、楼梯间、水箱间等，应采用框架承重，不应采用砌体墙承重。

因为，框架结构和砌体结构是两种截然不同的结构体系，两种结构体系所采用的承重材料的性质也完全不同（前者采用钢筋混凝土，可以认为是延性材料；而后者采用砖或砌块，是脆性材料），其抗侧刚度、变形能力等，相差亦很大，在地震作用下不能协同工作。震害表明，如果将它们在同一建筑物中混合使用，而不以防震缝分开，地震发生时，抗侧力刚度远大于框架的砌体墙会首先遭到破坏，导致框架内力急剧增加，然后导致框架破坏甚至倒塌。

1976 年唐山大地震波及天津市，该市有的办公楼和多层工业厂房采用砌体墙和框架结构混合承重，地震时承重砌体墙出现严重裂缝；局部出屋顶的楼、电梯间因采用砌体承重墙，不仅严重开裂，有的甚至严重破坏被甩出。

所以，在有抗震设防要求的建筑物中，楼、电梯间及局部出屋顶的电梯机房、楼梯间、水箱间等小屋，也应采用框架承重，不应采用砌体墙承重，在框架间可另设非承重砌体填充墙。

5.1.6 抗震设计时，为什么要对框架梁纵向受拉钢筋的最大最小配筋率、梁端截面的底面与顶面纵向钢筋配筋量的比值及箍筋配置等提出要求?

（1）钢筋混凝土框架梁是由钢筋和混凝土两种材料组成的以受弯为主的构件，在荷载作用下，钢筋受拉、混凝土受压，如果配筋适当，框架梁在较大的荷载作用下才会发生破坏，破坏时钢筋中的应力可以达到屈服强度，而混凝土的抗压强度也能得到充分利用。

对于普通的钢筋混凝土梁（受弯构件），所谓"配筋适当"，是指梁的破坏是由于钢筋首先达到屈服（此时梁的混凝土还未发生受压破坏），随着受拉钢筋应变继续增大，截面混凝土受压区高度减小，混凝土的压应变增大而最终导致破坏的梁，这种梁称为"适筋梁"，适筋梁的破坏属于延性破坏；当梁钢筋的屈服与混凝土受压破坏同时发生时，这种梁称为"平衡配筋梁"，相应的配筋率称为平衡配筋率；当梁的钢筋应力未达到屈服，混凝土即发生受压破坏，这种梁称为"超筋梁"；平衡配筋率是适筋梁和超筋梁这两种梁破坏形式的界限情况，故又称为界限配筋率，它是保证钢筋达到屈服的最大配筋率 ρ_{max}。

超筋梁的破坏是突然的，缺乏足够的预兆，具有脆性破坏的性质（受压脆性破坏）。超筋梁的承载力与钢筋强度无关，仅取决于混凝土的抗压强度。

当梁的配筋减少到梁的受弯裂缝一经出现，钢筋应力即达到屈服时，这时梁的配筋率称为最小配筋率 ρ_{min}。因为当 ρ 更小时，梁开裂后钢筋应力不仅达到屈服，而且将迅速经过流幅进入强化阶段，在极端情况下，钢筋甚至可能被拉断。

配筋率低于 ρ_{min} 的梁称为"少筋梁"，这种梁一旦开裂，即标志着破坏。尽管开裂后梁仍保留有一定的承载力，但梁已发生严重的开裂下垂，这部分承载力实际上是不能利用的。少筋梁的承载力取决于混凝土的抗拉强度，也属于脆性破坏（受拉脆性破坏），因此是不经济的，而且也不安全，因为混凝土一旦开裂，承载力很快下降，故在混凝土结构中不允许采用少筋梁。

根据《混凝土规范》第8.5.1条的要求，钢筋混凝土结构构件中的纵向受力钢筋的最小配筋百分率 ρ_{min} 不应低于表5.1-1规定的数值。

纵向受力钢筋的最小配筋百分率 ρ_{min} （%） 表5.1-1

受 力 类 型			最小配筋百分率
受压构件	全部纵向钢筋	强度等级 500MPa	0.50
		强度等级 400MPa	0.55
		强度等级 300MPa、335MPa	0.60
	一侧纵向钢筋		0.20
受弯构件、偏心受拉、轴心受拉构件一侧的受拉钢筋			0.2 和 $45f_t/f_y$ 中的较大值

注: 1. 受压构件全部纵向钢筋最小配筋百分率，当采用 C60 以上强度等级的混凝土时，应按表中规定增加 0.10；
2. 板类受弯构件（不包括悬臂板）的受拉钢筋，当采用强度等级 400MPa、500MPa 的钢筋时，其最小配筋百分率应允许采用 0.15 和 $45f_t/f_y$ 中的较大值；
3. 偏心受拉构件中的受压钢筋，应按受压构件一侧纵向钢筋考虑；
4. 受压构件的全部纵向钢筋和一侧纵向钢筋的配筋率以及轴心受拉构件和小偏心受拉构件一侧受拉钢筋的配筋率均应按构件的全截面面积计算；
5. 受弯构件、大偏心受拉构件一侧受拉钢筋的配筋率应按全截面面积扣除受压翼缘面积 (b'_f-b) h'_f 后的截面面积计算；
6. 当钢筋沿构件截面周边布置时，"一侧纵向钢筋"系指沿受力方向两个对边中一边布置的纵向钢筋。

1）卧置于地基上的混凝土板，板中受拉钢筋的最小配筋率可适当降低，但不应小于 0.15%。

2）对结构中次要的钢筋混凝土受弯构件，当构造所需截面高度远大于承载的需求时，其纵向受拉钢筋的配筋率可按下列公式计算：

$$\rho_s \geqslant \frac{h_{cr}}{h}\rho_{min} \tag{5.1-7}$$

$$h_{cr} = 1.05\sqrt{\frac{M}{\rho_{min}f_y b}} \tag{5.1-8}$$

式中　ρ_s——构件按全截面计算的纵向受拉钢筋的配筋率；

　　　ρ_{min}——纵向受力钢筋的最小配筋率，按本规范第 8.5.1 条取用；

　　　h_{cr}——构件截面的临界高度，当小于 $h/2$ 时取 $h/2$；

　　　h——构件截面的高度；

　　　b——构件的截面宽度；

　　　M——构件的正截面受弯承载力设计值。

（2）根据《混凝土规范》第 11.3.6 条的要求，抗震设计的框架梁纵向受拉钢筋的最小配筋百分率 ρ_{min} 不应小于表 5.1-2 规定的数值。

抗震设计的框架梁纵向受拉钢筋最小配筋百分率 ρ_{min}（%）　　　　表 5.1-2

抗 震 等 级	位　　　　置	
	支座（取较大值）	跨中（取较大值）
一级	0.40 和 $80f_t/f_y$	0.30 和 $65f_t/f_y$
二级	0.30 和 $65f_t/f_y$	0.25 和 $55f_t/f_y$
三、四级	0.25 和 $55f_t/f_y$	0.20 和 $45f_t/f_y$

通过比较表 5.1-2 和表 5.1-1 可以看出，当抗震等级为三、四级时，框架梁跨中纵向受拉钢筋最小配筋百分率两者是相同的。表 5.1-2 与表 5.1-1 的区别仅在于，表 5.1-2 由于考虑抗震的需要，适当加大了各级抗震等级框架梁支座纵向受拉钢筋的配筋百分率，以及一、二级抗震等级时框架梁跨中纵向受拉钢筋的配筋百分率。

钢筋混凝土梁纵向受拉钢筋，在不同钢筋种类和不同混凝土强度等级条件下按表 5.1-2 的规定算出的最小配筋百分率如表 5.1-3 所示。

钢筋混凝土梁纵向受拉钢筋最小配筋百分率 ρ_{min}（%）　　　　表 5.1-3

按下列要求取较大值	钢筋种类	混凝土强度等级						
		C20	C25	C30	C35	C40	C45	C50
0.20 和 $45f_t/f_y$	HPB300	0.20	0.21	0.24	0.26	0.29	0.30	0.32
	HRB335	0.20		0.21	0.24	0.26	0.27	0.28
	HRB400	0.20				0.21	0.23	0.24
	MRB500	0.20						
0.25 和 $55f_t/f_y$	HRB335	0.25		0.26	0.29	0.31	0.33	0.35
	HRB400	0.25				0.26	0.28	0.29
	HRB500	0.25						

续表

按下列要求 取较大值	钢筋种类	混凝土强度等级						
		C20	C25	C30	C35	C40	C45	C50
0.30 和 $65f_t/f_y$	HRB335	0.30		0.31	0.34	0.37	0.39	0.41
	HRB400	0.30				0.31	0.33	0.34
	HRB500	0.30						
0.40 和 $80f_t/f_y$	HRB335	0.40			0.42	0.46	0.48	0.50
	HRB400	0.40						0.42
	HRB500	0.40						

（3）钢筋混凝土梁，纵向受拉钢筋的最大配筋率（又称平衡配筋率或界限配筋率）ρ_{max}，如表 5.1-4 所示。表 5.1-4 中的 ρ_{max} 值系根据梁截面界限受压区高度 $x_b = \xi_b h_0$ 算出的。这里 ξ_b 是梁截面的"相对界限受压区高度"，即当梁的纵向受拉钢筋屈服与受压区混凝土破坏同时发生时，梁截面的受压区高度与梁截面有效高度之比值。

钢筋混凝土梁纵向受拉钢筋最大配筋率 ρ_{max}（％）　　　　表 5.1-4

钢筋种类	混凝土强度等级						
	C20	C25	C30	C35	C40	C45	C50
HPB300	2.05	2.54	3.05	3.56	4.07	4.50	4.93
HRB335	1.76	2.18	2.62	3.06	3.50	3.89	4.23
HRB400	1.38	1.71	2.06	2.40	2.75	3.05	3.32
HRB500	1.06	1.32	1.58	1.85	2.12	2.34	2.56

混凝土强度等级不大于 C50 时，不同种类钢筋配筋的梁的相对界限受压区高度 ξ_b 如表 5.1-5 所示。

混凝土强度等级≤C50 时梁的相对界限受压区高度 ξ_b 值　　　　表 5.1-5

钢筋种类	HPB 300	HRB 335	HRB 400	HRB 500
ξ_b	0.576	0.550	0.518	0.482

（4）抗震设计的框架梁，根据《抗震规范》第 6.3.3 条的规定，梁的钢筋配置，应符合下列各项要求：

1）梁端计入受压钢筋的混凝土受压区高度和有效高度之比，一级抗震等级不应大于 0.25，二、三级抗震等级不应大于 0.35。

2）梁端截面的底面和顶面纵向钢筋配筋量的比值，除按计算确定外，一级抗震等级不应小于 0.5，二、三级抗震等级不应小于 0.3。

3）梁端箍筋加密区的长度、箍筋最大间距和最小直径应按表 5.1-6 采用，当梁端纵向受拉钢筋配筋率大于 2％时，表中箍筋最小直径数值应增大 2mm。

4）端梁纵向受拉钢筋的配筋率不宜大于 2.5％。

上述 1）～4）项关于抗震设计的框架梁梁端配筋和配箍的要求，其目的是要保证作为框架结构主要耗能构件的框架梁，在地震作用下其梁端塑性铰区应有足够的延性。

因为，在影响框架梁延性的各种因素中，除梁的剪跨比、截面剪压比等因素外，梁截面纵向受拉钢筋配筋率 ρ，截面受压区高度 x 和配箍率 ρ_{sv} 的影响更加直接和重要。《抗震规范》将框架梁钢筋配置的上述 1）～4）项要求中的前 3 项，是作为强制性条文提出的，应引起结构工程师们的注意。

梁端箍筋加密区的长度、箍筋最大间距和最小直径   表 5.1-6

抗震等级	加密区长度（取较大值）（mm）	箍筋最大间距（取最小值）（mm）	箍筋最小直径（mm）
一	$2.0h_b$，500	$h_b/4$，$6d$，100	10
二	$1.5h_b$，500	$h_b/4$，$8d$，100	8
三	$1.5h_b$，500	$h_b/4$，$8d$，150	8
四	$1.5h_b$，500	$h_b/4$，$8d$，150	6

注：1. d 为纵向钢筋直径，h_b 为梁截面高度；

    2. 箍筋直径除应符合表中规定外，尚不应小于 $d/4$；

    3. 箍筋直径大于 12mm、数量不少于 4 肢且肢距不大于 150mm 时，一、二级的最大间距应允许适当放宽，但不得大于 150mm。

梁的变形能力主要取决于梁端的塑性转动量，而梁端的塑性转动量与截面混凝土受压区高度有关。当相对受压区高度在 0.25～0.35 时，梁的位移延性系数可达 3～4。计算梁端受拉钢筋时，宜考虑梁端受压钢筋的作用，计算梁端受压区高度时，宜按梁端截面实际配置的受拉和受压钢筋截面面积进行计算。

梁端底面和顶面纵向受拉钢筋的比值，同样对梁的变形能力有较大的影响。梁底面的钢筋既可增加负弯矩时的塑性转动能力，还能防止在地震中梁底出现正弯矩时过早屈服或破坏过重，从而影响梁的承载力和变形能力的正常发挥。

根据试验和震害经验，随着剪跨比的不同，梁端的破坏主要集中于 1.5～2.0 倍梁高的长度范围内，当箍筋间距小于 $6d$～$8d$（d 为纵筋直径）时，混凝土压溃前受压钢筋一般不致压屈，延性较好。因此规定了箍筋的加密范围、箍筋的最大间距和最小直径，限制了箍筋的最大肢距（见本节 5.1.8 第（2）条 2）款）；当纵向受拉钢筋的配筋率超过 2% 时，箍筋的要求相应提高，即箍筋的最小直径应较表 5.1-6 的数值增大 2mm。

5.1.7 抗震设计时，为什么要在框架梁顶面和底面沿梁全长配置一定数量的纵向钢筋？

对于一般的钢筋混凝土梁，当梁支座负弯矩钢筋按梁的弯矩包络图配置时，梁跨中的上部钢筋，通常仅仅是架立钢筋不是受力钢筋。对于抗震设计，由于在发生强震时，框架梁支座上部负弯矩区，有可能延伸至跨中，因此《抗震规范》第 6.3.4 条规定，沿梁全长顶面和底面的配筋，一、二级抗震等级不应少于 2Φ14，且分别不应小于梁顶面和底面两端纵向配筋中较大截面面积的 1/4，三、四级抗震等级时不应小于 2Φ12。

沿梁全长顶面的钢筋，不一定是"贯通梁全长"的钢筋，它可以是梁端截面角部纵向受力钢筋的延伸，也可以是另外配置的钢筋；当为另外配置的钢筋时，另外配置的钢筋应与梁端支座负弯矩钢筋机械连接、焊接或受拉绑扎搭接；当为受拉绑扎搭接时，在搭接长度范围内，梁的箍筋间距不应大于搭接钢筋较小直径的 5 倍，且不应大于 100mm；当为梁端截面角部纵向受力钢筋延伸时，被延伸的钢筋可以没有接头，也可以有接头；当有接头时，其接头的构造要求与另外配置的钢筋相同。

当为机械连接时，连接接头的性能等级不应低于Ⅱ级。当为焊接连接时，应采用等强焊接接头，并注意焊接质量的检查和验收。

沿梁全长顶面的钢筋的截面面积，除满足最小构造配筋要求外，尚应满足框架梁负弯矩包络图的要求。

5.1.8　框架梁箍筋的设置应符合哪些规定？

梁的箍筋除承受剪力满足梁斜截面受剪承载力外，还有约束混凝土改善其受压性能、提高混凝土对受力钢筋的粘结锚固强度及防止受压钢筋压屈等作用。

（1）梁箍筋的设置，除应满足梁斜截面受剪承载力计算要求外，还应符合下列规定：

1）按计算不需要设置箍筋的梁，当截面高度 $h>300$mm 时，应沿梁全长设置构造箍筋；当截面高度 $h=150\sim300$mm 时，可仅在构件端部 $l_0/4$ 范围内设置构造箍筋；但当在构件中部 $l_0/2$ 范围内有集中荷载作用时，则应沿梁全长设置箍筋；当截面高度 $h<150$mm 时，可不设置箍筋。l_0 为梁的计算跨度。

2）梁中箍筋的间距应符合下列规定：

①梁中箍筋的最大间距宜符合表 5.1-7 的规定，当 $V>0.7f_tbh_0+0.05N_{p0}$ 时，为了防止斜拉破坏，箍筋的配箍率 ρ_{sv}（$\rho_{sv}=A_{sv}/(bs)$）尚不应小于 $0.24f_t/f_{yv}$；式中 A_{sv} 为梁截面宽度 b 范围内各肢箍筋截面面积之和；s 为箍筋间距。

梁中箍筋的最大间距（mm）

表 5.1-7

梁　高 h	$V>0.7f_tbh_0+0.05N_{p0}$	$V\leqslant0.7f_tbh_0+0.05N_{p0}$
$150<h\leqslant300$	150	200
$300<h\leqslant500$	200	300
$500<h\leqslant800$	250	350
$h>800$	300	400

②当梁中配有按计算需要的纵向受压钢筋时，箍筋应做成封闭式；此时，箍筋的间距不应大于 $15d$（d 为纵向受压钢筋的最小直径），同时不应大于 400mm；当一层内的纵向受压钢筋多于 5 根且直径大于 18mm 时，箍筋间距不应大于 $10d$；当梁的宽度大于 400mm 且一层内的纵向受压钢筋多于 3 根时，或当梁的宽度不大于 400mm 但一层内的纵向受压钢筋多于 4 根时，应设复合箍筋。

③梁中纵向受力钢筋搭接长度范围内应配置箍筋，其直径不应小于搭接钢筋较大直径的 1/4。箍筋间距不应大于搭接钢筋较小直径的 5 倍，且不大于 100mm。当受压钢筋直径大于 25mm 时，尚应在搭接接头两个端面外 100mm 范围内各设置两个箍筋。

④对截面高度 $h>800$mm 的梁，其箍筋直径不宜小于 8mm；对截面高度 $h\leqslant800$mm 的梁，其箍筋直径不宜小于 6mm。梁中配有计算需要的纵向受压钢筋时，箍筋直径尚不应小于纵向受压钢筋最大直径的 1/4。

⑤在弯剪扭构件中，箍筋的配筋率 ρ_{sv}（$\rho_{sv}=A_{sv}/(b\cdot s)$）不应小于 $0.28f_t/f_{yv}$。箍筋间距应符合表 5.1-7 的规定，其中受扭所需的箍筋应做成封闭式，且应沿截面周边布置；当采用复合箍时，位于截面内部的箍筋不应计入受扭所需的箍筋面积；受扭所需箍筋

的末端应做成 135°弯钩，弯钩端头平直段长度不应小于 $10d$（d 为箍筋直径）。

在超静定结构中，考虑协调扭转而配置的箍筋，其间距不宜大于 $0.75b$，此处 b：对矩形截面构件为矩形截面构件的宽度 b；对工字形和 T 形截面构件为腹板的宽度 b；对箱形截面构件为箱形截面宽度 b_h。

（2）抗震设计的框架梁，其箍筋的设置，与一般梁的根本区别在于，抗震设计的框架梁梁端应设置箍筋加密区，梁端箍筋加密区的长度、箍筋最大间距和箍筋最小直径应符合表 5.1-6 的规定。

抗震设计的框架梁梁端设置箍筋加密区的目的是要保证在地震作用下框架梁端的塑性铰区有足够的延性，以提高框架结构耗散地震能量的能力，防止大震倒塌破坏。抗震设计的框架梁除梁端设置箍筋加密区外，其箍筋的设置尚应符合下列规定：

1）当梁端纵向受拉钢筋的配筋率大于 2% 时，表 5.1-6 中的箍筋最小直径应增大 2mm。

抗震设计要求的梁端纵向受拉钢筋的控制配筋率 2% 和 2.5% 均应按梁截面的有效高度 h_0 计算，即 $\rho = \dfrac{A_s}{bh_0}$，不应按梁截面的全高 h 计算。

2）梁端箍筋加密区长度范围内箍筋的肢距：一级抗震等级，不宜大于 200mm 和 20 倍箍筋直径的较大值；二、三级抗震等级，不宜大于 250mm 和 20 倍箍筋直径的较大值；四级抗震等级，不宜大于 300mm。

3）梁端设置的第一个箍筋应距框架节点边缘不大于 50mm。非加密区的箍筋间距不宜大于加密区箍筋间距的 2 倍。沿梁全长箍筋的配箍率 ρ_{sv} 应符合下列规定：

一级抗震等级	$\rho_{sv} \geq 0.30 f_t / f_{yv}$	(5.1-9)
二级抗震等级	$\rho_{sv} \geq 0.28 f_t / f_{yv}$	(5.1-10)
三、四级抗震等级	$\rho_{sv} \geq 0.26 f_t / f_{yv}$	(5.1-11)

4）梁的箍筋末端应做成 135°弯钩，弯钩端头平直段长度不应小于箍筋直径的 10 倍，且不小于 75mm；在纵向受力钢筋搭接长度范围内的箍筋，其直径不应小于搭接钢筋较大直径的 1/4，其间距不应大于搭接钢筋较小直径的 5 倍，且不应大于 100mm。

5）不同面积配箍率 $[\rho_{sv} = A_{sv} / (bs)]$ 要求的梁箍筋最小面积配箍率见表 5.1-8。

梁箍筋最小面积配箍率 ρ_{sv}（%）　　表 5.1-8

箍筋种类	配箍率 ρ_{sv}	混凝土强度等级				
		C20	C25	C30	C35	C40
HPB 300	$0.24 f_t / f_{yv}$	0.098	0.113	0.127	0.140	0.152
	$0.26 f_t / f_{yv}$	0.106	0.122	0.138	0.152	0.165
	$0.28 f_t / f_{yv}$	0.114	0.132	0.148	0.163	0.177
	$0.30 f_t / f_{yv}$	0.122	0.141	0.159	0.174	0.190
HRB 335	$0.24 f_t / f_{yv}$	0.088	0.102	0.114	0.126	0.137
	$0.26 f_t / f_{yv}$	0.095	0.110	0.124	0.136	0.148
	$0.28 f_t / f_{yv}$	0.103	0.118	0.133	0.147	0.160
	$0.30 f_t / f_{yv}$	0.110	0.127	0.143	0.157	0.171

续表

箍筋种类	配箍率 ρ_{sv}	混凝土强度等级				
		C20	C25	C30	C35	C40
HRB 400	$0.24f_t/f_{yv}$	0.073	0.085	0.095	0.105	0.114
	$0.26f_t/f_{yv}$	0.079	0.092	0.103	0.113	0.123
	$0.28f_t/f_{yv}$	0.086	0.099	0.111	0.122	0.133
	$0.30f_t/f_{yv}$	0.092	0.106	0.119	0.131	0.143
HRB 500	$0.24f_t/f_{yv}$	0.061	0.070	0.079	0.087	0.094
	$0.26f$	0.066	0.076	0.085	0.094	0.102
	$0.28f_t/f_{yv}$	0.071	0.082	0.092	0.101	0.110
	$0.30f_t/f_{yv}$	0.076	0.088	0.099	0.108	0.118

（3）抗震设计的框架梁，其截面组合的剪力设计值应符合下列要求：

1）跨高比大于 2.5 的框架梁：

$$V \leqslant \frac{1}{\gamma_{RE}}(0.20\beta_c f_c bh_0) \qquad (5.1\text{-}12)$$

2）跨高比不大于 2.5 的框架梁：

$$V \leqslant \frac{1}{\gamma_{RE}}(0.15\beta_c f_c bh_0) \qquad (5.1\text{-}13)$$

当抗震的框架梁受剪截面不符合要求时，应采取相应的措施。

式中各符号的意义详见《高规》第 6.2.6 条。

5.1.9　框架梁受扭配筋构造设计应当注意什么问题？

（1）采用 SATWE 软件进行结构整体分析与构件内力计算时，框架梁的扭矩折减系数 T_b，程序给出的范围是比较宽的，取 $T_b=0.4\sim1.0$。其原因是，现浇框架结构中的框架梁，其扭转属于协调扭转，受力比较复杂，研究工作做得不多，《混凝土规范》至今仍未提出完善的设计方法。但《混凝土规范》明确指出：

1）对属于协调扭转的钢筋混凝土结构构件，在进行构件内力计算时，可考虑因构件开裂、抗扭刚度降低而产生的内力重分布。例如支承框架次梁的边榀框架梁，为了考虑内力重分布可将弹性分析得出的扭矩乘以合适的折减系数。

框架次梁支承在边榀框架梁上（见本书第 4 章图 4.4-1），框架次梁支承点的弯曲转动，使边梁受扭，框架次梁的支座负弯矩即为作用在边榀框架梁上的扭矩。此扭矩值可由框架次梁支承点的弯曲转角与边梁的扭转角相协调的条件确定。在梁开裂以前，可用弹性理论计算，但梁开裂后，由于框架次梁的弯曲刚度和边梁的扭转刚度都发生明显的变化，框架次梁和边榀框架梁中都发生内力重分布，边榀框架梁的扭转角急剧增加，作用扭矩急剧减小。因此，边榀框架梁的扭矩是由支承点的扭转变形协调条件确定的，不是为了平衡外部荷载（作用）的扭矩。边榀框架梁的这种扭转一般称为"协调扭转"。图 4.4-1 中雨篷梁的扭矩和吊车梁的扭矩，均由外荷载直接作用产生，可由静力平衡条件求得，与构件的抗扭刚度无关。这种扭转，一般称为"平衡扭转"。

2）边榀框架梁的扭矩经折减后，应按《混凝土规范》第 6 章第 4 节扭曲截面承载力计算中的相关公式进行计算，确定所需要的抗扭纵向钢筋和箍筋，同时配置的抗扭纵向钢筋和箍筋尚应分别满足《混凝土规范》第 9.2.5 条和第 9.2.10 条规定的最小配筋率的要求。

（2）试验研究表明，符合上述要求的边榀框架梁，当扭矩折减系数不低于 0.4 时，其因扭转而产生的裂缝宽度可满足《混凝土规范》有关规定的要求。所以，进行构件内力计算时，SATWE 软件总体信息中的"梁扭矩折减系数 T_b"，对于一般工程，可取 0.4。但对于不与刚性楼板相连的框架梁及弧形梁，程序规定梁的扭矩折减系数 T_b 不起作用。

（3）为了简化边榀框架梁协调扭转的设计方法，美国的 ACI 规范和欧洲国际混凝土 CEB 模式规范及国内的某些研究成果，建议采用"零刚度设计法"。

钢筋混凝土结构中承受弯、剪、扭共同作用的构件，设计时取支承梁（如边榀框架梁）的扭转刚度为零，即取扭矩为零，不考虑相邻构件（如框架次梁）传来的扭矩作用进行内力分析（图 5.1-4），仅按开裂扭矩配置受扭所需要的构造钢筋的设计方法，称为零刚度法。

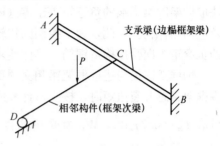

图 5.1-4　超静定结构
弯剪扭构件示意图

协调扭转的边榀框架梁，采用零刚度法设计的步骤如下：

1）对于框架次梁：假定框架次梁与边榀框架梁相交的梁端为铰支座进行内力分析，并求出框架次梁在铰支座处的梁端反力；确定框架次梁受弯及受剪所需要的纵向受力钢筋截面面积和箍筋截面面积。

2）对于边榀框架梁：取框架次梁作用在边榀框架梁上的扭矩为零，按作用在边榀框架梁上的荷载设计值（包括梁自重及由框架次梁铰支端传来的反力）进行内力分析，求出边榀框架梁受弯所需要的纵向受力钢筋和受剪所需要的箍筋截面面积。

边榀框架梁在结构分析时，由于取扭矩为零，因此可以不考虑扭矩对其承载力的影响，但是为了控制扭转效应引起边榀框架梁的斜裂缝不致过宽，在构造上必须按下列方法配置受扭钢筋：

①对箍筋：不宜小于《混凝土规范》第 9.2.10 条的受扭箍筋最小配箍率的要求，即

$$\rho_{sv}=\frac{A_{sv}}{bs}\geqslant 0.28 f_t/f_{yv} \tag{5.1-14}$$

箍筋的间距 s 不宜大于 $0.75b$，此处 b 按《混凝土规范》第 6.4.1 条的规定取用；但对于箱形截面构件，计算箍筋的配箍率时，b 均应以《混凝土规范》第 6.4.1 条图 6.4.1 （c）中的 b_h 代替。

②对纵筋：不宜小于《混凝土规范》第 9.2.5 条式（9.2.5）中，取扭剪比 $T/(Vb)=2$ 时的受扭纵筋最小配筋率的要求，即

$$\rho_{tl}=\frac{A_{stl}}{bh}\geqslant 0.6\sqrt{\frac{T}{Vb}}\cdot\frac{f_t}{f_y}=0.85\frac{f_t}{f_y} \tag{5.1-15}$$

式中　b——受剪截面的宽度，按《混凝土规范》第 6.4.1 条的规定取值，但对于箱形截面构件，b 应以 b_h 代替。

式（5.1-14）是在我国国内对纯扭构件试验研究的基础上，相当于开裂扭矩时进行理论推导和简化计算确定的接近纯扭时的箍筋最小配箍率；在式（5.1-15）中取 $T(Vb)=2$，相当于纯扭构件开裂扭矩时纵向受力钢筋的最小配筋率。因此，采用上述对受扭构件的构造配筋是符合零刚度法设计要求的。

上述零刚度设计法（构造配筋设计法），对一般情况下的协调扭转均可使用。但是对

一些较特殊的情况，如当受扭构件截面高宽比 h/b 较大时（例如 $h/b>6$），在截面高度一侧可能会出现过宽的斜裂缝；或是在构件的有限长度内（例如边榀框架梁在靠近柱边处）有较大的扭转荷载作用时，将会在该区段四侧发生较大的扭转斜裂缝等。因此，对这些情况应进行专门的分析，确定配筋。

3）对框架次梁与边榀框架梁相交的端部负弯矩为零处配筋的处理：当按零刚度设计法取框架次梁梁端的负弯矩等于零（即相当于取框架边梁的扭矩等于零）计算时，其扭转效应仍然存在。因此，为了控制因扭转效应使框架次梁顶端发生过宽的裂缝，应配置必要的负弯矩纵向受拉构造钢筋。具体要求是：

①框架次梁与边榀框架梁相交顶部处纵向受拉钢筋截面面积不应小于其负弯矩等于边榀框架梁总开裂扭矩时，按受弯计算所得到的受拉钢筋截面面积。边榀框架梁总开裂扭矩可取 $T_{cr}=0.7f_tW_t$，W_t 为受扭构件截面的受扭塑性抵抗矩，对矩形截面梁 $W_t=\dfrac{b^2}{6}(3h-b)$。其开裂总扭矩与结构布置情况有关，当边榀框架梁与一根框架次梁相交时，其总开裂扭矩等于 $2T_{cr}$；当边榀框架梁与二根框架次梁相交时，其总开裂扭矩等于 T_{cr}。

②框架次梁与边榀框架梁相交顶部处的纵向受拉钢筋截面面积不应小于受弯构件纵向受拉钢筋最小配筋率所需要的钢筋截面面积，也不应小于框架次梁跨中下部纵向受力钢筋计算所需截面面积的 $1/4$。

框架次梁在实际配筋时，应取以上三者的较大值。

框架次梁与边榀框架梁相交顶部处配置的纵向受拉钢筋满足上述两条要求时，可以认为框架次梁和边榀框架梁体系处于相互协调的工作状态。

4）框架次梁和边榀框架梁的连接构造非常重要，一旦弯剪裂缝发展到框架次梁的受压区，这些裂缝之间的斜压杆将强烈地压向框架次梁底部的纵向钢筋。同时边榀框架梁跨中承受正弯矩，它的侧向拉力进一步削弱了连接接头，见图 5.1-5。因此，除了在边榀框架梁的接头处配置足够的附加横向箍筋，将框架次梁的支座反力全部传到边榀框架梁的受压区外，同时在接头区还必须加密配置框架次梁的箍筋，以抵抗框架次梁斜裂缝间混凝土斜压杆施加在纵向钢筋上的压力。

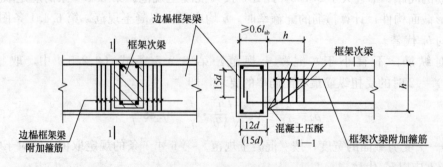

图 5.1-5   边榀框架梁与框架次梁接头处的配筋构造（括号内数值用于光圆钢筋）

5）框架次梁与边榀框架梁的连接处，框架次梁的负弯矩钢筋在边榀框架梁内的锚固长度为 $\geqslant 0.6l_{ab}$（弯折前水平段投影长度）$+15d$（弯折后竖直段投影长度）；框架次梁的正弯矩钢筋在框架边梁内的锚固长度为 $12d$（$15d$）。此处，l_{ab} 为《混凝土规范》第 8.3.1 条规定的受拉钢筋的基本锚固长度；（d 为纵向受力钢筋直径的较大值）。

（4）为了配合边榀框架梁的设计，在采用 PMCAD 软件建模时，楼面多跨连续次梁边端支座与边榀框架梁连接处，应点铰；为了便于次梁边端支座上部纵向钢筋的锚固，减少次梁对支承梁的扭转影响，楼面多跨连续次梁边端支座处均宜点铰；同样，楼面上的单跨次梁两端亦宜点铰。

5.1.10　框架柱的截面尺寸应当如何确定？

（1）抗震设计时混凝土的强度等级：框支梁、框支柱及抗震等级为一级的框架梁、框架柱、节点核芯区，不应低于 C30，二～四级抗震等级，不应低于 C25；抗震设防烈度为 8 度时，不宜超过 C70，抗震设防烈度为 9 度时，不宜超过 C60。

（2）多高层建筑框架柱的截面面积 A_c 在初步设计阶段，可根据柱所支承的楼屋面总面积计算由竖向荷载（永久荷载和活荷载）产生的轴向力设计值 N_v（荷载的折算分项系数近似取 1.25），按下列公式估算，然后再确定柱截面尺寸。

1）仅有风荷载作用参与组合时，柱轴向压力设计值 N 可取为：

$$N = \eta_w N_v \tag{5.1-16}$$

式中　η_w——风荷载作用下柱轴向力增大系数，可采用 $\eta_w = 1.05 \sim 1.2$，低风压地区取低值，高风压地区取高值。

$$A_c \geqslant N / f_c \tag{5.1-17}$$

式中　f_c——混凝土轴心抗压强度设计值，按《混凝土规范》表 4.1.4-1 的规定采用。

2）有水平地震作用参与组合时，柱轴向压力设计值 N 可取为：

$$N = \eta_E N_v \tag{5.1-18}$$

式中　η_E——水平地震作用下柱轴向力增大系数，可采用 $\eta_E = 1.05 \sim 1.3$，低烈度地震区取低值，高烈度地震区取高值；框架-剪力墙结构可取较低值。

$$A_c \geqslant \frac{N}{\mu_N f_c} \tag{5.1-19}$$

式中　μ_N——抗震设计时，《抗震规范》规定的钢筋混凝土柱轴压比限值，见表 5.1-9。

柱轴压比限值 μ_N　　　　　　　　　　　　　　　表 5.1-9

结 构 类 型	抗 震 等 级			
	一	二	三	四
框架结构	0.65	0.75	0.85	0.90
框架-抗震墙，板柱-抗震墙、框架-核心筒及筒中筒	0.75	0.85	0.90	0.95
部分框支抗震墙	0.6	0.7	—	

注：1. 轴压比指柱组合的轴压力设计值与柱的全截面面积和混凝土轴心抗压强度设计值乘积之比值；对《抗震规范》规定不进行地震作用计算的结构，可取无地震作用组合的轴力设计值计算；
　　2. 表内限值适用于剪跨比大于 2、混凝土强度等级不高于 C60 的柱；剪跨比不大于 2 的柱，轴压比限值应降低 0.05；剪跨比小于 1.5 的柱，轴压比限值应专门研究并采取特殊构造措施；
　　3. 沿柱全高采用井字复合箍且箍筋肢距不大于 200mm、间距不大于 100mm、直径不小于 12mm，或沿柱全高采用复合螺旋箍、螺旋间距不大于 100mm、箍筋肢距不大于 200mm、直径不小于 12mm，或沿柱全高采用连续复合矩形螺旋箍、螺旋净距不大于 80mm、箍筋肢距不大于 200mm、直径不小于 10mm，轴压比限值均可增加 0.10；上述三种箍筋的最小配箍特征值均应按增大的轴压比由《抗震规范》表 6.3.9 确定；
　　4. 在柱的截面中部附加芯柱，其中另加的纵向钢筋的总面积不少于柱截面面积的 0.8%，轴压比限值可增加 0.05；此项措施与注 3 的措施共同采用时，轴压比限值可增加 0.15，但箍筋的体积配筋率仍可按轴压比增加 0.10 的要求确定；
　　5. 柱轴压比不应大于 1.05。

（3）柱截面的宽度和高度：抗震设计时，四级或不超过 2 层时不宜小于 300mm，一、二、三级且超过 2 层时不宜小于 400mm；圆柱形截面的直径，四级或不超过 2 层时不宜小于 350mm，一、二、三级且超过 2 层时不宜小于 450mm；柱剪跨比宜大于 2；柱截面高宽比不宜大于 3。

框架柱剪跨比可按下式计算：

$$\lambda = M/(Vh_0) \tag{5.1-20}$$

式中　λ——框架柱的剪跨比；反弯点位于柱高中部的框架柱，可取柱净高与计算方向 2 倍柱截面高度之比值；

M——柱端截面未经调整的组合弯矩计算值，可取柱上、下端的较大值；

V——柱端截面与组合弯矩计算值对应的组合剪力计算值；

h_0——计算方向上柱截面的有效高度。

（4）框架柱的受剪截面应符合下列要求：

无地震作用组合时（持久、短暂设计状况）

$$V_c \leqslant 0.25\beta_c f_c bh_0 \tag{5.1-21}$$

有地震作用组合时（地震设计状况），剪跨比大于 2 的柱

$$V_c \leqslant \frac{1}{\gamma_{RE}}(0.2\beta_c f_c bh_0) \tag{5.1-22}$$

剪跨比不大于 2 的柱

$$V_c \leqslant \frac{1}{\gamma_{RE}}(0.15\beta_c f_c bh_0) \tag{5.1-23}$$

式中　V_c——框架柱的剪力设计值；

γ_{RE}——受剪承载力抗震调整系数，取用 0.85；

β_c——混凝土强度影响系数；当混凝土强度等级不大于 C50 时取 1.0；当混凝土强度等级为 C80 时取 0.8；当混凝土强度等级在 C50～C80 之间时可按线性内插取用；

b、h_0——矩形柱截面的宽度和有效高度。

如果框架柱的截面尺寸不满足式（5.1-21）～式（5.1-23）的要求时，应增大框架柱截面尺寸或提高框架柱混凝土强度等级。

（5）多高层建筑的框架-剪力墙结构、框架-核心筒结构的框架柱截面，一般情况下由轴压比控制；多高层建筑的纯框架结构，在高烈度地震区或非抗震设防的高风压地区，其柱截面通常由层间弹性位移角限值，即结构的侧向刚度控制；框架结构中剪跨比不大于 2 的柱，其截面有时会由受剪截面条件（即剪压比）控制。

5.1.11　抗震设计时，为了提高框架柱的延性，应当注意什么问题？

柱是框架的竖向构件，地震时柱破坏和丧失承载能力比梁破坏和丧失承载能力更容易引起框架倒塌。国内外历次地震灾害表明，影响钢筋混凝土框架柱延性和耗能能力的主要因素是：柱的剪跨比、轴压比、纵向受力钢筋的配筋率和塑性铰区箍筋的配置等。实现延性耗能框架柱，除了应符合强柱弱梁、强剪弱弯（《抗震规范》第 6 章有关条文）、限制最大剪力设计值外，尚应注意以下问题：

（1）采用大剪跨比的柱，避免采用小剪跨比的柱。

剪跨比反映了柱端截面承受的弯矩和剪力的相对大小。柱的破坏形态与其剪跨比有关。剪跨比大于 2 的柱为长柱，其弯矩相对较大，一般容易实现延性压弯破坏；剪跨比不大于 2，但大于 1.5 的柱为短柱，一般发生剪切破坏，若配置足够的箍筋，也可能实现延性较好的剪切受压破坏；剪跨比不大于 1.5 的柱为极短柱，一般发生剪切斜拉破坏，工程中应尽量避免采用极短柱。初步设计阶段，也可以假设柱的反弯点在高度的中间，用柱的净高与计算方向柱截面高度的比值判别是长柱还是短柱：比值大于 4 为长柱，在 3 与 4 之间为短柱，不大于 3 为极短柱。

钢筋混凝土柱为短柱或极短柱时，可以采用多种措施使其成为长柱，措施之一是采用分体柱（见图 5.1-6）。分体柱是用隔板将柱分为等截面的单元柱，一般为 4 个单元柱，截面的内力设计值由各单元柱均担，按现行规范进行单元柱的承载力验算。在柱的上、下两端，留有整截面过渡区，过渡区内配置复合箍。分体柱各单元的剪跨比约为整体柱的两倍，可以避免短柱。分体柱宜全高加密箍筋。

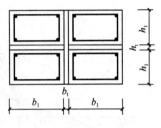

图 5.1-6　分体柱平面示意图

（2）限制轴压比。柱的轴压比定义为柱的平均轴向压应力设计值与混凝土轴心抗压强度设计值的比值，即

$$\mu_N = \frac{N}{bhf_c} \tag{5.1-24}$$

式中　μ_N——轴压比；

　　　N——组合的柱轴向压力设计值；

　　　b、h——分别为柱截面的宽度和柱截面的高度；

　　　f_c——混凝土轴心抗压强度设计值。

在压力和弯矩共同作用下，压弯破坏柱的延性和耗能能力与其偏心距的大小以及纵向钢筋配筋率有关。相对偏心距（e_0/h_0，e_0 为偏心距，h_0 为截面有效高度）较大，且受拉钢筋的配筋率合适时，截面受拉侧混凝土开裂，受拉钢筋屈服，最后受压钢筋屈服，受压区混凝土压碎而破坏。这种破坏形态称为受拉破坏，也称为大偏心受压破坏，破坏前有明显的预兆，塑性变形较大。相对偏心距较小，或相对偏心距较大但纵向受拉钢筋配置较多时，受拉钢筋不屈服，最后为受压区混凝土压碎而破坏。这种破坏形态称为受压破坏，破坏为脆性，变形小。相对偏心距较大、纵向受拉钢筋较多的情况类似于超筋梁，可以通过减少纵筋避免脆性破坏。相对偏心距较小的情况称为小偏心受压破坏。大偏心受压与小偏心受压的分界偏心距值称为相对界限偏心距。相对偏心距大于相对界限偏心距时为大偏心受压，否则为小偏心受压。

偏心受压柱受拉破坏（即大偏心受压破坏）与受压破坏（即小偏心受压破坏）的界限，与适筋梁和超筋梁的界限情况类似，也可以采用相对界限受压区高度作为大、小偏心受压破坏的分界值。相对受压区高度小于等于界限值时为大偏心受压破坏，超过界限值时为小偏心受压破坏。相对受压区高度的界限值可以按照平衡破坏的条件计算，纵筋为 HRB 335 级、HRB 400 级和 HRB500 级热轧钢筋、混凝土强度等级不大于 C50 的柱的相对受压区高度界限值分别为 0.550、0.518 和 0.482。抗震设计的框架柱为对称配筋柱，其截面的混凝土相对受压区高度与轴压比之间可以建立一定的关系式，增大轴压比也就是增大相对受压区高度，因此，压弯破坏的柱的破坏形态也与轴压比有关。为了实现大偏心受压破坏，使柱具有良好的延性和耗能能力，柱截面的混凝土相对受压区高度应小于界限值，措施之一就是限制柱的轴压比。

图 5.1-7 为两个轴压比试验值分别为 0.267 和 0.459 的框架柱在往复水平力作用下的水平力-位移滞回曲线的试验记录。由两个试件滞回曲线的比较可见：轴压比大的试件达到极限承载力后滞回曲线的骨架线下降较快，屈服后的变形能力即延性小，滞回曲线的捏拢现象严重些，耗能能力不如轴压比小的试件。

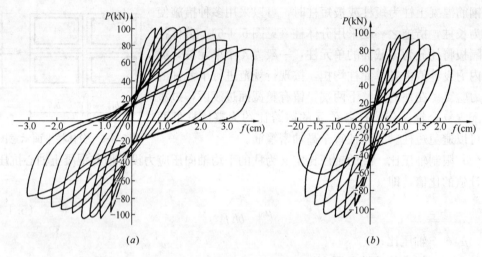

图 5.1-7　不同轴压比框架柱的水平力-位移滞回曲线
(a) 轴压比为 0.267；(b) 轴压比为 0.459

（3）提高纵筋配筋率。提高柱的纵向钢筋的配筋率，可以提高其轴压承载力，降低轴压比；同时，还可以提高轴压力作用下的正截面承载力，推迟屈服。

（4）箍筋约束塑性铰区混凝土。框架柱的箍筋有三个作用：抵抗剪力，对混凝土提供约束，防止纵筋压屈。箍筋对混凝土的约束程度是影响柱的延性和耗能能力的主要因素之一。约束程度与箍筋的抗拉强度和数量有关，与混凝土强度有关，可以采用一个综合指标——配箍特征值度量箍筋的约束程度；约束程度同时还与箍筋的形式有关。配箍特征值用下式计算：

$$\lambda_v = \rho_v \frac{f_{yv}}{f_c} \tag{5.1-25}$$

式中　λ_v——柱箍筋加密区的最小配箍特征值，宜按本节 5.1.14 表 5.1-12 的规定采用；

f_{yv}——箍筋的抗拉强度设计值；

ρ_v——柱箍筋加密区的体积配箍率，抗震等级一级时不应小于 0.8%，二级时不应小于 0.6%，三、四级时不应小于 0.4%；计算复合螺旋箍筋的体积配箍率时，其非螺旋箍筋的体积应乘以换算系数（《抗震规范》称为折减系数）0.80；

f_c——混凝土轴心抗压强度设计值，当柱混凝土强度等级低于 C35 时，应按 C35 计算。

关于箍筋体积配箍率的计算，2010 年版《抗震规范》删除了 89 年版《抗震规范》和 2001 年版《抗震规范》计算复合箍筋体积配箍率时应扣除重叠部分箍筋体积的规定；2010 年版《高层建筑规程》也取消了类似的规定；但 2010 年版《混凝土规范》在第 11.4.17 条中仍保留了计算框架柱箍筋体积配箍率时，应扣除重叠部分箍筋体积的规定。

箍筋约束使混凝土的轴心抗压强度和对应的轴向应变提高，使混凝土的极限压应变增大。箍筋形式和间距对混凝土约束作用的影响如图 5.1-8 所示。普通矩形箍在四个转角区域对混凝土提供约束，在箍筋的直段上，混凝土膨胀使箍筋外鼓而不能提供约束；增加拉筋或箍筋成为复合箍，同时在每一个箍筋相交点设置纵筋，纵筋和箍筋构成网格式骨架，使箍筋的无支长度减小，箍筋产生更均匀的约束力，其约束效果优于普通矩形箍；螺旋箍均匀受拉，对混凝土提供均匀的侧压力，约束效果最好，但螺旋箍施工比较困难；间距比较密的圆形箍（采用焊接搭接）或圆形箍外加矩形箍，也能达到螺旋箍的约束效果。

箍筋间距密，约束效果好（见图 5.1-8）。直径小、间距密的箍筋的约束效果优于直径大、间距大的箍筋。箍筋间距不超过纵筋直径的 6～8 倍时，才能显示箍筋形式对约束效果的影响。

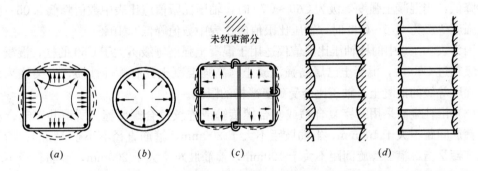

图 5.1-8　箍筋形式和间距对混凝土约束作用的影响
(a) 普通矩形箍；(b) 螺旋箍和圆形箍；(c) 复合箍；(d) 箍筋间距的影响

图 5.1-9 所示为目前常用的箍筋形式，抗震框架柱一般不用普通矩形箍；圆形箍或螺旋箍由于加工困难，也较少采用，工程中大量采用的是矩形复合箍或拉筋复合箍。箍筋间距大于柱的截面尺寸时，对核心混凝土几乎没有约束。

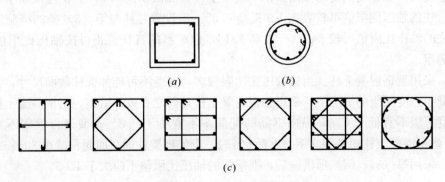

图 5.1-9　常用的箍筋形式
(a) 普通矩形箍；(b) 圆形箍或螺旋箍；(c) 复合箍

对于轴压比不同而其他条件相同（如截面尺寸、混凝土强度等级、配箍特征值、纵筋配筋率及其屈服强度）的大偏心受压柱，轴压比大，其截面混凝土的压应变也大，与混凝土极限压应变之间的差值小，塑性变形能力也小。为了使不同轴压比的框架柱具有大体上相同的塑性变形能力，轴压比大的柱，其配箍特征值大，轴压比小的柱，其配箍特征值小。小偏心受压破坏的钢筋混凝土柱，配置一定量的箍筋，也可以实现有一定延性的破坏形态。

5.1.12　抗震设计时，为什么要限制框架柱的轴压比？当框架柱的轴压比不满足国家标准要求时，可采取哪些措施？

抗震设计时，应限制框架柱的轴压比，其目的主要是为了保证框架柱的延性要求。当框架柱的轴压比超出国家标准要求不多，即超出表 5.1-9 的限值不多时，可采取以下措施：

（1）加大柱截面尺寸。加大柱截面尺寸，常常受到建筑使用功能的限制，多数情况下不允许。而且，加大柱截面尺寸后，常常会形成短柱或超短柱，不利于抗震。

（2）提高混凝土强度等级。但当混凝土强度等级超过 C60 时，表 5.1-9 的柱轴压比限值要降低：当混凝土强度等级为 C65～C70 时，轴压比限值应比表中数值降低 0.05；当混凝土强度等级为 C75～C80 时，轴压比限值应比表中数值降低 0.10。

因为表 5.1-9 中的柱轴压比限值仅适用于混凝土强度等级不大于 C60 的柱。混凝土强度等级超过 C60 后，混凝土已属高强混凝土，高强混凝土具有脆性性质，框架柱采用这种高强度等级的混凝土，轴压比会受到更严格的限制。

（3）沿柱全高采用井字复合箍或复合螺旋箍或连续复合螺旋箍。所谓井字复合箍是指：箍筋间距不大于 100mm，箍筋肢距不大于 200mm，箍筋直径不小于 12mm；所谓复合螺旋箍是指：箍筋螺旋间距不大于 100mm，箍筋肢距不大于 200mm，箍筋直径不小于 12mm；所谓连续复合螺旋箍是指：螺旋净距不大于 80mm，箍筋肢距不大于 200mm，箍筋直径不小于 10mm。沿框架柱全高采用上述三种配箍类别时，柱的轴压比限值可较表 5.1-9 提高 0.10；柱端箍筋加密区最小配箍特征值 λ_v 应按增大后的轴压比确定（见本节 5.1.14 表 5.1-12）。

（4）在柱截面中部设置由附加纵向钢筋和箍筋形成的芯柱。芯柱截面尺寸如图5.1-10所示，芯柱的附加纵向钢筋总截面面积不应小于柱截面面积的 0.8%。在柱截面中部设置芯柱时，柱的轴压比限值可较表 5.1-9 提高 0.05。当设置芯柱与第（3）条的措施同时采用时，柱的轴压比限值可较表 5.1-9 提高 0.15，但配箍的特征值仍可按轴压比增加 0.10 的要求确定。

（5）采用型钢混凝土柱。当柱轴压比超限较多，在既不可能加大柱截面尺寸，又不能提高混凝土强度等级的情况下，采用型钢混凝土柱是行之有效的措施。型钢混凝土柱的混凝土强度等级不宜低于 C30，纵向钢筋的配筋率不宜小于 0.8%；型钢含钢率不宜小于 4%；当型钢混凝土柱的型钢含钢率不低 5% 时，可使框架柱的截面面积减小 30%～40%。

（6）采用第（3）、（4）项措施后，框架柱的轴压比限值不应大于 1.05。

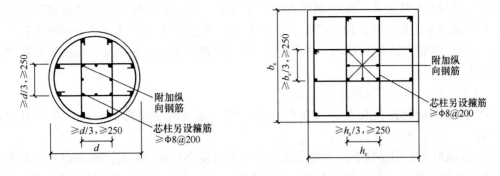

图 5.1-10　芯柱截面尺寸示意图

5.1.13　框架柱纵向钢筋的配置有哪些规定？

（1）框架柱纵向钢筋的配置应满足下列要求：

1）柱全部纵向钢筋的配筋率，不应小于表 5.1-10 的规定，且柱截面每一侧纵向钢筋的配筋率不应小于 0.2%；抗震设计时，对Ⅳ类场地上较高的高层建筑，表中的数值应增加 0.01。

柱纵向钢筋最小配筋百分率（%）　　　　　　　　　　　　表 5.1-10

柱类型	抗　震　等　级			
	一级	二级	三级	四级
中柱、边柱	0.9（1.0）	0.7（0.8）	0.6（0.7）	0.5（0.6）
角　柱	1.1	0.9	0.8	0.7
框支柱	1.1	0.9	0.8	0.7

注：1. 当混凝土强度等级大于 C60 时，表中的数值应增加 0.1；

　　2. 钢筋强度标准值小于 400MPa 时，表中数值应增加 0.1，钢筋强度标准值为 400MPa 时，表中数值应增加 0.05；

　　3. 表中括号内的数值用于框架结构的柱。

2）柱全部纵向钢筋的配筋率，不应大于 5%。

3）抗震设计的柱宜采用对称配筋；截面尺寸大于 400mm 的柱，一、二、三级抗震等级时，其纵向钢筋的间距不宜大于 200mm；抗震等级四级时，柱纵向钢筋的间距不宜大于 300mm；柱纵向钢筋的净距均不应小于 50mm。

4）抗震等级为一级且剪跨比不大于 2 的柱，其单侧纵向受拉钢筋的配筋率不应大于 1.2%。

5）边柱、角柱及剪力墙端柱考虑地震作用组合产生小偏心受拉时，柱内纵向钢筋总截面面积应比计算值增加 25%。

6）柱的纵向钢筋不应与箍筋、拉筋及预埋件等焊接。

（2）柱纵向受力钢筋的连接方法，应符合下列规定。

1）框架柱：一、二级抗震等级及三级抗震等级的底层，宜采用机械连接接头，也可以采用绑扎搭接或等强焊接接头，三级抗震等级的其他部位及四级抗震等级，可采用绑扎搭接接头或等强焊接接头；纵向钢筋直径大于 20mm 时，宜采用机械连接或等强焊接接头，采用机械连接接头时，应注明接头的性能等级不低于 II 级；纵向受拉钢筋直径大于 25mm、受压钢筋直径大于 28mm 时，不宜采用绑扎搭接接头；偏心受拉柱不得采用绑扎搭接接头。

2）框支柱：宜采用机械连接接头。

3）柱纵向钢筋连接接头的位置应错开，同一截面内钢筋接头面积百分率不宜超过 50%。

4）柱纵向受力钢筋接头的位置宜设在构件受力较小的部位，抗震设计时，宜避开梁端、柱端箍筋加密区；当无法避开时，应采用性能等级为 I 级或 II 级的机械连接接头，且钢筋接头的面积百分率不应超过 50%。

5）钢筋的机械连接、绑扎搭接及焊接，尚应符合国家现行有关标准的规定。

（3）抗震设计时，除高层建筑框架的角柱（包括框架结构的角柱和其他结构中的框架角柱）应按双向偏心受力构件进行正截面承载力设计外，编者建议，非高层建筑框架的角柱以及多层和高层建筑框架结构的其余柱子，亦宜按双向偏心受力构件进行正截面承载力设计。

5.1.14 框架柱箍筋的配置有哪些规定？

（1）抗震设计时，柱箍筋在规定的范围内应加密，加密区的箍筋最大间距和最小直径，应满足下列要求：

1）一般情况下，箍筋的最大间距和最小直径，应按表 5.1-11 采用。

柱箍筋加密区的箍筋最大间距和最小直径　　　　　　　　　　表 5.1-11

抗震等级	箍筋最大间距（采用较小值）（mm）	箍筋最小直径（mm）
一	6d，100	10
二	8d，100	8
三	8d，150（柱根 100）	8
四	8d，150（柱根 100）	6（柱根 8）

注：d 为柱纵筋最小直径；柱根指底层柱下端箍筋加密区。

2）一级框架柱的箍筋直径大于 12mm 且箍筋肢距不大于 150mm 及二级框架柱箍筋直径不小于 10mm、肢距不大于 200mm 时，除柱根外最大间距允许采用 150mm。三级框架柱截面尺寸不大于 400mm 时，箍筋最小直径允许采用 6mm。四级框架柱的剪跨比不大于 2 或柱中全部纵向钢筋的配筋率大于 3% 时，箍筋直径不应小于 8mm。

3）框支柱及剪跨比不大于 2 的框架柱，箍筋间距不应大于 100mm。

（2）抗震设计时，柱箍筋加密区的范围应符合下列规定：

1）底层柱的上端和其他各层柱的两端，应取矩形截面柱之长边尺寸（或圆形截面柱之直径）、柱净高之 1/6 和 500mm 三者之最大值范围。

2）底层柱刚性地面上、下各 500mm 的范围。

3）底层柱的下端不小于 1/3 柱净高的范围。

4）剪跨比不大于 2 的柱和因填充墙等形成的柱净高与截面高度之比不大于 4 的柱全高范围。

5）框支柱及一级和二级框架的角柱的全高范围。

6）需要提高变形能力的柱的全高范围。

（3）柱箍筋加密区范围内箍筋的体积配箍率，应符合下列规定：

1）柱箍筋加密区箍筋的体积配箍率，应满足下列要求

$$\rho_v \geqslant \lambda_v f_c / f_{yv} \tag{5.1-26}$$

2）柱的最小配箍特征值 λ_v，宜按表 5.1-12 采用。

柱箍筋加密区的箍筋最小配箍特征值 λ_v　　　　表 5.1-12

抗震等级	箍筋形式	轴压比								
		≤0.3	0.4	0.5	0.6	0.7	0.8	0.9	1.0	1.05
一级	普通箍、复合箍	0.10	0.11	0.13	0.15	0.17	0.20	0.23	—	—
	螺旋箍、复合或连续复合矩形螺旋箍	0.08	0.09	0.11	0.13	0.15	0.18	0.21	—	—
二级	普通箍、复合箍	0.08	0.09	0.11	0.13	0.15	0.17	0.19	0.22	0.24
	螺旋箍、复合或连续复合矩形螺旋箍	0.06	0.07	0.09	0.11	0.13	0.15	0.17	0.20	0.22
三级	普通箍、复合箍	0.06	0.07	0.09	0.11	0.13	0.15	0.17	0.20	0.22
	螺旋箍、复合或连续复合矩形螺旋箍	0.05	0.06	0.07	0.09	0.11	0.13	0.15	0.18	0.20

注：1. 普通箍指单个矩形箍筋或单个圆形箍筋；螺旋箍指单个螺旋箍筋；复合箍指由矩形、多边形圆形箍筋或拉筋组成的箍筋；复合螺旋箍指由螺旋箍与矩形、多边形、圆形箍筋或拉筋组成的箍筋；连续复合螺旋箍指全部螺旋箍为同一根钢筋加工成的箍筋；

　　2. 框支柱宜采用复合螺旋箍或井字复合箍，一、二级抗震等级时，其最小配箍特征值应比表内数值增加 0.02，且体积配箍率不应小于 1.5%。

3）对一、二、三、四级抗震等级的框架柱，其箍筋加密区范围内箍筋的体积配筋率尚且分别不应小于 0.8%、0.6%、0.4% 和 0.4%。

4）剪跨比不大于 2 的柱宜采用复合螺旋箍或井字复合箍，其加密区体积配箍率不应小于 1.2%；设防烈度为 9 度时，不应小于 1.5%。

5）计算复合螺旋箍的体积配箍率时，其中非螺旋箍筋的体积应乘以换算系数 0.8。

（4）抗震设计时，柱箍筋设置尚应符合下列要求：

1）箍筋应为封闭式，其末端应有 135°弯钩，弯钩端部直段长度不应小于 10 倍的箍筋直径，且不小于 75mm。

2）箍筋加密区的箍筋肢距，一级抗震等级不宜大于 200mm；二、三级抗震等级不宜大于 250mm 和 20 倍箍筋直径的较大值；四级抗震等级不宜大于 300mm。每隔一根纵向钢筋宜在两个方向有箍筋或拉筋约束；采用拉筋复合箍时，拉筋宜紧靠纵向钢筋并勾住封闭箍。

3）柱非加密区的箍筋，其体积配箍率不宜小于加密区的一半；其箍筋间距，不应大于加密区箍筋间距的 2 倍，且一、二级抗震等级不应大于 10 倍纵向钢筋直径，三、四级抗震等级不应大于 15 倍纵向钢筋直径。

(5) 柱箍筋体积配箍率可按下式计算

$$\rho_v = \frac{\sum l_i a_{svi}}{l_1 l_2 s} \tag{5.1-27}$$

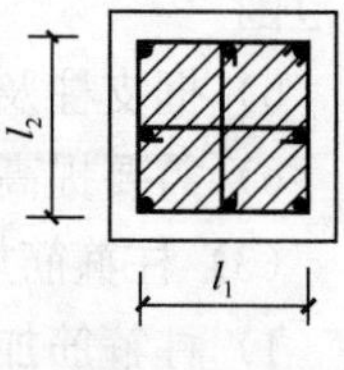

式中 l_i——柱的同一截面内每一肢箍筋的长度；

　　　　a_{svi}——与 l_i 相对应的一肢箍筋的截面面积；

　　l_1、l_2——柱截面核心区的宽度和高度（图 5.1-11），按周边箍筋的

　　　　　　内边缘计算；

　　　　s——箍筋的间距。

图 5.1-11　柱
截面核心区

5.1.15　什么叫短柱？什么叫超短柱？在设计中无法避免短柱时，应采取什么措施？

框架柱柱端截面除承受轴向力外通常还同时承受弯矩 M_c 和剪力 V_c 的作用。框架柱柱端截面弯矩和剪力的相对大小，对柱的破坏形态有直接的关系。故设计时，采用剪跨比来反映框架柱柱端截面所承受的弯矩和剪力的相对大小，并把柱的剪跨比定义为

$$\lambda = \frac{M}{V h_0} \tag{5.1-28}$$

式中 M、V——柱端截面组合的弯矩计算值（未乘柱端弯矩增大系数）和与 M 同一组合
　　　　　　的剪力计算值；

　　　　h_0——柱截面计算方向的有效高度。

剪跨比 $\lambda > 2$ 的柱称为长柱，其弯矩相对较大，一般容易发生延性的压弯破坏；剪跨比 $\lambda \leqslant 2$ 但不小于 1.5 的柱，称为短柱，一般多发生剪切破坏，若配置足够量的箍筋，也可能实现延性较好的剪切受压破坏；剪跨比 $\lambda < 1.5$ 的柱称为极短柱，一般发生脆性的剪切斜拉破坏，工程中应尽量避免采用极短柱。

在初步设计阶段，也可以假定柱的反弯点在柱高度的中间，用柱的净高和计算方向柱截面高度的比值来初判柱是长柱还是短柱：比值大于 4 的柱为长柱，比值在 3 与 4 之间的柱为短柱，比值不大于 3 的柱为极短柱。

抗震设计的框架柱，柱端截面的剪力一般较大（特别是在高烈度地震区），因而剪跨比较小，容易形成短柱或极短柱，地震发生时，易产生斜裂缝导致脆性的剪切破坏。

多高层建筑的框架结构、框架-剪力墙结构和框架-核心筒结构等，由于设置设备层，层高较低而柱截面尺寸又较大，常常难以避免短柱；楼面局部错层处、楼梯间处、雨篷梁处等，也容易形成短柱；框架柱间的砌体填充墙，当隔墙、窗间墙砌筑不到顶时，也会形成短柱。

抗震设计时，如果同一楼层内均为短柱，只要各柱的抗侧刚度相差不大，按规范的规定进行内力分析和截面设计，并采取相应的加强措施，结构的安全性是可以得到保证的；应避免同一楼层内同时存在长柱和少数短柱，因为这少数短柱的抗侧刚度远大于一般长柱的抗侧刚度，在水平地震作用下会产生较大的水平剪力，特别是纯框架结构中的少数短柱，在中震或大震烈度下，很可能遭受严重破坏，导致同层内其他柱的相继破坏（各个击破），这对结构的安全是十分不利的。

框架-剪力墙结构和框架-核心筒结构中出现短柱，与纯框架结构中出现短柱，对结构安全的影响程度是不一样的。因为前者的主要抗侧力构件是剪力墙或核心筒，框架柱是第

二道抗侧力防线。所以工程设计时，可以根据不同情况采取不同的措施来加强短柱。

当多高层建筑结构中存在少数短柱时，为了提高短柱的抗震性能，可采取以下一些措施。

（1）应限制短柱的轴压比。当柱为剪跨比 $\lambda \leqslant 2$ 但不小于 1.5 的短柱时，其轴压比限值应较本章的表 5.1-9 减少 0.05 采用；当柱为剪跨比 $\lambda < 1.5$ 的极短柱时，其轴压比限值应专门研究并采取特殊构造措施。

（2）应限制短柱的剪压比，即短柱截面的剪力设计值应符合下式要求：

$$V_c \leqslant 0.15 \beta_c f_c bh_0 / \gamma_{RE} \tag{5.1-29}$$

式中　β_c——混凝土的强度影响系数；当混凝土的强度等级不大于 C50 时取 1.0；当混凝土的强度等级为 C80 时取 0.8；当混凝土的强度等级在 C50 和 C80 之间时可按线性内插取值；

　　f_c——混凝土的轴力抗压强度设计值；

　　b——矩形截面的宽度，T 形截面、工字形截面腹板的宽度；

　　h_0——柱截面在计算方向的有效高度；

　　γ_{RE}——柱受剪承载力抗震调整系数，取为 0.85。

（3）应尽量提高短柱混凝土的强度等级，减小柱子的截面尺寸，从而加大柱子的剪跨比；有条件时可采用符合《抗震规范》要求的高强混凝土。

（4）加强对短柱混凝土的约束，可采用螺旋箍筋。螺旋箍筋可选用圆形或方形（图 5.1-9），其配箍率可取规范规定的各抗震等级螺旋箍配箍率之上限。

一般情况下，当剪跨比不大于 2 的短柱采用复合螺旋箍或井字形复合箍时，其体积配箍率不应小于 1.2%，设防烈度为 9 度时，不应小于 1.5%。对于剪跨比不大于 1.5 的超短柱，其体积配箍率还应提高一档。

短柱的箍筋直径不宜小于 10mm，肢距不应大于 200mm，间距不应大于 100mm，并应沿柱全高加密箍筋。

短柱的箍筋应采用 HRB 400 级或 HRB 500 级钢筋。

（5）应限制短柱纵向钢筋的间距和配筋率。纵向钢筋的间距不应大于 200mm；一级抗震等级时，单侧纵向受拉钢筋的配筋率不宜大于 1.2%。

（6）当不能避免短柱时，应适当增设较强的剪力墙，不宜采用纯框架结构。

（7）应尽量减小梁的高度（即减小梁的刚度），从而减小柱端处梁对短柱的约束，在满足结构侧向刚度的条件下，必要时可将部分梁做成铰接或半铰接。

5.1.16　连梁或框架梁上开洞有哪些规定？当开洞尺寸较大时，如何对被开洞削弱的截面进行验算？

（1）剪力墙的连梁或框架的框架梁，因机电设备等专业穿行管道的需要，要求在梁上开设孔洞时，应合理选择开洞位置和尺寸，并进行必要的内力和承载力验算，同时采取相应的构造加强措施。

（2）连梁和框架梁上，孔洞的位置应避开梁端塑性铰区，尽可能设置在剪力较小的跨中部位（跨中 1/3 区段内），必要时也可设置在梁端 1/3 区段内。

（3）在框架梁上，孔洞应尽量对称于梁高的中心布置，必要时也可以偏心布置，但宜偏向梁的受拉区且偏心距 e_0 不宜大于 0.05h（矩形孔洞）或 0.1h（圆形孔洞）。小型圆形孔洞应尽可能预埋钢套管。当设置多个矩形孔洞时，相邻孔洞边缘间的净距不应小于 2.5 倍洞高。当设置多个圆形孔洞时，孔中心距不应小于孔径的 2 倍或孔径的 3 倍（地震区当圆孔位于梁端 1/3 区段时），见图 5.1-12 和表 5.1-13、表 5.1-14。图中 h_t 和 h_c 均不宜小于 200mm。

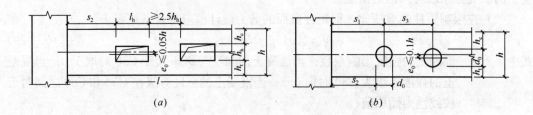

图 5.1-12　框架梁上开洞位置
(a) 矩形孔洞位置；(b) 圆形孔洞位置

矩形孔洞尺寸及位置　表 5.1-13

地　区	跨中 l/3 区段				梁端 l/3 区段				
	h_h/h	l_h/h	h_c/h	l_h/h_h	h_h/h	l_h/h	h_c/h	l_h/h_h	s_2/h
地震区	≤0.40	≤1.60	≥0.30	≤4.0	≤0.30	≤0.80	≥0.35	≤2.6	≥1.5

圆孔尺寸及位置　表 5.1-14

地　区	$\dfrac{e_0}{h}$	跨中 l/3 区段			梁端 l/3 区段			
		d_0/h	h_c/h	s_3/d_0	d_0/h	h_c/h	s_2/h	s_3/d_0
地震区	≤0.1（偏向受拉区）	≤0.40	≥0.30	≥2.0	≤0.3	≥0.35	≥1.5	≥3.0

（4）剪力墙连梁上，应尽可能设置圆形孔洞，其洞口宜预埋钢套管，孔洞上、下的有效高度不宜小于梁高的 1/3，且不宜小于 200mm。当连梁上留设矩形孔洞时，洞孔高度不宜大于梁高的 1/3，洞孔的长度不应大于梁高，洞孔上、下的有效高度也不宜小于梁高的 1/3，且不宜小于 200mm（图 5.1-13），即 h_1 及 h_2 均宜大于等于 $h/3$ 且大于等于 200mm。

（5）当连梁或框架梁上矩形孔洞的高度小于 $h/6$ 及 100mm，且孔洞长度 l_h 小于 $h/3$ 及 200mm 时，其孔洞周边配筋可按构造要求设置。上、下弦杆纵向受力钢筋 A_{s2}、A_{s3} 可采用 2Φ14，弦杆箍筋宜≥Φ8，箍筋间距不应大于 $0.5h_1$ 或 $0.5h_2$ 且不大于 50mm，孔洞左右两边箍筋加密至间距为 100mm 的范围各为 l_{aE}（图 5.1-13）。

对于圆形孔洞，当孔洞直径 d_0 小于 $h/10$ 及 100mm 时，孔洞周边可不设置补强钢筋；当孔洞直径 d_0 小于 $h/5$ 及 150mm 时，孔洞周边配筋可按构造要求设置。上、下弦杆纵向钢筋可采用 2Φ14，弦杆箍筋宜≥Φ8，箍筋间距不应大于较小弦杆有效高度的 0.5 倍且不大于 50mm；孔洞左右两侧箍筋加密至间距为 100mm 的范围为 l_{aE}（图 5.1-13）。

（6）当连梁或框架梁上孔洞尺寸超出上述第（5）条要求时，孔洞上、下弦杆的配筋

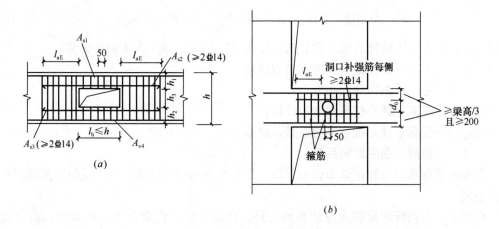

图 5.1-13　连梁上开洞位置

(a) 矩形孔洞位置（h_1、h_2 均宜 $\geqslant \frac{1}{3}h$ 且 $\geqslant$200mm）；(b) 圆形孔洞位置

应按承载力验算确定，但不应小于按构造要求设置的配筋。

1）孔洞上、下弦杆的内力按下列公式计算（图 5.1-14）：

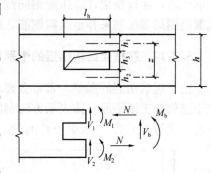

$$V_1 = \frac{h_1^3}{h_1^3 + h_2^3} V_b \cdot \eta_b + \frac{1}{2} q l_h \qquad (5.1\text{-}30)$$

$$V_2 = \frac{h_2^3}{h_1^3 + h_2^3} V_b \cdot \eta_b \qquad (5.1\text{-}31)$$

$$M_1 = V_1 \frac{l_h}{2} + \frac{1}{12} q l_h^2 \qquad (5.1\text{-}32)$$

$$M_2 = V_2 \cdot \frac{l_h}{2} \qquad (5.1\text{-}33)$$

图 5.1-14　梁上开洞内力计算简图

$$N = \frac{M_b}{z} \qquad (5.1\text{-}34)$$

式中　V_b——孔洞中点处梁的组合剪力设计值；

　　　q——孔洞上弦杆作用的均布竖向荷载；

　　　η_b——抗震加强系数，抗震等级为一、二级时，η_b=1.5；三、四级时，η_b=1.3；

　　　M_b——孔洞中点处梁的组合弯矩设计值；

　　　l_h——孔洞的长度；

　h_1、h_2——分别为孔洞上、下弦杆截面的高度；

　　　z——孔洞上、下弦杆中心之间的距离。

2）孔洞上、下弦杆截面尺寸应符合下列要求：

无地震作用组合时（持久、短暂设计状况）

$$V_i \leqslant 0.25\beta_c f_c b h_0 \qquad (5.1\text{-}35)$$

有地震作用组合时（地震设计状况）

跨高比　$l_h / h_i > 2.5$　$V_i \leqslant \dfrac{1}{\gamma_{RE}} (0.20\beta_c f_c b h_0)$ $\qquad (5.1\text{-}36)$

$$\text{跨高比} \quad l_h/h_i \leqslant 2.5 \quad V_i \leqslant \frac{1}{\gamma_{RE}}(0.15\beta_c f_c bh_0) \tag{5.1-37}$$

式中　V_i——上、下弦杆的剪力设计值，按式（5.1-30）、式（5.1-31）计算；

　　b、h_0——上、下弦杆截面宽度和有效高度；

　　　h_i——上、下弦杆截面高度；

　　　f_c——混凝土轴心抗压强度设计值；

　　γ_{RE}——受剪承载力抗震调整系数，取 0.85；

　　　β_c——混凝土强度影响系数。

斜截面受剪承载力和正截面偏心受压、偏心受拉承载力计算，见《混凝土规范》有关计算公式。

孔洞上、下弦杆的箍筋除按计算确定外，应满足抗震构造要求。框架梁和剪力墙连梁，箍筋间距不应大于较小弦杆有效高度的 0.5 倍且不大于 50mm。在孔洞左右两边各 l_{aE} 的范围内梁的箍筋应加密至间距 100mm。

孔洞上弦杆下部钢筋 A_{s2} 和下弦杆上部钢筋 A_{s3}，伸过孔洞边的长度不应小于 l_{aE}。上弦杆上部钢筋 A_{s1} 和下弦杆下部钢筋 A_{s4} 按计算所需截面面积小于整梁的计算所需钢筋截面面积时，应按整梁计算所需钢筋截面面积通长设置；当大于整梁钢筋截面面积时，可在孔洞范围局部加筋来补足所需钢筋，加筋伸过孔洞边的长度不应小于 l_{aE}。

5.1.17　在框架结构楼层的个别梁上立柱子时，结构设计中应当注意什么问题？

由于建筑功能的需要，常常会要求在上部楼层的个别梁上立柱子。国家标准图集《混凝土结构施工图平面整体表示方法制图规则和构造详图》16 G 101—1 把这种柱子称为梁上柱，代号为 LZ。支承梁上柱的梁，一般称为托柱梁（图 5.1-15）。

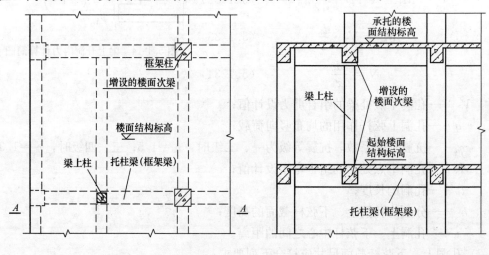

图 5.1-15　梁上柱及托柱梁

在楼层的个别梁上立柱子，柱子虽然不能直接连续贯通落地，但由于柱子负荷的楼面面积所占楼层面积的比例很小（所谓很小，一般是指梁上柱负荷的楼面面积通常不大于楼层总面积的 10%——这是编者的建议供参考），不构成带转换层的建筑结构，只需采取局部加强措施即可。

在设计上述带梁上柱的结构时，应注意以下问题：

(1) 在用 PMCAD 软件建模时，应在梁上柱的位置设置节点，定义梁上柱的截面尺寸并布置柱。

(2) 在梁上柱起始楼层的结构平面图上及梁上柱所承托的楼层结构平面图上，在垂直于托柱梁轴线的方向上应增设楼面次梁，以承受梁上柱的柱端弯矩。当无法在垂直于托柱梁轴线的方向上增设楼面次梁时，应验算托柱梁的扭曲截面条件和受扭承载力。

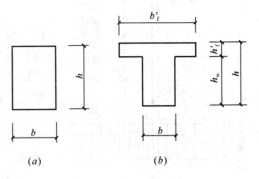

图 5.1-16　受扭构件截面

(a) 矩形截面；(b) T 形截面

在弯矩、剪力和扭矩共同作用下，对 $h_w/b \leqslant 6$ 的需要验算扭曲截面条件和受扭承载力的矩形、T 形截面托柱梁，其截面应符合下列条件（图 5.1-16）：

当 $h_w/b \leqslant 4$ 时

$$\frac{V}{bh_0} + \frac{T}{0.8W_t} \leqslant 0.25\beta_c f_c \tag{5.1-38}$$

当 $h_w/b = 6$ 时

$$\frac{V}{bh_0} + \frac{T}{0.8W_t} \leqslant 0.20\beta_c f_c \tag{5.1-39}$$

当 $4 < h_w/b < 6$ 时，按线性内插法确定。

式中　V——剪力设计值；

　　　T——扭矩设计值；

　　　b——矩形截面梁的宽度，T 形截面梁腹板的宽度；

　　　h_0——梁截面有效高度；

　　　W_t——受扭构件的截面受扭塑性抵抗矩：对矩形截面梁，$W_t = \dfrac{b^2}{6}(3h - b)$；对 T

　　　　　　形截面梁，$W_t = W'_{tf} + W_{tw} = \dfrac{h'^2_f}{2}(b'_f - b) + \dfrac{b^2}{6}(3h - b)$，其中 b'_f、h'_f 分别为 T

　　　　　　形截面梁受压翼缘的宽度和高度（详见《混凝土规范》第 6.4.3 条）；

　　　h——梁截面的高度；

　　　h_w——梁截面的腹板高度：对矩形截面梁，取有效高度 h_0；对 T 形截面梁取有效高

　　　　　　度减去翼缘高度；

　　　β_c——混凝土强度影响系数，详见《混凝土规范》第 6.3.1 条；

　　　f_c——混凝土轴心抗压强度设计值。

(3) 增设的楼面次梁除承受所在楼层的竖向荷载外，尚承受梁上柱的柱端弯矩，必要时，应复核增设的楼面次梁的受弯和受剪承载力（视计算软件的功能而定）。

(4) 托柱框架梁除承受梁所在楼层的荷载和地震作用外，还承受所托的梁上柱传递的上部楼层的荷载和地震作用。托柱框架梁和梁上柱均为结构的抗侧力构件。

(5) 托柱框架梁应具有较大的刚度，使梁上柱柱端受到较好的弹性固定约束，其截面

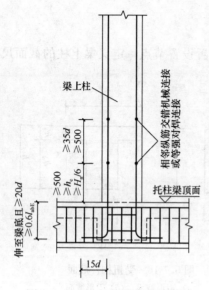

图 5.1-17 梁上柱纵向受力钢筋
机械连接或焊接及锚固构造

高度不应小于其计算跨度的 1/10,宽度不应小于所托柱相应边长加 100mm。所增设的楼面次梁的截面高度不宜小于其计算跨度的 1/12,宽度不宜小于所托柱相应边长加 50mm。

(6) 抗震设计时,梁上柱传递给"水平转换构件"托柱框架梁的地震内力应乘以增大系数。框架抗震等级为一级时,增大系数宜为 2.0;二级时,增大系数宜为 1.7;三级时,增大系数宜为 1.4;四级时,增大参数为 1.25;直接支承托柱框架梁的框架柱,其地震内力亦宜乘以适当的增大系数。托柱框架梁及支承托柱框架梁的框架柱,应适当加强抗震构造措施。

(7) 梁上柱纵向受力钢筋的机械连接或焊接连接及在托柱梁内的锚固构造如图 5.1-17 所示。抗震设计时,梁上柱柱端应根据《抗震规范》相应抗震等级的要求设置箍筋加密区。图中 h_c 为柱截面长边尺寸(圆柱为截面直径),H_n 为所在楼层的柱净高。

(8) 托柱框架梁的纵筋在框架柱内的锚固长度应符合图 5.1-18 的规定;梁每侧的纵向构造钢筋(腰筋)的直径不宜小于 12mm,间距不宜大于 200mm,且其截面面积不应小于腹板截面面积 bh_w 的 0.15%,并在柱内锚固 l_{aE}(图 5.1-18);托柱框架梁除梁端箍筋加密区外,在梁的托柱部位及托柱边两侧各 1.5 倍托柱梁高范围,也应设置箍筋加密区。

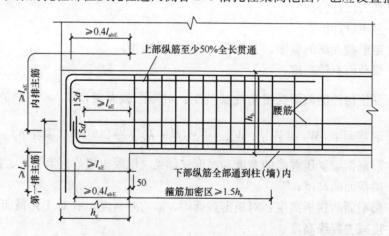

图 5.1-18 托柱梁主筋和腰筋的锚固

(9) 当托柱梁为楼面次梁时,所托柱(梁上柱)可按非框架柱设计。在梁上柱所在的结构平面图上,在垂直于托柱梁轴线方向上亦应增设楼面梁。抗震设计时,梁上柱宜采取适当的抗震构造措施,梁上柱传递给托柱次梁的地震内力宜乘以 1.25 的增大系数。

(10) 托柱框架梁支座上部纵向受力钢筋至少应有 50% 沿梁全长贯通;托柱次梁的上部通长受力钢筋除满足计算要求外,尚不宜少于下部纵向受力钢筋截面面积的 1/3;托柱次梁的上、下纵向钢筋及腰筋在两端支座内宜锚固 l_{aE};托柱次梁和其梁上柱,箍筋直径不应小于 8mm，间距不应大于 150mm。

5.1.18 如何合理配置楼板的构造钢筋和分布钢筋？

现浇钢筋混凝土楼（屋）面板除按计算配置纵向受力钢筋外，还应按《混凝土规范》的规定配置必要的构造钢筋和分布钢筋。合理配置钢筋混凝土板的构造钢筋和分布钢筋，不仅有利于保证楼（屋）面板的正常使用，也有利于提高混凝土板的耐久性。

与钢筋混凝土梁、墙整体浇筑的钢筋混凝土板的构造钢筋主要是指：

（1）板简支边的上部构造负筋。

（2）单向板的受力钢筋与梁平行时，沿梁方向布置的与梁垂直的上部构造负筋。

（3）控制板温度、收缩裂缝的构造钢筋。

合理布置构造钢筋，就是要按《混凝土规范》的要求限制构造钢筋的最小直径、最大间距，保证构造钢筋有必要的长度和配筋面积。比如上述第（1）、（2）项的板上部构造负筋，按规范要求，其直径不宜小于 8mm，间距不宜大于 200mm，配筋截面面积不宜小于跨中相应方向板底受力钢筋截面面积的三分之一。编者认为，此构造负筋的配筋率也不宜小于该方向板截面面积的 0.15%。否则，当板的受力钢筋的配筋率小于 0.45% 时，可能会出现板支座上部构造负筋的截面面积反而小于分布钢筋截面面积的不合理现象。

对"配筋截面面积不宜小于跨中相应方向板底受力钢筋截面面积的三分之一"有两种不同的理解：

（1）不论受力钢筋和构造钢筋是否采用同一强度等级的钢筋，一律将受力钢筋面积除以 3 作为构造钢筋的配筋面积。

（2）当受力钢筋的强度等级高于构造钢筋时，将受力钢筋的面积换算成与构造钢筋强度等级相同的钢筋的面积，然后除以 3 作为构造钢筋的配筋面积。显然，后一种构造钢筋的配筋方法较合理。

控制板温度、收缩裂缝的构造钢筋，按规范要求其间距不宜大于 200mm，纵横两个方向的最少配筋面积不宜小于板截面面积的 0.1%，主要是在板的未配筋表面配置。已配置钢筋的部位，只要板的上、下表面纵横两个方向配筋率均不小于 0.1%，可不配置温度、收缩钢筋。在板的未配筋表面另配的温度、收缩钢筋时，应与已配的钢筋按受拉要求搭接。

钢筋混凝土板的分布钢筋，主要是指：

（1）单向板（两对边支承板，长短边之比 ≥3 的四边支承板）❶ 底面处垂直于受力钢筋的分布钢筋。

（2）垂直于板支座上部负筋的分布钢筋。

（3）2<长短边之比<3 的四边支承板，宜按双向板计算配筋；当按单向板计算配筋时垂直于板底受力钢筋的分布钢筋。

长短边之比 ≤2 的板应按双向板计算配筋。

钢筋混凝土板当按单向板设计时，除沿受力方向布置受力钢筋外，尚应在垂直受力方向布置分布钢筋。单位宽度上分布钢筋的截面面积不宜小于单位宽度上受力钢筋截面面积

---

❶ 两对边支承板称为单向板；长短边之比 ≥3 的四边支承板，工程上通常按单向板设计计算。

的15%，且不宜小于该方向板截面面积的0.15%；分布钢筋的间距不宜大于250mm，直径不宜小于6mm；对集中荷载较大的情况，分布钢筋的截面面积应适当增加，其间距不宜大于200mm。

当地下室外墙按单向板（以楼板和基础底板作为支承点的单跨、双跨或多跨板）计算墙的竖向受力钢筋配筋时，除墙的竖向受力钢筋应满足计算和最小配筋率要求外，墙的水平分布筋的截面面积除不宜少于相应受力钢筋截面面积的1/3外，也应满足受弯构件最小配筋率要求，而且墙的水平分布筋的强度等级应与墙的竖向受力钢筋相同。

板的分布钢筋和支座构造负筋如图5.1-19所示。

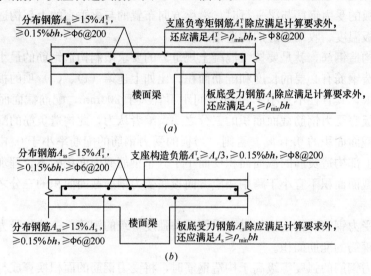

图5.1-19 板支座构造负筋及分布钢筋示意
（a）双向板分布钢筋；（b）单向板的分布钢筋和支座构造负筋

应当指出，对于普通梁板类受弯构件，混凝土强度等级宜采用C20～C35，不宜过高；当板的受力钢筋选用 HRB 335 级钢筋或 HRB 400 级钢筋时，可以获得比选用 HPB235 级钢筋更好的性价比，因而也更经济。

5.1.19 板式楼梯设计中应当注意什么问题？

板式楼梯由于具有下表面平整、施工时支模简单方便、外观轻巧美观的优点，因此，在住宅、公寓、饭店等居住建筑和公共建筑中，所采用的钢筋混凝土楼梯绝大多数为板式楼梯；工业建筑中钢筋混凝土板式楼梯用得也很普遍。钢筋混凝土板式楼梯由斜梯板（踏步板）、休息平台板、休息平台梯梁、楼层梯梁及楼梯柱（或框架柱）组成。在设计板式钢筋混凝土楼梯时，应注意以下几个问题：

（1）应根据楼梯的使用功能，正确采用楼梯的均布活荷载标准值。根据《荷载规范》的规定，各种使用功能的楼梯其均布活荷载标准值如表5.1-15所示。

（2）应根据板式楼梯的跨度合理确定斜梯板的厚度。斜梯板的厚度通常取其跨度（斜梯板水平投影跨度）的1/25～1/30。跨度不大于4.2m时，斜梯板的厚度不宜小于跨度的1/30，跨度更大时宜取较大的斜梯板厚度，必要时应对斜楼板进行挠度和裂缝宽度验算，以保证楼梯的正常使用。

楼梯均布活荷载标准值及其组合值、频遇值和准永久值系数　　表 5.1-15

项次	类　别	标准值/ (kN/m²)	组合值 系数 Ψ_c	频遇值 系数 Ψ_f	准永久值 系数 Ψ_q
1	多层住宅	2.0	0.7	0.5	0.4
2	其他	3.5	0.7	0.5	0.3

注：工业建筑生产车间楼梯均布活荷载标准值可按实际情况采用，但不宜小于 3.5kN/m²；工业建筑楼面活荷载的组合值系数、频遇值系数和准永久值系数，除《荷载规范》附录 D 给出的以外，应按实际情况采用；但在任何情况下，组合值系数和频遇值系数不应小于 0.7，准永久值系数不应小于 0.6。

斜梯板的厚度 h 应按垂直于斜梯板斜向且从踏步凹角处算起的截面高度取用。

（3）板式楼梯的斜梯板是斜向支承的受弯构件，其竖向荷载 q 除在板中引起弯矩 M 和剪力 Q 外，还将产生轴向力 N，但因轴向力影响很小，设计时可不考虑。斜梯板的弯矩可按跨度为 l、荷载为 q 的水平简支板计算，但算得的剪力应乘以 cosα（图 5.1-20）。

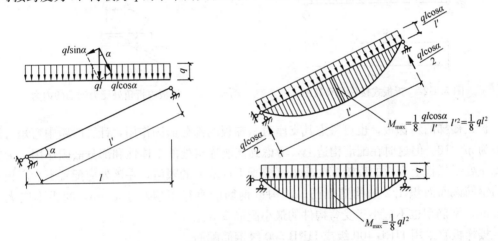

图 5.1-20　斜梯板的弯矩及剪力

作用在斜梯板上的荷载 q，其单位长度上的自重荷载系按倾斜方向计算，活荷载则按水平方向计算，为了统一，通常将自重荷载换算成水平方向单位长度上的均布荷载。

在计算斜梯板上作用的自重荷载（包括建筑装修荷载）时，应计及踏步的影响。考虑踏步影响的斜梯板折算厚度可近似地按沿竖向切出的梯形截面的平面高度取用，即 $h_z = \dfrac{c}{2} + \dfrac{h}{\cos\alpha}$（图 5.1-21）。

（4）折板式楼梯通常也按简支板计算（图 5.1-22）。折板式楼梯水平段的板厚应与斜梯板板厚相同。

折板式楼梯的内折角处，如板底纵向受力钢筋沿

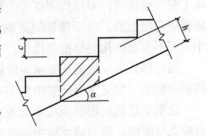

图 5.1-21　h_z 计算简图

内折角边连续布置，则由于纵向受力钢筋将产生较大的向外合力（图 5.1-23），可能使该处混凝土保护层向外崩脱，从而使钢筋失去粘结锚固力（钢筋和混凝土之间的粘结锚固力是钢筋和混凝土能够共同工作的基础），最终可能导致楼梯板折断而破坏。

（5）板式楼梯的斜梯板通常按两对边支承的简支板计算跨中弯矩（图 5.1-22）。考虑

到支座对斜梯板的部分嵌固作用，为了控制裂缝，在支座处斜梯板的上部应配置不少于板底受力钢筋截面面积 1/3 的构造钢筋，该构造钢筋的直径不应小于 8mm，间距不应大于 200mm，配筋率也不应小于 0.15％；该构造钢筋自梁边（或墙边）算起伸入板跨内的长度不应小于板计算跨度的 1/4；支座处板上部构造钢筋的强度等级应与斜梯板底部受力钢筋相同。

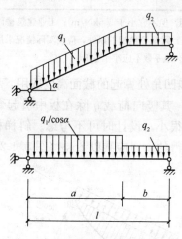

图 5.1-22　折板式楼梯计算简图

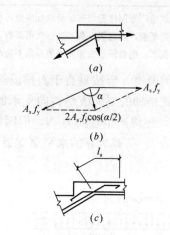

图 5.1-23　梯板内折角处受力钢筋的内力

板式楼梯的斜梯板，也可考虑其支座对斜梯板的部分嵌固作用，计算时跨中弯矩可近似取为 $ql^2/10$。但这时在配筋构造上，考虑到支座连接处的整体性和部分嵌固作用，为防止支座处斜梯板上表面的裂缝宽度超出《混凝土规范》的限值，在该处应配置不少于板底受力钢筋截面面积 1/2 的构造钢筋；该构造钢筋的直径不应小于 8mm，间距不应大于 200mm，配筋率也不应小于受弯构件的最小配筋率 ρ_{min}。

楼梯板宜采用 HRB 400 级或 HRB 500 级钢筋配筋。

（6）抗震设计时，对于框架结构，当楼梯构件与主体结构整浇时，梯板起到斜支撑的作用，对结构的刚度、承载力、规则性的影响比较大，应参与结构整体抗震计算，梯板也应分别按偏心受拉、偏心受压构件计算，并按双层配筋设计；当梯板一端滑动支承于平台板上时，楼梯构件对结构刚度等的影响较小，是否参与结构整体抗震计算差别不大。但梯板仍应双层配筋。对于楼梯间两侧设置剪力墙的结构，楼梯构件对结构刚度等的影响很小，可不参与结构整体抗震计算。

当楼梯板由于抗震的要求需设置双层配筋时，梯板受力钢筋在支座内的锚固应满足抗震锚固要求（参见国家标准图集 16G101-2 第 42 页～第 49 页）。

除框架结构的楼梯板应双层配筋外，框架-剪力墙结构中位于剪力墙筒外的楼梯板，也应双层配筋；剪力墙结构中的楼梯、其他结构位于剪力墙筒体内的楼梯，应允许按一般非抗震构件进行设计。

5.1.20　框架柱的配筋计算如何进行较为合理？

钢筋混凝土框架柱截面的配筋计算，在 SATWE 软件的设计信息中，除混凝土强度等级和钢筋强度等级外，还有以下 2 个信息项与其直接相关。

下面我们来讨论框架柱的配筋计算如何进行较为合理的问题。

（1）柱计算长度的计算原则。

对于钢筋混凝土结构，现行《混凝土结构设计规范》GB 50010—2010（2015 年版）取消了 89 规范关于"侧向刚度相对较大可按无侧移考虑的框架结构，可取用小于 1.0 的柱计算长度系数"的规定，认为钢筋混凝土结构均应按有侧移假定进行结构分析。因此程序仅对"钢柱计算长度计算原则（x 向/y 向）"提供了"有侧移有侧移"的选项。这样做概念上符合规范规定。

（2）柱配筋的计算原则。

钢筋混凝土框架柱的配筋计算原则，程序有"按单偏压计算"和"按双偏压计算"两个选项，但《混凝土规范》和《抗震规范》都没有明确规定具体情况应如何选择，《高层建筑规程》除了在抗震设计时要求"框架角柱应按双向偏心受力构件进行正截面承载力设计"外，对于其他柱也没有明确规定。

编者认为，钢筋混凝土结构当按平面结构设计计算时，其框架柱宜按单偏压计算配筋，当按空间结构计算时，应按双偏压计算配筋。因为 SATWE 等空间结构分析软件是将钢筋混凝土框架柱当成双向偏心受力构件来计算的。双向偏心受力构件按双偏压计算配筋，与其空间分析模型更为协调。

按照空间分析模型计算的钢筋混凝土框架柱，在采用双偏压计算配筋时，考虑到其配筋的多解性（不同的配筋方式都可能满足承载力要求），建议采用下列方法进行钢筋混凝土框架柱的双偏压承载力设计验算：

1）按单偏压计算框架柱的配筋，并在配筋归并后形成施工图保存到 COLUMN. STL 文件中。

2）选择程序中的"钢筋验算"菜单，读取 COLUMN. STL 文件中框架柱的实配钢筋，并以此实配钢筋进行框架柱的双偏压验算。如验算结果满足承载力要求，则不必修改 COLUMN. STL 文件中框架柱施工图的实配钢筋；反之，则应启动修改钢筋菜单对钢筋直径和（或）数量进行修改，然后再点取钢筋验算菜单来对修改后的钢筋进行框架柱的双偏压承载力验算，直至验算结果满足承载力要求为止。

当然也可以直接选取程序的"按双偏压计算"的选项来进行柱的配筋计算。

对于复杂的框架或框架结构中的柱，宜输出框架柱的计算长度系数简图。

5.2　剪 力 墙 结 构

5.2.1　剪力墙的布置有哪些基本规定？

剪力墙结构设计包括墙段、墙肢及连梁的布置，墙段、墙肢及连梁截面的设计计算和配筋构造要求等内容，其中剪力墙的布置是剪力墙结构设计中的关键内容。

剪力墙结构中剪力墙的布置宜遵从下列基本规定：

（1）剪力墙结构的平面布置宜简单、规则；剪力墙结构应具有较好的空间工作性能，因此剪力墙结构中的剪力墙应双向布置，以便形成空间结构，抗震设计的剪力墙结构，应避免单向布置剪力墙，并宜使剪力墙结构两个方向的抗侧刚度相接近。剪力墙墙肢的截面宜简单、规则。

由于剪力墙的抗侧刚度及承载力均较大，为了充分利用剪力墙的能力，减轻结构自重，增大剪力墙结构的可利用空间，剪力墙不宜布置得太密；剪力墙结构的抗侧刚度也不宜过大，具有适宜的抗侧刚度即可。

（2）剪力墙的布置对结构的抗侧刚度有很大的影响，剪力墙沿高度宜连续布置，以避免造成结构沿高度发生刚度突变；但允许沿高度改变剪力墙的厚度和混凝土的强度等级，或减少部分剪力墙墙肢，使结构抗侧刚度沿高度逐渐减小。

（3）抗震设计的剪力墙结构应具有足够的延性，墙段高度与墙段长度之比不宜小于3；这种细高的剪力墙墙段容易设计成弯曲破坏的延性剪力墙。因此，当剪力墙长度很大时，为了满足每个墙段高长比不小于3的要求，可以通过开设洞口将长墙分成长度较小、较均匀的独立墙段，每个墙段可以是整体墙或整体小开洞墙，也可以是联肢墙（图5.2-1）。分隔墙段的洞口连梁宜采用约束弯矩较小的弱连梁（跨高比大于6的连梁一般称为弱连梁）。

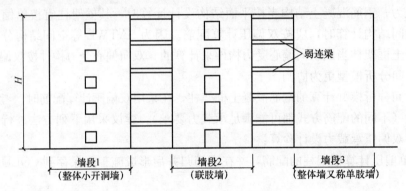

图 5.2-1   剪力墙墙段和墙肢

此外，墙段长度较小时，受弯产生的裂缝较小，墙体的配筋能够充分发挥作用且钢筋不容易被拉断，因此，墙段的长度（即墙段截面高度）不宜大于8m。当墙段的高长比不小于3但墙段长度大于8m时，宜通过开设结构洞的方法将墙段分成若干墙肢，使每个墙肢的截面高度不大于8m。

5.2.2   剪力墙洞口的布置应注意哪些问题？

剪力墙洞口的布置会极大地影响剪力墙的力学性能。因此《高层建筑规程》第7.1.1条对剪力墙洞口的布置提出了下列三方面的要求：

（1）剪力墙宜规则开洞，门窗洞口宜上下对齐成列、成排布置，能形成明确的墙肢和连梁，应力分布比较规则，与当前普遍应用的程序的计算简图较为符合，设计结果安全可靠。同时，洞口的布置宜避免使墙肢的宽度相差悬殊，也宜避免形成截面高度与厚度之比不大于4的墙肢。

（2）错洞剪力墙和叠合错洞剪力墙，二者都是不规则开洞的剪力墙，其应力分布复杂，容易造成剪力墙的薄弱部位，常规计算方法很难获得其实际内力，构造亦比较复杂。

剪力墙的底部加强部位，是塑性铰出现及保证结构安全的重要部位，抗震等级为一、二级和三级时，不宜采用上下洞口不对齐的错洞布置的剪力墙。当无法避免错洞墙时，则宜控制错洞墙洞口间水平距离不小于2m，设计时应仔细计算分析，并在洞口周边采取有效的加强措施（图 5.2-2*a*、*b*）。对于叠合错洞墙，抗震等级为一、二、三级的剪力墙的所有部位（底部加强部位和上部非加强部位）均不宜采用。当无法避免叠合错洞布置时，应按有限元方法仔细计算分析，并在洞口周边采取有效的加强措施（图 5.2-2*c*）；也可采用其他轻质材料填充将叠合洞口转化为规则洞口的剪力墙结构（图 5.2-2*d*）。

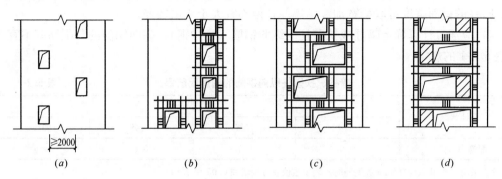

(a)　　　　　　　(b)　　　　　　　(c)　　　　　　　(d)

图 5.2-2　剪力墙洞口不对齐时的构造措施

（*a*）一般错洞墙；（*b*）底部局部错洞墙；（*c*）叠合错洞墙构造之一；（*d*）叠合错洞墙构造之二

注：图 5.2-2（*d*）中阴影部分为轻质填充墙体材料。

（3）错洞剪力墙和叠合错洞剪力墙的内力和位移计算应符合《高层建筑规程》第 5 章的有关规定。目前除了平面有限元方法外，尚没有更好的简化方法计算。采用平面有限元方法得到应力后，可不考虑混凝土的抗拉作用，按应力进行配筋，并加强构造措施。具有不规则洞口的剪力墙结构，整体计算时，不宜采用杆系或薄壁杆系模型的软件，宜采用空间有限元分析与设计软件；当采用杆系、薄壁杆系模型或对洞口作了简化处理的其他有限元模型时，应对不规则开洞墙的计算结果进行分析判断，并进行补充计算和校核。

5.2.3　当剪力墙或核心筒墙肢与其平面外相交的楼面梁刚接时，应采取什么措施来增大墙肢抵抗平面外弯矩的能力？

剪力墙的特点是平面内的刚度及承载力均较大，而平面外的刚度及承载力都相对很小。当剪力墙与平面外方向的梁连接时会造成墙肢平面外弯曲，而一般情况下，目前常用的软件并不验算墙肢平面外的刚度及承载力。因此在许多情况下，剪力墙平面外的受力问题并未引起结构工程师的足够重视，也没有采取相应的措施。

引起剪力墙平面外弯曲的原因很多，此处主要是指楼面梁与剪力墙墙肢平面垂直相交或斜向相交时，较大的梁端弯矩对墙肢平面外的不利影响。当梁高大于 2 倍墙厚时，刚性连接的梁的梁端弯矩将使剪力墙墙肢平面对产生较大的弯矩，此时应采取措施，以保证剪力墙墙肢平面外的安全。

（1）加强剪力墙平面外刚度和受弯承载力的主要措施是（图 5.2-3）：

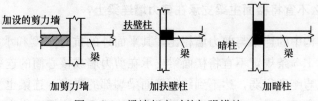

图 5.2-3　梁墙相交时的加强措施

1）沿梁轴线方向设置与梁相连的剪力墙，墙的厚度不宜小于梁的截面宽度。

2）当不能设置与梁轴线方向相连的剪力墙时，宜在墙与梁相交处设置扶壁柱。扶壁柱的截面宽度不应小于梁宽，其截面高度可计入墙厚。

3）当不能设置扶壁柱时，应在墙与梁相交处设置暗柱，暗柱的截面高度可取墙的厚度，暗柱的截面宽度可取梁宽加2倍墙厚，但不宜大于4倍墙厚。

4）应通过计算确定暗柱或扶壁柱的纵向钢筋（或型钢），纵向钢筋的总配筋率不宜小于表5.2-1的规定。

暗柱、扶壁柱纵向钢筋的构造配筋率 　　　　　　　　　　　　　　　　　表5.2-1

设计状况	抗震设计			
	一级	二级	三级	四级
配筋率（%）	0.9	0.7	0.6	0.5

注：采用400MPa、335MPa级钢筋时，表中数值宜分别增加0.05和0.10。

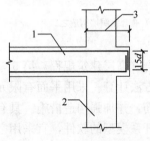

图5.2-4　楼面梁伸出墙面形成梁头
1—楼面梁；2—剪力墙；3—楼面梁钢筋锚固水平投影长度

5）楼面梁的水平钢筋应伸入剪力墙或扶壁柱，伸入长度应符合钢筋锚固要求。钢筋锚固段的水平投影长度，抗震设计时不宜小于 $0.4l_{abE}$；当锚固段的水平投影长度不满足要求时，可将楼面梁伸出墙面形成梁头，梁的纵筋伸入梁头后弯折锚固（图5.2-4），也可采取其他可靠的锚固措施。

6）暗柱或扶壁柱应设置箍筋，箍筋直径，一、二、三级时不应小于8mm，四级时不应小于6mm，且均不应小于纵向钢筋直径的1/4；箍筋间距，一、二、三级时不应大于150mm，四级时不应大于200mm。暗柱和扶壁柱宜设箍筋加密区。

（2）除了加强剪力墙平面外的抗弯刚度和承载力以外，还可以采取的其他措施来减小梁端的弯矩。例如，做成变截面梁，将与剪力墙相交一端的梁截面减小，可减小梁端弯矩；又如，楼面梁与剪力墙相交处可设计成铰接或半刚接，或通过支座弯矩调幅减小梁端弯矩，此时应相应加大梁跨中弯矩。

（3）梁与墙的连接有两种情况：

1）当梁与墙在同一平面内连接时，多数为刚接，梁的纵向钢筋在墙内的锚固长度应与框架梁纵向钢筋在框架柱内的锚固长度相同。

2）当梁与墙不在同一平面内连接时，可能为刚接、半刚接或铰接，梁纵向钢筋在剪力墙内的锚固仍应符合锚固长度要求；当墙截面厚度较小时，梁与剪力墙连接处其纵向钢筋宜用较小的直径。

5.2.4　为什么不宜将楼面主梁支承在剪力墙连梁上？

由于剪力墙结构中的连梁与剪力墙相比，其平面外的抗弯刚度和承载力均更弱，《高层建筑规程》第7.1.5条规定不宜将楼面梁支承在剪力墙或核心筒的连梁上。因为，一方面连梁平面外的抗弯刚度很弱，达不到约束楼面梁端部的要求，连梁也没有足够的抗扭刚度去抵抗平面外的弯矩；另一方面，楼面梁支承在连梁上对连梁受力十分不利，连梁本身剪切应变较大，容易出现斜裂缝，楼面梁的支承使连梁在较大的地震发生时，难于避免产生脆性的剪切破坏。因此，应尽量避免将楼面梁支承在剪力墙连梁上；当不可避免时，除了补充计算和复核外，应采取可靠的措施，如在连梁内配置对角斜向钢筋或交叉暗撑，或采用钢板混凝土连梁、型钢混凝土连梁，等等。

楼面次梁支承在剪力墙连梁或框架梁上时，次梁端部宜按铰接设计，并按《混凝土规范》的规定，在连梁或框架梁内配置足够的纵向抗扭钢筋和箍筋。

5.2.5　剪力墙根据什么原则进行分类？

（1）剪力墙根据其形态可分为：不开洞的整体墙；有一排或多排洞口的联肢墙；支承在框支梁上的框支剪力墙；嵌在框架内的有边框剪力墙；以及由剪力墙组成的井筒（图5.2-5）。

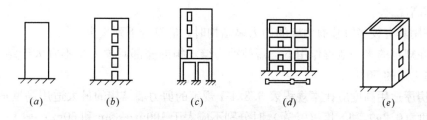

图 5.2-5　剪力墙的类型

（a）整体墙；（b）联肢墙；（c）框支墙；（d）有边框墙；（e）剪力墙井筒

（2）当联肢墙的洞口错位时，又有错洞剪力墙和叠合错洞剪力墙之分（图5.2-2）。

（3）按剪力墙墙肢截面高度与其厚度之比来分可分为：墙肢截面高度与其厚度之比大于 8 时，称为一般剪力墙或长肢剪力墙；墙肢截面厚度不大于 300mm、肢截面高度与其厚度之比大于 4 但不大于 8 时，称为短肢剪力墙；墙肢截面高度与其厚度之比不大于 4 时，称为"柱形短肢剪力墙"，宜按框架柱进行截面设计。关于按框架柱进行设计，《抗震规范》第 6.4.6 条的规定是，抗震墙的墙肢长度不大于墙厚的 3 倍时，应按柱的有关要求进行设计；矩形墙肢的厚度不大于 300mm 时，尚应全高加密箍筋。

（4）按剪力墙墙肢的剪跨比来分可分为：剪跨比不小于 2 的剪力墙以弯曲变形为主，在水平地震作用下，可以实现延性的弯曲破坏，属于一般的剪力墙；剪跨比在 1～2 之间的剪力墙，剪切变形较大，一般会出现剪切斜裂缝，通过强剪弱弯设计，有可能实现有一定延性和耗能能力的弯曲、剪切破坏；剪跨比不大于 1 的剪力墙称为矮墙，在水平地震作用下，会发生脆性的剪切破坏。工程设计中应尽量避免出现矮墙。

剪跨比小于 2 的墙肢，可以通过设置大洞口将其分成剪跨比不小于 2 的墙肢。

5.2.6　什么是短肢剪力墙？什么是短肢剪力墙较多的剪力墙结构？具有较多短肢剪力墙的剪力墙结构和短肢剪力墙设计时应符合哪些规定？

（1）近年来兴起具有较多短肢剪力墙的剪力墙结构，这种剪力墙结构有利于住宅建筑的布置，又可进一步减轻结构自重，应用逐渐广泛。但是由于短肢剪力墙抗震性能差，地震区应用的经验不多，考虑到高层住宅建筑的安全，在高层住宅剪力墙结构中，短肢剪力墙的布置不宜过多，不应采用全部为短肢剪力墙的剪力墙结构。《高层建筑规程》在允许高层建筑中采用短肢剪力墙较多的剪力墙结构的前提下，对短肢剪力墙较多的剪力墙结构在最大适用高度、适用范围，短肢剪力墙承受的倾覆力矩、轴压比、剪力设计值调整、纵向钢筋配筋率、墙肢截面厚度、边缘构件设置、楼面梁支承等方面作出了相应规定。

（2）根据《高层建筑规程》第 7.1.8 条的规定，所谓短肢剪力墙是指墙肢截面厚度不大于 300mm、墙肢截面高度与其厚度之比大于 4 但不大于 8 的剪力墙，一般的剪力墙是指墙肢截面高度与其厚度之比大于 8 的剪力墙。

（3）抗震设计时，高层建筑结构不应全部采用短肢剪力墙。B 级高度的高层建筑以及抗震设防烈度为 9 度的 A 级高度的高层建筑，不宜布置短肢剪力墙，不应采用具有较多短肢剪力墙的剪力墙结构。因为短肢剪力墙沿建筑物的高度可能有较多楼层的墙肢会出现反弯点，受力特点接近于抗震性能较差的异形柱，且又承担较大的轴力和剪力，除必须按《高层建筑规程》第 7.2.2 条对短肢剪力墙采取加强措施外，在某些情况下还要限制建筑物的适用高度。

当采用具有较多短肢剪力墙的剪力墙结构时，应符合下列规定：

1）在规定的水平地震作用下，短肢剪力墙承担的底部倾覆力矩不宜大于结构底部总地震倾覆力矩的 50%；

2）房屋适用高度应比本规程表 3.3.1-1 规定的剪力墙结构的最大适用高度适当降低，7 度、8 度（0.2g）和 8 度（0.3g）时分别不应大于 100m、80m 和 60m。

注：1. 短肢剪力墙是指截面厚度不大于 300mm、各肢截面高度与厚度之比的最大值大于 4 但不大于 8 的剪力墙；

2. 具有较多短肢剪力墙的剪力墙结构是指，在规定的水平地震作用下，短肢剪力墙承担的底部倾覆力矩不小于结构底部总地震倾覆力矩的 30% 的剪力墙结构。

（4）抗震设计时，短肢剪力墙的设计应符合下列规定：

1）短肢剪力墙截面厚度除应符合《高层建筑规程》第 7.2.1 条的要求外，底部加强部位尚不应小于 200mm，其他部位尚不应小于 180mm。

2）一、二、三级短肢剪力墙的轴压比，分别不宜大于 0.45、0.50、0.55，一字形截面短肢剪力墙的轴压比限值应相应减少 0.1。

3）短肢剪力墙的底部加强部位应按《高层建筑规程》第 7.2.6 条调整剪力设计值，其他各层一、二、三级时剪力设计值应分别乘以增大系数 1.4、1.2 和 1.1。

4）短肢剪力墙边缘构件的设置应符合《高层建筑规程》第 7.2.14 条的规定。

5）短肢剪力墙的全部竖向钢筋的配筋率，底部加强部位一、二级不宜小于 1.2%，三、四级不宜小于 1.0%；其他部位一、二级不宜小于 1.0%，三、四级不宜小于 0.8%。

6）不宜采用一字形短肢剪力墙，不宜在一字形短肢剪力墙上布置平面外与之相交的单侧楼面梁。

（5）关于短肢剪力墙，除了截面厚度不大于 300mm、墙肢截面高度与厚度之比大于 4 但不大于 8 的规定外，在判断剪力墙开洞形成的剪力墙墙肢是否属于短肢剪力墙时，《高层建筑规程》第 7.1.8 条的条文说明，还要求考虑墙肢两侧洞口连梁刚度的影响，但该条文说明并未对刚度较大的连梁下定义。

编者根据《抗震规范》和《高层建筑规程》在规定连梁的抗震设计计算原则时均将连梁划分为跨高比大于 2.5 的连梁和跨高比不大于 2.5 的连梁的精神，认为，《高层建筑规程》第 7.1.8 条条文说明中所指的"刚度较大的连梁"，应当是跨高比不大于 2.5 的连梁（跨高比大于 2.5 的连梁可称为一般连梁）；当墙肢两端均为较强连梁时，截面尺寸符合上述注 1 规定的剪力墙可以不归类为短肢剪力墙，可以不按上述关于短肢剪力墙的规定进行设计。

图 5.2-6 为短肢剪力墙示意图。图中 200mm×1000mm 的一字形剪力墙，其一侧为较强连梁 LL-2（$l/h_b=900/400=2.25<2.5$），但另一侧为一般连梁 LL-1（$l/h_b=1500/400=3.75>2.5$），故属于一字形短肢剪力墙；图中的 L 形剪力墙，其肢长与截面厚度之比的最大值为 1600/200＝8，两侧的连梁 LL-1 跨高比均大于 2.5，为一般连梁，故也属于短肢剪力墙（L 形短肢剪力墙）。当图中 L 形剪力墙的长墙肢 S 的长度为 1650mm 时，尽管其两侧的连梁 LL-1 仍为一般连梁，因 1650/200＝8.25>8，故此 L 形剪力墙则属于一般剪力墙，不属于短肢剪力墙（L 形、T 形、十字形短肢剪力墙的定义详见《高层建筑规程》第 7.1.8 条条文说明）。

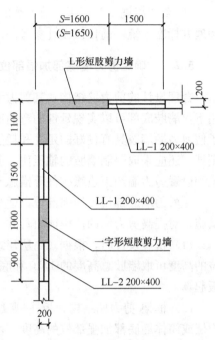

图 5.2-6　短肢剪力墙示意图

（6）关于短肢剪力墙的定义，2013 年版的广东省标准《高层建筑混凝土结构技术规程》DBJ 15—92—2013（以下简称《广东省高规》）第 7.1.8 条的注 1 是这样定义的：短肢剪力墙是指截面高度不大于 1600mm，且截面厚度小于 300mm 的剪力墙。

《广东省高规》在其条文 7.1.8 条的条文说明中认为：改进短肢剪力墙的定义使之更合理。将截面高厚比不大于 8 作为短肢剪力墙与一般剪力墙分界点时有矛盾发生，例如，有一截面厚度为 200mm、截面高度为 1650mm 的剪力墙，按截面高厚比不大于 8 来判断，它是一般剪力墙；当墙厚加厚至 250mm 时，却算作短肢剪力墙，设计反而要加强，明显不合理。

《广东省高规》第 7.2.2 条要求，抗震设计时，短肢剪力墙的设计应符合下列规定：

1）短肢剪力墙截面厚度除应符合《广东省高规》第 7.2.1 条的要求外，尚不应小于 200mm。

2）一、二、三级短肢剪力墙的轴压比，在底部加强部位分别不宜大于 0.45、0.50、0.55，一字形截面短肢剪力墙的轴压比限值再相应减少 0.05；在底部加强部位以上的其他部位不宜大于上述规定值加 0.05。

3）除底部加强部位的短肢剪力墙应按《广东省高规》第 7.2.6 条调整剪力设计值外，其他各层一、二级、三级短肢剪力墙的剪力设计值应分别乘以增大系数 1.4、1.2 和 1.1。

4）短肢剪力墙边缘约束构件的设置应符合《广东省高规》第 7.2.12 条的要求。

5）墙肢截面高度与厚度之比不大于 6 的短肢剪力墙的全部竖向钢筋的配筋率，底部加强部位一、二级不宜小于 1.2%，三、四级不宜小于 1.0%；其他部位一、二级不宜小于 1.0%，三、四级不宜小于 0.8%；墙肢截面高度与厚度之比大于 6 的短肢剪力墙，其约束边缘构件竖向钢筋的配筋率，一、二级不宜小于1.6％，三、四级不宜小于1.4％，构造边缘构件竖向钢筋的配筋率，一、二级不宜小于1.4％，三、四不宜小于1.2％。

6）不宜在一字形短肢剪力墙布置平面外与之相交的单侧楼面梁。不能避免时，应设置暗柱并校核剪力墙平面外受弯承载力。

《广东省高规》关于短肢剪力墙的定义和设计要求，在广东省以外的地区在国家标准和地方标准未统一前仅供设计参考。

5.2.7　确定剪力墙底部加强部位的高度时应当注意什么问题？

合理设计的剪力墙结构，其剪力墙墙肢应具有良好的延性和耗能能力，在水平地震作用下，墙肢底部可以实现延性的弯曲破坏或有一定延性和耗能能力的弯曲、剪切破坏。为了使剪力墙墙肢具有良好的延性和耗能能力，除了遵从强墙肢弱连梁、强剪弱弯的设计原则外，还应采取限制墙肢的轴压比、剪压比，避免小剪跨比墙肢，设置剪力墙底部加强部位和设置剪力墙约束边缘构件等措施。

在剪力墙底部设置加强部位，适当提高剪力墙底部加强部位的承载力和加强抗震构造措施，对提高剪力墙的抗震能力，并进而改善整个结构的抗震性能是非常有用的。

（1）抗震设计时，根据《高层建筑规程》第7.1.4条的规定，剪力墙结构底部加强部位的高度可取墙肢总高度的1/10和底部两层二者的较大值。墙肢总高度通常从地下室顶板起算。

（2）框架-剪力墙结构、板柱-剪力墙结构、框架-核心筒结构，以及混合结构等，其剪力墙或筒体墙底部加强部位的高度，可按与一般剪力墙结构相同的原则确定。

（3）底部带转换层的高层建筑结构，根据《高层建筑规程》第10.2.2条的规定，其剪力墙底部加强部位的高度应从地下室顶板算起，宜取框支层加上框支层以上两层的高度及剪力墙墙肢总高度的1/10二者的较大值。

（4）根据规范和规程的规定，结构工程师应当注意以下问题：1）无论上部结构是嵌固在地下室顶板部位，还是嵌固在地下一层的底板或以下部位，剪力墙底部加强部位的高度，均应从地下室顶板算起；2）当结构计算表明，上部结构的嵌固端位于地下一层的底板或以下时，剪力墙的底部加强部位尚宜向下延伸到嵌固端；3）当房屋高度不大于24m时，剪力墙底部加强部位可取底部一层；4）当上部结构在地下室顶板嵌固，地下一层的抗震等级应与上部结构相同；地下一层的剪力墙也属于结构的底部加强部位。

5.2.8　剪力墙厚度不满足规范或规程要求时应当如何处理？

《高层建筑规程》和《抗震规范》均对房屋建筑剪力墙的厚度做出了规定。

（1）《高层建筑规程》第7.2.1条明确规定，剪力墙的截面厚度应符合下列规定：

1）应符合《高层建筑规程》附录D的墙体稳定验算要求。

2）一、二级剪力墙：底部加强部位不应小于200mm，其他部位不应小于160mm；一字形独立剪力墙底部加强部位不应小于220mm，其他部位不应小于180mm。

3）三、四级剪力墙：不应小于160mm，一字形独立剪力墙的底部加强部位尚不应小于180mm。

4）剪力墙井筒中，分隔电梯井或管道井的墙肢截面厚度可适当减小，但不宜小于 160mm。

（2）《抗震规范》第 6.4.1 条明确规定，抗震墙（剪力墙）的厚度，一、二级不应小于 160mm 且不宜小于层高或无支长度的 1/20，三、四级不应小于 140mm 且不宜小于层高或无支长度的 1/25；无端柱或翼墙时，一、二级不宜小于层高或无支长度的 1/16，三、四级不宜小于层高或无支长度的 1/20。

底部加强部位的墙厚，一、二级不应小于 200mm 且不宜小于层高或无支长度的 1/16，三、四级不应小于 160mm 且不宜小于层高或无支长度的 1/20；无端柱或翼墙时，一、二级不宜小于层高或无支长度的 1/12，三、四级不宜小于层高或无支长度的 1/16。

抗震设计时，"一字形独立剪力墙"的墙厚均较非一字形独立剪力墙厚 20mm，正确判断一字形独立剪力墙，既可以使结构设计安全、经济，又会给施工带来方便。但《抗震规范》和《高层建筑规程》均未明确说明什么是"一字形独立剪力墙"。显然，由于两侧开洞而形成的一字形剪力墙未必一定属于一字形独立剪力墙。

《高层建筑规程》强调剪力墙截面的厚度首先应符合该规程附录 D 的墙体稳定性验算要求，同时还应满足上述剪力墙截面最小厚度的规定。《抗震规范》关于剪力墙截面厚度的规定除与《高层建筑规程》基本相同外，还要求剪力墙的截面厚度宜与房屋的层高和墙的无支长度相关联。

《抗震规范》第 6.4.1 条的条文说明指出，对于一、二级抗震等级的剪力墙底部加强部位，当剪力墙无端柱或无翼墙时，墙厚需较规定的最小厚度 200mm 适当增加。该条说明还指出，所谓剪力墙无端柱或无翼墙是指墙的两端（不包括洞口两侧）为一字形的矩形截面。这是否就是《高层建筑规程》所指的一字形独立剪力墙。关于无端柱或无翼墙，《抗震规范》第 6.4.5 条的表 6.4.5-3 的注 1 指出："抗震墙（剪力墙）的翼墙长度小于其 3 倍厚度或端柱截面边长小于 2 倍墙厚时，按无翼墙、无端柱查表"，即认为这样的剪力墙为无翼墙或无端柱的剪力墙。

基于上述对规范或规程条文及条文说明的理解，编者认为，所谓"一字形独立剪力墙"，大体上应当是符合下列条件之一的剪力墙：

1）两端无端柱或无翼墙的整体墙（又称单肢墙）；

2）两端无端柱或无翼墙的整体小开洞墙；

3）联肢墙墙肢两端均为跨高比不小于 5 的洞口连梁；

4）两端有端柱或有翼墙，但翼墙长度小于墙厚 3 倍或端柱截面边长小于 2 倍墙厚的剪力墙。

《高层建筑规程》将剪力墙洞口连梁分为：跨高比不大于 2.5 的较强连梁；跨高比大于 2.5 但小于 5 的一般连梁；跨高比不小于 5 的框架梁式连梁（其中跨高比大于 6 的连梁又称为弱连梁）。

《高层建筑规程》第 7.1.3 条规定：跨高比小于 5 的连梁（较强连梁和一般连梁）应按剪力墙结构的有关规定进行设计，设计时连梁应与剪力墙取相同的抗剪等级（详见《高层建筑规程》第 7.2.2 条条文说明），跨高比不小于 5 的连梁宜按框架梁进行设计，设计时其抗震等级与所连接的剪力墙的抗震等级相同（详见《高层建筑规程》第 7.1.3 条条文说明）。

（3）《高层建筑规程》强调，剪力墙的截面厚度除应符合该规程附录 D 的墙体稳定验算要求外，还应满足剪力墙截面最小厚度的规定，其目的是为了保证剪力墙平面外的刚度和稳定性能，因此截面最小厚度规定也是高层建筑剪力墙截面厚度的最低要求。根据该规程的规定，剪力墙截面厚度除应满足稳定要求和最小截面厚度规定外，尚应满足剪力墙受剪截面限制条件、剪力墙正截面受压承载力要求以及剪力墙轴压比限值要求。

按照 2010 年版《高层建筑规程》和《抗震规范》的要求修改的 2010 年版 SATWE 软件增加了"剪力墙稳定验算"菜单，不仅能对一般的剪力墙墙肢进行稳定性验算，也能对越层墙肢进行稳定验算。

现举例说明如何通过手算来完成剪力墙墙肢的稳定验算：

1）抗震等级为二级由开洞形成的一字形单片剪力墙墙肢（上、下两边支承），位于建筑物底部加强部位的首层，墙肢的截面厚度 b_w 为 220mm，墙肢截面高度 $h_w = 2200mm$，首层层高为 3.300m。现进行墙肢的稳定性计算。

2）剪力墙墙肢应满足下式的稳定性要求：

$$q \leqslant \frac{E_c b_w^3}{10 l_0^2} \tag{5.2-1}$$

式中　q——作用于墙顶组合的等效竖向均布荷载设计值；

　　　E_c——剪力墙混凝土的弹性模量；

　　　b_w——剪力墙墙肢截面厚度；

　　　l_0——剪力墙墙肢计算长度，$l_0 = \beta h$，其中，β 为墙肢计算长度系数，对于单片的一字形墙肢按两边支承计算时，取 $\beta = 1.0$；h 为墙肢所在楼层层高。

3）墙肢的截面尺寸 $h_w \times b_w$ 为 2200mm×220mm（图 5.2-7），墙肢的混凝土强度等级为 C35，$E_c = 3.15 \times 10^4$ N/mm²，墙肢所在楼层层高 $h = 3300mm$。

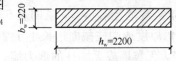

图 5.2-7　墙肢截面尺寸

4）墙肢的计算长度按《高层建筑规程》附录 D 的公式（D.0.2）计算如下：

$$l_0 = \beta h = 1.00 \times 3300 = 3300mm$$

5）根据《高层建筑规程》附录 D 的公式（D.0.1）即上述的式（5.2-1）可得到：

$$[q] = \frac{E_c b_w^3}{10 l_0^2} = \frac{3.15 \times 10^4 \times 220^3}{10 \times 3300^2} = 3080N/mm$$

6）根据结构整体计算结果，墙肢考虑水平地震作用效应参与组合的最大轴向压力设计值为 $N = 4078.6kN$，故作用于墙顶组合的等效竖向均布荷载设计值为：

$$q = \frac{N}{h_w} = \frac{4078.6 \times 10^3}{2200} = 1854N/mm < [q] = 3080N/mm$$

7）经上述计算，墙肢的稳定性符合《高层建筑规程》附录 D 的要求；其截面厚度亦满足规程要求的一、二级剪力墙底部加强部位的截面厚度不应小于 200mm 的规定。

（4）结构工程师应当注意的是，并不是在任何情况下只要求剪力墙墙肢的截面厚度仅满足《高层建筑规程》附录 D 的稳定计算要求就可以了，还应考虑剪力墙所处的位置及其重要性。对于剪力墙底部的加强部位、角窗旁的一字形剪力墙墙肢（特别是短肢剪力墙墙肢）、框支剪力墙结构的落地墙、框架-剪力墙结构中的单片墙（非筒体墙）等，由于这些部位的重要性和受力的复杂性，确定这些部位的墙肢截面厚度时，应将《高层建筑规程》附录 D 稳定计算的结果适当加大，使这些部位墙肢截面的厚度不小于《高层建筑规程》第 7.2.1 条和 7.2.2 条要求的最小厚度。

5.2.9 剪力墙的轴压比如何计算？有何限制？

（1）钢筋混凝土剪力墙的轴压比定义和计算方法与钢筋混凝土柱的轴压比定义和计算方法有本质的区别。钢筋混凝土柱的轴压比是指柱考虑地震作用效应组合的轴向压力设计值与柱全截面面积和混凝土轴心抗压强度设计值乘积的比值，按下式计算：

$$\mu_N^c = \frac{N_c}{f_c A_c} \tag{5.2-2}$$

式中　μ_N^c——钢筋混凝土柱的轴压比；

　　　N_c——柱考虑地震作用效应组合的轴向压力设计值，按《抗震规范》公式（5.4.1）计算；

　　　A_c——钢筋混凝土柱截面面积；

　　　f_c——混凝土的轴心抗压强度设计值。

钢筋混凝土剪力墙的轴压比是指剪力墙墙肢在重力荷载代表值作用下的轴向压力设计值（不计入地震作用组合）与剪力墙墙肢截面面积和混凝土轴心抗压强度设计值乘积的比值，按下式计算：

$$\mu_N^w = \frac{N_w}{f_c A_w} \tag{5.2-3}$$

式中　μ_N^w——钢筋混凝土剪力墙墙肢的轴压比；《抗震规范》的墙肢轴压比用 λ 表示，详见《抗震规范》表 6.4.5-3；

　　　N_w——剪力墙墙肢在重力荷载代表值作用下的轴向压力设计值，$N_w = \gamma_G S_{GE}$，其中 γ_G 为重力荷载分项系数，S_{GE} 为重力荷载代表值的效应；对于一般的民用建筑，$N_w = 1.2 \times (N_D + 0.5 N_L)$，其中 N_D 为自重荷载标准值作用下的轴向压力值，N_L 为楼、屋面活荷载标准值作用下的轴向压力值；

　　　A_w——剪力墙墙肢的截面面积。

（2）抗震设计时，一、二、三级抗震等级的剪力墙，其重力荷载代表值作用下墙肢的平均轴压比不宜超过表 5.2-2 的限值。

结构工程师应当注意，2002 年版的《高层建筑规程》第 7.2.14 条仅要求控制一、二级抗震等级的剪力墙底部加强部位的轴压比，而 2010 年版的《高层建筑规程》第 7.2.13 条则要求控制一、二、三级抗震等级剪力墙各层的轴压比。

剪力墙的轴压比限值　　　　　　　　　　表 5.2-2

抗震等级或烈度	一级（9 度）	一级（6、7、8 度）	二级、三级
轴压比	0.4	0.5	0.6

抗震设计的短肢剪力墙，在重力荷载代表值作用下的轴压比，当抗震等级为一、二、三级时，分别不宜大于 0.45、0.50、0.55。对于一字形截面短肢剪力墙，其轴压比限值应相应降低 0.1。

5.2.10 剪力墙在什么情况下设置约束边缘构件？在什么情况下设置构造边缘构件？

（1）根据《高层建筑规程》第7.2.14条的规定，在剪力墙墙肢的两端和洞口两侧应设置边缘构件。

（2）抗震设计的多高层剪力墙结构，当抗震等级为一、二、三级且轴压比大于表5.2-3的规定时，其底部加强部位及相邻的上一层，应按《高层建筑规程》第7.2.15条的要求设置约束边缘构件。

剪力墙设置构造边缘构件的最大轴压比 表 5.2-3

抗震等级或烈度	一级（9度）	一级（6、7、8度）	二级、三级
轴压比	0.1	0.2	0.3

一、二、三级抗震等级的剪力墙结构的其他部位，四级抗震等级的剪力墙结构应按《高层建筑规程》第7.2.16条的要求设置构造边缘构件。

（3）B级高度高层建筑的剪力墙，宜在约束边缘构件层与构造边缘构件层之间设置1～2层过渡层，过渡层边缘构件的箍筋配置要求可低于约束边缘构件的要求，但应高于构造边缘构件的要求。连体结构、错层结构以及B级高度高层建筑结构中的剪力墙，其构造边缘构件的最小配筋，还应符合《高层建筑规程》第7.2.16条第4款的要求。

（4）框架-剪力墙结构、板柱-剪力墙结构等，其剪力墙边缘构件的设置原则与剪力墙结构基本相同。

（5）部分框支剪力墙结构，其剪力墙边缘构件的设置原则也与剪力墙结构基本相同。部分框支剪力墙结构底部加强部位的剪力墙包括落地剪力墙和转换构件上部2层的剪力墙。剪力墙结构、部分框支剪力墙结构剪力墙两端（不包括洞口两侧）宜设置翼墙或端柱。当底层墙肢（底截面）轴压比大于《抗震规范》表6.4.5-1规定时，一、二、三级剪力墙，以及部分框支剪力墙结构的剪力墙，应在底部加强部位及相邻的上一层设置约束边缘构件。剪力墙的其他部位应按照规范和规程的要求设置构造边缘构件。

当地下室顶板作为上部结构的嵌固部位时，地下一层剪力墙边缘构件的设置，原则上与地上一层相同，地下一层剪力墙墙肢端部边缘构件纵向钢筋的截面面积，不应少于地上一层对应墙肢端部边缘构件纵向钢筋的截面面积。

（6）框架-核心筒结构底部加强部位角部墙体约束边缘构件沿墙肢的长度宜取墙肢截面高度的 $\frac{1}{4}$，约束边缘构件范围内应主要采用箍筋。底部加强部位以上角部墙体宜按《高层建筑规程》第7.2.15条的规定设置约束边缘构件。

5.2.11 剪力墙约束边缘构件的设计应符合哪些规定？

（1）剪力墙约束边缘构件沿墙肢方向的长度 l_c 和箍筋配箍特征值 λ_v 宜符合表5.2-4的要求，且一、二级和三级抗震设计时其箍筋直径均不应小于8mm，箍筋或拉筋沿竖向的间距分别不应大于100mm、150mm和150mm。箍筋和拉筋沿水平方向的肢距不宜大于300mm，且不应大于竖向钢筋间距的2倍，其体积配箍率 ρ_v 应按下式计算：

$$\rho_v = \lambda_v \frac{f_c}{f_{yv}} \tag{5.2-4}$$

式中　λ_v——约束边缘构件的配箍特征值；

　　　f_c——混凝土轴心抗压强度设计值；强度等级低于 C35 时，应按 C35 计算；

　　　f_{yv}——箍筋或拉筋的抗拉强度设计值，超过 360MPa 时，应按 360MPa 计算。

计算体积配箍率 ρ_v 时，可计入箍筋，拉筋以及符合构造要求的水平分布钢筋。计入的水平分布钢筋的体积配箍率不应大于总体积配箍率的 30%。

（2）约束边缘构件纵向钢筋的配筋范围不宜大于图 5.2-8 中的阴影面积，其纵向钢筋的配筋面积除满足正截面受压（受拉）承载力计算要求外，其纵向钢筋的配筋率、根数和直径应符合表 5.2-4 的要求。

约束边缘构件沿墙肢的长度 l_c 及其配箍特征值 λ_v　　　　　　表 5.2-4

项　目	一级（9度）		一级（6、7、8度）		二、三级	
	$\lambda \leqslant 0.2$	$\lambda > 0.2$	$\lambda \leqslant 0.3$	$\lambda > 0.3$	$\lambda \leqslant 0.4$	$\lambda > 0.4$
l_c（暗柱）	$0.20h_w$	$0.25h_w$	$0.15h_w$	$0.20h_w$	$0.15h_w$	$0.20h_w$
l_c（翼墙或端柱）	$0.15h_w$	$0.20h_w$	$0.10h_w$	$0.15h_w$	$0.10h_w$	$0.15h_w$
λ_v	0.12	0.20	0.12	0.20	0.12	0.20
纵向钢筋（取较大值）	$0.012A_c$，$8\phi16$		$0.012A_c$，$8\phi16$		$0.010A_c$，$6\phi16$（三级 $6\phi14$）	
箍筋或拉筋沿竖向间距	100mm		100mm		150mm	

注：1. 剪力墙的翼墙长度小于其 3 倍厚度或端柱截面边长小于 2 倍墙厚时，按无翼墙、无端柱查表；

　2. l_c 为约束边缘构件沿墙肢长度，对暗柱且不小于墙厚和 400mm 的较大值；有翼墙或端柱时不应小于翼墙厚度或端柱沿墙肢方向截面高度加 300mm；

　3. λ_v 为约束边缘构件的配箍特征值，体积配箍率可按式（5.2-4）计算，并可适当计入满足构造要求且在墙端有可靠锚固的水平分布钢筋的截面面积；

　4. h_w 为剪力墙墙肢长度；

　5. λ 为墙肢轴压比；

　6. A_c 为图 5.2-8 中约束边缘构件阴影部分的截面面积。

（3）在约束边缘构件长度 l_c 范围内箍筋的配置（图 5.2-8）分阴影区和非阴影区两部分。

1）在阴影区内应设封闭箍筋，封闭箍筋长短边之比不宜大于 3；箍筋的无支长度不应大于 300mm（箍筋的无支长度是指同一水平面内两个相邻约束点之间的箍筋长度），大于 300mm 时，可补充拉条；拉条的水平间距不应大于 300mm 且不应大于纵向钢筋间距的 2 倍。约束边缘构件的最小体积配箍率 ρ_{vmin} 如表 5.2-5a 和表 5.2-5b 所示。

约束边缘构件体积配箍率 ρ_{vmin}（%）（$\lambda_v = 0.12$）　　　　表 5.2-5a

箍筋及拉筋级别	C20	C25	C30	C35	C40	C45	C50	C55	C60
HPB300	0.742	0.742	0.742	0.742	0.849	0.938	1.027	1.124	1.222
HRB335	0.668	0.668	0.668	0.668	0.764	0.844	0.924	1.012	1.100
HRB400	—	0.557	0.557	0.557	0.637	0.703	0.770	0.843	0.917
HRB500	—	0.461	0.461	0.461	0.527	0.582	0.637	0.698	0.795

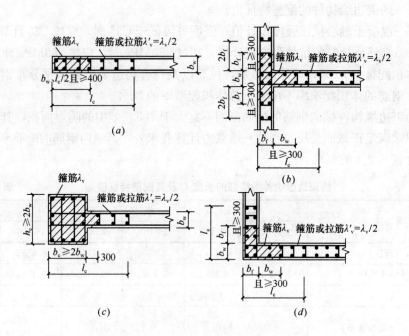

图 5.2-8 剪力墙的约束边缘构件

(*a*) 暗柱；(*b*) 有翼墙；(*c*) 有端柱；(*d*) 转角墙（L 形墙）

约束边缘构件体积配箍率 ρ_{vmin}（%）（$\lambda_v=0.2$） 表 5.2-5b

箍筋及拉筋级别	C20	C25	C30	C35	C40	C45	C50	C55	C60
HPB300	1.237	1.237	1.237	1.237	1.415	1.563	1.711	1.874	2.037
HRB335	1.113	1.113	1.113	1.113	1.273	1.407	1.540	1.687	1.833
HRB400	—	0.928	0.928	0.928	1.061	1.172	1.283	1.406	1.528
HRB500	—	0.768	0.768	0.768	0.878	0.970	1.062	1.163	1.264

注：1. 表中 λ_v 为约束边缘构件的配箍特征值；

2. 当抗震等级为一级（9度）$\lambda \leqslant 0.2$、一级（6、7、8度）$\lambda \leqslant 0.3$、二、三级 $\lambda \leqslant 0.4$ 时，约束边缘构件体积配箍率按表 5.2-5a 采用；

3. 当抗震等级为一级（9度）$\lambda > 0.2$、一级（6、7、8度）$\lambda > 0.3$、二、三级 $\lambda > 0.4$ 时，约束边缘构件体积配箍率按表 5.2-5b 采用；

4. 当墙体的水平分布钢筋在墙端有可靠锚固且水平分布钢筋之间设置足够的拉筋形成复合箍筋时，可适当计入伸入部分约束边缘构件范围内墙水平分布钢筋的体积，计入的水平分布钢筋的体积配箍特征值不应大于总体积配箍特征值的 30%；

5. 表注 2、注 3 中的 λ 为墙肢轴压比，其与约束边缘构件配筋特征值 λ_v 的关系详见表 5.2-4。

2）在非阴影区内，可采用箍筋和拉条相结合的配箍方式，箍筋和拉条均可参与体积配箍率的计算；在非阴影区内，配箍特征值取 $\lambda_v/2$。

3）对约束边缘构件，无论是阴影区还是非阴影区，其箍筋（包括拉筋）沿竖向的间距，一级抗震设计时不应大于 100mm，二、三级抗震设计时不应大于 150mm，两者的要求是相同的。

4）在边缘构件的阴影区内，纵向钢筋的直径不应小于剪力墙（包括地下室外墙及人防墙体）竖向分布钢筋的直径，间距不应大于竖向分布钢筋的间距。

在约束边缘构件的阴影区外，纵向钢筋为墙的竖向分布筋。

约束边缘构件的箍筋沿竖向的间距应注意与剪力墙水平分布钢筋的间距相协调，以方便施工。比如，当二级抗震等级的剪力墙水平分布钢筋沿竖向的间距采用 200mm 时，约束边缘构件内箍筋沿竖向的间距宜采用 100mm，不宜采用 150mm。

5）当上部结构嵌固在地下室顶板部位时，地下一层的抗震等级应与上部结构的抗震等级相同，剪力墙底部加强部位的高度应从地下室顶板向上计算，其高度按《抗震规范》第 6.1.4 条或《高层建筑规程》第 7.1.4 条的规定确定；同时，应将剪力墙底部加强部位向地下室延伸一层，地下一层以下抗震构造措施的抗震等级可逐层降低一级，但不应低于四级。地下室中无上部结构的部分，抗震构造措施的抗震等级可根据具体情况采用三级或四级。

当地下室顶板不能作为上部结构嵌固部位时，通常地下二层顶板（即地下一层底板）可满足嵌固要求。此时剪力墙的底部加强部位的高度仍应从地下室顶板向上计算，并按《抗震规范》第 6.1.10 条或《高层建筑规程》第 7.1.4 条的规定确定其高度。在这种情况下，除地下一层的抗震等级应与上部结构相同并应为剪力墙的底部加强部位外，地下二层的剪力墙仍宜按加强部位进行设计和计算。

5.2.12　剪力墙构造边缘构件的设计宜符合哪些规定？

（1）构造边缘构件的配筋范围和纵向钢筋最小配筋的截面面积 A_c 宜取图 5.2-9 的阴影部分。

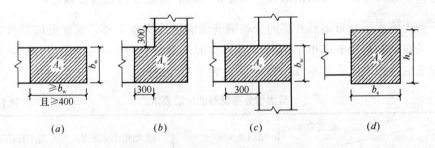

图 5.2-9　剪力墙的构造边缘构件
(a) 暗柱；(b) 转角墙；(c) 翼墙；(d) 端柱

（2）构造边缘构件的纵向钢筋应满足剪力墙正截面受压（受拉）承载力计算要求。

（3）抗震设计时，构造边缘构件纵向钢筋和箍筋或（拉筋）的最小配筋应符合表 5.2-6 的规定，箍筋、拉筋沿水平方向的肢距不宜大于 300mm，不应大于纵向钢筋间距的 2 倍。当剪力墙端部设有承受集中荷载的端柱时，端柱中的纵向钢筋、箍筋直径和间距应满足框架柱的相应要求。

（4）抗震设计时，对于连体结构、错层结构以及 B 级高度的高层建筑结构中的剪力墙（筒体墙），其构造边缘构件的最小配筋应符合下列要求：

1）竖向钢筋最小配筋应将表 5.2-6 中的数值提高 $0.001A_c$ 采用；

剪力墙构造边缘构件的配筋要求　　　　　　　　　　　表 5.2-6

抗震等级	底部加强部位			其　他　部　位		
	纵向钢筋最小配筋量 （取较大值）	箍　筋		纵向钢筋最小配筋量 （取较大值）	箍筋或拉筋	
		最小直径 （mm）	最大间距 （mm）		最小直径 （mm）	最大间距 （mm）
一　级	$0.010A_c$，$6\Phi16$	8	100	$0.008A_c$，$6\Phi14$	8	150
二　级	$0.008A_c$，$6\Phi14$	8	150	$0.006A_c$，$6\Phi12$	8	200
三　级	$0.006A_c$，$6\Phi12$	6	150	$0.005A_c$，$4\Phi12$	6	200
四　级	$0.005A_c$，$4\Phi12$	6	200	$0.004A_c$，$4\Phi12$	6	250

注：1. A_c 为构造边缘构件的截面面积（图 5.2-8 墙截面的阴影部分）；

　　2. 其他部位的转角处宜采用箍筋。

2）箍筋的配筋范围宜取图 5.2-9 的阴影部分，其配箍特征值 λ_v 不宜小于 0.1。

（5）剪力墙上各类门窗洞口边缘构件纵向钢筋的锚固示意图详见国家标准图集 11G329-1 第 3-15 页、3-16 页。

剪力墙上预留洞口的洞宽和洞高均不大于 800mm 的非连续小洞口，可不设边缘构件，仅按构造要求设置洞口边加强钢筋即可，见本书第 2 章第 2.6 节图 2.6-14。剪力墙上的这种非连续小洞口，在结构整体计算时可不考虑其影响。当剪力墙上预留的非连续洞口较大时，在结构整体计算时，应考虑其影响，并根据其位置和大小通过计算按国家规范、规程的规定设置连梁和边缘构件。

5.2.13　剪力墙水平分布钢筋和竖向分布钢筋的配置应符合哪些规定？

（1）剪力墙水平分布钢筋和竖向分布钢筋除满足计算要求外，其配筋应符合表 5.2-7 的规定，分布钢筋直径不应小于 8mm，且不宜大于墙肢截面厚度的 1/10；墙各排分布筋之间的拉筋的直径不应小于 6mm，间距不应大于 600mm。

剪力墙分布钢筋的配筋要求　　　　　　　　　　　表 5.2-7

设计类别	配筋要求	最小配筋率（%）	最大间距（mm）	最小直径（mm）
剪力墙结构	一、二、三级	0.25	300	8
	四　级	0.20	300	8
部分框支剪力墙结构的落地 剪力墙底部加强部位		0.30	200	10

注：1. 本表系按《高层建筑规程》有关条文的规定编制，其中部分框支剪力墙结构的落地剪力墙底部加强部位分布钢筋的最小直径不应小于 10mm，是编者建议的；

　　2.《抗震规范》第 6.4.4 条规定，剪力墙结构中的剪力墙，竖向分布钢筋的直径不宜小于 10mm；《抗震规范》第 6.5.2 条规定，框架-剪力墙结构中的剪力墙，竖向和横向分布钢筋的配筋率均不应小于 0.25%，钢筋直径不宜小于 10mm，《抗震规范》第 6.6.1 条规定，板柱-剪力墙结构中的剪力墙，竖向和横向分布钢筋的配筋率尚应符合 0.25% 的要求，钢筋直径不宜小于 10mm。

实际工程中，剪力墙的水平分布钢筋和竖向分布钢筋的间距一般不大于200mm。

（2）房屋顶层的剪力墙、长矩形平面房屋的楼梯间和电梯间的剪力墙、端开间的纵向剪力墙以及端山墙，其水平分布钢筋和竖向分布钢筋的最小配筋率不应小于0.25%，钢筋的间距不应大于200mm。

（3）多高层建筑中，剪力墙的水平分布钢筋和竖向分布钢筋，不应采用单排配筋。当剪力墙截面厚度 b_w 不大于 400mm 时，可采用双排配筋；当 b_w 大于 400mm 但不大于 700mm 时，宜采用 3 排配筋；当 $b_w > 700$mm 时，宜采用 4 排配筋。受力钢筋可均匀分布成数排。各排分布钢筋之间的拉结筋间距不应大于 600mm，直径不应小于 6mm。

（4）剪力墙水平分布钢筋和竖向钢筋的锚固和连接构造宜符合国家标准图集（以下简称《国标图集》16G101-1 第 71 页～74 页的规定。

（5）剪力墙边缘构件的构造、扶壁柱、非边缘暗柱的构造，应符合《高层建筑规程》第 7 章的有关规定，参见国家标准图集 16 G101—1 第 75 页～77 页。

（6）剪力墙水平分布钢筋在有翼墙、转角墙（L 形墙）、端柱和暗柱内的锚固参见国家标准图集 16G101—1 第 71 页、72 页。

5.2.14 在剪力墙结构外墙角部开设角窗时，应当采取哪些加强措施？

剪力墙结构在外墙角部是否可以开设角窗，《抗震规范》和《高层建筑规程》均没有明确的规定，但在实际工程中，在抗震设防烈度为 8 度和 8 度以下的地震区，在剪力墙结构的外墙角部开设角窗的工程项目并不是个别的，而且比较普遍。

在剪力墙结构外墙角部开设角窗，必然会破坏墙体的连续性和封闭性，使地震作用无法可靠传递，给结构的抗震安全造成隐患；同时在剪力墙结构外墙角部开设角窗，也会降低结构的整体刚度，特别是结构的抗扭刚度。所以，在地震区，特别是在高烈度地震区，应尽量避免在剪力墙结构外墙角部开设角窗，必须设置时应采取加强措施。

（1）在剪力墙结构外墙角部开设角窗时，2012 年 4 月出版的《全国民用建筑工程设计技术措施 结构（混凝土结构）》的要求是，抗震设防烈度为 9 度的剪力墙结构和 B 级高度的高层剪力墙结构不应在剪力墙外墙开设角窗；抗震设计时，7、8 度地震区的高层剪力墙结构不宜在剪力墙外墙角部开设角窗，必须设置时，应进行专门研究，并应加强抗震措施，如：

1）抗震计算时应考虑扭转耦联影响；

2）角窗两侧墙肢厚度不宜小于 250mm；

3）宜提高角窗两侧墙肢的抗震等级，并按提高后的抗震等级满足轴压比限值的要求；

4）角窗两侧的墙肢应沿全高均应按《高层建筑规程》第 7.2.15 条的要求设置约束边缘构件；

5）转角窗房间的楼板宜适当加厚，配筋适当加强，转角窗两侧墙肢间的楼板宜设暗梁；

6）加强角窗窗台折梁的配筋与构造。

（2）编者建议：

1）在 8 度和 8 度以下地震区的多、高层剪力墙结构，当在剪力墙外墙角部开设角窗时，宜参照上述要求采取相应的抗震措施。

2）剪力墙结构角窗处构造做法宜符合国家标准图集 11G329—1 第 3—19 页的要求。图中顶层"折梁"纵向受力钢筋在锚固长度 $1.5l_{aE}$ 范围内，编者建议增设间距不大于 150mm 的箍筋。

5.2.15　剪力墙连梁的截面设计和配筋构造有哪些基本要求？

（1）剪力墙的连梁，其截面剪力设计值应符合下列要求：

1）跨高比不小于 5 的连梁，宜按框架梁进行设计，并满足框架梁的受弯和受剪承载力及相应的构造要求。

跨高比小于 5 的连梁，其截面剪力设计值应符合下列要求：

①永久、短暂设计状况

$$V \leqslant 0.25\beta_c f_c b_b h_{b0} \tag{5.2-5}$$

②地震设计状况

跨高比大于 2.5 时
$$V \leqslant \frac{1}{\gamma_{RE}} 0.20\beta_c f_c b_b h_{b0} \tag{5.2-6}$$

跨高比不大于 2.5 时
$$V \leqslant \frac{1}{\gamma_{RE}} 0.15\beta_c f_c b_b h_{b0} \tag{5.2-7}$$

式中　V——连梁按式（5.2-8）或式（5.2-9）调整后的剪力设计值；

b_b——连梁截面的宽度；

h_{b0}——连梁截面的有效高度；

β_c——混凝土强度影响系数；当混凝土强度等级不大于 C50 时取 1.0；当混凝土强度等级为 C80 时取 0.8；当混凝土强度等级在 C50 和 C80 之间时可按线性内插取值；

γ_{RE}——受弯构件斜截面承载力抗震调整系数，$\gamma_{RE}=0.85$。

2）剪力墙连梁的剪力设计值应按下列规定计算：

① 四级抗震等级的连梁，应分别取考虑水平风荷载、水平地震作用组合的剪力设计值。

② 连梁的抗震等级与剪力墙的抗震等级相同。

一、二、三级抗震等级的连梁，其梁端截面组合的剪力设计值应按下式进行调整：

$$V_b = \eta_{vb} \frac{M_b^l + M_b^r}{l_n} + V_{Gb} \tag{5.2-8}$$

9 度时一级剪力墙的连梁尚应符合

$$V_b = 1.1 (M_{bua}^l + M_{bua}^r) / l_n + V_{Gb} \tag{5.2-9}$$

式中　M_b^l、M_b^r——分别为连梁左、右端截面顺时针或反时针方向的弯矩设计值；

M_{bua}^l、M_{bua}^r——分别为连梁左、右端截面顺时针或反时针方向实配钢筋的正截面抗震受弯承载力所对应的弯矩值，应按实配钢筋截面面积（计入受压钢筋）和材料强度标准值并考虑承载力抗震调整系数计算；

l_n——连梁的净跨；

V_{Gb}——在重力荷载代表值作用下，按简支梁计算的梁端截面剪力设计值；

η_{vb}——连梁剪力增大系数，一级取 1.3，二级取 1.2，三级取 1.1。

3）连梁的正截面受弯承载力应按《混凝土规范》第 6.2 节的受弯构件计算。但抗震设计时，应在受弯承载力计算公式右边除以受弯构件正截面承载力抗震调整系数 γ_{RE}，应取 $\gamma_{RE} = 0.75$。当连梁采用对称配筋时，其正截面受弯承载力应符合《混凝规范》第11.7.7 条的规定。

4）连梁的斜截面受剪承载力，应符合下列规定：

① 永久、短暂设计状况

$$V_b \leqslant 0.7 f_t b_b h_{b0} + f_{yv} \frac{A_{sv}}{s} h_{b0} \tag{5.2-10}$$

② 地震设计状况

跨高比大于 2.5 时　　$$V_b \leqslant \frac{1}{\gamma_{RE}} \left(0.42 f_t b_b h_{b0} + f_{yv} \frac{A_{sv}}{s} h_{b0} \right) \tag{5.2-11}$$

跨高比不大于 2.5 时　　$$V_b \leqslant \frac{1}{\gamma_{RE}} \left(0.38 f_t b_b h_{b0} + 0.9 f_{yv} \frac{A_{sv}}{s} h_{b0} \right) \tag{5.2-12}$$

式中　f_t——混凝土轴心抗拉强度设计值；

　　　A_{sv}——配置在同一截面内箍筋各肢的全部截面面积；

　　　s——沿构件长度方向的箍筋间距。

（2）《高层建筑规程》第 7.2.24 条规定，连梁纵向钢筋的配筋率应符合下列要求：

1）跨高比（l/h_b）不大于 1.5 的连梁，抗震设计时，其纵向钢筋的最小配筋率宜符合表 5.2-8 的要求；跨高比大于 1.5 的连梁，其纵向钢筋的最小配筋率可按框架梁的要求采用。

跨高比不大于 1.5 的连梁纵向钢筋的最小配筋率（%）　　　　表 5.2-8

跨高比	最小配筋率（采用较大值）
$l/h_b \leqslant 0.5$	$0.20, 45 f_t/f_y$
$0.5 < l/h_b \leqslant 1.5$	$0.25, 55 f_t/f_y$

2）剪力墙结构中的连梁，抗震设计时，顶面及底面单侧纵向钢筋的最大配筋率宜符合表 5.2-9 的要求。如不满足，则应按实配钢筋进行连梁强剪弱弯的验算。

连梁纵向钢筋的最大配筋率（%）　　　　表 5.2-9

跨　高　比	最大配筋率
$l/h_b \leqslant 1.0$	0.6
$1.0 < l/h_b \leqslant 2.0$	1.2
$2.0 < l/h_b \leqslant 2.5$	1.5

（3）连梁的配筋构造应符合下列要求：

1）连梁顶面、底面纵向受力钢筋伸入墙内的锚固长度，抗震设计时不应小于 l_{aE}，且不应小于 600mm。

2）抗震设计时，沿连梁全长箍筋的构造应按《高层建筑规程》第 6.3.2 条的框架梁梁端箍筋加密区的构造要求采用（当连梁高度 h_b 小于 400mm 时，应注意使连梁箍筋间距不大于 $h_b/4$）。

3）在房屋顶层连梁的纵向钢筋伸入墙体的长度范围内，应配置间距不大于 150mm 的构造箍筋，箍筋直径应与该连梁的箍筋直径相同。

4) 剪力墙水平分布钢筋应作为连梁的腰筋在连梁高度范围内拉通连续配置；当连梁截面高度大于 700mm 时，其两侧沿梁高范围设置的纵向构造钢筋（腰筋）的直径不应小于 8mm，间距不应大于 200mm；对跨高比不大于 2.5 的连梁，梁两侧的纵向构造钢筋（腰筋）的总面积配筋率不应小于 0.3%。

需要特别说明的是，SATWE 软件"用户手册"指出，连梁的混凝土强度等级、抗震等级与剪力墙相同；但连梁的其他设计参数，如连梁的纵向钢筋强度等级、箍筋强度等级，则与框架梁相同；连梁沿梁全长箍筋的直径和间距则与抗震等级同剪力墙抗震等级的框架梁梁端箍筋加密区的构造要求相同。

剪力墙连梁的配筋构造如本书第 2 章第 2.6 节图 2.6-25 所示。

(4)《混凝土规范》第 11.7.10 条和第 11.7.11 条规定，剪力墙和内筒洞口连梁配置交叉斜筋、集中对角斜筋、对角暗撑时应符合下列要求：

1) 对于一、二级抗震等级的连梁，当跨高比不大于 2.5 时，除普通箍筋外宜另配斜向交叉钢筋，其截面限制条件及斜截面受剪承载力可按下列规定计算：

① 当洞口连梁截面宽度不小于 250mm 时，可采用交叉斜筋配筋，其截面限制条件及斜截面受剪承载力应符合下列规定：

a）受剪截面应符合下列要求：

$$V_{wb} \leqslant \frac{1}{\gamma_{RE}} (0.25\beta_c f_c b h_0) \tag{5.2-13}$$

b）斜截面受剪承载力应符合下列要求：

$$V_{wb} \leqslant \frac{1}{\gamma_{RE}} \left[0.4 f_t b h_0 + (2.0\sin\alpha + 0.6\eta) f_{yd} A_{sd} \right] \tag{5.2-14}$$

$$\eta = (f_{yv} A_{sv} h_0) / (s f_{yd} A_{sd}) \tag{5.2-15}$$

式中： η ——箍筋与对角斜筋的配筋强度比，当小于 0.6 时取 0.6，当大于 1.2 时取 1.2；

α ——对角斜筋与梁纵轴的夹角；

f_{yd} ——对角斜筋的抗拉强度设计值；

A_{sd} ——单向对角斜筋的截面面积；

A_{sv} ——同一截面内箍筋各肢的全部截面面积。

② 当连梁截面宽度不小于 400mm 时，可采用集中对角斜筋配筋或对角暗撑配筋，其截面限制条件及斜截面受剪承载力应符合下列规定：

a）受剪截面应符合式（5.2-13）的要求。

b）斜截面受剪承载力应符合下列要求：

$$V_{wb} \leqslant \frac{2}{\gamma_{RE}} f_{yd} A_{sd} \sin\alpha \tag{5.2-16}$$

2) 剪力墙及筒体洞口连梁的纵向钢筋、斜筋及箍筋的构造应符合下列要求：

① 连梁沿上、下边缘单侧纵向钢筋的最小配筋率不应小于 0.15%，且配筋不宜少于 2φ12；交叉斜筋配筋连梁单向对角斜筋不宜少于 2φ12，单组折线筋的截面面积可取为单向对角斜筋截面面积的一半，且直径不宜小于 12mm；集中对角斜筋配筋连梁和对角暗撑连梁中每组对角斜筋应至少由 4 根直径不小于 14mm 的钢筋组成。

②　交叉斜筋配筋连梁的对角斜筋在梁端部位应设置不少于 3 根拉筋,拉筋的间距不应大于连梁宽度和 200mm 的较小值,直径不应小于 6mm;集中对角斜筋配筋连梁应在梁截面内沿水平方向及竖直方向设置双向拉筋,拉筋应勾住外侧纵向钢筋,间距不应大于 200mm,直径不应小于 8mm;对角暗撑配筋连梁中暗撑箍筋的外缘沿梁截面宽度方向不宜小于梁宽的一半,另一方向不宜小于梁宽的 1/5;对角暗撑约束箍筋的间距不宜大于暗撑钢筋直径的 6 倍,当计算间距小于 100mm 时可取 100mm,箍筋肢距不应大于 350mm。

除集中对角斜筋配筋连梁以外,其余连梁的水平钢筋及箍筋形成的钢筋网之间应采用拉筋拉结,拉筋直径不宜小于 6mm,间距不宜大于 400mm。

③　对角暗撑配筋连梁沿连梁全长箍筋的间距可按本书第 5 章表 5.1-6 中规定值的两倍取用。

连梁的对角暗撑、交叉斜筋、集中对角斜筋伸入墙内的锚固长度不应小于 l_{aE},且不应小于 600mm;顶层连梁纵向钢筋伸入墙体的长度范围内,应配置间距不大于 150mm 的构造箍筋,箍筋直径应与该连梁的箍筋直径相同。

(5)《高层建筑规程》第 9.3.8 条规定,跨高比不大于 2 的框架-核心筒结构的框筒连梁和筒中筒结构的内筒连梁,宜增配对角斜向钢筋,跨高比不大于 1 的框筒连梁和内筒连梁宜采用交叉暗撑(图 5.2-10)配筋。

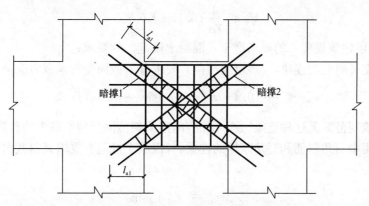

图 5.2-10　连梁内交叉暗撑的配筋

框筒连梁和内筒连梁设置交叉暗撑时,应符合下列要求:

1)　连梁的截面宽度不宜小于 400mm;

2)　连梁全部剪力应由暗撑承担,每根暗撑应由不少于 4 根纵向钢筋组成,纵筋直径不应小于 14mm,其总面积 A_s 应按下列公式计算:

①　永久、短暂设计状况

$$A_s \geqslant \frac{V_b}{2f_y \sin \alpha} \tag{5.2-17}$$

②　地震设计状况

$$A_s \geqslant \frac{\gamma_{RE} V_b}{2f_y \sin \alpha} \tag{5.2-18}$$

式中　α ——暗撑与水平线的夹角。

3)　连梁两个方向暗撑的纵向钢筋应采用矩形箍筋或螺旋箍筋绑成一体,箍筋直径不应小于 8mm，箍筋间距不应大于 150mm；

4）连梁纵筋伸入竖向构件的长度不应小于 l_{a1}，抗震设计时 l_{a1} 宜取 $1.15\,l_a$；

5）连梁内普通箍筋的配置应符合《高层建筑规程》第 9.3.7 条的构造要求。

（6）由此可见，就剪力墙连梁配置集中对角斜筋或对角暗撑而言，《混凝土规范》和《高层建筑规程》在下列几点上有不完全相同的要求：

1）配置集中对角斜筋（《高层建筑规程》称为对角斜向钢筋）和对角暗撑（《高层建筑规程》称为交叉暗撑）的连梁跨高比限值，《混凝土规范》要求跨高比不大于 2.5，《高层建筑规程》分别要求跨高比不大于 2 和不大于 1；

2）配置交叉斜筋的连梁截面宽度，《混凝土规范》要求连梁截面宽度不小于 250mm，而《高层建筑规程》不要求连梁配置交叉斜筋；配置集中对角斜筋和对角暗撑时《混凝土规范》和《高层建筑规程》均要求连梁截面宽度不小于 400mm；

3）配置交叉斜筋、集中对角斜筋和对角暗撑的连梁，《混凝土规范》要求其受剪截面应符合下式要求：

$$V_{wb} \leqslant \frac{1}{\gamma_{RE}}(0.25\beta_c f_c bh_0) \tag{5.2-19}$$

而《高层建筑规程》要求其受剪截面应符合下式要求：

$$V_b \leqslant \frac{1}{\gamma_{RE}}(0.15\beta_c f_c b_b h_{b0}) \tag{5.2-20}$$

显然《高层建筑规程》的要求严于《混凝土规范》的要求；

4）配置交叉斜筋的连梁，《混凝土规范》要求其斜截面受剪承载力应符合下式要求：

$$V_{wb} \leqslant \frac{1}{\gamma_{RE}}(0.4f_t bh_0 + (2.0\sin\alpha + 0.6\eta)f_{yd}A_{sd} \tag{5.2-21}$$

《高层建筑规范》无这种连梁因而无相应的连梁斜截面受剪承载力的验算公式。

5）配置集中对角斜筋和对角暗撑的连梁，《混凝土规范》要求其斜截面受剪承载力应符合下式要求：

$$V_{wb} \leqslant \frac{2}{\gamma_{RE}}f_{yd}A_{sd}\sin\alpha \tag{5.2-22}$$

而《高层建筑规程》则要求连梁的全部剪力由暗撑承担，暗撑纵向钢筋的总面积 A_s 应按下式计算：

$$A_s \geqslant \frac{\gamma_{RE}V_b}{2f_y\sin\alpha} \tag{5.2-23}$$

显然两者的计算公式是相同的；但《高层建筑规程》没有明确连梁配置"对角斜向钢筋"时，连梁的全部剪力也由对角斜向钢筋承担。

由于《混凝土规范》和《高层建筑规程》对配置交叉斜筋、集中对角斜筋和对角暗撑的剪力墙（筒体墙）连梁的设计要求不完全相同，编者建议，凡《高层建筑规程》作出规定的按《高层建筑规程》设计，未作出规定的可以按《混凝土规范》的要求进行设计。

连梁设置交叉斜筋、集中对角斜筋和对角暗撑的详细构造做法可参见国家标准图集 16G101—1 第 81 页。

（7）新版本的 SATWE 软件增加了一项"墙梁转框架梁的控制跨高比"参数（此处的"墙梁"即为剪力墙的连梁，以下均将墙梁改称为连梁）。有了这个参数后，结构工程师就可以将所有的连梁（不论其跨高比大小）均以洞口方式形成。结构整体计算时，由结构工程师指定连梁的跨高比以决定哪些连梁转换为框架梁进行设计。

《高层建筑规程》第 7.1.3 条规定，跨高比不小于 5 的连梁，宜按框架梁进行设计。

在 SATWE 软件的"总信息"中，如果在"墙梁（连梁）转框架梁的控制跨高比"参数项内输入 0，表示所有的连梁均不转换为框架梁；输入大于 1 的数值时，表示对跨高比大于该输入数值的连梁，程序自动将其转换为框架梁，并按空间杆单元模型进行分析，而跨高比小于该数值的连梁，仍然采用墙元模型进行分析。

所以，在一般情况下，为了和《高层建筑规程》的规定相一致，可以将此参数输入为 5。

对于跨高比不是很大的连梁，如果按框架梁进行分析，由于低估了单元刚度，结构刚度偏柔；而采用墙元模型，如果网格划分不够细，仍然会造成一定的分析误差。

针对上述情况有专家建议按以下方式处理：

① 当连梁跨高比不小于 5 时，按框架梁输入进行分析计算。

② 当连梁跨高比不大于 2.5 时，按壳元（洞口）输入进行分析计算。

③ 当连梁跨高比介于 5 和 2.5 之间时，按壳元（洞口）进行分析计算，但应细化单元划分，即在 SATWE 软件"分析与设计参数补充定义"的"总信息"中将"墙元细分最大控制长度"填为较小的数值，如 1m。

关于"墙梁（连梁）转框架梁的控制跨高比"这一参数的取值，虽然《高层建筑规程》建议跨高比以 5 作为连梁和框架梁的界限，但在实际应用中，大量工程实践表明，对于跨高比在 3~5 之间的连梁，如果采用壳元模型，由于目前 SATWE 软件的墙元划分不够细，即使细化网格划分，仍然会存在一定的畸变，造成分析误差。而且，由于过高地估计了单元刚度，使得结构的刚度增加，地震作用相对增大，容易造成连梁超筋，给设计带来一定的困难。

因此有专家建议，连梁的控制跨高比取为 4 比较合适；同时建议将"墙元细分最大控制长度"取为 1m。2010 年规范版本的 SATWE 软件已隐含"墙元细分最大控制长度"为 1m。

当然，专家们的这些意见还有待于结构工程师在工程实践中进一步验证，因此，这些意见仅供结构工程师参考。

5.2.16 剪力墙连梁剪力超限时可采取哪些措施？

剪力墙连梁对剪切变形十分敏感，《高层建筑规程》对其剪力设计值的限制比较严，因此在抗震计算时，在很多情况下，经常会出现超限的现象。所谓超限在这里主要是指剪力墙连梁的截面尺寸不满足《高层建筑规程》第 7.2.22 条的抗震验算要求，即通常所说的剪压比超限或剪力超限。当剪力墙连梁截面不满足抗剪验算要求时，可采取以下措施：

（1）减小连梁截面高度。当连梁剪力设计值超过限值时，加大截面高度会吸引更多的剪力，因而更为不利，而减小连梁截面高度或加大连梁截面宽度则比较有效，但加大连梁截面宽度很难实现（除非同时加大剪力墙的截面厚度）。

连梁截面高度减小后，过高的剪力墙洞口可以通过增设过梁和轻质填充墙来调整，见图 5.2-11 (a)。

　　减小连梁截面高度除沿梁全长减小断面高度尺寸外，还可以在剪力墙洞口两边及中间部位在连梁上设竖向构造缝来实现，见图 5.2-11 (b)。

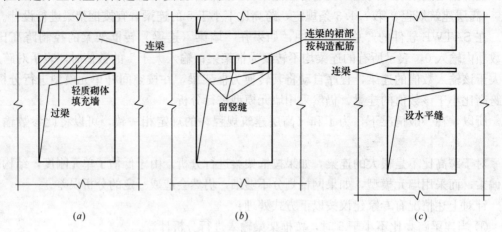

图 5.2-11　减小连梁截面高度做法
(a) 加高洞口增设过梁和填充墙；(b) 留竖缝；(c) 设水平缝

　　(2) 在连梁截面高度的中间部位设水平缝将一根连梁等分成双连梁或多连梁（图 5.2-11c）。

　　(3) 对抗震设计的剪力墙连梁的弯矩进行塑性调幅，以降低其剪力设计值。连梁塑性调幅可采用两种方法：

　　1) 在结构整体计算时，将连梁刚度进行折减，抗震设防烈度为 6、7 度时，折减系数可取 0.7；抗震设防烈度为 8、9 度时，折减系数可取 0.5。折减系数不宜小于 0.5，以保证连梁有足够的承受竖向荷载的能力和正常使用极限状态的性能；对重力荷载、风荷载作用效应计算不宜考虑连梁刚度折减。

　　2) 在结构整体计算之后，将连梁的弯矩和剪力组合设计值乘以折减系数。

　　两种方法的效果都是减少连梁的内力和配筋。因此，在整体计算时已降低了刚度的连梁，其调幅范围应当限制或不再继续调幅。当部分连梁降低弯矩设计值后，其余部分的连梁和墙肢的弯矩设计值应相应提高。

　　无论用什么方法，连梁调幅后的弯矩和剪力设计值均不应低于正常使用状态下的值，也不宜低于比设防烈度降低一度的地震作用组合所得的弯矩、剪力设计值，其目的是为了避免在正常使用条件下或较小的地震作用下连梁上出现规范不允许的裂缝。因此建议在一般情况下，可控制连梁调幅后的弯矩不小于调幅前按刚度不折减计算的完全弹性的弯矩的 0.8 倍（6、7 度抗震设计时）和 0.5 倍（8、9 度抗震设计时），且不小于风荷载作用下的连梁弯矩。

　　(4) 当超限连梁破坏对结构承受竖向荷载无明显影响时，可假定该连梁不参加工作，剪力墙按独立墙肢进行第二次多遇地震作用下的结构内力分析，墙肢截面按两次计算所得的较大内力进行配筋计算。

　　超限连梁的箍筋可按截面受剪限制条件（剪压比）计算确定，超限连梁的纵向钢筋则按斜截面受剪承载力反算求得。

　　连梁超限时，应首先采取上述第（1）～（3）款的措施；当第（1）～（3）款的措施不能解决问题时，可采用上述第（4）款的措施，即假定超限连梁在大震作用下破坏，不能再约束墙肢，因而可考虑超限连梁不参与工作，而按独立墙肢进行多遇地震作用下的第二次结构内力分析，它相当于剪力墙的第二道防线。在这种情况下，剪力墙的刚度降低，侧移增大，墙肢的内力和配筋亦增大，以保证墙肢的安全。

（5）在实际工程设计中，假定超限连梁在大震作用下破坏而退出工作，进行第二次多遇地震作用下的结构内力分析时，可近似采用下述方法之一，并注意地震剪力调整和超限连梁配筋计算原则：

1）将超限连梁两端点铰，使超限连梁作为两端铰接梁进入结构整体内力分析计算。

2）在结构整体计算时，有资料指出，如果在计算简图中将剪力墙的开洞连梁的截面高度按小于 300mm 输入，SATWE 软件在计算内力时会忽略该梁的存在，亦不计算其配筋。

3）在超限连梁退出工作后进行第二次多遇地震作用下的结构内力分析时，如果结构的地震剪力小于超限连梁退出工作前的地震剪力，则应将地震剪力放大，然后再进行剪力墙墙肢和未超限连梁的配筋计算。

4）无论将超限连梁点铰或将超限连梁截面高度按小于 300mm 输入让超限连梁退出工作，超限连梁均应按实际截面并根据上述第（4）款的原则进行配筋。

5.3 框架-剪力墙结构

5.3.1 框架-剪力墙结构的组成形式有哪几种？

框架-剪力墙结构是由受力性能和变形特性不同的框架和剪力墙两种结构组合而成的结构。框架结构侧向刚度不大，在水平荷载作用下，一般呈剪切型变形，房屋高度中段以上的层间位移较大；设计合理的框架结构延性较好，有利于抗震。剪力墙结构侧向刚度大，抗震能力高，在水平荷载作用下，一般呈弯曲型变形，顶部附近楼层的层间位移较大，抗震设计的剪力墙结构也具有良好的抗震性能（图 5.3-1）。

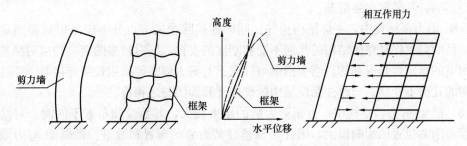

图 5.3-1　框架-剪力墙结构的变形和内力分布规律

框架-剪力墙结构在结构布置合理的情况下，可以充分发挥框架和剪力墙两者的优点，制约彼此的缺点。框架-剪力墙结构具有较大的整体抗侧刚度，侧向变形介于剪切变形和弯曲变形之间，使层间相对位移变化较为缓和，平面布置较为灵活，较容易获得更大的空间，而且抗震设计时，两种结构形式可以组成抗震的两道防线，因而在各种使用功能的多高层建筑中，均获得较广泛的应用。

框架-剪力墙结构由于由框架和剪力墙两种结构组成，其组成形式多样而且可变，应根据建筑的平面布置和结构的受力要求来确定。

框架-剪力墙结构的组成，一般可采用下列几种形式：

（1）剪力墙（包括单片墙、联肢墙、剪力墙筒体）和框架分开布置，各自形成比较独立的抗侧力结构。

（2）在框架结构的若干跨内嵌入剪力墙（框架结构相应跨的柱和梁成为该片墙的边框，称为带边框剪力墙）。

（3）在单片抗侧力结构内连续分别布置框架和剪力墙。

（4）上述两种或三种形式的混合形式。

框架-剪力墙结构应采取哪种组成形式，要根据工程的实际情况确定。但是，无论采取哪种形式，它都是以其整体结构来承担荷载和作用，各部分所承担的力应通过结构整体分析（包括用简化方法分析）来确定，同时，也应通过对结构整体计算结果的分析和比较，来调整结构中剪力墙的数量和布置，以便获得更合理的设计。

5.3.2　框架-剪力墙结构的布置有哪些基本规定？

（1）框架-剪力墙结构应设计成双向抗侧力体系。抗震设计时，结构两主轴方向均应布置剪力墙。

在框架-剪力墙结构中，剪力墙是主要的抗侧力构件。如果仅在一个主轴方向布置剪力墙，将会造成两个主轴方向的抗侧力刚度悬殊，无剪力墙的一个方向刚度不足且带有纯框架的性质，与有剪力墙的另一方向不协调，地震时容易造成结构整体扭转破坏。

（2）框架-剪力墙结构中，主体结构构件之间除个别节点外不应采用铰接；梁与柱或柱与剪力墙的中线宜重合；框架梁、柱中心线之间有偏离时，其偏心距9度抗震设计时不应大于柱截面在该方向宽度的1/4；6～8度抗震设计时不宜大于柱截面在该方向宽度的1/4，如偏心距大于该方向柱宽的1/4，可采取增设梁的水平加腋等措施。设置水平加腋后，在计算中仍须考虑偏心对梁柱节点核心区受力和构造的不利影响，以及梁荷载对柱子的偏心影响，并采取加强措施。

框架-剪力墙结构中，主体结构构件之间的连接除个别节点外不应采用铰接而应采用刚接，目的是要保证整体结构的几何不变和刚度的发挥；同时较多的赘余约束对结构在大震作用下的稳定性是有利的。当个别梁与柱或梁与剪力墙需要采用铰接连接时，要注意保证结构的几何不变性，同时注意使结构的整体计算简图与之相符。

（3）框架-剪力墙结构中，由于剪力墙的刚度较大，其数量和布置不同时，对结构整体刚度和刚心位置的影响很大，因此，调整好剪力墙的布置和数量，是框架-剪力墙结构设计的重要问题。首先，剪力墙的墙量要适当，过少刚度不足，而过多则刚度过大，反而会引起更大的地震作用效应。其次，应通过剪力墙布置位置的改变，使整体结构的刚心尽量与其质心重合或接近，以免引起结构的过大扭转。

框架-剪力墙结构中，剪力墙宜按照周边、均匀、分散、对称的原则布置并符合下列要求：

1）剪力墙宜均匀布置在建筑物的周边附近、楼梯间、电梯间、平面形状变化及恒荷载较大的部位；考虑到施工支模困难，一般在伸缩缝、沉降缝和防震缝两侧不宜同时布置剪力墙；剪力墙的间距不宜过大，宜满足楼盖平面刚度的要求，否则应考虑楼盖平面变形的影响。

2）平面形状凹凸较大时，宜在凸出部分的端部附近布置剪力墙。

3）纵、横剪力墙宜组成 L 形、T 形和 [形等形式（图 5.3-2a～c），以增加抗侧刚度和抗扭能力。

4）单片剪力墙底部承担的水平剪力不应超过结构底部总水平剪力的 30%，以免受力过分集中；较长的剪力墙宜通过开设洞口而形成墙肢长度不大于 8m 的联肢墙（图 5.3-2f）。

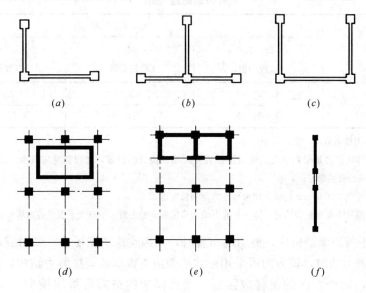

(a)　　　　　　　　(b)　　　　　　　　(c)

(d)　　　　　　　　(e)　　　　　　　　(f)

图 5.3-2　相邻剪力墙的布置

5）剪力墙宜贯通建筑物全高，不宜中断，以避免刚度突变；墙厚沿高度宜逐渐减薄，并与混凝土强度等级降低的楼层错开；当剪力墙不能全部贯通建筑物全高时，部分剪力墙中断后，相邻楼层刚度的减弱不宜大于 30%，并应对墙中断处的楼层楼板采取加厚、双层双向配筋等加强措施；剪力墙开洞时，洞口宜上下对齐。

6）楼电梯间、竖井等部位楼板开设大洞口，削弱严重，宜在洞边布置剪力墙，并宜尽量与靠近的框架或剪力墙的布置相结合（图 5.3-2e），使之形成连续、完整的抗侧力结构，避免孤立地布置在单片的抗侧力结构或柱网以外的中间部位（图 5.3-2d）。

7）纵向剪力墙宜布置在结构单元的中间区段内，当房屋纵向长度较长时，不宜集中在两尽端布置纵向剪力墙，如果纵向剪力墙布置在房屋的两尽端，中间部分的楼盖在混凝土收缩或温度变化时，会因房屋两端抗侧刚度较大的剪力墙的约束而容易出现裂缝。

8）抗震设计时，剪力墙的布置宜使结构各主轴方向的侧向刚度相接近，并尽量减小结构的扭转影响。

剪力墙布置在建筑物的周边附近，目的是使它既发挥抗扭作用又减小位于周边而受室外温度变化的不利影响；布置在楼电梯间、平面形状变化和凸出较大处是为了弥补平面的薄弱部位；把纵、横剪力墙组成 L 形、T 形等非一字形是为了发挥剪力墙自身的刚度；单片剪力墙承担的水平剪力不宜超过结构底部总水平剪力的 30%，目的是要避免该片剪力墙对刚心位置影响过大且一旦破坏对整体结构不利，也是为了避免其基础承担过大的水平力等。

当建筑平面为长矩形或平面有一部分为长条形（平面长宽比较大）时，在该部位布置的剪力墙除应有足够的总体刚度外，各片剪力墙之间的距离不宜过大，宜满足表 5.3-1 的要求。因为间距过大时，两墙之间的楼盖不能满足平面内刚性的要求，造成处于该区间的框架不能与邻近的剪力墙协同工作而增加负担。当两墙之间的楼盖开大洞时，该段楼盖的平面刚度更差，墙的间距应再适当缩小。

剪力墙间距（m）

表 5.3-1

楼屋盖形式	抗震设防烈度		
	6 度、7 度 （取较小值）	8 度 （取较小值）	9 度 （取较小值）
现　　浇	4.0B，50	3.0B，40	2.0B，30
装配整体式	3.0B，40	2.5B，30	—

注：1. 表中 B 为楼面宽度，单位为 m；
　　2. 装配整体式楼盖是指在装配式楼盖上设置有配筋现浇层的楼盖，其现浇层应符合《高层建筑规程》第 3.6.2 条的有关规定；
　　3. 现浇层厚度大于 60mm 的叠合楼板可作为现浇板考虑；
　　4. 当房屋端部未布置剪力墙时，第一片剪力墙与房屋端部的距离，不宜大于表中剪力墙间距的 1/2。

9）在框架-剪力墙结构中，剪力墙布置时，如因建筑功能要求，纵向或横向有一个方向上无法设置剪力墙时，该方向可采用壁式框架或支撑框架等抗侧力结构，但是，结构在水平力作用下，两个方向的位移应接近。壁式框架的抗震等级应按剪力墙的抗震等级确定。

5.3.3　框架-剪力墙结构的剪力墙和边框梁、柱的截面设计和构造应符合哪些要求？

框架-剪力墙结构的结构布置、计算分析、截面设计和构造要求除应符合本节的规定外，尚应符合《高层建筑规程》第 3 章、第 5 章、第 6 章和第 7 章的有关规定。

（1）框架-剪力墙结构中，剪力墙是承受水平风荷载或水平地震作用的主要抗侧力构件，剪力墙竖向和水平分布钢筋的配筋率，抗震设计时均不应小于 0.25%，并应至少双排布置。分布钢筋的直径不宜小于 10mm，不应小于 8mm，间距不宜大于 200mm。各排分布钢筋之间应设拉结筋，拉结筋的直径不小于 6mm，间距不应大于 600mm。

规定剪力墙分布钢筋的最小配筋率，是剪力墙设计的最基本的构造要求，是剪力墙最低限度强度和延性的重要保证。

（2）框架-剪力墙结构中的剪力墙均应设计成带边框的剪力墙。带边框的剪力墙的构造应符合下列要求。

1）带边框剪力墙的截面厚度除应符合《高层建筑规程》附录 D 的墙体稳定计算要求外，尚应符合下列规定：

① 抗震设计时，一、二级抗震等级剪力墙的底部加强部位均不应小于 200mm，且不应小于层高的 1/16。

② 在除第①项以外的其他情况下，剪力墙的厚度不应小于 160mm，且不应小于层高的 1/20。

2）剪力墙的水平钢筋应全部锚入边框柱内，锚固长度，抗震设计时不应小于 l_{aE}。

3）带边框的剪力墙的混凝土强度等级宜与边框柱相同。

4）与剪力墙重合的框架梁可保留，亦可做成宽度与墙厚相同的暗梁，暗梁截面高度可取墙厚的 2 倍或与该榀框架梁截面等高。边框梁（或暗梁）的纵向钢筋配筋可按构造配置且应符合一般框架梁相应抗震等级的最小配筋要求；梁的纵向钢筋截面面积宜上下相同且沿梁长全长配置；梁的箍筋的配置也应符合一般框架梁相应抗震等级的最低要求，包括箍筋加密区的配箍要求，当剪力墙洞口连梁与边框梁（或暗梁）重合时，在连梁范围内边框梁（或暗梁）的纵向钢筋还应满足连梁的配筋要求，边框梁（或暗梁）的箍筋在连梁范围内也应按连梁的配箍要求配置。

对于比较重要的建筑，边框梁（或暗梁）尚宜满足承受本层竖向荷载的要求。

5）剪力墙截面宜按工字形截面设计，其端部的纵向受力钢筋应配置在边框柱截面内（即端柱截面范围内）。

6）边框柱在剪力墙平面内是墙体的组成部分，其纵向钢筋应按剪力墙计算确定；边框柱在剪力墙平面外属于框架柱，其纵向钢筋应按框架柱计算确定；边框柱截面宜与该榀框架其他柱的截面相同。边框柱的构造配筋除应符合相应抗震等级的边缘构件的规定外，尚应符合相应抗震等级的框架柱的要求；剪力墙底部加强部位边框柱的箍筋宜沿全高加密；当带边框剪力墙上的洞口紧邻边框柱时，边框柱的箍筋宜沿全高加密。

7）根据《高层建筑规程》第 7.2.21 条的条文说明，连梁的抗震等级应按剪力墙的抗震等级确定。关于边框柱的抗震等级，《抗震规范》和《高层建筑规程》均未做出明确的规定。边框柱在剪力墙平面内是剪力墙的一部分，其抗震等级应按剪力墙的抗震等级确定；在剪力墙平面外，边框柱又是框架的一部分，其抗震等级也可按框架的抗震等级确定。

基于安全考虑，建议边框柱的抗震等级宜按剪力墙和框架柱的抗震等级的较高者确定；边框梁的抗震等级亦宜按剪力墙的抗震等级确定。

因此，在结构整体计算时，当有必要，应专门定义边框梁、柱的抗震等级。

5.3.4　框架-剪力墙结构中，剪力墙为什么要设计成带边框的剪力墙？

框架-剪力墙结构属于具有双重抗侧力体系的结构，有多道抗震设防防线，对结构抗震较为有利。在框架-剪力墙结构中，剪力墙是主要的抗侧力构件，为了使框架与剪力墙形成完整的抗侧力体系，在楼层标高处的剪力墙平面内应设置框架梁（或暗梁），以便和边框柱（或暗柱）一起，形成剪力墙的边框，对剪力墙提供约束；与剪力墙平面重合的框架梁（或暗梁）应连续穿过剪力墙，不得在框架的同一跨间内一部分布置框架梁，另一部分布置暗梁；在框架的同一跨间内分段布置框架梁和暗梁，不仅受力不好，而且配筋构造也复杂。在与框架平面不重合的剪力墙内，在楼层标高处，是否要设置暗梁，可根据工程的实际情况确定，一般来说，承受竖向荷载较大的剪力墙，宜设置暗梁。

在框架-剪力墙结构中，由于在楼层标高处的剪力墙内设置框架梁（或暗梁）与框架端柱（或暗柱）形成剪力墙的边框对剪力墙提供有效的约束，地震发生时，即便剪力墙发生裂缝，边框架仍能承受竖向荷载的作用，从而防止结构倒塌。

5.3.5　在剪力墙平面内一端与框架柱刚接另一端与剪力墙连接的梁是否是连梁？

在剪力墙平面内一端与框架柱刚接另一端与剪力墙连接的梁应定义为连梁；当其跨高比小于 5 时，宜按连梁设计；当其跨高比不小于 5 时，宜按框架梁进行设计。

一端与框架柱刚接另一端在剪力墙平面外与剪力墙连接的梁，可不作为连梁对待，其与剪力墙相连处宜按铰接或半刚接设计，抗震设计时刚接端宜设箍筋加密区。

在框架-剪力墙结构中，剪力墙连梁剪压比超限也较为普遍，为了改善这种情况，也可直接将剪力墙平面内一端与框架刚接另一端与剪力墙连接的连梁按框架梁进行设计，必要时梁两端可按铰接设计。

5.3.6　抗震设计的框架-剪力墙结构，其框架部分的总剪力在调整时应当注意哪些问题？

框架-剪力墙结构系双重抗侧力体系结构。在框架-剪力墙结构中，框架柱与剪力墙相比，其抗侧刚度是很小的，在地震作用下，楼层地震剪力主要由剪力墙承担，框架只承担很小的一部分。也就是说，框架由地震作用引起的内力一般都较小，而框架作为结构抗震的第二道防线，过于单薄对抗震是不利的。为了保证框架部分有一定的承载力储备，《高层建筑规程》第 8.1.4 条规定，框架部分所承担的地震剪力不应小于一定的值，并将该值规定为：取对应于地震作用标准值的结构底层总剪力的 20%（即 $0.2V_0$）和对应于地震作用标准值且未经调整的各层框架承担的地震总剪力中的最大值的 1.5 倍（即 $1.5V_{f.max}$）两者中的较小值。

因此，在抗震设计的框架-剪力墙结构中，框架部分承担的地震剪力满足式（5.3-1）要求的楼层，其框架总剪力不必调整，不满足式（5.3-1）要求的楼层，其框架总剪力应按 $0.2V_0$ 和 $1.5V_{f.max}$ 二者的较小值采用，即

$$V_f \geqslant 0.2V_0 \tag{5.3-1}$$

在框架-剪力墙结构中，框架总剪力在调整时应当注意以下问题：

（1）对于框架柱数从下至上基本不变的规则结构，V_0 应取对应于地震作用标准值的结构底部总剪力；对于框架柱数从下至上分段有规律变化的结构，V_0 应取每段底层结构对应于地震作用标准值的总剪力。例如，对于带裙房的高层建筑结构，裙房沿竖向较为规则时，裙房就可以划分为一段，裙房以上的楼层其框架总剪力调整时，V_0 可取裙房以上楼层最下一层结构对应于地震作用标准值的总剪力。

（2）对于框架柱数从下至上基本不变的规则结构，$V_{f,max}$ 应取对应于地震作用标准值且未经调整的各层框架承担的地震总剪力中的最大值，对框架柱数从下至上分段有规律变化的结构，$V_{f,max}$ 应取每段中对应于地震作用标准值且未经调整的各层框架承担的地震总剪力中的最大值。

（3）各层框架所承担的地震总剪力按上述要求调整后，应按调整前、后总剪力的比值调整每根框架柱和与之相连的框架梁的剪力及端部弯矩标准值，框架柱的轴力标准值可不予调整。

（4）按振型分解反应谱法计算地震作用时，为便于操作，框架柱的地震剪力的调整可

在振型组合之后进行。

（5）框架剪力的调整应在楼层剪力满足《高层建筑规程》第 4.3.12 条规定的楼层最小地震剪力系数（剪重比）的前提下进行。只有将楼层地震剪力调整到符合规范规定的最小剪力要求时，才能进行相应的地震倾覆力矩、构件内力、位移等的计算分析；也就是说，当各层的地震剪力需要调整时，原先计算的倾覆力矩、内力和位移等均需要相应调整。如果结构的部分楼层的最小地震剪力系数（例如，对于 8 度抗震设防地区基本自振周期小于 3.5s 的结构，楼层最小地震剪力系数等于 0.032）不满足规程的规定，但与规定值相比相差不大，则可采用地震作用增大系数或修改结构计算的周期折减系数的方法，以近似考虑地震地面运动长周期成分的作用；如果结构总地震剪力与规定值相差较多，表明结构整体刚度偏小，宜调整结构总体布置，增大结构刚度；如果部分楼层的地震剪力系数小于规定值较多，证明结构存在明显的软弱层，对抗震不利，也应对结构体系进行调整，如增强这些软弱层的抗侧刚度等，不能再简单地采用地震作用增大系数或修改结构计算的周期折减系数的办法。

还需要注意的是，在设防烈度地震作用下的楼层最小地震剪力系数（即剪重比）不满足要求时，结构底部水平地震总剪力和各楼层的水平地震剪力均需要进行调整或改变结构刚度使之达到规定的要求。

对于竖向不规则结构的薄弱层的水平地震剪力，《高层建筑规程》第 3.5.8 条规定应乘以 1.25 的增大系数，该层地震剪力放大 1.25 倍后仍需满足《高层建筑规程》第 4.3.12 条的规定，即该层的地震剪力系数不应小于该条表 4.3.12 中数值的 1.15 倍。

（6）对多高层建筑的地下室，当嵌固部位在地下室顶板位置时，因为地下室的地震作用是明显衰减的，故一般不要求单独核算地下室部分的楼层最小地震剪力系数。

5.3.7 抗震设计的框架-剪力墙结构，在规定的水平力作用下结构底层框架部分承受的地震倾覆力矩与结构总地震倾覆力矩的比值不大于 10% 和大于 50% 时，结构设计应当注意什么问题？

（1）根据《抗震规范》第 6.1.3 条的规定，抗震设计的框架-剪力墙结构，在规定的水平力作用下，底层框架部分承受的地震倾覆力矩大于结构总地震倾覆力矩的 50% 时，其框架部分的抗震等级应按框架结构采用，抗震墙的抗震等级可与其框架的抗震等级相同。

（2）根据《高层建筑规程》第 8.1.3 条的规定，抗震设计的框架-剪力墙结构，应根据在规定的水平力作用下结构底层框架部分承受的地震倾覆力矩与结构总地震倾覆力矩的比值，确定相应的设计方法。

因为框架-剪力墙结构在规定的水平力作用下，结构底层框架部分承受的地震倾覆力矩与结构总地震倾覆力矩的比值不尽相同时，结构性能有较大的差别。

在结构设计时，应据此比值确定该结构相应的适用高度和构造措施，而计算模型及分析均按框架-剪力墙结构进行实际输入和计算分析。

1）框架部分承受的地震倾覆力矩不大于结构总地震倾覆力矩的 10% 时，按剪力墙结构进行设计，其中的框架部分应按框架-剪力墙结构的框架进行设计。

当框架部分承担的倾覆力矩不大于结构总倾覆力矩的 10% 时，意味着结构中框架承担的地震作用较小，绝大部分均由剪力墙承担，工作性能接近于纯剪力墙结构，此时结构中的剪力墙抗震等级可按剪力墙结构的规定执行；其最大适用高度仍按框架-剪力墙结构的要求执行；其中框架部分的抗震等级应按框架-剪力墙结构中的框架确定，也就是说需要进行《高层建筑规程》第 8.1.4 条的剪力调整，其侧向位移控制指标按剪力墙结构采用。

2）当框架部分承受的地震倾覆力矩大于结构总地震倾覆力矩的 10% 但不大于 50% 时，属于典型的框架-剪力墙结构，应按《高层建筑规程》第 8 章的有关框架-剪力墙结构的规定进行设计。

3）当框架部分承受的地震倾覆力矩大于结构总地震倾覆力矩的 50% 但不大于 80% 时，按框架-剪力墙结构进行设计，其最大适用高度可比框架结构适当增加，框架部分的抗震等级和轴压比限值宜按框架结构的规定采用；

当框架部分承受的倾覆力矩大于结构总倾覆力矩的 50% 但不大于 80% 时，意味着结构中剪力墙的数量偏少，框架承担较大的地震作用，此时框架部分的抗震等级和轴压比宜按框架结构的规定执行，剪力墙部分的抗震等级和轴压比按框架-剪力墙结构的规定采用；其最大适用高度不宜再按框架-剪力墙结构的要求执行，但可比框架结构的要求适当提高，提高的幅度可视剪力墙承担的地震倾覆力矩来确定。

4）当框架部分承受的地震倾覆力矩大于结构总地震倾覆力矩的 80% 时，按框架-剪力墙结构进行设计，但其最大适用高度宜按框架结构采用，框架部分的抗震等级和轴压比限值应按框架结构的规定采用。

当框架部分承受的倾覆力矩大于结构总倾覆力矩的 80% 时，意味着结构中剪力墙的数量极少，此时框架部分的抗震等级和轴压比应按框架结构的规定执行，剪力墙部分的抗震等级和轴压比按框架-剪力墙结构的规定采用；其最大适用高度宜按框架结构采用。对于这种少墙框剪结构，由于其抗震性能较差，不主张采用，以避免剪力墙受力过大、过早破坏。当不可避免时，宜采取将此种剪力墙减薄、开竖缝、开结构洞、配置少量单排钢筋等措施，减小剪力墙的作用。

在上述第（2）条 3）、4）款规定的情况下，为避免剪力墙过早开裂或破坏，其位移相关控制指标按框架-剪力墙结构的规定采用；其框架部分的地震剪力值，宜按框架结构模型和框架-剪力墙结构模型二者计算结果的较大值采用。对第（2）条 4）款，如果最大层间位移角不能满足框架-剪力墙结构的限值要求，可按《高层建筑规程》第 3.11 节的有关规定，进行结构抗震性能分析论证。

注：本题中的底层是指上部结构计算嵌固端所在的层。

5.3.8　框架-剪力墙结构中剪力墙约束边缘构件和构造边缘构件应当如何配筋？

框架-剪力墙结构中剪力墙的约束边缘构件和构造边缘构件的纵向钢筋除满足计算要求外，其配筋构造要求与相应抗震等级的剪力墙结构中剪力墙的约束边缘构件和构造边缘构件相同，当框架-剪力墙结构为 B 级高度的高层建筑时，在其剪力墙的约束边缘构件层和构造边缘构件层之间也宜设置 1~2 层的过渡层，以避免构造边缘构件配筋急剧减少的不利影响。

过渡层边缘构件的配箍也应高于《高层建筑规程》第 7.2.16 条第 4 款的规定。

5.4 筒 体 结 构

5.4.1　筒体结构主要有多少种类型？常用的是哪几种？

筒体结构由于具有造型美观、使用灵活、受力合理、整体性好以及较强的侧向刚度等优点而成为高层和超高层建筑结构的主要结构体系。筒体结构主要有下列几种类型：

（1）框筒结构（图 5.4-1a）

用沿建筑物外轮廓布置的密柱、裙梁组成的框筒为其抗侧力结构，内部布置梁、柱框架主要用来承受由楼盖传递的竖向荷载，其特点是可以提供较大的内部活动空间，但对钢筋混凝土结构而言，在建筑物内部总会布置楼、电梯间及管井等筒体，使内部空间受到限制，因此，典型的框筒结构在工程实际中很少应用。

（2）框架-核心筒结构（图 5.4-1b）

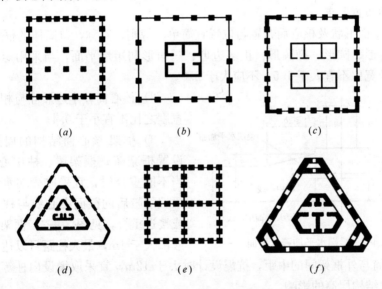

图 5.4-1　筒体结构的类型

(a) 框筒结构；(b) 框架-核心筒结构；
(c) 筒中筒结构；(d) 多重筒结构；(e) 束筒结构；(f) 多筒体结构

与框筒结构相反，为满足建筑功能的需要，在结构内部布置核心筒作为主要抗侧力构件，在核心筒周围布置框架梁柱，其平面形状类似于筒中筒结构，但其受力性能却与框架-剪力墙结构更为接近，是框架-剪力墙结构剪力墙集中成筒状布置的特例。框架-核心筒结构由于其平面布置的规则性和内部核心筒的整体性，仍具有一定的空间作用，基于这个特点，有时也将框架-核心筒结构称为"稀柱筒体结构"。框架-核心筒结构是我国高层建筑结构常用的结构体系之一。

（3）筒中筒结构（图 5.4-1c）

由外部的框筒和内部的核心筒组成，是具有很强抗侧力作用的结构。在水平力作用下，外框筒柱承受较大的轴向力，并提供相应的较大抗倾覆力矩，内筒则主要承受水平力产生的剪力,亦提供一定的抗倾覆力矩。筒中筒结构由于外框筒为柱距较小的密柱,常会对底层的使用带来不方便,因此常设置结构转换层来将底层柱距扩大,形成带转换层的筒中筒结构。其做法是抽掉底部楼层部分柱子,抽柱的原则是保留角柱,隔一抽一;8度抗震设计时,宜保留角柱及相邻柱,隔一抽一;不应连续抽掉多于2根及以上的柱子,且抽柱的位置应在外框筒中部。

(4) 多重筒结构、束筒结构及多筒体结构

在平面上将多个筒体套置而形成的结构体系,称为多重筒结构 (图 5.4-1d);将若干个框筒紧靠在一起成"束"状排列形成的共同工作的结构体系,称为束筒结构 (图 5.4-1e);当多个筒体在平面上有规律的分散布置形成的结构体系,称为多筒体结构 (图 5.4-1f)。

在我国,最常用的筒体结构是框架-核心筒结构、筒中筒结构、底部大空间筒中筒结构和钢框架或型钢混凝土框架-钢筋混凝土核心筒结构。

5.4.2　框架-核心筒结构设计时结构布置有哪些基本要求?

(1) 平面布置要求

1) 建筑平面形状及核心筒布置与位置宜简单、规则、对称,单筒体的框架-核心筒结构一般采用方形、圆形、椭圆形、正多边形、三角形和矩形平面,当采用矩形平面布置时,平面的长宽比不宜大于 1.5,不应大于 2.0。

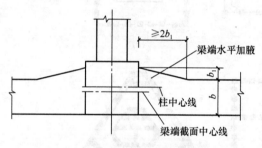

图 5.4-2　梁端水平加腋(平面)

2) 核心筒较小边尺寸与相应建筑平面宽度之比不宜小于 0.4。

3) 框架-核心筒结构的周边柱间必须设置框架梁;框架梁、柱中心线宜重合,当不能重合时,宜采取梁端水平加腋,使梁端加腋后的截面中心线与柱中心线重合或接近重合,见图 5.4-2;框架柱的间距一般都大于 4m,最大柱距可以达到 8~9m。

4) 核心筒与外框架间的中距,抗震设计时大于 12m,宜采取增设内柱等措施,以减小框架梁高对结构层高的影响。

5) 核心筒应具有良好的整体性,墙肢的布置宜均匀、对称;墙肢截面形状宜简单、规则,截面形状复杂的墙体可按应力进行截面设计校核。

6) 核心筒外墙不宜在水平方向连续开洞,洞间墙肢的截面高度不宜小于 1.2m;当洞间墙肢的截面高度与厚度之比小于 4 时,宜按框架柱要求进行截面设计,底部加强部位纵向钢筋的配筋率不应小于 1.2%,一般部位不应小于 1.0%,箍筋宜沿墙肢全高加密;核心筒外墙角部附近不宜开洞,当不可避免时,筒角内壁至洞口边的距离不应小于 500mm 和开洞墙的截面厚度的较大值。

7) 核心筒墙体的截面厚度应按《高层建筑规程》附录 D 验算其稳定性,且核心筒外墙厚度不应小于 200mm,必要时可增设扶壁柱或扶壁墙;在满足承载力要求以及轴压比限值要求条件下,核心筒内墙厚度可适当减薄,但不应小于 160mm。

(2) 竖向布置要求

1) 核心筒是框架-核心筒结构的主要抗侧力结构,应尽量贯通建筑物全高,并要求其

具有较大的侧向刚度，侧向刚度沿竖向宜均匀变化；核心筒的宽度不宜小于筒体总高度的 1/12；当筒体结构角部设置角筒、剪力墙或增强结构整体刚度的构件时，核心筒的宽度可适当减小。

2）核心筒底部加强部位及相邻上一层不应改变墙体厚度，其上部墙体的厚度及核心筒内部墙体的数量和厚度可根据内力变化情况及功能需要合理调整，但其侧向刚度应符合竖向规则性要求及结构层间位移角限值要求。

3）核心筒外墙上较大的门洞口沿竖向宜连续布置，以使其内力变化均匀且保持连续性，洞口上方的连梁宜设计成较强的连梁，不应设计成一般连梁或弱连梁。

4）框架沿竖向宜贯通建筑物全高，不应在中下部抽柱收进；柱截面尺寸沿竖向的改变应与核心筒墙厚的改变错开。

5）按 9 度抗震设防的框架-核心筒结构不应采用加强层；8 度及 8 度以下需要采用加强层时，加强层的设置和设计应符合《高层建筑规程》第 10.3 节的规定。

6）高度不超过 60m 的框架-核心筒结构，可按框架-剪力墙结构设计。

（3）楼盖结构布置要求

1）核心筒与框架之间的楼盖应采用现浇钢筋混凝土梁板体系，使其具有良好的整体性和刚度，确保框架与核心筒更好地协同工作。当结构的侧向刚度满足规范要求时，也可以采用预应力混凝土平板或扁梁等楼盖形式；部分楼层采用混凝土平板时，宜在外框架柱与核心筒之间的板内设置暗梁。

2）核心筒外周围的楼板不宜开设较大的洞口，当有个别较大洞口时，洞口周边应设边梁加强。

3）核心筒内部的楼板，由于设置楼、电梯间及设备管道间，开洞较多，为加强其整体性，使其能有效约束剪力墙墙肢的扭转与翘曲及传递地震力，楼板厚度不宜小于 120mm，且宜双层双向配筋。

4）楼盖的外角宜设置双层双向钢筋（图 5.4-3），单层单向配筋率不宜小于 0.3%，钢筋直径不应小于 8mm，间距不应大于 150mm，配筋范围不宜小于外框架至内筒外墙中距的 1/3 和 3m。

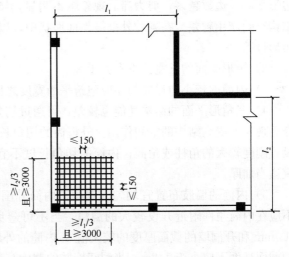

图 5.4-3　板角配筋示意

5）楼盖主梁不宜搁置在核心筒外墙的连梁上；也不宜集中搁置在核心筒外墙转角处，以免钢筋过于密集，影响混凝土施工。

6）框架梁支承在核心筒外墙上时，其连接节点可按以下情况分别确定：

① 沿梁轴线方向有符合《高层建筑规程》第 7.1.6 条的剪力墙相连时，可按刚接设计。

② 核心筒外墙厚度大于 $0.4l_{abE}$（梁纵向钢筋的水平锚固长度）且梁支承处核心筒外

墙内侧楼板无洞口时，可按刚接设计。

③ 梁支承处核心筒外墙设有符合《高层建筑规程》第 7.1.6 条的扶壁柱时，可按刚接设计。

④ 不满足上述条件的梁端支承处宜按铰接设计。

7）核心筒外墙在楼面梁支承处，当无扶壁柱或扶壁墙时，应设置暗柱，暗柱宽度宜取梁宽加二倍墙厚，暗柱或扶壁柱的纵向钢筋应按计算确定并满足相应抗震等级的配筋构造要求（详见《高层建筑规程》第 7.1.6 条第 4～6 款）。暗柱和扶壁柱宜设置箍筋加密区。

8）当框架-核心筒结构内筒偏置、长宽比大于 2 时，宜采用框架-双筒结构。对内筒偏置的框架-核心筒结构，其扭转位移比不应大于 1.4，其扭转周期比不应大于 0.85，且 T_1 的扭转成分不宜大于 30%。框架-双筒结构的双筒间楼板开洞时，应符合《高层建筑规程》第 9.2.7 条的要求。

5.4.3　筒中筒结构设计时结构布置有哪些基本要求？

（1）平面布置要求

1）平面外形宜选用圆形、正多边形、椭圆形、三角形或矩形等，内筒宜对称居中布置。

研究表明筒中筒结构在水平力作用下，其结构性能与外框筒的平面外形有关。对正多边形平面，边数越多，剪力滞后现象越不明显，结构的空间作用越大，反之，边数越少，结构空间作用越差。在各种外框筒平面形状中，以圆形平面的侧向刚度和受力性能最好，矩形最差。

2）矩形平面的长宽比不宜大于 2。

3）内筒的较小边尺寸与相应建筑平面宽度之比宜为 0.35～0.40。

4）三角形平面的结构性能也较差，可通过切角使其成为六边形来改善外框筒的剪力滞后现象，提高结构的空间作用。外框筒的切角长度不宜小于相应边长的 1/8，其角部可设置刚度较大的角柱或角筒；内筒的切角长度不宜小于相应边长的 1/10，切角处的筒壁宜适当加厚。

5）内筒的墙肢布置宜均匀、对称；内筒外围墙上洞口开设的位置亦宜均匀、对称，不应在内筒角部附近开设较大的洞口，当不可避免时，洞边至筒角内壁的距离不应小于 500mm 和开洞墙的截面厚度的较大值；内筒的外墙不宜在水平方向连续开洞，洞间墙肢的截面高度不应小于 1.2m。当洞间墙肢的截面高度与厚度之比小于 4 时，宜按框架柱进行截面设计。

6）内筒外墙的截面厚度要求与框架-核心筒结构的核心筒相同。

7）外框筒柱的中心距不宜大于 4m，宜沿外框筒周边均匀布置（柱截面长边应沿筒壁方向布置）；框筒柱截面形状宜选用矩形（对圆形、椭圆形结构平面，柱截面宜为长弧形），必要时可以采用 T 形截面，角柱还可以采用 L 形截面。

8）外框筒角柱是保证筒中筒结构整体侧向刚度的重要构件，在水平力作用下，角柱的轴向变形通过与其相连的框筒梁在翼缘框架柱中产生轴向力并提供较大的抗倾覆力矩，因此，角柱的截面选择与筒中筒结构抗倾覆能力的发挥有直接关系；从筒中筒结构的内力分布规律来看，角柱在水平力作用下轴向力很大而平均剪力不大且小于中部柱，在楼面竖向荷载作用下轴向压力不大且也小于中部柱（楼盖结构设计时，应注意使楼面荷载向角柱传递，以避免在地震作用下角柱出现偏心受拉的不利情况），但从角柱所处的位置及其重要性来考虑，应使角柱比中部柱具有更强的承载力，但又不宜将角柱截面设计得过大，一般可取中部柱截面面积的 1～2 倍。

（2）竖向布置要求

1）内筒是筒中筒结构抗侧力的主要结构，宜贯通建筑物全高，其刚度沿竖向宜均匀变化，以免结构的侧移和内力发生急剧变化；为了使筒中筒结构具有足够的侧向刚度，内筒的刚度不宜过小，其宽度可取筒体结构高度的 1/12～1/15；当外框筒内设置刚度较大的角筒或剪力墙时，内筒的平面尺寸可适当减小。

2）内筒底部加强部位及相邻上一层不应改变墙厚。

3）内筒外墙上较大的门洞口沿竖向宜连续布置；洞口上方的连梁宜设计成较强的连梁，不应设计成一般连梁或弱连梁。

4）外框筒立面的开洞率不宜大于 60%，宜控制在 50%～60% 范围内；洞口高宽比宜与层高与柱距之比相近；外框筒的框筒梁截面高度可取柱净距的 1/4，且不小于 600mm。

（3）楼盖结构布置要求

1）外框筒与内筒之间的楼盖应采用整体性和刚度均较好的现浇钢筋混凝土结构体系。楼盖结构的布置宜使竖向构件受力均匀。

2）楼盖结构可根据其受力情况、使用要求、施工条件等因素经综合分析后选用。在保证刚度和承载力的条件下，楼盖结构宜采用较小的截面高度，以降低建筑物的层高及减轻结构自重。一般可选用下列两种楼盖类型的一种：

① 无梁楼盖体系　在外框筒和内筒之间采用钢筋混凝土平板或后张预应力钢筋混凝土平板（含现浇预应力空心板），其结构高度最小，可降低结构层高及建筑物总高度，对建筑物外墙的竖向温度变化的约束也较小，采取适当构造措施后可假定楼盖与外框筒的连接为铰接，其适用跨度一般不大于 10m，但在地震作用下，楼盖对外框筒柱的约束较小，会对外框筒柱的抗震性能及稳定性有不利影响，仅适用于低烈度地震区及非地震区。

② 有梁楼盖体系　在外框筒和内筒之间布置钢筋混凝土或后张预应力钢筋混凝土肋形梁板楼盖、密肋形梁板楼盖或扁梁楼盖。肋形梁板楼盖中的肋形梁，其中距应与外框筒柱的中距相同。密肋形梁板楼盖中肋梁的中距除根据技术经济合理性确定外，尚应在外框筒柱处布置肋梁；在外框筒柱处的肋梁应适当加宽，其宽度宜满足框架梁的最小截面宽度要求；肋梁的截面高度宜取外框筒至内筒中距的 1/12～1/18，并沿外框筒周边设置与肋梁高度相同的边肋梁以加强楼盖与外框筒的连接。

3）外框筒柱受肋形梁（框架梁）的约束，在水平荷载和楼面竖向荷载作用下，在其截面的两个主轴方向均会产生较大的弯矩，因此，外框筒柱应按双向偏心受压构件验算其承载力。

4）楼盖外角处的加强配筋要求同框架-核心筒结构楼盖。

5）内筒的外围楼板不宜开设较大的洞口；当不可避免时，较大洞口周边应设边梁加强。

6）钢筋混凝土平板或密肋楼板，在内筒处可按刚接连接考虑。

7）内筒内部的楼板厚度不宜小于120mm，宜双层双向配筋。

8）楼面梁不宜支承在内筒连梁上，也不宜集中支承在内筒的转角处，内筒在楼面梁支承处，当未设置扶壁柱或扶壁墙时，宜设置暗柱。

5.4.4 筒体结构楼盖角区楼面梁的布置主要有几种形式？布置时应注意什么问题？

（1）筒体结构的楼盖当采用梁板式楼面结构时，楼盖角区楼面梁的布置十分重要。楼盖角区楼板双向受力，支承条件复杂。楼盖角区梁的布置主要有下列几种形式：

1）角区布置斜梁，两个方向的楼盖梁与斜梁相交，受力明确，而且给角柱以较大的竖向荷载，对角柱有利。但这种布置方案，斜梁跨度及受力较大，梁截面高度大，不便于机电设备管道穿行；楼面梁长短不一，种类也较多（图5.4-4a）。

2）角区布置单向梁，结构布置简单，受力传力明确，但有一根梁受力很大，可隔一层改变一次梁的布置方向，使墙体受力均衡（图5.4-4b）。

3）角区布置双向梁，采用这种布置方案时，楼面结构高度可减小，有利于降低层高（图5.4-4c）。

采用第2）、3）种楼面梁布置方案时，由于传给角柱的楼面荷载小，角柱有可能出现轴向拉力。

4）当筒体结构外框架角柱采用L形截面时，角区也可以采用双斜梁布置方案（图5.4-4d）。

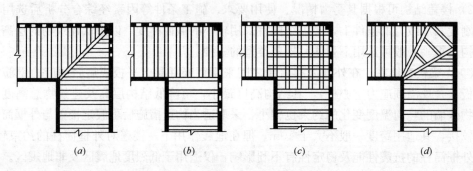

| (a) | (b) | (c) | (d) |

图5.4-4 楼面角区梁布置示意

（2）楼面主梁不宜支承在核心筒或内筒的连梁上，主要是为了避免连梁发生剪扭脆性破坏；为此，可将楼面梁斜放支承在洞口边的墙上，并且相邻层错开，使墙体受力均衡。

（3）楼面主梁不宜集中支承在核心筒或内筒的角部，主要是为了避免筒体角部钢筋过于密集，影响混凝土的浇灌质量；为此，可以将楼面梁在筒体角部相互错开一定距离布置；梁端边缘错开距离一般可控制在250mm左右。

5.4.5 筒体结构的边缘构件、外框筒梁或内筒连梁、扶壁柱或暗柱及外框架柱等构件的设计有什么特点？

（1）筒体结构的混凝土强度等级不宜低于C30；筒中筒结构的高度不宜低于80m，高宽比不宜小于3。

（2）框架-核心筒结构的核心筒和筒中筒结构的内筒墙肢的轴压比限值：一级抗震等级（9度）为0.4；一级抗震等级（6、7、8度）为0.5；二、三级抗震等级为0.6。当墙肢的轴压比，一级抗震等级（9度）大于0.1、一级抗震等级（6、7、8度）大于0.2、二、三级抗震等级大于0.3时，核心筒和内筒底部加强部位及相邻上一层的墙肢应按照《高层建筑规程》第7.2.15条和第9.2.2条的要求设置约束边缘构件；当墙肢的轴压比，一级抗震等级（9度）不大于0.1、一级抗震等级（6、7、8度）不大于0.2、二、三级抗震等级不大于0.3时，核心筒和筒中筒结构的内筒底部加强部位的角部墙肢仍应按《高层建筑规程》图7.2.15的转角墙的要求设置约束边缘构件。

（3）框架-核心筒结构的核心筒、筒中筒结构的内筒，筒体角部的边缘构件应按下列要求加强：底部加强部位及相邻上一层，约束边缘构件沿墙肢的长度应取墙肢截面高度的1/4，且约束边缘构件范围内应主要采用箍筋；底部加强部位以上的全高范围内宜按《高层建筑规程》图7.2.15的转角墙设置约束边缘构件。

框架-核心筒结构的核心筒、筒中筒结构的内筒，筒体角部以外部分的边缘构件按下列要求加强：底部加强部位及相邻上一层，约束边缘构件应按《高层建筑规程》第7.2.15条的规定设置，底部加强部位以上的全高范围内应按《高层建筑规程》第7.2.16条的规定设置构造边缘构件。

（4）当边缘构件邻近洞口时，应将边缘构件的长度延伸至洞口边，并按扩大后的边缘构件截面面积计算其构造配筋；当墙肢的长度不大于4倍墙厚或1.2m时，该墙肢宜按框架柱进行截面设计，且宜全高加密箍筋。

（5）抗震设计时，框架-核心筒结构的核心筒的连梁，宜通过配置对角斜向钢筋或交叉暗撑来提高其延性。核心筒连梁设置对角斜向钢筋或交叉暗撑的做法详见本书第2章图2.6-26。

（6）筒中筒结构外框筒梁和内筒连梁的设计要求详见本书第5章第5.2节5.2.15。外框筒梁和内筒连梁设置交叉暗撑或对角斜向钢筋的做法详见本书第2章图2.6-26。

（7）核心筒和筒中筒结构的内筒外墙墙肢支承楼盖梁的扶壁柱或暗柱，除满足受压和受弯承载力（墙肢平面外）的要求外，其纵向受力钢筋的总配筋率不宜小于0.9%（一级抗震等级）、0.7%（二级抗震等级）、0.6%（三级抗震等级）和0.5%（四级抗震等级）；箍筋和拉条的直径一、二、三级抗震等级不应小于8mm，四级抗震等级不应小于6mm；非加密区箍筋的间距一、二、三级抗震等级不应大于150mm，四级抗震等级不应大于200mm。

（8）筒中筒结构的外框筒柱的剪跨比不大于2，但不小于1.5时，宜在柱截面设计时采取设置芯柱等构造加强措施，并配置足够的箍筋（体积配箍率不应小于1.2%），箍筋直径不宜小于12mm（一、二级抗震等级）、10mm（三级抗震等级），箍筋间距不应大于100mm（一、二级抗震等级时尚不应大于纵向钢筋直径的6倍），沿柱全高设置；当外框筒柱的剪跨比小于1.5时，外框筒柱属于超短柱，应采取截面内设置型钢等特殊加强措施。

（9）核心筒和筒中筒结构的内筒外墙墙肢在底部加强部位及其相邻上一层的竖向和水平向分布钢筋的配筋率不应小于0.3%，钢筋直径不应小于10mm，也不应大于1/10的墙肢截面厚度，钢筋间距不应大于200mm；墙肢竖向和水平向分布钢筋的拉结筋直径不应小于8mm，拉结筋间距不应大于600mm。

（10）筒体结构的外框筒和内筒（包括框架-核心筒结构的核心筒）角部必要时应采取加强截面等措施（图5.4-5）。

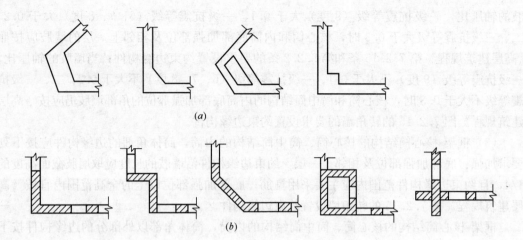

图 5.4-5 筒体结构角部加强示意

（a）内筒角部加强；（b）外框筒角部加强

5.4.6 框架-核心筒结构设置加强层时，设计中应当注意什么问题？

加强层是水平伸臂构件和水平环带构件等加强构件所在楼层的总称，水平伸臂构件和水平环带构件的功能不同，不一定同时设置，但如果同时设置，它们一般都设在同一层内。凡是具有二者之一的楼层，都可以称为加强层，但通常是设置水平伸臂构件，必要时才设置水平环带构件。

（1）筒体结构设置加强层的主要目的是要增强结构的抗侧刚度，减少结构在水平力作用下的位移和内筒的弯矩。但筒体结构设置加强层也带来一些不利影响。加强层使结构在加强层所在楼层的上、下相邻楼层的柱弯矩和剪力发生突变，不仅增加了柱配筋设计上的困难，而且上、下柱与一个刚度很大的水平伸臂构件相连，地震作用下这些柱子容易出现塑性铰或被剪坏；加强层也使结构沿竖向发生刚度突变，并伴随着结构内力的突变，以及整体结构传力途径的改变，从而使结构在地震作用下，其破坏和位移容易集中在加强层附近，形成薄弱层，对抗震不利。因此，在地震区是否设置，必须慎重考虑，否则会弊大于利。

（2）在筒中筒结构中，外框筒主要依靠密柱、深梁使翼缘框架各柱承受较大的轴向力，结构的侧向刚度很大，设置加强层对减小结构位移的作用相对较小，反而带来柱沿竖向内力突变的不利后果，因此在筒中筒结构中，一般不再设置加强层。

（3）在框架-核心筒结构中，通常在低烈度地震区，由风荷载控制结构设计时，用设置加强层的方法增加结构抗侧刚度和减小位移，是较好的方案选择。在中等烈度和高烈度地震区，则应做方案比较，要看结构的层间位移是否满足规范或规程的要求，相差多少，慎重选择加强层的刚度和数量。如果不设加强层结构的层间位移已能满足规范或规程的要求，则不必设置加强层。

（4）设置加强层的高层建筑结构应符合下列要求：

1）9度抗震设计时不应采用带加强层的结构。

2）加强层的位置和数量要合理有效，刚度大小要适宜；当布置一个加强层时，其位

置可设在 $0.6H$ 附近（H 为建筑物从室外地面到主要屋面板顶的高度）；当布置 2 个加强层时，其位置可分别设在顶层和 $0.5H$ 附近；当布置多个加强层时，加强层宜沿竖向从顶层向下均匀布置。

布置一个加强层时，加强层附近结构的内力突变较大，而设置多个加强层时，内力突变幅度会减小，但结构用钢量和造价将会增加。

3）加强层的水平伸臂构件宜贯通核心筒，其平面布置宜位于核心筒的转角处、T 形节点处，以便保证水平伸臂构件实现与剪力墙刚接，这是水平伸臂构件将筒体剪力墙的弯曲变形转换成外框架柱的轴向变形，从而减少结构在水平力作用下侧移的前提条件；由于水平伸臂构件的刚度大，外框架柱相对来说，截面尺寸较小，刚度不大，而轴力又较大，不宜承受很大的弯矩，所以，水平伸臂构件与外框架柱的连接宜采用铰接或半刚接，不宜采用刚接，如采用刚接，则与水平伸臂构件相连的外框架柱的承载力设计和延性设计均比较困难。

结构内力与位移计算时，设置水平伸臂构件的楼层，宜考虑楼板平面内的变形，以便计算常用的桁架式水平伸臂构件上、下弦杆的轴力和轴向变形，对结构整体内力和位移的计算也比较合理。

4）应避免加强层及其相邻层框架柱因内力增加而引起的破坏。加强层及其相邻上、下层框架柱的配筋应加强；加强层及其相邻层核心筒的配筋也应加强。

5）加强层及其相邻层楼盖刚度和配筋应加强。

6）在施工程序上及连接构造上应采取措施减小结构竖向温度变形及轴向压缩对加强层的影响。结构分析模型应能反映施工措施的影响。

（5）加强层的水平伸臂构件和周边水平环带构件可采用斜腹杆桁架、实体梁、空腹桁架、整层或跨若干层高的箱形梁等结构形式。设置水平伸臂构件的目的是，增大外框架柱的轴力，相应增大外框架柱的抗倾覆力矩，从而减少核心筒（内筒）的弯曲变形和弯矩，增大结构的抗侧刚度，从而减小结构的侧移（图 5.4-6）；设置周边水平环带构件的目的是，加强结构周边各竖向构件的联系，加强结构整体性，协调结构周边各竖向构件的变形，减小竖向变形差异，使竖向构件受力较均匀。

在筒中筒结构中，设置周边水平环带构件，可以加强外框筒梁（深梁）的作用，减小剪力滞后，因此，在筒中筒结构中，当有必要时，通常是设置周边水平环带构件而不是设

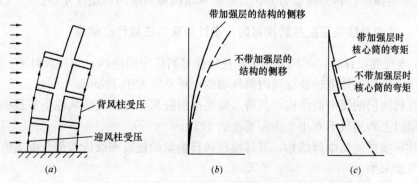

图 5.4-6　加强层的作用原理

（a）带加强层的结构在水平荷载作用下的变形；（b）结构侧移；（c）核心筒的弯矩

置水平伸臂构件。在框架-核心筒结构中，设置周边水平环带构件也会加强外框架柱之间的联系，也会减小稀柱之间的剪力滞后，并增大翼缘框架柱的轴向力，从而减小结构的侧移，但是在这方面，它的作用不如设置水平伸臂构件的作用直接和明显。

在实际工程中，水平伸臂构件和周边水平环带构件经常采用钢桁架，既可减轻重量，又可在工厂制作后运到现场安装，施工十分方便，且自然形成通道，是较为理想的结构形式。

在框架-核心筒结构中，当水平伸臂桁架构件和周边水平环带桁架构件结合使用时，周边环带桁架构件不仅使外框架的轴力趋于均匀，对减小结构的侧移起一定作用，而且还会减小水平伸臂桁架的刚度，因此，周边环带桁架和水平伸臂桁架结合使用，有利于减少框架柱和核心筒的内力突变。

（6）加强层的水平伸臂构件宜沿建筑物的两个主轴方向同时布置，并对称于建筑物的主轴，且在每个方向不应少于三道；应尽量避免水平伸臂构件使核心筒墙肢产生平面外的弯曲变形。

（7）抗震设计时，带加强层的高层建筑结构还应符合下列要求：

1）加强层及其相邻层的框架柱和核心筒剪力墙的抗震等级应提高一级采用，一级提高至特一级，若原抗震等级为特一级时则不再提高，但应采取特殊加强措施。

2）加强层及其上、下相邻一层的框架柱，箍筋应全柱段加密；轴压比一级抗震等级时不应超过 0.70，二级抗震等级时不应超过 0.80，三级抗震等级时不应大于 0.85；柱截面配筋时宜在中部设置芯柱；柱的纵向钢筋由于可能偏心受拉应采用机械连接或等强焊接。

3）加强层及其上、下相邻一层的框架柱，纵向钢筋的最小配筋率对中柱不宜小于 1.4%，角柱不宜小于 1.6%；柱端箍筋加密区的配箍特征值宜增加 20%；核心筒墙肢竖向和水平分布钢筋最小配筋率不应小于 0.35%，底部加强部位的水平和竖向分布钢筋的最小配筋率不应小于 0.40%，加强层及其相邻层核心筒剪力墙应设置约束边缘构件，约束边缘构件纵向钢筋的配筋率不应小于 1.4%，箍筋的配箍特征值宜增加 20%。

（8）带加强层的高层建筑结构，其整体内力和位移计算应符合下列要求：

1）应采用至少两个不同力学模型的三维空间分析软件进行结构整体内力和位移计算。

2）应采用弹性时程分析方法进行补充计算。

3）宜采用弹塑性静力或动力分析方法验算结构薄弱层的弹塑性变形。

5.4.7　筒中筒结构带托柱转换层时，设计中应当注意什么问题？

（1）9 度抗震设计时，不应采用带托柱转换层的筒中筒结构；抗震设计时，带托柱转换层的筒中筒结构的外围转换柱与内筒外墙的中距不宜大于 12mm。

带托柱转换层的筒中筒结构，其剪力墙底部加强部位的高度应从地下室顶板算起，宜取至转换层以上两层且不宜小于房屋高度的 1/10。

带托柱转换层的筒中筒结构，其转换柱和转换梁的抗震等级应按部分框支剪力墙结构中的框支框架采纳。

筒中筒结构转换层的设置位置，考虑到其刚度变化、受力情况同框支剪力墙结构不同，对转换层设置位置不作限制。

　　带托柱转换层的筒中筒结构，其转换结构构件可采用转换梁、桁架、空腹桁架、拱和斜撑等。

　　特一级、一级、二级转换结构构件的水平地震作用计算内力应分别乘以增大系数1.9、1.6、1.3；转换结构构件应按《高层建筑规程》第 4.3.2 条的规定考虑竖向地震作用。

　　（2）筒中筒结构的外框筒柱子的间距较小，一般不大于 4m，而且柱子截面又较大，很难满足正常使用的要求，例如，要设置较大出入口，或便于同裙房的大空间连通等。为此，常常需要将结构底部一层或几层的部分柱子抽去，以扩大柱距，满足建筑功能的要求。抽柱的一般原则是：保留角柱，隔一抽一，或保留角柱和相邻的柱子，隔一抽一。

　　（3）筒中筒结构由于底部一层或几层抽去部分柱子，会使结构底部的侧向刚度降低，其内力也会发生变化，除外框筒柱子的轴向力增加外，内筒会承受更大的剪力和弯矩，由于筒中筒结构的底部楼层抽去一部分柱子，使上部结构的部分柱子不能直接连续贯通落地，所以应设置结构转换层并在结构转换层内布置转换结构构件。

　　（4）筒中筒结构的底部楼层抽去一部分柱子后，由于上、下部柱子和转换结构构件都在同一平面内，转换构件比较简单，受力也明确。常用的转换结构构件有实腹梁、斜腹杆桁架、空腹桁架、斜撑和拱等（图 5.4-7）。

　　具有这类转换构件的筒中筒结构，转换层上、下层的差别主要是减少了柱子，因此上、下层的侧向刚度相差不会很大，只是由于下层跨度较大，上柱传来的竖向荷载大，要采用刚度及承载力大的水平构件作为转换构件，但应注意尽量选择适当的转换构件，以减少刚度突变。

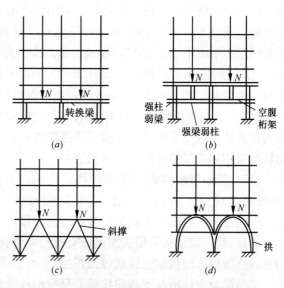

图 5.4-7　筒中筒结构抽柱转换结构构件
(a) 转换梁；(b) 空腹桁架；(c) 斜撑；(d) 拱

　　（5）筒中筒结构当采用实腹梁或空腹桁架作转换构件时，图 5.4-7（a）或（b）中，N 点处的附加竖向变形受其上部几层处框筒梁刚度的约束，抽柱后柱的轴力通过其上部几层外框筒梁竖向变形的协调有一部分转移到相邻的落地柱子上，因而实腹梁和空腹桁架受力不会很大，结构的三维空间分析软件的计算结果能恰当地反映其实际受力状态，这与框支剪力墙结构的框支梁的受力状态有较大的不同。当采用斜撑或拱作转换构件时，图 5.4-7（c）或（d）中 N 点处基本上不产生附加竖向变形，转换层以上外框筒的内力也基本不发生变化，但应注意斜撑或拱产生的水平推力的传递及对外框筒角柱的影响。

　　（6）筒中筒结构转换层以下柱子的轴压比，宜通过截面调整使其与转换层以上柱子的轴压比相近；转换层以下柱子的剪压比抗震设计时不宜大于 0.15。

(7) 筒中筒结构的转换构件采用梁或空腹桁架时，梁或弦杆截面高度不宜过大，因其内力与梁或弦杆的刚度成正比；梁或弦杆的宽度宜比上柱的宽度大 100mm，以利于上部柱纵向钢筋的锚固；当转换构件采用斜撑或拱时，斜撑或拱的宽度基于同样的原因亦宜比上部柱的宽度大 100mm；斜撑或拱的截面尺寸由轴压比确定，斜撑及拱的轴压比限值与外框筒柱限值相同。

转换层的托柱转换梁等构件宜在托柱位置设置正交方向的框架梁或楼面梁。

(8) 筒中筒结构的转换构件采用空腹桁架、斜撑及拱时，应加强节点的配筋及连接和锚固的构造措施，防止应力集中的不利影响；空腹桁架应整层布置，并应有足够的刚度。空腹桁架的上、下弦杆宜考虑楼板作用，并应加强上、下弦杆与框架柱的锚固连接构造；其竖腹杆应按强剪弱弯进行截面配筋设计，并加强箍筋配置以及与上、下弦杆的连接构造措施。当转换构件采用实腹梁时，实腹梁及其以上三层的外框筒梁应按偏心受拉杆件进行截面配筋设计及构造处理。

托柱转换梁应沿腹板高度配置抗扭腰筋，其直径不宜小于 12mm，间距不宜大于 200mm。

(9) 筒中筒结构的转换层楼板（采用空腹桁架作转换构件时，为上、下弦杆所在楼层的楼板）厚度不宜小于 180mm，应采用双层双向配筋，除满足计算要求外，每层每个方向的配筋率不应小于 0.25%，楼板的钢筋应在边梁或墙体内锚固 l_{aE}；转换层在内筒与外框筒之间的楼板不宜开洞，必须开洞时，不应开设洞口边长与内外筒间距之比大于 0.15 的洞口；当洞口边长大于 800mm 时，应在洞口周边设置边梁或暗梁加强，暗梁宽度宜取 2 倍板厚，开洞楼板除满足计算要求外，边梁或暗梁纵向钢筋的配筋率不应小于 1.0%，纵向钢筋的连接应采用机械连接或等强焊接；转换层楼板边缘也应设置边梁或暗梁加强。与转换层相邻楼层的楼板也应适当加强。

(10) 筒中筒结构转换层的转换结构构件及其以下的竖向结构构件，其设计应符合《高层建筑规程》第 10.2.7 条、10.2.8 条、10.2.10 条、10.2.11 条和 10.2.12 条的要求，纵向受力钢筋应采用机械连接或等强焊接。

(11) 筒中筒结构采用实腹梁或空腹桁架作转换构件时，转换层以上三层的梁的纵向钢筋的连接应采用机械连接或等强焊接。

实腹梁及空腹桁架下弦应按偏心受拉构件设计。

当采用斜撑或拱作转换构件时，斜撑或拱不应出现偏心受拉情况。

(12) 带转换层的筒中筒结构，其整体内力和位移计算应符合下列要求：

1) 应采用至少两个不同力学模型的三维空间分析软件进行整体的内力和位移计算。

2) 应采用弹性时程分析进行补充计算。

3) 宜采用弹塑性静力或动力分析方法验算薄弱层的弹塑性变形。

4) 宜进行不抽柱的三维空间整体分析与抽柱后的三维空间整体分析（其计算模型应能反映或模拟带转换层的结构的实际工作状态），并对其侧向变形与主要构件的内力进行比较。

5) 采用斜撑或拱作转换构件时，宜采用抽柱前最大的组合轴力设计值对其进行简化补充计算，并与抽柱后的整体空间三维分析结果进行比较。

5.5 带转换层的高层建筑结构

5.5.1 底部带转换层的高层建筑结构，转换层的设置位置有何规定？

带转换层的高层建筑结构属于不规则的复杂结构，在地震作用下容易形成敏感的薄弱部位，造成地震震害。底部带转换层的高层建筑结构包括底部带托墙转换层的"部分框支剪力墙结构"和带托柱转换层的简体结构两类。试验研究表明，转换层的设置位置对高层建筑结构的抗震性能有重大的影响。高层建筑结构底部转换层的位置越高，转换层上、下刚度突变越大，转换层上、下结构内力传递途径的突变也会加剧；而且，转换层的位置越高，落地剪力墙或简体易出现弯曲裂缝，从而使框支柱的内力增大，转换层上部附近的剪力墙易于破坏。总之，带转换层的高层建筑结构，底部转换层的位置越高对抗震越不利。因此，《高层建筑规程》不仅对"部分框支剪力墙结构"的适用范围、最大适用高度和落地剪力墙的间距等做出了较严格的限制，而且对带托墙转换层的部分框支剪力墙结构底部转换层的设置位置也做出了限制性的明确规定：

（1）底部带托墙转换层的高层剪力墙结构通常称为"部分框支剪力墙结构"。部分框支剪力墙高层建筑结构在地面以上的大空间层数（转换层在地面以上的位置），8度抗震设计时不宜超过3层；7度抗震设计时不宜超过5层；6度抗震设计时其层数可适当增加，但当无可靠经验时，不宜超过6层。

（2）底部带托柱转换层的框架-核心筒结构和外筒为密柱框架的筒中筒结构，由于转换层上、下层结构的刚度突变不明显，受力情况同部分框支剪力墙结构不同，其转换层的设置位置可不作限制。

（3）转换层的设置位置超过上述规定的部分框支剪力墙结构，属于超限高层建筑结构，应报请建设行政主管部门委托全国（或省、自治区、直辖市）的超限高层建筑工程抗震设防专家委员会进行抗震设防专项审查。

（4）9度抗震设计时不应采用带转换层的建筑结构；7度和8度抗震设计时高层建筑结构不宜同时采用超过两种的复杂结构❶。

（5）带托柱转换层的简体结构，其转换柱和转换梁的抗震等级按部分框支剪力墙结构中的框支框架采用。

（6）带托柱转换层的简体结构，除本节有规定外，其结构设计注意事项可参见本书第5章第5.4节第5.4.7条。

转换层的楼板、框支梁、框支柱、转换梁、转换柱、落地墙、箱形转换结构以及转换厚板等转换构件，其混凝土强度等级不应低于C30。

5.5.2 部分框支剪力墙结构的布置有哪些要求？

（1）结构平面布置宜简单、规则、均匀、对称，宜使水平力合力的中心与结构刚度中

---

❶ 根据《高层建筑规程》的规定，复杂高层建筑结构是指带转换层的结构、带加强层的结构、错层结构、连体结构以及竖向体型收进、悬挑结构等。

心接近或重合（不包括裙房），尽量避免扭转的不利影响。

（2）底部加强部位的落地剪力墙和筒体的墙体应加厚（底部带转换层的高层建筑结构，其剪力墙底部加强部位的高度可取转换层加上转换层以上两层的高度及落地剪力墙总高度的 1/10 二者的较大值）。落地剪力墙和筒体的洞口宜布置在墙体的中部。框支梁上一层墙体内不宜设边门洞，也不宜在中柱上方的墙体内设门洞。

（3）框支柱周围的楼板不应错层布置。

（4）落地剪力墙的间距 l 宜符合以下规定：

抗震设计：

底部为 1~2 层框支层时：$l \leqslant 2B$ 且 $l \leqslant 24\text{m}$；

底部为 3 层及 3 层以上框支层时：$l \leqslant 1.5B$ 且 $l \leqslant 20\text{m}$。

其中　B——落地剪力墙之间楼盖的平均宽度。

（5）落地剪力墙与相邻框支柱的距离，1~2 层框支层时不宜大于 12m，3 层及 3 层以上框支层时不宜大于 10m，以满足底部大空间楼层楼板的刚度要求，使转换层上部的剪力能有效地传递给落地剪力墙，从而使框支柱只承受较小的剪力。

（6）框支框架承担的地震倾覆力矩应小于结构总地震倾覆力矩的 50%；

（7）当框支梁承托剪力墙并承托转换次梁及其上剪力墙时，应进行应力分析，按应力校核配筋，并加强构造措施。B 级高度部分框支剪力墙高层建筑的结构转换层，不宜采用框支主、次梁方案。

（8）部分框支剪力墙结构的转换层楼板刚度直接决定其变形，并影响框支柱与落地剪力墙的内力分配与位移，因此必须加强转换层楼板的刚度及承载力。

转换层楼板必须采用现浇楼板，楼板厚度不宜小于 180mm，转换层楼板混凝土强度等级不宜低于 C30，并应采用双层双向配筋，每层每方向的配筋率不宜小于 0.25%，楼板中的钢筋应锚固在边梁或墙体内 l_{aE}；落地剪力墙和筒体外围的楼板不宜开洞。楼板边缘和较大洞口周边应设置边梁，其宽度不宜小于板厚的 2 倍，纵向钢筋的配筋率不应小于 1.0%，钢筋接头宜采用机械连接或等强焊接。与转换层相邻的楼层的楼板也应适当加强。

转换层楼板的钢筋在边梁或墙体内的锚固构造要求，可参见国家标准图集 16G101—1 第 99 页、11G329-1 第 6-3 页。

部分框支剪力墙结构中，抗震设计的矩形平面建筑框支转换层楼板，其截面剪力设计值应符合下列要求：

$$V_f \leqslant \frac{1}{\gamma_{RE}}(0.1\beta_c f_c b_f t_f) \tag{5.5-1}$$

$$V_f \leqslant \frac{1}{\gamma_{RE}}(f_y A_s) \tag{5.5-2}$$

式中　b_f、t_f——分别为框支转换层楼板的验算截面宽度和厚度；

V_f——由不落地剪力墙传到落地剪力墙处按刚性楼板计算的框支层楼板组合的剪力设计值，8 度时应乘以增大系数 2.0，7 度时应乘以增大系数 1.5。验算落地剪力墙时可不考虑此增大系数；

A_s——穿过落地剪力墙的框支转换层楼盖（包括梁和板）的全部钢筋的截面面积；

γ_{RE}——承载力抗震调整系数，可取 0.85。

（9）转换层上、下结构的侧向刚度比应符合以下规定：

1）当转换层设置在 1、2 层时，可近似采用转换层与其相邻上层结构的等效剪切刚度比 γ_{e1} 表示转换层上、下层结构刚度的变化，γ_{e1} 宜接近 1，抗震设计时 γ_{e1} 不应小于 0.5。γ_{e1} 可按下列公式计算：

$$\gamma_{e1} = \frac{G_1 A_1}{G_2 A_2} \times \frac{h_2}{h_1} \tag{5.5-3}$$

$$A_i = A_{w,i} + \sum_j C_{i,j} A_{ci,j} \quad (i = 1, 2) \tag{5.5-4}$$

$$C_{i,j} = 2.5 \left(\frac{h_{ci,j}}{h_i}\right)^2 \quad (i = 1, 2) \tag{5.5-5}$$

式中　G_1、G_2——分别为转换层和转换层上层的混凝土剪变模量；

A_1、A_2——分别为转换层和转换层上层的折算抗剪截面面积，可按式（5.5-4）计算；

$A_{w,i}$——第 i 层全部剪力墙在计算方向的有效截面面积（不包括翼缘面积）；

$A_{ci,j}$——第 i 层第 j 根柱的截面面积；

h_i——第 i 层的层高；

$h_{ci,j}$——第 i 层第 j 根柱沿计算方向的截面高度；

$C_{i,j}$——第 i 层第 j 根柱截面面积折算系数，当计算值大于 1 时取 1。

2）当转换层设置在第 2 层以上时，按《高层建筑规程》式（3.5.2-1）计算的转换层与其相邻上层的侧向刚度比不应小于 0.6。

3）当转换层设置在第 2 层以上时，尚宜采用图 5.5-1 所示的计算模型按公式（5.5-6）计算转换层下部结构与上部结构的等效侧向刚度比 γ_{e2}。γ_{e2} 宜接近 1，抗震设计时 γ_{e2} 不应小于 0.8。

$$\gamma_{e2} = \frac{\Delta_2 H_1}{\Delta_1 H_2} \tag{5.5-6}$$

式中　γ_{e2}——转换层下部结构与上部结构的等效侧向刚度比；

H_1——转换层及其下部结构（计算模型 1）的高度；

Δ_1——转换层及其下部结构（计算模型 1）的顶部在单位水平力作用下的侧向位移；

H_2——转换层上部若干层结构（计算模型 2）的高度，其值应等于或接近计算模型 1 的高度 H_1，且不大于 H_1；

Δ_2——转换层上部若干层结构（计算模型 2）的顶部在单位水平力作用下的侧向位移。

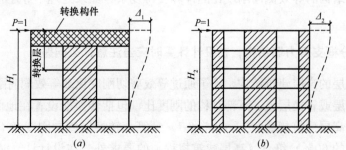

图 5.5-1 转换层上、下等效侧向刚度计算模型

（a）计算模型 1——转换层及下部结构；（b）计算模型 2——转换层上部结构

（10）抗震设计的矩形平面建筑的框支转换层楼板，其截面剪力设计值应符合下列要求（图 5.5-2）：

$$V_f \leqslant \frac{1}{\gamma_{RE}}(0.1\beta_c f_c b_f t_f) \tag{5.5-7}$$

$$V_f \leqslant \frac{1}{\gamma_{RE}}(f_y A_s) \tag{5.5-8}$$

式中　b_f、t_f——分别为框支层楼板的验算截面的宽度和厚度；

　　　　V_f——框支剪力墙结构由不落地剪力墙传到落地剪力墙处按刚性楼板计算的框支层楼板组合的剪力设计值，8 度抗震设计时应乘以增大系数 2.0，7 度抗震设计时应乘以增大系数 1.5；验算落地剪力墙时可不考虑此增大系数；$V_f = V_{f1} + V_{f2}$（图 5.5-2）；

　　　　A_s——穿过落地剪力墙的框支层楼盖（包括梁和板）的全部钢筋的截面面积；

　　　　γ_{RE}——承载力抗震调整系数，可取 0.85。

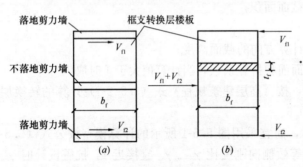

图 5.5-2　框支转换层楼板验算
(a) 平面示意图；(b) 计算简图

（11）抗震设计的矩形平面建筑的框支转换层楼板，当平面较长或不规则以及各剪力墙内力相差较大时，可采用简化方法验算楼板平面内的受弯承载力。

（12）转换层上部的竖向抗侧力构件（墙、柱）宜直接落在转换层的主结构上。当结构竖向布置复杂，框支主梁承托剪力墙并承托转换次梁及其上剪力墙时，在结构整体计算分析后，应对转换构件采用有限元等方法补充进行应力分析，按应力校核配筋，并加强配筋构造措施；当有必要时，可采用箱形结构转换构件。B 级高度的部分框支剪力墙高层建筑结构的结构转换层，不宜采用框支主、次梁方案。

（13）部分框支剪力墙结构的转换层及其下部结构的高度 H_1 通常取地下室顶板至转换层结构顶板的高度，这就要求结构工程师在设计部分框支剪力墙结构时，宜通过调整底部（包括地下室）结构的布置，尽量使地下室顶板符合作为上部结构嵌固条件的要求，以利于转换层上、下部结构的侧向刚度比计算和判断。否则，将会使部分框支剪力墙结构转换层上部与下部结构的等效侧向刚度比的计算变得复杂，如果处理不好还有可能影响结构的安全。

5.5.3　部分框支剪力墙结构，在设计计算时应当注意什么问题？

底部带转换层的高层建筑结构，除了通过等效剪切刚度比或等效侧向刚度比计算，控制转换层上、下层或转换层上、下部结构的刚度比（包括转换层设置在地面以上 3 层及 3 层以上时，按《高层建筑规程》式（3.5.2-1）计算，转换层侧向刚度尚不应小于相邻上部楼层侧向刚度的 60%）符合《高层建筑规程》的要求外，在设计计算时还应当注意以下问题：

(1) 带转换层的高层建筑结构，当设置地下室时（一般均应设置地下室），应将上部结构与地下室作为一个整体进行设计计算。

(2) 在采用 SATWE 软件进行结构整体计算时，在总信息中的"结构类别"参数栏内，应将结构填写为"部分框支剪力墙结构"；在"转换层所在层号"参数栏内，应填入转换层所在的结构自然层号，若有地下室则应包括地下室层号在内。

(3) 正确填写"框架的抗震等级"和"剪力墙的抗震等级"。对部分框支剪力墙结构，剪力墙底部加强部位和非底部加强部位的抗震等级在多数情况下不相同；在多数情况下，剪力墙底部加强部位的抗震等级比非底部加强部位高一级。因此，剪力墙的抗震等级可按"非底部加强部位剪力墙"的抗震等级填写（带转换层的框支剪力墙结构的底部加强部位，至少应包括转换层及转换层以上两层；当底部加强部位的高度由墙肢总高度的 1/10 控制时，底部加强部位在地面以上的层数，按计算确定），"底部加强部位剪力墙"的抗震等级可通过勾选 SATWE 软件总信息的"调整信息"中的"框支剪力墙结构底部加强区剪力墙抗震等级自动提高一级"参数来自动实现。当转换层的位置设置在地面以上 3 层及 3 层以上时，剪力墙的抗震等级仍可按"非底部加强部位剪力墙"的抗震等级来填写，但在这种高位转换的情况下，为了满足《高层建筑规程》关于框支柱、剪力墙底部加强部位的抗震等级宜按《高层建筑规程》表 3.9.3 和表 3.9.4 的规定提高一级采用的要求，则应通过"独立定义构件抗震等级"的菜单来定义框支柱、框支梁和剪力墙底部加强部位的抗震等级。当框支柱或底部加强部位的剪力墙的抗震等级已经为特一级时不再提高，但应加强抗震构造措施。

(4) 在"框架的抗震等级"参数栏内正确填写框支剪力墙结构框支框架的抗震等级后，结构工程师还应在程序的"特殊构件定义"菜单中，将托墙梁定义为"转换梁"，将与托墙梁相连的框架柱定义为"框支柱"，否则，程序不会按框支柱、框支梁进行设计和构造控制。同样，对于带转换层的筒体结构，将结构定义为"部分框支剪力墙"并正确填写了"转换层所在层号"后，也应在程序的"特殊构件定义"菜单中，将托柱梁定义为"转换梁"，将与托柱梁相连的框架柱定义为"转换柱"。这样定义后，程序会自动把转换梁及转换柱按框支梁、框支柱设计及构造控制。

(5) 底部带转换层的高层建筑结构，转换层上部楼层的部分竖向抗侧力构件不能连续贯通至下部楼层，因此，转换层是薄弱层。无论转换层上、下结构的侧向刚度比是否满足《高层建筑规程》附录 E 第 E.0.1 条～E.0.3 条的要求，在结构整体计算时，均应将转换层强制指定为薄弱层，并在总信息中的"强制指定的薄弱层个数"栏内，填入薄弱层个数为 1（如果结构不再有别的薄弱层要强制指定的话）和相应的转换层所在层号。这样，程序会自动将转换层（薄弱层）的地震剪力乘以 1.25 的增大系数。

(6) 特一级、一级、二级抗震设计的带转换层的高层建筑结构，除了考虑竖向荷载、风荷载和水平地震作用等的影响外，还应考虑竖向地震作用的影响。转换结构构件的竖向地震作用，可采用振型分解反应谱法或时程分析法进行计算；作为近似考虑，也可将跨度不大于 12m 的转换结构构件的竖向地震作用按《高层建筑规程》第 4.3.13 条～4.3.15 条的规定进行计算。

(7) 带转换层的高层建筑结构，除应采用至少两个不同力学模型的三维空间分析软件进行整体内力和位移计算外，还应采用弹性时程分析方法进行补充计算，也宜采用弹塑性静力或弹塑性动力分析法补充计算。

(8) 底部大空间部分框支剪力墙高层建筑结构整体计算后，除应输出一般高层建筑结构必须输出的计算结果及转换层上、下结构侧向刚度比外，还应输出框支框架部分承受的地震倾覆力矩百分率；框支框架部分承受的地震倾覆力矩不应大于结构总地震倾覆力矩的50%；当转换层在地面以上3层及3层以上时，还应特别注意每根框支柱所受的剪力是否达到基底剪力的3%（每层框支柱的数目不多于10根时）或每层框支柱承受剪力之和是否达到基底剪力的30%（每层框支柱的数目多于10根时）。

5.5.4 底部带转换层的高层建筑结构，转换结构构件的设计有哪些要求？

带转换层的高层建筑结构，转换层的转换结构构件可采用转换梁、桁架、空腹桁架、箱形结构、斜撑等；6度抗震设计时，转换构件可采用厚板，7、8度抗震设计的地下室的转换构件也可采用厚板。特一级、一级、二级转换结构构件的水平地震作用计算内力应分别乘以增大系数 1.9、1.6、1.3；转换结构构件应按《高层建筑规程》第4.3.2条的规定考虑竖向地震作用。

当转换层的位置设置在地上3层及3层以上时，框支柱、剪力墙底部加强部位的抗震等级应按《高层建筑规程》表3.9.3和表3.9.4的规定提高一级采用，已为特一级时可不提高。

(1) 转换梁（含框支梁）的设计要求如下

框支梁不仅受力很大，而且受力复杂，宜在结构整体计算后，按有限元方法补充进行详细分析。有限元分析和试验研究结果表明，在竖向荷载和水平荷载作用下，框支梁在大多数情况下为偏心受拉构件，并承受很大的剪力，因此《高层建筑规程》对框支梁的截面高度、宽度及框支梁组合的最大剪力设计值等规定了限制条件：

1) 转换梁与转换柱截面中心线宜重合。

2) 框支梁的截面宽度不宜大于框支柱相应方向的截面宽度，不宜小于其上部墙体截面厚度的2倍，且不宜小于400mm；当梁上托柱时，转换梁截面宽度尚应大于梁宽方向的柱截面边长；转换梁截面高度，不应小于计算跨度的1/8；框支梁可采用加腋梁。

3) 转换梁截面组合的最大剪力设计值应符合下式要求：

持久、短暂设计状况时 $V \leqslant 0.20\beta_c f_c b h_0$ (5.5-9)

地震设计状况时 $V \leqslant \dfrac{1}{\gamma_{RE}}(0.15\beta_c f_c b h_0)$ (5.5-10)

4) 当框支梁上部的墙体开有门洞或梁上托柱时，该部位梁的箍筋应加密配置，箍筋直径、间距及配箍率不应低于本条第9) 款的规定；当洞口靠近框支梁端部且梁的受剪承载力不满足要求时，可采取框支梁端加腋并加密箍筋或增大框支剪力墙洞口连梁刚度等措施（图5.5-3）。

5) 转换梁纵向钢筋接头宜采用机械连接，同一截面内接头钢筋截面面积不应超过全部纵筋截面面积的50%，接头位置应避开上部墙体开洞部位、

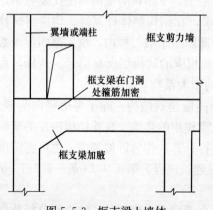

图 5.5-3 框支梁上墙体
有边门洞时梁的构造要求

梁上托柱部位及受力较大部位。

6）框支梁上、下纵筋（主筋）和腰筋的锚固宜符合图 5.5-4 的要求；当梁上部配置多排纵向钢筋时，其内排钢筋锚入柱内的长度可适当减小，但水平段长度和弯下段长度之和不应小于 l_{aE}。

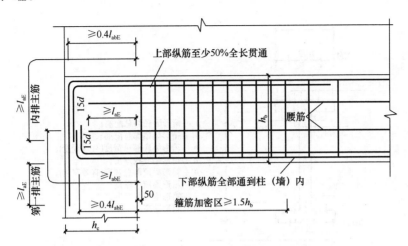

图 5.5-4　框支梁上、下纵筋（主筋）和腰筋的锚固

7）转换梁上、下部纵筋的最小配筋率，抗震设计时，特一级、一级、二级分别不应小于 0.60％、0.50％、0.40％。

8）偏心受拉的框支梁，其支座上纵筋至少应有 50％沿梁全长贯通，下部纵筋应全部直通到柱内；沿梁高应配置间距不大于 200mm、直径不小于 16mm 的腰筋（托柱转换梁的腰筋直径不应小于 12mm，间距不应大于 200mm）。

9）转换梁支座处（离柱边不小于 1.5 倍梁截面高度的范围内）箍筋应加密，加密区箍筋直径不应小于 10mm，间距不应大于 100mm；加密区箍筋最小面积配箍率，抗震设计时，特一级、一级和二级分别不应小于 $1.3f_t/f_{yv}$、$1.2f_t/f_{yv}$ 和 $1.1f_t/f_{yv}$；框支剪力墙门洞下方梁的箍筋也应按上述要求加密，对称加密范围不宜小于门洞宽加 2×1.5 倍梁高范围或托柱边两侧各 1.5 倍转换梁高范围，参见 16G101-1 第 97 页。

10）转换梁不宜开洞，若需开洞时，洞口边离开支座柱边的距离不宜小于梁截面高度，以减小开洞部位上下弦杆的内力值；开洞形成的上下弦杆应加强纵向钢筋和抗剪箍筋，或用型钢加强；被洞口削弱的截面应进行承载力计算。

（2）箱形梁的设计要求如下

1）箱形梁作为转换层的转换结构构件，一般应满层满跨布置，并且沿建筑物周边应设置横隔板形成箱形梁的外箱壁，相邻层的楼板则成为箱形梁的上、下翼缘，在上、下翼缘板间根据转换柱的布置情况和建筑功能要求应设置必要的双向横隔板，从而构成具有足够刚度和承载力的箱形梁结构。

2）箱形梁的上、下翼缘板（楼板）厚度不宜小于 180mm；横隔板的截面厚度应由剪压比通过计算确定，且不小于 400mm，其剪压比限值与框支梁要求相同。横隔板宜按深梁设计。

3）箱形梁的抗弯刚度应计入翼缘板（相连层楼板）作用，翼缘板的有效宽度为 12 倍翼缘板厚（中腹板梁）或6倍翼缘板厚（边腹板梁）。

4）箱形梁的配筋要求如下：

①箱形梁纵向钢筋的配置要求可参考图5.5-5，箱形梁纵向钢筋在框支柱内的锚固详见图5.5-4。

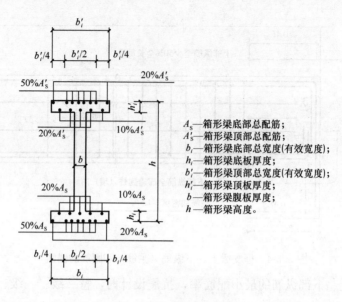

A_s——箱形梁底部总配筋；
A_s'——箱形梁顶部总配筋；
b_i——箱形梁底部总宽度(有效宽度)；
h_i——箱形梁底板厚度；
b_i'——箱形梁顶部总宽度(有效宽度)；
h_i'——箱形梁顶板厚度；
b——箱形梁腹板厚度；
h——箱形梁高度。

图5.5-5　箱形梁配筋示意图

②箱形梁腹板开洞构造要求及纵筋、腰筋和箍筋的构造要求同框支梁。

③箱形梁上、下翼缘板（楼板）的配筋设计应同时考虑板局部弯曲和箱形转换层整体弯曲的影响，即截面承载力设计时应该同时考虑这两种弯曲变形在截面内产生的拉应力和压应力。上、下翼缘板应双层双向配筋，每层每一方向的配筋率不宜小于0.25%，且不应小于$\Phi 12@200$。

④在箱形梁配筋示意图中，上、下翼缘板的$b_i' \times h_i'$和$b_i \times h_i$内宜配箍筋；箍筋直径、间距、加密区长度宜与相同抗震等级的框架梁要求相同；加密区箍筋间距取$h_i/2$、$h_i'/2$和100mm的较小值。

（3）转换厚板的设计要求如下

1）转换厚板的厚度可由厚板抗弯、抗剪、抗冲切截面验算确定。

2）转换厚板可局部做成薄板，薄板与厚板交界处可加腋；转换厚板亦可局部做成夹芯板。

3）转换厚板宜按整体计算时所划分的主要交叉梁系的剪力和弯矩设计值进行截面设计并按有限元法分析结果进行配筋校核；受弯纵向钢筋可沿转换厚板上部和下部分别双向配置，上部和下部每一方向钢筋的总配筋率不宜小于0.6%；转换厚板内暗梁抗剪箍筋的面积配箍率不宜小于0.45%。

4）为防止转换厚板的板端沿厚度方向产生层状水平裂缝，应在厚板外周边配置钢筋骨架网进行加强，双向钢筋网中钢筋的直径不宜小于16mm，间距不宜大于200mm，宜采用HRB335级或HRB400级钢筋配筋。

5）转换厚板上、下部的剪力墙、柱的纵向钢筋均应在转换厚板内可靠锚固（上、下对齐的剪力墙和柱，纵向钢筋能通长设置的应通长设置）。

6）与转换厚板相邻的上、下层楼板的配筋应适当加强，楼板的厚度均不宜小于 150mm。

7）转换厚板上、下部配置的双向钢筋网片之间应设置拉结筋，拉结筋宜成梅花形布置，拉结筋的直径不宜小于 16mm，间距不宜大于 400mm，并钩住钢筋网片交叉点处的外层钢筋。

8）转换厚板在上部集中力或支座反力作用下，应按《混凝土规范》进行抗冲切验算并配置必要的抗冲切钢筋。

（4）空腹桁架转换层的设计要求如下

采用空腹桁架作为转换结构时，空腹桁架宜满层满跨设置，应有足够的刚度保证其整体受力作用。空腹桁架上、下弦杆宜考虑楼板的作用，竖腹杆应按强剪弱弯进行配筋设计，加强箍筋的配置，并加强与上、下弦杆的连接构造和配筋。空腹桁架应加强上、下弦杆与框架柱的锚固连接构造。上部结构的竖向构件宜支承在桁架节点上。上部结构的密柱位置宜与空腹桁架竖腹杆重合。

5.5.5 转换柱（框支柱）的设计有哪些要求？

带转换层的高层建筑结构，其框支柱承受的地震剪力标准值应按下列规定采用。

（1）每层框支柱的数目不多于 10 根的情况，当底部框支层为 1～2 层时，每根框支柱所受的剪力应至少取基底剪力的 2％；当底部框支层为 3 层及 3 层以上时，每根框支柱所受的剪力应至少取基底剪力的 3％。

（2）每层框支柱的数目多于 10 根的情况，当底部框支层为 1～2 层时，每层框支柱承受的剪力之和应至少取基底剪力的 20％；当底部框支层为 3 层及 3 层以上时，每层框支柱承受的剪力之和应至少取基底剪力的 30％。

（3）框支柱的剪力调整后，应相应调整框支柱的弯矩及柱端框架梁（不包括转换梁）的剪力、弯矩，框支柱的轴力可不调整。

（4）框支柱的设计应符合下列要求：

1）柱内全部纵向钢筋的配筋率，不应小于表 5.5-1 的规定，且柱截面每一侧纵向钢筋配筋率不应小于 0.2％。

框支柱纵向钢筋的最小配筋率（％） 表 5.5-1

钢筋种类	抗 震 设 计		
	特一级	一 级	二 级
HRB400	1.65	1.15	0.95
HRB500	1.6	1.1	0.9

注：1. 当混凝土强度等级>C60 时，表中数值应增加 0.1；
　　2. 抗震设计时，Ⅳ类场地上较高的高层建筑，表中数值应增加 0.1。

2）抗震设计时，框支柱箍筋应采用复合螺旋箍或井字复合箍，箍筋的直径不应小于 10mm，箍筋间距不应大于 100mm 和 6 倍纵向钢筋直径的较小值，并应沿柱全高加密。

3）抗震设计时，一、二级抗震等级的框支柱箍筋的配箍特征值应比《高层建筑规程》

表 6.4.7 的规定值增加 0.02，特一级抗震等级的框支柱箍筋配箍特征值应比《高层建筑规程》表 6.4.7 的规定值增加 0.03。一、二级抗震等级和特一级抗震等级的框支柱，其配箍特征值详见表 5.5-2。

框支柱箍筋最小配箍特征值 λ_v

表 5.5-2

抗震等级	箍筋形式	轴 压 比				
		≤0.3	0.4	0.5	0.6	0.7
特一级	井字复合箍	0.13	0.14	0.16	0.18	—
	复合螺旋箍或连续复合螺旋箍	0.11	0.12	0.14	0.16	—
一 级	井字复合箍	0.12	0.13	0.15	0.17	—
	复合螺旋箍或连续复合螺旋箍	0.10	0.11	0.13	0.15	—
二 级	井字复合箍	0.10	0.11	0.13	0.15	0.17
	复合螺旋箍或连续复合螺旋箍	0.08	0.09	0.11	0.13	0.15

注：一、二级抗震等级框支柱体积配箍率不应小于 1.5%；特一级抗震等级不应小于 1.6%。

（5）框支柱设计尚应符合下列要求：

1）框支柱截面的组合最大剪力设计值应符合下式要求：

持久、短暂设计状况
$$V \leqslant 0.20\beta_c f_c b h_0 \tag{5.5-11}$$

地震设计状况
$$V \leqslant \frac{1}{\gamma_{RE}}(0.15\beta_c f_c b h_0) \tag{5.5-12}$$

2）柱截面宽度，抗震设计时不应小于 450mm；柱截面高度，抗震设计时不宜小于框支梁跨度的 1/12。

3）特一级、一级、二级抗震等级与转换构件相连的柱的上端和底层的柱下端截面的弯矩组合值应分别乘以增大系数 1.8、1.5、1.3；其他层框支柱柱端弯矩设计值应分别符合《高层建筑规程》第 3.10.4 条和第 6.2.1 条的规定。

4）特一级、一级、二级抗震等级柱端截面的剪力设计值，应分别符合《高层建筑规程》第 3.10.4 条和第 6.2.3 条的规定。

5）框支角柱的弯矩设计值和剪力设计值，应分别在上述第 3）、第 4）款基础上，乘以增大系数 1.1。

6）特一级、一级、二级抗震等级的框支柱由地震作用产生的轴力应分别乘以增大系数 1.8、1.5、1.2，但计算柱轴压比时不宜考虑该增大系数；特一级、一级、二级抗震等级的框支柱，其轴压比限值分别为 0.50、0.60、0.70；当框支柱剪跨比不大于 2 但不小于 1.5 时，其轴压比限值分别为 0.45、0.55、0.65。

7）纵向钢筋的间距，抗震设计时不宜大于 200mm；且均不应小于 80mm。抗震设计时柱内全部纵向钢筋的配筋率不宜大于 4.0%。

8）框支柱在上部墙体范围内的纵向钢筋应伸入上部墙体内不少于一层，其余柱纵向钢筋应锚入转换层梁内或板内，锚入梁、板内的钢筋长度，从柱边算起不应小于 l_{aE}。

9）框支短柱、特一级抗震等级的框支柱及高位转换时，框支柱宜采用型钢混凝土柱或钢管混凝土柱。

5.5.6 部分框支剪力墙结构的落地剪力墙（含钢筋混凝土筒体）设计有哪些要求？

（1）特一级、一级、二级、三级抗震等级落地剪力墙底部加强部位的弯矩设计值应按墙底截面有地震作用组合的弯矩值分别乘以增大系数 1.8、1.5、1.3、1.1 后采用；其截面组合的剪力设计值应按强剪弱弯的原则进行调整，特一级抗震等级乘以增大系数 1.9，一级抗震等级乘以增大系数 1.6，二级抗震等级乘以增大系数 1.4，三级抗震等级乘以增大系数 1.2。

落地剪力墙墙肢不宜出现偏心受拉。

（2）部分框支剪力墙结构，落地剪力墙底部加强部位墙体的水平和竖向分布钢筋的最小配筋率，抗震设计时，特一级抗震等级不应小于 0.4%，一级至三级抗震等级不应小于 0.3%。非底部加强部位墙体的水平和竖向分布钢筋的最小配筋率，特一级抗震等级不应小于 0.35%，一级至三级抗震等级不应小于 0.25%，四级抗震等级不应小于 0.20%。

抗震设计时，分布钢筋的间距不应大于 200mm，钢筋直径不应小于 10mm。

（3）部分框支剪力墙结构，剪力墙底部加强部位，墙体两端宜设翼墙或端柱；抗震设计时尚应按《高层建筑规程》第 7.2.15 条的规定设置约束边缘构件。

（4）部分框支剪力墙结构，落地剪力墙基础应有良好的整体性和抵抗转动的能力。

（5）部分框支剪力墙结构的落地剪力墙，当抗震等级为特一级、一级和二级，且轴向平均压应力较小（不大于 $0.2f_c$）而剪应力较大（大于 $0.15f_c$）时，为防止剪切滑移发生，可在墙肢底部设置防滑移的交叉斜向钢筋，斜向钢筋宜设在剪力墙两层分布钢筋之间，宜采用根数不多的较粗钢筋；钢筋的一端锚入基础内，另一端锚入墙内，锚入长度均应为 l_{aE}（图 5.5-6）。

一般情况下，交叉斜向钢筋的截面面积，可按承担落地剪力墙底部剪力设计值的 30% 考虑。即

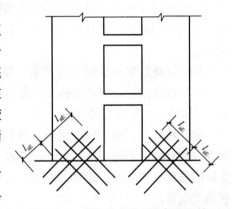

图 5.5-6 落地剪力墙根部斜向钢筋

$$A_s \geq \frac{0.3V_w}{f_y \sin\alpha} \tag{5.5-13}$$

式中 V_w——落地剪力墙底部的剪力设计值；

A_s——墙肢底部交叉斜向钢筋的总截面面积；

f_y——交叉斜向钢筋的抗拉强度设计值；

α——交叉斜向钢筋与地面的夹角，通常采用 45°。

（6）部分框支剪力墙结构框支梁上部一层墙体的配筋宜按《高规建筑规程》第 10.2.22 条第 3 款的要求进行校核；框支梁与其上部墙体的水平施工缝处宜按《高层建筑规程》第 7.2.12 条的规定验算抗滑移能力。

5.6 混 合 结 构

5.6.1 混合结构设计时，结构布置有哪些基本要求？

混合结构系由钢框架、型钢（钢管）混凝土框架或钢外筒、型钢（钢管）混凝土外

筒与钢筋混凝土核心筒体所组成的共同承受竖向和水平作用的高层建筑结构，其中主要包括钢框架-钢筋混凝土核心筒结构和型钢（钢管）混凝土框架-钢筋混凝土核心筒结构以及钢外筒-钢筋混凝土核心筒和型钢（钢管）混凝土外筒-钢筋混凝土核心筒结构等几大类，必要时，钢筋混凝土核心筒也可以设计成型钢混凝土筒体。

混合结构体系是近年来在我国迅速发展起来的一种新结构体系，由于其具有钢结构建筑自重轻、截面尺寸小、施工进度快的优点，同时又具有钢筋混凝土结构侧向刚度大、防火性能好、成本低的优点，因而被认为是一种比较符合我国国情的较好的高层建筑结构体系，受到工程界和投资商的广泛关注。但对于这种结构体系的抗震性能，国内外工程界仍存在不同的看法。其主要原因是，国外地震区较少采用钢框架-钢筋混凝土核心筒结构，对这种结构体系的震害经验缺乏应有的积累，对这种结构体系抗震性能的研究尚不够深入；国内也是近年来才开始采用这种结构体系，既缺乏必要的震害经验，也缺乏大量的系统研究，对这种结构体系在地震发生时的共同工作性能并未完全掌握，特别是对作为主要抗侧力结构的钢筋混凝土核心筒，在地震作用下从开裂到破坏对整个结构体系承载力的影响，地震剪力在钢筋混凝土核心筒和钢框架之间如何分配和再分配，钢框架柱承受的地震剪力如何合理调整，以及如何提高钢筋混凝土核心筒的延性等问题，都有待于进一步进行研究。

根据《高层建筑规程》的规定，混合结构的布置应符合下列要求：

（1）混合结构房屋的结构布置除应符合本节的规定外，尚应符合《高层建筑规程》第3.4节和第3.5节的有关规定。

（2）建筑平面的外形宜简单、规则、对称，宜采用方形、矩形、多边形、圆形、椭圆形等规则对称的平面，并尽量使结构的抗侧力中心与水平合力的中心重合，保证建筑物有足够的整体抗扭刚度。建筑的开间、进深宜统一，以减少构件的种类和规格，有利于制作和施工安装。

（3）筒中筒结构体系中，当外围钢框架柱采用 H 形截面柱时，宜将柱截面强轴方向布置在外围筒体平面内；角柱宜采用十字形、方形或圆形截面。

（4）楼盖主梁不宜搁置在核心筒或内筒的连梁上。

（5）混合结构的竖向布置宜符合下列要求：

1）结构的侧向刚度和承载力沿竖向宜均匀变化、无突变，构件截面宜由下至上逐渐减小，也应无突变。

2）混合结构中，外围框架柱沿高度宜采用同类结构构件；当外围框架柱的上部与下部的类型和材料不同时，应设置过渡层，且单柱的抗弯刚度变化不宜超过 30%；对于刚度变化较大的楼层，应采取可靠的过渡加强措施。

当结构下部采用型钢混凝土柱，上部采用钢结构柱时，在这两种结构类型间应设置结构过渡层，过渡层应满足下列要求（图 5.6-1）：

①从设计计算上确定某层柱可由型钢混凝土柱改为钢柱时，下部型钢混凝土柱应向上延伸一层作为过渡层，过渡层中的型钢应按上部钢结构设计要求的截面配置，且向下一层延伸至该层梁下部为 2 倍柱型钢截面高度为止。

②结构过渡层至过渡层底部梁以下 2 倍柱型钢截面高度范围内，应设置栓钉，栓钉的水平及竖向间距不宜大于 200mm；栓钉至型钢钢板边缘的距离宜大于 50mm，箍筋沿柱

应全高加密。

③十字形柱与箱形柱相连接处,十字形柱腹板宜伸入箱形柱内,其伸入长度不宜小于柱型钢截面的高度。

3) 对于刚度突变的楼层,如转换层、加强层、空旷的顶层、顶部突出部分、型钢混凝土框架与钢框架的交接层及其邻近楼层,亦应采取可靠的过渡加强措施。

国内外的震害经验表明,结构的侧向刚度或承载力沿竖向变化过大,会导致薄弱层(或软弱层)的变形和构件的应力过于集中,造成严重的震害。结构竖向刚度变化时,不但刚度变化的楼层

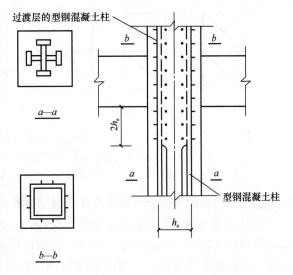

图 5.6-1　型钢混凝土柱与钢柱连接构造

受力增大,而且上下邻近楼层的内力也增大,所以加强薄弱层(或软弱层)时,亦应包括加强相邻楼层。

4) 混合结构中,钢框架部分采用支撑时,宜采用偏心支撑和耗能支撑,支撑宜连续布置,且在相互垂直的两个方向均宜布置,并互相交接;支撑框架在地下的部分,应延伸至基础。

所谓偏心支撑,是指钢框架结构的支撑至少有一端偏离梁柱连接节点,直接与梁连接,在支撑与梁连接点、与梁柱连接点之间或支撑与支撑之间形成耗能梁段。偏心支撑钢框架结构是一种新的结构体系,在大震发生时,耗能梁段在地震剪力作用下,首先产生剪切屈服,从而保证支撑的稳定,使结构具有良好的延性和耗能能力。钢框架结构的偏心支撑类型如图 5.6-2 所示。

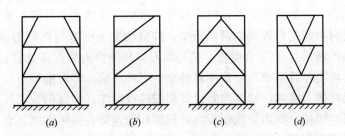

图 5.6-2　偏心支撑类型

(a) 门架式支撑;(b) 单斜杆支撑;(c) 人字形支撑;(d) V 字形支撑

偏心支撑的耗能梁段应采用延性好的 Q235 或 Q345 级钢材。

与偏心支撑相对照的钢框架结构中心支撑如图 5.6-3 所示。

当采用只能受拉的单斜杆支撑体系时,应同时设置不同倾斜方向的两组单斜杆支撑(图 5.6-3e)。

(6) 混合结构体系的高层建筑,7 度抗震设防时,宜在楼面钢梁或型钢混凝土梁与钢筋混凝土筒体交接处及筒体四角墙内设置型钢柱;8、9 度抗震设防时,应在楼面钢梁或

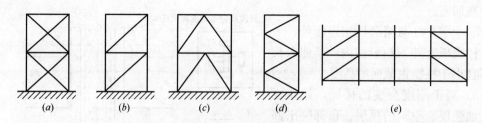

图 5.6-3   中心支撑类型

(a) 十字交叉支撑；(b) 单斜杆支撑；(c) 人字形支撑；
(d) K字形支撑（抗震设计的结构不得采用）；(e) 不同倾斜方向的单斜杆支撑布置

型钢混凝土梁与钢筋混凝土筒体交接处及筒体四角墙内设置型钢柱。

试验表明，钢梁与钢筋混凝土筒体交接处，由于存在弯矩和轴力，而筒体的剪力墙平面外的刚度又较小，很容易出现裂缝，因而在钢梁与筒体交接处的剪力墙内设置型钢柱既有利于控制墙体的裂缝，同时也方便钢结构的施工安装；钢筋混凝土筒体四角因受力较大，设置型钢柱后加强了约束作用，能使墙体延迟开裂，也能使墙体开裂后的承载力下降不致太多，防止结构严重破坏。因为钢筋混凝土筒体的塑性铰一般出现在筒体高度的 1/8 及其以下范围内，所以在此范围内，筒体四角的型钢柱还宜设置栓钉。

（7）混合结构中，外围钢框架平面内梁与柱应采用刚接连接；楼面梁与钢筋混凝土筒体的连接，当筒体中在该处设置型钢柱时，宜采用刚接连接；不设置型钢柱时，可采用铰接。楼面梁与外围框架柱的连接可采用刚接或铰接。加强层楼面梁与钢筋混凝土筒体的连接宜采用刚接。

外围钢框架平面内梁与柱采用刚接连接，能提高外框架的刚度及抵抗水平作用和扭转作用的能力。

（8）钢框架-钢筋混凝土筒体结构中，当采用 H 形截面柱时，宜将柱截面强轴方向布置在外框架平面内，角柱宜采用方形、十字形或圆形截面，并宜采用高强度钢材。

（9）混合结构，当侧向刚度不足时，可设置刚度适宜的水平伸臂桁架加强层来减少结构的侧移，必要时可同时布置周边带状桁架。伸臂桁架平面宜与抗侧力墙体的中线重合，宜布置在核心筒的转角及 T 字节点处。核心筒墙体与伸臂桁架连接处宜设置构造型钢柱，型钢柱宜至少延伸至伸臂桁架高度范围以外上、下各一层。伸臂桁架应与抗侧力墙体刚接且宜伸入并贯通抗侧力墙体，墙体内宜设置斜腹杆或暗撑；伸臂桁架与外周围框架柱的连接宜采用铰接或半刚接，周边带状桁架与外框架柱的连接宜采用刚接。水平伸臂桁架和周边带状桁架宜采用钢桁架。

（10）当布置有伸臂桁架加强层时，应采取有效措施，减少由于外框架柱与钢筋混凝土筒体竖向变形差异引起的桁架杆件内力的变化。

伸臂桁架在平面内的刚度很大。采用伸臂桁架将钢框架-钢筋混凝土筒体结构的内筒与外框架柱连接起来，结构在水平力作用下侧移时，伸臂桁架使外框架柱拉伸或压缩，从而使外框架柱承受较大的轴力，增加了外框架柱抵抗倾覆力矩的能力；同时，伸臂桁架使内筒产生反向的约束弯矩，内筒的弯矩图发生改变，内筒弯矩减小；内筒反弯因此也同时减小了结构的侧移。

采用伸臂桁架的钢框架-钢筋混凝土筒体结构，由于外框架柱与钢筋混凝土内筒存在竖向变形差异，会使伸臂桁架产生很大的附加内力，因而伸臂桁架宜分段安装，在主体结构施工完成后，再进行封闭安装，形成整体。

（11）混合结构的楼盖体系应具有良好的水平刚度和整体性，楼面宜采用压型钢板现浇混凝土楼板、现浇混凝土楼板或预应力叠合楼板，楼板与钢梁应有可靠的连接。出于经济性和安全性的考虑，国内工程通常不考虑混凝土楼板的组合作用。

（12）对于建筑物楼面有较大开口或为转换层楼层时，应采用现浇混凝土楼板。对楼板开口较大部位宜采取考虑楼板变形的程序进行内力和位移计算，并宜采取设置刚性水平支撑等加强措施。

（13）机房设备层、避难层及伸臂桁架上下弦杆所在楼层的楼板宜采用钢筋混凝土楼板，并应采取加强措施。

5.6.2 混合结构的设计有什么特点？

（1）混合结构中，钢框架-钢筋混凝土核心筒结构适用的最大高度系根据国内外的试验资料和工程经验偏于安全地确定的，比 B 级高度的混凝土框架-核心筒结构的适用高度略低，而型钢混凝土框架-钢筋混凝土核心筒结构适用的最大高度则比 B 级高度的混凝土框架-核心筒结构的适用高度略高；混合结构的适用最大高度与高宽比限值详见本书第 2 章 2.1 节表 2.1-4 和表 2.1-15，在风荷载及多遇地震作用下，按弹性方法计算的最大层间位移角限值详见《高层建筑规程》第 3.7.3 条。在罕遇地震作用下，结构的弹塑性层间位移应符合《高层建筑规程》第 3.7.5 条的有关规定。

（2）抗震设计时，混合结构框架部分所承担的地震剪力应符合《高层建筑规程》第 9.1.11 条的规定。

（3）在进行弹性阶段的内力和位移计算时，对钢梁及钢柱可采用钢材的截面计算，对型钢混凝土构件和钢管混凝土柱的刚度可采用型钢部分刚度与钢筋混凝土部分刚度之和，即

$$EI = E_c I_c + E_a I_a \qquad (5.6\text{-}1)$$

$$EA = E_c A_c + E_a A_a \qquad (5.6\text{-}2)$$

$$GA = G_c A_c + G_a A_a \qquad (5.6\text{-}3)$$

式中　$E_c I_c$、$E_c A_c$、$G_c A_c$——分别为钢筋混凝土部分的截面抗弯刚度、轴向刚度及抗剪刚度；

$E_a I_a$、$E_a A_a$、$G_a A_a$——分别为型钢、钢管部分的截面抗弯刚度、轴向刚度和抗剪刚度。

（4）在进行结构弹性分析时，宜考虑钢梁与混凝土楼板的共同作用，梁的刚度可取钢梁刚度的 1.5～2.0 倍，但应保证钢梁与楼板有可靠连接。弹塑性分析时，可不考虑楼板与梁的共同作用。

内力和位移计算中，设置水平伸臂桁架的楼层以及楼板开大洞的楼层应考虑楼板在平面内变形的不利影响，以便得到水平伸臂桁架弦杆的内力和弦杆的轴向变形。

（5）无端柱型钢混凝土剪力墙可近似按相同截面的混凝土剪力墙计算其轴向、抗弯和抗剪刚度，可不计端部型钢对截面刚度的提高作用。

有端柱型钢混凝土剪力墙可按 H 形混凝土截面计算其轴向和抗弯刚度，端柱内型钢可折算为等效混凝土面积计入 H 形截面的翼缘面积，墙的抗剪刚度可不计入型钢作用；

钢板混凝土剪力墙可将钢板折算为等效混凝土面积计算其轴向、抗弯和抗剪刚度。

(6) 竖向荷载作用计算时，宜考虑钢柱、型钢混凝土（钢管混凝土）柱与钢筋混凝土核心筒竖向变形差异引起的结构附加内力，计算竖向变形差异时宜考虑混凝土收缩、徐变、沉降及施工调整等因素的影响。

(7) 当混凝土筒体先于外围框架结构施工时，应考虑施工阶段混凝土筒体在风力及其他荷载作用下的不利受力状态；应验算在浇筑混凝土之前外围型钢结构在施工荷载及可能的风载作用下的承载力、稳定及变形，并据此确定钢结构安装与浇筑楼层混凝土的间隔层数。

(8) 柱间钢支撑两端与柱或钢筋混凝土筒体的连接可作为铰接连接计算。

(9) 混合结构在多遇地震作用下的结构阻尼比可取为 0.04，房屋高度超过 200m 时，阻尼比可取为 0.03；当楼盖梁采用钢筋混凝土梁时，相应结构阻尼比可增加 0.01；风荷载作用下楼层位移验算和构件设计时，阻尼比可取为 0.02～0.04；结构舒适度验算时的阻尼比可取为 0.01～0.02。在罕遇地震作用下，阻尼比可适当加大，可采用 0.05。

(10) 混合结构房屋抗震设计时，钢筋混凝土核心筒及型钢（钢管）混凝土框架和型钢（钢管）混凝土外筒的抗震等级详见本书第 2 章 2.1 节表 2.1-8，并应符合相应的计算和构造措施。

(11) 混合结构中钢构件应按《钢结构设计规范》GB 50017 及《高层民用建筑钢结构技术规程》JGJ 99 进行设计；钢筋混凝土构件应按《混凝土规范》及《高层建筑规程》的有关规定进行设计；型钢混凝土构件可按《组合结构设计规范》JGJ 138 和《高层建筑规程》进行设计。

(12) 有地震作用组合时，型钢（钢管）混凝土构件和钢构件的承载力抗震调整系数 γ_{RE} 应按表 5.6-1 和表 5.6-2 采用，也可按《组合结构设计规范》JGJ 138 表 4.3.3 的规定采用；钢筋混凝土构件的承载力抗震调整系数应按《高层建筑规程》表 3.8.2 的规定采用。

型钢（钢管）混凝土构件承载力抗震调整系数 γ_{RE}　　　　表 5.6-1

正截面承载力计算				斜截面承载力计算
型钢混凝土梁	型钢混凝土柱及钢管混凝土柱	剪力墙	支　撑	各类构件及节点
0.75	0.80	0.85	0.80	0.85

钢构件承载力抗震调整系数 γ_{RE}　　　　表 5.6-2

强度破坏（梁，柱，支撑，节点板件，螺栓，焊缝）	屈曲稳定（柱，支撑）
0.75	0.80

(13) 型钢混凝土构件中，型钢板件的宽厚比满足表 5.6-3 的要求时，可不进行局部稳定验算（图 5.6-4）。

型钢板件宽厚比限值   表 5.6-3

钢 号	梁		柱		
			H、十、T 形截面		箱形截面
	b/t_f	h_w/t_w	b/t_f	h_w/t_w	h_w/t_w
Q235	23	107	23	96	72
Q345	19	91	19	81	61
Q390	18	83	18	75	56

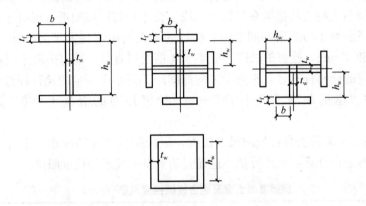

图 5.6-4 型钢板件宽厚比示意图

试验研究表明，由于混凝土及混凝土构件内配置的纵向受力钢筋、纵向构造钢筋（包括梁侧面的纵向构造钢筋——腰筋）和箍筋及拉条的约束作用，在型钢混凝土构件中型钢板件的宽厚比可较纯钢构件适当放松要求，型钢混凝土构件中的型钢翼缘的宽厚比可取为纯钢构件的 1.5 倍，腹板可取为纯钢构件的 2 倍，填充式箱形钢管混凝土构件可取为纯钢构件的 1.5～1.7 倍。

5.6.3 型钢混凝土构件有哪些构造要求？

（1）型钢混凝土梁应满足下列构造要求：

1）混凝土的强度等级不宜低于 C30，剪力墙不宜超过 C60；其他构件，设防烈度 9 度时不宜超过 C60；8 度时不宜超过 C70。钢管中的混凝土强度等级，对 Q235 钢管，不宜低于 C40；对 Q345 钢管，不宜低于 C50；对 Q390 钢管，不应低于 C50。组合楼板用的混凝土强度等级不应低于 C20。混凝土粗骨料最大直径不宜大于 25mm；型钢宜采用 Q235 及 Q345 级钢材，也可采用 Q390 或其他符合结构性能要求的钢材。

2）型钢混凝土梁的宽度不宜小于 300mm；梁中纵向钢筋的配筋率不宜小于 0.30%。梁的纵向钢筋宜避免穿过柱中型钢的翼缘。

3）梁中型钢的保护层厚度不宜小于 100mm，梁纵向钢筋净间距及梁纵向钢筋与型钢骨架的最小净距不应小于 30mm，且不小于粗骨料最大粒径的 1.5 倍及梁纵向钢筋直径的 1.5 倍。

4）梁纵向受力钢筋不宜超过二排，配置二排钢筋时，第二排钢筋宜配置在型钢截面外侧。当梁的腹板高度大于 450mm 时，在梁的两侧面应沿梁高度配置纵向构造钢筋，纵向构造钢筋的间距不宜大于 200mm，且每侧腰筋截面面积不宜小于梁腹板截面面积的 0.1%。

5）梁中纵向受力钢筋宜优先采用机械连接。如纵向钢筋需贯穿型钢柱腹板并以 90° 弯折固定在柱截面内时，抗震设计的弯折前直段长度不应小于 0.40 倍的钢筋抗震基本锚固长度 l_{abE}，弯折后直段长度不应小于 15 倍纵向钢筋直径。

6）梁上开洞不宜大于梁截面高度的 0.4 倍，且不宜大于内含型钢高度的 0.7 倍，并应位于梁高及型钢高度的中间区域。

7）型钢混凝土悬臂梁自由端的纵向受力钢筋应设置专门的锚固件，型钢梁的上翼缘应设置栓钉；型钢混凝土转换梁在型钢上翼缘应设置栓钉；以便抵抗混凝土与型钢之间的纵向剪力，保证混凝土与型钢共同变形。栓钉的最大间距不宜大于 200mm，栓钉的直径宜选用 19mm 和 22mm，栓钉的长度不应小于 4 倍栓钉直径，栓钉的最小间距沿梁轴线方向不应小于 6 倍的栓钉杆直径，垂直梁方向的间距不应小于 4 倍的栓钉杆直径，且栓钉中心至型钢板件边缘的距离不应小于 50mm。栓钉顶面的混凝土保护层厚度不应小于 15mm。

8）型钢混凝土梁及组合楼板的最大挠度，应按荷载效应的准永久组合，并考虑荷载长期作用的影响进行计算，其计算值不应超过表 5.6-4 规定的挠度限值。

型钢混凝土梁及组合楼板挠度限值（mm）　　　　　　　表 5.6-4

跨　　度	挠度限值（以计算跨度 l_0 计算）
$l_0 < 7m$	$l_0/200$（$l_0/250$）
$7m \leqslant l_0 \leqslant 9m$	$l_0/250$（$l_0/300$）
$l_0 > 9m$	$l_0/300$（$l_0/400$）

注：1. 表中 l_0 为构件的计算跨度；悬臂构件的 l_0 按实际悬臂长度的 2 倍取用；
　　2. 构件有起拱时，可将计算所得挠度值减去起拱值；
　　3. 表中括号中的数值适用于使用上对挠度有较高要求的构件。

9）型钢混凝土梁按荷载效应的准永久值，并考虑荷载长期作用影响的最大裂缝宽度，不应大于表 5.6-5 规定的最大裂缝宽度限值。

型钢混凝土梁最大裂缝宽度限值（mm）　　　　　　　表 5.6-5

耐久性环境等级	裂缝控制等级	最大裂缝宽度限值 ω_{max}
一		0.3（0.4）
二$_a$	三级	
二$_b$		0.2
三$_a$　三$_b$		

注：对于年平均相对湿度小于 60% 地区一级环境下的型钢混凝土梁，其裂缝最大宽度限值可采用括号内的数值。

（2）型钢混凝土梁沿梁全长箍筋的配置应满足下列要求：

1）箍筋的最小面积配箍率 ρ_{sv}，抗震设计时，一级抗震等级应使 $\rho_{sv} \geqslant 0.30 f_t/f_{yv}$，二级抗震等级应使 $\rho_{sv} \geqslant 0.28 f_t/f_{yv}$，三级、四级抗震等级应使 $\rho_{sv} \geqslant 0.26 f_t/f_{yv}$；且均不应小于 0.15%。

2）梁箍筋的直径和间距应符合表 5.6-6 的要求，且箍筋间距不应大于梁截面高度的

1/2。抗震计时，梁端箍筋应加密，箍筋加密区范围，一级时取梁截面高度的 2.0 倍，二级、三级、四级时取梁截面高度的 1.5 倍；当梁净跨小于梁截面高度的 4 倍时，梁全跨箍筋应加密设置。型钢混凝土梁应采用具有 135°弯钩的封闭式箍筋，弯钩的直段长度不应小于 10 倍箍筋直径。

规定型钢混凝土梁箍筋的最小限值，一方面是为了增强钢筋混凝土部分的抗剪能力，另一方面是为了加强对箍筋内混凝土的约束，防止型钢的局部失稳和纵向钢筋的压屈。

梁箍筋直径和间距（mm）　　　　　　　　　　表 5.6-6

抗震等级	箍筋直径	非加密区箍筋间距	加密区箍筋间距	箍筋加密区长度
一	≥12	≤180	≤100	$2h$
二	≥10	≤200	≤100	$1.5h$
三	≥10	≤250	≤150	$1.5h$
四	≥8	≤250	≤150	$1.5h$

注：1. h 为梁高；

2. 当梁跨度小于梁截面高度 4 倍时，梁全跨应按箍筋加密区配置；

3. 一级抗震等级框架梁箍筋直径大于 12mm、二级抗震等级框架梁箍筋直径大于 10mm，箍筋数量不少于 4 肢且肢距不大于 150mm 时，箍筋加密区最大间距应允许适当放宽，但不得大于 150mm。

（3）当考虑地震作用组合时，混合结构中型钢混凝土柱的轴压比 μ_N 不宜大于表 5.6-7 的限值。

型钢混凝土柱的轴压比 μ_N 的限值　　　　　　　表 5.6-7

抗震等级	一	二	三
轴压比限值	0.70	0.80	0.90

注：1. 转换柱的轴压比限值应比中数值减少 0.10；

2. 当采用 C60 以上混凝土时，轴压比宜比表中数值减少 0.05；当采用 C70 以上混凝土时，轴压比限值应比表中减小 0.10；

3. 剪跨比不大于 2 的柱，其轴压比限值应比表中数值减少 0.05 采用。

限制型钢混凝土的轴压比是为了保证型钢混凝土柱的延性，试验表明，当型钢混凝土柱的轴压比大于 0.5 倍柱的轴向受压承载力时，其延性将显著降低。型钢混凝土柱的特点是，在一定的轴向压力的长期作用下，随着轴向塑性变形的发展以及长期荷载作用下混凝土的徐变和收缩会产生内力重分布，钢筋混凝土部分承担的轴向力会逐渐向型钢部分转移。根据型钢混凝土的试验结果，考虑长期荷载作用下混凝土的徐变和收缩的影响，型钢混凝土柱的轴压承载力标准值可按下式计算：

$$N_k = \mu_k(f_{ck}A + 1.28f_sA_a) \qquad (5.6-4)$$

式中　N_k——型钢混凝土柱的轴压承载力标准值；

　　　μ_k——界限轴压比；

　　　A——扣除型钢后的混凝土截面面积；

　　　f_{ck}——混凝土的轴心抗压强度标准值；

　　　f_s——型钢的屈服强度；

A_a——型钢的截面面积。

将型钢混凝土柱的轴压承载力标准值换算成设计值并且将材料强度标准值换算成设计值后，得出型钢混凝土柱的轴压比大约在 0.83 左右，由于未考虑钢筋的有利作用，也未规定强柱弱梁的要求，故轴压比适当加严，因此，对抗震等级为一、二、三级的型钢混凝土柱的轴压比限值分别采用 0.7、0.8 和 0.9；按照此轴压比要求，可保证型钢混凝土柱的延性系数大于 3。

如果采用 Q235 级钢材作为型钢混凝土柱的内置型钢，则轴压比表达式有所差异，轴压比限值应较采用 Q345 级钢材的柱子的轴压比有所降低。

(4) 型钢混凝土柱的轴压比可按下式计算：

$$\mu_N = N/(f_c A_c + f_a A_a) \tag{5.6-5}$$

式中 μ_N——型钢混凝土柱的轴压比；

N——考虑地震作用效应组合的柱轴向力设计值；

A_c——扣除型钢后的混凝土截面面积；

A_a——型钢的截面面积；

f_c——混凝土的轴心抗压强度设计值；

f_a——型钢的抗压强度设计值。

(5) 型钢混凝土柱应满足下列构造要求：

1) 混凝土强度等级不宜低于 C30，混凝土粗骨料的最大直径不宜大于 25mm；型钢柱中型钢的保护层厚度不宜小于 200mm。柱纵向钢筋与型钢的最小净距不应小于 30mm，且不应小于粗骨料最大粒径的 1.5 倍。柱纵向钢筋净间距不宜小于 50mm，且不应小于柱纵向钢筋直径的 1.5 倍。

2) 柱纵向钢筋最小配筋率不宜小于 0.8%，且在四角应各配置一根直径不小于 16mm 的纵向钢筋。

3) 柱中纵向受力钢筋的间距不宜大于 250mm，间距大于 250mm 时，宜设置直径不小于 14mm 的纵向构造钢筋。

4) 柱型钢含钢率，不宜小于 4%。

5) 柱箍筋宜采用 HRB335 和 HRB400 级热轧钢筋，箍筋应做成 135°的弯钩，抗震设计时弯钩直段长度不宜小于 10 倍箍筋直径。

6) 房屋的底层、顶层以及型钢混凝土与钢筋混凝土交接层的型钢混凝土柱宜设置栓钉，型钢截面为箱形的柱子也宜设置栓钉，竖向及水平向栓钉间距均不宜大于 200mm，栓钉中心至型钢板边缘的距离不宜小于 50mm。

7) 型钢混凝土柱的长细比不宜大于 80。

(6) 型钢混凝土柱箍筋的直径和间距应符合表 5.6-8 的规定。抗震设计时，柱端箍筋应加密，加密区范围取柱矩形截面长边尺寸（或圆形截面直径）、柱净高的 1/6 和 500mm 三者的最大值，以及底层柱下端不小于 1/3 柱净高的范围、刚性地面上、下各 500mm 的范围、一、二级框架角柱的全高范围；对剪跨比不大于 2 的柱，其箍筋均应全高加密，箍筋间距不应大于 100mm。柱箍筋加密区箍筋体积配箍率应符合式（5.6-6）的要求；对剪跨比不大于 2 的柱，其箍筋体积配箍率尚不应小于 1.2%，9 度抗震设计时尚不应小于 1.5%。箍筋应做成 135°弯钩的封闭式箍筋，箍筋弯钩直段长度抗震设计时，不应小于 10

倍箍筋直径。

型钢混凝土柱箍筋直径和间距（mm）　　　　　　　　表 5.6-8

抗震等级	箍筋直径	非加密区箍筋间距	加密区箍筋间距
一	≥12	≤150	≤100
二	≥10	≤200	≤100
三、四	≥8	≤200	≤150（柱根≤100）

注：箍筋直径除应符合表中要求外，尚不应小于纵向钢筋直径的 1/4。

$$\rho_v \geqslant 0.85 \lambda_v f_c / f_{yv} \qquad (5.6\text{-}6)$$

式中　λ_v——柱箍筋最小配箍特征值，宜按表 5.6-9 采用；

　　　ρ_v——柱箍筋加密区箍筋的体积配筋率；

　　　f_c——混凝土轴心抗压强度设计值；当强度等级低于 C35 时，按 C35 取值；

　　　f_{yv}——箍筋及拉筋抗拉强度设计值；

柱箍筋最小配箍特征值 λ_v　　　　　　　　表 5.6-9

抗震等级	箍筋形式	轴压比						
		≤0.3	0.4	0.5	0.6	0.7	0.8	0.9
一级	普通箍、复合箍	0.10	0.11	0.13	0.15	0.17	0.20	0.23
	螺旋箍、复合或连续复合矩形螺旋箍	0.08	0.09	0.11	0.13	0.15	0.18	0.21
二级	普通箍、复合箍	0.08	0.09	0.11	0.13	0.15	0.17	0.19
	螺旋箍、复合或连续复合矩形螺旋箍	0.06	0.07	0.09	0.11	0.13	0.15	0.17
三、四级	普通箍、复合箍	0.06	0.07	0.09	0.11	0.13	0.15	0.17
	螺旋箍、复合或连续复合矩形螺旋箍	0.05	0.06	0.07	0.09	0.11	0.13	0.15

注：1. 普通箍指单个矩形箍筋或单个圆形箍筋；螺旋箍指单个螺旋箍筋；复合箍指由多个矩形或多边形、圆形箍筋与拉筋组成的箍筋；复合螺旋箍指矩形、多边形、圆形螺旋箍筋与拉筋组成的箍筋；连续复合螺旋箍指全部螺旋箍筋为同一根钢筋加工而成的箍筋；

　　2. 在计算复合螺旋箍筋的体积配筋率时，其中非螺旋箍筋的体积应乘以换算系数 0.8；

　　3. 对一、二、三、四级抗震等级的柱，其箍筋加密区的箍筋体积配筋率分别不应小于 0.8%、0.6%、0.4% 和 0.4%；

　　4. 混凝土强度等级高于 C60 时，箍筋宜采用复合箍、复合螺旋箍或连续复合矩形螺旋箍；当轴压比不大于 0.6 时，其加密区的最小配箍特征值宜按表中数值增加 0.02；当轴压比大于 0.6 时，宜按表中数值增加 0.03。

　　规定型钢混凝土构件（型钢混凝土梁和柱等）的混凝土强度等级、混凝土粗骨料的最大直径和型钢的保护层厚度，主要是为了保证外包混凝土与型钢之间有较好的粘结强度和方便混凝土的浇筑。规定型钢混凝土构件中型钢的混凝土保护层厚度，还有保证型钢混凝土构件的耐久性和防火的作用。

　　规定型钢混凝土柱的型钢含钢率，主要是考虑到当柱子含钢率太小时，没有必要采用型钢混凝土柱，同时根据目前我国钢结构的发展水平和型钢混凝土柱浇筑混凝土的可能性，一般的型钢混凝土柱的总含钢率也不宜大于8%，所以，控制型钢混凝土柱的型钢含钢率不宜小于4%是适宜的。

规定型钢混凝土柱箍筋的最小限值，同型钢混凝土梁一样，主要是为了增强混凝土部分的抗剪能力及加强对箍筋内部混凝土的约束，防止型钢失稳和纵向钢筋压屈。从型钢混凝土柱的受力性能来看，不配箍筋或少配箍筋的型钢混凝土柱，在大多数情况下，会出现型钢和混凝土之间的粘结破坏，特别是高强混凝土中的型钢构件，更应配置足够数量的箍筋，并宜采用高强的 HRB400 级或 HRB335 级钢筋作箍筋，以保证箍筋有足够的约束能力。

（7）型钢混凝土梁柱节点应符合下列构造要求：

1）型钢柱在梁水平翼缘处应设置加劲肋，其构造不应影响混凝土浇筑密实。

2）对一、二、三级抗震等级的框架节点核心区，其箍筋最小体积配筋率分别不宜小于0.6%、0.5%、0.4%；且箍筋间距不宜大于柱端加密区间距的1.5倍，箍筋直径不宜小于柱端箍筋加密区的箍筋直径；柱纵向受力钢筋不应在各层节点中切断。

3）梁中钢筋穿过梁柱节点时，不宜穿过柱内型钢翼缘；需要穿过柱腹板时，柱腹板截面损失率宜小于20%；梁中主筋不得与柱型钢直接焊接。

4）当梁纵向钢筋伸入柱节点与柱内型钢翼缘相碰时，可在柱型钢翼缘上设置可焊接机械连接套筒与梁纵筋连接，并应在连接套筒位置的柱型钢内设置水平加劲肋，加劲肋形式应便于混凝土浇灌。

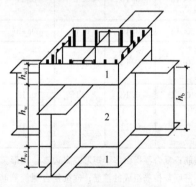

图 5.6-5　型钢混凝土柱与
钢梁连接节点
1—小钢板箍；2—大钢板箍

5）梁纵筋可与型钢柱上设置的钢牛腿可靠焊接，且宜有不少于1/2梁纵筋面积穿过型钢混凝土柱连续配置。钢牛腿的高度不宜小于0.7倍混凝土梁高，长度不宜小于混凝土梁截面高度的1.5倍。钢牛腿的上、下翼缘应设置栓钉，直径不宜小于19mm，间距不宜大于200mm，且栓钉至钢牛腿翼缘边缘距离不应小于50mm。梁端至牛腿端部以外1.5倍梁高范围内，箍筋设置应符合现行国家标准《混凝土结构设计规范》GB 50010梁端箍筋加密区的规定。

6）型钢混凝土柱与钢梁、钢斜撑连接的复杂梁柱节点，其节点核心区除在纵筋外围设置间距为200mm的构造箍筋外，可设置外包钢板。外包钢板宜与柱表面平齐，其高度宜与梁型钢高度相同，厚度可取柱截面宽度的1/100，钢板与钢梁的翼缘和腹板可靠焊接。梁型钢上、下部可设置条形小钢板箍，条形小钢板箍尺寸应符合下列公式的规定（图5.6-5）。

$$t_{w1}/h_b \geqslant 1/30 \qquad (5.6-7)$$

$$t_{w1}/b_c \geqslant 1/30 \qquad (5.6-8)$$

$$h_{w1}/h_b \geqslant 1/5 \qquad (5.6-9)$$

式中　t_{w1}——小钢板箍厚度；

h_{w1}——小钢板箍高度；

h_b——钢梁高度；

b_c——柱截面宽度。

7）型钢柱的翼缘与竖向腹板间连接焊缝宜采用坡口全熔透焊缝或部分熔透焊缝。在节点区及梁翼缘上下各 500mm 范围内，应采用坡口全熔透焊缝；在高层建筑底部加强区，应采用坡口全熔透焊缝；焊缝质量等级应为一级。

8）型钢柱沿高度方向，对应于钢梁或型钢混凝土梁内型钢的上、下翼缘处或钢筋混凝土梁的上下边缘处，应设置水平加劲肋，加劲肋形式宜便于混凝土浇筑；对钢梁或型钢混凝土梁，水平加劲肋厚度不宜小于梁端型钢翼缘厚度，且不宜小于 12mm；对于钢筋混凝土梁，水平加劲肋厚度不宜小于型钢柱腹板厚度。加劲肋与型钢翼缘的连接宜采用坡口全熔透焊缝，与型钢腹板可采用角焊缝，焊缝高度不宜小于加劲肋厚度。

（8）圆形钢管混凝土构件及连接节点可按《高层建筑规程》附录 F 进行设计。

圆形钢管混凝土柱尚应符合下列构造要求：

1）钢管直径不宜小于 400mm。

2）钢管壁厚不宜小于 8mm。

3）钢管外径与壁厚的比值 D/t 宜在 $(20\sim100)\sqrt{235/f_y}$ 之间，f_y 为钢材的屈服强度。

4）圆钢管混凝土柱的套箍指标 $\dfrac{f_a A_a}{f_c A_c}$，不应小于 0.5，也不宜大于 2.5。

5）柱的长细比不宜大于 80。

6）轴向压力偏心率 e_0/r_c 不宜大于 1.0，e_0 为偏心距，r_c 为核心混凝土横截面半径。

7）钢管混凝土柱与框架梁刚性连接时，柱内或柱外应设置与梁上、下翼缘位置对应的加劲肋；加劲肋设置于柱内时，应留孔以利混凝土浇筑；加劲肋设置于柱外时，应形成加劲环板。

8）直径大于 2m 的圆形钢管混凝土构件应采取有效措施减小钢管内混凝土收缩对构件受力性能的影响。

（9）矩形钢管混凝土柱应符合下列构造要求：

1）钢管截面短边尺寸不宜小于 400mm；

2）钢管壁厚不宜小于 8mm；

3）钢管截面的高宽比不宜大于 2，当矩形钢管混凝土柱截面最大边尺寸不小于 800mm 时，宜采取在柱子内壁上焊接栓钉、纵向加劲肋等构造措施；

4）钢管管壁板件的边长与其厚度的比值不应大于 $60\sqrt{235/f_y}$；

5）柱的长细比不宜大于 80；

6）矩形钢管混凝土柱的轴压比应按《高层建筑规程》公式（11.4.4）计算，并不宜大于表 5.6-10 的限值。

矩形钢管混凝土柱轴压比限值　　　　　　　　　　　表 5.6-10

一级	二级	三级
0.70	0.80	0.90

矩形钢管混凝土柱的连接构造详见《组合结构设计规范》JGJ 138第14章第2节。

(10) 当核心筒墙体承受的弯矩、剪力和轴力均较大时，核心筒墙体可采用型钢混凝土剪力墙或钢板混凝土剪力墙。钢板混凝土剪力墙的受剪截面及受剪承载力应符合《高层建筑规程》第11.4.12、11.4.13条的规定，其构造设计应符合《高层建筑规程》第11.4.14、11.4.15条的规定。

(11) 钢梁或型钢混凝土梁与钢筋混凝土筒体应可靠连接，应能传递竖向剪力及水平力；当钢梁或型钢混凝土梁通过预埋件与钢筋混凝土筒体连接时，预埋件应有足够的锚固长度，连接做法可参考图5.6-6。

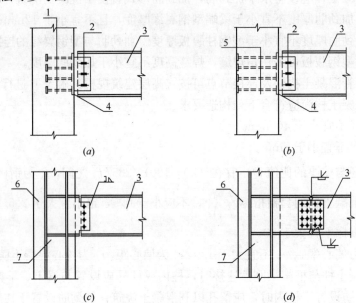

图 5.6-6　钢梁、型钢混凝土梁与混凝土核心筒的连接构造示意
(a) 铰接；(b) 铰接；(c) 铰接；(d) 刚接
1—栓钉；2—高强度螺栓及长圆孔；3—钢梁；4—预埋件端板；
5—穿筋；6—混凝土墙；7—墙内预埋钢骨柱

楼面梁与钢筋混凝土筒体（或剪力墙）的连接节点是十分重要的连接节点。当对全楼强制采用刚性楼板假定进行结构分析时，楼面梁只承受剪力和弯矩。但试验研究表明，楼面梁实际上还承受轴向力，而且由于轴向力的存在，试验中节点处往往发生早期破坏。因此，在进行结构整体计算时，应补充非刚性楼板假定条件下的计算，并在节点设计时充分考虑轴力的影响，采取可靠的措施。

此外，应当特别注意的是，即便是钢梁或型钢混凝土梁与混凝土筒体的连接采用铰接或半刚接，在连接节点处仍然存在一定量的弯矩，所以为了安全起见，建议在筒体内部在与钢梁连接的对应部位布置一些混凝土梁，或设置型钢构造柱，以抵抗由此产生的弯矩。

(12) 抗震设计时，混合结构中的钢柱、钢管混凝土柱及型钢混凝土柱宜采用埋入式柱脚。采用埋入式柱脚时，应符合下列规定：

1) 埋入深度应通过计算确定，且不宜小于型钢柱截面长边尺寸的2.5倍；

2) 在柱脚部位和柱脚向上延伸一层的范围内宜设置栓钉，其直径不宜小于19mm，其竖向及水平间距不宜大于 200mm。

注：当有可靠依据时，可通过计算确定栓钉数量。

采用埋入式柱脚比非埋入式柱脚更容易保证柱脚的嵌固。采用非埋入式柱脚在地震发生时容易发生震害。

（13）钢筋混凝土核心筒、内筒的设计，除应符合《高层建筑规程》第 9.1.7 条的规定外，尚应符合下列规定：

1）抗震设计时，钢框架-钢筋混凝土核心筒结构的筒体底部加强部位分布钢筋的最小配筋率不宜小于 0.35%，筒体其他部位的分布筋不宜小于 0.30%；

2）抗震设计时，框架-钢筋混凝土核心筒混合结构的筒体底部加强部位约束边缘构件沿墙肢的长度宜取墙肢截面高度的 1/4，筒体底部加强部位以上墙体宜按《高层建筑规程》第 7.2.15 条的规定设置约束边缘构件；

3）当连梁抗剪截面不足时，可采取在连梁中设置型钢或钢板等措施。

（14）混合结构中结构构件的设计，尚应符合国家现行标准《钢结构设计规范》GB 50017、《混凝土结构设计规范》GB 50010、《高层民用建筑钢结构技术规程》JGJ 99、《组合结构设计规范》JGJ 138 的有关规定。

5.6.4　混合结构设计时可采取哪些措施来提高钢筋混凝土筒体的延性？

混合结构体系，特别是钢框架-钢筋混凝土核心筒结构体系，在大多数情况下，钢筋混凝土筒体承担了绝大部分水平剪力；在地震作用下，当钢框架尚处于弹性阶段时，钢筋混凝土筒体的剪力墙可能已经开裂。因此，在抗震设防地区，作为混合结构体系的主要抗侧力结构（双重抗侧力结构体系的第一道防线）的钢筋混凝土筒体的设计十分重要，其抗震性能在很大程度上决定了混合结构体系的抗震能力。所以，设计时必须采取有效措施来保证钢筋混凝土筒体的抗震延性。在一般情况下，设计时可采取下列措施来提高混合结构的钢筋混凝土筒体的延性：

（1）保证钢筋混凝土筒体角部的完整性，并加强角部的配筋，特别是底部加强部位的筒体角部更应注意加强。

（2）筒体剪力墙上开洞的位置应尽量对称、均匀，洞口上下宜对齐，竖向宜连续布置（逐层布置）。

（3）通过增大剪力墙的厚度从严控制筒体剪力墙的剪压比。

（4）筒体剪力墙宜适当增大配筋率并配置多层钢筋，必要时应在楼层标高处设置暗梁。

（5）在筒体角部及楼面大梁支承处设置型钢柱，在型钢柱四周配以纵向钢筋及箍筋，形成型钢混凝土暗柱。

（6）在有可能时，可采用型钢混凝土剪力墙或带竖缝的剪力墙。

试验研究表明，压弯破坏的型钢混凝土剪力墙在达到最大荷载时，端部型钢均达到屈服。型钢屈服后，由于剪力墙下部混凝土压碎，以及型钢周围混凝土剥落，会产生剪切滑移破坏或腹板剪压破坏。而普通钢筋混凝土剪力墙端部的暗柱，在纵向钢筋屈服后，除产生剪切滑移破坏外，还可能产生平面外错断破坏，承载能力很快降低，延性得不到充分发挥。设置型刚暗柱，且型钢强轴与剪力墙面平行，可以提高剪力墙平面外的刚度，改善剪力墙平面外的性能，防止平面外错断破坏，提高剪力墙的延性。

带竖缝的剪力墙既具有较大的初始刚度，同时在水平力作用下变形较大时，能将大墙肢的变形转换成各小墙肢的弯曲变形，而不至于产生斜向裂缝，因而具有较好的延性。

（7）在跨高比较小的连梁中设置水平缝形成双连梁、多连梁，或在连梁中采用交叉斜筋、对角斜筋或对角暗撑配筋（详见本书图 2.6-26），有条件时，还可采用钢板或型钢混凝土连梁。钢板混凝土连梁及其与型钢暗柱的连接，详见图 5.6-7。

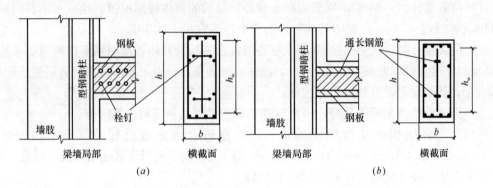

图 5.6-7　钢板混凝土连梁及其与型钢暗柱的连接
(a) 采用栓钉的钢板混凝土连梁；(b) 钢板表面焊接带肋钢筋的钢板混凝土连梁

在连梁上设置水平缝后，连梁的跨高比变大，在大震作用下，连梁的破坏是延性较好的弯曲破坏。

连梁采用交叉斜筋、对角斜筋或对角暗撑配筋具有明显的优越性：交叉钢筋的竖向分量可以提供两个方向的剪力，有效防止连梁剪切滑移破坏；交叉钢筋可以承担混凝土开裂、退出工作后的拉力，有效防止斜裂缝继续开展，避免连梁剪切破坏。

钢板混凝土连梁是在混凝土连梁中配置钢板的连梁，由钢板抵抗剪力，钢筋混凝土与钢板共同抵抗弯矩。钢板提高了连梁的抗剪承载力，防止连梁发生脆性剪切破坏；更重要的是，钢板作为一个连续体在连梁中有效防止了斜裂缝的产生和发展，在梁墙交接处有效地防止了反复荷载作用下的弯曲滑移破坏。钢板有良好的塑性变形能力，可以减少箍筋用量，给施工带来方便。

钢板是平面构件，钢板混凝土连梁的构造比交叉配筋连梁、钢连梁、型钢混凝土连梁或外包钢混凝土连梁简单，施工方便。钢板混凝土连梁的外包混凝土解决了钢板的防火和防锈问题，混凝土为钢板提供了侧向约束，有效地防止了钢板平面外的失稳。通过调整钢板的宽度和厚度，可以满足不同的设计要求，其有很大的灵活性和适应性。

钢板混凝土连梁内置钢板的厚度不宜小于 8mm，高度不宜大于 0.7 倍梁高，钢板宜采用 Q235B 级钢材。

钢板的表面应设置抗剪连接件，宜采用焊接栓钉，也可在钢板每侧焊接两根直径不小于 12mm 的通长钢筋。当采用焊接钢筋时，可采用断续角焊缝。

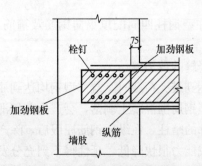

图 5.6-8　钢板在墙肢内的锚固

钢板在墙肢内应有可靠锚固（图 5.6-8）。如果在墙肢内设置有型钢暗柱，连梁钢板的两端与型钢暗柱可采用焊接或螺栓连接。如果墙肢内无型钢暗柱，钢板在墙肢中的埋置长度不应小于 500mm 与钢板高度 h_w 二者中的较大值，并在伸入墙肢的钢板锚固段表面沿钢板长度方向设置不少于 2 列抗剪栓钉，在距离墙肢表面 75mm 处以及钢板端部焊接加劲钢板，其厚度不小于 16mm，宽度不小于 100mm。

第6章 钢 结 构

6.1 钢结构设计施工图与钢结构制作详图有什么区别？

根据住房和城乡建设部《建筑工程设计文件编制深度规定》（2016 年版）的要求，钢结构设计图分为钢结构设计施工图和钢结构制作详图两类。

钢结构设计施工图一般应由具有相应设计资质级别的设计单位来完成。钢结构设计施工图的内容和深度应满足编制钢结构制作详图设计的要求。钢结构制作详图一般应由具有钢结构专项设计资质级别的加工制作单位来完成，也可由具有该项设计资质级别的设计单位或其他单位来完成。

由于 2016 年版的《建筑工程设计文件编制深度规定》没有规定钢结构制作详图的深度要求，所以施工图审查时，只对钢结构设计施工图进行审查。钢结构设计施工图的深度宜满足国家标准图《钢结构设计制图深度和表示方法》03G102 的要求。当报审图纸为设计施工图与制作详图合为一体的设计图时，原则上也只对其中属于设计施工图的内容进行审查。

住房和城乡建设部《建设工程设计文件编制深度规定》（2016 年版）又规定，若设计合同未指明要求设计钢结构制作详图时，则钢结构工程设计内容可仅为钢结构设计施工图，不包括钢结构制作详图。

1. 钢结构设计施工图的内容一般应包括：图纸目录、钢结构设计总说明、基础平面图及详图（包括钢柱和柱脚锚栓布置图及钢柱与混凝土基础的连接构造图）、结构平、立、剖面图、构件布置图、构件编号及截面形式和尺寸、构件图与节点构造详图等。

钢结构设计施工图还应包括结构整体分析计算后的构件内力表及钢材和高强度螺栓等的用量估算表。

2. 钢结构制作详图的依据是钢结构设计施工图。钢结构制作详图应结合加工条件和材料供应情况，按照便于加工制作的原则，对结构构件及其连接和构造予以完善和细化；应根据构件的受力特点和规范的规定，按照钢结构设计施工图提供的内力，进行焊缝及螺栓连接的设计计算，并考虑运输和安装条件对大型构件进行分段。

钢结构制作详图的内容一般应包括：图纸目录、钢结构制作详图总说明、锚栓布置图、结构布置图（包括构件编号和构件表等）、安装节点详图和构件详图（包括零件编号、构件及板件大样图、构件材料表等）。

6.2 钢结构施工图设计总说明应包括哪些基本内容？

建筑结构（包括钢结构）的施工图设计总说明应包括哪些基本内容，住房和城乡建设部的《建筑工程设计文件编制深度规定》（2016 年版）已有明确的要求，可参见该规定或本书第 1 篇第 1 章 1.2 节。

1. 钢结构施工图设计总说明的下列内容与一般建筑结构的施工图设计总说明基本相同（仅适用于钢筋混凝土结构和砌体结构等结构的内容除外）：

（1）工程概况。

（2）设计依据。

（3）图纸说明。

（4）建筑分类等级。

（5）主要荷载（作用）取值及设计参数。

（6）设计计算程序。

（7）主要结构材料。

（8）基础及地下室工程。

（9）检测（观测）要求。

（10）施工需特别注意的问题。

（11）有基坑时应对基坑设计提出技术要求。

（12）当项目按绿色建筑要求建设时，应有绿色建筑设计说明。

（13）当项目按装配式结构要求建设时，应有装配式结构设计专项说明。

2. 钢结构施工图设计总说明还应包括下列内容：

（1）钢结构的结构类型、主要跨度等。

（2）钢结构材料：钢材牌号和质量等级，及所对应的产品标准；必要时提出物理力学性能和化学成分要求；以及其他要求，如强屈比、Z向性能、碳当量、耐候性能、交货状态等。

（3）焊接方法及材料：各种钢材的焊接方法及对所采用的焊接材料的要求。

（4）螺栓材料：注明螺栓种类、性能等级，高强度螺栓的接触面处理方法、摩擦面抗滑移系数，以及各类螺栓所对应的产品标准。

（5）焊钉种类及对应的产品标准。

（6）应注明钢构件的成形方式（热轧、焊接、冷弯、冷压、热弯、铸造等），圆钢管种类（无缝管、直缝焊管等）。

（7）压型钢板的截面形式及产品标准。

（8）焊缝质量等级及焊缝质量检查要求。

（9）钢构件制作要求。

（10）钢结构运输、安装要求，对跨度较大的钢构件必要时提出起拱要求。

（11）涂装要求：注明除锈方法及除锈等级以及对应的标准；注明防腐底漆的种类、干漆膜最小厚度和产品要求；当存在中间漆和面漆时，也应分别注明其种类、干漆膜最小厚度和要求；注明各类钢构件所要求的耐火极限、防火涂料类型及产品要求；注明防腐蚀设计使用年限及定期维护要求和措施。

（12）钢结构主体与围护结构的连接要求。

（13）必要时，应提出结构检测要求和特殊节点的试验要求。

6.3 钢结构施工图设计计算书主要应包括哪些内容？

结构计算是结构设计的基础，计算结果是结构设计的依据，结构工程师必须认真对待。结构设计时，建立符合结构实际工作状况的计算模型、选择合适的计算假定、计算方法及计算软件，是获得正确计算结果的关键。当采用计算软件进行结构整体计算时，应根据建筑功能和使用要求，正确输入结构设计荷载，输入与结构施工图相符的结构平面简图，输入符合国家规范（标准）规定的各项总体信息和设计参数，才能保证计算结果的准确性和可靠性。

基于结构计算的重要性，必须对结构设计计算的内容提出最基本的要求。一般情况下，较完整的结构设计计算书应包括以下内容：

1. 用计算软件计算时，应注明所采用计算软件的名称、代号、版本及编制单位；计算软件必须经过有效审定或鉴定；电算结果应经分析判断确认其合理、有效后方可用于工程设计。

2. 当采用中国建筑科学研究院的钢结构 CAD 软件 STS 建模，采用 SATWE 软件进行多高层钢结构房屋整体分析和验算时，计算后主要应输出以下文件：

（1）结构的总体信息、结构各层的平面简图和荷载简图（面荷载、线荷载和集中荷载等）；

（2）各层的质量、质心坐标信息；各层构件数量、构件材料和层高；各楼层偶然偏心信息；

（3）风荷载信息；

（4）各楼层的等效尺寸；各楼层单位面积上的质量分布；

（5）计算信息（侧刚模型或总刚模型，宜采用总刚模型）；

（6）各层刚心、偏心率、相邻层侧移刚度比等计算信息；

（7）结构整体抗倾覆验算结果、结构舒适性验算结果、结构整体稳定验算结果（地震作用规定水平力或风荷载作用下，当 $\dfrac{\Sigma N \cdot \Delta u}{\Sigma H \cdot h} > 0.1$ 时，应计入重力二阶效应的影响）；

（8）楼层抗剪承载力及承载力比值；

（9）周期、地震力与振型输出文件；楼层最小剪重比（楼层最小地震剪力系数值）；地震有效质量系数（振型参与质量系数）；各楼层地震剪力系数调整情况；

（10）位移输出文件（层间位移、层间位移角及扭转位移比）；

（11）地震作用规定水平力下的楼层扭转位移比；

（12）各层钢构件（有中心支撑时含中心支撑构件）应力比简图；各层钢梁弹性挠度简图；

（13）钢框架—中心支撑结构，钢框架部分承担的地震剪力的百分比输出文件及调整系数；

（14）钢框架柱和钢支撑杆件的长细比、钢框架梁、柱及支撑杆件板件的宽厚比验算结果输出文件；

（15）钢柱脚连接节点、钢梁柱连接节点、钢主次梁连接节点、钢支撑与钢框架连接节点以及钢柱、钢梁和钢支撑杆件的拼接节点等的设计计算文件；

（16）楼屋面等的建筑装修荷载、填充墙荷载、隔墙荷载、顶棚荷载、装饰构架等非结构构件荷载取值和导算过程的手算计算书；

（17）构件补充手算计算书时，应给出构件布置简图和计算简图；计算书的内容应完整、清楚，引用的数据应有可靠依据，采用的计算图表和不常用的计算公式，应注明其来源出处；构件编号、计算结果应与施工图纸一致；

（18）复杂的多高层钢结构房屋，进行多遇地震作用下的内力和变形分析计算时，应采用至少两个合适的不同力学模型的结构分析软件进行整体计算，并对其计算结果进行分析比较；

（19）特别不规则的钢结构房屋建筑、甲类钢结构房屋建筑和《抗震规范》表5.1.2-1所列高度范围的高层钢结构房屋建筑，应采用时程分析法进行多遇地震作用下的补充计算；

（20）甲类钢结构房屋建筑、7度Ⅲ、Ⅳ类场地和8度、9度时的乙类钢结构房屋建筑、竖向不规则的高层钢结构房屋建筑、高度大于150m的钢结构房屋建筑，应进行罕遇地震作用下的弹塑性变形验算；

（21）根据工程规模、结构类型、结构复杂程度和使用要求，计算书的上述内容可酌情增减，以确保结构安全。

6.4 钢框架结构在什么情况下应进行二阶弹性分析？

所有的钢框架结构，不论有无支撑结构，均可采用一阶弹性分析方法来计算框架杆件的内力，但对于 $\frac{\Sigma N \cdot \Delta u}{\Sigma H \cdot h} > 0.1$ 的钢框架结构则宜推荐采用二阶弹性

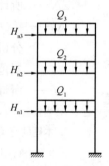

分析方法来确定框架杆件的内力，以提高杆件内力计算的精确度。当采用二阶弹性分析时，为了配合计算的精度，不论是精确计算或是近似计算，亦不论是有支撑结构还是无支撑结构，均应考虑结构和构件的各种缺陷（如柱子的初倾斜、初偏心和残余应力等）对内力的影响。其影响程度可通过在框架每层柱的柱顶作用有附加的假想水平力（概念荷载）H_{ni} 来综合体现，见图 6.4-1。

研究表明，框架层数越多，构件缺陷的影响越小，且每层柱数的影响亦不大。通过与国外规范的比较分析，《钢结构规范》推荐的作

图 6.4-1 假想水平力 H_{ni}

用于每层框架柱顶的假想水平力 H_{ni} 按下式计算：

$$H_{ni} = \frac{\alpha_y Q_i}{250} \sqrt{0.2 + \frac{1}{n_s}} \qquad (6.4\text{-}1)$$

式中　Q_i ——第 i 楼层的总重力荷载设计值；

　　　n_s ——框架总层数；当 $\sqrt{0.2 + 1/n_s} > 1$ 时，取此根号值为 1.0；

　　　α_y ——钢材强度影响系数，其值：Q235 级钢为 1.0；Q345 级钢为 1.1；Q390 级钢为 1.20；Q420 级钢为 1.25。

对于无支撑的纯框架结构，当采用一阶弹性分析时（图 6.4-2），框架杆件端弯矩 M_I 为：

$$M_I = M_{Ib} + M_{Is} \qquad (6.4\text{-}2)$$

当采用二阶弹性近似分析时，杆端的弯矩 M_{II} 可用下列近似公式进行计算：

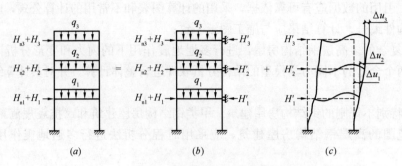

图 6.4-2   无支撑纯框架的一阶弹性分析

$$M_{\mathrm{II}} = M_{\mathrm{I b}} + \alpha_{2i} M_{\mathrm{I s}} \tag{6.4-3}$$

$$\alpha_{2i} = \frac{1}{1 - \dfrac{\Sigma N \cdot \Delta u}{\Sigma H \cdot h}} \tag{6.4-4}$$

式中 $M_{\mathrm{I b}}$——假定框架无侧移时（图 6.4-2b）按一阶弹性分析求得的各杆件端弯矩；

$M_{\mathrm{I s}}$——框架各节点侧移时（图 6.4-2c）按一阶弹性分析求得的各杆件端弯矩；

α_{2i}——考虑二阶效应第 i 层杆件的侧移弯矩增大系数；

ΣH——产生层间侧移 Δu 的所计算楼层及以上各层的水平力之和；

ΣN——所计算楼层各柱轴心压力设计值之和；

Δu——按一阶弹性分析求得的所计算楼层的层间侧移，当确定是否采用二阶弹性分析时，Δu 可近似采用层间相对位移的容许值 $[\Delta u]$，$[\Delta u]$ 见《钢结构规范》附录 A 第 A.2 节；

h——所计算楼层的高度。

注：1. 当按公式（6.4-4）计算的 $\alpha_{2i} > 1.33$ 时，宜增大框架结构的刚度；

2. 本题的有关规定不适用于山形门式刚架或其他类似的结构，也不适用于按《钢结构规范》第 9 章进行塑性设计的框架结构。

由上述分析可见，一阶弹性分析和二阶弹性分析反映的是结构分析结果的精确度问题。二阶弹性分析的结果比一阶弹性分析的结果精确度更高，更能反映结构的实际工作状况。采用二阶弹性分析后，不必再进行一阶弹性分析。

应当注意的是，在采用一阶弹性分析时，为了得到各柱柱端截面上的最不利内力设计值，通常是分别按各种荷载工况单独作用下进行内力分析，然后进行最不利内力组合而获得设计值。这是因为一阶弹性分析时可以利用叠加原理。在二阶弹性分析时，荷载与位移呈非线性关系，叠加原理不再适用。为了得到二阶弹性分析最不利的内力设计值，必须先进行荷载组合，在各种荷载组合作用下进行二阶弹性分析，在这些分析结果中选取最不利的内力设计值。

当 $\dfrac{\Sigma N \cdot \Delta u}{\Sigma H \cdot h} \leqslant 0.1$ 时，说明框架结构的抗侧移刚度较大，可以忽略侧移对框架内力分析的影响，故可采用一阶弹性分析来计算框架的内力，当然也就不必再考虑假想水平力 H_{ni}；为了判断时计算方便，式中的 Δu 可用层间相对位移容许值 $[\Delta u]$ 来代替，对多层框架结构，层间侧移容许值取 $h/400$，对无桥式吊车的单层框架取 $H/150$。

6.5 承重钢结构的钢材其基本性能应如何理解?

承重结构采用的钢材应具有抗拉强度、伸长率、屈服强度、冷弯试验、冲击韧性和硫、磷含量的合格保证,对焊接结构尚应具有碳含量的合格保证。

1. 钢材的抗拉强度是衡量钢材抵抗拉断的性能指标,它不仅是一般强度的指标,而且是直接反映钢材内部组织优劣的指标,并与疲劳强度有着比较密切的关系。

2. 钢材的伸长率是衡量钢材塑性性能的指标。钢材的塑性是在外力作用下产生永久变形时抵抗断裂的能力。因此,承重结构用的钢材,不论在静力荷载或动力荷载作用下,以及在加工过程中,除了应具有较高的强度外,尚应具有足够的伸长率。

3. 屈服强度是衡量结构的承载力和确定钢材强度设计值的重要指标。碳素结构钢和低合金高强度结构钢达到屈服强度以后,应变急剧增长,从而使结构的变形迅速增加以致不能继续使用。所以钢材的强度设计值一般都是以钢材屈服强度为依据而确定的。对于一般非承重或由构造决定的构件,只要保证钢材的抗拉强度和伸长率即能满足要求;对于承重的结构,则必须具有钢材的抗拉强度、伸长率、屈服强度三项合格的保证。

4. 钢材的冷弯试验是钢材的塑性指标之一,同时也是衡量钢材质量的一个综合性指标。通过冷弯试验可以检验钢材的颗粒组织、结晶情况和非金属夹杂物分布等缺陷,在一定程度上也是鉴定焊接性能的一个指标。结构在制作、安装过程中要进行冷加工,尤其是焊接承重结构焊后变形的调直等工序,都需要钢材有较好的冷弯性能。而非焊接的承重结构(如吊车梁、吊车桁架、有振动设备或有大吨位吊车厂房的屋架、托架及大跨度重型桁架等)以及需要弯曲成型的构件等,亦都要求钢材具有冷弯试验合格的保证。

5. 硫、磷都是建筑钢材中的重要杂质,对钢材的力学性能和焊接接头的裂纹敏感性都有较大的影响。硫能生成易于熔化的硫化铁,当热加工或焊接的温度达到 $800\sim1200℃$ 时,钢材即可能出现裂纹,称为热脆;硫化铁又能形成夹杂物,不仅促使钢材起层,还会引起应力集中,降低钢材的塑性和冲击韧性。硫又是钢材中偏析最严重的杂质之一,偏析程度越大越不利。

磷是以固溶体的形式溶解于铁素体中,这种固溶体很脆,加之磷的偏析比硫更严重,形成的富磷区促使钢材变脆(冷脆),降低钢材的塑性、韧性及可焊性。因此,所有承重结构对硫、磷含量均应有合格的保证。

6. 在焊接结构中,建筑钢材的焊接性能主要取决于碳含量。焊接结构碳的合适含量宜控制在 $0.12\%\sim0.20\%$ 之间,不宜超出 0.2%,超出该范围的幅度越多,焊接性能变差的程度越大。因此,对焊接承重结构尚应具有碳含量的合格保证。

7. 冲击韧性是衡量钢材断裂时所做功的指标,其值随金属组织和结晶状态的改变而急剧变化。钢中的非金属夹杂物、带状组织、脱氧不良等都将给钢材的冲击韧性带来不良影响。冲击韧性是钢材在冲击荷载或多向拉应力作用下具有可靠性能的保证,可间接反映钢材抵抗低温、应力集中、多向拉应力、加荷速率(冲击)和重复荷载等因素而导致脆断的能力。

因此,对于直接承受动力荷载或需要验算疲劳的结构所用的钢材,以及抗震设计的钢结构钢材应具有冲击韧性的合格保证。

6.6　如何合理选用承重钢结构的钢材？

为了保证承重钢结构的承载能力和防止在一定条件下出现脆性破坏，应根据结构的重要性、荷载特征、结构形式、应力状态、连接方法、钢材厚度、工作环境和价格因素等综合考虑，选用合适的钢材牌号和材料性能。

1. 结构的重要性

根据《建筑结构可靠度设计统一标准》GB 50068 的规定，建筑结构依据其破坏可能产生的后果（危及人的生命、造成经济损失、产生社会影响等）的严重性分为重要的、一般的和次要的结构，其相应的安全等级为一、二、三级。安全等级高者（如高层民用建筑、大跨度结构、重型工业建筑或构筑物）应选用性能较好的钢材，对一般的民用和工业建筑结构，可按使用要求或工作性质选用普通质量等级的钢材。这是选材的一项重要原则。同时，构件破坏造成对整个结构的后果也是要考虑的因素之一。当构件破坏导致整个结构不能正常使用时，则后果严重；如构件破坏只造成局部性损害而不致危及整个结构的安全和正常使用，则后果就不十分严重。两者对钢材性能的要求也应有区别。

2. 荷载特征

结构所承受的荷载按状态分可分为静力荷载和动力荷载；按作用时间分，荷载的作用有经常作用、有时作用和偶然作用（如地震）之分；按荷载的满载程度分，可分为经常满载和不经常满载两类。结构设计时应根据荷载的上述特点选用适合的钢材。对直接承受动力荷载的构件，应选用综合性能（主要是指塑性和韧性）较好的钢材，其中需要验算疲劳的对钢材综合性能的要求更高；对承受静力荷载或间接承受动力荷载的结构构件可采用一般质量等级的钢材。

承受地震作用的结构，其钢材应符合下列规定：

(1) 钢材的屈服强度实测值与抗拉强度实测值的比值不应大于 0.85；

(2) 钢材应有明显的屈服台阶，且伸长率不应小于 20%；

(3) 钢材应有良好的焊接性和合格的冲击韧性。

3. 应力状态

因为拉应力容易使构件产生断裂破坏，危险性较大，所以对受拉和受弯的构件应选用质量等级较好的钢材，而对受压或压弯构件则可选用一般质量等级的钢材。

4. 连接方法

钢结构的连接主要有焊接连接和非焊接连接（螺栓或铆钉连接）两大类。《钢结构规范》虽然保留了铆钉连接，但几乎已不再被采用。对于焊接结构，焊接时的不均匀加热和冷却常使构件产生很高的焊接残余应力；焊接构造和很难避免的焊接缺陷常使结构存在裂纹性损伤；焊接结构的整体连续性和刚性较好易使焊接缺陷和裂纹互相贯穿扩展；此外，碳和硫的含量过高会严重影响钢材的焊接性能。因此，焊接结构钢材的质量要求应高于同样情况的非焊接结构的钢材，而且碳、硫、磷等有害元素的含量应较低，塑性和韧性应较好。

5. 结构的工作温度

钢材的塑性和韧性随工作温度的降低而降低，在低温尤其是在脆性转变温度区时钢材的韧性急剧下降，容易发生脆断。因此，对经常处于或可能处于较低的负温度下工作的钢结构，特别是焊接钢结构，应选用化学成分和力学性能质量较好且脆性转变温度低于结构工作温度的钢材。

6. 钢材的厚度

薄钢材辊轧次数多，轧制的压缩比大，钢材的内部组织致密；厚度大的钢材压缩比小，组织欠佳；所以厚度大的钢材不但强度较低，而且塑性、冲击韧性和焊接性能也较差，且易产生三向残余应力。因此，厚度大的焊接钢结构应采用材质较好的钢材。

7. 环境条件

露天结构的钢材容易产生时效，在有害介质作用下钢材容易腐蚀，若有一定大小的拉应力（包括残余应力）存在，将产生应力腐蚀现象，经过一段时间后会发生脆断，即所谓的"延迟断裂"。延迟断裂现象主要发生于高强度钢（如高强度螺栓），钢材的碳含量越高，塑性和韧性越差，越容易发生延迟断裂现象。

钢结构的工作性能受上述诸多因素的影响，例如钢结构的脆性破坏就与结构的工作温度、钢材厚度、应力特征、加荷速率和环境条件等因素有关。所以，在具体选用钢材时，对上述原则和需考虑的因素要根据具体情况进行综合分析，分清主次，除重要性原则是基本出发点外，连接方式和应力特征是选用钢材时应当考虑的主要因素。

工程设计时，可参考本书第 1 篇第 2 章第 2.4.3 条的要求选用钢结构的钢材。

6.7 钢结构常用的连接方法有哪几种？

钢结构或构件常用的连接方法有下列几种：

1. 焊接连接

钢结构或构件的焊接连接有手工电弧焊、自动埋弧焊、自动或半自动气体保护焊三种。此外，还有熔咀电渣焊等。

焊接连接是目前钢结构或构件最主要的连接方法，通过电弧加热使焊丝（焊条）和部件熔凝成整体。焊接连接的优点是部件不打孔钻眼、省工省料、构造简单、密封性好、刚度大，而且连接可与母材等强，并可自动作业，质量和工效较高。焊接连接的缺点是高温作用造成部件形成局部热影响区，使材料变脆，存在焊接残余应力和变形，矫正费工费时，焊接裂缝敏感，增加连接脆性破坏的可能性。

2. 普通螺栓连接

3. 高强度螺栓连接

4. 圆柱头焊钉连接

圆柱头焊钉连接主要用于钢与混凝土组合结构中的钢构件和混凝土柱、梁、墙、板等的抗剪连接。圆柱头焊钉一般采用低碳钢制作，其化学成分和机械性能应分别符合表6.7-1 和表 6.7-2 的要求。

圆柱头焊钉的化学成分 表 6.7-1

材 料	化学成分（%）				
	C	Si	Mn	P	S
低碳钢	≤0.20	≤0.10	0.3~0.9	≤0.04	≤0.04

圆柱头焊钉的机械性能　　　　　　　　　　　　　　　表 6.7-2

材　　　料	机　械　性　能		
	抗拉强度 σ_b（N/mm²）	屈服点 σ_s（N/mm²）	伸长率 δ_5（%）
低碳钢	400～550	≥240	≥14

当焊钉材料的性能等级为 4.6 级时，其抗拉强度设计值 $f=215\text{N/mm}^2$。

圆柱头焊钉在钢构件上施焊时应采用专用焊接瓷环，其作用是保证焊钉的焊接质量。应根据焊钉是直接焊在钢构件上还是穿透压型钢板焊到钢构件上等不同焊接方式，分别采用 B1 型（图 6.7-1c）及 B2 型（图 6.7-1d）焊接瓷环。焊接瓷环由石英晶粒及少量玻璃等制成，其基本尺寸如表 6.7-3 所示，设计说明中应注明采用的焊接瓷环型号。

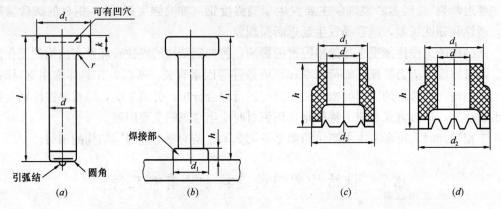

图 6.7-1　焊钉及磁环
(a) 焊前的焊钉；(b) 焊后的焊钉；(c) B1 型瓷环；(d) B2 型瓷环

5. 铆钉连接

铆钉受力性能好，但由于施工安装不方便，目前已几乎被淘汰。铆钉通常采用符合《标准件用碳素钢热轧圆钢》GB/T 715 规定的 BL2、BL3 级钢制作。

6. 锚栓连接

锚栓是钢柱柱脚连接的重要受力部件，通常采用符合现行国家标准《碳素结构钢》GB/T 700 的 Q235 级钢或《低合金高强度结构钢》GB/T 1591 中规定的 Q345 级钢或强度更高的钢材制作。柱脚锚栓宜采用质量等级为 B 级及以上等级的钢材制作。

对于工作环境温度不高于 -20℃的锚栓，直径不大于 40mm 时，钢材的质量等级不宜低于 C 级；直径大于 40mm 时，钢材的质量等级不宜低于 D 级。

焊接瓷环的基本尺寸（mm）　　　　　　　　　　　　　表 6.7-3

型号及用途	适用的圆柱头焊钉公称直径	d	d_1	d_2	h
B1 型焊接瓷环 适用于普通平焊	8	8.5	12.0	14.5	10.0
	10	10.5	17.5	20.0	11.0
	13	13.5	18.0	23.0	12.0
	16	17.0	24.5	27.0	14.0
	19	20.0	27.0	31.5	17.0
	22	23.5	32.0	36.5	18.5

续表

型号及用途	适用的圆柱头焊钉公称直径	d	d_1	d_2	h
B2 型焊接瓷环适用于穿透平焊	13	13.5	23.6	27.0	16.0
	16	17.0	26.0	30.0	18.0
	19	20.0	31.0	36.0	18.0

6.8 在什么情况下钢结构的构件或连接，其钢材或连接的强度设计值应乘以折减系数？

《钢结构规范》第 3.4 条规定的钢材的强度设计值和连接的强度设计值，仅适用于一般工作情况下的结构构件或连接，对于下列情况的结构构件或连接，其强度设计值应乘以相应的折减系数以考虑不利工作条件的影响，从而简化结构构件或连接的设计计算。

1. 单面连接的单角钢拉杆

连接于节点板一侧的单角钢拉杆，只有一个肢与节点板相连，节点板传来的力不通过角钢截面形心，因而形成偏心受拉，并且绕截面两个主轴都有弯矩存在（图 6.8-1）。但当拉力较大时会出现图 6.8-1（b）的变形，变形逐渐增大，则杆件中部的偏心距会逐渐减小。我国在 20 世纪 70 年代的试验表明：单面连接的单角钢拉杆的极限拉力与轴心拉杆的极限拉力相差不很悬殊，一般都能达到轴心拉杆承载能力的 85% 左右。所以设计时可以当作轴心拉杆计算，不过要将钢材的受拉强度设计值乘以 0.85 的折减系数。

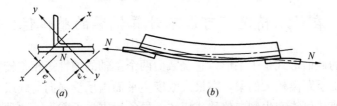

图 6.8-1 单面连接的单角钢拉杆
（a）连接剖面图；（b）连接立面图

单角钢端部的连接焊缝，由于偏心的影响，会产生垂直于杆轴方向的弯曲应力。根据试验结果，也应将焊缝的强度设计值乘以 0.85 的折减系数。

《钢结构规范》第 3.4.2 条第 1 款规定，单面连接的单角钢按轴心受力计算强度和连接时，钢材的强度设计值和连接（焊缝）的强度设计值应乘以折减系数 0.85。

2. 单面连接的单角钢压杆

单面连接的单角钢压杆，既承受轴心压力，又承受偏心弯矩，属于压弯构件。习惯上将其作为轴心压杆来进行计算，但应将抗力乘以折减系数来考虑偏心弯矩的影响。不过与单角钢拉杆不同，单角钢压杆受力变形后，杆件中部的偏

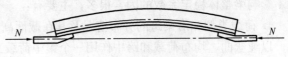

图 6.8-2 单面连接的单角钢压杆

心距不会逐渐减小，而是逐渐增大（图 6.8-2），并且初弯曲和残余应力等初始缺陷对拉

杆的强度承载力影响很小，一般可忽略不计，但对于压杆的稳定性却影响较大，不能忽略。

近年来，根据开口薄壁杆件几何非线性理论，应用有限元法，并考虑残余应力、初始弯曲等初始缺陷的影响，对单面连接的单角钢压杆进行了弹塑性阶段的稳定分析。这一理论分析方法得到了一系列试验结果的验证，证明其具有足够的精确性。根据这种方法，可以得到《钢结构规范》第 3.4.2 条规定的折减系数，即单面连接的单角钢压杆进行轴心受压稳定计算时的折减系数：

（1）等边角钢的强度设计值折减系数为 $0.6+0.0015\lambda$，但不大于 1.0；

（2）短边相连的不等边角钢，其强度设计值的折减系数为 $0.5+0.0025\lambda$，但不大于 1.0；

（3）长边相连的不等边角钢，其强度设计值的折减系数为 0.70；

λ 为长细比，对中间无联系的单角钢压杆，应按最小回转半径计算，当 $\lambda < 20$ 时，取 $\lambda = 20$。

3. 无垫板的单面施焊的对接焊缝的强度设计值应乘以折减系数 0.85。主要原因是，这种焊缝的施工条件差，无垫板时焊缝不饱满，仅单面施焊不能补焊根，焊缝质量无法保证。

4. 施工条件较差的高空安装焊缝和铆钉连接的强度设计值，应乘以折减系数 0.90。主要原因是，高空安装焊缝和铆钉连接施工条件较差，质量难以保证。

5. 沉头和半沉头铆钉连接的强度设计值，应乘以折减系数 0.80。因为，沉头和半沉头铆钉，与半圆头的普通铆钉相比，紧固力弱，连接板间压力小，承载能力较低。

6.9 在什么情况下可以不计算钢梁的整体稳定性？

钢梁最常用的截面形式是工字形，它绕截面两个主轴的惯性矩相差较大。跨度中部无侧向支承或侧向支承距离较大的梁，在最大刚度主平面内承受横向荷载或力矩作用时，当荷载达到一定数值，可能产生侧向位移或扭转，导致梁丧失承载力，这种现象称为梁侧向扭转屈曲或叫做梁丧失整体稳定。

单向弯曲梁整体稳定的计算公式为：

$$\frac{M_x}{\varphi_b W_x} \leqslant f \qquad (6.9\text{-}1)$$

式中 M_x——绕强轴作用的最大弯矩；

$\qquad W_x$——按受压最大纤维确定的梁毛截面模量；

$\qquad \varphi_b$——梁的整体稳定系数，应按《钢结构规范》附录 B 确定；

$\qquad f$——钢材的抗弯强度设计值。

影响梁整体稳定系数的因素很多，主要有：

1. 荷载类型和沿梁跨的分布情况及其在截面高度上作用点的位置

以纯弯曲、均布荷载和跨中作用一个集中荷载三种典型荷载类型为例，纯弯曲作用对梁的整体稳定最不利，均布荷载次之，而跨中作用一个集中荷载较为有利。横向荷载（均布荷载或集中荷载）作用在梁上翼缘时，若梁发生扭转，则会使扭转加剧，助长屈曲，降低梁的整体稳定；反之，当横向荷载作用在梁下翼缘时，则会减缓扭转，提高梁的整体稳定。

2. 梁的截面形式及其尺寸比例

在主平面内受弯的梁，其整体稳定性以侧向扭转屈曲的形式丧失，抗扭和侧向抗弯能力较强的截面有利于提高梁的整体稳定性。因此，工字形截面、箱形截面的形式比较理想，槽形截面、T 形截面次之，L 形截面最差，不宜采用。

梁截面各部分尺寸的比例也影响梁的抗扭和侧向抗弯能力，尤其是截面宽度的影响更大。加强梁的受压翼缘，增加其对 y 轴的惯性矩，能有效提高梁的整体稳定性。

3. 梁受压翼缘侧向支承点间的距离

梁的整体失稳系因受压翼缘的侧向变形而引起。因此，若受压翼缘有可靠（使截面无侧向转动和侧向变形）的侧向支承，且其间距适当，就能有效地保证梁的整体稳定性。

4. 梁端支承条件

梁端部支承条件不同，其抗侧向扭曲的能力也不同。如固端梁比简支梁和悬臂梁的约束程度都高，其抗侧向扭曲的能力比后两者都强。

根据弹性稳定理论，梁在端部支承处的约束应使梁端截面的弯曲和翘曲不受限制，但同时又不能使其产生扭转变形（扭转角 $\varphi=0$），否则将使梁的整体稳定性降低（临界弯矩降低）。

《钢结构规范》中简支钢梁整体稳定的理论计算公式及其简化公式，其先决条件是支座符合夹支条件。所谓夹支是指支座处梁截面绕强轴能自由转动且翘曲不受约束，但必须保证不能侧移和扭转。力学意义上的理想夹支条件如图 6.9-1 所示。

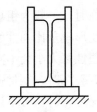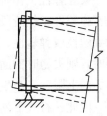

图 6.9-1 理想简支支座

在实际工程中的简支梁可不必采取这种理想的夹支构造，但设计者必须采取措施防止梁支座的侧移和扭转。

一般梁的支承构造如图 6.9-2 所示：图 6.9-2（a）为槽钢檩条的支座，其连接角钢的竖肢不能比槽钢低得过多。连接角钢的竖肢高度通常应不小于槽钢高度的 2/3，且角钢应有一定的厚度；图 6.9-2（b）为冷弯薄壁 Z 形檩条，由于其连接角钢由薄钢板冷弯而成，刚度不够，故用加劲肋加强；图 6.9-2（c）系采用梁的支座加劲肋来防止扭转，只能用于高度较小的梁；图 6.9-2（d）的构造不尽合理，它依靠腹板平面外的弯曲刚度来抵抗扭转，而腹板平面外的弯曲刚度很弱，英国和澳大利亚规范规定，在这种情况下，计算梁的整体稳定性时应将侧向计算长度乘以 1.2；虽然如此，对短而高的梁还是偏于不安全的，所以这种构造做法只能用于长而矮的梁，否则，宜采用图 6.9-2（e）的连接构造，在上翼缘另加支承；图 6.9-2（f）为梁借助端板连接于柱的侧面，梁端不会侧移和扭转，但截面绕强轴的转动和翘曲受到一定约束，不完全是简支，宜视为半刚性连接。仅将腹板与柱相连接的构造，如图 6.9-2（g）和图 6.9-2（h），不完全符合夹支条件，陈绍蕃教授在《钢结构设计原理》一书中建议，在这种情况下宜将临界弯矩乘以 0.85 的折减系数。

5. 钢梁初弯曲、初扭曲、荷载初偏心和残余应力等初始缺陷

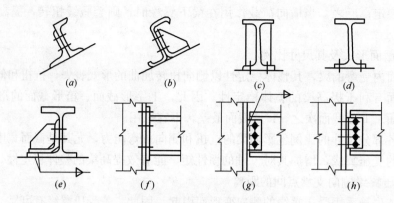

图 6.9-2　梁的一般支承构造

初弯曲、初扭曲和荷载初偏心会使梁一经荷载作用，就会立即产生双向弯曲和扭转，导致梁的临界弯矩降低。

残余应力的影响非常复杂。当残余应力与梁的弯曲应力叠加后，将使一部分截面提前屈服，使截面受力性能改变，从而使梁的侧向抗弯刚度 EI_y 和抗翘曲刚度 EI_ω 不同程度降低，梁的临界弯矩也随之降低。

6. 钢材强度

梁在弹性工作阶段丧失整体稳定性时（一般为细长梁），其临界弯矩与钢材强度无关。但在弹塑性工作阶段失稳时（一般为粗短梁或有一定侧向支承的梁），由于截面的一部分达到塑性或弹塑性，其变形模量比弹性区小，而数值和钢材的强度有关。故当钢材强度不同时，则失稳时截面的塑性区大小会不同，其临界弯矩亦不相同。当其达到各自稳定承载能力的上限——产生强度破坏时，钢材强度越高其临界弯矩亦越高。

因此，符合下列情况之一时，可不计算梁的整体稳定性：

1. 有刚性铺板（各种钢筋混凝土板和钢板）密铺在梁的受压翼缘上并与其牢固连接、能阻止梁受压翼缘的侧向位移时。

简支梁受压翼缘有刚性铺板相连时，其支座处亦应符合夹支条件。例如图 6.9-3（a）所示的平台结构，梁端支承于柱顶上，上翼缘连有刚性铺板（现浇钢筋混凝土板），虽然梁下翼缘有螺栓与柱相连，但所有的梁也有向一侧扭转倾覆的危险（如图中虚线所示）。所以，图 6.9-3（a）所示的平台结构，其梁端并不完全符合夹支条件。为了使平台结构梁端符合夹支条件，应在某两根梁之间设置端部垂直支撑（图 6.9-3b），其他梁通过刚性

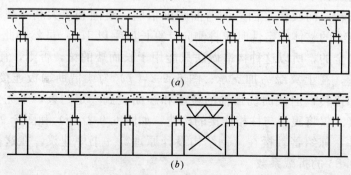

图 6.9-3　平台梁的支座

铺板或专设的纵向刚性系杆与此垂直支撑相连，则所有的梁就不会扭转了。这与屋面的梯形钢屋架间必须设置端部垂直支撑的意义相同。

2. H 型钢梁或等截面工字形简支梁受压翼缘的自由长度 l_1 与其宽度 b_1 之比不超过表6.9-1 所规定的数值时。

H 型钢或等截面工字形简支梁不需计算整体稳定性的最大 l_1/b_1 值   表 6.9-1

钢 号	跨中无侧向支承点的梁		跨中受压翼缘有侧向支承点的梁，不论荷载作用于何处
	荷载作用在上翼缘	荷载作用在下翼缘	
Q235	13.0	20.0	16.0
Q345	10.5	16.5	13.0
Q390	10.0	15.5	12.5
Q420	9.5	15.0	12.0

注：其他钢号的梁不需计算整体稳定性的最大 l_1/b_1 值，应取 Q235 钢的数值乘以 $\sqrt{235/f_y}$。

对跨中无侧向支承点的梁，l_1 为其跨度；对跨中有侧向支承点的梁，l_1 为受压翼缘侧向支承点间的距离（梁的支座处视为有侧向支承，即梁支座符合夹支条件）。

关于梁的侧向支承，应注意以下几点：

1. 对于主次梁楼盖，如果次梁上有密铺的刚性铺板牢固连接，则次梁通常可视为主梁的侧向支承。如果次梁上没有密铺的刚性铺板，除次梁应进行整体稳定计算外，次梁对主梁的支承作用也不宜考虑。如欲减小主梁的侧向自由长度，应在相邻梁受压翼缘之间设置横向水平支撑（图 6.9-4），支撑的竖杆可用次梁代替。这样，位于支撑节点处的次梁，就可视为主梁的侧向支承构件。

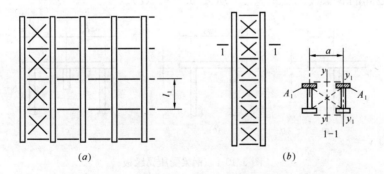

图 6.9-4 梁的支承体系

2. 横向水平支撑杆件以及其竖杆设置在梁的受压翼缘时，可认为能阻止梁的侧弯和扭转；如果设置在梁截面的形心处，则只能阻止梁的侧移，不能阻止梁的扭转；如果支撑杆只设在受拉翼缘上，效果就更差。后两种情况都不能视为梁的有效侧向支承。

3. 连于主梁侧面且靠近其上翼缘的次梁，对主梁有较好的支承作用（当然，次梁上应有密铺的刚性铺板牢固连接）；尤其是次梁与主梁刚性连接时，次梁的抗弯刚度可以抵抗主梁的扭转，效果更佳。当次梁支承于主梁顶面时，应将次梁的支承面遍及主梁翼缘全宽，且应在主梁支承次梁处设置支承加劲肋，否则就很难认为次梁是主梁的有效支承。

4. 用作减小梁受压翼缘自由长度的侧向支撑，其支撑力应将梁的受压翼缘视为轴心压杆，按《钢结构规范》第 5.1.7 条计算。

6.10　如何保证组合钢梁翼缘和腹板的局部稳定？组合梁加劲肋的设置有哪些基本规定？

1. 组合钢梁受压翼缘的局部稳定

组合钢梁受压翼缘的局部稳定通常是用控制其宽厚比的办法来保证其局部稳定的。控制组合钢梁受压翼缘宽厚比的目的，是要避免受压翼缘板沿纵向屈服后因宽厚比过大可能在失去强度前先失去局部稳定。组合钢梁受压翼缘示意如图 6.10-1 所示。

（1）组合钢梁受压翼缘自由外伸宽度 b 与其厚度 t 之比，应符合下式要求：

$$\frac{b}{t} \leqslant 13\sqrt{\frac{235}{f_y}} \tag{6.10-1}$$

当计算梁抗弯强度取截面塑性发展系数 $\gamma_x = 1.0$ 时，b/t 可放宽至 $15\sqrt{\frac{235}{f_y}}$。

（2）箱形截面梁受压翼缘板在两腹板间的无支承宽度 b_0 与其厚度 t 之比，应符合下列要求：

$$\frac{b_0}{t} \leqslant 40\sqrt{\frac{235}{f_y}} \tag{6.10-2}$$

当箱形截面梁受压翼缘板设有纵向加劲肋时，则公式（6.10-2）中的 b_0 取为腹板与纵向加劲肋之间的翼缘板无支承宽度，如图 6.10-1（c）。

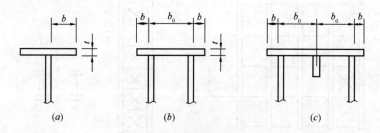

图 6.10-1　钢梁受压翼缘板

（3）钢梁翼缘板自由外伸宽度 b 的取值为：对焊接构件，取腹板边至翼缘板（肢）边缘的距离；对轧制构件，取内圆弧起点至翼缘板（肢）边缘的距离。

2. 组合钢梁腹板的局部稳定

（1）承受静力荷载和间接承受动力荷载的组合梁宜考虑腹板屈曲后强度，并按《钢结构规范》第 4.4 节的规定计算其抗弯和抗剪承载力。当仅配置支承加劲肋不能满足《钢结构规范》公式（4.4.1-1）抗弯和抗剪承载力验算要求时，应在腹板两侧成对设置中间横向加劲肋。

轻、中级工作制吊车梁计算腹板的稳定性时，吊车轮压设计值可乘以 0.9 的折减系数，以适当考虑腹板局部屈曲后强度的有利影响。

（2）考虑腹板屈曲后强度的组合梁，其腹板高厚比不应大于 250，且可按构造要求成对设置中间横向加劲肋。

（3）直接承受动力荷载的吊车梁及类似构件或其他不考虑腹板屈曲后强度的组合梁，则应按《钢结构规范》第 4.3.2 条的规定配置加劲肋，通过设置加劲肋来保证腹板的局部稳定性。组合梁加劲肋的设置示意如图 6.10-2 所示。

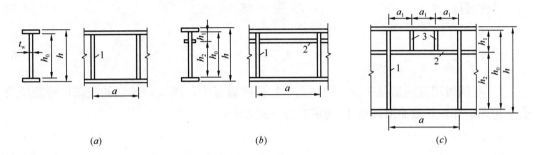

图 6.10-2　加劲肋布置

(a) 横向加劲肋；(b) 横向加劲肋和纵向加劲肋；(c) 横向加劲肋、纵向加劲肋和短加劲肋

1—横向加劲肋；2—纵向加劲肋；3—短加劲肋

1）当 $h_0/t_w \leqslant 80\sqrt{\dfrac{235}{f_y}}$ 时，对有局部压应力（$\sigma_c \neq 0$）的梁，应按构造要求配置横向加劲肋；但对无局部压应力（$\sigma_c = 0$）的梁，可不配置横向加劲肋。

2）当 $h_0/t_w > 80\sqrt{\dfrac{235}{f_y}}$ 时，应配置横向加劲肋。其中，当 $h_0/t_w > 170\sqrt{\dfrac{235}{f_y}}$（受压翼缘扭转受到约束，如连有刚性铺板、制动板或焊有钢轨时）或 $h_0/t_w > 150\sqrt{\dfrac{235}{f_y}}$（受压翼缘扭转未受到约束时），或按计算需要时，应在弯曲应力较大区格的受压区增加配置纵向加劲肋。局部压应力很大的梁，必要时尚宜在受压区配置短加劲肋。

当组合梁的 $h_0/t_w > 80\sqrt{\dfrac{235}{f_y}}$ 时，尚应按《钢结构规范》第 4.3.3 条至第 4.3.5 条的规定验算加劲肋所构成的腹板各区格的局部稳定性。

任何情况下，组合梁的 h_0/t_w 均不应大于 250。

此处 h_0 为腹板的计算高度（对单轴对称梁，当确定是否要配置纵向加劲肋时，h_0 应取腹板受压区高 h_c 的 2 倍），t_w 为腹板的厚度。

3）梁的支座处和上翼缘受有较大固定集中荷载处，宜设置支承加劲肋。

（4）加劲肋宜在腹板两侧成对配置，也可单侧配置（图 6.10-3），但支承加劲肋、重级工作制吊车梁的加劲肋不应单侧配置。

1）横向加劲肋的最小间距应为 $0.5h_0$，最大间距应为 $2h_0$。（对无局部压应力的梁，当 $h_0/t_w \leqslant 100$ 时，可采用 $2.5h_0$）。纵向加劲肋至腹板计算高度受压边缘的距离应在 $h_c/2.5 \sim h_c/2$ 范围内（h_c 为按梁截面全部有效算得的腹板弯曲受压区高度）。

2）在腹板两侧成对配置的钢板横向加劲肋，其截面尺寸应符合下列公式要求：

外伸宽度
$$b_s \geqslant \frac{h_0}{30} + 40\text{mm} \tag{6.10-3}$$

厚度
$$t_s \geqslant \frac{b_s}{15} \tag{6.10-4}$$

3）在腹板一侧配置的钢板横向加劲肋，其截面尺寸应符合下列公式要求：

外伸宽度
$$b_s \geqslant \frac{h_0}{25} + 48\text{mm} \tag{6.10-5}$$

厚度
$$t_s \geqslant \frac{b_s}{15} \tag{6.10-6}$$

4）在同时用横向加劲肋和纵向加劲肋加强的腹板中，横向加劲肋的截面尺寸除应符合上述规定外，其截面惯性矩 I_Z 尚应符合下式要求：

$$I_Z = \frac{1}{12}t_s(2b_s + t_w)^3 \geqslant 3h_0 t_w^3 \tag{6.10-7}$$

纵向加劲肋的截面惯性矩 $I_y = \frac{1}{12}t_{s纵}(2b_{s纵} + t_w)^3$，应符合下列公式要求：

当 $a/h_0 \leqslant 0.85$ 时，
$$I_y \geqslant 1.5 h_0 t_w^3 \tag{6.10-8}$$

当 $a/h_0 > 0.85$ 时，
$$I_y \geqslant \left(2.5 - 0.45\frac{a}{h_0}\right)\left(\frac{a}{h_0}\right)^2 h_0 t_w^3 \tag{6.10-9}$$

注：$b_{s纵}$、$t_{s纵}$ 分别为纵向加劲肋的外伸宽度和厚度。

5）短加劲肋的最小间距为 $0.75h_1$（h_1 详见图 6.10-2）。短加劲肋外伸宽度应取横向加劲肋外伸宽度的 $0.7 \sim 1.0$ 倍，厚度不应小于短加劲肋外伸宽度的 1/15。

6）用型钢（H 型钢、工字钢、槽钢、肢尖焊于腹板的角钢）做成的加劲肋，其截面惯性矩不得小于相应钢板加劲肋的惯性矩；在腹板两侧成对设置的加劲肋，其截面惯性矩应按梁腹板中心线 Z-Z 为轴线进行计算（图 6.10-3a）；在腹板一侧设置的加劲肋，其截面惯性矩应按与加劲肋相连的腹板边缘线 Z-Z 为轴线进行计算（图 6.10-3b）。

（5）梁的支承加劲肋

1）梁的支承加劲肋，应按承受梁支座反力或固定集中荷载的轴心受压构件计算其在

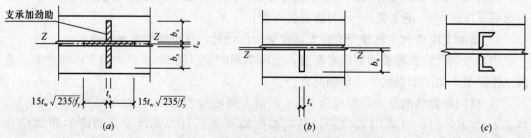

图 6.10-3   横向加劲肋的配置方式
（a）双侧横向加劲肋；（b）单侧横向加劲肋；（c）角钢加劲肋

腹板平面外的稳定性。此受压构件的截面应包括加劲肋和加劲肋每侧 $15t_w$ $\sqrt{\dfrac{235}{f_y}}$ 范围内的腹板面积（图 6.10-3a），计算长度取 h_0。

2）当梁支承加劲肋的端部为刨平顶紧时，应按其所承受的支座反力或固定集中荷载计算其端面承压应力；对突缘支座，其突缘加劲肋的伸出长

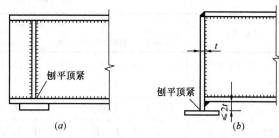

图 6.10-4　梁的支座

（a）平板支座；（b）突缘支座

度不得大于其厚度的 2 倍，并且宜采取限位措施（图 6.10-4）。

当支承加劲肋端部为焊接时，应按传力情况计算焊缝应力。

3）支承加劲肋与腹板的连接焊缝，应按传力需要进行计算。

6.11　设计组合钢吊车梁时，应注意哪些问题？

1. 应明确吊车的工作级别（吊车工作制）。现行国家标准《起重机设计规范》GB/T 3811 将吊车工作级别划分为 A1～A8 级。在一般情况下《钢结构规范》的轻级工作制相当于 A1～A3 级；中级工作制相当于 A4、A5 级；重级工作制相当于 A6～A8 级，其中 A8 级属于特重级。

2. 吊车梁及其连接，当应力变化的循环次数 n 大于等于 5×10^4 次时，应进行疲劳计算。一般说来，重级工作制吊车梁、中级工作制吊车桁架应按常幅疲劳进行疲劳计算；轻级工作制吊车梁和吊车桁架以及大多数中级工作制吊车梁，根据多年来的使用情况和设计经验，可不进行疲劳计算。

3. 计算重级工作制吊车梁（或吊车桁架）及其制动结构的强度、稳定性以及连接（吊车梁或吊车桁架、制动结构、柱相互间的连接）的强度时，应考虑由吊车摆动引起的横向水平力（此水平力不与荷载规范规定的横向水平荷载同时考虑），作用于每个轮压处的此横向水平力的标准值可由下式计算：

$$H_K = \alpha P_{k,max} \tag{6.11-1}$$

式中　$P_{k,max}$——吊车最大轮压标准值；

α——系数，对一般软钩吊车 $\alpha = 0.1$，抓斗或磁盘吊车宜采用 $\alpha = 0.15$，硬钩吊车宜采用 $\alpha = 0.20$。

由于吊车的水平偏斜、轨道与梁偏离设计位置、柱子基础不均匀沉降等都会造成吊车运行时发生摆动，产生很大的横向水平力（卡轨力），重级工作制吊车及硬钩吊车此种情况最为严重，经常导致轨道连接螺栓拉断、梁上翼缘损坏等现象发生。这种横向水平力（卡轨力）与吊车的横向小车刹车所产生的横向水平荷载的起因截然不同。对于 A6、A7 级吊车，按公式（6.11-1）算得的横向水平力（卡轨力）是按 GBJ 17—88 钢结构规范算得的卡轨力的 2 倍，由此带来的结果是吊车梁钢材消耗将略有增加。

4. 设计计算吊车梁时，作用于吊车梁上的荷载（作用）可参考表 6.11-1 选用。

吊 车 荷 载   表 6.11-1

计算项目	荷 载 值		吊车台数取数	备 注
	A1~A5 工作级别（中轻级）	A6~A8 工作级别（重级）		
吊车梁的强度和稳定性	$F=1.4\times1.05F_k=1.47F_k$ $T=1.4T_k$	$F=1.4\times1.1F_k=1.54F_k$ $T=1.4T_k$ 或 $T=1.4H_k$	最多2台	
制动结构	$T=1.4T_k$	$T=1.4T_k$ 或 $T=1.4H_k$	最多2台	
腹板局部压应力	$F=1.47F_k$	$F=1.35\times1.4\times1.1F_k=2.08F_k$		
腹板稳定	$F=0.9\times1.47F_k=1.32F_k$	$F=1.4\times1.1F_k=1.54F_k$		
疲　劳	中级吊车桁架、部分吊车梁 $F=F_k$ $T=T_k$	$F=F_k$ $T=T_k$	1台	
梁的挠度	$F=F_k$	$F=F_k$	1台	
制动结构的挠度		$T=T_k$（限 A7、A8 工作级别）	1台	
吊车梁、制动结构、柱相互间的连接强度	$T=1.4T_k$	$T=1.4T_k$ 或 $T=1.4H_k$	最多2台	
吊车纵向水平荷载 供计算梁柱纵向连接及柱纵向受力	$L=0.14\Sigma F_{Lk}$	$L=0.14\Sigma F_{LK}$	仅有1台	
	$L=0.9\times0.14(\Sigma F_{L1k}+\Sigma F_{L2k})$ $=0.126(\Sigma F_{L1k}+\Sigma F_{L2k})$	$L=0.95\times0.14(\Sigma F_{L1k}+\Sigma F_{L2k})$ $=0.133(\Sigma F_{L1k}+\Sigma F_{L2k})$	最多2台	

注：F_k、F——最大轮压的标准值、设计值。

　　T_k、T——横向水平荷载（横行小车刹车力）的标准值、设计值；

　　　　H_k——计算吊车梁、制动结构的强度和稳定性时由吊车摆动产生的横向水平力（卡轨力）；

F_{Lk}、F_{L1k}、F_{L2k}——刹车轮、第1台吊车刹车轮、第2台吊车刹车轮的最大轮压；

　　　　L——一侧轨道上的吊车纵向水平荷载。

5. 吊车梁的整体稳定和局部稳定及构造要求

（1）吊车梁的整体稳定和局部稳定应符合《钢结构规范》第 4.2 节～第 4.3 节的要求。

（2）组合吊车梁不考虑腹板屈曲后的强度，腹板的局部稳定通过设置加劲肋来保证。

（3）焊接吊车梁的翼缘板宜用一层钢板，当采用两层钢板时，外层钢板宜沿梁通长设置，并应在设计和施工中采取措施使上翼缘两层钢板紧密接触。

（4）焊接吊车梁的焊缝形式和质量等级应符合《钢结构规范》第 7.1.1 条的规定，要求焊透的 T 形接头对接与角接组合焊缝形式宜如图6.11-1所示。

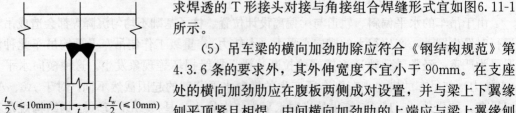

图 6.11-1　焊透的 T 形接头
对接与角接组合焊缝

（5）吊车梁的横向加劲肋除应符合《钢结构规范》第 4.3.6 条的要求外，其外伸宽度不宜小于 90mm。在支座处的横向加劲肋应在腹板两侧成对设置，并与梁上下翼缘刨平顶紧且相焊。中间横向加劲肋的上端应与梁上翼缘刨平顶紧且焊接。在重级工作制吊车梁中，中间横向加劲肋应在腹板两侧成对设置，而中、轻级工作制吊车梁则可单侧设置或两侧错开设置。实际工程中很少采用单侧配置横向加劲肋的做法。

（6）在焊接吊车梁上，横向加劲肋（含短加劲肋）不得与受拉翼缘相焊，但可与受压翼缘相焊。中间横向加劲肋的下端宜在距受拉下翼缘 50～100mm 处断开，其与腹板的连接焊缝不宜在肋下端起落弧。

（7）当吊车梁受拉翼缘与支撑相连时，不宜采用焊接，宜采用 C 级螺栓或高强度螺栓连接。

（8）重级工作制吊车梁中，上翼缘与柱或制动桁架传递水平力的连接宜采用高强度螺栓的摩擦型连接，而上翼缘与制动梁的连接，可采用高强度螺栓摩擦型连接或焊接。

吊车梁端部与柱的连接构造应设法减少由于吊车梁承受竖向荷载产生弯曲变形而在连接处产生的附加应力。

（9）当吊车梁跨度大于等于 12m，或轻、中级工作制吊车梁跨度大于等于 18m 时，宜设置辅助桁架和下翼缘水平支撑系统。当设置垂直支撑时，其位置不宜设置在吊车梁竖向挠度较大处。

（10）吊车梁的受拉翼缘上不得焊接悬挂设备的零件，并不宜在受拉翼缘上打火或焊接夹具。

（11）重级工作制吊车梁的受拉翼缘板边缘，宜为轧制边或自动气割边，当用手工气割或剪切机切割时，应沿全长刨边。

（12）吊车梁翼缘板或腹板的焊接拼接应采用加引弧板和引出板的焊透对接焊缝，引弧板和引出板割去处应予以打磨平整。

6.12　受压构件板件的局部稳定应符合哪些规定？

在轴心受压构件和偏心受压构件中，如果组成板件丧失局部稳定，就会加速构件整体失稳而丧失承载能力。保证板件局部失稳不先于整体失稳的办法，是对板件的宽厚比加以限制。

板件的容许宽厚比通常按不同情况采用两种方法之一来确定：一是等稳定性原则，即使"板件稳定临界应力＝构件整体稳定临界应力"；二是使"板件稳定临界应力＝钢材屈服强度"。

《钢结构规范》通常采用等稳定性原则来确定受压构件板件的容许宽厚比。

1. 在受压构件中，翼缘板自由外伸宽度 b 与其厚度 t 之比，应符合下列要求：

（1）轴心受压构件 $b/t \leqslant (10+0.1\lambda)\sqrt{\dfrac{235}{f_y}}$　　　　　　　　　　　（6.12-1）

式中　λ——构件两方向长细比的较大值；当 $\lambda < 30$ 时，取 $\lambda = 30$；当 $\lambda > 100$ 时，取 $\lambda = 100$。

（2）压弯构件 $b/t \leqslant 13\sqrt{\dfrac{235}{f_y}}$　　　　　　　　　　　　　　　　（6.12-2）

当强度和稳定计算中取 $\gamma_x = 1.0$ 时，b/t 可放宽至 $15\sqrt{\dfrac{235}{f_y}}$。

注：翼缘板自由外伸宽度 b 的取值为：对焊接构件，取腹板边至翼缘板（肢）边缘的距离；对轧制构件，取内圆弧起点至翼缘板（肢）边缘的距离。

2. 在工字形及 H 形截面的受压构件中，腹板的计算高度 h_0 与其厚度 t_w 之比，应符合下列要求：

（1）轴心受压构件
$$h_0/t_w \leqslant (25+0.5\lambda)\sqrt{\frac{235}{f_y}} \qquad (6.12-3)$$

式中　λ——构件两个方向长细比的较大值；当 $\lambda<30$ 时，取 $\lambda=30$；当 $\lambda>100$ 时，取 $\lambda=100$。

（2）压弯构件

当 $0 \leqslant \alpha_0 \leqslant 1.6$ 时
$$h_0/t_w \leqslant (16\alpha_0+0.5\lambda+25)\sqrt{\frac{235}{f_y}} \qquad (6.12-4)$$

当 $1.6 < \alpha_0 \leqslant 2.0$ 时
$$h_0/t_w \leqslant (48\alpha_0+0.5\lambda-26.2)\sqrt{\frac{235}{f_y}} \qquad (6.12-5)$$

$$\alpha_0 = \frac{\sigma_{max}-\sigma_{min}}{\sigma_{max}} \qquad (6.12-6)$$

式中　σ_{max}——腹板计算高度边缘的最大压应力，计算时不考虑构件稳定系数和截面塑性发展系数；

σ_{min}——腹板计算高度另一边缘相应的应力，压应力取正值，拉应力取负值；

λ——构件在弯矩作用平面内的长细比；当 $\lambda<30$ 时，取 $\lambda=30$；当 $\lambda>100$ 时，取 $\lambda=100$。

3. 在箱形截面受压构件中，受压翼缘的宽厚比应符合下列要求：

$$b_0/t \leqslant 40\sqrt{\frac{235}{f_y}} \qquad (6.12-7)$$

箱形截面受压构件的腹板计算高度 h_0 与其厚度之比，应符合下列要求：

（1）轴心受压构件
$$h_0/t_w \leqslant 40\sqrt{\frac{235}{f_y}} \qquad (6.12-8)$$

（2）压弯构件的 h_0/t_w 不应超过公式（6.12-4）或公式（6.12-5）右侧乘以 0.8 后的值 $\left(\text{当此值小于 } 40\sqrt{\frac{235}{f_y}} \text{时，应采用 } 40\sqrt{\frac{235}{f_y}}\right)$。

4. 在 T 形截面受压构件中，腹板高度与其厚度之比，不应超过下列数值：

（1）轴心受压构件和弯矩使腹板自由边受拉的压弯构件

热轧剖分 T 形钢：$(15+0.2\lambda)\sqrt{235/f_y}$

焊接 T 形钢：$(13+0.17\lambda)\sqrt{235/f_y}$

（2）弯矩使腹板自由边受压的压弯构件

当 $\alpha_0 \leqslant 1.0$ 时：$15\sqrt{235/f_y}$

当 $\alpha_0 > 1.0$ 时：$18\sqrt{235/f_y}$

5. 圆管截面的受压构件，其外径与壁厚之比不应超过 $100 (235/f_y)$。

6. H 形、工字形和箱形截面受压构件的腹板，其高厚比不符合《钢结构规范》第 5.4.2 条或第 5.4.3 条的要求时，可用纵向加劲肋加强，或在计算构件的强度和稳定性时将腹板的截面仅考虑计算高度边缘范围内两侧宽度各为 $20t_w\sqrt{235/f_y}$ 的部分（计算构件稳定系数时，仍用全部截面），如图 6.12-1 所示。

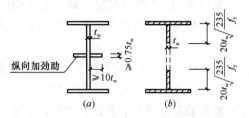

用纵向加劲肋加强的腹板，其在受压较大翼缘与纵向加劲肋之间的高厚比应符合《钢结构规范》第 5.4.2 条或第 5.4.3 条的要求。

纵向加劲肋宜在腹板两侧成对设置，其一侧外伸宽度不应小于 $10t_w$，厚度不应小于 $0.75t_w$。

图 6.12-1　改善腹板受压失稳措施示意图
(a) 设置纵向加劲肋；(b) 部分腹板计入受压截面

6.13　轴心受压构件的稳定系数 φ 主要根据哪些条件来确定？

1. 轴心受压构件的稳定性应按下式计算：

$$\frac{N}{\varphi A} \leqslant f \tag{6.13-1}$$

式中　φ——轴心受压构件的稳定系数（取截面两主轴稳定系数中的较小值），应根据构件长细比、钢材屈服强度和《钢结构规范》表 5.1.2-1、表 5.1.2-2 的截面分类按《钢结构规范》的附录 C 采用。

2. 轴心受压构件的截面分类主要取决于下列因素：

（1）板厚

板厚小于 40mm 时，截面分为 a、b、c 三类；板厚等于大于 40mm 时，截面分为 b、c、d 三类。当板厚 $t \geqslant 40$mm 时，钢板中的残余应力不但沿板宽方向变化，在厚度方向的变化也比较明显。板件外表面往往以残余压应力为主，对构件稳定的影响较大。

（2）截面形式

圆形截面及对称截面优于其他截面形式。

（3）截面加工方法

轧制截面优于焊接截面；焊接截面中板件为焰切边者优于轧制或剪切边者。

（4）截面宽高比、板件宽厚比

轧制工字钢或 H 型钢截面宽高比小者优于宽高比大者；焊接箱形截面板件宽厚比大者优于宽厚比小者。

（5）屈曲方向

一般情况下，构件对 x 轴屈曲或对 y 轴屈曲有不同或相同的分类。例如，轧制工字钢构件，当 $b/h \leqslant 0.8$ 时，对 x 轴屈曲为 a 类，对 y 轴屈曲为 b 类；当轧制工字钢构件的 $b/h > 0.8$ 时，对 x 轴屈曲和对 y 轴屈曲均为 b 类。

3. 构件长细比

对于同一类截面，构件的长细比越大，其轴心受压的稳定系数越小，构件的受压稳定承载力就越低。

4. 钢材屈服强度

采用非 Q235 级钢材时，轴心受压构件的长细比应进行钢材的屈服强度修正。

（1）截面为双轴对称或极对称的实腹式轴心受压构件的长细比 λ 应按下列规定确定：

$$\lambda_x = l_{0x}/i_x \quad \lambda_y = l_{0y}/i_y \tag{6.13-2}$$

式中 l_{0x}、l_{0y}——构件对主轴 x 和 y 的计算长度；

　　　　i_x、i_y——构件截面对主轴 x 和 y 的回转半径。

对双轴对称的十字形截面构件，λ_x 或 λ_y 的取值不得小于 $5.07b/t$（其中 b/t 为悬伸板件的宽厚比）。

（2）在按《钢结构规范》附录 C 查轴心受压构件的稳定系数时，λ 值应采用公式（6.13-2）计算出的 λ_x 和 λ_y 两者的较大值。

（3）如构件采用的钢材牌号为非 Q235 钢，在应用附录 C 时，应对按公式（6.13-2）算出的 λ 值进行屈服强度修正。例如，当构件的 $\lambda_x = 40.7$，$\lambda_y = 70$，且采用 Q345 级钢时，查附录 C 所用的 λ 值应为 $\lambda = 70\sqrt{f_y/235} = 70 \times \sqrt{\dfrac{345}{235}} = 70 \times 1.212 = 84.8$。

6.14   用填板连接而成的双角钢或双槽钢构件，可按实腹式构件进行计算的条件是什么？

用填板连接而成的双角钢或双槽钢构件，其填板间距规定的原则是：对于受压构件是为保证一个角钢或一个槽钢的受压稳定性；对于受拉构件则是为了保证两个角钢或两个槽钢共同工作并受力均匀。由于这种构件两个分肢的距离很小，填板的刚度很大，根据我国多年使用的经验，满足下列要求时，可按实腹式构件进行计算，不必对虚轴采用换算长细比：

1. 填板间的距离不应超过下列数值：

受压构件 $40i$

受拉构件 $80i$

i 为单肢截面回转半径，按下列规定采用：

（1）当为图 6.14-1（a）、（b）所示的双角钢或双槽钢截面时，取一个角钢或一个槽钢对与填板平行的形心轴的回转半径；

（2）当为图 6.14-1（c）所示的十字形截面时，取一个角钢的最小回转半径。

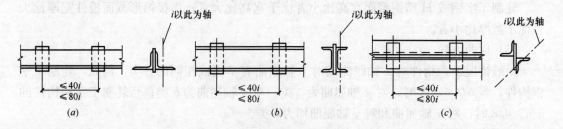

图 6.14-1   双角钢或双槽钢截面杆件的填板及回转半径轴

2. 受压构件的两个侧向支承点之间的填板数不得少于 2 个。如果仅放置一个，且居中放置，两个角钢或两个槽钢可能同时各自在中部同向失稳，填板就起不到使两个角钢或两个槽钢构成组合构件整体工作的作用。

3. 填板厚度通常与连接构件的节点板相同，节点板的厚度应根据杆件内力计算确定（详见《钢结构规范》第 7 章第 7.5 节）；支座杆件仅支座一端的节点板加厚，填板不加厚。填板宽度一般取 60～100mm，填板长度对双角钢 T 形截面可伸出角钢肢背和肢尖各 10～20mm，对十字形截面则从角钢肢尖缩进10～20mm；对双槽钢截面可伸出槽钢肢背 10～20mm；角钢或槽钢与填板通常用焊脚尺寸为 5mm 或 6mm 侧焊或围焊的角焊缝连接。

6.15 用作减小轴心受压构件（柱）自由长度的支撑，其支撑力应当如何计算？

用作减小轴心受压构件（柱）自由长度的支撑，当其轴线通过被支撑构件截面剪心时，沿被支撑构件屈曲方向的支撑力应按下列方法计算：

1. 长度为 l 的单根柱设置一道支撑时，支撑力 F_{b1} 为：

当支撑杆位于柱高度中央时：

$$F_{b1} = N/60 \qquad (6.15\text{-}1)$$

当支撑杆位于距柱端 αl 处时（$0<\alpha<1$）：

$$F_{b1} = \frac{N}{240\alpha(1-\alpha)} \qquad (6.15\text{-}2)$$

式中　N——被支撑构件的最大轴心压力设计值。

2. 长度为 l 的单根柱设置 m 道等间距（或间距不等但与平均间距相比相差不超过20%）支撑时，各支承点的支撑力 F_{bm} 为：

$$F_{bm} = N/[30(m+1)] \qquad (6.15\text{-}3)$$

3. 被支撑构件为多根柱组成的柱列时，在柱高度中央附近设置一道支撑时，支撑力应按下式计算：

$$F_{bn} = \frac{\Sigma N_i}{60}\left(0.6+\frac{0.4}{n}\right) \qquad (6.15\text{-}4)$$

式中　n——柱列中被支撑柱的根数；

　　ΣN_i——被支撑柱同时存在的轴心压力设计值之和。

4. 当支撑构件同时承担结构上其他作用效应时，其相应的轴力设计值可不与支撑力相叠加，而取两者中的较大值。

5. 被支撑构件截面的剪心：对双轴对称截面和极对称截面，剪心与形心重合；对单轴对称 T 形截面（包括双角钢组合 T 形截面）及角形截面，剪心在两组成板件轴线相交点，其他单轴对称和无对称轴的截面，其剪心位置可参阅有关力学或稳定理论资料。

6.16 钢框架柱的计算长度系数如何确定？

框架分为无支撑的纯框架和有支撑的框架，其中有支撑的框架根据侧移刚度的大小，又分为强支撑框架和弱支撑框架。

无支撑纯框架属于有侧移框架，强支撑框架属于无侧移框架；弱支撑框架则属于有限侧移框架。

单层或多层框架等截面柱,在框架平面内的计算长度等于该层柱的高度乘以计算长度系数。

柱的计算长度或柱的计算长度系数与柱端的约束条件(包括柱端连接形式和有无侧移)有关。对单层等截面框架柱,柱的下端与基础的连接可能是刚接,也可能是铰接;而柱的上端与横梁刚接时,横梁的线刚度对柱的计算长度有直接影响,柱顶有无侧移对框架柱计算长度的影响最大。对于多层框架柱,计算长度与柱上端和下端相连接的横梁的线刚度有关。柱的计算长度或柱的计算长度系数可根据柱端的约束条件按弹性稳定理论进行计算。

1. 无支撑纯框架

(1) 当采用一阶弹性分析方法计算内力时,框架柱的计算长度系数 μ 按《钢结构规范》附录 D 表 D-2 有侧移框架柱的计算长度系数确定。

(2) 当采用二阶弹性分析方法计算内力且在每层柱顶附加考虑按下式计算的假想水平力 H_{ni} 时,框架柱的计算长度系数 $\mu = 1.0$。

$$H_{ni} = \frac{\alpha_y Q_i}{250} \sqrt{0.2 + \frac{1}{n_s}} \qquad (6.16\text{-}1)$$

式中　Q_i——第 i 层的总重力荷载设计值;

　　　n_s——框架总层数;当 $\sqrt{0.2 + 1/n_s} > 1$ 时,取此根号值为 1.0;

　　　α_y——钢材强度影响系数,其值:Q235 钢为 1.0;Q345 钢为 1.1;Q390 钢为 1.2;Q420 钢为 1.25。

2. 有支撑框架

(1) 当支撑结构(支撑桁架、剪力墙、电梯井筒等)的侧移刚度(产生单位侧移倾角的水平力)S_b 满足下式要求时,为强支撑框架,框架柱的计算长度系数 μ 按《钢结构规范》附录 D 表 D-1 无侧移框架柱的计算长度系数确定:

$$S_b \geqslant 3(1.2\Sigma N_{bi} - N_{0i}) \qquad (6.16\text{-}2)$$

式中　ΣN_{bi}、ΣN_{0i}——第 i 层层间所有框架柱用无侧移框架柱和有侧移框架柱计算长度系数算得的轴心压杆稳定承载力之和。

(2) 当支撑结构的侧移刚度 S_b 不满足公式(6.16-2)的要求时,为弱支撑框架,框架柱的轴心压杆稳定系数 φ 按下式计算:

$$\varphi = \varphi_0 + (\varphi_1 - \varphi_0) \frac{S_b}{3(1.2\Sigma N_{bi} - \Sigma N_{0i})} \qquad (6.16\text{-}3)$$

式中　φ_1、φ_0——分别是框架柱用《钢结构规范》附录 D 中无侧移框架柱和有侧移框架柱计算长度系数算得的轴心压杆稳定系数。

3.《钢结构规范》附录 D 表 D-1 和表 D-2 规定的框架柱计算长度系数,所依据的基本假定为:

(1) 材料是线弹性的;

(2) 框架只承受作用在节点上的竖向荷载;

(3) 框架中的所有柱子是同时丧失稳定的,即各柱同时达到其临界荷载;

(4) 当柱子开始失稳时,相交于同节点的横梁对柱子提供的约束弯矩,按柱子的线刚

度之比分配给柱子;

（5）在无侧移失稳时，横梁两端的转角大小相等方向相反；在有侧移失稳时，横梁两端的转角不仅大小相等而且方向亦相同；

（6）将框架柱按其侧向支承情况用位移法进行稳定分析时，为了简化计算起见，只考虑直接与所研究的柱子相连的横梁的约束作用，略去不直接与该柱子连接的横梁的约束影响。

6.17 钢结构采用螺栓连接时，设计计算中有哪些基本规定？

1. 钢结构采用普通螺栓连接时，设计计算中应符合下列基本规定：

（1）普通螺栓受剪连接的破坏形式

受剪连接是最常见的螺栓连接，达到极限荷载时，受剪连接可能有四种破坏形式：

1）螺杆被剪断（图 6.17-1a）;

2）孔壁被挤压破坏（图 6.17-1b）;

3）板件端部冲切破坏（图 6.17-1c）;

4）板件在净截面处被拉断（图 6.17-1d）;

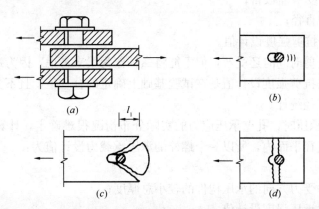

图 6.17-1 普通螺栓的破坏形式

第 3）种破坏形式通常由螺栓端距 l_1 来保证（《钢结构规范》规定 $l_1 \geqslant 2d_0$，d_0 为螺孔直径），第 4）种破坏形式属于构件的强度计算。因此，普通螺栓的受剪连接计算只考虑第 1）、2）两种破坏形式。

螺栓孔的最大、最小容许距离详见表 6.17-1。

螺栓的最大、最小容许距离 表 6.17-1

名 称		位置和方向		最大容许距离（取两者的较小值）	最小容许距离
中心间距	外排（垂直内力方向或顺内力方向）			$8d_0$ 或 $12t$	$3d_0$
	中间排	垂直内力方向		$16d_0$ 或 $24t$	
		顺内力方向	构件受压力	$12d_0$ 或 $18t$	
			构件受拉力	$16d_0$ 或 $24t$	
	沿对角线方向			—	

续表

名　称	位置和方向			最大容许距离 （取两者的较小值）	最小容许距离
中心至构件边缘距离	顺内力方向			4d_0 或 8t	2d_0
	垂直内力方向	剪切边或手工气割边			1.5d_0
		轧制边、自动气割或锯割边	高强度螺栓		
			其他螺栓		1.2d_0

注：1. d_0 为螺栓的孔径，t 为外层较薄板件的厚度；

　　2. 钢板边缘与刚性构件（如角钢、槽钢等）相连的螺栓的最大间距，可按中间排的数值采用。

普通螺栓的受剪连接中，一个螺栓的承载力设计值应取抗剪和承压（挤压）承载力设计值中的较小者。

（2）普通螺栓受剪连接的设计计算原则

1）螺杆受剪时，假定剪应力在螺栓受剪面上均匀分布，一个螺栓的受剪承载力设计值为：

$$N_v^b = n_v \cdot \frac{\pi d^2}{4} \cdot f_v^b \tag{6.17-1}$$

式中　n_v——螺杆受剪面数目；

　　　d——螺杆直径；

　　　f_v^b——螺杆抗剪强度设计值。

实际上螺杆受剪时同时还受弯，但不能将螺杆作为梁来考虑，因为螺杆长度与其直径为同一数量级，其抗剪强度设计值是在试验基础上确定的合理值，且不分剪切面是否在螺纹处均按螺栓杆直径统计。

2）螺栓孔壁承压时，孔壁承压应力的实际分布情况很难确定，计算时假定承压应力平均分布于螺杆直径平面内，所以一个螺栓的承压承载力设计值为：

$$N_c^b = d \cdot \Sigma t \cdot f_c^b \tag{6.17-2}$$

式中　Σt——同一受力方向的承压构件的较小总厚度；

　　　f_c^b——构件承压强度设计值。

f_c^b 与螺杆材料强度无关，而与构件钢材强度、构件受力性质和螺栓端距 l_1 有关。《钢结构规范》规定的 f_c^b 值是根据受拉构件且 $l_1 = 2d_0$ 的条件由试验数据确定的合理值。如果构件受压，f_c^b 大约可加大 50%；但如果 $l_1 < 2d_0$，则 f_c^b 应予降低。例如，$l_1 = (1.2 \sim 1.5) d_0$ 时，f_c^b 应降低 50% 左右。

（3）普通螺栓受拉连接的设计计算原则

螺栓杆轴方向受拉时，通常不可能将拉力正好作用在螺杆的轴线上，而是通过水平板件传递。图 6.17-2 就是一个典型示例。如果与螺栓直接相连的翼缘板的刚度不是很大，螺栓就会受到撬力 Q 作用使拉力增加为：

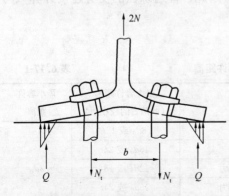

图 6.17-2　受拉螺栓的撬力

$$N_t = N + Q \tag{6.17-3}$$

撬力 Q 的大小与翼缘板厚度、螺栓直径、螺栓位置、连接总厚度等因素有关，准确计算非常困难。

因此，沿杆轴方向受拉的螺栓连接中的端板（法兰板），应适当加大其刚度（如增设加劲肋等），以减少撬力对螺栓抗拉承载力的不利影响。

《钢结构规范》是将螺栓的抗拉强度设计值降低 20% 来考虑撬力的影响。例如 4.6 级普通螺栓（Q235 钢制成），取抗拉强度设计值为：$f_t^b = 0.8f = 0.8 \times 215 = 172 N/mm^2$。

这相当于考虑撬力 $Q = 0.25N$。一般说来，只要按构造要求取翼缘板厚度 $t \geqslant 20mm$ 且不小于 d（d 为螺栓杆直径），而且螺栓距离 b 不过大；这样的简化处理是可靠的。

因此，一个螺栓的受拉承载力设计值为：

$$N_t^b = A_e \cdot f_t^b = \frac{\pi d_e^2}{4} \cdot f_t^b \qquad (6.17\text{-}4)$$

式中　A_e——螺栓的有效截面积；

　　　f_t^b——螺栓的抗拉强度设计值；

　　　d_e——螺纹处的有效直径。

由于螺纹呈倾斜方向，螺栓受拉时采用的直径，既不是扣除螺纹后的净直径 d_n，也不是全直径与净直径的平均直径 d_m，而是由下式计算的有效直径：

$$d_e = \frac{d_n + d_m}{2} = d - \frac{13}{24}\sqrt{3}p \qquad (6.17\text{-}5)$$

式中　p——螺纹的螺距。

直接承受动力荷载的普通螺栓受拉连接应采用双螺母或其他能防止螺母松动的有效措施。

（4）拉-剪联合作用的普通螺栓连接的设计计算原则

普通螺栓受拉性能较好，受剪性能较差，故其应用受到一定的限制。对于重要的受剪连接不可以采用普通螺栓。因此，对拉-剪联合作用的普通螺栓连接也应慎重应用，一般也应遵守受剪螺栓连接的适用范围，不宜用于重要的连接；重要的拉-剪连接宜采用高强度螺栓或采用支托承受剪力。尤其是对承受反复动力荷载作用的拉-剪连接，应用时更应注意。

根据试验结果，拉-剪连接的螺栓若是以沿其杆轴方向受拉为主，则其受力性能近似于受拉螺栓。反之，若是以垂直于其杆轴方向受剪为主，其受力性能则接近于受剪螺栓。

兼受剪力和拉力的普通螺栓（图 6.17-3），应考虑两种可能的破坏形式；一是螺杆受剪破坏；二是孔壁承压破坏。

对螺杆来说，将所承受的剪力和拉力分别除以各自单独作用时的承载力，这样无量纲

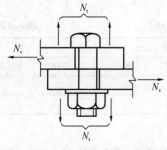

图 6.17-3　拉-剪联合作用的螺栓

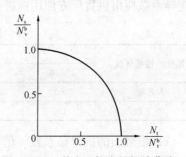

图 6.17-4　剪力和拉力的相关曲线

化后相关关系的试验结果近似为一圆曲线（图 6.17-4），所以，拉-剪联合作用的普通螺栓连接应按下式验算：

$$\sqrt{\left(\frac{N_v}{N_v^b}\right)^2 + \left(\frac{N_t}{N_t^b}\right)^2} \leqslant 1 \qquad (6.17\text{-}6)$$

式中 N_v、N_t——某个螺栓所承受的剪力和拉力设计值；

　　　　N_v^b、N_t^b——一个螺栓的受剪和受拉承载力设计值。

孔壁承压的计算公式应为：

$$N_v \leqslant N_c^b \qquad (6.17\text{-}7)$$

式中 N_c^b——一个螺栓孔壁承压承载力设计值。

2. 高强度螺栓连接时，设计计算中应符合下列基本规定：

（1）高强度螺栓的预拉力

高强度螺栓的预拉力 P 按下式计算：

$$P = \frac{0.9 \times 0.9 \times 0.9}{1.2} \cdot A_e f_u \qquad (6.17\text{-}8)$$

式中 A_e——高强度螺栓在螺纹处的有效截面积；

　　　　f_u——高强度螺栓的最低抗拉强度，对 8.8 级螺栓，$f_u = 830 \text{N/mm}^2$；

　　　　对 10.9 级螺栓，$f_u = 1040 \text{N/mm}^2$。

公式（6.17-8）中，分子的三个"0.9"，一个是考虑螺栓材质的不稳定性；另一个是为了补偿螺栓预拉力的松弛引用的超张拉系数；再一个是由于以抗拉强度为准引入的附加安全系数。分母的"1.2"是考虑在正常施工条件下（螺母的螺纹和下支承面涂黄油润滑剂或在供货状态原润滑剂未干的情况下）拧紧螺母时扭矩对螺杆的不利影响。

一个高强度螺栓的预拉力 P，应按表 6.17-2 采用。

大六角头高强度螺栓一般采用电动扭矩扳手施加预拉力，所需要的施工扭矩 T_f 为：

$$T_f = kP_f d \qquad (6.17\text{-}9)$$

式中 P_f——施工预拉力，为设计预拉力的 1/0.9 倍；

　　　　k——扭矩系数平均值，由供货厂方给定，施工前复验。

拧紧螺栓时，应进行初拧和终拧，对大型连接节点宜进行初拧、复拧、终拧。初拧扭矩为公式（6.17-9）所规定扭矩的 50% 左右，复拧扭矩等于初拧扭矩。复拧的目的在于恢复初拧扭矩值。最后按施工扭矩 T_f 进行终拧。

扭剪型高强度螺栓拧紧程序与大六角头螺栓相同。初拧扭矩值可取为 $0.13P_f d$ 的 50%。终拧时应采用专门扳手将尾部梅花头拧掉为止。扭剪型高强度螺栓的预拉力平均值和变异系数应由供货厂方使用前进行复验。

一个高强度螺栓的预拉力 P（kN）　　　　　　　　　　　　　　　表 6.17-2

螺栓的性能等级	螺栓公称直径（mm）					
	M16	M20	M22	M24	M27	M30
8.8 级	80	125	150	175	230	280
10.9 级	100	155	190	225	290	355

（2）接触面的抗滑移系数 μ 值

抗滑移系数 μ 即摩擦系数 μ，由于其值有随板间压力减小而降低的现象，不同于物理学中摩擦系数的定义，所以取名为抗滑移系数。

1）喷砂或喷丸处理时的 μ 值

抗滑移系数 μ 值与接触面平整度、清洁度和粗糙度有关。在接触面平整的前提下，经喷砂或喷丸除去浮锈和氧化铁皮等，使之呈现金属光泽，肉眼看来似乎粗糙度不够，但从微观看，金属表面还是凹凸不平的，拧紧螺栓后，凹凸互相压入和啮合，所以具有较大的 μ 值。另外，钢材强度和硬度愈高，就愈不容易使这种互相啮合的面滑动，因此 μ 值与钢种有关。

从粗糙度的角度来看，一般喷丸比喷砂更好。不论喷丸或喷砂都要掌握好丸粒和砂粒直径及喷力大小。

2）涂层处理的 μ 值

由于喷砂或喷丸后，一般很难做到立即组装，故国外常采用除锈后热浸镀锌、喷涂锌、铅金属、涂无机富锌漆等处理方法，这相当于接触面夹了一层比母材软的材料，μ 值要降低 10% 以上。我国《钢结构规范》只规定了涂无机富锌漆的 μ 值为 0.35（Q235 级钢）和 0.40（低合金钢）。

3）赤锈面的 μ 值

近年来，对接触面处理的研究取得的重大突破之一，就是利用赤锈面以增加粗糙度，其 μ 值不但不降低，甚至还会提高。

生赤锈的接触面在组装时，应用细钢丝刷清除浮锈，但应注意以除去浮锈为止，不能将赤锈也刷去。

4）未经处理的轧制表面

如果接触面未经处理只用钢丝刷清除浮锈但表面平整清洁（无焊接飞溅、油污、锈皮、氧化铁皮、水分等），可取 0.30（Q235 级钢）和 0.35（低合金钢）。

5）《钢结构规范》未提到的几种接触面

①砂轮打磨的接触面。这种处理方法在我国过去经常采用，打磨方向应与构件受力方向垂直。由于打磨费工又不易掌握其质量，故在规范中没有反映。实际上此种接触面的 μ 值并不低。

②酸洗接触面。建筑结构构件进行酸洗较为困难，而且酸洗后残存的酸性液体会继续腐蚀接触面和构件的其他部分，所以规范将"酸洗"二字取消。

③花纹钢板的 μ 值。花纹钢板连接的接触面不能全面紧贴，拧紧螺栓后，螺孔周围花纹肋上会严重变形，螺栓的预拉力损失达 10% 以上。因此其抗滑移系数偏低，如用喷砂（或喷丸）处理或处理后生赤锈，可取 $\mu = 0.35$。

6）各种钢号的钢材经不同方法处理后，摩擦面的抗滑移系数 μ 如表 6.17-3 所示。

按照《冷弯薄壁型钢结构技术规范》GB 50018 设计钢结构高强度螺栓连接时，摩擦面的抗滑移系数应符合该规范的要求。

摩擦面的抗滑移系数 μ　　　　　　　　表 6.17-3

在连接处构件接触面的处理方法	构 件 的 钢 号		
	Q235 钢	Q345 钢、Q390 钢	Q420 钢
喷砂（丸）	0.45	0.50	0.50
喷砂（丸）后涂无机富锌漆	0.35	0.40	0.40
喷砂（丸）后生赤锈	0.45	0.50	0.50
钢丝刷清除浮锈或未经处理的干净轧制表面	0.30	0.35	0.40

（3）高强度螺栓摩擦型连接受剪的设计计算原则

高强度螺栓摩擦型连接是以板件间出现滑移作为抗剪承载力的极限状态。一个螺栓的受剪承载力设计值为：

$$N_v^b = 0.9 n_f \mu P \tag{6.17-10}$$

式中　0.9——抗力分项系数 γ_R 的倒数，即取 $\gamma_R = 1.111$；

　　　　n_f——传力摩擦面数目，单剪时，$n_f = 1$；双剪时 $n_f = 2$；

　　　　P——一个高强度螺栓的预拉力；

　　　　μ——摩擦面的抗滑移系数。

（4）高强度螺栓摩擦型连接受拉的设计计算原则

在高强度螺栓的受拉连接中，由于螺栓在受荷前已有很高的预拉力 P，它与板层间的压力 C 相平衡（图 6.17-5）。

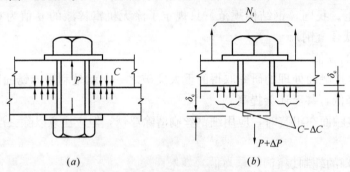

(a)　　　　　　　　　　　(b)

图 6.17-5　高强度螺栓受拉

当施加外拉力 N_t 时，板间压力减少 ΔC，而螺栓拉力增加 ΔP。经试验分析可知，只要板层之间压力未完全消失，螺栓中的拉力只增加 5%～10%。所以，外拉力基本上只使板层间压力减小，而对螺栓预拉力没有大的影响，直到板间完全松开后，螺栓受力才与外拉力相等。

为了使板层间保留一定的压紧力，《钢结构规范》规定一个高强度螺栓受拉承载力设计值为：

$$N_t^b = 0.8P \tag{6.17-11}$$

但是，这种取值方法没有考虑撬力的影响。虽然高强度螺栓连接板间有压紧力，受拉时比较不容易产生如图 6.17-2 那样严重的变形，撬力作用也有所缓和。根据试验，在一般构造情况下，只要外拉力 $N_t > 0.5P$ 以后，就会出现不可忽视的撬力。所以，如果要完全忽略撬力的影响，宜使 $N_t \leqslant 0.5P$，或者使端板有足够的刚度（如用加劲肋加强等）。

此外，由于高强度螺栓受拉时的疲劳强度较低，在直接承受动力荷载的结构中，亦宜使 $N_t < 0.5P$。

（5）高强度螺栓摩擦型连接在拉-剪联合作用下的设计计算原则

当高强度螺栓受杆轴方向的拉力 N_t 时，虽然螺栓中的预拉力基本不变，但构件接触面间的压力减小到 $P - N_t$。根据试验，接触面压力减小时，其抗滑移系数也有所降低。《钢结构设计规范》（GBJ 17—88）将 N_t 乘以大于 1.0 的系数来考虑抗滑移系数降低的不利影响，于是得到拉-剪联合作用时，一个摩擦型连接高强度螺栓的抗剪承载力设计值为：

$$N_v^b = 0.9 n_f \mu (P - 1.25 N_t) \tag{6.17-12}$$

同时外拉力 N_t 不得大于 $0.8P$。

因此，2003 年版的钢结构规范，当高强度螺栓摩擦型连接同时承受摩擦面间的剪力和螺栓杆轴方向的外拉力时，其承载力设计值应按下式计算：

$$\frac{N_v}{N_v^b} + \frac{N_t}{N_t^b} \leqslant 1 \tag{6.17-13}$$

式中 N_v、N_t——某个高强度螺栓所受的剪力和拉力；

N_v^b、N_t^b——一个高强度螺栓的受剪、受拉承载力设计值。

将 $N_v^b=0.9n_f\mu P$ 和 $N_t^b=0.8P$ 代入式（6.17-13）中，即可得到式（6.17-12），所以式（6.17-13）和式（6.17-12）是等价的。

（6）高强度螺栓承压型连接受剪的设计计算原则

在剪力设计值作用下以连接的最大承载力（螺栓杆被剪断或构件孔壁被压坏）作为设计准则，称为承压型连接。

1）由于连接达到破坏强度时，螺栓伸长导致预拉力几乎全部损失，所以承压型连接的高强度螺栓的计算方法与普通螺栓完全相同，即一个螺栓的抗剪承载力设计值取螺杆受剪和孔壁承压承载力设计值的较小者，只是抗剪强度和承压强度取值不同而已。不同的是，当剪切面在螺纹处时，高强度螺栓螺杆受剪承载力应按螺纹处有效截面面积计算，而普通螺栓却按螺杆全截面面积计算。

2）高强度螺栓的受剪连接，只要构件较薄，孔壁承压承载力较小，就有可能按承压型计算反而比按摩擦型计算的承载力低。如果连接的承载力是根据摩擦型连接确定，在意外情况下，只要达到滑移就可能引起连接的突然破坏。所以当板件较薄时，如按摩擦型连接计算，宜将抗力分项系数适当加大，例如加大 20% 左右。

（7）高强度螺栓承压型连接受拉的设计计算原则

承压型高强度螺栓连接仅承受螺栓杆轴方向的拉力时，可以施加半预拉力甚至不施加预拉力，所以《钢结构规范》规定，在杆轴方向受拉的连接中，每个承压型连接高强度螺栓的承载力设计计算方法与普通螺栓相同，即

$$N_t^b = \frac{\pi d_e^2}{4} f_t^b \tag{6.17-14}$$

式中 f_t^b——承压型连接高强度螺栓的抗拉强度设计值。

需要指出的是，只要连接受有剪力，承压型连接高强度螺栓施加的预拉力就应与摩擦型连接的相同。连接处构件接触面应清除油污及浮锈。

（8）高强度螺栓承压型连接在拉-剪联合作用下的设计计算原则

1）同时承受剪力和杆轴方向拉力的承压型连接的高强度螺栓，应符合下列公式的要求：

$$\sqrt{\left(\frac{N_v}{N_v^b}\right)^2 + \left(\frac{N_t}{N_t^b}\right)^2} \leqslant 1 \tag{6.17-15}$$

$$N_v \leqslant N_c^b/1.2 \tag{6.17-16}$$

式中 N_v、N_t——某个高强度螺栓所承受的剪力和拉力；

N_v^b、N_t^b、N_c^b——一个高强度螺栓的受剪、受拉和承压承载力设计值。

式（6.17-16）中的 N_c^b 为只承受剪力的承压型连接高强度螺栓的孔壁承压承载力设计

值。由于剪力单独作用时，板叠间有强大的压紧作用，使板件孔前区形成三向压力场，因而其承压承载力设计值比普通螺栓连接的要高。但同时在杆轴方向受拉的高强度螺栓，板叠间压紧力减小，其孔壁承压承载力也随之减小。按理承压承载力的减小应随外拉力大小而变化，《钢结构规范》为了方便设计，规定只要有外拉力，就将承压承载力设计值除以 1.2 予以降低，所以式（6.17-16）右侧的系数 1.2，实质上是承压承载力设计值的降低系数。

2）式（6.17-15）中的 N_v^b，当受剪切面在螺纹处时，应按下式计算：

$$N_v^b = n_v \frac{\pi d_e^2}{4} f_v^b \qquad (6.17\text{-}17)$$

式中 d_e——高强度螺栓在螺纹处的有效直径；

　　　f_v^b——高强度螺栓的抗剪强度设计值。

3）式（6.17-16）中的 N_c^b 应按下式计算：

$$N_c^b = d\Sigma t \cdot f_c^b \qquad (6.17\text{-}18)$$

式中 d——高强度螺栓杆直径；

　　　f_c^b——承压型连接的高强度螺栓的承压强度设计值。

（9）高强度螺栓承压型连接不应用于直接承受动力荷载的结构。

3. 摩擦型连接高强度螺栓与焊缝的混合连接的设计计算原则

高强度螺栓与焊缝的混合连接（栓-焊连接），国内外已进行过较多的试验研究。图 6.17-6 为试验结果之一，其中图 6.17-6（a）为试件，图 6.17-6（b）为承载力曲线。这项试验证明，高强度螺栓与侧面角焊缝混合连接的承载力近似等于焊缝承载力与螺栓抗滑移阻力之和。

为可靠计，高强度螺栓与侧面角焊缝的混合连接，其承载力可取为下列承载力设计值之较小者：

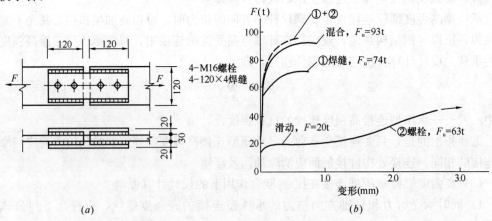

图 6.17-6 栓-焊接头的试验结果

（a）试件；（b）承载力曲线

（1）0.9（焊缝＋摩擦型连接高强度螺栓）

（2）焊缝＋0.62 摩擦型连接高强度螺栓

由于正面角焊缝的刚度较大，与高强度螺栓联合工作不够协调，所以混合连接中不宜采用正面角焊缝。如在加固工程中不得已采用时，则以焊缝承受全部内力。

栓-焊混合连接的承载力不可能达到焊缝承载力与高强度螺栓承压型连接承载力之和的程度。除非螺栓杆与孔眼直径基本相同，加载之初螺杆就与孔壁直接接触。但是此种接头很不经济，一般不用。

混合连接在施工时是先焊后栓，还是先栓后焊，各种资料意见不一。美国和日本侧重考虑焊接后板件变形，不易夹紧，故推荐先栓后焊；而挪威等欧洲国家则着重考虑焊接时加热对高强度螺栓应力松弛的不利影响，因此推荐先焊后栓。看来这两种施工方法都可用，要根据具体情况分析确定。假如采用高强度螺栓加固焊缝连接时，只能属于先焊后栓的范畴，应对板件厚度和存在缝隙进行分析研究。如果缝隙很小、板件又薄，加固效果自然较好；如采用大直径螺栓也会使板间接触面压紧程度更容易符合要求。

一般来说，还是先栓后焊较容易保证板间压紧力。为了减小焊接加热对高强度螺栓的不利影响，焊缝与螺栓应有足够的距离，而且宜将焊缝起止点位于第一排螺栓之后（图 6.17-7）。

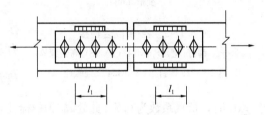

图 6.17-7　栓-焊混合连接

在直接承受动态荷载的结构中，栓-焊混合连接的疲劳寿命与仅有焊缝的连接差不多，疲劳裂纹还是会首先出现在焊缝端部并向内逐渐发展。所以直接受动力的高强度螺栓连接接头，打算用焊缝来加固，往往会事与愿违，疲劳强度反而会有所下降。但是，如果焊缝仅布置在螺栓范围的内部（如图 6.17-7 的 l_1 范围内），情况就会大为改善，因为焊缝端部应力较低，一般可避免先破坏。

考虑到混合连接的使用经验不足，计算方法也不够成熟，故我国《钢结构规范》中没有反映，暂时不推荐用于新设计的结构中。在旧有结构的补强和加固中使用时，可考虑原有连接只承受恒荷载，新加连接承受活荷载。

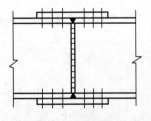

图 6.17-8　高强度螺栓与
对接焊缝的混合连接

在实际工程中，往往遇到高强度螺栓与对接焊缝的混合连接。例如用对接焊缝拼接的实腹梁，发现焊缝质量不符合要求时，最简便的办法是用摩擦型高强度螺栓来加固（图 6.17-8）。只要将焊缝的凸出部分用砂轮磨去，并将接触面按规定进行处理，这种混合连接能共同受力。而且在动力作用下，也不降低其疲劳强度。因高强度螺栓连接处主体金属的疲劳类别为 2 类，对接焊缝经无损检验并外观尺寸符合 1 级标准也属 2 类。如果此对接焊缝受拉时不符合检验标准，用高强度螺栓加固后疲劳强度就会有所提高。可只验算螺栓连接处的主体金属，对接焊缝处应力有所降低，可不验算。

4. 摩擦型连接高强度螺栓与铆钉的混合连接的设计计算原则

在新设计的结构中，不会在同一接头采用高强度螺栓与铆钉的混合连接。但是在旧有铆接结构的修复和加固中，常会遇到用高强度螺栓来替换部分铆钉，使它们共同受力。

由于铆接和高强度螺栓连接的荷载-变形曲线很近似，因此试验证明，混合接头的极限强度很接近于两者单独受力的极限强度之和（图 6.17-9）。

试验还证明，用高强度螺栓代替同一接头中的部分铆钉，不但在静力强度方面能共同受力，且疲劳强度也有所提高。如果在长接头中用高强度螺栓代替端部铆钉，疲劳强度提

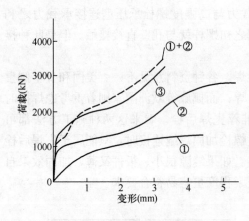

图 6.17-9　栓-铆混合连接

①2×4Φ25 铆钉；②2×4M24（10.9S）高强螺栓；

③2×4Φ25 铆钉＋2×4M24 高强螺栓

高就会更为明显。这是因为长接头端部的紧固件所受内力较大，采用具有很大夹紧力的高强度螺栓对疲劳更为有利。

还有一个问题，在旧有建筑的加固中，采用高强度螺栓代替部分铆钉时，摩擦面不可能加以处理，抗滑移系数就成为未知数。但实践认为，原有铆接的内部接触面通常不会有严重锈蚀和污物，用与铆钉直径相同的高强度螺栓代替铆钉完全可以达到相同的承载能力。

5. 在构件的节点处或拼接接头的一端，当螺栓（包括普通螺栓和高强度螺栓）沿构件轴向受力方向的连接长度 l_1 大于 $15d_0$ 时，应将螺栓的承载力设计值乘以折减系数 $\left(1.1-\dfrac{l_1}{150d_0}\right)$。当 l_1 大于 $60d_0$ 时，折减系数为 0.7。此处 d_0 为螺栓孔直径。因为，当螺栓连接长度 l_1 过大时，螺栓的受力很不均匀，端部螺栓受力最大，往往首先破坏，并将依次向内逐个破坏。所以，当 l_1 大于 $15d_0$ 时，应将螺栓承载力设计值乘以折减系数。

6. 在螺栓连接中，在某些情况下，螺栓的数目应较计算数目适当增加，详见《钢结构规范》第 7 章第 7.2.5 条。

6.18　钢梁和钢柱的刚性连接节点有哪些基本构造要求？

在钢框架结构中，梁与柱的刚性连接节点十分重要。梁与柱刚性连接时，通常都会在梁上下翼缘对应位置处设置柱腹板的横向加劲肋或隔板。

1. 工字形梁翼缘应采用焊透的 T 形对接焊缝与柱翼缘相连，梁腹板宜采用摩擦型连接的高强度螺栓或焊缝与柱翼缘相连。

2. 柱节点域腹板的厚度应满足下式要求：

$$t_w \geqslant \frac{h_c+h_b}{90} \tag{6.18-1}$$

当柱节点域腹板的厚度不小于梁、柱截面高度之和的 1/70 即 $t_w \geqslant \dfrac{h_c+h_b}{70}$ 时，可不验算节点域腹板的稳定性。

3. 由柱翼缘与横向加劲肋包围的柱腹板节点域，其抗剪强度不满足《钢结构规范》公式（7.4.2-1）（非抗震设计）和《抗震规范》公式（8.2.5-6）要求时，对 H 形或工字形组合柱宜将腹板在节点域加厚。腹板的加厚范围应伸出梁上下翼缘外不小于 150mm处。对轧制 H 型钢和工字钢柱，亦可贴焊补强板加强。补强板上下边可不伸过柱腹板的横向加劲肋或伸过加劲肋之外各 150mm。补强板与加劲肋连接的角焊缝应能传递补强板所分担的剪力，焊缝计算厚度不宜小于 5mm。当补强板伸过加劲肋时，加劲肋仅与补强板焊接，此焊缝应能将加劲肋传来的剪力全部传给补强板，补强板的厚度及其连接强度，应按所受的力进行设计。补强板侧边应用角焊缝与柱翼缘相连，其板面尚应采用塞焊与柱腹板连成整体，塞焊点之间的距离不应大于较薄焊件厚度的 $21\sqrt{235/f_y}$ 倍，以防止补强板向外拱曲。对于轻型结构，亦可采用斜向加劲肋加强。由于斜向加劲肋对抗震耗能不利，而且与纵向梁连接有时在构造上亦有困难，故除轻型结构外一般结构不宜采用。

4. 梁柱连接节点处腹板横向加劲肋应满足下列要求：

(1) 横向加劲肋应能传递梁翼缘传来的集中力，其厚度应为梁翼缘厚度的 0.5～1.0 倍；其宽度应符合传力、构造和板件宽厚比限值的要求。

(2) 横向加劲肋的中心线应与梁翼缘的中心线对准，并用焊透的 T 形对接焊缝与柱翼缘相连。当梁与 H 形或工字形截面柱的腹板垂直相连形成刚接时，横向加劲肋与柱腹板和翼缘的连接也应采用焊透对接焊缝。

(3) 箱形截面柱中在与梁翼缘对应位置设置的横向加劲隔板与柱翼缘的连接，应采用焊透的 T 形对接焊缝；对无法进行电弧焊的焊缝，可采用熔化咀电渣焊。

(4) 当采用斜向加劲肋来提高节点域的抗剪承载力时，斜向加劲肋及其连接应能传递柱腹板所能承担剪力之外的剪力。

5. 抗震设计时，梁与柱的连接构造，详见本书第 3 篇第 6 章第 6.25。

6. 当梁与柱刚性连接柱腹板不设置横向加劲肋时，柱的翼缘厚度和腹板厚度应满足《钢结构规范》第 7.4.1 条的要求。

6.19 钢结构的柱脚有几种类型？设计时应当注意什么问题？

钢结构的柱脚常用的有外露式铰接柱脚、外露式刚接柱脚、外包式刚接柱脚、埋入式刚接柱脚和插入式刚接柱脚等五种类型。

1. 门式刚架类轻型房屋钢结构的柱脚，常采用外露式铰接柱脚，当有必要时，如吊车吨位较大，抗震设防烈度较高，也可采用外露式刚接柱脚（图 6.19-1）。

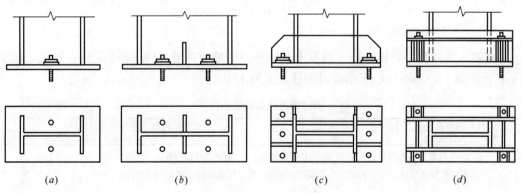

图 6.19-1 门式刚架柱脚形式

(a) 一对锚栓的铰接柱脚；(b) 两对锚栓的铰接柱脚；(c) 带加劲肋的刚接柱脚；(d) 带靴梁的刚接柱脚

(1) 柱脚锚栓应采用 Q235 钢或 Q345 钢制作。锚栓的锚固长度应符合现行国家标准《地基基础规范》的规定，锚栓端部应按规定设置弯钩或锚板。锚栓的直径不宜小于 24mm，且应采用双螺母。

(2) 柱脚锚栓不宜用于承受柱脚底板的水平剪力。此水平剪力可由底板与混凝土基础间的摩擦力（摩擦系数可取 0.4）或设抗剪键承受。计算柱脚锚栓的受拉承载力时，应采用螺纹处的有效截面面积。

（3）柱脚抗剪键不宜采用扁钢或角钢，可采用十字板或 H 型钢，以保证抗剪键有足够的抗剪刚度，抗剪键可设置在基础的预留孔内，也可与基础顶面预埋件焊接。

（4）柱脚锚栓埋置在基础中的深度，应使锚栓的拉力通过其和混凝土的粘结力传递。当埋置深度受到限制时，则锚栓应牢固地固定在锚板或锚梁上，以传递锚栓的全部拉力，此时锚栓与混凝土之间的粘结力可不予考虑。

2. 大中型单层工业厂房钢结构柱脚，常采用外露式刚接柱脚（整体式和分离式）、埋入式刚接柱脚、插入式刚接柱脚和外包式刚接柱脚（图 6.19-2）。

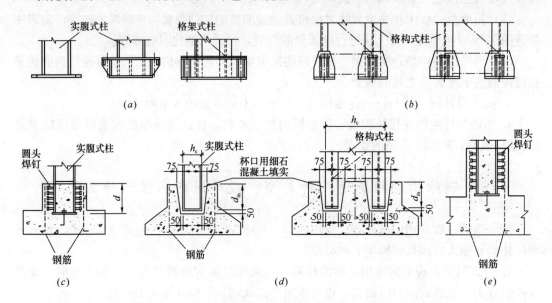

图 6.19-2   柱脚构造示意图

（a）外露整体式柱脚；（b）外露分离式柱脚；（c）埋入式柱脚；（d）插入式柱脚；（e）外包式柱脚

在插入式柱脚中，钢柱插入混凝土基础杯口的最小深度 d_{in} 可按表 6.19-1 取用，但不应小于 500mm，亦不应小于吊装时钢柱长度的 1/20。

表 6.19-1

钢柱插入杯口的最小深度

柱截面形式	实腹柱	双肢格构柱（单杯口或双杯口）
最小插入深度 d_{in}	$1.5h_c$ 或 $1.5d_c$	$0.5h_c$ 和 $1.5b_c$（或 d_c）的较大值

注：1. h_c 为柱截面高度（长边尺寸）；b_c 为柱截面宽度；d_c 为圆管柱的外径；

　　2. 钢柱底端至基础杯口底的距离一般采用 50mm，当有柱底板时，可采用 200mm。

3. 多高层钢结构房屋的刚接柱脚，宜采用埋入式柱脚，也可采用外包式柱脚。埋入式柱脚和外包式柱脚的构造做法参见图 6.19-3 和图 6.19-4[*]。多层钢结构房屋也可采用外露式柱脚，其构造做法可参见 16G519 第 34 页～38 页。

4. 埋入式柱脚、外包式柱脚和外露式柱脚的设计计算方法详见《高层民用建筑钢结构技术规程》JGJ 99—2015 第 8 章第 6 节。

---

[*] 图 6.19-3 和图 6.19-4 分别引自国家标准图集 16G519 第 40 页和第 39 页。

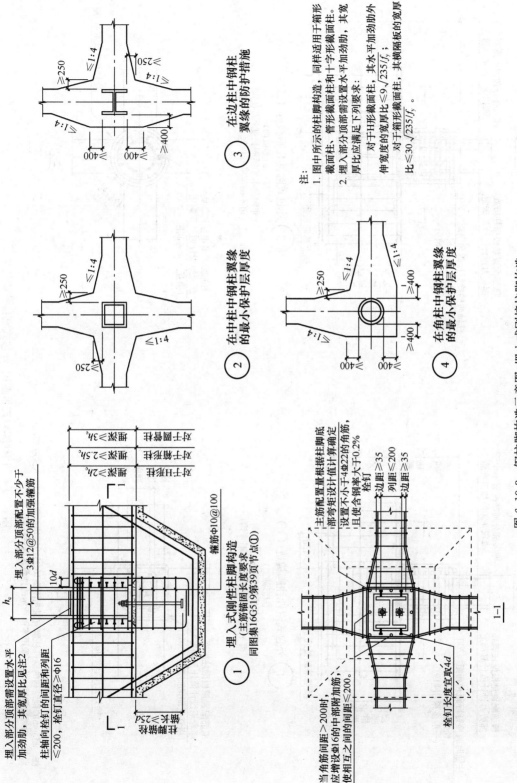

图 6.19-3　钢柱脚构造　埋入式刚接柱脚构造

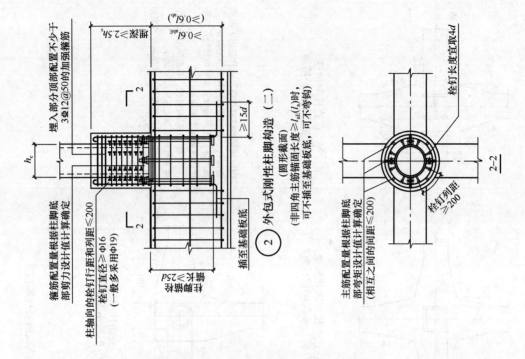

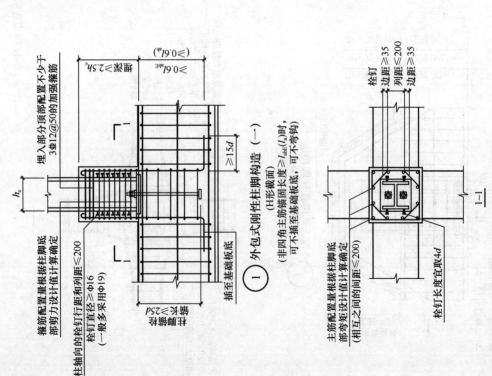

图6.19-4 钢柱脚构造

注：超50m的钢结构的刚性柱脚宜采用图集16G519第40页所示的埋入式刚性柱脚。
当三、四级抗震时，也可采用本图所示的外包式刚接柱脚。

6.20　多高层钢结构房屋的框架柱、框架梁、次梁和抗侧力支撑各自可采用的截面类型主要有哪几种？

1. 多高层钢结构房屋框架柱的截面类型主要有：圆管截面、箱形截面（方管、矩形管及箱形组合截面）、十字形组合截面、H 型钢截面和工字形组合截面（图 6.20-1）。

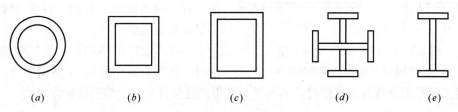

图 6.20-1　框架柱截面的主要类型

(a) 圆管截面；(b) 方管截面；(c) 矩形管截面；
(d) 十字形组合截面；(e) 工字形组合截面

箱形截面柱和圆管截面柱宜采用焊接柱。箱形截面柱角部的组装焊缝应为部分熔透的 V 形或 U 形焊缝，焊缝深度不得小于板厚的 1/3（抗震设计时不应小于板厚的 1/2），且不应小于 16mm（图 6.20-2a）；十字形组合截面柱应由钢板或两个 H 型钢焊接而成；组装的焊缝应采用部分熔透的 K 形坡口焊缝，每边的焊接深度不得小于板厚的 1/3；抗震设计时不应小于板厚的 1/2（图 6.20-3）。当梁与柱刚接连接时，在框架梁上下 500mm 范围内，应采用全熔透坡口焊缝；当柱宽大于 600mm 时，应在框架梁翼缘的上、下 600mm 范围内采用全熔透焊缝（图 6.20-2b）。

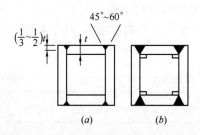

图 6.20-2　箱形组合柱的角部组装焊缝

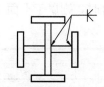

图 6.20-3　十字形柱的
组装焊缝

圆管截面、方管截面及矩形管截面柱由钢板冷弯或热弯成型，组装焊缝可采用高频焊、自动焊或半自动焊和手工对接焊缝，焊缝强度应与母材等强。

工字形组合截面柱组装角焊缝的焊脚尺寸 h_f 不应小于腹板厚度的 0.7 倍，且不小于 5mm；但当柱腹板厚度大于 20mm 时，组装焊缝宜采用全焊透或部分焊透对接与角接组合焊缝。

2. 框架梁的截面类型主要有：H 型钢截面、工字形组合截面和箱形组合截面（图 6.20-4）。

工字形截面和箱形截面组合梁，组装角焊缝的焊脚尺寸 h_f 不应小于腹板厚度的 0.7

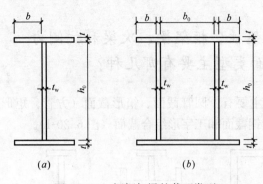

图 6.20-4　钢框架梁的截面类型

(a) 工字形组合截面；(b) 箱形组合截面

倍，且不小于 5mm；当梁腹板厚度大于 20mm 时，组装焊缝宜采用全焊透或部分焊透对接与角接组合焊缝。

3. 多高层房屋钢结构楼面次梁通常采用 H 型钢截面、工字形组合截面。

4. 多高层房屋钢结构支撑的截面类型主要有：双槽钢组合截面、H 型钢截面和工字形组合截面。

在抗震设防的结构中，当层数超过 12 层时，支撑宜采用轧制 H 型钢制作；当采用焊接工字形组合截面的支撑时，其翼缘与腹板的连接宜采用全熔透连续焊缝。

6.21　多高层钢结构房屋平面布置和竖向布置有哪些基本要求？

1. 多高层钢结构房屋平面布置的基本要求：

(1) 结构平面布置必须考虑有利于抵抗水平荷载和竖向荷载，且应受力明确，传力直接；建筑平面宜简单规则均匀对称，并使结构各层的抗侧力刚度中心与水平力作用的合力中心重合或接近，减少扭转的影响；同时各层宜接近在同一竖向直线上，建筑的开间、进深宜统一。

(2) 高层建筑承受较大的风荷载，在高风压地区，风荷载可能成为高层建筑的控制荷载，宜采用风压较小的平面形状，如圆形、正多边形、椭圆形、鼓形等，并应考虑邻近高层建筑对该建筑风压的影响。在体形上应避免在设计风速范围内出现横风向振动。

(3) 筒体结构应优先采用方形、圆形、正多边形、椭圆形等平面；当框筒结构采用矩形平面时，其长宽比不宜大于 1.5:1，否则宜采用多束筒结构。

(4) 抗震设防的高层钢结构房屋，其平面尺寸关系应符合表 6.21-1 和图 6.21-1 的要求，当不符合时，则属于平面不规则的结构。

L、l、l'、B' 的限值　　　　　　表 6.21-1

L/B	L/B_{max}	l/b	l'/B_{max}	B'/B_{max}
≤5	≤4	≤1.5	≥1	≤0.5

(5) 抗震设防的高层钢结构房屋，在平面布置上具有下列情况之一者，也属于平面不规则结构：

1) 在具有偶然偏心的规定水平力作用下，楼层两端抗侧力构件弹性水平位移（或层间位移）的最大值与平均值的比值大于 1.2；

2) 任一层的偏心率大于 0.15（偏心率应按《高层民用建筑钢结构技术规程》JGJ 99 附录 A 的规定计算）或相邻层质心相差大于相应边长的 15%；

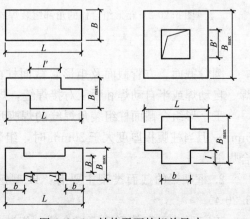

图 6.21-1　结构平面的相关尺寸

3）结构平面形状有凹角，凹角的伸出部分在一个方向的长度，超过该方向建筑总尺寸的 30％；

4）楼板的尺寸和平面刚度急剧变化，例如，有效楼板宽度小于该层楼板典型宽度的 50％，或开洞面积大于该层楼面面积的 30％，或有较大的楼层错层；

5）抗侧力构件既不平行于又不对称于抗侧力体系的两个互相垂直的主轴。

属于上述情况第 1）、2）项者应计算结构扭转的影响，属于第 3）、4）、5）项者应采用相应的计算模型，并采取相应的抗震措施（包括局部的内力增大和构造加强措施）。

（6）高层钢结构房屋不宜设防震缝。薄弱部位应采取措施提高抗震能力。高层钢结构房屋也不宜设伸缩缝，当必须设置时，抗震设防的结构伸缩缝应满足防震缝的要求。

2. 多高层钢结构房屋竖向布置的基本要求：

（1）抗震设防的多高层钢结构房屋，宜采用竖向规则的结构。结构的承载力和刚度宜自下而上逐渐变小，变化宜均匀、连续，不要突变。在竖向布置上具有下列情况之一者，为竖向不规则结构：

1）楼层刚度小于相邻上一层的 70％，或小于其上相邻三个楼层侧向刚度平均值的 80％（图 6.21-2）；除顶层或出屋面小建筑外，局部收进的水平向尺寸大于相邻下一层的 25％；（图 6.21-3）；

2）相邻楼层质量之比超过 1.5（建筑物为轻屋盖时，顶层除外）；

3）立面收进尺寸的比例为 $L_1/L < 0.75$（图 6.21-3）或外挑大于 10％和 4m；

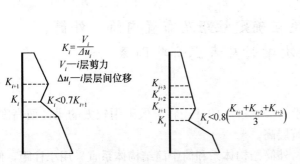
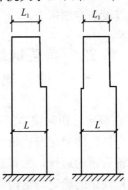

图 6.21-2 沿竖向的侧向　　　　　图 6.21-3 结构的
刚度不规则（有柔软层）　　　　立面收进尺寸

4）竖向抗侧力构件不连续（图 6.21-4）；

5）任一楼层抗侧力构件的总受剪承载力，小于其相邻上层的 80％（图 6.21-5）。

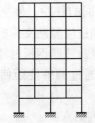
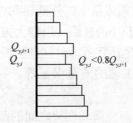

图 6.21-4 竖向抗侧　　　　　图 6.21-5 竖向抗侧力结构屈服
力构件不连续示例　　　　抗剪强度非均匀化（有薄弱层）

（2）抗震设防的框架-支撑结构中，竖向支撑（剪力墙板）宜沿竖向连续布置。除底部楼层和水平伸臂桁架所在楼层外，支撑的形式和布置在竖向宜一致。

钢结构房屋设置地下室时，框架-支撑（剪力墙板）结构中竖向连续布置的支撑（剪力墙板）应延伸至基础；框架柱应至少延伸至计算嵌固端以下一层。

（3）应加强转换层及大中庭上端楼层的水平刚度

1）对应设置转换大梁或转换桁架的转换层，以及设备、管道孔口较多的楼层，应加强该楼层楼板的水平刚度，如采用增厚的现浇混凝土板，或设置水平刚性支撑，以使上层的水平剪力能可靠地传递至下层抗侧力结构。

2）高层建筑上部为旅馆或公寓且有较大的中庭（敞口的天庭）时，可在中庭的上端楼层用水平桁架将中庭的开口进行连接，或采取其他增强结构抗扭刚度的有效措施。

（4）两种结构类型之间应设置过渡层

高层建筑钢结构与下部钢筋混凝土基础或下部地下室的钢筋混凝土结构层之间，宜设置钢骨混凝土结构层作为上下两种结构类型之间的过渡层。

3. 抗震设计时，对于不规则的多高层钢结构房屋，除需对薄弱部位采取加强措施外，在结构整体计算时，应采用符合实际结构的计算软件和计算模型，并考虑扭转的影响。对于特别不规则的结构，应进行专门研究和论证，采取特别的加强措施。特别不规则的高层钢结构房屋，属于超限高层建筑工程，应委托超限高层建筑工程抗震设防审查专家委员会进行抗震设防专项审查。

6.22　高层钢结构房屋在确定柱距及布置内筒、外筒、楼电梯间和主次梁时应考虑哪些因素？

1. 在确定柱距时应考虑下列因素：

（1）柱距的确定与建筑的使用要求有关，过大的柱距将导致采用较大的梁截面高度，影响设备管道的通行，尤其会影响建筑层高。

（2）柱距的确定与结构体系有关。外筒结构体系和筒中筒结构体系宜采用小柱距，使柱距约在 2～3.5m 之间，以减小外筒结构的剪力滞后效应。对于框架-支撑体系的柱距，则与支撑的形式有关。十字交叉中心支撑和单斜杆支撑不宜采用较大的柱距，以使斜杆与横梁之间的夹角保持在 35°～60°之间；对于人字形支撑可采用较大的柱距，对于跨层的人字形支撑，其柱距可更大些，以保持斜杆的倾斜角仍在 35°～60°之间。

钢结构框架-内筒体系中，外框架和内筒可采用不相同的柱距，外框架可为较大的柱距，内筒则宜采用较小的柱距，以增大内筒的侧向刚度和适应竖向支撑的设置要求。

（3）柱距的确定还宜考虑对柱身钢板厚度的影响，以及特厚钢板材质的保证条件、供货的可能性和焊接工艺的质量保证等，一般情况下，宜通过调整柱距使柱子钢板厚度小于 100mm。

2. 在确定内筒与外筒或框架之间的跨度时应考虑下列因素：

（1）对于办公建筑可采用较大的跨度，对于旅馆及公寓建筑不能采用进深太大的相应跨度，以免影响其使用要求。对于上部为旅馆或公寓、下部为办公的多功能建筑，更宜综合考虑确定内外筒之间的跨度，否则将出现上部的外柱向里收进或调整内筒柱位的情况。

（2）内外筒之间过大的跨度，也将影响横梁的截面高度及相应的建筑层高。

（3）内外筒之间的跨度不宜太小，太小时不仅影响建筑面积的有效使用，而且导致建筑高宽比减小，使抗侧力结构产生较大的内力和水平位移。

3. 内筒的结构布置与建筑功能要求有关，而且还需要结合结构类型及结构体系要求综合考虑。

（1）混凝土内筒及型钢混凝土内筒的结构布置

这两种内筒结构对建筑功能要求有很好的适应性，内筒中可不出现梁柱，中间的剪力墙设置也很灵活，但也需考虑下列的布置要求：

1）内筒中的楼板结构一般宜采用钢筋混凝土梁板结构，但为了适应滑模施工或大模板施工，则需考虑采用钢梁上支承压型钢板组合楼板的楼板方案；

2）型钢混凝土内筒的钢暗柱可沿内筒周边主要墙肢汇交处设置。如采用钢连梁，钢连梁与钢暗柱也可采用铰接相连，但钢连梁的上下翼缘上在混凝土墙肢约束长度范围内宜焊接栓钉（图 6.22-1），以传递梁端弯矩；

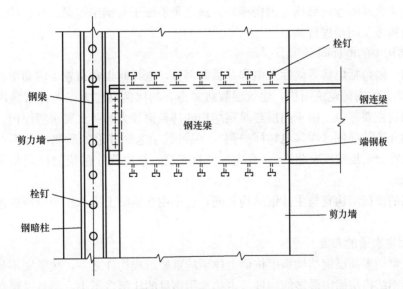

图 6.22-1　钢连梁与钢暗柱及剪力墙墙肢连接详图

3）当内筒主要墙肢的一侧设置伸臂桁架时，宜在墙肢内设置钢暗柱和暗藏式桁架，以使伸臂桁架的杆端内力得以连续传递，避免墙肢产生应力集中。

（2）仅承担竖向荷载的钢结构内筒

这类内筒由于不作为抗侧力结构，其钢柱的布置有较大的灵活性，一般除沿内筒周边设置钢柱外，其余钢柱可沿电梯井道后侧布置一部分，柱距可为 3～4 个井道的总长度，另一部分则设置在楼梯间附近以支承楼梯。由于这类内筒仅承担竖向荷载，相应的梁柱可采用铰接相连。

（3）筒中筒结构体系中的钢结构内筒

这类内筒沿周边宜同外筒形成小柱距框架式筒体，内筒中的其余梁柱仅承担竖向荷载，并按铰接连接设计。由于内筒中的非周边柱可自由布置，这类内筒能较好地适应建筑功能要求。

（4）框架-支撑体系中的钢结构内筒

这类结构体系中的内筒是主要抗侧力结构，需要沿内筒的周边形成支撑框架，或形成支撑筒，一般还需在内筒里侧的纵横方向再设置若干榀支撑框架，以符合结构的侧向刚度要求。这类结构体系在必要时还可设置伸臂桁架，沿桁架方向的里侧应形成内筒的支撑框架。这类钢结构内筒的柱子及竖向支撑的设置位置，不易适应建筑使用功能的要求，也常受到电梯厅出入口及门洞等使用要求的限制。有时候沿横向的支撑框架榀数或侧向刚度符合规范要求，而沿纵向则不符合规范要求。因此，柱子和支撑的定位及支撑的形式均需与建筑设计充分协调。

4. 钢结构的楼梯间

楼梯间常布置于内筒中。钢结构中的楼梯可选用钢楼梯或钢筋混凝土楼梯。钢楼梯能较好地适应与钢结构梁柱的连接，也符合施工安装顺序的要求，还能及时地满足施工通行的要求。其缺点是防火及隔音性能较差，均需作相应处理，而且还需要在楼梯底部进行吊顶装修。为改善隔音效果，可在钢踏步板上浇筑约 50mm 的混凝土面层。钢筋混凝土楼梯的优点是防火及隔音效果均比钢楼梯好，缺点是不便于与钢结构梁、柱连接，施工顺序不易与钢结构施工同步进行。

5. 钢结构中的电梯间

电梯间一般包括电梯等候厅及电梯井道两部分，电梯间也常布置于内筒中。电梯间可占有 1/2～2/3 的内筒建筑面积，建筑层数愈多占有的比例则愈大，因此常是内筒中布置抗侧力结构的主要部位。由于高层建筑钢结构的柱截面较大和防火要求等原因，不应将钢柱置于电梯井道的前侧（即靠电梯厅一侧），但可置于电梯井道的后侧，且不占据电梯井道的净空尺寸。高层建筑常将 3～4 台电梯并排布置，故电梯厅部位的柱距和钢梁的跨度均为 9～15m。

电梯间的楼板结构宜与主体钢结构相同，也采用在钢梁上支承压型钢板的组合楼板的做法。

6. 楼面主次梁的布置

楼面主梁是多高层钢结构房屋抗侧力体系的重要组成构件之一，次梁则不是，但次梁在数量上是钢结构房屋中最多的构件，占结构用钢量的比例也不小，而且妥善布置也有利于结构的整体性和荷载传递，并可加快施工进度。进行楼面结构主次梁布置时，应考虑以下因素：

（1）要有利于结构的整体性和柱的稳定性

1）内筒和外筒或外框架的柱子宜直接用钢梁对应连接，以便两者更好地共同工作和传递水平力。

2）一般情况下，宜使每根柱子有侧向梁与其连接，减小柱的长细比，以提高柱的承载力和侧向稳定性。

（2）要使柱子承担的竖向荷载较均匀

1）外框架-内筒体系在四角区域的次梁布置，要使次梁传递至这个区域的柱子的楼面荷载，尽可能均匀，避免一些柱子因承担过多的楼面荷载而相应地产生较大的轴向变形。对此，如图 6.22-2 所示，可采用上下层主次梁的设置方向成交替布置的形式。对于成束

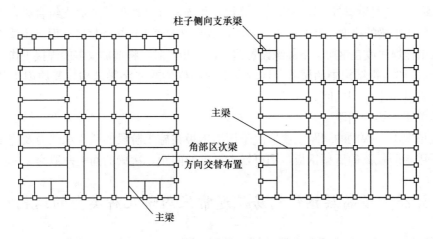

图 6.22-2　角部区域主次梁方向交替布置

筒体系中的次梁布置更应考虑采用如图 6.22-4 所示的交替布置的形式，以使柱子所承担的楼面荷载较均匀。

2）关于外筒体系和筒中筒体系在四角区域的次梁布置，也可采用上述的将次梁方向交替布置的方法。当采用图 6.22-3 所示方式布置对角线斜梁以加大角柱的轴向压力值，从而平衡一部分水平荷载作用下角柱所产生的拉力时，也要考虑所产生的轴向力不是拉力而是压力时的不利情况，以及考虑斜梁与两端柱子非正交相连时连接构造较复杂的情况，而且斜梁由于荷载和跨度均较大，高截面斜梁将减小建筑的有效层高。

（3）宜简化次梁两端的连接构造

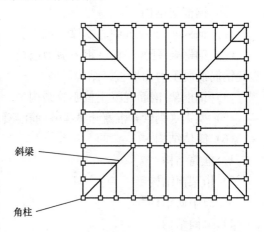

图 6.22-3　筒体角部区域采用斜梁

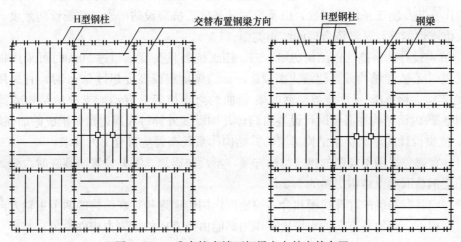

图 6.22-4　成束筒内楼面钢梁方向的交替布置

1) 除一端为悬臂梁外，次梁宜与主梁铰接相连，并与楼板形成简支组合梁，以提高梁的承载力和减小梁的挠度。连续的组合梁虽可减小梁的跨中弯矩和挠度，但与主梁按受弯节点要求采用栓焊法或在钢梁上下翼缘设置钢盖板法相连时，将增加较多的焊接工作量。

2) 高层建筑钢结构中的楼盖结构较少采用网格梁或井字梁结构，其原因也与上述连续梁存在着基本上相同的问题。

（4）关于次梁的间距

一般情况下，次梁的间距主要取决于压型钢板在施工阶段的受弯承载力及挠度值。因此，如采用板肋较高的压型钢板，则可增大次梁的间距，次梁的间距一般为 2～3.5m。

6.23　多高层钢结构房屋通常采用哪几种类型的结构？

1. 多高层钢结构房屋通常采用的结构类型如下：

（1）钢框架结构

（2）钢框架-支撑（中心支撑、偏心支撑、屈曲约束支撑）结构

（3）钢框架-延性墙板（钢板剪力墙板、无粘结内藏钢板支撑剪力墙板、钢框架-内嵌竖缝钢筋混凝土剪力墙板）结构

（4）钢框架-钢筋混凝土核心筒结构

（5）型钢（钢管）混凝土框架-钢筋混凝土核心筒结构

（6）筒体结构

1) 框筒结构

2) 桁架筒结构

3) 筒中筒结构

4) 束筒结构

（7）巨型框架结构

2. 各种结构类型的多高层钢结构房屋适用的最大高度和最大高宽比应分别符合本书第1篇第2章2.1节表2.1-3、2.1-4和表2.1-15的规定。

3. 多高层钢结构房屋应根据建筑的使用功能、平立面布置、荷载特征、材料供应情况、制作安装及施工条件等因素，以及房屋的高度、抗震设防类别、抗震设防烈度，选择抗风及抗震性能好且又经济合理的结构类型。

4. 抗震设计的多高层钢结构房屋，三、四级抗震且高度不超过50m时可采用框架结构、框架-中心支撑结构或其他结构类型；一、二级抗震或高度超过50m时，宜采用钢框架-偏心支撑、钢框架-延性墙板、钢框架-屈曲约束支撑等具有消能支撑的结构或筒体结构；钢框架-内筒结构在必要时可设置由筒体外伸臂或外伸臂和周边桁架组成的加强层。

5. 抗震设计的多高层钢结构房屋，其结构体系及布置应符合下列要求：

（1）宜避免采用不规则的建筑结构方案，不设防震缝；需要设置防震缝时，缝宽不应小于相应钢筋混凝土结构房屋的1.5倍。

（2）应具有明确的计算简图和合理的地震作用传递途径；在结构的两个主轴方向的动力特性宜相近，并使各方向的水平地震作用都能由该方向的抗侧力构件承担。

（3）应具有必要的抗震承载力，良好的变形能力和消耗地震能量的能力。

（4）宜有多道抗震防线，应避免因部分结构或构件破坏而导致整个结构丧失抗震能力或丧失对重力荷载、风荷载的承载能力。

（5）宜具有合理的刚度和承载力分布，避免因局部削弱和突变形成薄弱部位，产生过大的应力集中或塑性变形集中；对有可能出现的薄弱部位，应采取措施提高抗震能力。

（6）应避免钢结构构件局部失稳或整个构件失稳，并保证结构在地震作用下的整体稳定性。

（7）楼板宜采用压型钢板现浇钢筋混凝土组合楼板或一般的钢筋混凝土楼板，并应与钢梁有可靠连接。

对6、7度时不超过50m的钢结构房屋，尚可采用装配整体式钢筋混凝土楼板，也可采用装配式楼板或其他轻型楼盖；但应将楼板预埋件与钢梁焊接，或采取其他保证楼盖整体性的措施。

对转换层楼盖或楼板有大洞口等情况，宜在楼板内设置钢水平支撑。

（8）应考虑围护墙和隔墙的设置对结构抗震的不利影响，并加强围护结构与主体结构的连接。

（9）宜根据工程的具体情况，积极采用轻质高强的围护结构材料。

6.24 多高层钢结构房屋常用结构体系
（结构类型）如何构成，有什么特点？

1. 钢框架结构

钢框架结构是由钢梁和钢柱两种构件组成的结构（纵向和横向由多榀框架构成结构体系），可同时抵抗竖向荷载和水平荷载。钢框架结构的梁和柱通常采用刚接连接。

钢框架结构的典型平面如图6.24-1所示。图中钢框架梁和柱均为刚性连接，并根据《抗震规范》第8.3.3条和《高层民用建筑钢结构技术规程》JGJ 99—2015第8.5.5条的要求，在框架梁受压翼缘设置侧向支承。框架梁侧向支承的连接构造做法可参见国家标准图集16G519《多、高层民用建筑钢结构节点构造详图》第58页。

当建筑平面为规则矩形平面时，钢框架结构的纵横向各榀常为正交相连，并采用柱贯通型的节点做法（图6.24-2）。当建筑平面为非矩形平面，如弧形、三角形、多边形等平面时，则多个方向的钢框架可能不正交，使梁、柱交汇点处的构造变得复杂，有时不得不采用梁贯通型连接节点（图6.24-3）。

甲、乙类建筑和高层的丙类建筑当采用框架结构时，不应采用单跨框架，多层的丙类建筑不宜采用单跨框架。

钢框架梁柱连接节点构造可参考国家标准图集《多、高层民用建筑钢结构节点构造详图》16G519。

钢框架梁与柱的加强型连接构造详见图6.24-4连接（一）、（二）、（三）* 钢框架梁与柱的骨式连接构造详见图6.24-4连接（三）的③节点。

---

* 图6.24-4连接（一）、（二）、（三）引自国家标准图集16G519。

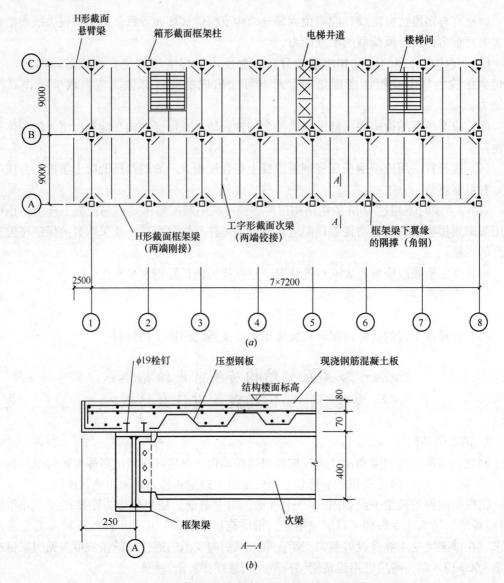

图 6.24-1 钢框架结构标准层结构平面

2. 钢框架-支撑（延性墙板）结构

钢框架结构的抗侧刚度较小，通常只能用于建造不超过 20 层的办公楼、旅店及商场等公共建筑。为了建造比框架结构更高的高层建筑，为了提高抗侧力结构的承载能力和侧向刚度，又为避免过多地加大梁、柱截面尺寸及相应的用钢量，可采用很有效且经济的钢框架-支撑（延性墙板）体系这种抗侧力结构。

钢框架-支撑体系是在框架结构中的部分框架柱之间设置竖向支撑，形成若干榀带竖向支撑的支撑框架或在结构内部排架结构中的部分排架柱之间设置竖向支撑形成若干榀带竖向支撑的支撑排架（图 6.24-5）。支撑框架结构或支撑排架结构，在水平荷载作用下，通过刚性楼板或弹性楼板的变形协调与其余刚接框架（或排架）共同工作，形成双重抗侧力结构体系——钢框架-支撑体系。

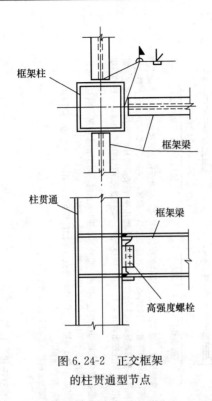

图 6.24-2　正交框架
的柱贯通型节点

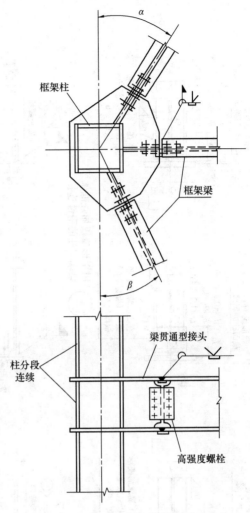

图 6.24-3　非正交框架的梁贯通型节点

当建筑物的楼、电梯间集中布置在建筑平面的中央部位形成内筒并在内筒周边及隔墙部位布置支撑框架或支撑排架时，这种框架-支撑体系又称为框架-内筒结构体系（图 6.24-5）。

（1）钢框架-支撑结构是双重抗侧力体系结构。在罕遇地震作用下，支撑框架是这种结构体系中的第一道抗震防线，为了避免支撑框架与非支撑框架同时遭受破坏，宜要求支撑框架比作为第二道抗震防线的非支撑框架有更大的侧向刚度。对此，参照钢筋混凝土框架-剪力墙结构中对剪力墙刚度的要求，即剪力墙所承担的地震倾覆力矩应大于结构总地震倾覆力矩的 50%，相应地也宜要求支撑框架所承担的地震倾覆力矩应大于结构总地震倾覆力矩的 50%，并以此衡量支撑框架的侧向刚度。

（2）抗震设防要求的框架-支撑结构体系中，梁与柱的连接原则上应采用刚接，以便形成双重抗侧力体系。在 6 度地震区，可根据工程具体情况，部分跨间或某一方向梁柱连接可采用铰接，水平力主要由支撑体系承担。

支撑杆件的两端与框架通常采用刚接连接构造，但计算时可按端部为铰接的杆件计算（分别见《抗震规范》第 8.4.2 条和第 8.2.3 条）。

（3）钢框架-支撑（延性墙板）体系中支撑的类型

支撑类型的选择与建筑的层高、柱距以及使用功能要求，如人行通道、门洞和设备管道设置等有关。应根据建筑的不同设计要求选择适宜的支撑类型。

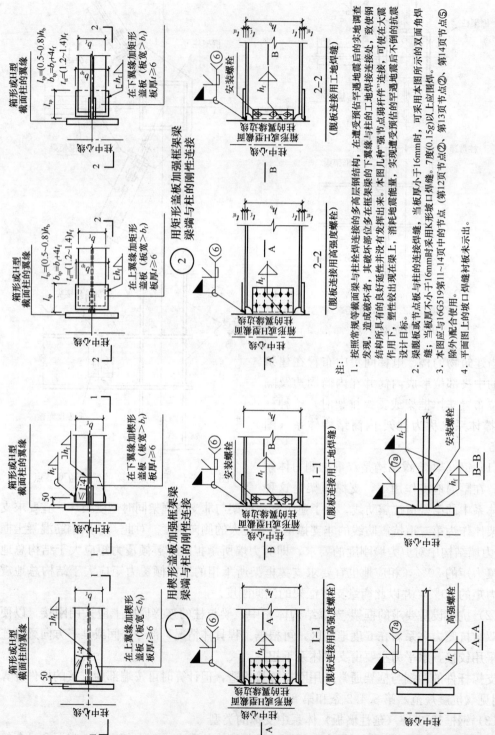

图 6.24-4 钢框架梁与柱的加强型连接 连接 (一)

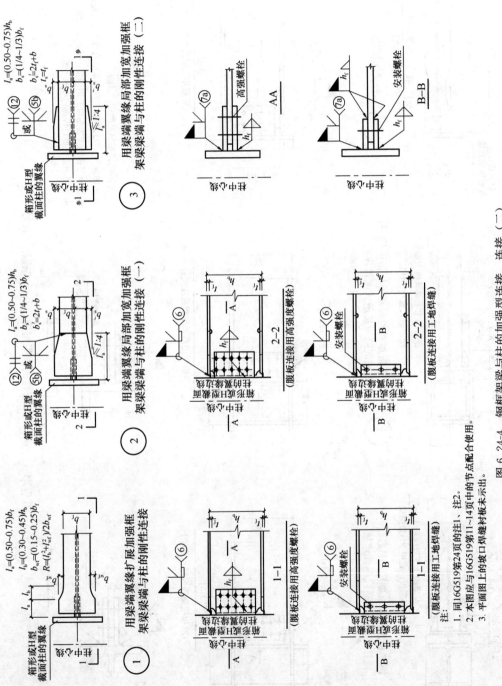

图6.24-4　钢框架梁与柱的加强型连接　连接（二）

注：
1. 同16G519第24页的注1、注2。
2. 本图应与16G519第11~14页中的节点配合使用。
3. 平面图上的坡口焊缝衬板未示出。

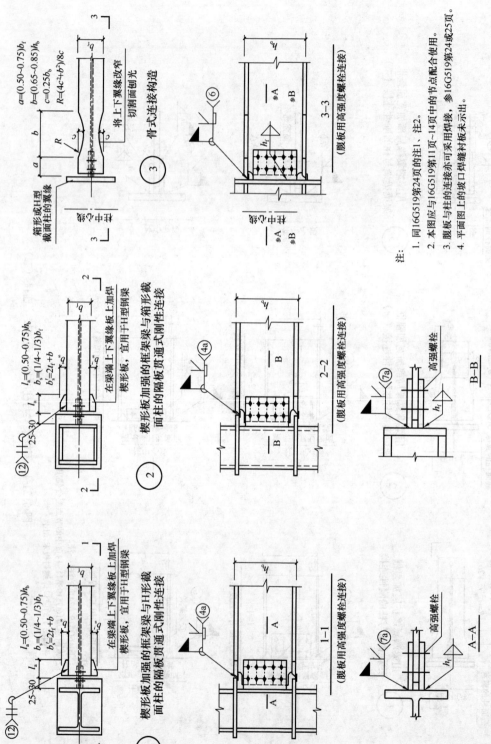

注:
1. 同16G519第24页的注1、注2。
2. 本图应与16G519第11页~14页中的节点配合使用。
3. 腹板与柱的连接亦可采用焊接,参16G519第24或25页。
4. 平面图上的坡口焊缝衬板未示出。

图6.24-4　钢框架梁与柱的加强型连接及骨式连接　连接(三)

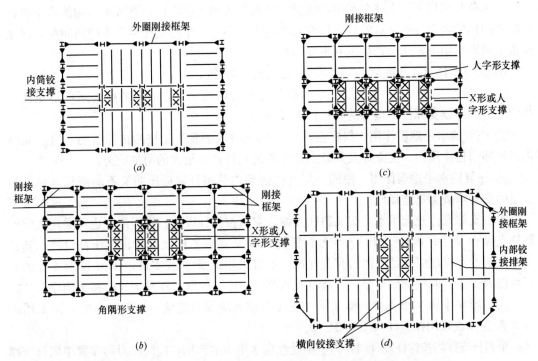

图 6.24-5　刚接框架与支撑框架、刚接框架与支撑排架的平面布置方案

1) 中心支撑

中心支撑是常用的支撑类型之一。三、四级抗震且高度不超过 50m 的钢结构房屋宜采用中心支撑。中心支撑的斜杆与横梁和柱的交点汇交，或两根斜杆与横梁汇交于一点，且汇交时均无偏心。根据支撑斜杆的不同布置形式，可形成十字交叉斜杆支撑、单斜杆支撑、人字形支撑、V 字形支撑及 K 形支撑等多种支撑类型（图 6.24-6）。

当中心支撑框架斜杆轴线汇交于梁柱轴线交点有困难，且偏离交点的距离不超过支撑杆件的宽度时，仍可按中心支撑框架分析计算，但应计及由此产生的附加弯矩。

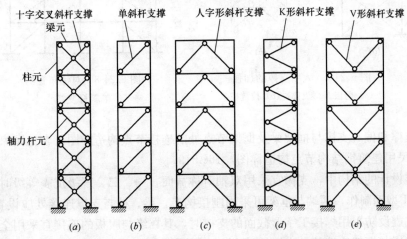

图 6.24-6　中心支撑框架（中心支撑框架计算简图，
梁与柱刚接，支撑与框架铰接）

　　在风荷载作用下，上述各类中心支撑均具有较大的侧向刚度，对减小结构的水平位移和改善结构的内力分布是有效的。但在水平地震作用下，中心支撑易产生侧向屈曲，在往复水平地震作用下，还会产生下列不良后果：

　　① 支撑斜杆重复压曲后，其受压承载力会急剧降低；

　　② 支撑的两侧柱子产生压缩变形和拉伸变形时，由于支撑的端节点实际构造做法并非铰接，而导致支撑产生很大的附加内力及应力；

　　③ 往复的水平地震作用，斜杆会从受压的压曲状态变为受拉的拉伸状态，这将对结构产生冲击性作用力，使支撑及其节点和相邻的构件产生很大的附加应力；

　　④ 往复的水平地震作用，使同一层支撑框架内的斜杆轮流压曲又不能恢复（拉直），楼层的受剪承载力迅速降低。

　　中心支撑宜优先选用十字交叉斜杆支撑，它可按拉杆设计，较经济；也可采用人字形斜杆支撑和 V 字形斜杆支撑，人字形斜杆支撑和 V 字形斜杆支撑通常按压杆设计，其长细比及板件宽厚比应满足规范的有关规定；不宜采用 K 形斜杆支撑，因为 K 形支撑的斜杆可能因受压屈曲或受拉屈服，引起较大的侧向变形，使框架柱发生屈曲甚至倒塌破坏。

　　人字形支撑和 V 形支撑的框架梁在支撑连接处应保持连续；当有必要时，可采用跨层 X 形支撑或采用拉链柱（图 6.24-7）。

　　单斜杆支撑当按拉杆设计时，为了承受反向水平力的作用，应同时对称布置单斜杆支撑（图 6.24-8），且每层中不同方向的单斜杆截面面积在水平方向的投影面积之差不得大于 10%。

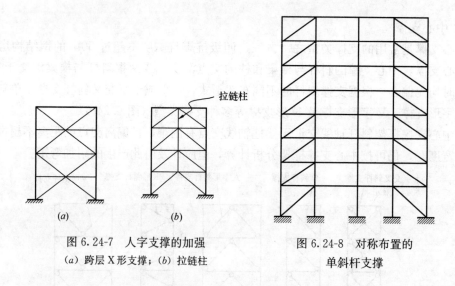

图 6.24-7　人字支撑的加强　　　　图 6.24-8　对称布置的

（a）跨层 X 形支撑；（b）拉链柱　　　　　单斜杆支撑

　　中心支撑和偏心支撑与框架梁及框架节点处的连接节点构造详图可参见国家标准图集《多、高层民用建筑钢结构节点构造详图》16G519。

　　在抗震设计的结构中，支撑宜采用双轴对称截面，一、二、三级抗震等级时，支撑宜采用轧制 H 型钢制作，两端与框架可采用刚接构造，梁、柱与支撑连接处应设置加劲肋；一、二级抗震设防采用焊接工字形截面的支撑时，其翼缘与腹板的连接宜采用全熔透的连续焊缝；支撑与框架连接处，支撑杆端宜做成圆弧。

　　在抗震设计的结构中，框架梁在与 V 形支撑或人字形支撑相交处应设置侧向支承。

2) 偏心支撑

一、二级抗震等级或高度超过 50m 的钢结构房屋宜采用偏心支撑，但顶层可采用中心支撑。所谓偏心支撑是指在连接构造上使支撑斜杆轴线偏离梁柱轴线交点而与梁相交的支撑。偏心支撑框架中每一根斜杆的两端，至少应有一端与框架梁连接。当支撑一端与梁相交（不在梁柱节点处），另一端在梁与柱交点处进行连接时，在两根支撑斜杆与梁的交点之间形成消能梁段（图 6.24-9a）；或另一端偏离梁柱节点一段距离与另一根梁连接时，在支撑斜杆杆端与柱之间构成消能梁段（图 6.24-9b、c）；当两根支撑斜杆的一端都在梁跨中与梁相交，另一端偏离梁柱节点与梁相交时，也可在支撑斜杆杆端与柱之间形成消能梁段（图 6.24-9d、e）。

除了图 6.24-9 (a) 中，消能梁段在两根支撑斜杆上端的端点之间外，其余各图，支撑斜杆杆端与柱子之间均有一根长度较短的消能梁段，这些位于斜杆杆端与柱子之间的消能梁段容易产生剪切屈服。

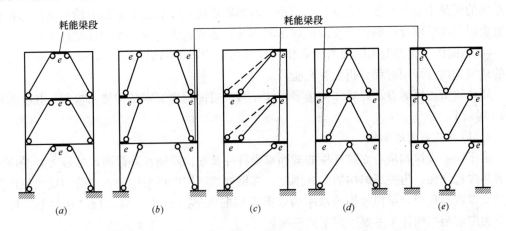

图 6.24-9 偏心支撑框架（偏心支撑框架计算简图，梁与柱刚接，支撑与框架铰接）
(a) 门架式 1；(b) 门架式 2；(c) 单斜杆式；(d) 人字形式；(e) V 字形式

在偏心支撑框架的顶层，常可不构造消能梁段，因为符合承载力要求的支撑斜杆不至于发生屈曲，而且顶层的地震力也较小。

偏心支撑斜杆宜采用焊接 H 型钢或轧制 H 型钢。进行偏心支撑框架内力分析时，支撑斜杆可假定为两端铰接的杆件，但在构造上则应形成刚接与消能梁段或柱子相连。

大量研究表明，偏心支撑框架具有弹性阶段刚度接近中心支撑框架，弹塑性阶段的延性和消能能力接近延性框架的特点，是良好的抗震结构。

偏心支撑框架结构的设计原则是强柱、强支撑和弱消能梁段，即在罕遇地震作用下，消能梁段屈服形成塑性铰，且具有稳定的滞回曲线，即使消能梁段进入应变硬化阶段，支撑斜杆、柱和其余梁段（非消能梁段）仍保持弹性。因此，每根支撑斜杆只能有一端与消能梁段连接，若两端均与消能梁段相连，则可能一端的消能梁段屈服，另一端的消能梁段不屈服，起不到消能作用，从而使偏心支撑的承载力和消能能力降低。

图 6.24-9 中的支撑类型 (c)，存在着支撑斜杆的两端均与消能梁段相连的缺点。对于这种支撑类型，建议将支撑斜杆的下端改为直接与梁柱节点中心相交，即仅在支撑斜杆上端与消能梁段相连（如图中虚线所示）。

3）屈曲约束支撑

a. 屈曲约束支撑的设计应符合下列规定：

① 屈曲约束支撑宜设计为轴心受力构件；

② 耗能型屈曲约束支撑在多遇地震作用下应保持弹性，在设防地震和罕遇地震作用下应进入屈服；承载型屈曲约束支撑在设防地震作用下应保持弹性，在罕遇地震作用下可进入屈服，但不能用作结构体系的主要耗能构件；

③ 在罕遇地震作用下，耗能型屈曲约束支撑的连接部分应保持弹性。

b. 屈曲约束支撑框架结构的设计应符合下列规定：

① 屈曲约束支撑框架结构中的梁柱连接宜采用刚接连接；

② 屈曲约束支撑的布置应形成竖向桁架以抵抗水平荷载，宜选用单斜杆形、人字形和 V 字形等布置形式，不应采用 K 形与 X 形布置形式；支撑与柱的夹角宜为 30°～60°；

③ 在平面上，屈曲约束支撑的布置应使结构在两个主轴方向的动力特性相近，尽量使结构的质量中心与刚度中心重合，减小扭转地震效应；在立面上，屈曲约束支撑的布置应避免因局部的刚度削弱或突变而形成薄弱部位，造成过大的应力集中或塑性变形集中；

④ 屈曲约束支撑框架结构的地震作用计算可采用等效阻尼比修正的反应谱法。对重要的建筑物尚应采用时程分析法补充验算。

屈曲约束支撑的设计计算和构造要求详见《高层民用建筑钢结构技术规程》JGJ 99—2015 附录 E。

4）嵌入式剪力墙墙板

由于中心支撑和偏心支撑杆件的截面常受杆件长细比限制，其截面尺寸较大，受压时也容易失稳屈曲；为提高结构的侧向刚度，在钢框架结构中可采用嵌入式剪力墙墙板作为等效支撑或剪切板，承担结构的水平力，形成钢框架-嵌入式剪力墙墙板结构体系。嵌入式剪力墙墙板结构体系主要采用下列三种：

① 钢框架-钢板剪力墙墙板

钢板剪力墙墙板可采用纯钢板剪力墙墙板、防屈曲钢板剪力墙墙板和组合剪力墙墙板。纯钢板剪力墙墙板可采用非加劲钢板剪力墙墙板或加劲钢板剪力墙墙板。纯钢板剪力墙墙板一般采用厚钢板。抗震设防烈度为 7 度及以上时的建筑，需在钢板两侧焊接纵向或横向加劲肋（图 6.24-10），以增强钢板的稳定性和刚度。对于设防烈度为 6 度的建筑，可不设加劲肋。钢板剪力墙墙板的上下两边缘和左右两边缘可分别与框架梁和框架柱连接，一般采用高强度螺栓连接。钢板剪力墙墙板仅承担沿框架梁、柱周边的剪力，不承担框架梁上的竖向荷载。

钢板剪力墙墙板与框架共同工作时有很大的侧向刚度，而且重量轻、安装方便，但用钢量较大。

钢板剪力墙墙板的设计计算和构造要求详见《高层民用建筑钢结构技术规范》JGJ 99—2015（以下简称《高钢规》）附录 B，参见国家标准图集 16G108-7《高层民用建筑钢结构技术规程》图示第 11 页。

② 钢框架-无粘结内藏钢板支撑混凝土剪力墙墙板

内藏钢板支撑剪力墙墙板是以钢板支撑为基本支撑、外包钢筋混凝土的预制构件（图 6.24-11）。支撑的形式与普通支撑一样，可以是人字形、十字交叉形或单斜杆形。内藏钢

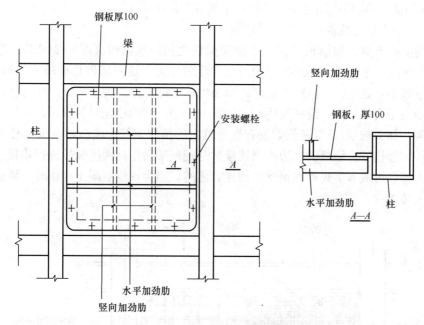

图 6.24-10　钢框架-钢板剪力墙墙板

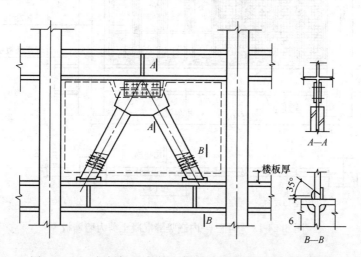

图 6.24-11　钢框架-无粘结内藏钢板支撑混凝土剪力墙墙板

板支撑按其与框架的连接方式可做成中心支撑，也可做成偏心支撑，在高烈度地震区宜采用偏心支撑。预制墙板仅在钢板支撑斜杆的上下端节点处与钢框架梁相连，其他部位与钢框架的梁或柱均不相连，并与框架梁柱间留有缝隙，使墙体在钢框架产生一定侧移时才起作用，以吸收更多地震能量。此类支撑实际上是一种受力较明确的钢支撑。由于钢支撑有外包混凝土，故可不考虑其在平面内和平面外的屈曲。

剪力墙墙板仅承担水平剪力，不承担竖向荷载。由于外包配有双层钢筋网的混凝土，相应提高了结构的初始刚度，减小了水平位移。在罕遇地震作用时混凝土开裂，侧向刚度减小，也起到抗震的消能作用，而此时钢板支撑仍能提供必要的承载力和侧向刚度。

内藏钢板支撑剪力墙墙板的设计计算和构造要求详见《高钢规》附录 C，参见国家标准图集 16G108-7《高层民用建筑钢结构技术规程》图示第 11 页。

　　③ 钢框架-内嵌竖缝混凝土剪力墙墙板

　　带竖缝混凝土剪力墙墙板是嵌固于框架梁柱之间的预制板（图 6.24-12）。它仅承担水平荷载产生的水平剪力，不承担竖向荷载产生的压力。这种墙板具有较大的初始刚度，刚度退化系数小，延性好，抗震性能好。墙板中的竖缝宽度约为 10mm，缝的竖向长度约为剪力墙墙板净高的一半，缝的间距约为缝长的一半。缝的填充材料宜用延性好、易滑动的耐火材料（如石棉板）。缝两侧配置有直径较大的抗弯钢筋。墙板与钢框架柱之间也有缝隙，无任何连接件。墙板的上边缘以连接件与钢框架梁用高强度螺栓进行连接。墙板下边缘留有齿槽，可嵌入事先焊在钢梁上的栓钉之间，当为现浇混凝土楼板时，墙板下边缘全长可埋入楼板内。

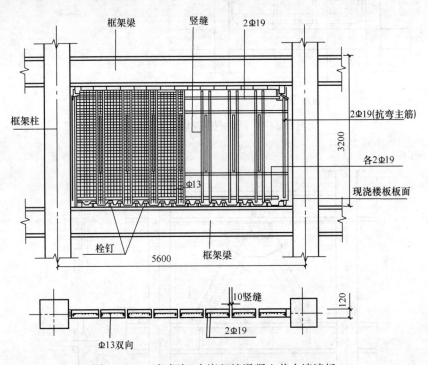

图 6.24-12　钢框架-内嵌竖缝混凝土剪力墙墙板

　　多遇地震时，墙板处于弹性阶段，侧向刚度大，墙板如同由竖肋组成的框架板承担水平剪力。墙板中的竖肋既承担剪力，又如同对称配筋的大偏心受压柱。罕遇地震时，墙板处于弹塑性阶段而产生裂缝，竖肋弯曲屈服后刚度降低，变形增大，起到抗震的消能作用（图 6.24-13）。

　　钢框架-内嵌竖缝混凝土剪力墙墙板的设计计算和构造要求详见《高钢规》附录 D，参见国家标准图集 16G108-7《高层民用建筑钢结构技术规程》图示第 11 页。

　　（4）钢框架-支撑体系中支撑的布置

　　1）支撑一般沿房屋的两个方向布置，以抵抗两个方向的侧向力；也可在一个方向设置支撑，另一方向采用纯框架。限于建筑立面的造型要求，支撑不宜布置在建筑物的周边，在平面上一般布置在核心区周围。在矩形平面建筑中则布置在结构的短边框架平面内。

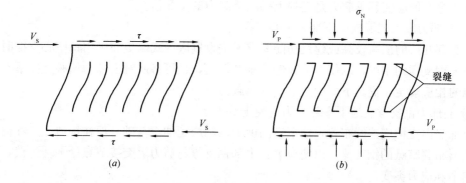

图 6.24-13　竖缝混凝土剪力墙墙板弹性及塑性阶段受力状态

(*a*) 弹性阶段；(*b*) 塑性阶段

2）支撑一般沿同一竖向柱距内连续布置（图 6.24-14*a*）。在抗震设计中，支撑沿竖向连续布置能较好地满足关于层间刚度变化均匀的要求。当受建筑立面布置条件限制时，在非抗震设计中亦可在各层间交错布置支撑（图 6.24-14*b*），此时，要求每层楼盖应有足够的刚度。

在高度较大的建筑中，支撑桁架的高宽比很大，在水平力作用下，支撑顶部将产生很大水平变位。由于框架的受力变形是剪切型，而支撑桁架的受力变形是弯曲型，顶部过大的弯曲变形可能迫使框架上部承受极大的剪力，而支撑桁架则承受反向剪力。解决的办法是增加支撑桁架的宽度，将支撑布置在几个跨间内，形成一个整体的支撑桁架（图 6.24-14*c*），此时，应考虑由所有杆件共同传递垂直荷载。

3）支撑竖向布置的原则：

在一个工程中自上而下宜选用一种支撑类型，以使支撑框架的侧向刚度和内力分布不发生突变。但由于建筑布置的变化、层高的加大或结构类型及体系的改变，需变换上下楼层段的支撑类型时，竖向可采用不同支撑类型（图 6.24-15），而且宜采取适当措施以适应这一变换。

① 上部为偏心支撑、下部为中心支撑

当高层建筑采用偏心支撑时，其底部楼层由于层高较大可采

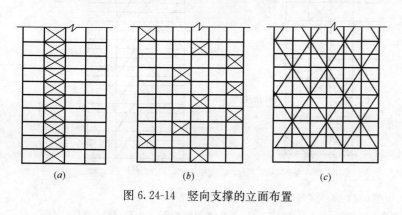

(*a*)　　　　　(*b*)　　　　　(*c*)

图 6.24-14　竖向支撑的立面布置

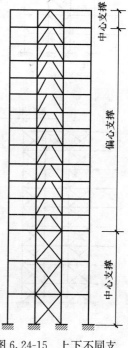

图 6.24-15　上下不同支撑类型的组合示例

用中心支撑，但应使其承载力是它的上一层承载力的 1.5 倍。

②上部为嵌入式墙板、下部为中心支撑

当底部几层的层高较高或建筑功能要求无法设置嵌入式墙板而采用钢中心支撑时，应适当加大钢支撑的刚度，以使上下段保持刚度缓变，也可参照对上部为偏心支撑下部为中心支撑的相应规定，提高下部中心支撑的承载力。

③上部为钢支撑、地下室部分为混凝土剪力墙

上部竖向支撑应连续布置，地下室的剪力墙则应延伸至基础，但在构造上宜在混凝土墙内适当布置暗藏的钢支撑，以使应力在上部钢支撑与剪力墙交接节点处平缓过渡，避免应力集中和应力突变。

④多列组合式支撑

采用沿一柱距内自上而下连续布置成单列式支撑框架，由于支撑宽度为一个柱距，当柱距较小时，其侧向刚度较小。采用多列式竖向支撑布置可改进上述单列式刚度不足的缺陷（图 6.24-16）。

⑤抗震设计时，支撑框架在结构平面的两个方向的布置宜尽量对称，支撑框架之间楼盖长宽比不宜大于 3。

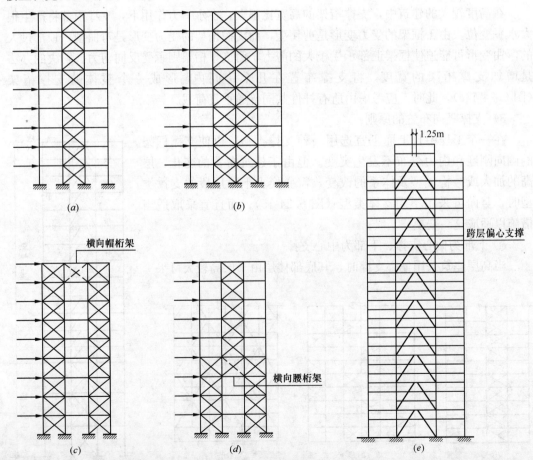

图 6.24-16   多列组合式支撑及跨层支撑

(a) 单列支撑；(b) 双列并连支撑；(c) 双列帽连支撑；(d) 单双列支撑；(e) 跨层偏心支撑

⑥ 在支撑框架平面内，支撑中心线与梁柱中心线应位于同一个平面内。

4）跨层支撑

跨层支撑是指支撑的上下端跨越两个及以上楼层高度的支撑，相应地支撑斜杆将与两个及以上楼层的框架梁相交。跨层支撑主要用于柱距较大，也为了避免斜杆与框架梁之间的夹角太小的情况。这类支撑由于柱距较大，故可增大支撑框架的侧向刚度。这类支撑由于跨越两个及以上的楼层高度，当与中间框架梁相交时，可以使框架梁贯通，将支撑斜杆分成若干段与框架梁连接；也可使支撑斜杆贯通，将框架梁分段与斜杆连接（图 6.24-16e）。

3. 钢框架-内筒体系和带伸臂桁架的钢框架-内筒结构

钢框架-内筒体系是结合建筑使用要求形成的，是以内筒作为主要抗侧结构的体系，常用于办公类建筑。建筑使用上内筒作为电梯间和楼梯间等公用设施服务区，并在沿内筒外侧周边形成一办公区，结构上也相应地布置一圈外框架。沿内筒周边及电梯井道和楼梯间等长隔墙部位常设置支撑框架，因而形成一带支撑框架的内筒结构。这种内筒具有较大的侧向刚度，内筒与外框架的组合则构成框架-内筒体系。在这一体系中，内筒是主要抗侧力结构。框架-内筒体系也是双重抗侧力结构体系。内筒的梁、柱节点可采用刚接连接或铰接连接，如为刚接并在一些框架柱之间设置竖向支撑则形成支撑框架，如为铰接则可形成相应的支撑排架。

由于框架-支撑体系与框架-内筒体系的受力特征和变形特征基本相同，水平荷载大部分或全部由内筒承担，因此，相应地存在侧向刚度不足及内筒构件内力偏大的缺陷，其主要原因有下列三方面：

（1）内筒虽作为主要抗侧力结构，但内筒的宽度较窄，甚至有时还不足建筑宽度的 1/3，其高宽比值很大；

（2）这种体系支撑框架的设置常受建筑使用要求的限制，如因电梯间、楼梯间及设备间等由于使用要求未能布置有效的支撑框架及必要的支撑框架榀数；

（3）未能发挥外框架抵抗侧向力的作用。这是由于外框架与内筒之间的跨度常较大，横梁截面高度较小，难以使外框架柱与内筒支撑框架具有良好的共同工作条件，而且沿外框架柱轴线上的柱距也很大。因此外框架只能承担较小的水平剪力，成为主要承担竖向荷载的结构，因而对整个建筑刚度提高有限。同时，若竖向支撑的高宽比过大，在水平力作用下，支撑顶部将产生很大的水平变位。

带伸臂桁架的钢框架-内筒体系是针对上述钢框架-内筒体系的缺陷而改进的一种体系。在不改变框架-内筒体系结构布置的前提下，通过设置伸臂桁架及腰桁架或帽桁架使外框架参与整体抗弯作用，从而提高结构侧向刚度，减小结构水平位移，也减少内筒所承担的在数值上过大的倾覆力矩。另外，设置帽桁架后，还可以限制内外柱的变位差，并承担温度应力，与框架-支撑体系相比，刚度可提高 $20\% \sim 25\%$（图 6.24-17）。

4. 筒体结构

（1）框筒结构

框筒体系是由密柱深梁构成的外框筒结构，它承担全部水平荷载。内筒是梁柱铰接相连的结构，它仅按荷载面积比例承担竖向荷载，不承担水平荷载。整个结构无须设置支撑等抗侧力构件，柱网不必正交，可随意布置，柱距可以加大，从而提供较大的灵活空间

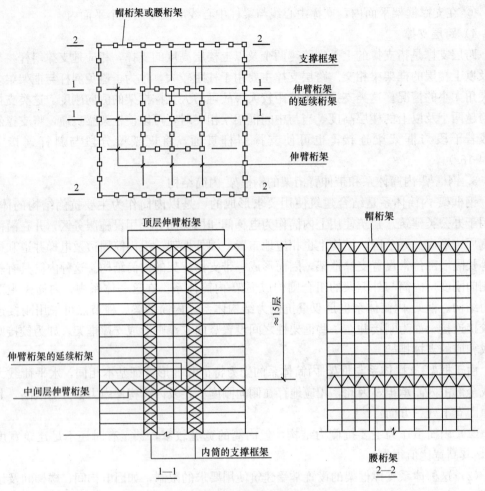

图 6.24-17　带伸臂桁架的钢框架-内筒体系

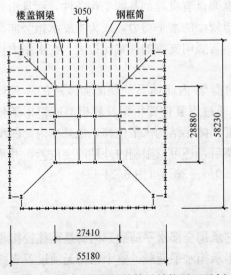

图 6.24-18　典型的框筒体系结构平面示例

（图 6.24-18）。外筒的柱距宜为 3~4m 左右，框架梁的截面高度也可按窗台高度构成截面高度很大的窗裙梁。

框筒体系的建筑结构平面宜为方形、圆形及八边形等较规则的平面，也适宜用于长宽比不宜大于 1.5 的矩形平面。

框筒的梁与柱采用刚接连接，形成刚接框架。柱的截面可采用矩形的箱形截面，此时截面的长边应平行于外筒的轴线方向，也可采用焊接 H 型钢，其截面的强轴方向应垂直于外筒的周边轴线方向。由于窗裙梁的截面很高，因此在外立面方位上形成宽柱高梁的筒体，结构构件的投影面积较大，窗洞的开洞率较小。但是，对于利用窗台高度的高截面钢裙梁也要防止其受压翼缘及腹板的失稳,以及要便于建筑装修。

(2) 筒中筒结构

筒中筒体系由外筒和内筒通过有效的连接组成一个共同工作的空间结构体系。外筒结构的梁柱布置及截面形状等可同上述的框筒体系。内筒可采用梁柱刚接的支撑框架,或梁柱铰接的支撑排架,以与外框筒共同工作。由于外框筒的侧向刚度大于内筒甚多,可显著减小剪力滞后效应,相比之下外筒是主要抗侧力结构,但内筒框架设置竖向支撑,因此内筒也将承担较大的水平剪力。

筒中筒体系的建筑结构平面可为方形、圆形及八边形等较规则的平面 (图 6.24-19),而且内筒可采用与外筒不同的平面,如外圆里方等不同平面形状的组合。

这种体系集外框筒和内框筒为一体,通过楼面结构将内、外筒连接在一起共同抵抗侧力,从而提高了结构总的侧向刚度。楼板梁与内、外筒一般为铰接连接。其外围多为密柱深梁的钢框筒,核心部分可为钢结构或钢筋混凝土结构筒体。外筒宽度很大,可以有效地承受层间剪力。

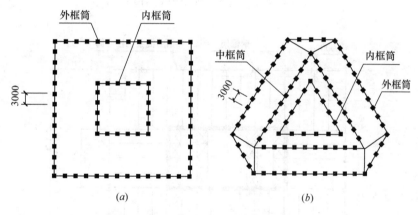

图 6.24-19 筒中筒结构体系的典型平面

(*a*) 二重筒体系;(*b*) 三重筒体系

(3) 束筒结构

两个或两个以上的框筒紧靠在一起成"束"状排列而形成的结构体系称为束筒结构体系。由于翼缘框架和腹板框架数量增多,使束筒结构体系中的翼缘框架和腹板框架的剪力滞后现象均得到明显改善 (图 6.24-20)。在图 6.24-20 (*a*) 所示的束筒结构体系中,由于增加了与外部翼缘框架相平行的内部翼缘框架,提高了结构的整体抗弯刚度和抗弯能力,也因为可由多榀腹板框架承担水平剪力,相应地也提高了结构的抗剪能力。因此,束筒结构体系比框筒体系在抗弯、抗剪能力和侧向刚度等方面均得到很大提高。

5. 钢框架-钢筋混凝土核心筒 (或剪力墙) 结构

钢框架-钢筋混凝土核心筒体系是由外侧的钢框架和钢筋混凝土核心筒构成的。钢框架与核心筒之间的跨度一般为 8~12m,采用两端铰接的钢梁,或一端与钢框架柱刚接相连另一端与内筒铰接相连的钢梁,如图 6.24-21。内筒内部应尽可能布置电梯间及楼梯间等公用设施用房,以扩大内筒的平面尺寸,减小内筒的高宽比,增大内筒的侧向刚度。进行楼面构件布置时,应恰当安排各层楼盖梁的走向,以保证更多的楼面重力荷载直接传到

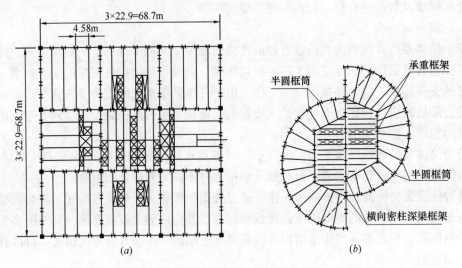

图 6.24-20　束筒结构体系典型结构平面

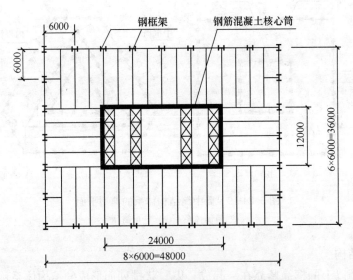

图 6.24-21　钢框架-钢筋混凝土核心筒结构平面

核心筒上,加大筒壁的竖向压应力,提高内筒的受剪承载力和抵抗倾覆力矩的能力。

钢框架-钢筋混凝土剪力墙体系常用于内筒尺寸较小的高层建筑。钢筋混凝土剪力墙可较灵活地沿纵向及横向均匀分散布置成片状、L形或T形等形状。但在楼梯间及电梯间宜形成小筒体并与其他剪力墙构成主要的抗侧力结构。沿建筑周边应采用刚接相连的钢框架。在建筑周边的里侧可布置成梁柱刚接的钢框架,也可布置成梁、柱铰接相连的结构,使它仅承担竖向荷载。

钢框架-钢筋混凝土核心筒体系的楼面结构,在钢框架与钢筋混凝土核心筒之间为加速施工常采用钢梁上铺设压型钢板,再在该钢板上浇筑混凝土板。由于内筒的施工进度往往先于钢框架的安装,钢筋混凝土核心筒里侧常采用现浇普通钢筋混凝土梁板结构,从而节约投资又不至于影响施工总进度。当钢筋混凝土内筒采用大模板施工或滑模施工时,可因地制宜采用便于施工的楼板结构做法。钢框架-钢筋混凝土剪力墙体系的楼面结构，宜均采用钢梁上铺设压型钢板的做法，以避免采用支模施工方法而影响施工进度。

上述两种体系的柱可采用箱形截面、圆形截面、焊接的 H 形截面或其他合理的截面形式。当采用焊接 H 形截面时，宜使 H 型钢的强轴方向对应柱弯矩较大的方向。钢梁可采用热轧 H 型钢或高频焊接薄壁 H 型钢。

为了使钢框架梁与钢筋混凝土核心筒连接可靠，必要时可在与钢框架梁对应位置的钢筋混凝土核心筒内预埋型钢暗柱。

当建筑物较高或抗震设防烈度较高时，亦可采用型钢混凝土核心筒，以改善其延性。

这一结构体系在必要时也可设置伸臂桁架及腰桁架和帽桁架，以满足结构必要的侧向刚度与要求。

6. 型钢（钢管）混凝土框架-钢筋混凝土核心筒结构

（1）型钢（钢管）混凝土框架-钢筋混凝土核心筒结构，主要有以下几种构件组合形式：

1）型钢（钢管）混凝土柱＋钢梁＋钢筋混凝土核心筒

2）型钢（钢管）混凝土柱＋型钢混凝土梁＋钢筋混凝土核心筒

3）型钢（钢管）混凝土柱＋钢筋混凝土梁＋钢筋混凝土核心筒

在上述组合形成的结构体系中，钢筋混凝土核心筒仍是主要的抗侧力结构。外框架和核心筒之间的钢梁，两端可以为铰接，也可一端与型钢混凝土柱刚接，另一端与钢筋混凝土核心筒铰接。

楼面结构，当为钢梁时，在外框架和钢筋混凝土核心筒之间宜采用钢梁上铺压型钢板，再在该钢板上浇混凝土板的做法。钢筋混凝土核心筒里侧可采用普通钢筋混凝土梁板结构做法。

型钢混凝土框架-钢筋混凝土核心筒体系中，梁与梁、梁与柱、柱与柱、梁与墙及柱脚连接的连接节点构造要求详见《组合结构设计规范》JGJ 138—2016 及国家标准图集《型钢混凝土组合结构构造》04SG523。

（2）型钢（钢管）混凝土框架-型钢混凝土核心筒结构

在型钢（钢管）混凝土框架-钢筋混凝土核心筒体系中，将钢筋混凝土核心筒改为型钢混凝土核心筒即构成型钢混凝土框架-型钢混凝土核心筒结构体系。

型钢混凝土核心筒的构成特点是在钢筋混凝土核心筒的墙肢内设置型钢暗柱及钢连梁。型钢暗柱可置于钢筋混凝土核心筒的周边主墙肢的角部，以及纵横墙肢的相交部位。在型钢暗柱之间设置钢连梁，如遇门洞则该钢连梁成为局部明钢连梁，无洞部位则为暗钢连梁。上述型钢暗柱与钢连梁组合，就形成暗藏的型钢框架。钢连梁与型钢暗柱可以铰接相连，但钢连梁在伸入钢筋混凝土墙肢内时，自墙肢边缘至型钢暗柱之间一段长度内，宜在钢连梁上下翼缘焊接栓钉，以承担由钢连梁端弯矩产生的水平剪力。洞口边缘的墙肢长度较长时，也宜在洞口边缘的墙肢端部设置型钢暗柱，以承担墙肢弯矩产生的肢端拉力或压力，且可提高该长墙肢的延性。

这一体系的楼面结构，当为钢楼面梁时，在外框架至核心筒之间的部分和核心筒里侧部分，均宜采用钢梁上铺设压型钢板的楼板结构做法。核心筒里侧部分如采用普通钢筋混凝土梁板，不仅需支模施工，而且使钢筋混凝土梁与型钢暗柱及钢连梁连接时，增加复杂程度。

这一体系在必要时也可设置伸臂桁架及腰桁架和帽桁架，以适应结构的侧向刚度等要求。

7. 房屋高度不小于150m的高层民用建筑钢结构应满足风振舒适度要求。在现行国家标准《荷载规范》规定的10年一遇的风荷载标准值作用下，结构顶点的顺风向和横风向振动最大加速度计算值不应大于表6.24-1的限值。结构顶点的顺风向和横风向振动最大加速度，可按现行国家标准《荷载规范》的有关规定计算，也可通过风洞试验结果判断确定，计算时钢结构阻尼比宜取0.01～0.015。

结构顶点的顺风向和横风向风振加速度限值　　　　　　表6.24-1

使用功能	a_{lim}
住宅、公寓	0.20m/s^2
办公、旅馆	0.28m/s^2

6.25　抗震设计时，钢框架结构、钢框架-中心支撑结构和钢框架-偏心支撑结构，其抗震构造措施分别应符合哪些规定？

1. 钢框架结构的抗震构造措施应符合下列规定：

(1) 钢框架柱的长细比关系到钢结构的整体稳定，因此《抗震规范》规定，框架柱的长细比，一级不应大于 $60\sqrt{235/f_{ay}}$，二级不应大于 $80\sqrt{235/f_{ay}}$；三级不应大于 $100\sqrt{235/f_{ay}}$，四级时不应大于 $120\sqrt{235/f_{ay}}$。

《高层民用建筑钢结构技术规程》JGJ 99—2015（以下简称《高钢规》）对钢框架柱的长细比有更严格的要求，即一级不应大于 $60\sqrt{235/f_y}$，二级不应大于 $70\sqrt{235/f_y}$，三级不应大于 $80\sqrt{235/f_y}$，四级不应大于 $100\sqrt{235/f_y}$。

(2) 框架梁、柱板件宽厚比应符合表6.25-1的要求。

钢框架梁、柱板件宽厚比限值　　　　　　表6.25-1

板件名称		抗震等级			
		一级	二级	三级	四级
柱	工字形截面翼缘外伸部分	10	11	12	13
	工字形截面腹板	43	45	48	52
	箱形截面壁板	33	36	38	40
	冷成型方管壁板	32	35	37	40
	圆管（径厚比）	50	55	60	70
梁	工字形截面和箱形截面翼缘外伸部分	9	9	10	11
	箱形截面翼缘在两腹板之间部分	30	30	32	36
	工字形截面和箱形截面腹板	$72-120\rho \leqslant 60$	$72-100\rho \leqslant 65$	$80-110\rho \leqslant 70$	$85-120\rho \leqslant 75$

注：1. $\rho = N/(Af)$ 为梁轴压比；

　　2. 表列数值适用于Q235钢，采用其他牌号应乘以 $\sqrt{235/f_y}$，圆管应乘以 $235/f_y$；

　　3. 冷成型方管适用于Q235GJ或Q345GJ钢。

（3）梁柱构件的侧向支承应符合下列要求：

1）梁柱构件受压翼缘应根据需要设置侧向支承。

2）梁柱构件在出现塑性铰的截面处，其上下翼缘均应设置侧向支承；

3）相邻两侧向支承点间的构件长细比，应符合《钢结构规范》GB 50017 的有关规定。

（4）梁与柱的连接构造，应符合下列要求：

1）梁与柱的连接宜采用柱贯通型；当梁与柱多方向连接节点构造很复杂时，也可采用梁贯通型。

2）柱在两个互相垂直的方向都与梁刚接时，宜采用箱形截面，并在梁翼缘连接处设置隔板；隔板采用电渣焊时，柱壁板厚度不宜小于 16mm，小于 16mm 时可改用工字形柱或采用贯通式隔板。当柱仅在一个方向与梁刚接时，宜采用工字形截面，并将柱腹板置于刚接框架平面内。

3）工字形截面柱（绕强轴）和箱形截面柱与梁刚接时，应符合下列要求（图 6.25-1），有充分依据时也可采用其他构造形式。

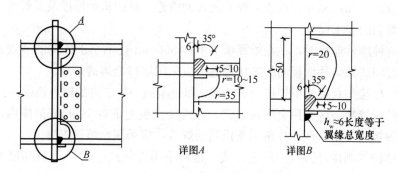

图 6.25-1 框架梁与柱的现场连接

① 梁翼缘与柱翼缘间应采用全熔透坡口焊缝；一、二级时，应检验焊缝的 V 形切口的冲击韧性，其夏比冲击韧性在 $-20℃$ 时不低于 27J；

② 柱在梁翼缘对应位置应设置横向加劲肋（隔板），且加劲肋（隔板）厚度不应小于梁翼缘厚度，强度与翼缘相同（《钢高规》要求，横向加劲肋（隔板）的厚度不应小于梁翼缘厚度加 2mm）；

③ 梁腹板宜采用摩擦型高强度螺栓通过连接板与柱连接（经工艺试验合格能确保现场焊接质量时，可用气体保护焊进行焊接）；腹板角部宜设置焊接孔，孔形应使其端部与梁翼缘和柱翼缘间的全熔透坡口焊缝完全隔开；

④ 腹板连接板与柱的焊接，当板厚不大于 16mm 时应采用双面角焊缝，焊缝有效厚度应满足等强度要求，且不小于 5mm；板厚大于 16mm 时采用 K 形坡口对接焊缝。该焊缝宜采用气体保护焊，且板端应绕焊；

⑤ 一级和二级时，宜采用能将塑性铰自梁端外移的端部扩大形连接、梁端加盖板或骨形连接，详见《高钢规》第 8.3.4 条。

4）框架梁采用悬臂梁段与柱刚性连接时（图 6.25-2），悬臂梁段与柱应预先采用全焊接连接，此时上下翼缘焊接孔的形式宜相同；梁的现场拼接可采用翼缘焊接腹板螺栓连接（图 6.25-2a）或全部螺栓连接（图 6.25-2b）。

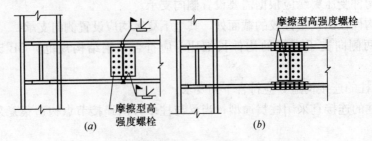

图 6.25-2　框架梁与柱通过梁悬臂段的连接

　　5）箱形截面柱在与梁翼缘对应位置设置的隔板应采用全熔透对接焊缝与壁板相连。工字形截面柱的横向加劲肋与柱翼缘应采用全熔透对接焊缝连接，与腹板可采用角焊缝连接。

　　（5）当节点域的腹板厚度不满足《抗震规范》第 8 章第 8.2.5 条第 2、3 款的规定时，应采取在节点域局部加厚柱腹板或贴焊补强板的措施。补强板的厚度及其焊缝应按传递补强板所分担剪力的要求设计。

　　（6）梁与柱刚性连接时，柱在梁翼缘上下各 500mm 且不小于柱宽的节点范围内，柱翼缘与柱腹板间或箱形柱壁板间的连接焊缝，应采用坡口全熔透焊缝。

　　（7）框架柱接头宜位于框架梁上方 1.3m 和柱净高一半二者的较小值处。

　　上下柱的对接接头应采用全熔透焊缝，柱拼接接头上下各 100mm 范围内，工字形截面柱翼缘与腹板间及箱形截面柱角部壁板间的焊缝，应采用全熔透焊缝。

　　（8）钢结构的刚接柱脚宜采用埋入式，也可采用外包式；6、7 度且高度不超过 50m 时也可采用外露式，其设计要求详见《高钢规》第 8.6 节。

　　2. 钢框架-中心支撑结构的抗震构造措施应符合下列规定：

　　（1）当中心支撑采用只能受拉的单斜杆体系时，应同时设置不同倾斜方向的两组斜杆，且每组中不同方向单斜杆的截面面积在水平方向的投影面积之差不得大于 10%。

　　（2）中心支撑杆件的长细比和板件宽厚比应符合下列规定：

　　1）支撑杆件的长细比，按压杆设计时，不应大于 $120\sqrt{235/f_{ay}}$；一、二、三级抗震等级的中心支撑不得采用拉杆设计，四级采用拉杆设计时，其长细比不应大于 180。

　　2）支撑杆件的板件宽厚比，不应大于表 6.25-2 规定的限值。采用节点板连接时，应注意节点板的强度和稳定。

钢结构中心支撑板件宽厚比限值　　　　　　　　　　表 6.25-2

板件名称	一级	二级	三级	四级
翼缘外伸部分	8	9	10	13
工字形截面腹板	25	26	27	33
箱形截面壁板	18	20	25	30
圆管外径与壁厚比	38	40	40	42

　　注：表列数值适用于 Q235 钢，采用其他牌号钢材应乘以 $\sqrt{235/f_{ay}}$，圆管应乘以 $235/f_{ay}$。

（3）中心支撑节点的构造应符合下列要求：

1）一、二、三级时，支撑宜采用轧制 H 型钢制作，两端与框架可采用刚接构造，梁柱与支撑连接处应设置加劲肋；一级和二级采用焊接工字形截面的支撑时，其翼缘与腹板的连接宜采用全熔透连续焊缝。

2）支撑与框架连接处，支撑杆端宜做成圆弧。

3）梁在其与 V 形支撑或人字支撑相交处，应设置侧向支承；该支承点与梁端支承点间的侧向长细比（λ_y）以及支承力，应符合《钢结构规范》关于塑性设计的规定。

4）若支撑与框架采用节点板连接，应符合《钢结构规范》关于节点板在连接杆件每侧有不小于 30°夹角的规定；一、二级时，支撑端部至节点板最近嵌固点（节点板与框架构件连接焊缝的端部）在沿支撑杆件轴线方向的距离，不应小于节点板厚度的 2 倍（见《抗震规范》第 8.4.2 条条文说明及图 25）。

（4）框架-中心支撑结构的框架部分，当房屋高度不高于 100m 且框架部分按计算分配的地震剪力不大于结构底部总地震剪力的 25% 时，一、二、三级的抗震构造措施可按框架结构降低一级的相应要求采用；其他抗震构造措施，应符合《抗震规范》第 8 章第 8.3 节对框架结构抗震构造措施的规定。

3. 钢框架-偏心支撑结构抗震构造措施应符合下列要求：

（1）偏心支撑框架消能梁段的钢材屈服强度不应大于 345MPa。消能梁段及与消能梁段同一跨内的非消能梁段，其板件的宽厚比不应大于表 6.25-3 规定的限值。

偏心支撑框架梁板件宽厚比限值 表 6.25-3

板 件 名 称		宽厚比限值
翼缘外伸部分		8
腹 板	当 $N/Af \leq 0.14$ 时	$90[1-1.65N/(Af)]$
	当 $N/Af > 0.14$ 时	$33[2.3-N/(Af)]$

注：表列数值适用于 Q235 钢，当材料为其他钢号时，应乘以 $\sqrt{235/f_{ay}}$；$N/(Af)$ 为梁轴压比。

偏心支撑框架的支撑杆件的长细比不应大于 $120\sqrt{235/f_{ay}}$，支撑杆件的板件宽厚比不应超过《钢结构规范》规定的轴心受压构件在弹性设计时的宽厚比限值。

（2）消能梁段的构造应符合下列要求：

1）当 $N > 0.16Af$ 时，消能梁段的长度应符合下列规定：

当 $\rho(A_w/A) < 0.3$ 时，$a < 1.6M_{lp}/V_l$ 　　　　　　　　　　　　（6.25-1）

当 $\rho(A_w/A) \geq 0.3$ 时，

$$a \leq [1.15-0.5\rho(A_w/A)]1.6 M_{lp}/V_l \tag{6.25-2}$$

$$\rho = N/V \tag{6.25-3}$$

式中　a——消能梁段的长度；

　　　ρ——消能梁段轴向力设计值与剪力设计值之比。

2）消能梁段的腹板不得贴焊补强板，也不得开洞。

3）消能梁段与支撑连接处，应在其腹板两侧配置加劲肋，加劲肋的高度应为梁腹板高度，一侧的加劲肋宽度不应小于 $(b_f/2-t_w)$，厚度不应小于 $0.75t_w$ 和 10mm 的较大值。

4）消能梁段应按下列要求在其腹板上设置中间加劲肋（图 6.25-3）：

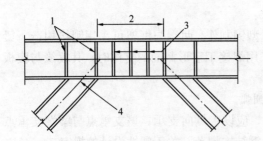

图 6.25-3　消能梁段的腹板加劲肋设置

1—双面全高设加劲肋；2—消能梁段上、下翼缘均设侧
向支撑；3—腹板高大于 640mm 时设双面中间加劲肋；
4—支撑中心线与消能梁段中心线交于消能梁段内

① 当 $a \leqslant 1.6 M_{lp}/V_l$ 时，加劲肋间距不大于（$30t_w - h/5$）；

② 当 $2.6 M_{lp}/V_l < a \leqslant 5M_{lp}/V_l$ 时，应在距消能梁段端部 $1.5b_f$ 处配置中间加劲肋，且中间加劲肋间距不应大于（$52t_w - h/5$）；

③ 当 $1.6M_{lp}/V_l < a \leqslant 2.6 M_{lp}/V_l$ 时，中间加劲肋的间距宜在上述二者间线性插入；

④ 当 $a > 5M_{lp}/V_l$ 时，可不配置中间加劲肋；

⑤ 中间加劲肋应与消能梁段的腹板等高，当消能梁段截面高度不大于 640mm 时，可配置单侧加劲肋，消能梁段截面高度大于 640mm 时，应在两侧配置加劲肋，一侧加劲肋的宽度不应小于（$b_f/2 - t_w$），厚度不应小于 t_w 和 10mm 的较大值。

⑥ 加劲肋与消能梁段的腹板和翼缘之间可采用角焊缝连接，连接腹板的角焊缝的受拉承载力不应小于 fA_{st}，连接翼缘的角焊缝的受拉承载力不应小于 $fA_{st}/4$，A_{st} 为加劲肋的横截面面积。

（3）消能梁段与柱的连接应符合下列要求：

1）消能梁段与柱连接时，其长度不得大于 $1.5M_{lp}/V_l$，且应满足相关标准的规定。

2）消能梁段翼缘与柱翼缘之间应采用坡口全熔透对接焊缝连接，消能梁段腹板与柱之间应采用角焊缝（气体保护焊）连接；角焊缝的承载力不得小于消能梁段腹板的轴力、剪力和弯矩同时作用时的承载力。

3）消能梁段与柱腹板连接时，消能梁段翼缘与横向加劲板间应采用坡口全熔透焊缝，其腹板与柱连接板间应采用角焊缝（气体保护焊）连接；角焊缝的承载力不得小于消能梁段腹板的轴力、剪力和弯矩同时作用时的承载力。

（4）消能梁段两端上下翼缘应设置侧向支撑，支撑的轴力设计值不得小于消能梁段翼缘轴向承载力设计值的 6%，即 $0.06b_ft_ff$。

（5）偏心支撑框架梁的非消能梁段上下翼缘，应设置侧向支撑，支撑的轴力设计值不得小于梁翼缘轴向承载力的 2%，即 $0.02b_ft_ff$。

（6）框架-偏心支撑结构的框架部分，当房屋高度不高于 100m 且框架部分按计算分配的地震作用不大于结构底部总地震剪力的 25% 时，一、二、三级的抗震构造措施可按框架结构降低一级的相应要求采用。其他抗震构造措施，应符合《抗震规范》第 8.3 节对框架结构抗震构造措施的规定。

第7章 砌 体 结 构

7.1 砌体结构常用的块体材料（砖、砌块、石材等）有哪些种类？

砌体结构常用的块体材料有烧结普通砖、烧结多孔砖、蒸压灰砂普通砖、蒸压粉煤灰普通砖、混凝土普通砖、混凝土多孔砖、混凝土砌块、轻集料混凝土砌块、各种毛料石和毛石砌体等。

1. 烧结普通砖是以黏土、页岩、煤矸石或粉煤灰为主要原料，经焙烧而成的实心砖。分烧结黏土砖、煤结页岩砖、烧结煤矸石砖、烧结粉煤灰砖等。烧结普通砖的外形尺寸为240mm×115mm×53mm。

2. 烧结多孔砖是以黏土、页岩、煤矸石或粉煤灰为主要原料，经焙烧而成的孔洞率不大于35%，孔的尺寸小而数量多，主要用于结构承重部位的砖，简称多孔砖。多孔砖的外形尺寸为240mm×115mm×53mm。

3. 蒸压灰砂普通砖是以石灰等钙质材料和砂等硅质材料为主要原料，经坯料制备、压制排气成型、高压蒸汽养护而成的实心砖，简称灰砂砖，其规格尺寸与烧结普通砖相同。

4. 蒸压粉煤灰普通砖是以石灰、消石灰（如电石渣）或水泥等钙质材料与粉煤灰等硅质材料及集料（砂等）为主要原料，掺加适量石膏，经坯料制备、压制排气成型、高压蒸汽养护而成的实心砖，简称粉煤灰砖，其规格尺寸与烧结普通砖相同。

5. 混凝土小型空心砌块由普通混凝土或轻集料混凝土制成，主要规格尺寸为390mm×190mm×190mm，空心率在25%～50%的空心砌块，简称混凝土砌块。

6. 混凝土普通砖是以水泥为胶结材料，以砂、石等为主要集料，加水搅拌、成型、养护制成的一种多孔的混凝土半盲孔砖或实心砖。混凝土多孔砖的主规格尺寸为240mm×115mm×90mm、240mm×190mm×90mm、190mm×190mm×90mm等；混凝土实心砖的主规格尺寸为240mm×115mm×53mm、240mm×115mm×90mm等。

7. 天然石材包括料石和毛石。石砌体中的石材应选用无明显风化的天然石料。天然石材的重力密度大于18kN/m³的称为重石材（如花岗岩、砂岩、石灰岩等），重力密度小于18kN/m³的称轻石材（如凝灰岩、贝壳灰岩等）。重石材由于强度大，抗冻性、抗水性、抗气性均较好，故经常用于砌筑建筑物的基础、挡土墙等，在石材产地也可用于砌筑承重墙体。

7.2 砌体结构常用的砂浆有哪些种类？

砌体结构常用的砌筑砂浆有水泥砂浆、水泥混合砂浆（简称为混合砂浆）、非水泥砂浆、混凝土砌块（混凝土普通砖）专用砌筑砂浆、蒸压灰砂普通砖、蒸压粉煤灰普通砖专用砌筑砂浆、蒸压加气混凝土砌块专用砌筑砂浆（简称为砌块专用砂浆）等。

1. 水泥砂浆系由水泥和砂按一定配比混合加水搅拌而成的不掺合石灰、石膏等塑化掺合料的砂浆，这种砂浆强度高、耐久性好，能在潮湿环境中硬化，适宜用于砌筑对强度要求较高且位于潮湿环境下的地下砌体。但这种砂浆的和易性和保水性较差，施工较困难。

2. 水泥混合砂浆系由水泥、砂和有机塑化剂按一定配比混合加水搅拌而成的砂浆。例如，水泥石灰砂浆、水泥石膏砂浆、水泥黏土砂浆等。这类砂浆的和易性和保水性均较好，强度亦较高，便于施工砌筑，适用于砌筑地面以上的墙、柱砌体。

3. 非水泥砂浆系由石灰、石膏或黏土与砂按一定配比混合加水搅拌而成的砂浆。例如，石灰砂浆、石膏砂浆、黏土砂浆等。这类砂浆强度不高、耐久性差，只能在空气中硬化，仅适用于砌筑承受的荷载不大的砌体或临时性建筑物和构筑物的砌体。

4. 混凝土砌块（混凝土普通砖）专用砌筑砂浆（砌块专用砂浆）系由水泥、砂、水以及根据需要掺入的掺和料和外加剂等组分，按一定比例，采用机械拌和制成的砂浆。这种砂浆具有良好的保水性、稠度及粘结力，对防止墙体渗漏、开裂与消除干缩裂缝有一定效果，有助于提高砌块的砌筑质量。

砌块砌筑砂浆的掺合料主要采用粉煤灰，外加剂包括减水剂、有机塑化剂、早强剂、促凝剂、缓凝剂、防冻剂、颜料等。砌块砌筑砂浆的配合比应符合现行国家标准《砌筑砂浆配合比设计规程》JGJ 98 的规定。砌块砌筑砂浆应采用机械搅拌，且搅拌时应先加细集料、掺合料和水泥，干拌 1 分钟后再加水湿拌。总的搅拌时间自投料完算起，不得少于 2 分钟；当掺有外加剂时，不得少于 3 分钟，当掺有机塑化剂时，宜为 3～5 分钟，并均应在初凝前使用完备。如砂浆出现泌水现象，应在砌筑前再次拌合。

砌块砌筑砂浆的分层度不得大于 30mm；砌筑普通小砌块砌体的砌筑砂浆稠度宜为 50～70mm；轻集料小砌块的砌筑砂浆稠度宜为 60～90mm。

小砌块的基础砌体必须采用水泥砂浆砌筑，并应将小砌块孔洞全部用不低于 Cb20 的灌孔混凝土填实；地坪以上的小砌块墙体应采用砌块专用砂浆砌筑。

5. 蒸压灰砂普通砖、蒸压粉煤灰普通砖专用砌筑砂浆系由水泥、砂、水以及根据需要掺入的掺合料和外加剂等组分，按一定比例，采用机械拌合制成，专门用于砌筑蒸压灰砂砖或蒸压粉煤灰砖砌体，且砌体抗剪强度应不低于烧结普通砖砌体的取值的砂浆。

混凝土砌块灌孔混凝土系由水泥、集料、水以及根据需要掺入的掺和料和外加剂等组分，按一定比例，采用机械搅拌后，用于浇筑混凝土砌块砌体芯柱或其他需要填实部位孔洞的混凝土，简称砌块灌孔混凝土。这种混凝土是一种高流动性混凝土，硬化后体积微膨胀，即具有补偿收缩性能的混凝土，可使灌孔砌块砌体整体受力得到改善和加强。

7.3 砌体结构设计时，如何合理选择块体材料和砂浆？

在砌体结构设计时，块体材料和砂浆的选择除要保证结构的安全可靠外，还要注意经济技术指标合理，通常可按下列原则进行选择：

1. 砌体材料大多是地方材料，应符合"因地制宜，就地取材"的原则，选用当地性能良好的块体材料和砂浆，以获得较好的经济指标。

2. 选择砌体结构材料时，不仅要考虑受力，保证砌体有足够的承载力，而且要考虑材料的耐久性问题。应保证砌体在长期使用过程中具有足够的强度和正常使用性能，避免或减少块体材料中可溶性盐的结晶风化导致块材掉皮和剥落。对于北方寒冷地区，块体必须满足抗冻性的要求，以保证砌体在多次冻融之后不至于剥蚀和强度降低。一般说来，块体吸水率越大，其抗冻性越差。

3. 选择砌体结构材料时，还要考虑施工技术条件和设备情况，而且应方便施工。对于多层砌体结构房屋，下面几层受力较大应选用较高强度等级的块体材料和砂浆，上面几层受力较小则可选择强度等级较低的材料。但材料强度等级变化不宜过多，以免给施工带来麻烦。特别是同一层的砌体不宜采用不同强度等级的材料。

4. 选择砌体结构材料时，也应考虑建筑物的使用性质和所处的环境条件。

（1）设计使用年限为 50 年、环境类别为 1 类时对四层及四层以上多层房屋的墙以及受振动或层高大于 6m 的墙和柱，所用材料的最低强度等级，应符合下列要求：

1）烧结普通砖、烧结多孔砖的强度等级 MU10；普通砂浆强度等级 M5；

2）蒸压灰砂普通砖、蒸压粉煤灰普通砖 MU15；专用砌筑砂浆强度等级 Ms7.5；

3）混凝土普通砖、混凝土多孔砖的强度等级 MU15；砂浆强度等级 Mb7.5；

4）混凝土砌块、轻集料混凝土砌块的强度等级 MU7.5；砂浆强度等级 Mb7.5；

5）石材的强度等级 MU30；砂浆强度等级 M5。

（2）设计使用年限为 50 年时，地面以下或防潮层以下的砌体、潮湿房间的墙或环境类别为 2 类的砌体，所用材料的最低强度等级应符合表 7.3-1 的规定：

地面以下或防潮层以下的砌体、潮湿房间的墙所用材料的最低强度等级　　表 7.3-1

潮湿程度	烧结普通砖	混凝土普通砖、蒸压普通砖	混凝土砌块	石材	水泥砂浆
稍潮湿的	MU15	MU20	MU7.5	MU30	M5
很潮湿的	MU20	MU20	MU10	MU30	M7.5
含水饱和的	MU20	MU25	MU15	MU40	M10

注：1. 在冻胀地区，地面以下或防潮层以下的砌体，不宜采用多孔砖，如采用时，其孔洞应不低于 M10 的水泥砂浆预先灌实。当采用混凝土空心砌块时，其孔洞应采用强度等级不低于 Cb20 的混凝土预先灌实；

2. 对安全等级为一级或设计使用年限大于 50 年的房屋，表中材料强度等级应至少提高一级。

（3）处于环境类别 3~5 类等有侵蚀性介质的砌体材料应符合下列规定：

1）不应采用蒸压灰砂普通砖、蒸压粉煤灰普通砖；

2）应采用实心砖，砖的强度等级不应低于 MU20，水泥砂浆的强度等级不应低于 M10；

3）混凝土砌块的强度等级不应低于 MU15，灌孔混凝土的强度等级不应低于 Cb30，砂浆的强度等级不应低于 Mb10；

4）应根据环境条件对砌体材料的抗冻指标、耐酸、碱性能提出要求，或符合有关规范的规定。

（4）抗震设计时，砌体结构材料的最低强度等级，应符合下列规定：

1）烧结普通砖和烧结多孔砖的强度等级不应低于 MU10，其砌筑砂浆强度等级不应低于 M5。

2）混凝土小型空心砌块的强度等级不应低于 MU7.5，其砌筑砂浆强度等级不应低于 Mb7.5。

5. 在选择砌体结构块体材料和砂浆时，应严格执行地方建设行政主管部门颁布的法律、法规。特别应注意的是，有的地方禁止使用黏土实心砖；有的地方除禁止使用黏土实心砖外，还禁止使用黏土多孔砖和黏土空心砖；有的地方除禁止使用带黏土的砖外，还禁止或限制使用页岩陶粒及以页岩陶粒为原材料的建材制品，以利于保护土地和植被。在北京市，从 2007 年 9 月 1 日起中心城区、市经济技术开发区新开工的工程禁止现场搅拌砂浆，而代之以预拌砂浆，以利于环境保护。

7.4　砌体抗压强度主要受哪些因素的影响？

砌体的工作情况相当复杂，影响砌体抗压强度的因素很多，主要有以下几个方面：

1. 块体和砂浆强度的影响

块体和砂浆强度等级是决定砌体抗压强度的主要因素。一般来说，砌体抗压强度随块体和砂浆强度等级的提高而增大，但提高块体和砂浆的强度等级，并不能按相同的比例提高砌体的强度，以砖砌体为例，当砖的强度提高一倍时，砌体的抗压强度大约增加 60%。对于提高砌体抗压强度而言，提高块体强度等级比提高砂浆强度等级更有效。一般情况下，砌体强度低于块体强度；而对于砂浆，当砂浆的强度等级较低时，砌体强度高于砂浆强度；当砂浆强度等级较高时，砌体强度低于砂浆强度。

2. 块体形状和几何尺寸的影响

块体的外形对砌体强度也有明显的影响。块体的外形比较规则，表面平整，则块体受弯矩及剪力的不利影响相对较小，从而使砌体的强度相对较高。当块体翘曲时，砂浆层会严重不均匀，导致产生较大的弯曲应力而使块体过早破坏。

块体的高度较大时，在块体内引起的弯、剪、拉应力均较小，其抗弯、抗剪和抗拉的能力也较强。长度较大的块体在砌体中会产生较大的弯剪应力。

3. 砂浆性能的影响

除了强度之外，砂浆的变形性能和砂浆的流动性（即和易性）、保水性都对砌体抗压强度有影响。砂浆的变形性能将影响块体受到的弯剪应力和拉应力的大小。砂浆的强度等级越低，变形越大，块体受到的拉应力和弯剪应力也越大，砌体强度也越低。砂浆的流动性和保水性好，容易铺砌成厚度和密实性都较均匀的水平灰缝，可以降低块体在砌体内的弯剪应力，提高砌体强度。但如果流动性过大（采用过多塑化剂），砂浆在硬化后的变形率也越大，反而会降低砌体的强度。所以，性能较好的砂浆应具有良好的流动性和较高的密实性。

纯水泥砂浆的缺点是容易失水而降低其流动性，不易铺成均匀的水平灰缝层而影响砌体强度。所以，宜采用掺有石灰或黏土的混合砂浆砌筑砌体。

4. 灰缝厚度和饱满度的影响

砂浆在砌体中的作用是将块体连成整体，并将上层砌体传下来的应力均匀地传到下层去。砌体中灰缝越厚，越难保证砂浆均匀和密实，除块体的弯剪作用程度加大外，灰缝受压横向变形所引起砌块的拉应力也随之增大，严重影响砌体的强度。所以当块体表面平整时，灰缝宜尽量减薄。对砖和混凝土小型空心砌块而言，作为正常的施工质量标准，灰缝厚度宜控制在 10mm 左右，不应小于 8mm，也不应大于 12mm。对料石砌体，灰缝厚度不宜大于 20mm。

砌体的抗压强度也随砌体水平灰缝砂浆的饱满度的提高而增大。砌体水平灰缝砂浆的饱满度不得小于 80%。试验证明，当砌体水平灰缝砂浆的饱满度由 80% 降低到 65% 左右时，砌体强度降低 20% 左右。

5. 砌筑质量的影响及施工质量控制等级

砌筑质量对砌体强度也有很大的影响。

（1）砌体块材含水率的影响。砖砌体的试验研究表明，砌体的抗压强度随砖砌筑时含水率的增大而提高。这是由于砖的含水率大时，砖表面的多余水分有利于砂浆硬化，提高砂浆的强度。当砖的含水率很小时，砖将吸收砂浆中的水分，砂浆因失水而达不到设计强度值。但砖的含水量过大时，墙面将产生流浆，砌体的抗剪强度会降低。作为正常的施工标准，要求烧结普通砖和烧结多孔砖砌筑时的含水率为 10%～15%（此含水率大约相当于砖的浸水深度为 10～20mm），灰砂砖和粉煤灰砖的含水率为 5%～8%。

（2）砌筑方法的影响。砌体的砌筑方法对砌体的强度和整体性有明显影响。《砌体工程施工质量验收规范》GB 50203 规定：砖砌体应上下错缝，内外搭砌。普通砖砌体常采用一顺一丁、梅花丁（即同一皮内，丁顺间砌）或三顺一丁的砌筑方式。对于砖柱，不得采用包心砌法。

（3）施工管理技术水平的影响。《砌体工程施工质量验收规范》GB 50203 根据施工现场的质量管理、砂浆和混凝土强度、砌筑工人的技术水平等进行综合评价，将砌体工程施工质量控制等级分为 A、B、C 三级，见表 7.4-1。砌体强度设计值与砌体工程施工质量控制等级相联系。《砌体结构设计规范》GB 50003 中，各类砌体的强度设计值，系根据"施工质量控制等级为 B 级"的要求确定的，当施工质量控制等级采用 C 级时，应将规范中各类砌体的强度设计值乘以调整系数 $\gamma_a = 0.89$；当施工质量控制等级采用 A 级时，应将规范中各类砌体的强度设计值提高 5%。

考虑到我国目前的施工质量水平，对一般的多层砌体结构房屋砌体的施工质量宜按 B 级控制；对于配筋砌体剪力墙高层建筑，设计时宜采用 B 级的砌体强度设计指标，而在施工时宜采用 A 级的施工质量控制等级。这样做可以提高这种结构体系的安全储备。

砌体施工质量控制等级 表 7.4-1

项 目	施工质量控制等级		
	A	B	C
现场质量管理	监督检查制度健全，并严格执行；施工方有在岗专业技术管理人员，人员齐全，并持证上岗	监督检查制度基本健全，并能执行；施工方有在岗专业技术管理人员，人员齐全，并持证上岗	有监督检查制度；施工方有在岗专业技术管理人员
砂浆、混凝土强度	试块按规定制作，强度满足验收规定，离散性小	试块按规定制作，强度满足验收规定，离散性较小	试块按规定制作，强度满足验收规定，离散性大
砂浆拌合	机械拌合，配合比计量控制严格	机械拌合，配合比计量控制一般	机械或人工拌合，配合比计量控制较差
砌筑工人	中级工以上，其中，高级工不少于 30%	高、中级工不少于 70%	初级工以上

注：1 砂浆、混凝土强度离散性大小根据强度标准差确定；
　　2 配筋砌体不得为 C 级施工。

7.5　砌体的强度设计值在哪些情况下应乘以调整系数 γ_a?

在某些情况下，砌体的强度设计值应乘以调整系数 γ_a 进行调整。下列情况的各类砌体其相应的强度设计值调整系数 γ_a 为:

1. 对无筋砌体构件，其截面面积小于 $0.3m^2$ 时，γ_a 为其截面面积加 0.7，即 $\gamma_a = A$（以 m^2 计）$+0.7$。对配筋砌体构件，当其中的砌体截面面积小于 $0.2m^2$ 时，γ_a 为其截面面积加 0.8，即 $\gamma_a = A$（以 m^2 计）$+0.8$。

2. 当砌体用强度等级小于 M5.0 的水泥砂浆砌筑时，对《砌体结构设计规范》GB 50003 第 3.2.1 条各表中的数值（抗压强度设计值），γ_a 为 0.9；对规范中第 3.2.2 条表 3.2.2 中的数值（轴心抗拉强度设计值、弯曲抗拉强度设计值和抗剪强度设计值），γ_a 为 0.8。

3. 当验算施工中房屋的构件时，γ_a 为 1.1。

注：当几种需要调整砌体强度设计值的情况同时出现时，调整系数应连乘。

7.6　如何确定砌体结构的安全等级和设计使用年限?

1. 按照《建筑结构可靠度设计统一标准》GB 50068 的规定，砌体结构根据其破坏可能产生的后果（危及人的生命、造成经济损失、产生社会影响等）的严重性，应按表 7.6-1 划分为三个安全等级，设计时应根据具体情况适当选用。

建筑结构的安全等级　　　　　　　　　　　　　　　表 7.6-1

安全等级	破坏后果	建筑物类型
一级	很严重	重要的房屋
二级	严重	一般的房屋
三级	不严重	次要的房屋

注：1. 对于特殊的建筑物，其安全等级可根据具体情况另行确定;

　　2. 对抗震设防地区的砌体结构设计，应按现行国家标准《建筑工程抗震设防分类标准》GB 50223 根据建筑物重要性区分建筑物类别;

　　3. 房屋建筑结构抗震设计中的甲类建筑和乙类建筑，其安全等级宜规定为一级;丙类建筑，其安全等级宜规定为二级;丁类建筑，其安全等级宜规定为三级。

2. 按照《建筑结构可靠度设计统一标准》GB 50068 的规定，砌体结构和结构构件的设计使用年限应按表 7.6-2 采用。

建筑结构的设计使用年限　　　　　　　　　　　　　表 7.6-2

类　别	设计使用年限（年）	示　例
1	5	临时性建筑结构
2	25	易于替换的结构构件
3	50	普通房屋和构筑物
4	100	标志性建筑和特别重要的建筑结构

3. 按照《工程结构可靠性设计统一标准》GB 50153 的规定，房屋建筑的结构重要性系数和房屋建筑考虑结构设计使用年限的荷载调整系数分别按表 7.6-3 和表 7.6-4 采用。

房屋建筑的结构重要性系数 γ_0　　　　　　　　　　表 7.6-3

结构重要性系数	对持久设计状况和短暂设计状况			对偶然设计状况和地震设计状况
	安全等级			
	一级	二级	三级	
γ_0	1.1	1.0	0.9	1.0

房屋建筑考虑结构设计使用年限的荷载调整系数 γ_L　　　　　　表 7.6-4

结构的设计使用年限（年）	γ_L
5	0.9
50	1.0
100	1.1

注：对设计使用年限为 25 年的结构构件，γ_L 应按各种材料结构设计规范的规定采用。

4. 结构重要性系数 γ_0 与结构安全等级和结构的设计使用年限的关系：

（1）对安全等级为一级或设计使用年限为 50 年以上的结构构件，不应小于 1.1；

（2）对安全等级为二级或设计使用年限为 50 年的结构构件，不应小于 1.0；

（3）对安全等级为三级或设计使用年限为 1～5 年的结构构件，不应小于 0.9。

5. 一般砌体结构和构件的设计使用年限为 50 年。砌体结构和构件在设计使用年限内，应满足下列功能的要求：

（1）在正常设计、正常施工和正常使用条件下，应能承受可能出现的各种作用。

（2）在正常使用条件下，应具有良好的工作性能，不出现影响结构或构件正常使用的变形或裂缝等情况。

（3）在正常维护条件下，结构和构件在设计使用年限内，应能满足各项正常使用功能的要求，即应具有足够的耐久性。

（4）在设计规定的偶然事件发生时及发生后，结构仍能保持必要的整体性和稳定性，不致发生连续倒塌。

在砌体结构必须满足的上述四项功能中，第（1）、第（4）两项是结构安全性的要求，第（2）项是结构的适用性要求，第（3）项是结构的耐久性要求。结构的安全性要求、适用性要求和耐久性要求三者可概括为结构的可靠性要求。

7.7　砌体结构房屋的砌体地下室外墙应如何进行设计计算？

地下室外墙的内侧为使用房间，外侧是回填土。地下室外墙通常承受土压力的作用，当地下水位较高时，还承受静水压力的作用；由于房屋室外地面难免会有堆载，甚至有道路，故地下室外墙还应考虑室外地面荷载的影响。

在一般情况下，地下室的顶板通常是现浇或预制的钢筋混凝土板楼盖；地下室的地面则往往是现浇混凝土地面（有时会配构造钢筋）；地下室的外墙由于承受侧压力，通常比地上一层的墙体要厚；此外，为了保证地下室和上部结构有较好的空间刚度，往往要求地下室横墙的间距密一些，纵横墙之间也应很好地砌合和拉结。因此，地下室外墙计算时可按刚性方案进行静力计算。

1. 地下室外墙的计算简图

当按刚性方案计算地下室外墙时，其上端可视为简支于地下室顶板底面处，下端简支于基础底面处。如果地下室地面混凝土板较厚且在地下室外墙承受土压力等荷载前已具有足够强度时，地下室外墙下端也可简支于混凝土地面的顶面处。当墙的基础宽度远大于墙厚且具有足够的抵抗墙体转动的刚度时，也可取下端嵌固于基础顶面。

2. 地下室外墙的荷载计算

（1）土的侧压力 q_s 按下式计算：

$$q_s = K_0 \gamma_s H_1 \tag{7.7-1}$$

$$q'_s = K_0 (\gamma_s H - \gamma_w H_2) \tag{7.7-2}$$

式中　γ_s——土的天然重力密度（kN/m^3）；地下水位以下取浮重度 $11kN/m^3$；

H——室外地面以下土的深度（m）；

K_0——静止土压力系数，对一般固结土可取 $K_0 = 1 - \sin\varphi$（φ—土的有效内摩擦角），一般情况下可取 $K_0 = 0.5$；

γ_w——地下水的自重，一般取 $10kN/m^3$；

H_2——地下水位水面至室外地面以下深度为 H 处的深度（m）。

土对挡土结构的侧压力有三种，即主动土压力、被动土压力和静止土压力。具体工程究竟属于哪一种，要视在土的侧压力作用下，挡土结构的侧移情况而定。当在土的侧压力作用下，挡土结构向前发生侧向移动，使土的侧压力减少，使挡土结构后面填土的抗剪强度得到完全发挥。这时，使用于挡土结构上的土的侧压力为主动土压力。当挡土结构受到某种约束，在土的侧压力推动下，不能发生侧向移动。这时，作用于挡土结构上的土的侧压力为静止土压力。当挡土结构受到某种力的推动，向填土一边挤压，填土则阻止挡土结构的移动。这时，作用于挡土结构上的土的侧压力为被动土压力。房屋地下室的外墙，虽然也受到向前推动的土压力的作用，但因有楼板和内横墙的约束，墙体基本上不能发生侧向移动，填土没有侧向变形。因此，作用于地下室外墙上的土的侧压力，一般可按静止土压力计算。

（2）静止水压力 q_w 按下式计算：

$$q_w = \gamma_w H_2 \tag{7.7-3}$$

（3）室外地面活荷载 p 按下式折算成当量土层的侧压力 q_e：

$$q_e = K_0 \gamma_s H' \tag{7.7-4}$$

室外地面均布活荷载 p（kN/m^2）在计算时可换算成当量土层，其高度 $H' = p/\gamma_s$，并近似地认为这部分当量土层的土对墙体产生的侧压力从室外地面到基础底面均匀分布。室外地面活荷载标准值一般取不小于 $10kN/m^2$。

（4）地下室外墙的荷载及计算简图如图 7.7-1 所示。

3. 地下室外墙承载力验算

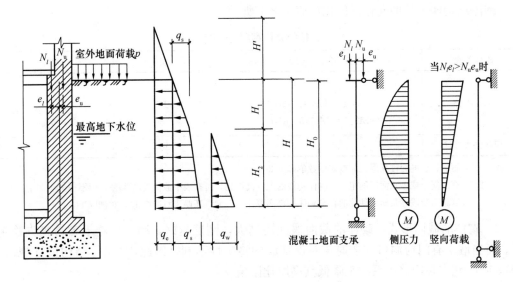

图 7.7-1 地下室外墙的荷载及计算简图

地下室外墙一般应进行三个截面的验算：

（1）墙的顶部截面承载力验算，内力包括由上部墙体和地下室顶板传来的竖向荷载在墙顶产生的偏心弯矩和轴力；

（2）墙的中部截面承载力验算，内力包括侧压力产生的弯矩和竖向荷载偏心产生的弯矩组合与相应的轴力；

（3）墙的底部截面承载力验算，当地下室外墙为两端铰接支承时，内力仅有轴力项，按受压构件验算承载力，但一般不起控制作用。

当地下室外墙下端为固接时，内力还有弯矩项。

对于有窗洞口的地下室外墙，宜取窗间墙截面作为计算截面。

7.8 影响砌体结构墙、柱高厚比的因素主要有哪些？

墙、柱高厚比控制是砌体结构构造设计的最重要的内容之一。因为，如果墙、柱的高厚比过大，虽然强度计算满足要求，但可能在施工砌筑阶段，因为过大的偏差、倾斜、鼓肚等现象发生，以及在施工或使用过程中出现的偶然撞击、振动等因素，可能造成墙、柱丧失稳定。同时，为了保证墙、柱在使用阶段的荷载作用下具有足够的刚度，不致发生过大的影响正常使用的变形，也要求控制墙、柱的高厚比。因此，可以认为，控制墙、柱高厚比是保证砌体结构满足正常使用极限状态要求的非常重要的构造措施。墙、柱的高厚比限值 $[\beta]$ 和钢、木结构受压构件的极限长细比 $[\lambda]$ 具有类似的物理意义。

影响墙、柱高厚比的主要因素有：

1. 砂浆的强度等级。墙、柱高厚比限值 $[\beta]$ 是保证墙、柱稳定性和刚度的重要条件，并和砌体的弹性模量有密切的关系。由于砌体的弹性模量和砂浆的强度等级相关，所以砂浆强度等级是影响 $[\beta]$ 的重要因素。砂浆的强度等级越高，砌体的弹性模量越大，允许的墙、柱高厚比就相应增大。

砌体结构墙、柱的允许高厚比如表 7.8-1 所示。

墙、柱的允许高厚比 [β] 值   表 7.8-1

砌体类型	砂浆强度等级	墙	柱
无筋砌体	M2.5	22	15
	M5.0 或 Mb5.0、Ms5.0	24	16
	≥M7.5 或 Mb7.5、Ms7.5	26	17
配筋砌块砌体	—	30	21

注：1. 毛石墙、柱的允许高厚比应按表中数值降低 20%；

　　2. 带有混凝土或砂浆面层的组合砖砌体构件的允许高厚比，可按表中数值提高 20%，但不得大于 28；

　　3. 验算施工阶段砂浆尚未硬化的新砌砌体构件高厚比时，允许高厚比对墙取 14，对柱取 11。

2. 砌体的截面形式。砌体的截面惯性矩越大，刚度越好，墙、柱越不容易丧失稳定性。而当墙上有门窗洞口削弱时，对保证墙的稳定性不利，因此，《砌体结构设计规范》GB 50003 允许采用修正系数来降低其高厚比限值。

3. 砌体的种类。毛石砌体墙、柱由于整体性及刚度较差，规范规定，其允许高厚比可较表 7.8-1 中的数值降低 20%；而组合砖砌体构件，由于在砖砌体内配置有纵向钢筋或在外侧设置有部分钢筋混凝土或钢筋砂浆而形成组合砖砌体构件共同工作，这不但显著提高了砖砌体的整体性、抗弯能力和延性，而且也提高了砖砌体的受压承载力，具有和钢筋混凝土构件相近的性能，因此规范规定，其允许高厚比可较表 7.8-1 中的数值提高 20%，但不得大于 28。

4. 横墙的间距。横墙的间距越小，墙体的稳定性和刚度越好，刚性方案的多层砌体结构房屋在计算墙的高厚比时，墙的计算高度 H_0 可取不大于墙体高度 H 的数值，墙体的计算高厚比会较小。

5. 构造柱的间距和截面尺寸。砌体墙中构造柱的间距越小，截面尺寸越大，对墙体的约束作用越强，因此墙体的稳定性会越好，允许的高厚比可以提高。

6. 支承条件。刚性方案的多层砌体结构房屋的墙和柱在楼、屋盖处可取为不动铰支承，弹性和刚弹性砌体结构房屋的墙和柱，在楼、屋盖处有较大的侧移，稳定性不如刚性方案的房屋好，验算墙、柱高厚比时，构件的计算高度 H_0 应取大于等于构件高度 H 的数值。

7. 构件的重要性和房屋的使用情况。房屋中的次要构件，如自承重墙，其高厚比限值 [β] 可以适当提高。对于使用时有振动作用的房屋，其高厚比应比一般房屋适当降低。

7.9 砌体结构的墙、柱高厚比如何进行验算？

1. 矩形截面墙、柱高厚比的验算

(1) 矩形截面墙、柱的高厚比 β 应按下式验算：

$$\beta = \frac{H_0}{h} \leqslant \mu_1 \mu_2 [\beta] \tag{7.9-1}$$

式中 H_0——墙、柱的计算高度，应根据房屋类别和构件支承条件按表 7.9-1 采用；

　　 h——墙厚或矩形截面柱与 H_0 相对应的边长；

μ_1——自承重墙允许高厚比的修正系数；

μ_2——有门窗洞口的墙允许高厚比的修正系数；

$[\beta]$——墙、柱的允许高厚比，应按表7.8-1采用。

注：1. 当与墙连接的相邻两横墙的间距 $s \leqslant \mu_1\mu_2 [\beta] h$ 时，墙的高度可不受表7.8-1的限制；

2. 变截面柱的高厚比可按上、下柱截面分别验算，其计算高度可按《砌体结构设计规范》GB 50003 第5.1.4条的规定采用。验算上柱的高厚比时，墙、柱的允许高厚比可按表7.8-1的数值乘以1.3后采用。

表7.9-1中的构件高度 H 应按下列规定采用：

1）在房屋底层，为楼板顶面到构件下端支点间的距离。下端支点的位置，可取在基础顶面。当基础埋置较深，且有刚性地坪时，可取室外地面下500mm处。

受压构件的计算高度 H_0 表7.9-1

房 屋 类 别			柱		带壁柱墙或周边拉结的墙		
			排架方向	垂直排架方向	$s>2H$	$2H \geqslant s>H$	$s \leqslant H$
有吊车的单层房屋	变截面柱上段	弹性方案	$2.5H_u$	$1.25H_u$		$2.5H_u$	
		刚性、刚弹性方案	$2.0H_u$	$1.25H_u$		$2.0H_u$	
	变截面柱下段		$1.0H_l$	$0.8H_l$		$1.0H_l$	
无吊车的单层和多层房屋	单 跨	弹性方案	$1.5H$	$1.0H$		$1.5H$	
		刚弹性方案	$1.2H$	$1.0H$		$1.2H$	
	多 跨	弹性方案	$1.25H$	$1.0H$		$1.25H$	
		刚弹性方案	$1.0H$	$1.0H$		$1.1H$	
	刚性方案		$1.0H$	$1.0H$	$1.0H$	$0.4s+0.2H$	$0.6s$

注：1. 表中 H_u 为变截面柱的上段高度；H_l 为变截面柱的下段高度；

2. 对于上端为自由端的构件，$H_0 = 2H$；

3. 独立砖柱，当无柱间支撑时，柱在垂直排架方向的 H_0 应按表中数值乘以1.25后采用；

4. s 为房屋横墙间距；

5. 自承重墙的计算高度应根据周边支承或拉结条件确定。

2）在房屋的其他楼层，为楼板或其他水平支点间的距离。

3）对于无壁柱的山墙，可取层高加山墙尖高度的 $\dfrac{1}{2}$；对于带壁柱的山墙可取壁柱处的山墙高度。

（2）自承重墙允许高厚比的修正系数 μ_1 的取值

自承重墙是房屋中的次要构件，只承受自重荷载的作用，弹性稳定理论的比较计算分析表明，在其他条件相同的情况下，自承重墙的临界荷载要比承重墙的临界荷载大。因此，对于厚度不大于240mm的自承重墙，其允许高厚比可以适当提高，即将墙的允许高厚比 $[\beta]$ 乘以大于1.0的修正系数 μ_1。厚度 $h \leqslant 240$mm 的自承重墙，μ_1 可按下列规定采用：

1）墙体厚度 $h = 240$mm 的自承重墙 $\mu_1 = 1.2$；

2）墙体厚度 $h = 90$mm 的自承重墙 $\mu_1 = 1.5$；

3）90mm $< h <$ 240mm 的自承重墙，μ_1 按插入法取值，即 $\mu_1 = 1.68 - 0.002h$；

4）上端为自由端的自承重墙的允许高厚比，除按上述规定提高外，尚可提高30%；

5）对于厚度小于90mm的自承重墙，当双面用不低于M10的水泥砂浆抹面，包括抹面层厚度在内的墙厚不小于90mm时，可按墙厚等于90mm验算高厚比。

（3）有门窗洞口的墙高厚比修正系数 μ_2 的计算

墙体上有门窗洞口，使墙体受到削弱，不利于保证墙体的稳定性，故在计算墙体的高厚比时，将墙的允许高厚比 $[\beta]$ 乘以小于1.0的修正系数 μ_2，μ_2 可按下式计算：

$$\mu_2 = 1 - 0.4 \frac{b_s}{s} \qquad (7.9-2)$$

式中 b_s——在宽度 s 范围内的门窗洞口的总宽度（图7.9-1）；

s——相邻横墙或壁柱之间的距离。

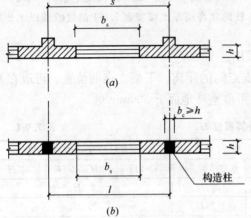

图7.9-1　门窗洞口宽度示意图
（a）带壁柱的窗间墙；（b）带构造柱的窗间墙

1）当按式（7.9-2）算得的 μ_2 值小于0.7时，应采用0.7。当洞口高度等于或小于墙高的1/5时，可取 $\mu_2=1.0$。

2）当洞口高度大于或等于墙高的4/5时，可按独立墙段验算高厚比。

（4）当墙、柱的允许高厚比需要进行多项修正时，其修正系数可考虑连乘。

2. 带壁柱墙和带构造柱墙的高厚比验算

带壁柱墙的高厚比验算包括带壁柱墙的整片墙验算和壁柱之间墙的局部验算两部分内容。

（1）带壁柱墙的整片墙的高厚比按下式进行验算，即将式（7.9-1）中的 h 改为 h_T：

$$\beta = \frac{H_0}{h_T} \leqslant \mu_1\mu_2[\beta] \qquad (7.9-3)$$

式中 h_T——带壁柱墙截面的折算厚度，视带壁柱墙的截面为T形，按惯性矩和面积都相等的原则换算成矩形截面，其折算厚度为 $h_T=3.5\sqrt{\dfrac{I}{A}}$；$I$ 和 A 分别为带壁柱墙截面的惯性矩和截面面积；

H_0——墙、柱构件的计算高度。

在确定整片带壁柱墙的计算高度 H_0 时，s 应取与之相交相邻墙之间的距离。（图7.9-2）。

在求带壁柱墙的回转半径（回转半径 $i=\sqrt{\dfrac{I}{A}}$）时，墙截面的翼缘宽度，可按《砌体结构设计规范》GB 50003第4.2.8条的规定采用：

1）多层房屋，当有门窗洞口时，可

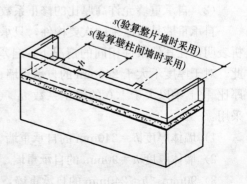

图7.9-2　带壁柱墙高厚比验算图

取窗间墙宽度；当无门窗洞口时，每侧翼墙宽度可取壁柱高度（层高）的 1/3，但不应大于相邻壁柱间的距离；

2）单层房屋，可取壁柱宽加 2/3 墙高，但不应大于窗间墙宽度和相邻壁柱间的距离。

（2）壁柱之间墙的局部高厚比验算

壁柱之间墙的局部高厚比可按式（7.9-1）验算。

在验算壁柱之间墙的局部高厚比时，壁柱可视为墙的侧向不动铰支点。计算 H_0 时，s 取壁柱之间的距离（图 7.9-2）。而且，不管房屋静力计算采用刚性方案、刚弹性方案还是弹性方案，确定壁柱间墙的计算高度 H_0 时，均按刚性方案考虑。

当壁柱之间墙的厚度较薄、较高以致超过高厚比限值时，可在墙高范围内设置钢筋混凝土圈梁。当 $\dfrac{b}{s} \geqslant \dfrac{1}{30}$（$b$ 为圈梁宽度）且圈梁高度不小于 120mm 时，该圈梁可以作为壁柱间墙的不动支点（因为圈梁水平方向刚度大，能够限制壁柱间墙体的侧向变形）。当不满足 $\dfrac{b}{s} \geqslant \dfrac{1}{30}$ 的条件又不允许增加圈梁宽度时，可按墙体平面外等刚度原则增加圈梁高度，以满足壁柱间墙（或构造柱间墙）的不动支点的要求。此时，圈梁仍可视为壁柱间墙（或构造柱间墙）的不动铰支点。

（3）带构造柱墙的整片墙的高厚比验算

为了考虑构造柱的有利作用，当构造柱的截面宽度不小于墙厚时，可按下列公式验算带构造柱的墙的高厚比：

$$\beta = \frac{H_0}{h} \leqslant \mu_1 \mu_2 \mu_c [\beta] \tag{7.9-4}$$

式中　μ_c——带构造柱的墙的允许高厚比提高系数，按下式计算：

$$\mu_c = 1 + \gamma \frac{b_c}{l} \tag{7.9-5}$$

b_c——构造柱沿墙长度方向的宽度；

l——构造柱之间的距离；

γ——系数，对细石料砌体，$\gamma=0$；对混凝土砌块、混凝土多孔砖、粗料石、毛料石及毛石砌体，$\gamma=1.0$；其他砌体，$\gamma=1.5$。

当 $b_c/l>0.25$ 时，取 $b_c/l=0.25$；当 $b_c/l<0.05$ 时，取 $b_c/l=0$。

在确定带构造柱墙的计算高度 H_0 时，S 应取相邻横墙间的距离。

进行施工阶段墙体的高厚比验算时，不应考虑构造柱的有利作用。

（4）构造柱间墙的高厚比验算

构造柱间墙的高厚比可按式（7.9-1）验算。验算时可将构造柱视为构造柱间墙的不动铰支点。在按表 7.9-1 计算 H_0 时，s 取构造柱之间的距离（参见图 7.9-1），而且，不论带构造柱的墙体的静力计算方案属于何种方案，均按刚性方案考虑。

7.10　梁与砌体墙或柱的连接与支承应符合哪些规定？梁端有效支承长度应如何计算？

支承在砌体墙或柱上的钢筋混凝土梁在承受荷载后发生弯曲变形时，梁端一般会转动并有脱离砌体的趋势，梁底面的实际支承长度通常较梁的搁置长度为短。《砌体结构设计规范》GB 50003 将梁端底面没有离开砌体的长度称为梁端有效支承长度 a_0，将搁置长度称为梁端实际支承长度 a。通常 $a_0 \leqslant a$（图 7.10-1）。

1. 钢筋混凝土梁端在砌体墙或柱上的实际支承长度应符合下列规定：

（1）梁端的实际支承长度应满足梁纵向受力钢筋在支座处的锚固长度 l_{as} 的要求（图 7.10-2）。

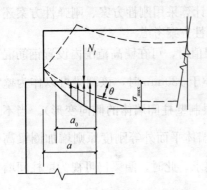

图 7.10-1   梁端砌体的非均匀受压

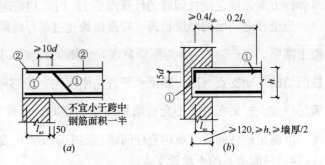

图 7.10-2   砌体墙或砖柱上梁的受力钢筋的锚固
（a）梁支承在砌体墙或砖柱上；
（b）梁嵌入支承在砌体墙或砖柱上

1）当钢筋混凝土简支梁的剪力设计值 $V \leqslant 0.7 f_t b h_0$ 时，要求

$$l_{as} \geqslant 5d$$

2）当钢筋混凝土简支梁的剪力设计值 $V > 0.7 f_t b h_0$ 时，要求

对带肋钢筋 $l_{as} \geqslant 12d$

对光圆钢筋 $l_{as} \geqslant 15d$

3）对于混凝土强度等级小于等于 C25 的简支梁，当距支座边 $1.5h$ 范围内作用有集中荷载，且 $V > 0.7 f_t b h_0$ 时，对带肋钢筋，宜采取有效的锚固措施，或要求 $l_{as} \geqslant 15d$。

上列各项中，f_t 为混凝土的轴心抗拉强度设计值；b 为钢筋混凝土梁截面的宽度；h_0 为钢筋混凝土梁截面的有效高度；d 为纵向受力钢筋的直径。

（2）钢筋混凝土梁在砌体墙或柱上的实际支承长度 a，通常还应符合下列要求：

1）梁高 $h \leqslant 500mm$ 时，$a \geqslant 180mm$（对砌块为 190mm）；

2）梁高 $h > 500mm$ 时，$a \geqslant 240mm$；

3）砌体结构房屋中的承重墙梁的钢筋混凝土托梁，在砌体墙、柱上的支承长度不应小于 350mm，其纵向受力钢筋伸入支座应符合受拉钢筋的锚固要求；墙梁洞口上方应设置钢筋混凝土过梁，其支承长度不应小于 240mm。

4）当梁的支座反力较大时，应按《砌体结构设计规范》GB 50003 第 5.2.4 条的要求，验算梁端支承处砌体的局部受压承载力，当梁下砌体的局部受压承载力不满足要求时，常在梁端下设置高度不小于 180mm 的混凝土或钢筋混凝土刚性垫块，以扩大梁端下砌体的局部受压承载面积。

2. 钢筋混凝土梁与支承砌体墙的连接应符合下列要求：

（1）跨度大于 6m 的屋架和跨度大于下列数值的梁，应在支承处砌体上设置混凝土或钢筋混凝土垫块；当墙中设有圈梁时，垫块与圈梁宜浇成整体：

1）对砖砌体为 4.8m；

2）对砌块和料石砌体为 4.2m；

3）对毛石砌体为 3.9m。

（2）当梁跨度等于或大于下列数值时，其支承处宜加设壁柱或采取其他加强措施：

1）对 240mm 厚的砖墙为 6m，对 180mm（对砌块为 190mm）厚的砖墙为 4.8m；

2）对砌块、料石墙为 4.8m。

（3）支承在墙、柱上的吊车梁、屋架及跨度等于或大于下列数值的预制梁的端部，应采用锚固件与墙、柱上的垫块锚固：

1）对砖砌体为 9m；

2）对砌块和料石砌体为 7.2m。

3. 梁端有效支承长度计算

（1）梁端不设刚性垫块时的有效支承长度计算

钢筋混凝土梁梁端在砌体墙或柱上的有效支承长度与梁端局部受压荷载的大小、梁的抗弯刚度、砌体的强度、砌体的变形性能及砌体局部受压面积的相对位置等因素有关。

经过计算简化和试验验证，对于均布荷载作用下的简支梁，其在砌体墙或柱上的有效支承长度可按下式计算：

$$a_0 = 10\sqrt{\frac{h_c}{f}} \qquad (7.10\text{-}1)$$

式中　a_0——梁端有效支承长度（mm）；

　　　h_c——梁的截面高度（mm）；

　　　f——砌体的抗压强度设计值（MPa）。

简化计算公式（7.10-1）只考虑了梁高和砌体抗压强度设计值对梁端有效支承长度的影响，忽略了诸如梁的跨度、梁上荷载大小等因素的影响，虽有一定的误差，但在常用跨度情况下不会影响砌体的局部受压安全度。

（2）梁端设置刚性垫块时有效支承长度计算

钢筋混凝土梁梁端设置刚性垫块时，梁端有效支承长度可按下式计算：

$$a_0 = \delta_1\sqrt{\frac{h}{f}} \qquad (7.10\text{-}2)$$

式中　δ_1——刚性垫块的影响系数，可按表 7.10-1 采用。

垫块上 N_l 作用点的位置可取 $0.4a_0$ 处（图 7.10-3）。

系数 δ_1 值表　　　　　　　　　　　　　　　　　表 7.10-1

σ_0/f	0	0.2	0.4	0.6	0.8
δ_1	5.4	5.7	6.0	6.9	7.8

注：表中其间的数值可采用插入法求得。

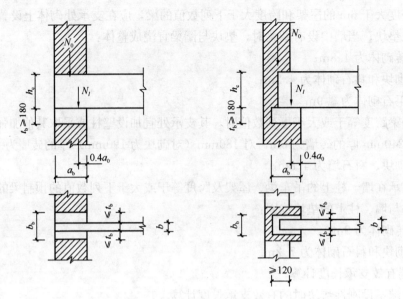

图 7.10-3 梁端设置刚性垫块

7.11 梁端支承处砌体的局部受压承载力如何进行计算?

砌体结构房屋楼、屋面梁梁端底面砌体局部受压面上承受的荷载一般由两部分组成:一部分为梁端上部墙体传下来的局部压力 N_0;另一部分为由梁传来的局部压力 N_l。

1. 梁端不设刚性垫块时砌体的局部受压承载力可按下式计算:

$$\psi N_0 + N_l \leqslant \eta \gamma f A_l \tag{7.11-1}$$

$$\psi = 1.5 - 0.5 \frac{A_0}{A_l} \tag{7.11-2}$$

$$N_0 = \sigma_0 A_l \tag{7.11-3}$$

$$A_l = a_0 b \tag{7.11-4}$$

$$a_0 = 10 \sqrt{\frac{h_c}{f}} \tag{7.11-5}$$

式中 ψ——上部荷载的折减系数,当 A_0/A_l 大于等于 3 时,应取 ψ 等于 0;

N_0——局部受压面积内上部轴向力设计值(N);

N_l——梁端支承压力设计值(N);

η——梁端底面压应力图形的完整系数,可取 0.7,对于过梁和墙梁可取 1.0;

γ——砌体局部抗压强度提高系数;

f——砌体的抗压强度设计值(MPa);

A_l——局部受压面积(mm²);

A_0——影响砌体局部抗压强度的计算面积(mm²);

σ_0——上部平均压力设计值(N/mm²);

a_0——梁的有效支承长度(mm),当 a_0 大于 a 时,应取 a_0 等于 a(梁的实际支承长度);

b——梁的截面宽度（mm）；

h_c——梁的截面高度（mm）。

砌体局部抗压强度提高系数 γ，应符合下列规定：

（1）γ 可按下式计算：

$$\gamma = 1 + 0.35\sqrt{\frac{A_0}{A_l} - 1} \qquad (7.11\text{-}6)$$

式（7.11-6）中的 A_0 为影响砌体局部抗压强度的计算面积（mm²），应根据图 7.11-1 按表 7.11-1 的规定计算；A_l 为局部受压面积（mm²），见图 7.11-1。

（2）根据公式（7.11-6）计算所得的 γ 值，尚应符合表 7.11-1 的规定；按《砌体结构设计规范》GB 50003 第 6.2.13 条的要求灌孔的混凝土砌块砌体，在图 7.11-1（a）、（b）两种情况下，尚应符合 $\gamma \leqslant 1.5$ 的规定；未灌孔的混凝土砌块砌体，$\gamma = 1.0$。

对多孔砖砌体孔洞难以灌实时，应按 $\gamma = 1.0$ 取用；当设置混凝土垫块时，按垫块下的砌体局部受压计算。

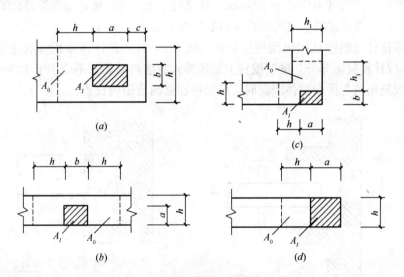

图 7.11-1　影响局部抗压强度的面积 A_0

A_l、A_0 及 γ 表　　　　　　　　　　　表 7.11-1

局部受压情况	A_l	A_0	γ
图 7.11-1（a）（局部受压）	$a \cdot b$	$(a+c+h)h$	$\leqslant 2.5$
图 7.11-1（b）（边部局部受压）	$a \cdot b$	$(b+2h)h$	$\leqslant 2.0$
图 7.11-1（c）（角部局部受压）	$a \cdot b$	$(a+h)h + (b+h_1-h)h_1$	$\leqslant 1.5$
图 7.11-1（d）（端部局部受压）	$a \cdot h$	$(a+h)h$	$\leqslant 1.25$

注：表中 a、b 为矩形局部受压面积 A_l 的边长；h、h_1 分别为墙厚或柱子的较小边长，墙厚；c 为矩形局部受压面的外边缘至构件边缘的较小距离，当其大于 h 时，应取为 h。

2. 梁端设置刚性垫块时砌体的局部受压应符合下列规定：

（1）刚性垫块下的砌体局部受压承载力应按下式计算：

$$N_0 + N_l \leqslant \varphi\gamma_1 f A_b \qquad (7.11\text{-}7)$$

$$N_0 = \sigma_0 A_b \qquad (7.11\text{-}8)$$

$$A_b = a_b b_b \tag{7.11-9}$$

式中 N_0——垫块面积 A_b 内上部轴向力设计值（N）；

  φ——垫块上 N_0 及 N_l 合力的影响系数，可按下式计算：

$$\varphi = \frac{1}{1 + 12\left(\dfrac{e}{h}\right)^2} \tag{7.11-10}$$

  式中的 e 为轴向力的偏心距，h 为矩形截面的轴向力偏心方向的边长。

  γ_1——垫块外砌体面积的有利影响系数，γ_1 应为 0.8γ，但不小于 1.0；γ 为砌体局部抗压强度提高系数，按公式（7.11-6）以 A_b 代替 A_l 计算得出；

  A_b——垫块面积（mm^2）；

  a_b——垫块伸入墙内的长度（mm）；

  b_b——垫块的宽度（mm）。

（2）刚性垫块的构造应符合下列规定：

1）刚性垫块的高度不应小于 180mm，对混凝土砌块砌体墙，刚性垫块的高度不宜小于 190mm，自梁边算起的垫块挑出长度均不应大于垫块高度 t_b；

2）在带壁柱墙的壁柱内设刚性垫块时（图 7.11-2），其计算面积应取壁柱范围内的面积，而不应计算翼缘部分，同时壁柱上垫块伸入翼墙内的长度不应小于 120mm；

3）当现浇垫块与梁端整体浇筑时，垫块可在梁高范围内设置。

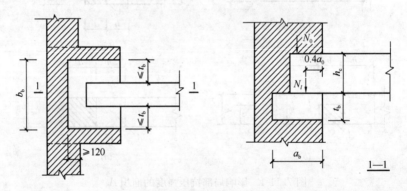

图 7.11-2 壁柱上设有垫块时梁端局部受压

7.12 在砌体中留设槽洞及埋设管道时，应当注意什么问题？

在砌体中留设槽洞及埋设管道对砌体的承载能力和受力性能的影响很大，设计时应特别注意，并在结构设计文件中重点加以说明，严格进行限制。

1. 在非多孔砖砌体中留槽洞及埋设管道时，应符合下列规定：

（1）不应在截面长边小于 500mm 的承重墙体、独立柱内埋设管线。

（2）不宜在墙体中穿行暗线或预留、开凿沟槽，无法避免时，应采取必要的措施或按削弱后的截面验算墙体的承载力。

注：1. 承重的独立砖柱截面尺寸不应小于 240mm×370mm。毛石墙的厚度不宜小于 350mm，毛料石柱较小边长不宜小于 400mm；当有振动荷载时，墙、柱不宜采用毛石砌体；

2. 对受力较小或未灌孔的砌块砌体，允许在墙体的竖向孔洞中设置管线。

2. 在多孔砖砌体中留设槽洞及埋设管道时，应符合下列规定：

（1）施工中应准确预留槽洞位置，不得在已砌墙体上凿槽打洞。

（2）不应在墙面上留（凿）水平槽、斜槽或埋设水平暗管和斜暗管。

（3）墙体中的竖向暗管宜预埋；无法预埋需留槽时，墙体施工时预留槽的深度及宽度不宜大于 95mm×95mm。管道安装完后，应采用强度等级不低于砌体强度等级且不低于 C10 的细石混凝土填塞。当槽的平面尺寸大于 95mm×95mm 时，应对墙身削弱部分予以补强并将槽两侧的墙体内预留的钢筋相互拉结。

（4）在截面长边小于 500mm 的承重小墙段、独立柱及壁柱内不应埋设管线。

（5）墙体中不应设水平穿行的暗管或预留水平沟槽；无法避免时，宜将暗管居中埋置于局部混凝土水平构件中。当暗管直径较大时，混凝土构件宜配筋。墙体开槽后应满足墙体承载力要求。

（6）管道不宜横穿墙垛、壁柱；确实需要时，应采用带孔的混凝土砌块砌筑，必要时砌块内应配筋。

在多孔砖砌体中留设槽洞及埋设管道的上述有关规定，在非多孔砖砌体中留设槽洞和埋设管道时同样适用。总之，在设计砌体结构房屋时，应特别注意遵守这些规定。

7.13　防止或减轻砌体墙开裂主要有哪些措施？

砌体结构房屋建成之后，由于种种原因可能出现这样或那样的墙体裂缝。墙体的裂缝一般可分为受力裂缝和非受力裂缝两大类。在荷载作用下产生的墙体裂缝称为受力裂缝。而砌体由于收缩、温湿度变化、地基不均匀沉降等引起的墙体裂缝称为非受力裂缝，又称为变形裂缝。

砌体结构房屋中的裂缝，以变形裂缝为主，约占 80%，其中温度裂缝更为突出。工程调查表明，就块材类型而言，小型混凝土砌块砌体房屋的裂缝比砖砌体房屋的裂缝更多而且更为普遍。这是因为，在相同受力状态下，小型混凝土砌块砌体抵抗拉力和剪力的能力要比砖砌体小得多，所以更容易开裂；而且，小型混凝土砌块砌体的竖向灰缝是砖砌体的 3 倍，加大了其薄弱环节更容易产生应力集中现象。

1. 变形裂缝的主要形态

（1）平屋顶下外墙的水平裂缝和包角裂缝（图 7.13-1）。裂缝位置主要在屋顶底部附近或屋顶层圈梁底部附近，严重时裂缝会贯通墙体。产生裂缝的主要原因是，钢筋混凝土屋顶板在温度升高时伸长对外墙产生向外的推力，在温度降低时收缩又对外墙产生向内的推力。

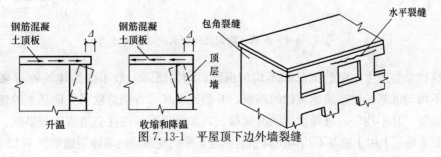

图 7.13-1　平屋顶下边外墙裂缝

（2）顶层内外纵墙及横墙的八字裂缝（图 7.13-2）。这种裂缝多分布在房屋墙面的两端，或在门窗洞口的内上角和外下角，呈正八字形。产生裂缝的主要原因是，屋顶板在温度升高时沿长度方向的伸长比墙体大，使顶层墙体受拉、受剪，拉应力分布大体是墙体中间为零、两端最大，因此，八字形裂缝多发生在墙体两端附近。

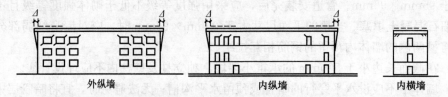

图 7.13-2 内外纵、横墙的八字裂缝

（3）房屋错层处墙体的局部垂直裂缝（图 7.13-3）。这种裂缝产生的原因也是由于收缩和降温，在钢筋混凝土楼盖发生比墙体大得多的收缩变形，错层处墙体阻止楼盖缩短，因而在墙体上产生较大的拉应力使墙体开裂。

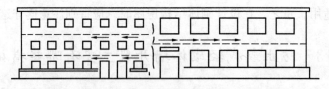

图 7.13-3 房屋错层墙体的局部垂直裂缝

（4）对于砌块砌体房屋，由于混凝土小型空心砌块干缩性大，使得这类房屋在下部几层较长实体墙的中部，较易出现竖向裂缝，这种裂缝越向顶层越轻。砌块砌体房屋的基础部分，因受到地基土的保护，其收缩变形很小，不容易产生裂缝。

灰砂砖、粉煤灰砖等非烧结类砌块砌体房屋，由于块材的收缩性较大，也容易产生类似混凝土砌块砌体房屋的裂缝。

（5）由于地基不均匀沉降引起的墙体裂缝（图 7.13-4）。

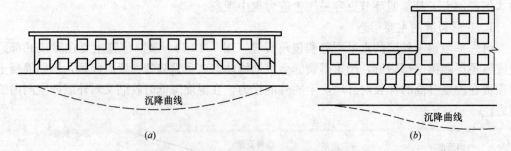

图 7.13-4 地基不均匀沉降引起的墙体裂缝

建筑物总会产生一定的沉降和不均匀沉降，均匀沉降一般不会给建筑物带来大的危害，而不均匀沉降往往造成建筑物的倾斜、开裂或损坏。特别是软弱土地基上的建筑物沉降比较显著，且不均匀，沉降稳定的时间很长，如处理不好往往会造成工程事故。

软弱土地基上由于地基不均匀沉降引起的复杂平面建筑物的墙体裂缝如图 7.13-5 所示。

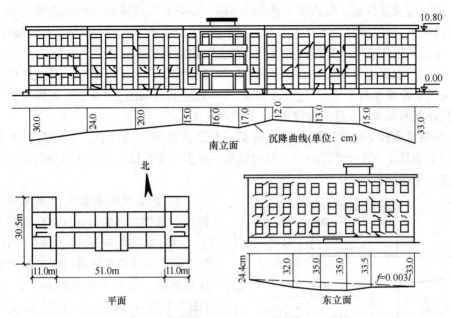

图 7.13-5 地基不均匀沉降引起的"工"字形建筑墙身裂缝实例

2. 防止或减轻墙体开裂的主要措施

(1) 为了防止或减轻房屋在正常使用条件下, 由于温差和砌体干缩引起的墙体竖向裂缝, 应在墙体中设置伸缩缝。伸缩缝应设置在因温度和收缩变形可能引起应力集中、砌体产生裂缝可能性最大的地方, 如房屋的平面转折处、体型变化处、房屋的中间部位以及房屋的错层处等部位。伸缩缝的间距可按表 7.13-1 采用。

砌体房屋温度伸缩缝的间距   表 7.13-1

屋 盖 或 楼 盖 类 别		间距 (m)
整体式或装配整体式钢筋混凝土结构	有保温层或隔热层的屋盖、楼盖	50
	无保温层或隔热层的屋盖	40
装配式无檩体系钢筋混凝土结构	有保温层或隔热层的屋盖、楼盖	60
	无保温层或隔热层的屋盖	50
装配式有檩体系钢筋混凝土结构	有保温层或隔热层的屋盖	75
	无保温层或隔热层的屋盖	60
瓦材屋盖、木屋盖或楼盖、轻钢屋盖		100

注: 1. 对烧结普通砖、烧结多孔砖、配筋砌块砌体房屋取表中数值; 对石砌体、蒸压灰砂普通砖、蒸压粉煤灰普通砖、混凝土砌块、混凝土普通砖和混凝土多孔砖房屋取表中数值乘以 0.8 的系数。当墙体有可靠外保温措施时, 其间距可取表中数值;

2. 在钢筋混凝土屋面上挂瓦的屋盖应按钢筋混凝土屋盖采用;

3. 层高大于 5m 的烧结普通砖、多孔砖、配筋砌块砌体结构单层房屋, 其伸缩缝间距可按表中数值乘以 1.3;

4. 温差较大且变化频繁地区和严寒地区不采暖的房屋及构筑物墙体的伸缩缝的最大间距, 应按表中数值予以适当减小;

5. 墙体的伸缩缝应与结构的其他变形缝相重合, 缝宽度应满足各种变形缝的变形要求; 缝内应嵌以软质材料, 在进行立面处理时, 必须保证缝隙的变形作用。

(2) 为了防止或减轻房屋顶层墙体的裂缝, 可根据具体情况采取下列措施:

1）屋面应设置保温、隔热层。屋面的保温（隔热）层或屋面的刚性面层及砂浆找平层应设分隔缝，分隔缝间距不宜大于 6m，其缝宽不应小于 30mm，并与女儿墙隔开。

2）屋面宜采用装配式有檩体系钢筋混凝土屋盖或瓦材屋盖。

3）在钢筋混凝土屋面板与墙体圈梁的接触面处宜设置水平滑动层，滑动层可采用两层油毡夹滑石粉或橡胶片等；对于长的纵墙，可只在其两端的 2～3 个开间内设置，对于横墙可只在其两端各 $l/4$ 范围内设置（l 为横墙长度）。

4）顶层屋面板下设置钢筋混凝土圈梁，并沿内外墙拉通设置，圈梁高度不宜小于 180mm（对砌块不宜小于 190mm），纵向钢筋不应少于 4Φ12，在房屋两端圈梁下的墙体内宜设置水平钢筋。

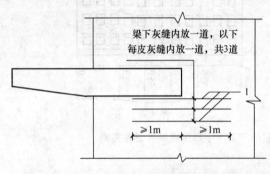

图 7.13-6　顶层挑梁末端钢筋网片或钢筋

1—2Φ4 钢筋网片或 2Φ6 钢筋

5）顶层挑梁末端下面墙体灰缝内宜设置 3 道焊接钢筋网片（纵向钢筋不宜少于 2Φ4，横向钢筋间距不宜大于 200mm）或 2Φ6 钢筋，钢筋网片或钢筋应自挑梁末端伸入两边墙体内不小于 1m（图 7.13-6），以提高墙体的抗拉和抗剪能力。

6）顶层墙体有门窗等洞口时，在过梁上的水平灰缝内设置 2～3 道焊接钢筋网片或 2Φ6 钢筋，并应伸入过梁两端墙内不小于 600mm，以提高墙的抗拉和抗剪能力。

7）顶层及女儿墙砂浆强度等级不应低于 M7.5（Mb7.5、Ms7.5）；女儿墙应设置构造柱或芯柱，构造柱的间距不宜大于 4m（或每开间设置），插筋芯柱间距不宜大于 600mm，构造柱和芯柱应伸至女儿墙顶，并与现浇钢筋混凝土压顶整浇在一起。

8）房屋顶层端部墙体内宜适当增设构造柱，并设置水平钢筋网片；设置构造柱时，其间距不宜大于 3m。

（3）为了防止或减轻房屋底层墙体的裂缝，可根据具体情况采取下列措施：

1）增大基础圈梁的刚度，其截面高度不应小于 180mm，配筋不应少于 4Φ12。

2）在底层窗台下墙体灰缝内设置 3 道焊接钢筋网片或 2Φ6 钢筋，并伸入两边窗间墙不小于 600mm。

3）采用钢筋混凝土窗台板，窗台板嵌入窗间墙内不小于 600mm。

4）墙体转角处和纵横向交接处宜沿竖向每隔 400～500mm 设拉结钢筋，其数量为每 120mm 墙厚不少于 1Φ6 或焊接钢筋网片，埋入长度从墙的转角或交接处算起，每边不小于 600mm。

5）在每层门窗过梁上方的水平灰缝内及窗台下第一和第二道水平灰缝内设置焊接钢筋网片或 2Φ6 钢筋，焊接钢筋网片或钢筋应伸入两边窗间墙内不小于 600mm。

当墙长度大于 5m 时，宜在每层墙高度中部设置 2～3 道焊接钢筋网片或 3Φ6 的通长水平钢筋，竖向间距宜为 500mm。

（4）房屋两端和底层第一、第二开间门窗洞口处墙体的裂缝，可采取下列措施：

1）在门窗洞口两边墙体的水平灰缝中，设置长度不小于 900mm、竖向间距为

400mm 的 2 根直径 4mm 的焊接钢筋网片。

2）在混凝土砌块房屋门窗洞口两侧不少于一个孔洞中设置直径不小于 12mm 的竖向钢筋，竖向钢筋应在楼层圈梁或基础内锚固，孔洞用不低于 Cb20 混凝土灌实。

3）在顶层和底层设置通长的钢筋混凝土窗台梁，窗台梁的高度宜为块体高度的模数，纵筋不少于 4Φ10，箍筋Φ6@200，混凝土为 C25 混凝土。

（5）当砌体结构房屋刚度较大时，可在窗台下或窗台角处墙体内设置竖向控制缝。在房屋的墙体高度或厚度突然变化处也宜设置竖向控制缝，或采取其他可靠的防裂措施。竖向控制缝的宽度不宜小于 25mm，缝内填以压缩性能好的填充材料，且外部用密封材料密封，并采用不吸水的、闭孔发泡聚乙烯实心圆棒（背衬）作为密封膏的隔离物（图 7.13-7）

房屋墙体的竖向控制缝的间距宜为 6～8m。

（6）为防止或减轻由于地基不均匀沉降引起的墙体裂缝，可采取下列措施：

1）设置沉降缝。砌体结构房屋宜设置

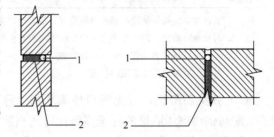

图 7.13-7　控制缝构造
1—不吸水的、闭孔发泡聚乙烯实心圆棒；
2—柔软、可压缩的填充物

沉降缝的部位详见《建筑地基基础设计规范》GB 50007 第 7.3.1 条和第 7.3.2 条。

2）增强砌体结构房屋的整体刚度和强度。增强砌体结构房屋整体刚度和强度的措施，详见《建筑地基基础设计规范》GB 50007 第 7.4.1 条至第 7.4.4 条。

7.14　墙梁设计有哪些基本要求？

砌体结构房屋中的墙梁，是专指由钢筋混凝土托梁和梁上计算高度范围内的砌体墙组成的组合构件。墙梁可划分为承重墙梁和自承重墙梁。前者除承受托梁和墙体自重外，还承受楼盖、屋盖荷载或其他荷载。例如商店—住宅等多层砌体结构房屋中，在二层楼盖处设置承重墙梁可解决底层大房间、上层小房间的矛盾。自承重墙梁仅承受托梁和墙体自重。工业厂房围护墙的基础梁、连系梁是典型的自承重墙梁的托梁。墙梁包括简支墙梁、连续墙梁和框支墙梁。

墙梁中承托砌体墙和楼（屋）盖的钢筋混凝土简支墙梁、连续墙梁和框支墙梁，称为托梁。墙梁中考虑组合作用的计算高度范围内的砌体墙，简称墙体。墙梁的计算高度范围内墙体顶面处的现浇混凝土圈梁，称为顶梁。墙梁支座处与墙体垂直连续的纵向落地墙体，称为翼墙。

跨度较大或荷载较大的墙梁宜采用框支墙梁。

1. 抗震设计的多层砌体结构房屋中的承重墙梁，应采用框支墙梁，其设计应符合《砌体结构设计规范》GB 50003 第 10.4 节和《抗震规范》第 7 章的有关规定和要求。

（1）墙梁计算高度范围内每跨允许设置一个洞口，洞口高度，对窗洞取洞顶至托梁顶面的距离。洞口边缘至支座中心的距离 a_i，距边支座不应小于 $0.15l_{0i}$，距中支座不应小于 $0.07l_{0i}$。托梁支座处上部墙体设置混凝土构造柱、且构造柱边缘至洞口边缘的距离不小于 240mm 时，洞口边至支座中心距离的限值可不受本规定限制。对多层房屋的墙梁，各层洞口宜设置在相同位置，并宜上、下对齐。

墙梁的一般规定　　　　　　表 7.14-1

墙梁类别	墙体总高度（m）	跨度（m）	墙高跨比 h_w/l_{0i}	托梁高跨比 h_b/l_{0i}	洞宽梁跨比 b_h/l_{0i}	洞高 h_h
承重墙梁	≤18	≤9	≥0.4	≥1/10	≤0.3	≤$5h_w/6$ 且 h_w-h_h≥0.4m
自承重墙梁	≤18	≤12	≥1/3	≥1/15	≤0.8	

注：1. 墙体总高度指托梁顶面到檐口的高度，带阁楼的坡屋面应算到山尖墙 1/2 高度处；
　　2. 对自承重墙梁，洞口至边支座中心的距离不宜小于 $0.1l_{0i}$，门窗洞上口至墙顶的距离不应小于 0.5m；
　　3. h_w——墙体计算高度；h_b——托梁截面高度；l_{0i}——墙梁计算跨度；b_h——洞口宽度；h_h——洞口高度，对窗洞取洞顶至托梁顶面距离。

（2）托梁高跨比，对无洞口墙梁不宜大于 1/7，对靠近支座有洞口的墙梁不宜大于 1/6。配筋砌块砌体墙梁的托梁高跨比可适当放宽，但不宜小于 1/14；当墙梁结构中的墙体均为配筋砌块砌体时，墙体总高度可不受本规定限制。

2. 墙梁的计算简图应按图 7.14-1 采用。各计算参数应按下列规定取用：

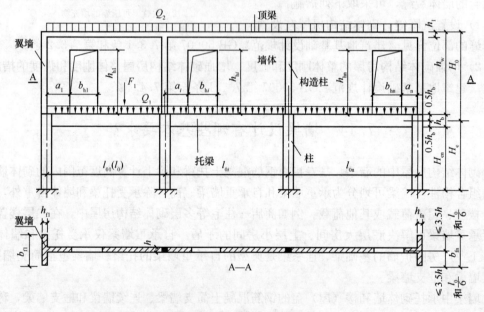

图 7.14-1　墙梁的计算简图

l_0（l_{0i}）—墙梁计算跨度；h_w—墙体计算高度；h—墙体厚度；H_0—墙梁跨中截面计算高度；b_{fi}—翼墙计算宽度；H_c—框架柱计算高度；b_{hi}—洞口宽度；h_{hi}—洞口高度；a_i—洞口边缘至支座中心的距离；Q_1、F_1—承重墙梁的托梁顶面的荷载设计值；Q_2—承重墙的墙梁顶面的荷载设计值

（1）墙梁计算跨度 l_0（l_{0i}），对简支墙梁和连续墙梁取 $1.1l_n$（$1.1l_{ni}$）或 l_c（l_{ci}）两者的较小值；l_n（l_{ni}）为净跨，l_c（l_{ci}）为支座中心线的距离；对框支墙梁，取框架柱中心线间的距离 l_c（l_{ci}）；

（2）墙体计算高度 h_w，取托梁顶面上一层墙体的高度，当 $h_w>l_0$ 时，取 $h_w=l_0$（对连续墙梁和多跨框支墙梁，l_0 取各跨的平均值）；

(3) 墙梁跨中截面的计算高度 H_0，取 $H_0 = h_w + 0.5h_b$；

(4) 翼墙计算宽度 b_f，取窗间墙宽度或横墙间距的 2/3，且每边不大于 3.5h（h 为墙体厚度）和 $l_0/6$；

(5) 框架柱计算高度 H_c，取 $H_c = H_{cn} + 0.5h_b$；H_{cn} 为框架柱的净高，取基础顶面至托梁底面的距离。

3. 墙梁的计算荷载，应按下列规定采用：

(1) 使用阶段墙梁上的荷载

1) 承重墙梁

① 托梁顶面的荷载设计值 Q_1、F_1，取托梁自重及本层楼盖的恒载和活荷载；

② 墙梁顶面的荷载设计值 Q_2，取托梁以上各层墙体自重，以及墙梁顶面以上各层楼（屋）盖的恒载和活荷载；集中荷载可沿作用的跨度近似化为均布荷载。

2) 自承重墙梁

墙梁顶面的荷载设计值 Q_2，取托梁自重及托梁以上墙体自重。

(2) 施工阶段托梁上的荷载

1) 托梁自重及本层楼盖的恒荷载；

2) 本层楼盖的施工荷载；

3) 墙体自重，可取高度为 $\dfrac{l_{0max}}{3}$ 的墙体自重，开洞时尚应按洞顶以下实际分布的墙体自重复核；l_{0max} 为各计算跨度的最大值。

4. 墙梁的承载力计算

墙梁应分别进行托梁使用阶段正截面承载力和斜截面受剪承载力计算、墙体受剪承载力和托梁支座上部砌体局部受压承载力计算，以及施工阶段托梁承载力验算。自承重墙梁可不验算墙体受剪承载力和砌体局部受压承载力。

(1) 在使用阶段，托梁跨中截面应按钢筋混凝土偏心受拉构件计算；

(2) 在使用阶段，托梁支座截面应按钢筋混凝土受弯构件计算；

(3) 在使用阶段，对多跨框支墙梁的框支边柱，当柱的轴向压力增大对承载力不利时，在墙梁荷载设计值 Q_2 作用下的轴向压力值应乘以修正系数 1.2；

(4) 在使用阶段，托梁斜截面受剪承载力应按混凝土受弯构件计算；

(5) 在使用阶段，墙梁的墙体受剪承载力，应按《砌体结构设计规范》GB 50003 的公式 (7.3.9) 验算，当墙梁支座处墙体中设置上、下贯通的落地混凝土构造柱，且其截面不小于 240mm×240mm 时，可不验算墙梁的墙体受剪承载力；

(6) 在使用阶段，托梁支座上部砌体局部受压承载力，应按《砌体结构设计规范》GB 50003 的公式 (7.3.10-1) 验算，当墙梁的墙体中设置上、下贯通的落地混凝土构造柱，且其截面不小于 240mm×240mm 时，或当 b_f/h 大于等于 5 时，可不验算托梁支座上部砌体局部受压承载力；

(7) 在施工阶段，托梁应按钢筋混凝土受弯构件进行受弯、受剪承载力验算。

7.15　挑梁设计时应当注意什么问题？

埋入砌体中的悬挑构件，如挑梁、雨篷、阳台和悬挑楼梯等是砌体结构房屋中的常用构件。埋置于砌体中的挑梁与砌体共同工作，是混凝土梁与砌体组合的平面应力问题。

1. 砌体墙中挑梁的分类和破坏形态

根据挑梁埋置于砌体墙中的长度 l_1 的大小，挑梁可分为刚性挑梁、弹性挑梁和无限长挑梁。

（1）当 $l_1 < 2.2h_b$ 时，挑梁属于刚性挑梁（h_b 为挑梁的截面高度）。刚性挑梁在砌体墙中的埋入深度较短，相对于砌体刚度较大，埋入部分弯曲变形很小，主要发生刚性转动，如雨篷、悬挑梯梁等构件，属于刚性挑梁。

（2）当 $l_1 \geqslant 2.2h_b$ 时，挑梁属于弹性挑梁。弹性挑梁在砌体墙中的埋入深度较长，相对于砌体的刚度较小，埋入部分会产生弯曲变形。一般的挑梁属于弹性挑梁。

（3）当 $l_1 > 5h_b$ 时，属于无限长挑梁。

（4）根据试验研究和有限元分析埋置于砌体墙中的钢筋混凝土挑梁的破坏，有下列三种形态：

1）挑梁倾覆破坏（图 7.15-1a）：挑梁倾覆力矩大于抗倾覆力矩，挑梁尾端墙体斜裂缝不断开展，挑梁绕倾覆点发生倾覆破坏；

2）挑梁下砌体局部受压破坏（图 7.15-1b）：挑梁下靠近墙边小部分砌体由于压应力过大发生局部受压破坏；

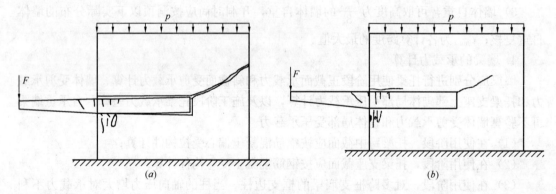

图 7.15-1 挑梁的破坏形态

(a) 倾覆破坏；(b) 挑梁下砌体局压破坏或挑梁破坏

3）挑梁弯曲破坏或剪切破坏：挑梁由于正截面受弯承载力或斜截面受剪承载力不足引起弯曲破坏或剪切破坏。

2. 砌体墙中的挑梁应进行下列验算或计算：

（1）砌体墙中的挑梁应按《砌体结构设计规范》GB 50003 第 7.4.1 条至第 7.4.3 条的要求进行抗倾覆验算，挑梁计算倾覆点至墙外边缘的距离应按下列规定采用：

1）当 $l_1 \geqslant 2.2h_b$ 时

$$x_0 = 0.3h_b \tag{7.15-1}$$

且不应大于 $0.13l_1$。

2）当 $l_1 < 2.2h_b$ 时

$$x_0 = 0.13l_1 \tag{7.15-2}$$

式中 l_1——挑梁埋入砌体墙中的长度（mm）；

x_0——计算倾覆点至墙外边缘的距离（mm）；

h_b——挑梁的截面高度（mm）。

3）当挑梁下有混凝土构造柱或垫梁时，计算倾覆点至墙外边缘的距离可取 $0.5x_0$。

4）挑梁抗倾覆验算时的抗倾覆荷载如图 7.15-2 所示。

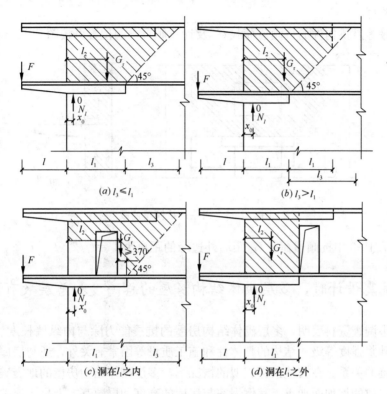

图 7.15-2　挑梁的抗倾覆荷载 G_r 取值范围

(a) 不开洞墙体，$l_3 \leqslant l_1$；(b) 不开洞墙体，$l_3 > l_1$；(c) 开洞墙体，
洞边距挑梁尾端≥370mm；(d) 开洞墙体，洞边距挑梁尾端<370mm

（2）挑梁下的砌体应按《砌体结构设计规范》GB 50003 第 7.4.4 条的要求进行局部受压承载力验算，当挑梁下墙外边缘部位有构造柱且构造柱的截面尺寸不小于 $b \times b$（b 为挑梁的截面宽度）时，可不验算挑梁下砌体的局部受压承载力。

（3）挑梁应根据《砌体结构设计规范》GB 50003 第 7.4.5 条的规定，按《混凝土结构设计规范》GB 50010 的有关要求进行正截面受弯承载力和斜截面受剪承载力计算。

3. 挑梁设计时构造上应符合下列要求：

钢筋混凝土挑梁的设计除应符合现行国家标准《混凝土结构设计规范》GB 50010 的有关规定外，尚应满足下列构造要求：

（1）挑梁的纵向受力钢筋至少应有 $\frac{1}{2}$ 的钢筋面积伸入梁尾端，且不少于 2 Φ 12；其余钢筋伸入支座的长度不应小于 $2l_1/3$；

（2）挑梁埋入砌体的长度 l_1 与挑出长度 l 之比宜大于 1.2；当挑梁上无砌体时，l_1 与 l 之比宜大于 2；

（3）施工阶段为了保证挑梁的稳定性，应按施工荷载进行抗倾覆验算，必要时可加设临时支撑。

4. 雨篷等悬挑构件应按下列要求进行抗倾覆验算：

（1）雨篷等悬挑构件应按《砌体结构设计规范》GB 50003 第 7.4.1 条至第 7.4.3 条进行抗倾覆验算；

（2）雨篷等悬挑构件的抗倾覆荷载 G_r 及计算倾覆点的位置可按图 7.15-3 采用；

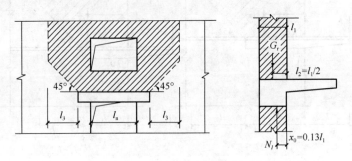

图 7.15-3　雨篷的抗倾覆荷载

（3）图 7.15-3 中抗倾覆荷载 G_r 距墙外边缘的距离为 $l_2 = l_1/2$，$l_3 = l_n/2$。

7.16　抗震设计时，多层砌体结构房屋的总高度和总层数有何规定？

地震震害调查资料表明，多层砌体结构房屋的抗震能力除与内纵墙长度、横墙间距、砌体块材和砂浆强度等级、结构的整体性和施工质量等因素有关外，还与房屋的总高度和总层数有直接的关系。在其他条件相似的情况下，多层砌体结构房屋的地震破坏程度随房屋的高度和层数的增加而加重，其倒塌率与房屋的高度和层数基本上呈正比关系。因此限制多层砌体结构房屋的高度和层数是防止或减轻地震灾害最经济和最有效的措施。

1. 根据《抗震规范》第 7.1.2 条的规定，一般情况下，多层砌体结构房屋的总层数和总高度不应超过本书第 1 篇第 2 章 2.1 节表 2.1-10 的要求。

2. 地下室与房屋的总层数和总高度的关系

（1）全地下室：全部结构埋置在室外地面以下，或有部分外墙露出室外地面而外墙上无窗洞口的地下室，可视为全地下室。全地下室可不作为一层计入多层砌体结构房屋的总层数和总高度，但应保证地下室结构的整体性和与上部结构的连续性。

（2）半地下室分三种情况考虑：

1）半地下室层高较大，作为一层使用，外墙上开有较大门窗洞口采光和通风，外墙的大部分或部分埋置于室外地面以下。这类半地下室应算作一层，并计入多层砌体结构房屋的总层数中，房屋的总高度则从地下室室内地面算起。

2）半地下室层高较小，一般在 2.2m 左右，外墙上无窗洞口或仅有较小的通气洞口，对外墙截面削弱很少；半地下室层高的大部分埋置于室外地面以下，或高出室外地面部分不超过 1.0m。这类半地下室可不作为一层计入多层砌体结构房屋的总层数中，房屋的总高度仍从室外地面算起。

3）半地下室层高较大且作为一层使用，外墙上开有门窗洞口采光和通风，但门窗洞孔处均设有窗井纵墙和横墙，且窗井横墙又为半地下室内横墙的延伸，使窗井周边墙体形成封闭墙体，由此使外窗井墙成为扩大的半地下室底盘结构。这类具有扩大底盘的半地下室结构对上部结构的嵌固有利，因此，抗震设计时，这类半地下室结构可不作为一层计入多层砌体结构房屋的总层数中，房屋的总高度仍从室外地面算起。

（3）不论是全地下室还是半地下室，结构整体计算时均应作为一层输入，抗震强度验算时地下一层墙体均应满足承载力的要求。

3. 带阁楼的坡屋顶层与房屋的总层数和总高度的关系

带阁楼的坡屋顶层多层砌体结构房屋的总层数和总高度的规定，通常有三种情况：

（1）坡屋顶有吊顶，吊顶以上的空间不利用，吊顶用轻质材料，水平刚度小。这类坡屋顶层可不作为一层计入房屋的总层数中，但房屋的总高度应算到山尖墙的 1/2 高度处。

（2）坡屋顶有阁楼层，阁楼层楼板为钢筋混凝土板或木楼盖，可用作储物或居住，最低处的高度在 2.0m 以上。这类阁楼坡屋顶层应作为一层计入房屋的总层数中，房屋的总高度应算到山尖墙的 1/2 高度处。

（3）阁楼坡屋顶层的楼层面积小于等于房屋顶层楼面面积的 30%，且阁楼楼层最低处的高度不超过 1.8m 时，阁楼坡屋顶层可不作为一层计入房屋的总层数中，高度亦不计入房屋的总高度中。但此种局部的阁楼坡屋顶层，在采用振型分解反应谱法进行结构整体计算时，应作为一层输入进行设计计算。

4. 横墙较少或横墙很少与房屋总层数和总高度的关系

（1）横墙较少的多层砌体结构房屋，是指同一楼层内横墙间距大于 4.20m 的房间总面积占该楼层总面积的 40% 以上的房屋。其中，开间不大于 4.2m 的房间占该层总面积不到 20% 且开间大于 4.8m 的房间占该层总面积的 50% 以上为横墙很少。

（2）横墙较少的多层砌体房屋，总高度应比《抗震规范》表 7.1.2 的规定降低 3m，层数相应减少一层；各层横墙很少的多层砌体房屋，还应再减少一层。

（3）采用蒸压灰砂砖和蒸压粉煤灰砖的砌体的房屋，当砌体的抗剪强度仅达到普通黏土砖砌体的 70% 时，房屋的层数应比普通砖房减少一层，总高度应减少 3m；当砌体的抗剪强度达到普通黏土砖砌体的取值时，房屋层数和总高度的要求同普通砖房。

（4）6、7 度时，横墙较少的丙类多层砌体结构房屋，当按下列规定采取抗震加强措施并满足抗震承载力要求时，其总高度和总层数仍可按表 2.1-10 的规定采用：

1）房屋的最大开间尺寸不宜大于 6.6m；

2）同一结构单元内横墙错位数量不宜超过横墙总数的 1/3，且连续错位不宜多于两道；错位的墙体交接处均应增设构造柱，且楼、屋面板应采用现浇钢筋混凝土板；

3）横墙和内纵墙上洞口宽度不宜大于 1.5m；外纵墙上洞口的宽度不宜大于 2.1m 或开间尺寸的一半；且内外墙上洞口位置不应影响内外纵墙与横墙的整体连接；

4）所有纵横墙均应在楼、屋盖标高处设置加强的现浇钢筋混凝土圈梁；圈梁的截面高度不宜小于 150mm，上、下纵筋各不应少于 3Φ10，箍筋直径不小于 6mm，间距不大于 300mm；

5）所有纵横墙交接处及横墙中部，均应增设满足下列要求的构造柱：在纵、横墙内的柱距不宜大于 3.0m，最小截面尺寸不宜小于 240mm×240mm（墙厚 190mm 时为 240mm×190mm），配筋宜符合表 7.16-1 的要求；

增设构造柱的纵筋和箍筋设置要求　　　　　　　　　　　　　表7.16-1

位　置	纵向钢筋			箍　筋		
	最大配筋率（%）	最小配筋率（%）	最小直径（mm）	加密区范围（mm）	加密区间距（mm）	最小直径（mm）
角柱	1.8	0.8	14	全高	100	6
边柱			14	上端700		
中柱	1.4	0.6	12	下端500		

6）同一结构单元的楼屋面板应设置在同一标高处；

7）房屋底层和顶层的窗台标高处，宜设置沿纵横墙通长的水平现浇钢筋混凝土带，其截面高度不小于60mm，宽度不小于240mm，纵向钢筋不少于2Φ10，横向分布筋的直径不小于6mm，且其间距不大于200mm。

7.17　抗震设计时，多层砌体结构房屋的布置和结构体系有哪些基本要求？

抗震设计时，多层砌体结构房屋的结构体系应符合下列要求：

1. 应优先采用横墙承重或纵横墙共同承重的结构体系，不宜采用纵墙承重的结构体系。因为纵墙承重的结构体系墙体易受弯曲破坏而引起房屋倒塌。

2. 不应采用砌体墙与钢筋混凝土墙组成的混合承重的结构体系。因为，砌体和钢筋混凝土在刚度、承载力和延性等方面的差别很大，其协同工作性能缺乏必要的试验和理论分析研究，所以，在目前不应用于有抗震设防要求的多层砌体结构房屋中。

3. 纵横墙的布置宜均匀对称，在平面内宜对齐，沿竖向应上下连续；且纵横向墙体的数量不宜相差过大；同一轴线上的窗间墙宽度宜均匀；墙面洞口的面积，6、7度时不宜大于墙面总面积的55%，8、9度时不宜大于50%；这样的布置，使结构受力均匀且明确，传力也简捷，各墙段或墙垛之间，不容易因刚度和承载力相差悬殊，在地震发生时产生各个击破的连锁效应，从而避免较大的震害。

4. 平面轮廓凹凸尺寸，不应超过典型尺寸的50%；当超过典型尺寸的25%时，房屋转角处应采取加强措施；楼板局部大洞口的尺寸不宜超过楼板宽度的30%，且不应在墙体两侧同时开洞。

5. 在房屋宽度方向的中部应设置内纵墙，其累计长度不宜小于房屋总长度的60%（高宽比大于4的墙段不计入）。

6. 不宜采用错层结构（一般指楼板高差在500mm以上者）；当采用错层结构时，应将错层按两个楼层计入房屋的总层数中，并对错层处的墙体采取特别的加强措施。因为具有错层的砌体结构，在错层部位受力十分复杂，极易造成震害。

7. 房屋有下列情况之一时宜设置防震缝，缝两侧均应设置墙体，缝宽应根据抗震设防烈度和房屋高度确定，一般可采用70~100mm：

（1）房屋立面高差在6m以上；

（2）房屋有错层，且楼板高差大于层高的$\frac{1}{4}$；

（3）各部分结构的刚度、质量截然不同。

8. 不应在多层砌体结构房屋的角部设置转角门窗。因为在砌体结构的转角部位设置转角门窗，将严重削弱结构的整体性，极易造成地震破坏。

9. 楼梯间不宜设置在房屋的尽端或转角处。因为房屋的尽端和转角处是应力比较集中且对扭转较为敏感的部位，地震时容易产生震害。当必须在房屋尽端或转角处设置楼梯间时，宜采取在必要部位增设构造柱、增设圈梁和加强墙体配筋等加强措施。

10. 烟道、风道、垃圾道等的设置不应削弱墙体；当墙体被削弱时，应对墙体采取加强措施；不宜采用无竖向配筋的附墙烟囱及出屋面的烟囱。

在墙体中留槽洞及埋设管道应遵守的规定，详见本章 7.12。

11. 不应采用无可靠锚固措施的钢筋混凝土预制挑檐。

12. 后砌的非承重隔墙应沿墙高每隔 500～600mm 配置 2ϕ6 拉结钢筋与承重墙或柱拉结，每边伸入墙内不应少于 500mm；8 度和 9 度时，长度大于 5m 的后砌隔墙，墙顶尚应与楼板或梁拉结，独立墙肢端部及大门洞边宜设钢筋混凝土构造柱。

13. 横墙较少、跨度较大的房屋，宜采用现浇钢筋混凝土楼、屋盖，以加强楼、屋盖及整个结构的整体性。

7.18 有抗震设防要求的多层砌体结构房屋，其局部尺寸如何进行控制和设计？

多层砌体结构房屋的局部尺寸主要是指承重窗间墙的宽度、承重外墙尽端至门窗洞边的距离、非承重外墙尽端至门窗洞边的距离、内墙阳角至门窗洞边的距离、无锚固砌体女儿墙（非出入口处）的高度等。限制窗间墙的最小宽度、限制内外墙尽端至洞边的距离，其目的是为了防止这些部位的墙体在地震时破坏，影响结构的整体抗震能力，从而导致房屋破坏甚至倒塌；限制砌体女儿墙的最大高度则是为了避免女儿墙在地震时破坏。女儿墙在地震时破坏，跌落伤人，在历次地震中屡有发生。

《抗震规范》第 7.1.6 条规定，多层砌体结构房屋中砌体墙段的局部尺寸限值，宜符合表 7.18-1 的要求。

房屋的局部尺寸限值（m） 表 7.18-1

部　　　位	6 度	7 度	8 度	9 度
承重窗间墙最小宽度	1.0	1.0	1.2	1.5
承重外墙尽端至门窗洞边的最小距离	1.0	1.0	1.2	1.5
非承重外墙尽端至门窗洞边的最小距离	1.0	1.0	1.0	1.0
内墙阳角至门窗洞边的最小距离	1.0	1.0	1.5	2.0
无锚固女儿墙（非出入口处）的最大高度	0.5	0.5	0.5	0.0

注：1. 局部尺寸不足时，应采取局部加强措施弥补，且最小宽度不宜小于 1/4 层高和表列数据的 80%；

　　2. 出入口处的女儿墙应有锚固。

当房屋的局部尺寸不满足规范要求时，应采取局部加强措施，如通长设置拉结钢筋网片、设置构造柱等。在设置构造柱时，应当注意以下问题：

1. 窗间墙的最小宽度不满足规范要求时，如窗间墙未设置构造柱则应设置构造柱，

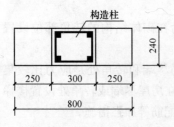

图 7.18-1　局部墙段平面

如窗间墙按规定设置构造柱，则应加大构造柱截面和配筋。为了保证窗间墙的抗震能力，其最小宽度不应小于800mm，构造柱沿窗间墙宽度方向的尺寸不宜大于300mm（图7.18-1）。

当窗间墙的构造柱支承较大跨度的楼（屋）面梁时，应考虑梁对窗间墙的不利影响，以及构造柱对梁端的约束作用。

对横墙较少及横墙很少的多层砌体结构房屋，当楼（屋）盖梁支承在窗间墙或内纵墙上时，梁支承处应设加强型的构造柱，并考虑梁和柱的相互影响。

2. 承重外墙尽端或非承重外墙尽端至门窗洞边的最小距离不满足规范要求时，墙尽端至门窗洞边的最小距离也不应小于房屋层高的$\frac{1}{4}$，且不应小于800mm。同时，应将墙角的构造柱截面加大，但构造柱任一方向的截面尺寸不宜大于300mm（图7.18-2）。

3. 房屋的出入口处不应采用无锚固措施的女儿墙。当砌体女儿墙的高度超过500mm时，应根据抗震设防烈度和女儿墙的高度设置不同间距的女儿墙构造柱，并在女儿墙内配置水平钢筋，在女儿墙顶部设置现浇钢筋混凝土压顶圈梁，必要时，应对女儿墙进行非结构构件的抗震验算。

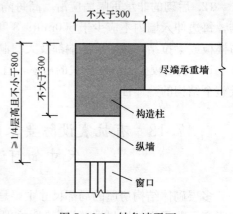

图 7.18-2　转角墙平面

4. 多层砌体结构房屋墙段的最小宽度不应小于层高的1/4；当内墙的局部较小墙段宽度不大于800mm时，应采取设置构造柱等措施加强。

5. 除设置构造柱外，必要时应在不满足局部尺寸限值的墙段内配置通长的拉结钢筋网片。

7.19　抗震设计时，多层砌体结构房屋的墙体截面不满足抗震受剪承载力验算时，应当采取哪些措施？

1. 增加砌体墙的厚度。多层砌体结构住宅建筑等房屋，由于节能的要求，大多数采用内保温或外保温做法，从而使外墙厚度减小到240mm或190mm。同时由于外纵墙的窗洞口所占比例较大，内纵墙数量较少或洞口较多，使墙体（特别是纵墙）的抗震受剪承载力不满足规范要求。最简单的办法是增大砌体墙厚，特别是外纵墙厚度。但是，增大墙厚会使结构重量增加，相应地会加大地震作用，因而不是最好的办法，不得已时方可采用。

2. 提高砌体的强度等级。提高砌体强度等级可以通过提高砌体块材的强度等级和砂浆的强度等级来实现，这是在目前技术条件下较为有效而经济的办法。由于砂浆强度等级一般不应超过砌体块材的强度等级，当提高砂浆强度等级时应相应提高砌体块材的强度等级。例如，当采用强度等级为 M15 的砂浆，应采用 Mu15 或 Mu20 的块材。采用 M15 强度等级的砂浆并采用 Mu15 及以上强度等级的块材，其抗剪强度肯定高于采用 M10 砂浆的抗剪强度值。但根据《砌体结构设计规范》GB 50003 表 3.2.2 的规定，当砂浆强度等级高于 M10 时，砌体的抗剪强度设计值不再提高，这是规范的局限性和应当解决的问题。

3. 在砌体墙的水平灰缝内配置适当数量的水平钢筋。在砌体水平灰缝内配置水平钢筋来提高砌体墙的抗震受剪承载力也会受到一定的限制。因为利用砌体水平灰缝配置水平钢筋的直径不可能太大，数量也不可能过多，一般情况下，在 240mm 厚墙体中配 3φ6～2Φ8 通长水平钢筋较为合适。试验资料表明，当层间墙体竖向截面的钢筋总截面面积，其配筋率不小于 0.07% 且不大于 0.17% 时，砌体墙抗震受剪承载力的提高约在 30% 以内。《抗震规范》规定，墙体竖向截面的水平灰缝内的配筋率不能少于 0.07%，配少了不起作用；配筋率也不能多于 0.17%，配多了也无效用。目前，中国建筑科学研究院的 SATWE 等软件还不能对墙体水平灰缝内水平钢筋的最大配筋率加以判断和限制，而是直接输出计算需要的配筋面积，因此，需要结构工程师加以校核，以判断计算输出的配筋率是否在规范许可的范围内。

4. 墙体内增设构造柱，提高构造柱混凝土强度等级，提高构造柱纵向钢筋强度等级或（及）截面面积。

（1）在较长墙段两端设置构造柱，加强对墙段的约束，提高其受剪承载力。抗震受剪承载力验算时，对两端无构造柱的墙，$\gamma_{RE}=1.0$，而两端有构造柱的墙，$\gamma_{RE}=0.9$，其抗震受剪承载力可提高 11.1%。

（2）在墙段中部增设间距不大于 4m、截面不小于 240mm×240mm（墙厚 190mm 时为 240mm×190mm）的构造柱，可提高墙体抗震受剪承载力。但中部构造柱的横截面总面积 A_c：对横墙和内纵墙不应大于墙体横截面面积 A 的 15%；对外纵墙不应大于 25%；否则，反而会因为墙体截面面积减少而降低其抗震受剪承载力。

（3）提高构造柱混凝土强度等级，会使《抗震规范》第 7.2.7 条公式（7.2.7-3）中的"$\xi_c f_t A_c$"项增大，但增大有限（ξ_c 取值为 0.4～0.5）；提高构造柱中纵向钢筋的强度等级和截面面积，会使公式（7.2.7-3）中的"$0.08 f_{yc} A_{sc}$"项增大，但增大也有限（构造柱纵向钢筋的配筋率 0.6%≤ρ≤1.4%）。故采用这种办法对墙体的抗震受剪承载力的提高不明显。

5. 调整结构方案。当建筑使用功能许可时，宜调整砌体结构方案。调整结构方案的原则是：调整各墙段长度，调整墙段上洞口的位置和高度，使各墙段的刚度和剪力分配较均匀。

6. 为了提高多层砌体结构抗震受剪承载力，可以根据工程的具体情况，采用上述措施中的一种或多种。

7.20 抗震设防地区，砌体结构房屋楼梯间的设计有哪些基本要求？

多层砌体结构房屋的楼梯间是人们生活和工作的竖向联系通道，地震时则是人员疏散的主要通道，其结构安全性至关重要。楼梯间由于使用功能的要求，不可能布置完整的水平楼板，墙体的侧向支承条件差，在顶层，楼梯间一侧或两侧墙体的高度通常为一层半楼层高，整个楼梯间相对空旷，受力较复杂。因此《抗震规范》第 7.1.7 条第 4 款规定，抗震设计时，楼梯间不宜设置在房屋的尽端和转角处，并要求楼梯间的设计应符合下列要求：

1. 在楼梯间四角及楼梯斜梯段上下端对应的墙体处应设置现浇钢筋混凝土构造柱；在楼层标高处和屋盖标高处应设置与房屋其他部分交圈的现浇钢筋混凝土圈梁。

2. 顶层楼梯间墙体应沿墙高每隔 500mm 设 2Φ6 通长钢筋和 Φ4 分布短筋平面内点焊组成的拉结网片或 Φ4 点焊网片；7～9 度时，其他各层楼梯间墙体应在休息平台或楼层半高处设置 60mm 厚、纵向钢筋不应少于 2Φ10 的钢筋混凝土带或配筋砖带，配筋砖带不少于 3 皮，每皮的配筋不少于 2Φ6，砂浆强度等级不应低于 M7.5 且不应低于同层墙体的砂浆强度等级。

3. 楼梯间及门厅内墙阳角处的大梁支承长度不应小于 500mm，并应与圈梁连接。

4. 装配式楼梯段应与平台板的梁可靠连接，8、9 度时不应采用装配式楼梯段；不应采用墙中悬挑式踏步或踏步竖肋插入墙体的楼梯，不应采用无筋砖砌栏板。

5. 突出屋顶的楼、电梯间，构造柱应伸到顶部，并与顶部圈梁可靠连接，所有墙体应沿墙高每隔 500mm 设 2Φ6 通长钢筋和 Φ4 分布短筋平面内点焊组成的拉结网片或 Φ4 点焊网片。

6. 当楼梯间不得不设置在房屋的尽端或转角处时，宜采取增设构造柱和增设钢筋混凝土圈梁并加强连接构造等抗震措施，以避免或减轻房屋端部或转角处楼梯间的震害。

7. 为了避免地震（特别是大震）时楼梯梯段板折断，其支座负筋应沿梯段板斜向拉通配置，且宜满足最小配筋率的要求；楼梯梁亦宜适当加强纵向钢筋和箍筋，且箍筋间距不宜大于 150mm；休息平台板宜双层双向配筋。

7.21 抗震设计的多层砖砌体结构房屋，设置构造柱时应当注意什么问题？

1. 抗震设计时，钢筋混凝土构造柱在多层砖砌体结构房屋中的主要作用是：

（1）构造柱能够提高砌体的受剪承载力，提高幅度与墙体高宽比、竖向压力和开洞情况有关，约为 10%～25%；

（2）构造柱主要对砌体起约束作用，使之具有较高的侧向变形能力；

（3）构造柱设置在连接构造比较薄弱和应力与变形易于集中的部位，能够提高这些部位的防倒塌能力。

2. 多层砖砌体房屋构造柱设置应符合下述要求：

（1）一般情况下，房屋的构造柱的设置部位，应符合表 7.21-1 的规定；

（2）外廊式和单面走廊式的多层房屋，应根据房屋增加一层后的层数，按表 7.21-1 的规定设置构造柱，且单面走廊两侧的纵墙均应按外墙处理；

（3）横墙较少的房屋，应根据房屋增加一层后的层数，按表 7.21-1 的规定设置构造柱；当横墙较少的房屋为外廊式或单面走廊式时，应按（2）款的要求设置构造柱，但 6 度不超过四层、7 度不超过三层和 8 度不超过二层时，应按增加二层后的层数对待；

多层砖砌体房屋构造柱设置要求 表 7. 21-1

房屋层数				设置部位	
6度	7度	8度	9度		
四、五	三、四	二、三		楼、电梯间四角，楼梯斜梯段上下端对应的墙体处；	隔12m或单元横墙与外纵墙交接处；楼梯间对应的另一侧内横墙与外纵墙交接处
六	五	四	二	外墙四角和对应转角；错层部位横墙与外纵墙交接处；大房间内外墙交接处；较大洞口两侧	隔开间横墙（轴线）与外墙交接处；山墙与内纵墙交接处
七	≥六	≥五	≥三		内墙（轴线）与外墙交接处；内墙的局部较小墙垛处；内纵墙与横墙（轴线）交接处

注：较大洞口，内墙指不小于2.1m的洞口；外墙在内外墙交接处已设置构造柱时应允许适当放宽，但洞侧墙体应加强。

（4）各层横墙很少的房屋，应按增加二层的层数设置构造柱；

（5）采用蒸压灰砂砖和蒸压粉煤灰砖的砌体房屋，当砌体的抗剪强度仅达到普通黏土砖砌体的70%时，应根据增加一层的层数按本条1~4款要求设置构造柱；但6度不超过四层、7度不超过三层和8度不超过二层时，应按增加二层的层数对待；

（6）当房屋的高度和层数接近《抗震规范》第7.1.2条表7.1.2的限值时，纵、横墙内构造柱间距尚应符合下列要求：

1）横墙内的构造柱间距不宜大于层高的两倍；下部1/3楼层的构造柱间距宜适当减小；

2）当外纵墙开间大于3.9m时，应另设加强措施。内纵墙的构造柱间距不宜大于4.2m。

3. 构造柱应沿房屋全高设置，可沿高度方向改变断面和配筋，但不宜沿高度方向中断设置。

4. 构造柱与圈梁连接处，构造柱的纵筋应在圈梁纵筋内侧穿过，并保证构造柱纵筋上下贯通；构造柱的箍筋在圈梁上下均应加密，加密范围不应小于500mm或$\frac{h}{6}$（h为层高）的较大者；箍筋直径为6mm，箍筋间距不宜大于100mm。

构造柱纵筋在屋顶圈梁内应可靠锚固，锚固长度不应小于l_a。

构造柱不需单独设置基础，构造柱伸入室外地面以下500mm即可，或与埋深小于500mm的基础圈梁相连，构造柱纵筋应锚入基础圈梁内l_a。

当墙体附近有管沟时，构造柱应伸至沟底地面以下；带半地下室的房屋所设置的构造柱亦应伸入半地下室地面以下。

5. 当砌体结构房屋进深梁处设有构造柱时，构造柱的截面尺寸宜取（梁宽+50mm）×墙厚；当进深梁截面高度大于300mm时，梁端宜设箍筋加密区；当进深梁跨度大于6m时，宜考虑梁端约束弯矩对墙体的不利影响；梁端进行局部抗压强度验算时，宜按砌体抗压强度考虑。

6. 当屋顶有女儿墙时，砌体女儿墙的高度不应大于1.0m。砌体女儿墙在人流出入口

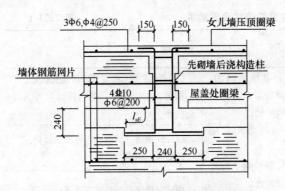

图7.21-1　女儿墙配筋（引自国家标准图集
11G329-2 第 1-29 页）

和通道处应与主体结构可靠锚固。非出入口无锚固的女儿墙高度，6～8 度时不宜超过 0.5m；9 度时应采用现浇钢筋混凝土女儿墙，并与主体结构可靠锚固。砌体女儿墙在人流出入口通道处的构造柱间距不应大于半开间，且不得大于 1.5m。构造柱与女儿墙的压顶圈梁应可靠连接。

7. 构造柱施工时，应先砌墙后浇柱，构造柱与墙连接处应砌成马牙槎，并沿墙高每隔 500mm 设 2φ6 水平钢筋和 φ4 分布短筋平面内点焊组成的拉结网片或 φ4 点焊钢筋网片，每边伸入墙内不宜小于 1m。6、7 度时底部 1/3 楼层，8 度时底部 1/2 楼层，9 度时全部楼层，上述拉结钢筋网片应沿墙体水平通长设置。

8. 多层砖砌体房屋，构造柱的截面和配筋应符合表 7.21-2 的要求。

女儿墙构造柱配筋、压顶圈梁配筋、墙体钢筋网片配筋，可参见图 7.21-1（图中 l_{aE} $= l_a$）。

多层砖砌体房屋构造柱的截面与配筋　　　　　　　　　表 7.21-2

内　　容			要　　求	注
混凝土强度等级			不低于 C25	
最小截面尺寸			240mm×180mm	房屋四角处适当加大
纵向钢筋	6 度、7 度不超过六层，8 度不超过五层		4φ12	房屋四角处适当加大
	7 度七层、8 度六层、9 度		4φ14	
箍筋	间距	6 度、7 度不超过六层，8 度不超过五层	不大于 250mm	柱上下端宜加密至 100mm
		7 度七层、8 度六层、9 度	不大于 200mm	
	直　　径		φ6	

注：墙厚 190mm 时构造柱的最小截面尺寸为 190mm×180mm。

7.22　抗震设计的多层砖砌体结构房屋，设置钢筋混凝土圈梁时应当注意什么问题？

1. 抗震设计时，钢筋混凝土圈梁和钢筋混凝土构造柱连接在一起，形成多层砖砌体结构房屋的水平箍带和竖向箍带，可大大加强砌体结构房屋的整体性，提高砌体结构房屋在地震时的变形能力和防倒塌能力。

2. 在抗震设防地区，宜采用现浇或装配整体式钢筋混凝土楼屋盖；当采用装配式钢筋混凝土楼屋盖时，除内横墙采用板底圈梁外，内外纵墙板侧边应采用板边圈梁，板的外横墙支承端应采用 L 形的高低圈梁（图 7.22-1）。板与板之间的相互拉结，板与墙、梁或圈梁的拉结，其做法可参见国家标准图集 11G329-2。

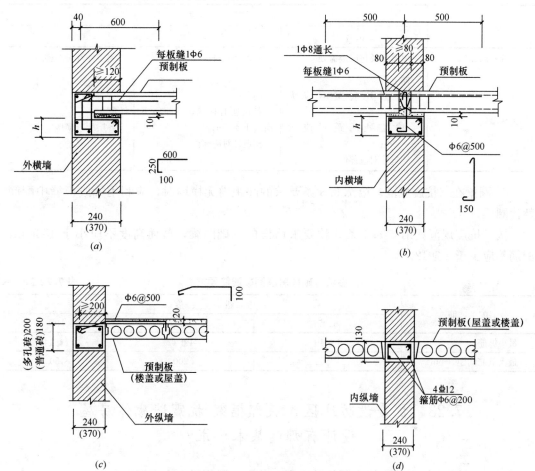

图 7.22-1　圈梁的位置示意图

（a）高低圈梁；（b）板底圈梁；（c）板边圈梁（一）；（d）板边圈梁（二）

注：Φ6@500 的加筋用于板的跨度大于 4.8m 时的楼屋盖处。

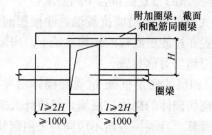

图 7.22-2　圈梁切断时的搭接布置

3. 多层砖砌体结构房屋应按表 7.22-1 设置现浇钢筋混凝土圈梁。

4. 圈梁的截面高度不应小于 120mm，配筋应符合表 7.22-2 的要求。

5. 圈梁在水平方向应闭合，当遇有门窗洞口被切断时，应上下搭接，如图 7.22-2 所示。圈梁兼做过梁时，过梁部分的钢筋（纵筋和箍筋）应按计算用量另行增配。

多层砖砌体房屋现浇钢筋混凝土圈梁设置要求　　　　　表 7.22-1

墙　类	烈　　度		
	6、7	8	9
外墙和内纵墙	屋盖处及每层楼盖处	屋盖处及每层楼盖处	屋盖处及每层楼盖处
内横墙	同上； 　屋盖处间距不应大于 4.5m； 　楼盖处间距不应大于 7.2m； 　构造柱对应部位	同上； 　各层所有横墙，且间距不应大于 4.5m； 　构造柱对应部位	同上； 　各层所有横墙

6. 圈梁在《抗震规范》第 7.3.3 条要求的间距内无横墙时，应利用梁或板缝中配筋替代圈梁；

按《抗震规范》第 3.3.4 条 3 款要求增设的基础圈梁，截面高度不应小于 180mm，配筋不应少于 4 Φ 12。

多层砖砌体房屋圈梁配筋要求　　　　　表 7.22-2

配　筋	烈　　度		
	6、7	8	9
最小纵筋	4 Φ 10	4 Φ 12	4 Φ 14
最大箍筋间距（mm）	250	200	150

7.23　抗震设防地区，底部框架-抗震墙砌体房屋设计有哪些基本要求？

1. 底部框架-抗震墙砌体房屋的总高度和总层数限值详见本章第 7.16。

2. 底部框架-抗震墙砌体房屋最大高宽比和抗震横墙的最大间距分别详见《抗震规范》表 7.1.4 和表 7.1.5。

3. 底部框架-抗震墙砌体房屋的布置应符合下列要求：

（1）上部的砌体墙体与底部的框架梁或抗震墙，除楼梯间附近的个别墙段外均应对齐。上部的砌体墙体不宜砌置在过渡层底板的楼面次梁上。房屋的底部，应沿纵横两方向设置一定数量的抗震墙，并应均匀对称布置。

（2）6 度且总层数不超过四层的底层框架-抗震墙砌体房屋，应允许采用嵌砌于框架之间的约束普通砖砌体或小砌块砌体的砌体抗震墙，但应计入砌体墙对框架的附加轴力和附加剪力并进行底层的抗震验算，且同一方向不应同时采用钢筋混凝土抗震墙和约束砌体抗震墙；其余情况，8 度时应采用钢筋混凝土抗震墙，6、7 度时应采用钢筋混凝土抗震墙或配筋小砌块砌体抗震墙。

（3）底部框架-抗震墙砌体房屋的抗震墙应设置条形基础、筏形基础等整体性好的基础。

4. 底部框架-抗震墙砌体房屋的侧向刚度比应符合下列要求：

（1）底层框架-抗震墙砌体房屋的纵横两个方向，第二层计入构造柱影响的侧向刚度与底层侧向刚度的比值，6、7 度时不应大于 2.5，8 度时不应大于 2.0，且均不应小于 1.0。

（2）底部两层框架-抗震墙砌体房屋纵横两个方向，底层与底部第二层侧向刚度应接近，第三层计入构造柱影响的侧向刚度与底部第二层侧向刚度的比值，6、7 度时不应大于 2.0，8 度时不应大于 1.5，且均不应小于 1.0。

5. 底部框架-抗震墙砌体房屋的钢筋混凝土结构部分，除应符合本章规定外，尚应符合《抗震规范》第 6 章的有关要求；此时，底部混凝土框架的抗震等级，6、7、8 度应分虽按三、二、一级采用，混凝土墙体的抗震等级，6、7、8 度应分别按三、三、二级采用。

6. 钢筋混凝土托墙梁设计时，考虑到地震特别是大震时墙体严重开裂，其与非抗震的墙梁受力状态有较大差异。因此，在地震区宜慎重考虑钢筋混凝土托墙梁与其上部砌体墙的共同作用；在高烈度地震区，建议不考虑它们之间的共同作用，其上部墙体和结构的荷载全部由钢筋混凝土托墙梁承担，并应采取提高钢筋混凝土托墙梁的抗剪能力和其与上部墙体的连接构造等抗震加强措施。

7.24 抗震设防地区，底部框架-抗震墙砌体房屋设计应采取哪些抗震构造措施?

1. 底部框架-抗震墙砌体房屋的上部墙体应设置构造柱，并应符合下列要求：

（1）上部砌体抗震墙钢筋混凝土构造柱的设置部位，应根据房屋的总层数按本章第 7.21 节表 7.21-1 的规定设置。过渡层尚应在底部框架柱、混凝土墙或约束砌体墙的构造柱所对应处设置构造柱；墙体内的构造柱间距不宜大于层高。

（2）构造柱的截面不宜小于 240mm×240mm（墙厚 190mm 时为 240mm×190mm）；构造柱的纵向钢筋不宜少于 4Φ14，箍筋直径不宜小于 6mm，间距不宜大于 200mm，且宜在柱上下两端适当加密。

（3）过渡层构造柱的纵向钢筋，6、7 度时不宜少于 4Φ16，8 度时不宜少于 4Φ18，一般情况下，纵向钢筋应锚入下部框架柱内或混凝土墙内，锚固长度应大于等于 l_{aE}；当纵向钢筋锚固在托墙梁内时，托墙梁的相应部位应采取加强措施。

（4）构造柱应与每层圈梁连接，或与现浇板可靠拉结。

2. 上部砌体墙的中心线宜同底部的框架梁、抗震墙中心线相重合；构造柱宜与框架柱上下贯通。

3. 底部框架-抗震墙砌体房屋的楼盖应符合下列要求：

（1）过渡层的底板应采用现浇钢筋混凝土板，板厚不应小于 120mm，并应少开洞、开小洞，当洞口尺寸大于 800mm 时，洞口周边应设边梁。

（2）其他楼层，采用装配式钢筋混凝土楼板时均应设现浇圈梁；采用现浇钢筋混凝土楼板时应允许不另设圈梁，但楼板沿抗震墙体周边均应加强配筋并应与相应的构造柱可靠连接。

4. 底部框架-抗震墙砌体房屋的钢筋混凝土托墙梁，其截面和构造应符合下列要求：

（1）梁的截面宽度不应小于 300mm，梁的截面高度不应小于跨度的 1/10，也不宜大于跨度的 1/6。

（2）箍筋的直径不应小于 8mm，间距不应大于 200mm；梁端在 1.5 倍梁高且不小于
1/5 梁净跨范围内，以及上部墙体的洞口处和洞口两侧各 500mm 且不小于梁高的范围内，
箍筋间距不应大于 100mm。

（3）沿梁高应设腰筋，数量不应少于 2 Φ 14，间距不应大于 200mm。

（4）梁的纵向受力钢筋和腰筋应按受拉要求锚固在柱内，且支座上部的纵向钢筋在柱
内的锚固长度应符合钢筋混凝土框支梁的有关要求。

5. 底部框架-抗震墙砌体房屋的底部采用钢筋混凝土抗震墙时，其截面和构造应符合
下列要求：

（1）抗震墙周边应设置边框梁（或暗梁）和边框柱（或框架柱）组成的边框；边框梁
的截面宽度不宜小于墙板厚度的 1.5 倍，截面高度不宜小于墙板厚度的 2.5 倍；边框柱的
截面高度不宜小于墙板厚度的 2 倍。

（2）抗震墙墙板的厚度不宜小于 160mm，且不应小于墙板净高的 1/20；抗震墙宜开
设洞口形成若干墙段，各墙段的高宽比不宜小于 2。

（3）抗震墙的竖向和横向分布钢筋的配筋率均不应小于 0.30%，并应采用双排配筋，
双排分布钢筋间拉筋的间距不应大于 600mm，直径不应小于 6mm。

（4）抗震墙的边缘构件可按《抗震规范》第 6.4 节关于一般部位的规定设置。

6. 当 6 度设防的底层框架-抗震墙砖房的底层采用约束砖砌体墙时，其构造应符合下
列要求：

（1）墙厚不应小于 240mm，砌筑砂浆强度等级不应低于 M10，应先砌墙后浇框架。

（2）沿框架柱每隔 300mm 配置 2 Φ 8 水平钢筋和 Φ 4 分布短筋平面内点焊组成的拉结
网片，并沿砖墙水平通长设置；在墙体半高处尚应设置与框架柱相连的钢筋混凝土水平系
梁；系梁截面宽度同墙厚，截面高度不宜小于 120mm，纵向钢筋不宜少于 4 Φ 10，箍筋
直径不宜小于 6mm，箍筋间距不宜大于 200mm。

（3）墙长大于 4m 时和洞口两侧，应在墙内增设钢筋混凝土构造柱。

（4）底层框架-抗震墙砖房的底层采用约束砖砌体墙时，在使用过程中不得对底部约
束砖砌体墙随意开洞、拆除和更换。

7. 底部框架-抗震墙砌体房屋的材料强度等级，应符合下列要求：

（1）框架柱、托墙梁和抗震墙的混凝土强度等级，不应低于 C30。

（2）过渡层砌体块材的强度等级不应低于 MU10，砖砌体砌筑砂浆强度的等级不应低
于 M10。

8. 底部框架-抗震墙砌体房屋的其他抗震构造措施，应符合《抗震规范》第 7 章第
7.3 节、第 7.4 节、第 7.5 节和第 6 章的有关要求。

第8章 地 基 与 基 础

8.1 岩土工程勘察报告的内容和深度应符合哪些要求?

1. 各类工程建设项目在设计和施工之前，必须按基本建设程序进行岩土工程勘察。岩土工程勘察应按工程建设各勘察阶段的要求，正确反映工程地质条件，查明不良地质作用和地震灾害，精心勘察、精心分析，提出资料完整、评价正确的勘察报告。

建筑工程的岩土工程勘察宜分阶段进行，可行性研究勘察应符合选择场地方案的要求；初步勘察应符合初步设计的要求；详细勘察应符合施工图设计的要求；场地条件复杂的或有特殊要求的工程，宜进行施工勘察。

场地较小且无特殊要求的工程可合并勘察阶段。当建筑平面布置已经确定，且场地或其附近已有岩土工程资料时，可根据实际情况，直接进行详细勘察。

2. 地基基础设计前进行的岩土工程勘察（详细勘察），应符合下列规定：

（1）岩土工程勘察报告应提供下列资料：

1) 有无影响建筑场地稳定性的不良地质作用，评价其危害程度。

2) 建筑物范围内的地层结构及其均匀性，各岩土层的物理力学性质指标，以及对建筑材料的腐蚀性。

3) 地下水埋藏情况、类型和水位变化幅度及规律，以及对建筑材料的腐蚀性。

4) 应划分场地类别，并对饱和砂土及粉土进行液化判别。

5) 对可供采用的地基基础设计方案进行论证分析，提出经济合理、技术先进的设计方案建议；提供与设计要求相对应的地基承载力及变形计算参数，并对设计与施工应注意的问题提出建议。

6) 当工程需要时，尚应提供：

① 深基坑开挖的边坡稳定计算和支护设计所需要的岩土技术参数，论证其对周边环境的影响。

② 基坑施工降水的有关技术参数及地下水控制方法的建议。

③ 用于计算地下水浮力的设防水位。

（2）地基评价宜采用钻探取样、室内土工试验、触探，并结合其他原位测试方法进行。

（3）设计等级为甲级的建筑物，应提供载荷试验指标、抗剪强度指标、变形参数指标和触探资料；设计等级为乙级的建筑物，应提供抗剪强度指标、变形参数指标和触探资料；设计等级为丙级的建筑物，应提供触探及必要的钻探和土工试验资料。

（4）建筑物地基均应进行施工验槽。当地基条件与原勘察报告不符时，应进行施工勘察。

3. 对高层建筑工程中遇到的下列特殊岩土工程问题，应根据专门的岩土工程工作或分析研究，提出专题咨询报告：

（1）场地范围内或附近存在性质或规模尚不明的活动断裂带及地裂缝、滑坡、高边坡、地下采空区等不良地质作用的工程。

（2）水文地质条件复杂或环境特殊，需现场进行专门水文地质试验，以确定水文地质参数的工程；或需进行专门的施工降水、截水设计，并需分析研究降水、截水对建筑本身及邻近建筑和设施影响的工程。

（3）对地下水防护有特殊要求，需进行专门的地下水动态分析研究，并需进行地下室抗浮设计的工程。

（4）建筑结构特殊或对差异沉降有特殊要求，需专门进行上部结构、地基与基础共同作用分析计算与评价的工程。

（5）根据工程要求，需对地基基础方案进行优化、比选分析论证的工程。

（6）抗震设计所需的时程分析评价。

（7）有关工程设计重要参数的最终检测、核定等。

8.2   地基基础的设计等级如何划分？
哪些建筑物应按地基变形设计或变形验算？

地基基础设计，应考虑上部结构和地基基础的共同作用，对建筑体型、荷载情况、结构类型和地质条件进行综合分析，确定合理的建筑措施、结构措施和地基处理方法。为了满足各类建筑物的设计要求，提高设计质量，减少设计失误，《建筑地基基础设计规范》GB 50007（以下简称《地基基础规范》）根据地基变形、建筑物规模和功能特点以及由于地基问题可能造成建筑物破坏或影响正常使用的程度，将地基基础设计分为三个设计等级，对不同设计等级建筑物的地基基础设计对地基承载力取值方法、勘探要求、变形控制原则等，在规范的有关条文里进行了规定。

建筑地基基础设计等级是按照地基基础设计的复杂性和技术难度确定的，划分时考虑了建筑物的功能、规模、高度和体型，对地基变形的要求，场地和地基条件的复杂程度，以及由于地基问题对建筑物的安全和正常使用可能造成影响的严重程度等因素。

地基基础设计等级采用三级划分，如表 8.2-1 所示。

地基基础设计等级   表 8.2-1

设计等级	建筑和地基类型
甲　级	重要的工业与民用建筑物 30 层以上的高层建筑 体型复杂，层数相差超过 10 层的高低层连成一体建筑物 大面积的多层地下建筑物（如地下车库、商场、运动场等） 对地基变形有特殊要求的建筑物 复杂地质条件下的坡上建筑物（包括高边坡） 对原有工程影响较大的新建建筑物 场地和地基条件复杂的一般建筑物 位于复杂地质条件及软土地区的二层及二层以上地下室的基坑工程 开挖深度大于 15m 的基坑工程 周边环境条件复杂、环境保护要求高的基坑工程
乙　级	除甲级、丙级以外的工业与民用建筑物 除甲级、丙级以外的基坑工程

续表

设计等级	建筑和地基类型
丙 级	场地和地基条件简单、荷载分布均匀的七层及七层以下民用建筑及一般工业建筑；次要的轻型建筑物 　非软土地区且场地地质条件简单、基坑周边环境条件简单、环境保护要求不高且开挖深度小于 5.0m 的基坑工程

在地基基础设计等级为甲级的建筑物中：①30 层以上的高层建筑，不论其体型复杂与否均列入甲级，这是考虑到其高度和重量对地基承载力和变形均有较高要求，采用天然地基往往不能满足设计需要，而需考虑桩基或进行地基处理；②体型复杂、层数相差超过10 层的高低层连成一体的建筑物，是指在平面上和立面上高度变化较大、体型变化复杂，且建于同一整体基础上的高层宾馆、办公楼、商业建筑等建筑物，由于上部荷载大小相差悬殊，结构刚度和构造变化复杂，很容易出现地基不均匀变形，为使地基变形不超过建筑物的允许值，地基基础设计的复杂程度和技术难度较大，有时需要采用多种地基和基础类型或考虑采用地基与基础和上部结构共同作用的变形分析计算来解决不均匀沉降对基础和上部结构的影响问题；③大面积的多层地下建筑物存在深基坑开挖的降水、支护和对邻近建筑物可能造成严重不良影响等问题，增加了地基基础设计的复杂性，有些地面以上没有荷载或荷载很小的大面积多层地下建筑物，如地下停车场、商场、运动场等还存在抗地下水浮力设计等问题；④复杂地质条件下的坡上建筑物，是指坡体岩土的种类、性质、产状和地下水条件变化复杂等对坡体稳定性不利的情况，此时应作坡体稳定性分析，必要时应采取整治措施；⑤对原有工程有较大影响的新建建筑物，是指在原有建筑物旁和在地铁、地下隧道、重要地下管道上或旁边新建的建筑物，当新建建筑物对原有工程影响较大时，为保证原有工程的安全和正常使用，增加了地基基础设计的复杂性和难度；⑥场地和地基条件复杂的建筑物，是指建筑物建在不良地质现象强烈发育的场地，如泥石流、崩塌、滑坡、岩溶土洞塌陷等，或地质环境恶劣的场地，如地下采空区、地面沉降区、地裂缝地区等；⑦复杂地基是指地基岩土种类和性质变化很大，有古河道或暗浜分布，地基为特殊性岩土，如膨胀土、湿陷性土等，以及地下水对工程影响很大需特殊处理等情况，上述情况均增加了地基基础设计的复杂程度和技术难度；⑧对在复杂地质条件和软土地区开挖较深的基坑工程，由于基坑支护、开挖和地下水控制等技术复杂、难度较大，也列入甲级。

表 8.2-1 所列的设计等级为丙级的建筑物是指建筑场地稳定，地基岩土均匀良好、荷载分布均匀的 7 层及 7 层以下的民用建筑和一般工业建筑物以及次要的轻型建筑物。

由于情况复杂，结构工程师在设计时应根据建筑物和地基的具体情况参照上述说明确定地基基础的设计等级。

《建筑结构可靠度设计统一标准》GB 50068 对结构设计应满足的功能要求作了如下规定：

(1) 能承受在正常施工和正常使用时可能出现的各种作用。

(2) 在正常使用时具有良好的工作性能。

(3) 在正常维护下具有足够的耐久性。

(4) 在偶然事件发生时及发生后，仍能保持必须的整体稳定。

因此地基设计时根据地基工作状态应当考虑：

(1) 在长期荷载作用下，地基变形不致造成承重结构的损坏。

（2）在最不利荷载作用下，地基不出现失稳现象。

因此，地基基础设计应注意区分上述两种功能要求，在满足第一功能要求时，地基承载力选取应以不使地基中出现过大塑性变形为原则，同时考虑在此条件下各类建筑可能出现的变形特征和变形量。地基土的变形具有长期的时间效应，与钢、混凝土、砖石等材料相比，它属于大变形材料。从已有大量地基事故分析，绝大多数事故皆由地基变形过大或不均匀造成。地基基础设计按变形控制的总原则成为工程界认可的正确的地基基础设计原则。

《地基基础规范》明确提出，根据建筑物地基基础设计等级及长期荷载作用下地基变形对上部结构的影响程度，地基基础设计应符合下列规定：

（1）所有建筑物的地基计算均应满足承载力计算的有关规定。

（2）设计等级为甲级、乙级的建筑物，均应按地基变形设计。

（3）表 8.2-2 所列范围内设计等级为丙级的建筑物可不作变形验算，如有下列情况之一时，仍应作变形验算：

1）地基承载力特征值小于 130kPa，且体型复杂的建筑；

2）在基础上及其附近有地面堆载或相邻基础荷载差异较大，可能引起地基产生过大的不均匀沉降时；

可不作地基变形计算的设计等级为丙级的建筑物范围　　　　　表 8.2-2

地基主要受力层情况	地基承载力特征值 f_{ak} （kPa）		$80 \leqslant f_{ak}$ <100	$100 \leqslant f_{ak}$ <130	$130 \leqslant f_{ak}$ <160	$160 \leqslant f_{ak}$ <200	$200 \leqslant f_{ak}$ <300
	各土层坡度（%）		≤5	≤10	≤10	≤10	≤10
建筑类型	砌体承重结构、框架结构（层数）		≤5	≤5	≤6	≤6	≤7
	单层排架结构（6m柱距）	单跨 吊车额定起重量（t）	10～15	15～20	20～30	30～50	50～100
		单跨 厂房跨度（m）	≤18	≤24	≤30	≤30	≤30
		多跨 吊车额定起重量（t）	5～10	10～15	15～20	20～30	30～75
		多跨 厂房跨度（m）	≤18	≤24	≤30	≤30	≤30
地基主要受力层情况	地基承载力特征值 f_{ak} （kPa）		$80 \leqslant f_{ak}$ <100	$100 \leqslant f_{ak}$ <130	$130 \leqslant f_{ak}$ <160	$160 \leqslant f_{ak}$ <200	$200 \leqslant f_{ak}$ <300
	各土层坡度（%）		≤5	≤10	≤10	≤10	≤10
建筑类型	烟囱	高度（m）	≤40	≤50	≤75		≤100
	水塔	高度（m）	≤20	≤30	≤30		≤30
		容积（m³）	50～100	100～200	200～300	300～500	500～1000

注：1. 地基主要受力层系指条形基础底面下深度为 3b（b 为基础底面宽度），独立基础下为 1.5b，且厚度均不小于 5m 的范围（二层以下一般的民用建筑除外）；
2. 地基主要受力层中如有承载力特征值小于 130kPa 的土层，表中砌体承重结构的设计，应符合本规范第 7 章的有关要求；
3. 表中砌体承重结构和框架结构均指民用建筑，对于工业建筑可按厂房高度、荷载情况折合成与其相当的民用建筑层数；
4. 表中吊车额定起重量、烟囱高度和水塔容积的数值系指最大值。

3）软弱地基上的建筑物存在偏心荷载时；

4）相邻建筑距离过近，可能发生倾斜时；

5）地基内有厚度较大或厚薄不均的填土，其自重固结未完成时。

（4）对经常受水平荷载作用的高层建筑、高耸结构和挡土墙等，以及建造在斜坡上或边坡附近的建筑物和构筑物，尚应验算其稳定性。

（5）基坑工程应进行稳定性验算。

（6）当地下水埋藏较浅，建筑地下室或地下构筑物存在上浮问题时，尚应进行抗浮验算。

8.3 计算地基变形时，应注意哪些问题？

1. 地基竖向压缩变形表现为建筑物基础的沉降，地基变形计算主要是指基础的沉降计算，它是地基基础设计中的一个重要组成部分。当建筑物在荷载作用下产生过大的沉降或倾斜时，对于工业与民用建筑来说，都可能影响正常的生产或生活秩序的进行，危及人身安全。因此，对于变形计算总的要求是：建筑物的地基变形计算值，不应大于地基变形允许值，即 $S \leqslant [S]$。

地基变形计算的内容，一方面涉及地基变形特征的选择和地基变形允许值的确定；另一方面要根据荷载在地层中引起的附加应力分布和地基各土层的分布情况及其应力-应变关系特性来计算地基变形值。

2. 地基变形特征可分为沉降量、沉降差、倾斜和局部倾斜。其中最基本的是沉降量计算，其他的变形特征都可以由它推算出。倾斜指的是基础倾斜方向两端点的沉降差与其距离之比值。局部倾斜指的是砌体承重结构沿纵向 6～10m 内基础两点的沉降差与其距离的比值。

计算地基变形时，地基内的应力分布，可采用各向同性均质线性变形体理论，地基最终变形量计算目前最常用的是分层总和法。

3. 在计算地基变形时，应符合下列规定：

（1）由于建筑地基不均匀、建筑物荷载差异很大、建筑物体型复杂等原因引起的地基变形，对于砌体承重结构应由局部倾斜值控制；对于框架结构和单层排架结构应由相邻柱基础的沉降差控制；对于多层或高层建筑和高耸结构应由倾斜值控制；对于各类结构必要时尚应控制地基的平均沉降量。

（2）在必要情况下，需要分别预估建筑物在施工期间和使用阶段的地基变形值，以便预留建筑物有关部分之间的净空，选择连接方法和施工顺序。一般多层建筑物在施工期间完成的沉降量，对于砂土可认为其最终沉降量已完成 80% 以上，对于其他低压缩性土可认为已完成其最终沉降量的 50%～80%，对于中压缩性土可认为已完成其最终沉降量的 20%～50%，对于高压缩性土可认为已完成其最终沉降量的 5%～20%。

4. 建筑物的地基变形允许值，可按表 8.3-1 的规定采用。对表中未包括的建筑物，其地基变形允许值应根据上部结构对地基变形的适应能力和使用上的要求确定。

建筑物的地基变形允许值　　　　　　　　　　　表 8.3-1

变 形 特 征	地 基 土 类 别	
	中、低压缩性土	高压缩性土
砌体承重结构基础的局部倾斜	0.002	0.003

续表

变　形　特　征	地　基　土　类　别	
	中、低压缩性土	高压缩性土
工业与民用建筑相邻柱基的沉降差 (1) 框架结构 (2) 砌体墙填充的边排柱 (3) 当基础不均匀沉降时不产生附加应力的结构	0.002l 0.0007l 0.005l	0.003l 0.001l 0.005l
单层排架结构（柱距为 6m）柱基的沉降量（mm）	(120)	200
桥式吊车轨面的倾斜（按不调整轨道考虑） 纵向 横向	0.004 0.003	
多层和高层建筑的整体倾斜　$H_g \leqslant 24$ $24 < H_g \leqslant 60$ $60 < H_g \leqslant 100$ $H_g > 100$	0.004 0.003 0.0025 0.002	
体型简单的高层建筑基础的平均沉降量（mm）	200	
高耸结构基础的倾斜　$H_g \leqslant 20$ $20 < H_g \leqslant 50$ $50 < H_g \leqslant 100$ $100 < H_g \leqslant 150$ $150 < H_g \leqslant 200$ $200 < H_g \leqslant 250$	0.008 0.006 0.005 0.004 0.003 0.002	
高耸结构基础的沉降量（mm）　$H_g \leqslant 100$ $100 < H_g \leqslant 200$ $200 < H_g \leqslant 250$	400 300 200	

注：1. 本表数值为建筑物地基实际最终变形允许值；
　　2. 有括号者仅适用于中压缩性土；
　　3. l 为相邻柱基的中心距离（mm）；H_g 为自室外地面起算的建筑物高度（m）；
　　4. 倾斜指基础倾斜方向两端点的沉降差与其距离的比值；
　　5. 局部倾斜指砌体承重结构沿纵向 6～10m 内基础两点的沉降差与其距离的比值。

8.4　在确定基础埋置深度时，应考虑哪些问题？

1. 建筑物基础的埋置深度，一般由室外地面标高算起。在填方整平地区，可自填土地面标高算起，但填土在上部结构施工后完成时，应从天然地面标高算起。《地基基础规范》没有规定填土应是自重下固结完成的土。因为基础周围的填土，在承载力验算中，作为边载考虑，有助于地基的稳定和承载力的提高，因此填上即算，只与填土的重度有关，与填土是否在自重下完成固结没有关系。但在变形计算时，应考虑新填土的影响，并满足变形要求。当有地下室时，如采用箱形基础或筏形基础，基础埋置深度自室外地面标高算起；如采用独立基础或条形基础，则应从室内地面标高算起。

2. 基础的埋置深度，应按下列条件经技术经济比较后确定：

(1) 建筑物的用途、高度和体型，有无地下室、设备基础和地下设施，基础的形式和构造。

（2）作用在地基上的荷载大小和性质。

（3）工程地质条件和水文地质条件。

（4）相邻建筑物的基础埋深。

（5）地基土冻胀和融陷的影响。

3. 在满足地基稳定和变形要求的前提下，基础宜浅埋，当上层地基的承载力大于下层土时，宜利用上层土层作持力层。除岩石地基外，基础埋深不宜小于 0.5m。

4. 高层建筑筏形基础和箱形基础的埋置深度应满足地基承载力、变形和稳定性要求。位于岩石地基上的高层建筑，其基础埋深应满足抗滑稳定性要求。除岩石地基外，天然地基上的箱形基础和筏形基础其埋置深度不宜小于建筑物高度（从室外地面至主要屋面的高度）的 1/15；桩箱或桩筏基础的埋置深度（不计桩长）不宜小于建筑物高度的 1/18。

5. 《高层建筑规程》第 12.1.7 条规定：高宽比大于 4 的高层建筑，基础底面不宜出现零应力区；高宽比不大于 4 的高层建筑，基础底面与地基之间零应力区面积不应超过基础底面面积的 15%。质量偏心较大的裙房与主楼可分别计算基底应力。

位于岩石地基上的高层建筑，在满足地基承载力、稳定性要求及《高层建筑规程》第 12.1.7 条规定的前提下，其基础埋置深度不受建筑物高度的 1/15（天然地基或复合地基）或 1/18（桩基）的限制，可适当放松，但基础埋置深度应满足抗滑要求。

6. 基础宜埋置在地下水位以上，当必须埋置在地下水位以下时，应采取地基土在施工时不受扰动的措施。

当基础埋置在易风化的岩层上时，施工时应在基坑开挖后立即铺筑垫层。

7. 当存在相邻建筑物时，新建建筑物的基础埋深不宜大于原有建筑物基础的埋深。当新建建筑物基础埋深大于原有建筑物基础时，两基础之间应保持一定的净距，其数值应根据原有建筑荷载大小、基础形式和土质情况确定，一般情况下，宜使相邻基础底面的标高差 d 与其净距 s 之比 $d/s \leqslant 1/2$。当上述要求不能满足时，应采取分段施工、设临时加固支撑、打板桩、设地下连续墙等施工措施，或加固原有建筑物地基，并应考虑浅埋基础对深埋基础的影响。

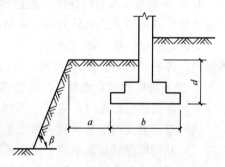

图 8.4-1 基础底面外边缘线至坡顶的水平距离示意

8. 位于稳定土坡坡顶上的建筑，对于条形基或矩形基础，当垂直坡顶边缘线的基础底面边长小于或等于 3m 时，其基础底面外边缘线至坡顶的水平距离（图 8.4-1）应符合下式要求，且不得小于 2.5m。

条形基础 $\qquad\qquad\qquad\qquad a \geqslant 3.5b - d/\tan\beta$ $\qquad\qquad\qquad$ (8.4-1)

矩形基础 $\qquad\qquad\qquad\qquad a \geqslant 2.5b - d/\tan\beta$ $\qquad\qquad\qquad$ (8.4-2)

式中，各符号的意义见《地基基础规范》第 5.4.2 条。

当基础底面外边缘线至坡顶的水平距离不满足式（8.4-1）或式（8.4-2）的要求时，可根据基底平均压力按下式确定基础距坡顶边缘的距离和基础埋深：

$$M_R/M_s \geqslant 1.2$$ $\qquad\qquad\qquad$ (8.4-3)

式中 M_s——滑动力矩（kN·m）；

　　　　M_R——抗滑力矩（kN·m）。

当边坡坡角大于 45°、坡高大于 8m 时，尚应按式（8.4-3）验算坡体稳定性。

9. 同一建筑物相邻两基础的底面不在同一标高时，基础底面标高差 d 与其净距 s 之比也应满足 $d/s{\leqslant}1/2$ 的要求；同一建筑物的条形基础沿纵向的埋置深度变化时，应做成阶梯形过渡，其阶高与阶长之比宜取 1∶2，每阶的阶高不宜大于 500mm。

8.5   人工处理的地基*，如复合地基，其承载力特征值如何确定？地基承载力特征值是否可以进行基础宽度和埋深修正？

1.《地基基础规范》第 7.2.7 条所说的复合地基，通常是指振冲桩复合地基、砂石桩复合地基、水泥粉煤灰碎石桩复合地基、夯实水泥土桩复合地基、竖向承载水泥土搅拌桩复合地基、竖向承载旋喷桩复合地基、石灰桩复合地基、灰土挤密桩和土挤密桩复合地基及柱锤冲扩桩复合地基等九种。

2. 复合地基设计应满足建筑物承载力和变形要求。对于地基土为欠固结土、膨胀土、湿陷性黄土、可液化土等特殊土时，设计时要综合考虑土体的特殊性质，选用适当的增强体和施工工艺，以满足处理后地基土和增强体共同承担荷载的技术要求。增强体和施工工艺的具体选用方法详见《建筑地基处理技术规范》JGJ 79。不同种类的复合地基有不同的适用土层范围、不同的设计要求和不同的施工工艺和施工方法，质量检验方法也不尽相同。同一建筑场地可供选择的复合地基处理方法可能不止一种，应经技术、经济比较后确定，不仅应满足建筑物的承载力和变形要求，还应做到因地制宜、就地取材、保护环境和节约资源。

3. 复合地基承载力特征值应通过现场复合地基载荷试验确定，或采用增强体的载荷试验结果和其周边土的承载力特征值结合经验确定。

复合地基增强体顶部应设褥垫层。褥垫层可采用中砂、粗砂、砾砂、碎石、卵石等散体材料，碎石、卵石宜掺入 20%～30% 的砂。

4. 经处理后的复合地基，当按地基承载力确定基础底面积及埋深而需要对复合地基承载力特征值进行修正时，应符合下列规定：

（1）基础宽度的地基承载力修正系数应取零。

（2）基础埋深的地基承载力修正系数应取 1.0。

经处理后的复合地基，当在受力层范围内仍存在软弱下卧层时，尚应验算下卧层的地基承载力。

对于水泥土类桩复合地基尚应根据修正后的复合地基承载力特征值，进行桩身强度验算。

5. 按地基变形设计或应作变形验算且需进行地基处理的建筑物或构筑物，应对处理后的复合地基进行变形验算。

---

* 关于地基处理，北京市规划委员会于 2016 年 7 月 13 日发文，要求从 2016 年 10 月 1 日起，在北京地区，凡涉及地基处理的建设工程项目，应将地基处理工程设计文件送审。地基处理工程设计文件未经检查合格的，不得使用。建设单位应在施工图设计文件审查完成前，向施工图设计文件审查机构提供地基处理工程设计文件审查合格书。

6. 受较大水平荷载或位于斜坡上的建筑物及构筑物，当建造在处理后的地基上时，应进行地基稳定性验算。

复合地基的变形计算应符合现行国家标准《地基基础规范》的有关规定。在用《地基基础规范》中的变形计算公式计算复合地基的变形量时，复合土层的压缩模量应根据《建筑地基处理技术规范》JGJ 79 中不同类的复合地基分别确定。

8.6　高层建筑与裙房之间的基础不设沉降缝时，可采取哪些措施来减少差异沉降及其影响？

高层建筑的筏形基础与其相连的裙房基础，可以通过地基变形计算来确定是否需要设置沉降缝。当需要设置沉降缝时，高层建筑基础的埋深应大于裙房基础的埋深至少 2m，以保证高层建筑基础有可靠的侧向约束和地基的稳定性。当不能满足上述要求时，必须采取有效措施。沉降缝在地面以下应用粗砂填实（图 8.6-1a）。当不允许设置沉降缝，经地基变形验算后的差异沉降不能满足设计要求时，应采取可靠而有效的措施减少差异沉降及其影响。

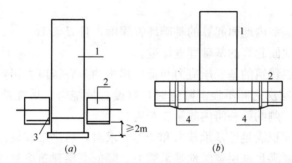

图 8.6-1　高层建筑与裙房间的沉降缝、后浇带处理示意
1—高层建筑；2—裙房及地下室；3—室外地坪以下
用粗砂填实；4—后浇带

带裙房的高层建筑应用非常普遍。高层建筑与裙房之间根据建筑使用功能的要求及侧向约束的需要多数不设永久沉降缝。对带有裙房的高层建筑基础的沉降观测表明：地基沉降曲线在高低层连接处是连续的，不会出现突变。高层建筑地基下沉时，由于土的剪切传递，高层建筑以外的地基随之下沉，其影响范围随土质而异。因此，裙房与高层建筑连接处不会发生突变的差异沉降，而是在裙房若干跨内产生连续性的差异沉降。

当高层建筑与裙房之间不设沉降缝时，可采取下述措施以减少高层建筑的沉降，同时使裙房的沉降量不致过小，从而使两者之间的差异沉降尽量减小。

1. 减小高层建筑沉降可采取的措施有：

（1）应选择压缩性较低的土层作为地基的持力层，其厚度不应小于 4m，并较均匀且无软弱下卧层。

（2）适当扩大基础底面积，以减少基础底面单位面积上的压力。

（3）如建筑物层数较多或地基持力层为压缩性较高、变形较大的土层时，可以选择高层建筑的基础采用复合地基基础或桩基础（宜通过经济比较后确定）、裙房的基础采用天然地基基础的做法，也可以采取高层建筑与裙房采用不同桩径、不同桩长的桩基础的做法，还可以采取高层建筑与裙房采用不同变形要求的复合地基基础的做法。

2. 使裙房沉降量不致过小的措施有：

（1）可使裙房基础的埋置深度小于高层建筑基础的埋置深度，以使裙房基础落在压缩性较高的地基持力层上。例如，高层建筑的基础，其持力层为密实的砂类土，而裙房基础则可以浅埋（如果可能的话），放在一般第四纪黏性土层上。

（2）尽可能减小裙房基础的底面面积，优先选用柱下独立基础或柱下条形基础，不宜采用满堂筏形基础。有防水要求时，可采用独立基础或条形基础另设防水板的做法。此时，防水板下应铺设一定厚度的易压缩材料，如聚苯板或干焦渣等。

（3）适当提高裙房基础下地基土层的承载力。

1）如果岩土工程勘察报告所提供的地基持力层的承载力有一个变化幅度的话，例如，持力层的承载力为 150～180kPa，则可采用上限值 180kPa。

2）进行地基持力层承载力深度修正时，其计算埋置深度 d 不论内、外墙基础或内、外柱基础，均可按下式计算：

$$d = \frac{d_1 + d_2}{2} \tag{8.6-1}$$

式中　d_1——自地下室室内地面起算的基础埋置深度，且 $d_1 \geqslant 1\text{m}$；

　　　d_2——自室外地面起算的基础埋置深度。

同时应注意使高层建筑的基底压应力与低层裙房的基底压应力相差不致过大。

3. 当高层建筑与裙房之间不设沉降缝时，宜设置后浇带。后浇带一般设置于高层建筑与裙房交界处裙房一侧的第一跨内或第二跨内。

当高层建筑基础面积满足地基承载力和变形要求时，后浇带宜设在与高层建筑相邻裙房的第一跨内。当需要满足高层建筑地基承载力、降低高层建筑沉降量、减小高层建筑与裙房间的沉降差而增大高层建筑基础面积时，后浇带可设在距主楼边柱的第二跨内，此时应满足以下条件：

1）地基土质较均匀；

2）裙房结构刚度较好且基础以上的地下室和裙房结构层数不少于两层；

3）后浇带一侧与主楼连接的裙房基础底板厚度与高层建筑的基础底板厚度相同（图8.6-1b）。

后浇带一般应在高层建筑主体结构完工后进行浇筑。但如有沉降观测，当沉降实测值和计算确定的后期沉降差满足设计要求后，也可适当提前进行后浇带混凝土浇筑。

高层建筑与裙房之间设置后浇带后，施工中应注意将后浇带两侧之构件妥善支撑，同时也应注意由于设置后浇带可能引起各部分结构的承载力问题与稳定问题，必要时应进行补充计算。以图 8.6-2 为例，设置后浇带后，使裙房挡土墙的侧压力不能传递至高层建筑主体结构上，如果支撑不当，施工时可能发生事故。

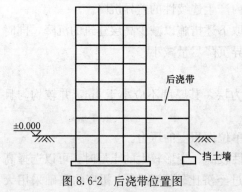

图 8.6-2　后浇带位置图

4. 当高层建筑与相连的裙房之间不设沉降缝和后浇带时，高层建筑及与其紧邻一跨裙房的筏板应采用相同厚度，裙房筏板的厚度宜从第二跨裙房开始逐渐变化，应同时满足主、裙楼基础整体性和基础板的变形要求；应进行地基变形和基础内力的验算，验算时应分析地基与结构间变形的相互影响，并采取有效措施防止产生有不利影响的差异沉降。

5. 带裙房的高层建筑的整体式筏形基础，其主楼下筏板的整体挠度值不宜大于0.05%，主楼与相邻的裙房柱的差异沉降不应大于其跨度的 0.1%。

关于地基变形计算，当允许设置沉降缝时，如地基条件较差，上部结构荷载差异较大，必要时也应进行变形计算，以考虑相邻建筑对地基变形的相互影响。同样，允许设置后浇带时，对后浇带封闭前和封闭后应分别进行地基变形计算，既便于掌握后浇带封闭时间，也便于控制后浇带封闭后地基的后续变形对上部结构的不利影响。

6. 在高层建筑与裙房之间的连接部位，高宽比大于 4 的高层建筑基础底面在重力荷载与水平荷载标准值或重力荷载代表值与多遇水平地震标准值共同作用下，均不宜出现零应力区；同时，应加强高层建筑与裙房之间相连处基础结构的承载力。

8.7　钢筋混凝土柱和墙纵向受力钢筋在基础内的锚固长度如何确定？

钢筋混凝土柱和墙纵向受力钢筋在基础内的锚固长度应符合下列规定：

1. 钢筋混凝土柱和墙纵向受力钢筋在基础内的锚固长度不应小于 l_{aE}。当基础高度满足柱（墙）纵向受力钢筋的直锚长度 l_{aE} 要求时，伸至基础底板钢筋网上的插筋，宜有 $6d$ 且≥150mm 的直弯钩（图 8.7-1）。

2. 当基础高度小于 l_{aE} 时，纵向受力钢筋的总锚固长度除应符合上述要求外，其最小直锚段的长度不应小于 $20d$（d 为纵向受力钢筋的最大直径），弯折后弯折段的长度不应小于 $6d$ 且≥150mm。

3. 现浇柱的基础，当符合下列条件之一时，可仅将四角的插筋伸至底板钢筋网上，其余插筋锚固在基础顶面下 l_{aE} 处（图 8.7-1）。

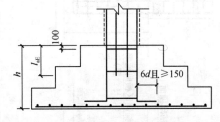

图 8.7-1　现浇柱的基础中插筋构造示意

（1）柱为轴心受压或小偏心受压，基础高度大于或等于 1200mm；

（2）柱为大偏心受压，基础高度大于或等于 1400mm。

4. 国家标准图集 16G101-3 关于柱插筋在基础内的锚固要求，详见图 8.7-2；国家标准图集 16G101-3 关于墙和边缘构件纵向受力钢筋在基础内的锚固要求，详见图 8.7-3、图 8.7-4。

5. 结构设计在引用国家标准图集的构造做法时，应引用到图集的页码；当同一页中有几种不同做法时，还应引用到页中的节点号或剖面号。

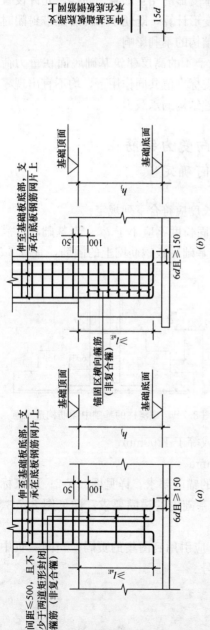

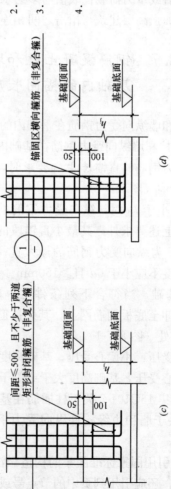

注： 1. 图中 h_c 为基础底面至基础顶面的高度，柱下为基础梁时，h_c 为基础底面至顶面的高度。当柱两侧基础梁标高不同时取较低标高。

2. 锚固区横向箍筋应满足直径≥$d/4$（d为纵筋最大直径），间距≤$5d$（d为纵筋最小直径）且≤100的要求。

3. 当柱纵筋在基础中保护层厚度不一致时（如纵筋部分位于梁中，部分位于板内），保护层厚度不大于$5d$的部分应设置锚固区横向钢筋。

4. 当符合下列条件之一时，可仅将柱四角纵筋伸至底板钢筋网片上（伸至钢筋网片上的柱纵筋间距不应大于1000），其余纵筋锚固在基础顶面或基础中间层钢筋网片上或基础顶面至基础中间钢筋网片即可。
1）柱为轴心受压或小偏心受压，基础高度或基础顶面距离不小于1200；
2）柱为大偏心受压，基础高度或基础顶面距离不小于1400。

5. 图中d为柱纵筋直径。

图 8.7-2 柱纵向钢筋在基础中的锚固构造

(a) 保护层厚度≤5d；基础高度满足直锚；(b) 保护层厚度>5d；基础高度满足直锚；(c) 保护层厚度≤5d；基础高度不满足直锚；(d) 保护层厚度≤5d；基础高度不满足直锚

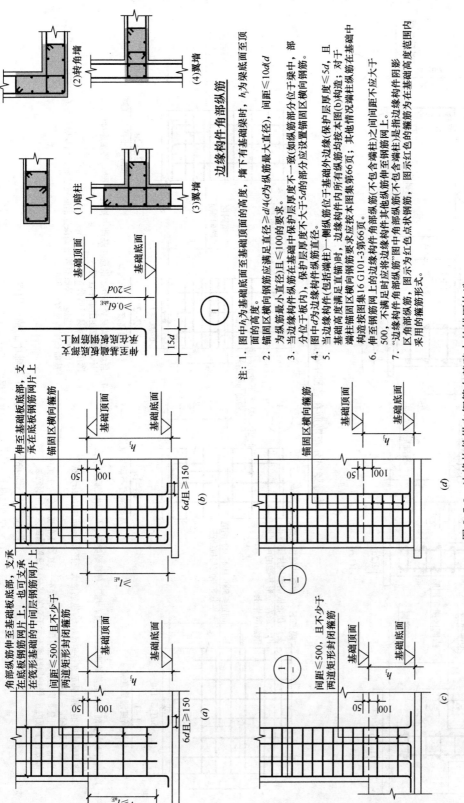

图 8.7-3 边缘构件纵向钢筋在基础中的锚固构造

（角部纵筋的含义详见本页 "边缘构件角部纵筋" 图，墙体分布钢筋未示意）

(a) 保护层厚度>5d；基础高度满足直锚；(b) 保护层厚度≤5d；基础高度满足直锚；(c) 保护层厚度>5d；基础高度不满足直锚；(d) 保护层厚度≤5d；基础高度不满足直锚

边缘构件角部纵筋

注：
1. 图中 h_j 为基础底面至基础顶面的高度，墙下有基础梁时，h_j 为梁底至顶面的高度。
2. 锚固区横向钢筋应满足直径≥d/4（d为纵筋最大直径），间距≤10d（d为纵筋最小直径）且≤100的要求。
3. 当边缘构件纵筋在基础中保护层厚度不一致（如纵筋部分位于基础底板内，部分位于基础顶板内），保护层厚度不大于5d的部分应按设置锚固区横向钢筋。
4. 图中d为边缘构件纵筋直径。
5. 当边缘构件（包括端柱）一侧纵筋位于基础外边缘时，边缘构件外边缘纵筋（保护层厚度≤5d，且端柱锚固端纵向钢筋要求应按本图构造）；其他情况端锚固纵筋在基础中构造按图集16 G101-3第66页。基础锚固高度按图集16 G101-3第66页。
6. 基础钢筋网上的边缘构件角部纵筋（不包含端柱）之间间距不应大于500，不满足时应将该处边缘构件角部纵筋（不包含端柱）弯折伸至基础钢筋网上。
7. "边缘构件角部纵筋"，图示为红色点布状钢筋，图示红色边缘构件阴影区角部纵筋，图示为红色点布状钢筋，图示红色的箍筋是指边缘构件为在基础锚固高度范围内采用的箍筋形式。

(1)暗柱　(2)转角墙　(3)翼墙　(4)翼墙

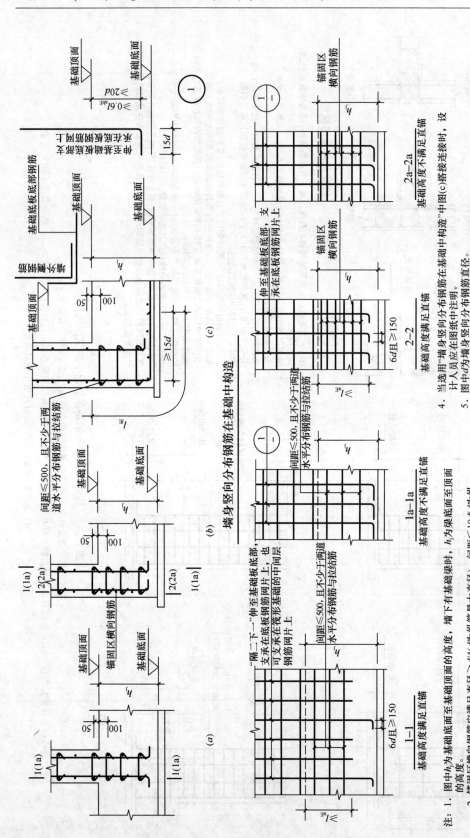

图 8.7-4　墙身竖向分布钢筋在基础中的锚固构造

(a) 保护层厚度>5d; (b) 保护层厚度≤5d; (c) 搭接连接

注: 1. 图中 h_j 为基础底面至基础顶面的高度。

2. 锚固区横向钢筋应满足直径≥d/4(d为纵筋最大直径), 间距≤10d(d为纵筋最小直径)且≤100的要求。

3. 当墙身竖向分布钢筋在基础中保护层厚度不一致时, 如分布筋部分位于梁板内, 部分位于梁板外, 保护层厚度不大于5d的部分应设置锚固区横向钢筋。

4. 当选用"墙身竖向分布钢筋在基础中构造"中图(c)搭接连接时, 设计人员应在图纸中注明。

5. 图中d为墙身竖向分布钢筋直径。

6. 1—1剖面, 当施工采取有效措施保证钢筋定位时, 墙身竖向分布钢筋伸入基础长度满足直锚即可。

8.8 钢筋混凝土柱下独立基础设计时应当注意什么问题?

钢筋混凝土多层框架结构,当不设置地下室时,框架柱下通常采用钢筋混凝土独立基础。柱下钢筋混凝土独立基础是各类基础中较为简单的基础。在上部结构承受的荷载不变的情况下,基础底面面积由修正后的地基承载力特征值确定;基础的高度由柱与基础交接处基础的受冲切承载力确定;基础变阶处的高度由基础变阶处的受冲切承载力确定;基础底板的配筋由抗弯计算确定。

但在设计钢筋混凝土柱下独立基础时,应注意以下几个问题:

1. 应控制基础台阶的宽高比和偏心距。

《地基基础规范》第 8.2.11 条规定,在轴心荷载或单向偏心荷载作用下,当台阶的宽度比小于或等于 2.5 且偏心距小于或等于 1/6 基础宽度时,柱下矩形独立基础任意截面的底板弯矩可按下列简化方法进行计算 (图 8.8-1):

$$M_{\mathrm{I}} = \frac{1}{12}a_1^2\Big[(2l+a')\Big(p_{\max}+p-\frac{2G}{A}\Big)+(p_{\max}-p)l\Big] \tag{8.8-1}$$

$$M_{\mathrm{II}} = \frac{1}{48}(l-a')^2(2b+b')\Big(p_{\max}+p_{\min}-\frac{2G}{A}\Big) \tag{8.8-2}$$

式中各符号的意义见《地基基础规范》第 8.2.11 条。

显然,钢筋混凝土矩形独立基础任意截面处相应于荷载效应基本组合时的弯矩设计值 M_{I}、M_{II},是以其台阶宽高比≤2.5 和偏心距≤$\frac{1}{6}b$ 为前提条件建立的,所以,工程设计时,这两个条件应当得到满足。因为:

(1) 柱下钢筋混凝土独立基础承受地基反力设计值作用后,基础底板沿着柱子四周产生弯曲,当弯曲应力超过基础抗弯承载力时,基础底板将发生弯曲破坏,由于独立基础底面的长宽尺寸较为接近,使底板发生双向弯曲,其内力常常采用简化方法计算,即将独立基础的底板视作固定在柱子四周四面挑出的悬臂板,并近似地将地基反力设计值按对角线划分,沿基础长宽两个方向的弯矩 M_{I} 和 M_{II},等于梯形基底面积上地基反力设计值对计算截面所产生的弯矩,见式 (8.8-1) 和式 (8.8-2)。

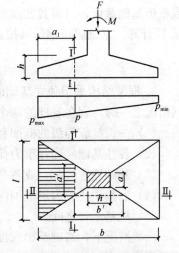

图 8.8-1 矩形基础底板
的计算示意

要求独立基础台阶宽高比≤2.5 的实质是要保证独立基础有必要的抗弯刚度,否则,基础底面上地基反力难以符合线性分布的假定,基础底面上地基反力设计值也不宜按对角线划分,因而也不能按式 (8.8-1) 和式 (8.8-2) 计算基础长宽两个方向的弯矩。

(2) 矩形独立基础的偏心距 e≤$\frac{1}{6}b$,意味着基础底面积上地基反力最小值 $p_{k\min}$≥0,因而

才符合按式 (8.8-1) 和式 (8.8-2) 计算基础长宽两个方向的弯矩的条件。如果 $e > \dfrac{1}{6}b$，则独立基础底面与地基土之间将出现零应力区，基础底面上相应于荷载效应标准组合的地基反力最大值将为：

$$p_{kmax} = \frac{2(F_k + G_k)}{3la} \tag{8.8-3}$$

式中 l——垂直于力矩作用方向的基础底面边长（m）；

　　　　a——合力作用点至基础底面最大压力边缘的距离（m）（图 8.8-2）。

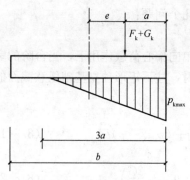

图 8.8-2   偏心荷载（$e > b/6$）
下基底压力计算示意图
注：b—力矩作用方向基础底面边长。

2. 注意钢筋混凝土扩展基础底板的最小配筋率问题。

扩展基础系指柱下钢筋混凝土独立基础和墙下钢筋混凝土条形基础。

《地基基础规范》第 8.2.12 条规定，扩展基础底板配筋除满足计算和《地基基础规范》第 8.2.1 条第 3 款规定的最小配筋率要求外，尚应符合《地基基础规范》第 8.2.1 条的构造要求。

《地基基础规范》第 8.2.1 条第 3 款明确规定，扩展基础受力钢筋的最小配筋率不应小于 0.15%，底板受力钢筋的最小直径不应小于 10mm，间距不应大于 200mm，也不应小于 100mm。墙下钢筋混凝土条形基础纵向分布钢筋的直径不应小于 8mm；间距不应大于 300mm；每延米分布钢筋的面积不应小于受力钢筋面积的 15%。

《地基基础规范》第 8.2.12 条还明确规定，计算扩展基础底数最小配筋率时，对阶形或锥形基础截面，可将其截面折算成矩形截面，截面的折算宽度和截面的有效高度，按附录 U 计算。基础底板钢筋可按式 (8.8-4) 计算：

$$A_s = \frac{M}{0.9 f_y h_0} \tag{8.8-4}$$

3. 框架结构采用独立基础时，为了保证基础结构在地震作用下的整体工作，属于下列情况之一时，宜在基础的两个主轴方向设置基础系梁。

（1）一级抗震等级的框架和 Ⅳ 类场地上的二级框架。

（2）各柱基础底面在重力荷载代表值作用下的压应力差别较大。

（3）基础埋置较深，或各基础埋置深度差别较大。

（4）地基主要受力层范围内存在软弱黏性土层、液化土层和严重不均匀土层。

（5）桩基承台之间。

一般情况下，基础系梁宜设置在基础顶面，其顶标高与基础顶面标高相同。当基础系梁梁底标高高于基础顶面时，应避免在基础系梁与基础之间的柱形成短柱；当基础系梁距基础顶面较远时，基础系梁应按拉梁层（无楼板的框架楼层）进行设计，并参与结构整体计算。

4. 注意多层钢筋混凝土框架结构设置拉梁层的设计问题。

（1）多层钢筋混凝土框架结构，当首层层高较高，独立基础埋深又较深，楼层的弹性层间位移角常常难以满足《抗震规范》的要求。如要使框架结构楼层的弹性层间位移角满足《抗震规范》的要求，当不拟考虑设置少量剪力墙时，通常可以采用下列三项措施的一种：

1）加大框架结构梁、柱截面尺寸，提高混凝土强度等级。

2）采用短柱基础，使框架柱嵌固在基础短柱顶面，从而减小框架结构首层层高。

3）在框架结构±0.000 地面以下靠近地面处，设置拉梁层，将框架结构首层分为两层。

在这三种措施中，第一种措施常因建筑使用功能的要求，受到限制，不便任意加大梁、柱截面尺寸，而提高混凝土强度等级对改善结构侧向刚度又不明显；在第二种和第三种措施中，编者建议首先采用短柱基础，短柱基础受力明确，构造简单，施工方便。短柱的截面尺寸和配筋构造要求可参照《地基基础规范》第 8.2.5 条的规定确定。

（2）当采用设置拉梁层的方案时，设计中应注意以下几个问题：

1）拉梁层的拉梁应按框架梁设计；拉梁应按相应抗震等级的框架梁设置箍筋加密区。

2）拉梁层无楼板，在 PMCAD 交互式建模时，应定义楼面全部房间开洞或定义零厚度楼板；结构整体计算时再定义弹性楼板（弹性膜）并采用总刚分析。

3）有填充墙等荷载的拉梁，应如实输入作用在拉梁上的线荷载或其他荷载，如楼梯立柱的集中荷载等。

4）设有拉梁层的框架结构，多了一个拉梁层，宜计算两次：第一次，将框架柱嵌固在基础顶面进行结构整体计算；此时总信息中"土的水平抗力系数的比例系数"可填"0"；第二次，假定拉梁层为地下室，即定义一层地下室后进行结构整体计算；用 SAT-WE 软件进行结构第二次整体计算时，总体信息中"土的水平抗力系数的比例系数"可填 ≤3，以近似考虑地基土一定程度上的约束；框架梁、柱配筋取两次整体计算结果的较大值。

5）首层楼面以下基础顶面以上的框架柱，宜取拉梁层以上及以下框架柱纵向受力钢筋的较大值通长配筋；拉梁以下的框架柱宜全高加密箍筋。

6）设有拉梁层的框架结构，之所以要进行两次整体计算，其原因是：

其一，仅将框架柱嵌固在基础顶面处进行结构整体计算，可以使拉梁层顶面以下、基础顶面以上框架柱的配筋较为合理，但可能会使拉梁层顶面以上框架柱的配筋不合理，特别是抗震设计时，一、二、三、四级抗震等级的框架结构，其底层柱底截面的弯矩增大系数，在这时增大的是基础顶面处的拉梁层柱下端截面的弯矩（《抗震规范》第 6.2.3 条），而不是增大拉梁层顶面处的结构首层柱下端截面的弯矩，因而可能会使结构的首层柱的配筋偏少。

其二，仅假定拉梁层为地下室，将框架柱嵌固在地下室顶面即拉梁层顶面处进行结构整体计算，这时结构的首层柱下端截面弯矩增大系数是增大拉梁层顶面处结构的首层柱下端截面的弯矩，因而可以使拉梁层顶面以上结构底层框架柱的配筋较为合理，但拉梁层顶面以下、基础顶面以上框架柱的配筋，及拉梁层拉梁的配筋和结构首层顶部框架梁的配筋就未必合理。

所以，设置拉梁层的框架结构，应进行两次结构整体计算。

8.9   高层建筑筏形基础设计时应当注意什么问题？

多层和高层建筑，当采用条形基础不能满足上部结构对地基承载力和变形的要求时，或当建筑物要求基础具有足够的刚度以调节不均匀沉降时，可采用筏形基础。

1. 筏形基础的平面尺寸，应根据地基土的承载力、上部结构的布置、地下室结构底层平面以及荷载分布等因素确定。对于单幢建筑物，在地基土比较均匀的条件下，基底平面形心宜与结构竖向永久荷载的重心重合。当不能重合时，在作用的准永久组合下，宜通过调整基底面积使偏心距 e 符合下式要求：

$$e \leqslant 0.1 W/A \tag{8.9-1}$$

式中 W——与偏心距方向一致的基础底面边缘的抵抗矩（m^3）；

A——基础底面积（m^2）。

对低压缩性地基或端承桩基的基础，可适当放松上述偏心距的限制。质量偏心较大的高层建筑的主楼与裙房可以分别计算基底应力。

2. 筏形基础可采用具有反梁的交叉梁板结构，也可采用平板结构（有柱帽或无柱帽），其选型应根据工程地质条件、上部结构体系、柱距、荷载大小、使用要求、基础埋深及施工条件等综合考虑确定（参见表 8.9-1）。

框架-核心筒结构和筒中筒结构宜采用平板式筏形基础。

梁板式和平板式筏形基础综合比较表   表 8.9-1

基础类型	材料消耗	造 价	用工量	工 期	基础本身高度（厚度）
梁板式	低	低	高	较 长	稍 大
平板式	高	高	低	较 短	稍 小

当地下水位较高、防水要求严格时，可在基础底板上面设置架空层。如为带反梁的筏形基础，应在基础板上表面处的基础梁内留排水洞，其尺寸一般为 150mm×150mm。

3. 梁板式筏基底板除计算正截面受弯承载力外，其厚度应满足受冲切承载力和受剪切承载力的要求。对多层建筑的梁板式筏基，其底板厚度不宜小于 250mm；对 12 层以上的高层建筑的梁板式筏基，其底板厚度不应小于 400mm。平板式筏基的板厚除应满足受冲切承载力外，其最小厚度也不应小于 400mm。

在设计交叉梁板式筏形基础时，应注意不能因柱截面较大而使基础梁的宽度很大，造成浪费。在满足 $V \leqslant 0.25 f_c b h_0$ 的条件下，当柱宽≤400mm 时，梁宽可取大于柱宽，当柱宽＞400mm 时，梁宽不一定大于柱宽，可采用梁水平加腋的做法。

基础梁高也不宜过大，如果不能满足 $V \leqslant 0.25 f_c b h_0$ 的条件，也可不必将梁的截面在整个跨内加大，仅需在支座剪力最大部位加腋（竖向加腋或水平加腋）。

地下室底层柱或剪力墙与梁板式筏形基础的基础梁连接的构造要求如图 8.9-1 所示。

图中柱的侧腋配筋构造做法和有关注意事项，可参见国标图集 16G103-3 第 84 页的构造图和注 1～3。边柱或角柱处基础梁端部无外伸时的构造做法，可参见国标图集 16G101-3 第 81 页。

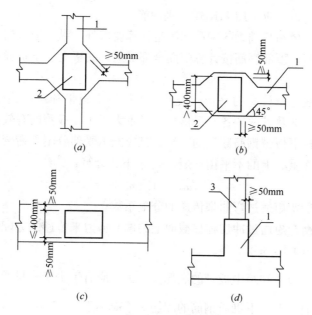

图 8.9-1　地下室底层柱或剪力墙与梁板式
筏基的基础梁连接的构造要求
1—基础梁；2—柱；3—墙

4. 筏形基础底板是否外挑，可按以下原则确定：

（1）当地基土质较好，基础底板即使不外挑，也能满足承载力和沉降要求，当有柔性防水层时，基础底板不宜外挑。

（2）条件同第（1）款，但无柔性防水层时，基础底板宜按构造外挑，外挑长度可取 0.5～1.0m。

（3）当地基土质较差，承载力或沉降不能满足设计要求时，可根据计算结果将基础底板外挑。挑出长度大于 1.5～2.0m 时，对于梁板式筏基，应将基础梁与板一同挑出，以减少板的内力。对于平板式筏基，宜设置柱下平板柱帽。

5. 筏形基础混凝土的强度等级，应根据耐久性要求按所处环境类别确定，一般情况下，对于多层建筑不应低于 C25，对于高层建筑不应低于 C30；当有防水要求时，混凝土的抗渗等级应根据基础（地下室）埋置深度 H 按表 8.9-2 确定，且不应低于 P6。

基础防水混凝土的抗渗等级　　　　　　　　　　　　　　　　表 8.9-2

基础（地下室）埋置深度 H（m）	抗渗等级	基础（地下室）埋置深度 H（m）	抗渗等级
$H<10$	P6	$20 \leqslant H < 30$	P10
$10 \leqslant H < 20$	P8	$H \geqslant 30$	P12

筏形基础宜在纵、横方向每隔 30～40m 留一道贯通顶板、底板及墙板的施工后浇带，带宽 800～1000mm 左右。后浇带宜设置在柱距中部 1/3 范围内及剪力墙附近。后浇带处梁、板的钢筋可不断开。后浇带的混凝土宜在其两侧的混凝土浇灌完毕后不少于两个月再进行浇灌。后浇混凝土的强度等级应提高一级，且应采用无收缩混凝土，低温入模。

筏形基础的梁、板，应采用 HRB400 级钢筋。

梁板式筏基的底板和基础梁的配筋除满足计算要求外，纵、横方向的底部钢筋尚应有不少于 1/3 贯通全跨，顶部钢筋按计算配筋全部贯通，底板上、下贯通钢筋的配筋率不应小于 0.15%。

按基底反力直线分布计算的平板式筏基，可按柱下板带和跨中板带分别进行内力分析。柱下板带中，柱宽及其两侧各 0.5 倍板厚且不大于 1/4 板跨的有效宽度范围内，其钢筋配置量不应小于柱下板带钢筋数量的一半，且应能承受部分不平衡弯矩 $\alpha_m M_{unb}$。M_{unb} 为作用在冲切临界截面重心上的不平衡弯矩，α_m 按下式计算：

$$\alpha_m = 1 - \alpha_s \tag{8.9-2}$$

式中　α_m——不平衡弯矩通过弯曲来传递的分配系数；

　　　α_s——不平衡弯矩通过冲切临界截面上的偏心剪力来传递的分配系数，见《地基基础规范》第 8.4.7 条。

平板式筏基柱下板带和跨中板带的底部支座钢筋应有不少于 $\frac{1}{3}$ 贯通全跨，顶部钢筋应按计算配筋全部贯通，上、下贯通钢筋的配筋率不应小于 0.15%。

筏形基础底板钢筋的间距不应太小，宜为 200~300mm，且不宜小于 150mm。受力钢筋的直径不宜小于 12mm。梁板式筏基的基础梁，箍筋直径不宜小于 10mm，箍筋间距不宜小于 150mm，但也不应大于 300mm。

筏形基础底板钢筋的接头位置，应选择在底板内力较小的部位，宜采用搭接接头或机械连接接头，不应采用现场电弧焊焊接接头。

筏形基础地梁并无延性要求，其纵向钢筋伸入支座内的锚固长度、箍筋间距、弯钩做法等等均可按非抗震构件的要求进行设计。

6. 当地基土比较均匀、地基压缩层范围内无软弱土层或可液化土层、上部结构刚度较好，柱网和荷载较均匀、相邻柱荷载及柱间距的变化不超过 20%，且梁板式筏基梁的高跨比或平板式筏基板的厚跨比不小于 1/6（或梁板式筏基梁的线刚度不小于柱线刚度的 3 倍，当为平板式筏基时，梁的刚度可取板的折算刚度），筏形基础可仅考虑局部弯曲作用。筏形基础的内力，可按基底反力直线分布进行计算。按基底反力直线分布计算的梁板式筏基，其基础梁的内力可按连续梁分析，边跨跨中弯矩及第一内支座的弯矩值宜乘以 1.2 的增大系数。

当不满足上述要求时，筏基内力可按弹性地基梁板方法进行分析计算。

平板式筏形基础平板端部与外伸部位钢筋构造，可参见国标图集 16G101-3 第 93 页的构造图和注：1~4。

8.10　地下室采用独立基础加防水板的做法时，
应当注意什么问题？

多高层建筑大多数都建有地下室。多高层建筑建地下室时，绝大多数都采用筏板基础或箱形基础（也可以是桩筏基础或桩箱基础）。当为多层框架结构建有地下室且有防水要求（但地下水位不高又无抗浮设计问题）时，如地基较好，也可以选用独立基础加防水板的地下室做法。地下室采用独立基础加防水板的做法也适用于高层建筑的裙房。

柱下独立基础加防水板的地下室在设计时应注意以下问题：

1. 多层框架结构的地下室采用独立基础加防水板的做法时，柱下独立基础承受上部结构的全部荷载，防水板仅按防水要求设置。柱下独立基础的沉降受很多因素的影响，很难准确计算，因而其沉降引起的地基土对防水板的附加反力也很难准确计算。有的资料介绍说，当防水板位于地下水位以下时，防水板承受的向上的反力可按上部建筑自重的 10% 加水浮力计算；另一些资料则认为，防水板

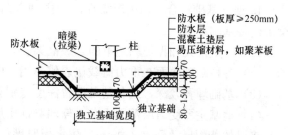

图 8.10-1　独立基础加防水板的做法示意图

承受的向上的反力可取水浮力和上部建筑荷载的 20% 两者中的较大值计算。由此可见，在这种情况下，防水板所受到的向上的反力具有很大的不确定性。所以，当地下室采用独立基础加防水板的做法时，为了减少柱基础沉降对防水板的不利影响，在防水板下宜设一定厚度的易压缩材料，如聚苯板或松散焦渣等。如铺设聚苯板，其密度宜 $\geq 18 kg/m^3$。这时，防水板仅考虑地下水浮力的作用，不考虑地基土反力的作用。柱下独立基础加防水板做法示意如图 8.10-1 所示。

2. 柱下独立基础的设计计算。

(1) 地下室采用柱下独立基础加防水板时，柱下独立基础的设计计算方法与无地下室的多层框架结构相同。基础的底面面积、基础的高度和基础底板的配筋，均应按上部结构整体计算后输出的底层柱底组合内力设计值中的最不利组合并考虑某些附加荷载进行设计计算，不可仅采用静荷载＋活荷载的组合内力来进行设计计算。

(2) 下设易压缩材料时，柱下独立基础除承受上部结构荷载及柱基自重外，还应考虑防水板的自重、板面建筑装修荷载和板面使用荷载。这些荷载使柱子的轴向压力增加，设计计算时应计入其影响，增加的轴向力可近似地按柱子的负荷面积计算。当独立基础的设计由 N_{min} 组合内力设计值控制时，则可不考虑作用在防水板上的使用荷载。

(3) 柱下独立基础的配筋尚应考虑防水板板底向上荷载的作用影响。当防水板按无梁楼板进行设计计算时，柱下独立基础的最终配筋应取按柱下独立基础计算所需钢筋截面面积与防水板底面在向上竖向荷载（如水浮力等）作用下柱下板带支座所需钢筋截面面积之和。

3. 防水板的设计计算。

(1) 当柱网较规则、荷载较均匀时，防水板通常按无梁楼板设计，此时柱基础可视为柱帽（托板式柱帽）。

(2) 防水板的配筋应按下列均布荷载计算，并取其配筋较大者：①作用在防水板顶面向下的竖向均布荷载，包括板自重、板面装修荷载和等效均布活荷载；②作用在防水板底面向上的竖向均布荷载，包括水浮力及防空地下室底板等效静荷载（无人防要求时不计此项荷载），但应扣除防水板自重和板面装修荷载。

(3) 防水板应双向双层配筋，其截面面积除满足计算要求外，尚应满足受弯构件最小配筋率的要求（非人防的或人防的），见《混凝土规范》第 8.5.1 条和《人民防空地下室

设计规范》GB 50038 第 4.11.7 条。

(4) 防水板的厚度不应小于 250mm，混凝土强度等级不应低于 C25，宜采用 HRB335 级或 HRB400 级钢筋配筋，钢筋直径不宜小于 12mm，间距宜采用 150～200mm。

4. 独立基础符合下列情况需在两个主轴方向设置基础系梁时，可在防水板内设置暗梁来代替基础系梁：

(1) 一级框架和 IV 类场地上的二级框架。

(2) 各柱基础底面在重力荷载代表值作用下的压应力差别较大。

(3) 基础埋置较深，或各基础埋置深度差别较大。

(4) 地基主要受力层范围内存在软弱黏性土层、液化土层和严重不均匀土层。

暗梁的断面尺寸可取 250mm×防水板厚度；暗梁的纵向钢筋可取所连接的两根柱子中轴力较大者的 1/10 作为拉力来计算，且配筋总量不少于 4 Φ 14（上下各不少于 2 Φ 14），箍筋不少于 Φ 6@200。暗梁的配筋可同时作为防水板的配筋。

5. 为了保证带防水板的柱下独立基础有必要的埋深，基础底面至防水板顶面（地下室底板顶面）的距离不宜小于 1.0m。对于防水要求较高的地下室，宜在防水板下铺设延性较好的防水材料，或在防水板上增设架空层。

8.11　桩基础设计时应当注意什么问题？

当天然地基或人工处理地基的承载力或变形不能满足结构设计要求，经方案比较采用其他类型的基础并不经济，或施工技术上存在困难时，可采用桩基础。

建筑结构所采用的桩基础通常是指混凝土预制桩和混凝土灌注桩低桩承台基础。按照桩的性状和竖向受力情况，可分为摩擦型桩和端承型桩。摩擦型桩的桩顶竖向荷载主要由桩的侧阻力承受；端承型桩的桩顶竖向荷载主要由桩的端阻力承受。

桩基础宜选用中、低压缩性土层作为桩端持力层；同一结构单元内的桩基，不宜选用压缩性差异较大的土层作为桩端持力层，不宜采用部分摩擦桩和部分端承桩。

设计低承台桩基础时，还应当注意以下问题：

1. 应正确选择桩端持力层并确定桩端进入持力层的深度。

(1) 具有适当埋深的一般第四纪砂土或碎石类土为一般预制桩和灌注桩较理想的桩端持力层，桩端下持力层的厚度不宜小于 3m。

(2) 对于大面积的新近沉积的砂土，当密实度达到中密以上，厚度大于 4m 时，也可作为一般预制桩和灌注桩的桩端持力层。

(3) 具有适当埋深的低压缩性黏性土、粉土可作为一般预制桩和灌注桩的桩端持力层，但其厚度应大于 4m。

(4) 风化基岩也可以作为桩端持力层，但需经详细勘察，以确定其顶面起伏变化情况、风化程度、风化深度及物理力学性质。

(5) 桩端全断面进入持力层的深度，应根据地质条件、竖向承载力要求、桩的类型、施工设备及施工工艺等因素综合考虑确定，宜为桩身直径的 1～3 倍。

1) 对于黏性土、粉土，桩端全断面进入持力层的深度不宜小于 2d（d 为桩身直径，以下同）；砂土及强风化软质岩不宜小于 1.5d；对于碎石类土及强风化硬质岩不宜小于 d

且不宜小于 0.5m。

2）嵌岩灌注桩，桩端全断面进入未风化、微风化、中风化硬质岩体的最小深度，不宜小于 0.4d 且不宜小于 0.5m。

3）当场地有液化土层时，桩身应穿过液化土层进入液化土层以下的稳定土层，进入深度（不包括桩尖部分）应按计算确定；且对碎石土，砾、粗、中砂，坚硬黏性土和密实粉土尚不应小于 0.5m，对其他类非岩石土尚不宜小于 1.5m。

4）当场地有季节性冻土或膨胀土层时，桩身进入上述土层以下的土层深度应通过抗拔稳定性验算确定，其深度不应小于 4 倍桩径、扩大头直径及 1.5m 的较大值。

2. 桩的平面布置宜符合以下原则：

（1）应力求使各桩桩顶受荷均匀，上部结构竖向永久荷载的合力作用点宜与桩群的竖向承载力合力点重合，并宜使群桩在承受水平力和弯矩方向有较大的抵抗矩。

（2）在建筑物的四角、转角、内外墙和纵横墙交叉处应布桩，但横墙较密的多层建筑，纵墙也可在与内横墙交叉处两侧布桩（图 8.11-1b），门洞口范围内应尽量避免布桩；在伸缩缝或防震缝处可采用两柱或两墙共用同一承台或承台梁的布桩形式。

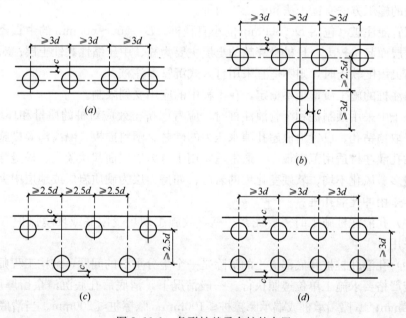

图 8.11-1　条形桩基承台桩的布置
（a）桩的单排布置；（b）横墙较多的多层建筑桩的布置；（c）桩的双排错放布置；
（d）桩的双排正放布置
注：①d 为桩身直径或边长；②c≥150mm；③当为高层建筑时，c≥$d/2$。

（3）钢筋混凝土筒体采用群桩时，在满足桩的最小中心距要求的条件下，桩宜尽量布置在筒体以内或不超出筒体外缘一倍基础底板厚度范围之内。

（4）框架-剪力墙结构中，剪力墙下的布桩量要考虑剪力墙两端应力集中的影响，而剪力墙中和轴附近的桩可按受力情况均匀布置。

（5）条形桩基承台的布桩可沿墙轴线单排布桩，或双排成对布桩，也可双排交错布桩；空旷、高大的建筑物，如食堂、礼堂、单层工业厂房等，不宜采用单排布置（图

8.11-1)。

（6）柱下独立桩基承台，桩的布置可采用行列式或梅花式；柱下独立桩基承台当采用小直径桩时，一般应布置不少于 3 根桩；大直径桩（桩径 $d \geqslant 800mm$）宜采用一柱一桩。

（7）考虑到施工时相邻桩的相互影响和桩身受力的影响，桩的间距不应小于 $3d$。但是，条形桩基承台的外墙或横墙外端处，为便于布置，桩距也可减小到不小于 $2.5d$。一般桩距不宜大于 $3.0m$。桩距及桩与承台边的关系尺寸可参见图 8.11-1。当为柱下独立桩基承台时，桩间距不应小于 $3d$，且应使 $c \geqslant \dfrac{d}{2}$。

3. 桩型选择应合理。桩型的选择应根据建筑物的使用要求、上部结构类型、荷载大小、工程地质情况、施工设备和条件及周围环境等因素综合考虑确定。

（1）预制桩（包括混凝土预制方形桩及预应力混凝土管桩）适宜用于持力层层面起伏不大的强风化岩层、风化残积土层、砂层和碎石土层，且桩身穿过的土层主要为高、中压缩性黏性土层；所穿越土层中存在孤石等障碍物的石灰岩地区、从软塑层突变到特别坚硬层的岩层地区，均不适宜采用预制桩。

预制桩的施工方法有锤击法和静压法两种。

（2）沉管灌注桩（包括 $D < 500mm$ 的小直径桩，$D = 500 \sim 600mm$ 的中直径桩）适宜用于持力层层面起伏较大，且桩身穿越的土层主要为高、中压缩性黏性土层；对于桩群密集，且为高灵敏度软土时，则不适宜采用打入式沉管灌注桩。

沉管灌注桩的施工质量很不稳定，在工程中的应用受到限制。

在饱和土中采用预制桩和沉管灌注桩时，应考虑挤土效应对桩的质量和环境的影响，必要时应采取预钻孔、设置消散超孔隙水压力的砂井、塑料插板、隔离沟等措施。

（3）钻孔灌注桩适用范围最广，通常适宜用于持力层层面起伏较大、桩身穿越各类土层以及夹层多、风化不均、软硬变化大的岩层；如持力层为硬质岩层或地层中夹有大块块石等，则需采用冲孔灌孔桩。

钻（冲）孔灌注桩施工时需要泥浆护壁，故施工现场受限制或环境保护有特殊要求时，不宜采用。

钻（冲）孔灌注桩桩孔底部渣土的清除是一个十分重要的问题，结构工程师必须依据有关的规定严格要求施工单位遵照执行。一般情况下，清底后孔底沉渣余留厚度应符合：端承桩 $\leqslant 50mm$；摩擦端承或端承摩擦桩 $\leqslant 100mm$；摩擦桩 $\leqslant 200mm$。当清底后孔底沉渣超过规定或为了提高桩的承载力并减少桩的沉降量时，可采用中国建筑科学研究院的桩端后压浆技术等措施处理。

钻孔灌注桩后压浆技术不仅可以提高桩的承载力 50% 以上，而且可以减少桩的沉降量，也有利于通过后压浆的预留孔检查桩身的混凝土质量。

（4）人工挖孔桩适宜用于地下水埋藏较深，或地下水埋藏较浅但能采用井点降水且持力层以上无流动性淤泥质土的地层。成孔过程中可能出现流砂、涌水、涌泥的地层不宜采用人工挖孔桩。采用人工挖孔桩时，应采用钢筋混凝土井圈护壁，并应有通风设施等相应的安全措施。

4. 桩基础的单桩竖向承载力应按下列原则确定：

（1）单桩竖向承载力特征值应通过单桩竖向静载荷试验确定。在同一条件下的试桩数量，不宜少于总桩数的1‰，且不应少于3根。

当桩端持力层为密实砂卵石或其他承载力类似的土层时，单桩承载力很高的大直径端承型桩，可采用深层平板载荷试验确定桩端土层的地基承载力特征值 f_{ak}。

（2）地基基础设计等级为丙级的建筑物，可采用静力触探及标贯试验参数确定单桩竖向承载力特征值 R_a。

（3）初步设计时单桩竖向承载力特征值可按下式估算：

$$R_a = q_{pa}A_p + U_p\Sigma q_{sia}l_i \tag{8.11-1}$$

式中　R_a——单桩竖向承载力特征值（kN）；

q_{pa}、q_{sia}——分别为桩端端阻力、桩侧侧阻力特征值（kPa），由当地静载荷试验结果统计分析算得；

A_p——桩底端横截面面积（m²）；

U_p——桩身周边长度（m）；

l_i——第 i 层岩土的厚度（m）。

桩端嵌入完整及较完整的硬质岩中，当桩长较短且入岩较浅时，可按下式估算单桩竖向承载力特征值：

$$R_a = q_{pa}A_p \tag{8.11-2}$$

式中　q_{pa}——桩端岩石承载力特征值（kPa）。

（4）嵌岩灌注桩桩端以下三倍桩径且不小于5m范围内应无软弱夹层、断裂破碎带和洞穴分布，且在桩底应力扩散范围内无岩体临空面。桩端岩石承载力特征值，当桩端无沉渣时，应根据岩石饱和单轴抗压强度标准值按《地基基础规范》第5.2.6条确定，或按《地基基础规范》附录H用岩石地基载荷试验确定。

5. 桩基础的单桩水平承载力特征值取决于桩的材料强度、截面刚度、入土深度、土质条件、桩顶水平位移允许值和桩顶嵌固情况等因素，应通过现场水平载荷试验确定。必要时可进行带承台的载荷试验，试验宜采用慢速维持荷载法。

当作用于桩基上的外力主要为水平力时，应根据使用要求对桩顶位移的限制，对桩基的水平承载力进行验算。当外力作用面的桩距较大时，桩基的水平承载力可视为各单桩的水平承载力的总和。当承台侧面的土未经扰动或回填密实时，可计算土抗力的作用。当水平推力较大时，宜设置斜桩。

6. 预制桩的混凝土强度等级不应低于C30；预应力桩不应低于C40；灌注桩不应低于C25，并应符合相应的设计使用年限、环境类别和耐久性等（包括混凝土保护层厚度）的要求。桩身混凝土强度应满足桩的承载力设计要求。桩身混凝土强度应按下式验算：

桩轴心受压时　　　　　　　　　$Q \leqslant A_p f_c \psi_c$ 　　　　　　　　　（8.11-3）

式中　f_c——混凝土轴心抗压强度设计值（kPa），按《混凝土规范》规定取值；

Q——相应于作用的基本组合时的单桩竖向力设计值（kN）；

A_p——桩身横截面面积（m²）；

ψ_c——工作条件系数，非预应力预制桩取0.75，预应力桩取0.55~0.65，灌注桩取0.6~0.8（水下灌注桩、长桩或混凝土强度等级高于C35时用低值）。

当桩基承受拔力时，应对桩基进行抗拔验算及桩身抗裂验算。

7. 应考虑几种特殊岩土场地及桩基施工对桩基的影响。

（1）所谓特殊岩土场地，通常是指岩溶地区的场地土、湿陷性黄土、新填土、欠固结的软土、季节性冻土和膨胀土等。在这类场地上采用桩基础时，应根据有关国家标准和工程实际情况，正确选用桩型、桩的持力层和桩进入持力层的深度，正确确定桩的承载力特征值（包括合理考虑桩的负摩阻力影响），必要时尚应验算桩的受拔力和桩身的稳定性。

桩的负摩阻力宜按各地经验数据采用，或由拟建场地岩土工程勘察报告提供，也可按《建筑桩基技术规范》JGJ 94 的规定计算。

（2）由于欠固结软土、湿陷性土和场地填土的固结，场地大面积堆载、降低地下水位等原因，引起桩周土的沉降大于桩的沉降时，应考虑桩侧负摩擦力对桩基承载力和沉降的影响。

（3）对位于坡地、岸边的桩基，应进行桩基的整体稳定验算。

（4）岩溶地区的桩基，当岩溶上覆土层的稳定性有保证，且桩端持力层承载力及厚度满足要求，可利用上覆土层作为桩端持力层。当必须采用嵌岩桩时，应对岩溶进行施工勘察。

（5）应考虑桩基施工中挤土效应对桩基及周边环境的影响；在深厚饱和软土中不宜采用大片密集有挤土效应的桩基。

应考虑深基坑开挖中，坑底土回弹隆起对桩身受力及桩承载力的影响。

（6）桩基可不进行桩基承载力验算的范围、非液化土中低承台桩基的抗震验算要求、存在液化土层的低承台桩基的抗震验算要求，详见《抗震规范》第 4 章第 4.4 节各条及相关条文说明。

8. 应重视桩基础受力钢筋的配置。

桩基础受力钢筋应采用 HRB400 级钢筋，配筋量除经计算确定外，还应符合下列要求：

（1）打入式预制桩的最小配筋率不宜小于 0.8%；静压式预制桩的最小配筋率不宜小于 0.6%；预应力桩不宜小于 0.5%；灌注桩的最小配筋率不宜小于 0.2%～0.65%（小直径桩取大值）；直径≥800mm 的大直径灌注桩的最小配筋率不宜小于 0.4%，且不少于 8 根。桩顶以下 3～5 倍桩身直径范围内，箍筋宜适当加强加密。

（2）桩基承台梁的纵向受力钢筋应采用 HRB400 级钢筋，除满足计算要求外，尚应满足受弯构件最小配筋率的要求；柱下独立桩基承台的最小配筋率不应小于 0.15%。

（3）柱下独立桩基承台钢筋的锚固长度自边桩内侧（当为圆桩时，应将其直径乘以 0.886 等效为方桩）算起，不应小于 35d（d 为钢筋直径）；当不满足时应将钢筋向上弯折，此时水平段长度不应小于 25d，弯折段长度不应小于 10d；柱下独立两桩承台，宜按《混凝土规范》中的深受弯构件配置纵向受拉钢筋、水平及竖向分布钢筋。

柱下独立两桩承台和条形承台梁纵向受力钢筋端部的锚固长度及构造应与柱下多桩承台的规定相同。

（4）各类桩的纵向钢筋的配筋长度应符合下列规定：

1）受水平荷载和弯矩较大的桩，配筋长度应通过计算确定。

2）桩基承台下存在淤泥、淤泥质土或液化土层时，配筋长度应穿过淤泥、淤泥质土层和液化土层。

3）坡地岸边的桩、8 度及 8 度以上地震区的桩，抗拔桩、嵌岩端承桩应通长配筋。

4）钻孔灌注桩构造钢筋的长度不宜小于桩长的 2/3；桩施工在基坑开挖前完成时，其钢筋长度不宜小于基坑深度的 1.5 倍。

9. 桩顶嵌入承台内的长度不宜小于 50mm，主筋伸入承台内的锚固长度不宜小于钢筋（HRB400 级）直径的 35 倍。对于抗拔桩，桩顶纵向主筋的锚固长度应按《混凝土规范》的要求确定。对于大直径灌注桩，当采用一柱一桩时，可设置承台或将桩和柱直接连接。桩和柱直接连接时，可参考《地基基础规范》第 8.2.5 条高杯口基础的短柱的截面尺寸要求选择截面尺寸并配筋，柱纵筋插入桩身的长度应满足柱纵筋的锚固长度要求。

10. 承台混凝土的强度等级不应低于 C25，并应符合相应的设计使用年限、环境类别和耐久性等（包括混凝土保护层厚度）的要求。当承台的混凝土强度等级低于柱或桩混凝土强度等级时，尚应验算柱下或桩上承台的局部受压承载力。

11. 桩基承台之间的连接应符合下列要求：

（1）单桩承台，应在两个互相垂直的方向上设置连系梁。

（2）两桩承台，应在其短向设置连系梁。

（3）有抗震要求的柱下独立承台，宜在两个主轴方向设置连系梁。

（4）连系梁顶面宜与承台顶面位于同一标高。连系梁的宽度不应小于 250mm，梁的高度可取承台中心距的 1/10～1/15，且不宜小于 400mm。

（5）连系梁的纵向钢筋应采用 HRB400 级钢筋，并按计算确定，但不应小于连系梁所拉结的柱子中轴力较大者的 1/10 作为连系梁轴心受拉或轴心受压计算所需要的钢筋截面面积。连系梁内上、下纵向钢筋的直径不宜小于 14mm，且均不应少于 2 根，并按受拉要求锚入承台内；连系梁的箍筋直径不宜小于 8mm，间距不宜大于 200mm；位于同一轴线上的相邻跨连系梁纵筋应连通。

8.12 地下室外墙采用实用设计法设计时，如何进行设计计算？

多数建筑物都设有钢筋混凝土地下室。有的地下室或地下室的一部分还要按《人民防空地下室设计规范》GB 50038（以下简称《人防规范》）的要求设计成防空地下室。因此，在这种情况下，钢筋混凝土地下室外墙应按两种情况分别进行设计。

1. 普通地下室外墙的设计步骤。

（1）确定墙的厚度、混凝土强度等级及防水要求。

地下室外墙的厚度、混凝土强度等级及防水要求，应根据建筑场地条件、地下水位高低、上部结构荷载（层数及结构类型），及地下室层数、层高、埋深、水平荷载的大小、使用功能等综合考虑确定。高层建筑地下室外墙的厚度不应小于 250mm，多层建筑当情况允许时可以小于 250mm，但不应小于 220mm。人防地下室外墙的厚度不应小于 250mm。地下室外墙的混凝土强度等级宜低不宜高，混凝土强度等级过高，水泥用量大，易产生收缩裂缝，但高层建筑不应低于 C30，多层建筑不应低于 C25，并应符合相应的设计使用年限、环境类别和耐久性等（包括混凝土保护层厚度）的要求。当地下室有防水要求时，地下室外墙的抗渗等级应由基础（地下室）埋置深度，但在任何情况下都不应低于 P6。

（2）确定作用于地下室外墙的荷载。

在实际工程中，地下室外墙的配筋主要由垂直于墙面的水平荷载（包括室外地面活荷载产生的侧压力、地基土的侧压力、地下水压力等）控制（见图 8.12-1），近似按受弯构件设计。地下室外墙在垂直于墙平面的地基土侧压力作用下，通常不会发生整体侧移，土压力类似于静止土压力。对一般固结土可取静止土压力系数 $K_a = 1 - \sin\varphi$（φ 为土的有效内摩擦角），工程上一般取静止土压力系数 $K_a = 0.5$ 来进行计算。当地下室施工采用护坡桩时，静止土压力系数可以乘以折减系数 0.66 而取 0.33。

在计算地下室外墙的荷载时，室外地面活荷载标准值不应低于 $5kN/m^2$，如室外地面为行车通道，则应按有关标准的规定考虑行车荷载。

回填土的重度，可取为 $18kN/m^3$；地下水位以下回填土的浮重度，可取为 $11kN/m^3$；水的重度，可取为 $10kN/m^3$。

人防等效静荷载标准值，应按《人防规范》的规定取值。

图 8.12-1 中，q_1 为室外地面活荷载产生的侧压力；q_2 为地基土的侧压力；q_3 为地下水位以下地基土的侧压力；q_4 为地下水产生的侧压力。

（3）确定地下室外墙的计算简图。

地下室外墙按支承条件可能是单向板，也可能是双向板，在实际工程中要对这些板块逐一进行计算是相当麻烦的，一般情况下也没必要这么做。工程中常采用的实用方法是，视地下室楼板和基础底板为地下室外墙的支点，沿竖向取 1m 宽的外墙按单跨、双跨或多跨板（视地下室层数而定）来计算地下室外墙的弯矩配筋，计算简图见图 8.12-2。

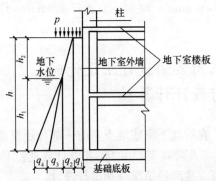

图 8.12-1　普通地下室外墙水平荷载

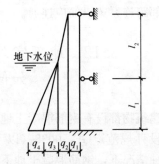

图 8.12-2　地下室外墙计算简图

（4）地下室外墙的配筋构造要求。

地下室外墙应双面双向配筋。竖向配筋除满足计算要求外，每侧的配筋还不应小于受弯构件的最小配筋率。《混凝土规范》第 8.5.1 条规定，受弯构件的最小配筋百分率为 0.20% 和 $0.45f_t/f_y$ 中的较大值；当采用强度等级为 400MPa 和 500MPa 的钢筋时，板类受弯构件（不包括悬臂板）的受拉钢筋的最小配筋百分率应允许采用 0.15% 和 $0.45f_t/f_y$ 中的较大值。《高层建筑规程》第 12.2.5 条规定，高层建筑地下室外墙的配筋率不宜小于 0.3%；由于地下室外墙系按竖向的单跨板或多跨板计算，水平筋按构造要求设置；考虑到有些板格水平筋受力较大，为控制裂缝开展，水平筋的配筋面积除不应小于相应受力筋面积的 1/3 外，也应满足受弯构件最小配筋率的要求。当地下室外墙较长时，考虑混凝土收缩及温度变化的影响，还宜适当加大水平筋面积。

地下室外墙的配筋宜采用热轧带肋钢筋（HRB400 级），直径不应小于 10mm，间距不宜大于 150mm；内外侧钢筋之间应设置直径不小于 6mm，间距不大于 600mm 呈梅花形布置的拉结筋。基础底板不外挑时，地下室外墙外侧竖向钢筋应与基础底板钢筋搭接连接。

《高层建筑规程》第 12.2.6 条规定，高层建筑地下室外周回填土应采用级配砂石、砂土或灰土，并应分层夯实。

2. 人防地下室外墙的设计步骤。

人防地下室外墙的设计步骤与普通地下室基本相同，不同之处主要体现在下列四方面：

（1）作用于地下室外墙上的水平荷载不完全相同，见表 8.12-1。

水平荷载及其分项系数 表 8.12-1

外墙＼荷载	室外地面活荷载	土压力	水压力	武器爆炸产生的人防等效静荷载标准值
普通地下室外墙	1.4	1.2	1.2	—
人防地下室外墙	—	1.2	1.2	1.0（按《人防规范》）

注：表中普通地下室外墙的荷载分项系数是指可变荷载效应控制的基本组合的分项系数。必要时应考虑永久荷载效应控制的组合，其分项系数取 1.35。

（2）截面设计时，材料强度设计值取值不同。考虑到结构材料在动荷载和静荷载同时作用或动荷载单独作用下，材料强度会提高，《人防规范》规定，在截面设计时，人防地下室结构的材料强度设计值 f_d 可按下式确定：

$$f_d = \gamma_d f \tag{8.12-1}$$

式中 γ_d——动荷载作用下的材料强度综合调整系数，对 C55 及以下的混凝土，$\gamma_d = 1.50$；对 HRB400 级钢筋，$\gamma_d = 1.20$；

f——材料强度设计值，对于钢筋，按《混凝土规范》表 4.2.3-1 的普通钢筋强度设计值采用；对于混凝土，按《混凝土规范》表 4.1.4-1 的混凝土轴心抗压强度设计值 f_c 采用。

由于混凝土强度设计值的提高对板类等受弯构件截面配筋量的减少不显著，故可以偏于安全地不考虑混凝土材料强度的综合调整系数。手算复核人防地下室外墙截面的配筋时，可近似地按下列步骤进行：

1）在人防荷载参与的荷载组合作用下，按图 8.12-2 所示计算简图计算人防地下室外墙各控制截面的弯矩设计值。

2）按《混凝土规范》受弯构件的计算公式计算人防地下室外墙各控制截面的受弯配筋。

3）人防地下室外墙各控制截面的实际配筋为上述受弯配筋除以相应钢筋的综合调整系数。

4）人防地下室外墙的最终配筋应取按人防计算的配筋和按正常使用计算的配筋两者中的较大值。

（3）配筋构造要求不同。人防地下室外墙的竖向配筋除满足计算要求外，也应满足最小配筋率要求。《人防规范》规定，当采用 HRB400 级及以上的钢筋时，对混凝土强度等级为 C25～C35 者，受弯构件的最小配筋率为 0.25%；混凝土强度等级为 C40～C55 者，受弯构件的最小配筋率为 0.30%；人防地下室外墙内外侧钢筋之间应设置直径不小于 6mm、间距不大于 500mm 呈梅花形布置的拉结筋。人防地下室外墙水平筋的配筋，原则上与普通地下室相同。

（4）防水要求不同。地下室有防水要求时，对人民防空地下室，不仅底板、外墙应采用防水混凝土，在上部建筑范围内的人民防空地下室顶板也应采用防水混凝土。

3. 在地下室楼层楼面大梁支承处，地下室的外墙宜设钢筋混凝土扶壁柱。

4. 当地下室外墙厚度和地下室底板厚度接近且直接相交时，应复核外墙与底板相交处的弯矩协调条件。

附　　录

附录 1

实施工程建设强制性标准监督规定

实施工程建设强制性标准监督规定，为加强工程建设强制性标准实施的监督工作，保证建设工程质量，保障人民的生命、财产安全，维护社会公共利益，根据《中华人民共和国标准化法》、《中华人民共和国标准化法实施条例》和《建设工程质量管理条例》，制定本规定，自 2000 年 8 月 25 日起施行。

中华人民共和国建设部令

第 81 号

《实施工程建设强制性标准监督规定》已于 2000 年 8 月 21 日经第 27 次部常务会议通过，现予以发布，自发布之日起施行。

部长　俞正声
二〇〇〇年八月二十五日

第一条　为加强工程建设强制性标准实施的监督工作，保证建设工程质量，保障人民的生命、财产安全，维护社会公共利益，根据《中华人民共和国标准化法》、《中华人民共和国标准化法实施条例》和《建设工程质量管理条例》，制定本规定。

第二条　在中华人民共和国境内从事新建、扩建、改建等工程建设活动，必须执行工程建设强制性标准。

第三条　本规定所称工程建设强制性标准是指直接涉及工程质量、安全、卫生及环境保护等方面的工程建设标准强制性条文。

国家工程建设标准强制性条文由国务院建设行政主管部门会同国务院有关行政主管部门确定。

第四条　国务院建设行政主管部门负责全国实施工程建设强制性标准的监督管理工作。

国务院有关行政主管部门按照国务院的职能分工负责实施工程建设强制性标准的监督管理工作。

县级以上地方人民政府建设行政主管部门负责本行政区域内实施工程建设强制性标准的监督管理工作。

第五条　工程建设中拟采用的新技术、新工艺、新材料，不符合现行强制性标准规定的，应当由拟采用单位提请建设单位组织专题技术论证，报批准标准的建设行政主管部门或者国务院有关主管部门审定。

工程建设中采用国际标准或者国外标准，现行强制性标准未作规定的，建设单位应当向国务院建设行政主管部门或者国务院有关行政主管部门备案。

第六条 建设项目规划审查机构应当对工程建设规划阶段执行强制性标准的情况实施监督。

施工图设计文件审查单位应当对工程建设勘察、设计阶段执行强制性标准的情况实施监督。

建筑安全监督管理机构应当对工程建设施工阶段执行施工安全强制性标准的情况实施监督。

工程质量监督机构应当对工程建设施工、监理、验收等阶段执行强制性标准的情况实施监督。

第七条 建设项目规划审查机关、施工图设计文件审查单位、建筑安全监督管理机构、工程质量监督机构的技术人员必须熟悉、掌握工程建设强制性标准。

第八条 工程建设标准批准部门应当定期对建设项目规划审查机关、施工图设计文件审查单位、建筑安全监督管理机构、工程质量监督机构实施强制性标准的监督进行检查，对监督不力的单位和个人，给予通报批评，建议有关部门处理。

第九条 工程建设标准批准部门应当对工程项目执行强制性标准情况进行监督检查。监督检查可以采取重点检查、抽查和专项检查的方式。

第十条 强制性标准监督检查的内容包括：

（一）有关工程技术人员是否熟悉、掌握强制性标准；

（二）工程项目的规划、勘察、设计、施工、验收等是否符合强制性标准的规定；

（三）工程项目采用的材料、设备是否符合强制性标准的规定；

（四）工程项目的安全、质量是否符合强制性标准的规定；

（五）工程中采用的导则、指南、手册、计算机软件的内容是否符合强制性标准的规定。

第十一条 工程建设标准批准部门应当将强制性标准监督检查结果在一定范围内公告。

第十二条 工程建设强制性标准的解释由工程建设标准批准部门负责。

有关标准具体技术内容的解释，工程建设标准批准部门可以委托该标准的编制管理单位负责。

第十三条 工程技术人员应当参加有关工程建设强制性标准的培训，并可以计入继续教育学时。

第十四条 建设行政主管部门或者有关行政主管部门在处理重大工程事故时，应当有工程建设标准方面的专家参加；工程事故报告应当包括是否符合工程建设强制性标准的意见。

第十五条 任何单位和个人对违反工程建设强制性标准的行为有权向建设行政主管部门或者有关部门检举、控告、投诉。

第十六条 建设单位有下列行为之一的，责令改正，并处以20万元以上50万元以下的罚款：

（一）明示或者暗示施工单位使用不合格的建筑材料、建筑构配件和设备的；

（二）明示或者暗示设计单位或者施工单位违反工程建设强制性标准，降低工程质量的。

第十七条　勘察、设计单位违反工程建设强制性标准进行勘察、设计的，责令改正，并处以10万元以上30万元以下的罚款。

有前款行为，造成工程质量事故的，责令停业整顿，降低资质等级；情节严重的，吊销资质证书；造成损失的，依法承担赔偿责任。

第十八条　施工单位违反工程建设强制性标准的，责令改正，处工程合同价款2％以上4％以下的罚款；造成建设工程质量不符合规定的质量标准的，负责返工、修理，并赔偿因此造成的损失；情节严重的，责令停业整顿，降低资质等级或者吊销资质证书。

第十九条　工程监理单位违反强制性标准规定，将不合格的建设工程以及建筑材料、建筑构配件和设备按照合格签字的，责令改正，处50万元以上100万元以下的罚款，降低资质等级或者吊销资质证书；有违法所得的，予以没收；造成损失的，承担连带赔偿责任。

第二十条　违反工程建设强制性标准造成工程质量、安全隐患或者工程事故的，按照《建设工程质量管理条例》有关规定，对事故责任单位和责任人进行处罚。

第二十一条　有关责令停业整顿、降低资质等级和吊销资质证书的行政处罚，由颁发资质证书的机关决定；其他行政处罚，由建设行政主管部门或者有关部门依照法定职权决定。

第二十二条　建设行政主管部门和有关行政主管部门工作人员，玩忽职守、滥用职权、徇私舞弊的，给予行政处分；构成犯罪的，依法追究刑事责任。

第二十三条　本规定由国务院建设行政主管部门负责解释。

第二十四条　本规定自发布之日起施行。

附录 2

房屋建筑和市政基础设施工程
施工图设计文件审查管理办法

中华人民共和国住房和城乡建设部令

第 13 号

《房屋建筑和市政基础设施工程施工图设计文件审查管理办法》已经第 95 次部常务会议审议通过，现予发布，自 2013 年 8 月 1 日起施行。

部　长　姜伟新
2013 年 4 月 27 日

房屋建筑和市政基础设施
工程施工图设计文件审查管理办法

第一条　为了加强对房屋建筑工程、市政基础设施工程施工图设计文件审查的管理，提高工程勘察设计质量，根据《建设工程质量管理条例》、《建设工程勘察设计管理条例》等行政法规，制定本办法。

第二条　在中华人民共和国境内从事房屋建筑工程、市政基础设施工程施工图设计文件审查和实施监督管理的，应当遵守本办法。

第三条　国家实施施工图设计文件（含勘察文件，以下简称施工图）审查制度。

本办法所称施工图审查，是指施工图审查机构（以下简称审查机构）按照有关法律、法规，对施工图涉及公共利益、公众安全和工程建设强制性标准的内容进行的审查。施工图审查应当坚持先勘察、后设计的原则。

施工图未经审查合格的，不得使用。从事房屋建筑工程、市政基础设施工程施工、监理等活动，以及实施对房屋建筑和市政基础设施工程质量安全监督管理，应当以审查合格的施工图为依据。

第四条　国务院住房城乡建设主管部门负责对全国的施工图审查工作实施指导、监督。

县级以上地方人民政府住房城乡建设主管部门负责对本行政区域内的施工图审查工作实施监督管理。

第五条　省、自治区、直辖市人民政府住房城乡建设主管部门应当按照本办法规定的审查机构条件，结合本行政区域内的建设规模，确定相应数量的审查机构。具体办法由国务院住房城乡建设主管部门另行规定。

审查机构是专门从事施工图审查业务，不以营利为目的的独立法人。

省、自治区、直辖市人民政府住房城乡建设主管部门应当将审查机构名录报国务院住房城乡建设主管部门备案，并向社会公布。

第六条　审查机构按承接业务范围分两类，一类机构承接房屋建筑、市政基础设施工程施工图审查业务范围不受限制；二类机构可以承接中型及以下房屋建筑、市政基础设施工程的施工图审查。

房屋建筑、市政基础设施工程的规模划分，按照国务院住房城乡建设主管部门的有关规定执行。

第七条　一类审查机构应当具备下列条件：

（一）有健全的技术管理和质量保证体系。

（二）审查人员应当有良好的职业道德；有 15 年以上所需专业勘察、设计工作经历；主持过不少于 5 项大型房屋建筑工程、市政基础设施工程相应专业的设计或者甲级工程勘察项目相应专业的勘察；已实行执业注册制度的专业，审查人员应当具有一级注册建筑师、一级注册结构工程师或者勘察设计注册工程师资格，并在本审查机构注册；未实行执业注册制度的专业，审查人员应当具有高级工程师职称；近 5 年内未因违反工程建设法律法规和强制性标准受到行政处罚。

（三）在本审查机构专职工作的审查人员数量：从事房屋建筑工程施工图审查的，结构专业审查人员不少于 7 人，建筑专业不少于 3 人，电气、暖通、给排水、勘察等专业审查人员各不少于 2 人；从事市政基础设施工程施工图审查的，所需专业的审查人员不少于 7 人，其他必须配套的专业审查人员各不少于 2 人；专门从事勘察文件审查的，勘察专业审查人员不少于 7 人。

承担超限高层建筑工程施工图审查的，还应当具有主持过超限高层建筑工程或者 100 米以上建筑工程结构专业设计的审查人员不少于 3 人。

（四）60 岁以上审查人员不超过该专业审查人员规定数的 1/2。

（五）注册资金不少于 300 万元。

第八条　二类审查机构应当具备下列条件：

（一）有健全的技术管理和质量保证体系。

（二）审查人员应当有良好的职业道德；有 10 年以上所需专业勘察、设计工作经历；主持过不少于 5 项中型以上房屋建筑工程、市政基础设施工程相应专业的设计或者乙级以上工程勘察项目相应专业的勘察；已实行执业注册制度的专业，审查人员应当具有一级注册建筑师、一级注册结构工程师或者勘察设计注册工程师资格，并在本审查机构注册；未实行执业注册制度的专业，审查人员应当具有高级工程师职称；近 5 年内未因违反工程建设法律法规和强制性标准受到行政处罚。

（三）在本审查机构专职工作的审查人员数量：从事房屋建筑工程施工图审查的，结构专业审查人员不少于 3 人，建筑、电气、暖通、给排水、勘察等专业审查人员各不少于 2 人；从事市政基础设施工程施工图审查的，所需专业的审查人员不少于 4 人，其他必须配套的专业审查人员各不少于 2 人；专门从事勘察文件审查的，勘察专业审查人员不少于 4 人。

（四）60 岁以上审查人员不超过该专业审查人员规定数的 1/2。

（五）注册资金不少于 100 万元。

第九条　建设单位应当将施工图送审查机构审查，但审查机构不得与所审查项目的建设单位、勘察设计企业有隶属关系或者其他利害关系。送审管理的具体办法由省、自治区、直辖市人民政府住房城乡建设主管部门按照"公开、公平、公正"的原则规定。

建设单位不得明示或者暗示审查机构违反法律法规和工程建设强制性标准进行施工图审查，不得压缩合理审查周期、压低合理审查费用。

第十条　建设单位应当向审查机构提供下列资料并对所提供资料的真实性负责：

（一）作为勘察、设计依据的政府有关部门的批准文件及附件；

（二）全套施工图；

（三）其他应当提交的材料。

第十一条　审查机构应当对施工图审查下列内容：

（一）是否符合工程建设强制性标准；

（二）地基基础和主体结构的安全性；

（三）是否符合民用建筑节能强制性标准，对执行绿色建筑标准的项目，还应当审查是否符合绿色建筑标准；

（四）勘察设计企业和注册执业人员以及相关人员是否按规定在施工图上加盖相应的图章和签字；

（五）法律、法规、规章规定必须审查的其他内容。

第十二条　施工图审查原则上不超过下列时限：

（一）大型房屋建筑工程、市政基础设施工程为15个工作日，中型及以下房屋建筑工程、市政基础设施工程为10个工作日。

（二）工程勘察文件，甲级项目为7个工作日，乙级及以下项目为5个工作日。

以上时限不包括施工图修改时间和审查机构的复审时间。

第十三条　审查机构对施工图进行审查后，应当根据下列情况分别作出处理：

（一）审查合格的，审查机构应当向建设单位出具审查合格书，并在全套施工图上加盖审查专用章。审查合格书应当有各专业的审查人员签字，经法定代表人签发，并加盖审查机构公章。审查机构应当在出具审查合格书后5个工作日内，将审查情况报工程所在地县级以上地方人民政府住房城乡建设主管部门备案。

（二）审查不合格的，审查机构应当将施工图退建设单位并出具审查意见告知书，说明不合格原因。同时，应当将审查意见告知书及审查中发现的建设单位、勘察设计企业和注册执业人员违反法律、法规和工程建设强制性标准的问题，报工程所在地县级以上地方人民政府住房城乡建设主管部门。

施工图退建设单位后，建设单位应当要求原勘察设计企业进行修改，并将修改后的施工图送原审查机构复审。

第十四条　任何单位或者个人不得擅自修改审查合格的施工图；确需修改的，凡涉及本办法第十一条规定内容的，建设单位应当将修改后的施工图送原审查机构审查。

第十五条　勘察设计企业应当依法进行建设工程勘察、设计，严格执行工程建设强制性标准，并对建设工程勘察、设计的质量负责。

审查机构对施工图审查工作负责，承担审查责任。施工图经审查合格后，仍有违反法律、法规和工程建设强制性标准的问题，给建设单位造成损失的，审查机构依法承担相应的赔偿责任。

第十六条　审查机构应当建立、健全内部管理制度。施工图审查应当有经各专业审查人员签字的审查记录。审查记录、审查合格书、审查意见告知书等有关资料应当归档保存。

第十七条　已实行执业注册制度的专业，审查人员应当按规定参加执业注册继续教育。

未实行执业注册制度的专业，审查人员应当参加省、自治区、直辖市人民政府住房城乡建设主管部门组织的有关法律、法规和技术标准的培训，每年培训时间不少于 40 学时。

第十八条　按规定应当进行审查的施工图，未经审查合格的，住房城乡建设主管部门不得颁发施工许可证。

第十九条　县级以上人民政府住房城乡建设主管部门应当加强对审查机构的监督检查，主要检查下列内容：

（一）是否符合规定的条件；

（二）是否超出范围从事施工图审查；

（三）是否使用不符合条件的审查人员；

（四）是否按规定的内容进行审查；

（五）是否按规定上报审查过程中发现的违法违规行为；

（六）是否按规定填写审查意见告知书；

（七）是否按规定在审查合格书和施工图上签字盖章；

（八）是否建立健全审查机构内部管理制度；

（九）审查人员是否按规定参加继续教育。

县级以上人民政府住房城乡建设主管部门实施监督检查时，有权要求被检查的审查机构提供有关施工图审查的文件和资料，并将监督检查结果向社会公布。

第二十条　审查机构应当向县级以上地方人民政府住房城乡建设主管部门报审查情况统计信息。

县级以上地方人民政府住房城乡建设主管部门应当定期对施工图审查情况进行统计，并将统计信息报上级住房城乡建设主管部门。

第二十一条　县级以上人民政府住房城乡建设主管部门应当及时受理对施工图审查工作中违法、违规行为的检举、控告和投诉。

第二十二条　县级以上人民政府住房城乡建设主管部门对审查机构报告的建设单位、勘察设计企业、注册执业人员的违法违规行为，应当依法进行查处。

第二十三条　审查机构列入名录后不再符合规定条件的，省、自治区、直辖市人民政府住房城乡建设主管部门应当责令其限期改正；逾期不改的，不再将其列入审查机构名录。

第二十四条　审查机构违反本办法规定，有下列行为之一的，由县级以上地方人民政府住房城乡建设主管部门责令改正，处 3 万元罚款，并记入信用档案；情节严重的，省、自治区、直辖市人民政府住房城乡建设主管部门不再将其列入审查机构名录：

（一）超出范围从事施工图审查的；

（二）使用不符合条件审查人员的；

（三）未按规定的内容进行审查的；

（四）未按规定上报审查过程中发现的违法违规行为的；

（五）未按规定填写审查意见告知书的；

（六）未按规定在审查合格书和施工图上签字盖章的；

（七）已出具审查合格书的施工图，仍有违反法律、法规和工程建设强制性标准的。

第二十五条 审查机构出具虚假审查合格书的，审查合格书无效，县级以上地方人民政府住房城乡建设主管部门处 3 万元罚款，省、自治区、直辖市人民政府住房城乡建设主管部门不再将其列入审查机构名录。

审查人员在虚假审查合格书上签字的，终身不得再担任审查人员；对于已实行执业注册制度的专业的审查人员，还应当依照《建设工程质量管理条例》第七十二条、《建设工程安全生产管理条例》第五十八条规定予以处罚。

第二十六条 建设单位违反本办法规定，有下列行为之一的，由县级以上地方人民政府住房城乡建设主管部门责令改正，处 3 万元罚款；情节严重的，予以通报：

（一）压缩合理审查周期的；

（二）提供不真实送审资料的；

（三）对审查机构提出不符合法律、法规和工程建设强制性标准要求的。

建设单位为房地产开发企业的，还应当依照《房地产开发企业资质管理规定》进行处理。

第二十七条 依照本办法规定，给予审查机构罚款处罚的，对机构的法定代表人和其他直接责任人员处机构罚款数额 5% 以上 10% 以下的罚款，并记入信用档案。

第二十八条 省、自治区、直辖市人民政府住房城乡建设主管部门未按照本办法规定确定审查机构的，国务院住房城乡建设主管部门责令改正。

第二十九条 国家机关工作人员在施工图审查监督管理工作中玩忽职守、滥用职权、徇私舞弊，构成犯罪的，依法追究刑事责任；尚不构成犯罪的，依法给予行政处分。

第三十条 省、自治区、直辖市人民政府住房城乡建设主管部门可以根据本办法，制定实施细则。

第三十一条 本办法自 2013 年 8 月 1 日起施行。原建设部 2004 年 8 月 23 日发布的《房屋建筑和市政基础设施工程施工图设计文件审查管理办法》（建设部令第 134 号）同时废止。

附录 3

超限高层建筑工程抗震设防管理规定

中华人民共和国建设部令（第 111 号）

《超限高层建筑工程抗震设防管理规定》已经 2002 年 7 月 11 日建设部第 61 次常务会议审议通过，现予发布，自 2002 年 9 月 1 日起施行。

部长　汪光焘

二○○二年七月二十五日

第一条　为了加强超限高层建筑工程的抗震设防管理，提高超限高层建筑工程抗震设计的可靠性和安全性，保证超限高层建筑工程抗震设防的质量，根据《中华人民共和国建筑法》、《中华人民共和国防震减灾法》、《建设工程质量管理条例》、《建设工程勘察设计管理条例》等法律、法规，制定本规定。

第二条　本规定适用于抗震设防区内超限高层建筑工程的抗震设防管理。

本规定所称超限高层建筑工程，是指超出国家现行规范、规程所规定的适用高度和适用结构类型的高层建筑工程，体型特别不规则的高层建筑工程，以及有关规范、规程规定应当进行抗震专项审查的高层建筑工程。

第三条　国务院建设行政主管部门负责全国超限高层建筑工程抗震设防的管理工作。

省、自治区、直辖市人民政府建设行政主管部门负责本行政区内超限高层建筑工程抗震设防的管理工作。

第四条　超限高层建筑工程的抗震设防应当采取有效的抗震措施，确保超限高层建筑工程达到规范规定的抗震设防目标。

第五条　在抗震设防区内进行超限高层建筑工程的建设时，建设单位应当在初步设计阶段向工程所在地的省、自治区、直辖市人民政府建设行政主管部门提出专项报告。

第六条　超限高层建筑工程所在地的省、自治区、直辖市人民政府建设行政主管部门，负责组织省、自治区、直辖市超限高层建筑工程抗震设防专家委员会对超限高层建筑工程进行抗震设防专项审查。

审查难度大或者审查意见难以统一的，工程所在地的省、自治区、直辖市人民政府建设行政主管部门可请全国超限高层建筑工程抗震设防专家委员会提出专项审查意见，并报国务院建设行政主管部门备案。

第七条　全国和省、自治区、直辖市的超限高层建筑工程抗震设防审查专家委员会委员分别由国务院建设行政主管部门和省、自治区、直辖市人民政府建设行政主管部门聘任。

超限高层建筑工程抗震设防专家委员会应当由长期从事并精通高层建筑工程抗震的勘察、设计、科研、教学和管理专家组成，并对抗震设防专项审查意见承担相应的审查责任。

第八条　超限高层建筑工程的抗震设防专项审查内容包括：建筑的抗震设防分类、抗震设防烈度（或者设计地震动参数）、场地抗震性能评价、抗震概念设计、主要结构布置、建筑与结构的协调、使用的计算程序、结构计算结果、地基基础和上部结构抗震性能评估等。

第九条 建设单位申报超限高层建筑工程的抗震设防专项审查时，应当提供以下材料：

（一）超限高层建筑工程抗震设防专项审查表；

（二）设计的主要内容、技术依据、可行性论证及主要抗震措施；

（三）工程勘察报告；

（四）结构设计计算的主要结果；

（五）结构抗震薄弱部位的分析和相应措施；

（六）初步设计文件；

（七）设计时参照使用的国外有关抗震设计标准、工程和震害资料及计算机程序；

（八）对要求进行模型抗震性能试验研究的，应当提供抗震试验研究报告。

第十条 建设行政主管部门应当自接到抗震设防专项审查全部申报材料之日起 25 日内，组织专家委员会提出书面审查意见，并将审查结果通知建设单位。

第十一条 超限高层建筑工程抗震设防专项审查费用由建设单位承担。

第十二条 超限高层建筑工程的勘察、设计、施工、监理，应当由具备甲级（一级及以上）资质的勘察、设计、施工和工程监理单位承担，其中建筑设计和结构设计应当分别由具有高层建筑设计经验的一级注册建筑师和一级注册结构工程师承担。

第十三条 建设单位、勘察单位、设计单位应当严格按照抗震设防专项审查意见进行超限高层建筑工程的勘察、设计。

第十四条 未经超限高层建筑工程抗震设防专项审查，建设行政主管部门和其他有关部门不得对超限高层建筑工程施工图设计文件进行审查。

超限高层建筑工程的施工图设计文件审查应当由经国务院建设行政主管部门认定的具有超限高层建筑工程审查资格的施工图设计文件审查机构承担。

施工图设计文件审查时应当检查设计图纸是否执行了抗震设防专项审查意见；未执行专项审查意见的，施工图设计文件审查不能通过。

第十五条 建设单位、施工单位、工程监理单位应当严格按照经抗震设防专项审查和施工图设计文件审查的勘察设计文件进行超限高层建筑工程的抗震设防和采取抗震措施。

第十六条 对国家现行规范要求设置建筑结构地震反应观测系统的超限高层建筑工程，建设单位应当按照规范要求设置地震反应观测系统。

第十七条 建设单位违反本规定，施工图设计文件未经审查或者审查不合格，擅自施工的，责令改正，处以 20 万元以上 50 万元以下的罚款。

第十八条 勘察、设计单位违反本规定，未按照抗震设防专项审查意见进行超限高层建筑工程勘察、设计的，责令改正，处以 1 万元以上 3 万元以下的罚款；造成损失的，依法承担赔偿责任。

第十九条 国家机关工作人员在超限高层建筑工程抗震设防管理工作中玩忽职守，滥用职权，徇私舞弊，构成犯罪的，依法追究刑事责任；尚不构成犯罪的，依法给予行政处分。

　　第二十条　省、自治区、直辖市人民政府建设行政主管部门，可结合本地区的具体情况制定实施细则，并报国务院建设行政主管部门备案。

　　第二十一条　本规定自 2002 年 9 月 1 日起施行。1997 年 12 月 23 日建设部颁布的《超限高层建筑工程抗震设防管理暂行规定》（建设部令第 59 号）同时废止。

附录 4

超限高层建筑工程抗震设防专项审查技术要点

关于印发《超限高层建筑工程抗震设防专项审查技术要点》的通知

建质〔2015〕67 号

各省、自治区住房城乡建设厅，直辖市建委，新疆生产建设兵团建设局：

为进一步做好超限高层建筑工程抗震设防审查工作，我部组织修订了《超限高层建筑工程抗震设防专项审查技术要点》，现印发你们，请严格按照要求开展审查。2010 年 10 月印发的《超限高层建筑工程抗震设防专项审查技术要点》（建质〔2010〕109 号）同时废止。

中华人民共和国住房和城乡建设部
2015 年 5 月 21 日

超限高层建筑工程抗震设防专项审查技术要点

第一章 总 则

第一条 为进一步做好超限高层建筑工程抗震设防专项审查工作，确保审查质量，根据《超限高层建筑工程抗震设防管理规定》（建设部令第 111 号），制定本技术要点。

第二条 本技术要点所指超限高层建筑工程包括：

（一）高度超限工程：指房屋高度超过规定，包括超过《建筑抗震设计规范》（以下简称《抗震规范》）第 6 章钢筋混凝土结构和第 8 章钢结构最大适用高度，超过《高层建筑混凝土结构技术规程》（以下简称《高层混凝土结构规程》）第 7 章中有较多短肢墙的剪力墙结构、第 10 章中错层结构和第 11 章混合结构最大适用高度的高层建筑工程。

（二）规则性超限工程：指房屋高度不超过规定，但建筑结构布置属于《抗震规范》、《高层混凝土结构规程》规定的特别不规则的高层建筑工程。

（三）屋盖超限工程：指屋盖的跨度、长度或结构形式超出《抗震规范》第 10 章及《空间网格结构技术规程》、《索结构技术规程》等空间结构规程规定的大型公共建筑工程（不含骨架支承式膜结构和空气支承膜结构）。

超限高层建筑工程具体范围详见附件 1。

第三条 本技术要点第二条规定的超限高层建筑工程，属于下列情况的，建议委托全国超限高层建筑工程抗震设防审查专家委员会进行抗震设防专项审查：

（一）高度超过《高层混凝土结构规程》B 级高度的混凝土结构，高度超过《高层混凝土结构规程》第 11 章最大适用高度的混合结构；

（二）高度超过规定的错层结构，塔体显著不同的连体结构，同时具有转换层、加强层、错层、连体四种类型中三种的复杂结构，高度超过《抗震规范》规定且转换层位置超过《高层混凝土结构规程》规定层数的混凝土结构，高度超过《抗震规范》规定且水平和竖向均特别不规则的建筑结构；

（三）超过《抗震规范》第8章适用范围的钢结构；

（四）跨度或长度超过《抗震规范》第10章适用范围的大跨屋盖结构；

（五）其他各地认为审查难度较大的超限高层建筑工程。

第四条 对主体结构总高度超过350m的超限高层建筑工程的抗震设防专项审查，应满足以下要求：

（一）从严把握抗震设防的各项技术性指标；

（二）全国超限高层建筑工程抗震设防审查专家委员会进行的抗震设防专项审查，应会同工程所在地省级超限高层建筑工程抗震设防专家委员会共同开展，或在当地超限高层建筑工程抗震设防专家委员会工作的基础上开展。

第五条 建设单位申报抗震设防专项审查的申报材料应符合第二章的要求，专家组提出的专项审查意见应符合第六章的要求。

对于屋盖超限工程的抗震设防专项审查，除参照本技术要点第三章的相关内容外，按第五章执行。

审查结束后应及时将审查信息录入全国超限高层建筑数据库，审查信息包括超限高层建筑工程抗震设防专项审查申报表（附件2）、超限情况表（附件3）、超限高层建筑工程抗震设防专项审查情况表（附件4）和超限高层建筑工程结构设计质量控制信息表（附件5）。

第二章　申报材料的基本内容

第六条 建设单位申报抗震设防专项审查时，应提供以下资料：

（一）超限高层建筑工程抗震设防专项审查申报表和超限情况表（至少5份）；

（二）建筑结构工程超限设计的可行性论证报告（附件6，至少5份）；

（三）建设项目的岩土工程勘察报告；

（四）结构工程初步设计计算书（主要结果，至少5份）；

（五）初步设计文件（建筑和结构工程部分，至少5份）；

（六）当参考使用国外有关抗震设计标准、工程实例和震害资料及计算机程序时，应提供理由和相应的说明；

（七）进行模型抗震性能试验研究的结构工程，应提交抗震试验方案；

（八）进行风洞试验研究的结构工程，应提交风洞试验报告。

第七条 申报抗震设防专项审查时提供的资料，应符合下列具体要求：

（一）高层建筑工程超限设计可行性论证报告。应说明其超限的类型（对高度超限、规则性超限工程，如高度、转换层形式和位置、多塔、连体、错层、加强层、竖向不规则、平面不规则；对屋盖超限工程，如跨度、悬挑长度、结构单元总长度、屋盖结构形式与常用结构形式的不同、支座约束条件、下部支承结构的规则性等）和超限的程度，并提出有效控制安全的技术措施，包括抗震、抗风技术措施的适用性、可靠性，整体结构及其薄弱部位的加强措施，预期的性能目标，屋盖超限工程尚包括有效保证屋盖稳定性的技术措施。

（二）岩土工程勘察报告。应包括岩土特性参数、地基承载力、场地类别、液化评价、剪切波速测试成果及地基基础方案。当设计有要求时，应按规范规定提供结构工程时程分析所需的资料。

处于抗震不利地段时，应有相应的边坡稳定评价、断裂影响和地形影响等场地抗震性能评价内容。

（三）结构设计计算书。应包括软件名称和版本，力学模型，电算的原始参数（设防烈度和设计地震分组或基本加速度、所计入的单向或双向水平及竖向地震作用、周期折减系数、阻尼比、输入地震时程记录的时间、地震名、记录台站名称和加速度记录编号，风荷载、雪荷载和设计温差等），结构自振特性（周期，扭转周期比，对多塔、连体类和复杂屋盖含必要的振型），整体计算结果（对高度超限、规则性超限工程，含侧移、扭转位移比、楼层受剪承载力比、结构总重力荷载代表值和地震剪力系数、楼层刚度比、结构整体稳定、墙体（或筒体）和框架承担的地震作用分配等；对屋盖超限工程，含屋盖挠度和整体稳定、下部支承结构的水平位移和扭转位移比等），主要构件的轴压比、剪压比（钢结构构件、杆件为应力比）控制等。

对计算结果应进行分析。时程分析结果应与振型分解反应谱法计算结果进行比较。对多个软件的计算结果应加以比较，按规范的要求确认其合理、有效性。风控制时和屋盖超限工程应有风荷载效应与地震效应的比较。

（四）初步设计文件。设计深度应符合《建筑工程设计文件编制深度的规定》的要求，设计说明要有建筑安全等级、抗震设防分类、设防烈度、设计基本地震加速度、设计地震分组、结构的抗震等级等内容。

（五）提供抗震试验数据和研究成果。如有提供应有明确的适用范围和结论。

第三章　专项审查的控制条件

第八条　抗震设防专项审查的内容主要包括：

（一）建筑抗震设防依据；

（二）场地勘察成果及地基和基础的设计方案；

（三）建筑结构的抗震概念设计和性能目标；

（四）总体计算和关键部位计算的工程判断；

（五）结构薄弱部位的抗震措施；

（六）可能存在的影响结构安全的其他问题。

对于特殊体型（含屋盖）或风洞试验结果与荷载规范规定相差较大的风荷载取值，以及特殊超限高层建筑工程（规模大、高宽比大等）的隔震、减震设计，宜由相关专业的专家在抗震设防专项审查前进行专门论证。

第九条　抗震设防专项审查的重点是结构抗震安全性和预期的性能目标。为此，超限工程的抗震设计应符合下列最低要求：

（一）严格执行规范、规程的强制性条文，并注意系统掌握、全面理解其准确内涵和相关条文。

（二）对高度超限或规则性超限工程，不应同时具有转换层、加强层、错层、连体和多塔等五种类型中的四种及以上的复杂类型；当房屋高度在《高层混凝土结构规程》B级高度范围内时，比较规则的应按《高层混凝土结构规程》执行，其余应针对其不规则项的多少、程度和薄弱部位，明确提出为达到安全而比现行规范、规程的规定更严格的具体抗震措施或预期性能目标；当房屋高度超过《高层混凝土结构规程》的B级高度以及房屋高度、平面和竖向规则性等三方面均不满足规定时，应提供达到预期性能目标的充分依据，如试验研究成果、所采用的抗震新技术和新措施以及不同结构体系的对比分析等的详细论证。

（三）对屋盖超限工程，应对关键杆件的长细比、应力比和整体稳定性控制等提出比现行规范、规程的规定更严格的、针对性的具体措施或预期性能目标；当屋盖形式特别复杂时，应提供达到预期性能目标的充分依据。

（四）在现有技术和经济条件下，当结构安全与建筑形体等方面出现矛盾时，应以安全为重；建筑方案（包括局部方案）设计应服从结构安全的需要。

第十条　对超高很多，以及结构体系特别复杂、结构类型（含屋盖形式）特殊的工程，当设计依据不足时，应选择整体结构模型、结构构件、部件或节点模型进行必要的抗震性能试验研究。

第四章　高度超限和规则性超限工程的专项审查内容

第十一条　关于建筑结构抗震概念设计：

（一）各种类型的结构应有其合适的使用高度、单位面积自重和墙体厚度。结构的总体刚度应适当（含两个主轴方向的刚度协调符合规范的要求），变形特征应合理；楼层最大层间位移和扭转位移比符合规范、规程的要求。

（二）应明确多道防线的要求。框架与墙体、筒体共同抗侧力的各类结构中，框架部分地震剪力的调整宜依据其超限程度比规范的规定适当增加；超高的框架－核心筒结构，其混凝土内筒和外框之间的刚度宜有一个合适的比例，框架部分计算分配的楼层地震剪力，除底部个别楼层、加强层及其相邻上下层外，多数不低于基底剪力的 8％ 且最大值不宜低于 10％，最小值不宜低于 5％。主要抗侧力构件中沿全高不开洞的单肢墙，应针对其延性不足采取相应措施。

（三）超高时应从严掌握建筑结构规则性的要求，明确竖向不规则和水平向不规则的程度，应注意楼板局部开大洞导致较多数量的长短柱共用和细腰形平面可能造成的不利影响，避免过大的地震扭转效应。对不规则建筑的抗震设计要求，可依据抗震设防烈度和高度的不同有所区别。

主楼与裙房间设置防震缝时，缝宽应适当加大或采取其他措施。

（四）应避免软弱层和薄弱层出现在同一楼层。

（五）转换层应严格控制上下刚度比；墙体通过次梁转换和柱顶墙体开洞，应有针对性的加强措施。水平加强层的设置数量、位置、结构形式，应认真分析比较；伸臂的构件内力计算宜采用弹性膜楼板假定，上下弦杆应贯通核心筒的墙体，墙体在伸臂斜腹杆的节点处应采取措施避免应力集中导致破坏。

（六）多塔、连体、错层等复杂体型的结构，应尽量减少不规则的类型和不规则的程度；应注意分析局部区域或沿某个地震作用方向上可能存在的问题，分别采取相应加强措施。对复杂的连体结构，宜根据工程具体情况（包括施工），确定是否补充不同工况下各单塔结构的验算。

（七）当几部分结构的连接薄弱时，应考虑连接部位各构件的实际构造和连接的可靠程度，必要时可取结构整体模型和分开模型计算的不利情况，或要求某部分结构在设防烈度下保持弹性工作状态。

（八）注意加强楼板的整体性，避免楼板的削弱部位在大震下受剪破坏；当楼板开洞较大时，宜进行截面受剪承载力验算。

（九）出屋面结构和装饰构架自身较高或体型相对复杂时，应参与整体结构分析，材料不同时还需适当考虑阻尼比不同的影响，应特别加强其与主体结构的连接部位。

（十）高宽比较大时，应注意复核地震下地基基础的承载力和稳定。

（十一）应合理确定结构的嵌固部位。

第十二条　关于结构抗震性能目标：

（一）根据结构超限情况、震后损失、修复难易程度和大震不倒等确定抗震性能目标。即在预期水准（如中震、大震或某些重现期的地震）的地震作用下结构、部位或结构构件的承载力、变形、损坏程度及延性的要求。

（二）选择预期水准的地震作用设计参数时，中震和大震可按规范的设计参数采用，当安评的小震加速度峰值大于规范规定较多时，宜按小震加速度放大倍数进行调整。

（三）结构提高抗震承载力目标举例：水平转换构件在大震下受弯、受剪极限承载力复核。竖向构件和关键部位构件在中震下偏压、偏拉、受剪屈服承载力复核，同时受剪截面满足大震下的截面控制条件。竖向构件和关键部位构件中震下偏压、偏拉、受剪承载力设计值复核。

（四）确定所需的延性构造等级。中震时出现小偏心受拉的混凝土构件应采用《高层混凝土结构规程》中规定的特一级构造。中震时双向水平地震下墙肢全截面由轴向力产生的平均名义拉应力超过混凝土抗拉强度标准值时宜设置型钢承担拉力，且平均名义拉应力不宜超过两倍混凝土抗拉强度标准值（可按弹性模量换算考虑型钢和钢板的作用），全截面型钢和钢板的含钢率超过 2.5％时可按比例适当放松。

（五）按抗震性能目标论证抗震措施（如内力增大系数、配筋率、配箍率和含钢率）的合理可行性。

第十三条　关于结构计算分析模型和计算结果：

（一）正确判断计算结果的合理性和可靠性，注意计算假定与实际受力的差异（包括刚性板、弹性膜、分块刚性板的区别），通过结构各部分受力分布的变化，以及最大层间位移的位置和分布特征，判断结构受力特征的不利情况。

（二）结构总地震剪力以及各层的地震剪力与其以上各层总重力荷载代表值的比值，应符合抗震规范的要求，Ⅲ、Ⅳ类场地时尚宜适当增加。当结构底部计算的总地震剪力偏小需调整时，其以上各层的剪力、位移也均应适当调整。

基本周期大于 6s 的结构，计算的底部剪力系数比规定值低 20％以内，基本周期 3.5～5s 的结构比规定值低 15％以内，即可采用规范关于剪力系数最小值的规定进行设计。基本周期在 5～6s 的结构可以插值采用。

6 度（0.05g）设防且基本周期大于 5s 的结构，当计算的底部剪力系数比规定值低但按底部剪力系数 0.8％换算的层间位移满足规范要求时，即可采用规范关于剪力系数最小值的规定进行抗震承载力验算。

（三）结构时程分析的嵌固端应与反应谱分析一致，所用的水平、竖向地震时程曲线应符合规范要求，持续时间一般不小于结构基本周期的 5 倍（即结构屋面对应于基本周期的位移反应不少于 5 次往复）；弹性时程分析的结果也应符合规范的要求，即采用三组时程时宜取包络值，采用七组时程时可取平均值。

（四）软弱层地震剪力和不落地构件传给水平转换构件的地震内力的调整系数取值，应依据超限的具体情况大于规范的规定值；楼层刚度比值的控制值仍需符合规范的要求。

（五）上部墙体开设边门洞等的水平转换构件，应根据具体情况加强；必要时，宜采用重力荷载下不考虑墙体共同工作的手算复核。

（六）跨度大于 24m 的连体计算竖向地震作用时，宜参照竖向时程分析结果确定。

（七）对于结构的弹塑性分析，高度超过 200m 或扭转效应明显的结构应采用动力弹塑性分析；高度超过 300m 应做两个独立的动力弹塑性分析。计算应以构件的实际承载力为基础，着重于发现薄弱部位和提出相应加强措施。

（八）必要时（如特别复杂的结构、高度超过 200m 的混合结构、静载下构件竖向压缩变形差异较大的结构等），应有重力荷载下的结构施工模拟分析，当施工方案与施工模拟计算分析不同时，应重新调整相应的计算。

（九）当计算结果有明显疑问时，应另行专项复核。

第十四条　关于结构抗震加强措施：

（一）对抗震等级、内力调整、轴压比、剪压比、钢材的材质选取等方面的加强，应根据烈度、超限程度和构件在结构中所处部位及其破坏影响的不同，区别对待、综合考虑。

（二）根据结构的实际情况，采用增设芯柱、约束边缘构件、型钢混凝土或钢管混凝土构件，以及减震耗能部件等提高延性的措施。

（三）抗震薄弱部位应在承载力和细部构造两方面有相应的综合措施。

第十五条　关于岩土工程勘察成果：

（一）波速测试孔数量和布置应符合规范要求；测量数据的数量应符合规定；波速测试孔深度应满足覆盖层厚度确定的要求。

（二）液化判别孔和砂土、粉土层的标准贯入锤击数据以及粘粒含量分析的数量应符合要求；液化判别水位的确定应合理。

（三）场地类别划分、液化判别和液化等级评定应准确、可靠；脉动测试结果仅作为参考。

（四）覆盖层厚度、波速的确定应可靠，当处于不同场地类别的分界附近时，应要求用内插法确定计算地震作用的特征周期。

第十六条　关于地基和基础的设计方案：

（一）地基基础类型合理，地基持力层选择可靠。

（二）主楼和裙房设置沉降缝的利弊分析正确。

（三）建筑物总沉降量和差异沉降量控制在允许的范围内。

第十七条　关于试验研究成果和工程实例、震害经验：

（一）对按规定需进行抗震试验研究的项目，要明确试验模型与实际结构工程相似的程度以及试验结果可利用的部分。

（二）借鉴国外经验时，应区分抗震设计和非抗震设计，了解是否经过地震考验，并判断是否与该工程项目的具体条件相似。

（三）对超高很多或结构体系特别复杂、结构类型特殊的工程，宜要求进行实际结构工程的动力特性测试。

第五章　屋盖超限工程的专项审查内容

第十八条　关于结构体系和布置：

（一）应明确所采用的结构形式、受力特征和传力特性、下部支承条件的特点，以及具体的结构安全控制荷载和控制目标。

（二）对非常用的屋盖结构形式，应给出所采用的结构形式与常用结构形式的主要不同。

（三）对下部支承结构，其支承约束条件应与屋盖结构受力性能的要求相符。

（四）对桁架、拱架、张弦结构，应明确给出提供平面外稳定的结构支撑布置和构造要求。

第十九条　关于性能目标：

（一）应明确屋盖结构的关键杆件、关键节点和薄弱部位，提出保证结构承载力和稳定的具体措施，并详细论证其技术可行性。

（二）对关键节点、关键杆件及其支承部位（含相关的下部支承结构构件），应提出明确的性能目标。选择预期水准的地震作用设计参数时，中震和大震可仍按规范的设计参数采用。

（三）性能目标举例：关键杆件在大震下拉压极限承载力复核。关键杆件中震下拉压承载力设计值复核。支座环梁中震承载力设计值复核。下部支承部位的竖向构件在中震下屈服承载力复核，同时满足大震截面控制条件。连接和支座满足强连接弱构件的要求。

（四）应按抗震性能目标论证抗震措施（如杆件截面形式、壁厚、节点等）的合理可行性。

第二十条　关于结构计算分析：

（一）作用和作用效应组合：

设防烈度为 7 度（0.15g）及以上时，屋盖的竖向地震作用应参照整体结构时程分析结果确定。

屋盖结构的基本风压和基本雪压应按重现期 100 年采用；索结构、膜结构、长悬挑结构、跨度大于 120m 的空间网格结构及屋盖体型复杂时，风载体型系数和风振系数、屋面积雪（含融雪过程中的变化）分布系数，应比规范要求适当增大或通过风洞模型试验或数值模拟研究确定；屋盖坡度较大时尚宜考虑积雪融化可能产生的滑落冲击荷载。尚可依据当地气象资料考虑可能超出荷载规范的风荷载。天沟和内排水屋盖尚应考虑排水不畅引起的附加荷载。

温度作用应按合理的温差值确定。应分别考虑施工、合拢和使用三个不同时期各自的不利温差。

（二）计算模型和设计参数

采用新型构件或新型结构时，计算软件应准确反映构件受力和结构传力特征。计算模型应计入屋盖结构与下部支承结构的协同作用。屋盖结构与下部支承结构的主要连接部位的约束条件、构造应与计算模型相符。

整体结构计算分析时，应考虑下部支承结构与屋盖结构不同阻尼比的影响。若各支承结构单元动力特性不同且彼此连接薄弱，应采用整体模型与分开单独模型进行静载、地震、风荷载和温度作用下各部位相互影响的计算分析的比较，合理取值。

必要时应进行施工安装过程分析。地震作用及使用阶段的结构内力组合，应以施工全过程完成后的静载内力为初始状态。

超长结构（如结构总长度大于 300m）应按《抗震规范》的要求考虑行波效应的多点地震输入的分析比较。

对超大跨度（如跨度大于 150m）或特别复杂的结构，应进行罕遇地震下考虑几何和材料非线性的弹塑性分析。

（三）应力和变形

对索结构、整体张拉式膜结构、悬挑结构、跨度大于 120m 的空间网格结构、跨度大于 60m 的钢筋混凝土薄壳结构、应严格控制屋盖在静载和风、雪荷载共同作用下的应力和变形。

（四）稳定性分析

对单层网壳、厚度小于跨度 1/50 的双层网壳、拱（实腹式或格构式）、钢筋混凝土薄壳，应进行整体稳定验算；应合理选取结构的初始几何缺陷，并按几何非线性或同时考虑几何和材料非线性进行全过程整体稳定分析。钢筋混凝土薄壳尚应同时考虑混凝土的收缩、徐变对稳定性的影响。

第二十一条 关于屋盖结构构件的抗震措施：

（一）明确主要传力结构杆件，采取加强措施，并检查其刚度的连续性和均匀性。

（二）从严控制关键杆件应力比及稳定要求。在重力和中震组合下以及重力与风荷载、温度作用组合下，关键杆件的应力比控制应比规范的规定适当加严或达到预期性能目标。

（三）特殊连接构造应在罕遇地震下安全可靠，复杂节点应进行详细的有限元分析，必要时应进行试验验证。

（四）对某些复杂结构形式，应考虑个别关键构件失效导致屋盖整体连续倒塌的可能。

第二十二条 关于屋盖的支座、下部支承结构和地基基础：

（一）应严格控制屋盖结构支座由于地基不均匀沉降和下部支承结构变形（含竖向、水平和收缩徐变等）导致的差异沉降。

（二）应确保下部支承结构关键构件的抗震安全，不应先于屋盖破坏；当其不规则性属于超限专项审查范围时，应符合本技术要点的有关要求。

（三）应采取措施使屋盖支座的承载力和构造在罕遇地震下安全可靠，确保屋盖结构的地震作用直接、可靠传递到下部支承结构。当采用叠层橡胶隔震垫作为支座时，应考虑支座的实际刚度与阻尼比，并且应保证支座本身与连接在大震的承载力与位移条件。

（四）场地勘察和地基基础设计应符合本技术要点第十五条和第十六条的要求，对支座水平作用力较大的结构，应注意抗水平力基础的设计。

第六章　专项审查意见

第二十三条 抗震设防专项审查意见主要包括下列三方面内容：

（一）总评。对抗震设防标准、建筑体型规则性、结构体系、场地评价、构造措施、计算结果等做简要评定。

（二）问题。对影响结构抗震安全的问题，应进行讨论、研究，主要安全问题应写入书面审查意见中，并提出便于施工图设计文件审查机构审查的主要控制指标（含性能目标）。

（三）结论。分为"通过"、"修改"、"复审"三种。

审查结论"通过"，指抗震设防标准正确，抗震措施和性能设计目标基本符合要求；对专项审查所列举的问题和修改意见，勘察设计单位明确其落实方法。依法办理行政许可手续后，在施工图审查时由施工图审查机构检查落实情况。

审查结论"修改"，指抗震设防标准正确，建筑和结构的布置、计算和构造不尽合理、存在明显缺陷；对专项审查所列举的问题和修改意见，勘察设计单位落实后所能达到的具体指标尚需经原专项审查专家组再次检查。因此，补充修改后提出的书面报告需经原专项审查专家组确认已达到"通过"的要求，依法办理行政许可手续后，方可进行施工图设计并由施工图审查机构检查落实。

审查结论"复审"，指存在明显的抗震安全问题、不符合抗震设防要求、建筑和结构的工程方案均需大调整。修改后提出修改内容的详细报告，由建设单位按申报程序重新申报审查。

审查结论"通过"的工程，当工程项目有重大修改时，应按申报程序重新申报审查。

第二十四条 专项审查结束后，专家组应对质量控制情况和经济合理性进行评价，填写超限高层建筑工程结构设计质量控制信息表。

第七章 附 则

第二十五条 本技术要点由全国超限高层建筑工程抗震设防审查专家委员会办公室负责解释。

附件1

超限高层建筑工程主要范围参照简表

房屋高度（m）超过下列规定的高层建筑工程 表1

结构类型		6度	7度(0.1g)	7度(0.15g)	8度(0.20g)	8度(0.30g)	9度
混凝土结构	框架	60	50	50	40	35	24
	框架-抗震墙	130	120	120	100	80	50
	抗震墙	140	120	120	100	80	60
	部分框支抗震墙	120	100	100	80	50	不应采用
	框架-核心筒	150	130	130	100	90	70
	筒中筒	180	150	150	120	100	80
	板柱-抗震墙	80	70	70	55	40	不应采用
	较多短肢墙	140	100	100	80	60	不应采用
	错层的抗震墙	140	80	80	60	60	不应采用
	错层的框架-抗震墙	130	80	80	60	60	不应采用

续表

结构类型		6 度	7 度 (0.1g)	7 度 (0.15g)	8 度 (0.20g)	8 度 (0.30g)	9 度
混合结构	钢框架-钢筋混凝土筒	200	160	160	120	100	70
	型钢（钢管）混凝土框架-钢筋混凝土筒	220	190	190	150	130	70
	钢外筒-钢筋混凝土内筒	260	210	210	160	140	80
	型钢（钢管）混凝土外筒-钢筋混凝土内筒	280	230	230	170	150	90
钢结构	框架	110	110	110	90	70	50
	框架-中心支撑	220	220	200	180	150	120
	框架-偏心支撑（延性墙板）	240	240	220	200	180	160
	各类筒体和巨型结构	300	300	280	260	240	180

注：平面和竖向均不规则（部分框支结构指框支层以上的楼层不规则），其高度应比表内数值降低至少 10%。

同时具有下列三项及三项以上不规则的高层建筑工程（不论高度是否大于表 1）　表 2

序	不规则类型	简要涵义	备注
1a	扭转不规则	考虑偶然偏心的扭转位移比大于 1.2	参见 GB 50011—3.4.3
1b	偏心布置	偏心率大于 0.15 或相邻层质心相差大于相应边长 15%	参见 JGJ 99—3.3.2
2a	凹凸不规则	平面凹凸尺寸大于相应边长 30% 等	参见 GB 50011—3.4.3
2b	组合平面	细腰形或角部重叠形	参见 JGJ 3—3.4.3
3	楼板不连续	有效宽度小于 50%，开洞面积大于 30%，错层大于梁高	参见 GB 50011—3.4.3
4a	刚度突变	相邻层刚度变化大于 70%（按高规考虑层高修正时，数值相应调整）或连续三层变化大于 80%	参见 GB 50011—3.4.3，JGJ 3—3.5.2
4b	尺寸突变	竖向构件收进位置高于结构高度 20% 且收进大于 25%，或外挑大于 10% 和 4m，多塔	参见 JGJ 3—3.5.5
5	构件间断	上下墙、柱、支撑不连续，含加强层、连体类	参见 GB 50011—3.4.3
6	承载力突变	相邻层受剪承载力变化大于 80%	参见 GB 50011—3.4.3
7	局部不规则	如局部的穿层柱、斜柱、夹层、个别构件错层或转换，或个别楼层扭转位移比略大于 1.2 等	已计入 1～6 项者除外

注：深凹进平面在凹口设置连梁，当连梁刚度较小不足以协调两侧的变形时，仍视为凹凸不规则，不按楼板不连续的开洞对待；序号 a、b 不重复计算不规则项；局部的不规则，视其位置、数量等对整个结构影响的大小判断是否计入不规则的一项。

具有下列 2 项或同时具有下表和表 2 中某项不规则的高层建筑工程

（不论高度是否大于表 1）　表 3

序	不规则类型	简要涵义	备注
1	扭转偏大	裙房以上的较多楼层考虑偶然偏心的扭转位移比大于 1.4	表 2 之 1 项不重复计算
2	抗扭刚度弱	扭转周期比大于 0.9，超过 A 级高度的结构扭转周期比大于 0.85	
3	层刚度偏小	本层侧向刚度小于相邻上层的 50%	表 2 之 4a 项不重复计算
4	塔楼偏置	单塔或多塔与大底盘的质心偏心距大于底盘相应边长 20%	表 2 之 4b 项不重复计算

具有下列某一项不规则的高层建筑工程（不论高度是否大于表1）　　　表4

序	不规则类型	简　要　涵　义
1	高位转换	框支墙体的转换构件位置：7度超过5层，8度超过3层
2	厚板转换	7～9度设防的厚板转换结构
3	复杂连接	各部分层数、刚度、布置不同的错层，连体两端塔楼高度、体型或沿大底盘某个主轴方向的振动周期显著不同的结构
4	多重复杂	结构同时具有转换层、加强层、错层、连体和多塔等复杂类型的3种

注：仅前后错层或左右错层属于表2中的一项不规则，多数楼层同时前后、左右错层属于本表的复杂连接。

其他高层建筑工程　　　表5

序	简称	简　要　涵　义
1	特殊类型高层建筑	抗震规范、高层混凝土结构规程和高层钢结构规程暂未列入的其他高层建筑结构，特殊形式的大型公共建筑及超长悬挑结构，特大跨度的连体结构等
2	大跨屋盖建筑	空间网格结构或索结构的跨度大于120m或悬挑长度大于40m，钢筋混凝土薄壳跨度大于60m，整体张拉式膜结构跨度大于60m，屋盖结构单元的长度大于300m，屋盖结构形式为常用空间结构形式的多重组合、杂交组合以及屋盖形体特别复杂的大型公共建筑

注：表中大型公共建筑的范围，可参见《建筑工程抗震设防分类标准》GB 50223。

说明：具体工程的界定遇到问题时，可从严考虑或向全国超限高层建筑工程审查专家委员会、工程所在地省超限高层建筑工程审查专家委员会咨询。

附件2　超限高层建筑工程抗震设防专项审查申报表项目（略）

附件3　超限高层建筑工程超限情况表（略）

附件4　超限高层建筑工程专项审查情况表（略）

附件5　超限高层建筑结构设计质量控制信息表（略）

附件6　超限高层建筑抗震设计可行性论证报告参考内容（略）

参 考 文 献

[1] 中华人民共和国建设部. GB 50009—2012 建筑结构荷载规范. 北京：中国建筑工业出版社，2012.

[2] 中华人民共和国建设部. GB 50010—2010 混凝土结构设计规范（2015 年版）. 北京：中国建筑工业出版社，2016.

[3] 中华人民共和国建设部. GB 50011—2010 建筑抗震设计规范（2016 年版）. 北京：中国建筑工业出版社，2016.

[4] 中华人民共和国建设部. GB 50017—2003 钢结构设计规范. 北京：中国建筑工业出版社，2003.

[5] 中华人民共和国建设部. GB 50003—2011 砌体结构设计规范. 北京：中国建筑工业出版社，2012.

[6] 中华人民共和国建设部. GB 50007—2011 建筑地基基础设计规范. 北京：中国建筑工业出版社，2012.

[7] 中华人民共和国建设部. JGJ 3—2010 高层建筑混凝土结构技术规程. 北京：中国建筑工业出版社，2011.

[8] 中华人民共和国建设部. JGJ 140—2004 预应力混凝土结构抗震设计规程. 北京：中国建筑工业出版社，2004.

[9] 中华人民共和国建设部. JGJ 99—2015 高层民用建筑钢结构技术规程. 北京：中国建筑工业出版社，2016.

[10] 中华人民共和国建设部. JGJ 7—2010 空间网格结构技术规程. 北京：中国建筑工业出版社，2010.

[11] 陈基发等. 建筑结构荷载设计手册. 第 2 版. 北京：中国建筑工业出版社，2004.

[12] 龚思礼等. 建筑抗震设计手册. 第 2 版. 北京：中国建筑工业出版社，2002.

[13] 王文栋等. 混凝土结构构造手册. 第 4 版. 北京：中国建筑工业出版社，2012.

[14] 钢结构设计手册编辑委员会. 钢结构设计手册（上、下册）.（第三版）. 北京：中国建筑工业出版社，2004.

[15] 徐有邻等. 混凝土结构设计规范理解与应用. 北京：中国建筑工业出版社，2002.

[16] 国家标准建筑抗震设计规范管理组. 建筑抗震设计规范 GB 50011—2010 统一培训教材. 北京：中国建筑工业出版社，2010.

[17] 高小旺等. 建筑抗震设计规范理解与应用. 北京：中国建筑工业出版社，2002.

[18] 徐培福等. 高层建筑混凝土结构技术规程理解与应用. 北京：中国建筑工业出版社，2003.

[19] 崔佳等. 钢结构设计规范理解与应用. 北京：中国建筑工业出版社，2004.

[20] 唐岱新等. 砌体结构设计规范理解与应用. 北京：中国建筑工业出版社，2002.

[21] 腾延京等. 建筑地基基础设计规范理解与应用. 北京：中国建筑工业出版社，2004.

[22] 中国建筑标准设计研究所. 全国民用建筑工程设计技术措施 结构（混凝土结构）. 北京：中国计划出版社，2012.

[23] 北京市建筑设计研究院主编. 北京市建筑设计技术细则（结构专业）. 2004.

[24] 北京市建筑设计研究院. 建筑结构专业技术措施. 北京：中国建筑工业出版社，2007.

［25］ 中国建筑科学研究院. 混凝土结构设计. 北京：中国建筑工业出版社，2003.

［26］ 高立人等. 高层建筑结构概念设计. 北京：中国计划出版社，2004.

［27］ 王亚勇等. 建筑抗震设计规范疑问解答. 北京：中国建筑工业出版社，2006.

［28］ 李明顺等. 混凝土结构设计规范算例. 北京：中国建筑工业出版社，2003.

［29］ 王亚勇等. 建筑抗震设计规范算例. 北京：中国建筑工业出版社，2006.

［30］ 李国胜. 多高层钢筋混凝土结构设计中疑难问题的处理及算例. 北京：中国建筑工业出版社，2004.

［31］ 陈富生等. 高层建筑钢结构设计. 第 2 版. 北京：中国建筑工业出版社，2004.

［32］ 徐建等. 建筑结构设计常见及疑难问题解析. 北京：中国建筑工业出版社，2007.

［33］ 王振东. 钢筋混凝土结构构件协调扭转的零刚度设计方法. 建筑结构，2004（8）.

［34］ 中国建筑科学研究院 PKPM 工程部. 多层及高层建筑结构空间有限元分析与设计软件（墙元模型）SATWE 用户手册及技术条件，2010.